电子工程师成长之路

三极管应用分析精粹

从单管放大到模拟集成电路设计（基础篇）

龙 虎 著

電子工業出版社
Publishing House of Electronics Industry
北京·BEIJING

内 容 简 介

本书结合 Multisim 软件平台，系统地介绍了三极管及其相关电路的分析与设计，包括共射放大电路、大/小功率放大器（射随器）、串联型稳压电路、共基放大电路、差分放大电路及各种开关电路，深入探讨了温度、级联、负反馈、恒流源（有源负载）、密勒效应、厄尔利效应、自举、信号反射、非线性失真、噪声等因素对放大电路的性能产生的影响，以及相应的设计方法。

本书既可作为初学者学习三极管的辅助教材，也可作为工程师进行电路设计、制作与调试的参考图书。

图书在版编目（CIP）数据

三极管应用分析精粹：从单管放大到模拟集成电路设计．基础篇/龙虎著．—北京：电子工业出版社，2021.3

（电子工程师成长之路）

ISBN 978-7-121-40635-5

Ⅰ．①三…　Ⅱ．①龙…　Ⅲ．①三极管-教材　Ⅳ．①TN112

中国版本图书馆 CIP 数据核字（2021）第 034579 号

责任编辑：张　迪（zhangdi@phei.com.cn）
印　　刷：北京盛通数码印刷有限公司
装　　订：北京盛通数码印刷有限公司
出版发行：电子工业出版社
　　　　　北京市海淀区万寿路 173 信箱　邮编 100036
开　　本：787×1 092　1/16　印张：26.5　字数：678 千字
版　　次：2021 年 3 月第 1 版
印　　次：2025 年 1 月第 7 次印刷
定　　价：109.00 元

凡所购买电子工业出版社图书有缺损问题，请向购买书店调换。若书店售缺，请与本社发行部联系，联系及邮购电话：（010）88254888，88258888。

质量投诉请发邮件至 zlts@phei.com.cn，盗版侵权举报请发邮件至 dbqq@phei.com.cn。

本书咨询联系方式：（010）88254469；zhangdi@phei.com.cn。

前 言

本书有少部分内容最初发布于个人微信公众号“电子制作站”（dzzzzcn）中，并得到广大电子技术爱好者及行业工程师的一致好评，甚至在网络上被大量转载。考虑到读者对三极管应用知识的强烈诉求，决定将与三极管相关的文章整合成图书出版，书中每章几乎都有一个鲜明的主题。本书将在公众号中已发布内容收录的同时，也进行了细节的更正及内容的扩充。当然，更多的内容是新撰写的，它们对读者系统深刻地理解三极管及其应用有着非常实用的价值。

三极管是绝大多数读者最初接触到的（也是应用最为广泛的）基础有源器件，市面上相关的教材也是琳琅满目，然而其普遍存在的问题是脱离实践（偏理论），很多概念的表达比较晦涩，可以说对于初次接触三极管的读者非常不友好，表述虽然是正确的（对于懂的人来说），但由于缺少诸多背景知识（或与实践应用之间的关键枢纽）而导致读者获益并不多，甚至引发“教材无用”的负面评价。少数图书结合电路制作案例讲解三极管放大电路（偏实践），这的确不失为一种好的教学方式，但缺点是花费时间太多（效率不高），而且过多抛却理论也不利于系统深入地理解三极管及其应用。

本书先从初中物理涉及的电阻率过渡到半导体材料，然后再切入三极管，避免给初学者造成学习困难的同时，对透彻理解与三极管性能相关的一些重要参数有着非凡的意义。紧接着从多个层面对基本放大电路的性能进行分析，掌握了足够的方法后再讨论共射放大电路、大/小功率放大电路、串联型稳压电路、共基放大电路、差分放大电路及各种逻辑开关电路，使读者从中可以全面地掌握对三极管放大电路设计尤为关键的数据手册，也能够系统地理解温度、级联、负反馈、有源负载、密勒效应、厄尔利效应、自举、信号反射、非线性失真、噪声等因素对放大电路的性能产生的影响及相应的设计方法。

本书将大量篇幅用于探索概念、数据和方法之间的关联，并引导出很多同类图书未曾涉及，或一笔带过语焉不详但却并非不重要的内容，让读者真正地从源头层面理解“为什么”，能够深刻地理解 Multisim 软件平台的仿真思想，这对于解决（即便与三极管无关的）电路设计过程中可能出现的问题也具有极大的参考价值，而诙谐的行文风格与创新的组织思路将使读者的学习过程更加轻松。还在犹豫什么？让我们一起领略三极管的无限风采吧！

本书可以透彻解答的问题包括但不限于以下几个方面：什么是热电压？三极管的 $V_{BR(EBO)}$ 为何那么小？为什么 $V_{(BR)CBO}$ 会大于 $V_{(BR)CEO}$？如何提升放大电路的电压增益？为什么有了 β 还要 g_m？为什么提升集电极电流能够优化三极管的频率特性？分压式放大电路的稳定条件是什么？什么是有源负载？它是如何提升放大电路的性能的？如何提升电流源的恒流特性？你听说过厄尔利效应吗？什么是密勒效应？它是如何影响放大电路的频率特性的？$r_{bb} \cdot C_{bc}$ 表征哪方面的性能？如何使用开路时间常数法计算放大电路的上限截止频率？射随器的发射极电阻越小（输出电阻越小）就越好吗？为什么共基组态适合作为高频宽带放大电路？

电磁辐射的基本原理是什么？自举电路的本质是什么？什么是史密斯圆图？如何使用它为高频放大电路设计匹配网络？为什么功放电路会采用差分放大电路作为输入级？如何根据数据手册为功率三极管选择散热片？什么是三极管的噪声系数？如何根据数据手册设计低噪声放大电路？Multisim 仿真出来的噪声系数为什么是负值？失真分析与傅里叶分析有什么关联？

由于本人水平有限，书中错漏之处在所难免，恳请读者批评与指正。

注意事项

为了帮助读者分清直流、交流、瞬态值，本书中电压和电流符号标记的约定如图 1 所示。

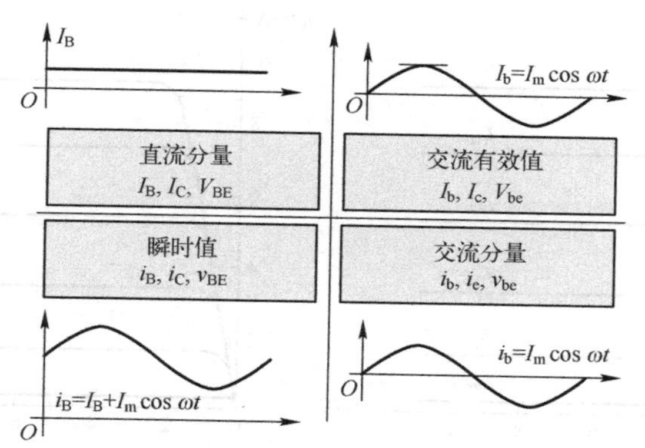

图 1　电压或电流符号标记的约定

我们把标记的符号分为基本符号与下标符号两部分，如 I_B，I 是基本符号，而 B 是下标符号。一般“大写字母+大写下标”表示直流分量（恒定直流）。例如，基极电流的直流分量标记为 I_B，直流电源也会以这种方式来标记，如 V_{CC}。

“小写字母+小写下标”表示交流分量，如基极电流为正弦波曲线 $I_m\cos\omega t$，那么它就可以使用 i_b 来标记，即 $i_b=I_m\cos\omega t$。

“大写字母+小写下标”表示交流有效值或振幅值，如我们在电路理论课程中学习的正弦波三要素：振幅、（角）频率和相位，在书写正弦波表达式的时候，表示振幅的符号就应该使用这种方式，如前述正弦波电流表达式 $I_b=I_m\cos\omega t$，其中 I_m 就表示电流的幅值。

“小写字母+大写下标”表示瞬时值，也就是交流与直流的叠加量，如被直流电源抬起来的基极电流波形曲线（$I_B+I_m\cos\omega t$），它是直流与交流分量的叠加，因此可以使用符号 i_B 来标记，即 $i_B=I_B+I_m\cos\omega t$。当然，如果你使用 i_B 来表示曲线 $I_m\cos\omega t$ 也没有错，相当于直流成分为 0 的瞬时值，关键是你得理解符号表达的意思。

各种标记方式的含义如图 2 所示。

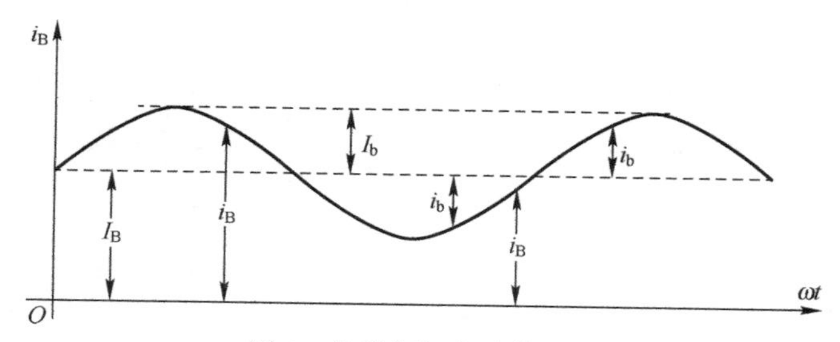

图 2　各种标记方式的含义

我们有一个简单记忆的方法：把大写字母作为直流，把小写字母作为交流，那么“大写字母+大写下标”表示直流，“小写字母+小写下标”表示交流，“小写字母+大写下标”就相当于把交流“扛”在直流“肩”上（就跟过河时大人把小孩扛在肩上一样），也就表示交流与直流叠加后的瞬间值。

当然，在不同图书中，相同参数也可能会标记得不太一样，我们来看看如图 3 所示的两种三极管的输出特性曲线。

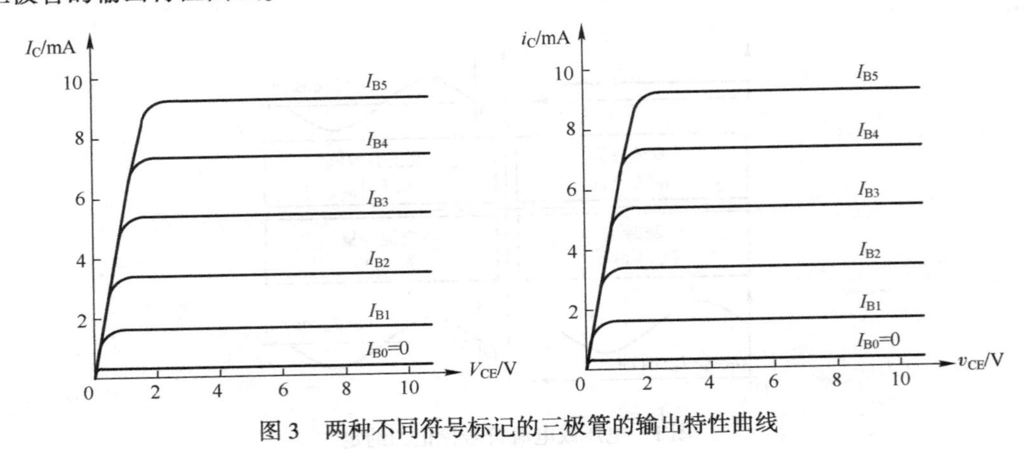

图 3　两种不同符号标记的三极管的输出特性曲线

有些图书使用“小写字母+大写下标”的标记方式（与本书相同，也就是瞬时值），我们对它的理解是：这些曲线是在测试电压与电流变化的情况下得到的。而有些图书使用的却是“大写字母+大写下标”的标记方式，这些曲线强调其是在不同的直流电源供电的情况下测试得到的，测试的时候是没有交流成分的。其实两者没有太大的区别，只要统一就可以了，主要还是取决于具体的约定，但有一点必须注意：符号的标记不能太离谱！例如，我们使用符号 V_{BB} 表示基极电源，你就不应该使用小写字母加大写字母或小写字母加小写字母来表示。

目　　录

第1章　半导体材料：一沙一世界

大家都知道，生活中有很多材料是很容易导电的，如铜、银、铁和铝等，我们把这类材料称为导体（Conductor）。而有些材料是绝缘体（insulator），如橡胶、玻璃和陶瓷等，它们都不太容易导电。实际上，还有一类导电性能（或者说绝缘性能）介于导体与绝缘体之间的材料，这就是我们将要提到的半导体（Semiconductor）。

怎么确定某种材料具体属于哪一类？如果任意指定一种材料，把它归属于导体、绝缘体还是半导体的依据是什么？答案就是常温下该材料的电阻率（Resistivity），它的度量单位是Ω·m（欧姆米），简称“欧米”。

材料的电阻率越小，表示其导电性能就越好。通常我们认为导体的电阻率小于10^{-5}Ω·m，绝缘体的电阻率大于10^{6}Ω·m，电阻率在$10^{-5}\sim10^{6}$Ω·m 范围内的材料属于半导体，如图 1.1 所示。

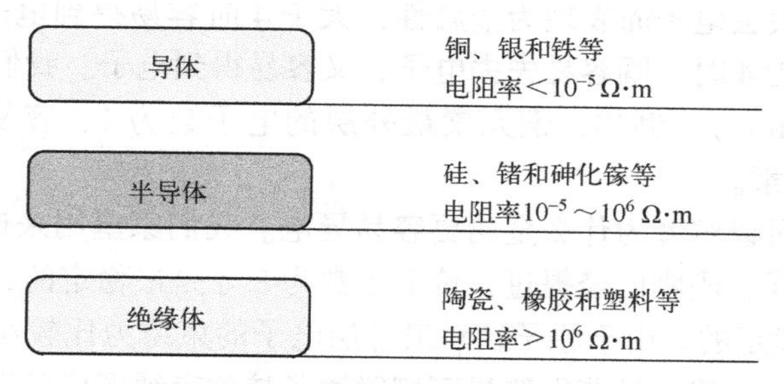

图 1.1　材料的电阻率范围

那么这里就存在一个问题：材料的电阻率是由什么决定的呢？在初中物理学中给出了答案，那就是自由电子的数量。某种材料的自由电子数量越多，其相应的导电性就会越强，反之绝缘性就会越强。这到底是什么意思呢？我们还是从原子核与核外电子说起吧！

物质是由原子组成的，而原子由原子核与核外电子构成，原子核带正电，电子带负电。在正常情况下，原子核与核外电子的带电量是相等的，由于正负极性的相互抵消，整个原子呈现电中性（对外不显电性）。

核外电子以原子核为中心运动，这与太阳系中行星绕着太阳做公转运动是相似的，如图 1.2 所示。

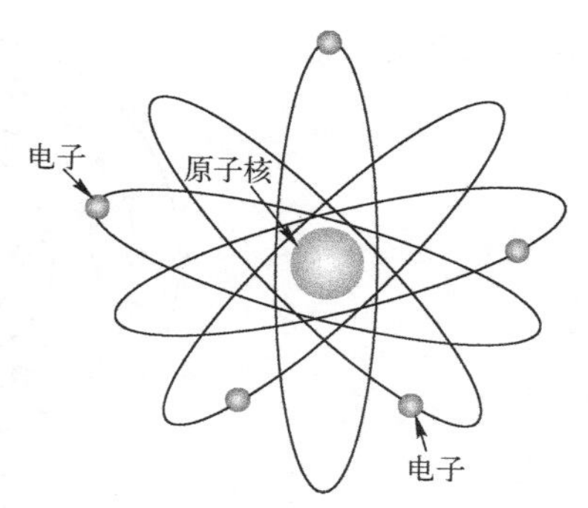

图 1.2　核外电子围绕原子核运动

电子以不同的距离在原子核外分层排布，距离原子核越远，电子的能量就越高，而每一层最多能够排布的电子数量都是有一定规律的，可以使用$2n^2$（n是从内向外的层数）来计算，那么第 1 层能够排列的最多电子数量为$2\times1^2=2$，第 2 层为$2\times2^2=8$，第 3 层为$2\times3^2=18$，其他以此类推。当然，不同层的电子数还有一个限制，其中最外层的电子数不能超过 8 个，次外层的电子数不能超过 18 个，再次外层的电子数不能超过 32 个，其他以此类推。

铜（Cu）元素核外电子的排列分布如图 1.3 所示，它们所要表达的意思是完全一样的，你也可以验证铜元素的层电子数是否满足前述规律。

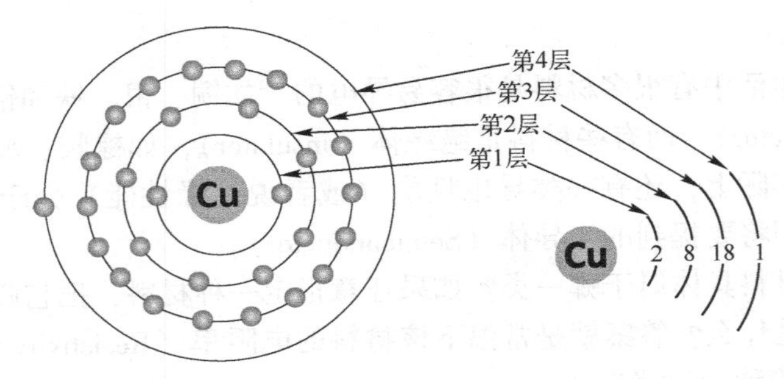

图 1.3　铜元素核外电子的排列分布

实际上，一些主族元素不同层的电子数的限制还有些不一样，这里不再深究，我们最关心的还是最外层的电子数，因为它决定了材料的稳定性。通常元素最外层的电子数为 8 时最稳定，少于 4 时容易失去电子而表现为金属性，大于 4 时容易得到电子而表现为非金属性。而当最外层的电子数为 4 时，既容易失去电子，又容易得到电子。我们把最外层的电子称为价电子（Valence Electron）。例如，铜元素最外层的电子数为 1，容易失去电子而带正电，可以称其为+1 价的元素。

从价电子的角度可以解释为什么金属更容易导电。我们家里用来连接 220V 交流电压的电缆线芯一般都是铜线，刚刚已经提过，价电子数为 8 才是最稳定的，而铜元素的价电子数为 1，所以它并不是稳定的。由于原子核对最外层电子的束缚力比较小，当在铜材料上施加外电场时，最外层的电子很容易获得能量而摆脱原子核的束缚形成可以移动的自由电子，而铜材料的导电性之所以非常强，就是因为内部有着大量的自由电子，这些自由电子在外电场的作用下会朝着与外电场相反的方向运动，从而形成较大的回路电流，这就是导体能够表现出较好导电性能的基本原理。

当然，价电子数并不是决定材料导电能力的唯一因素，我们观察如图 1.4 所示的银元素核外电子的排列分布。

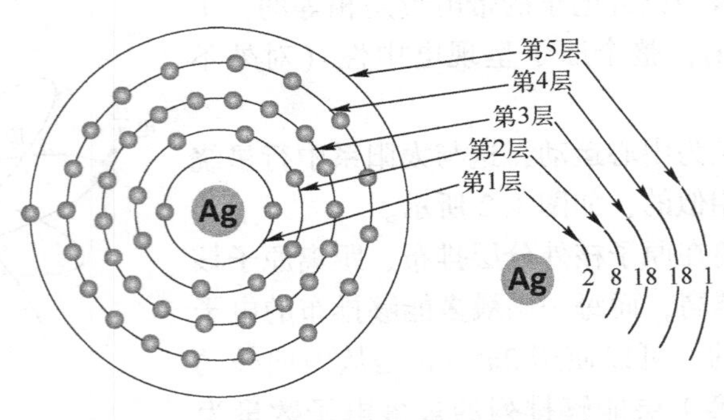

图 1.4　银元素核外电子的排列分布

我们都知道，银的导电能力比铜更强，很多高端的产品都会采用镀银的方式增强材料的导电能力。银元素与铜元素的价电子数都是1，之所以银的导电能力比铜更好，是因为它的电子层数更多。相对铜元素而言，银元素最外层的电子受到原子核的束缚更小，也就是更容易摆脱原子核的束缚而形成自由电子。换言之，为了使它摆脱原子核的束缚，我们需要施加较小的外电场就可以了。从材料电阻率的角度来看，就是它的导电能力更强。

那怎样解释绝缘体呢？道理其实是一样的，只不过大多数绝缘体属于化合物，如玻璃。元素周期表里是没有玻璃这个元素的，它实际上就是二氧化硅（SiO_2），也就是硅原子与氧原子组成的化合物，其基本结构如图1.5所示。

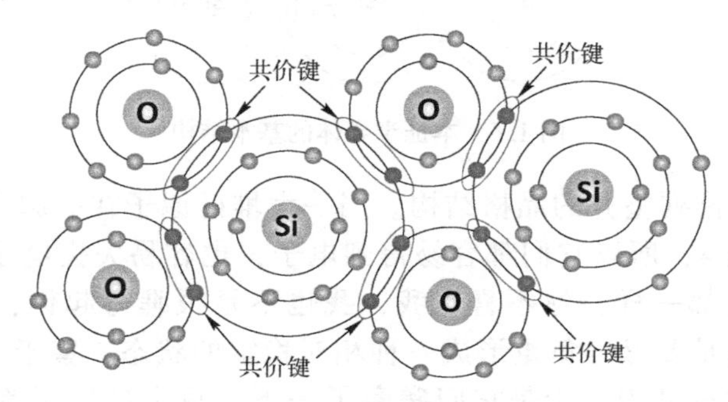

图1.5　二氧化硅的基本结构

硅元素的价电子数是4，为了达到最外层电子数为8的稳定状态，它可以失去4个电子，也可以得到4个电子，至于是失去电子还是得到电子，主要取决于其周围原子的状态。氧元素最外层的电子数是6，所以它更容易得到2个电子而达到稳定状态。

可以看到，硅原子本身的4个价电子与周围4个氧原子共用一个电子形成最外层的电子数为8的稳定状态，而每个氧原子与相邻两个硅原子共用一个电子也形成了最外层的电子数为8的稳定状态。由于硅原子与氧原子结合之后没有多余的自由电子，所以二氧化硅是绝缘不导电的，而我们把这种原子之间共用电子的结构称为共价键（Covalent Bond）。

为什么要提到这些知识呢？因为它们是半导体材料应用的基础。目前应用于制造半导体器件的材料有很多，如硅（Silicon，Si）、锗（Germanium，Ge）、砷化镓（Gallium Arsenide，GaAs）、氮化镓（GaN）和硫化镉（CdS）等，其中硅和锗的应用是最为广泛的，它们属于单晶体（其他则是由不同原子结构的两种或多种半导体材料构成的复合晶体半导体），也是本书的重点讨论对象。

硅和锗元素的价电子数一样，都是4，只不过后者的电子层数多了一层，所以相对于硅而言，锗并不是很稳定，也正是因为如此，现如今硅的应用比锗更广泛一些，毕竟使用半导体材料的目的就是控制它们为我们所用。锗元素本身的相对不稳定会使得制造出来的器件在某些方面的性能（如温度特性）相对差一些，所以本书主要以硅元素作为讲解对象。

我们的故事就缘起于大地上的**沙子**，它包含一定的二氧化硅成分。采用已经完整建立起来的提纯和晶体生长技术，可得到纯度高达99.9999999999%的单晶硅，也就是我们所说的本征半导体（Extrinsic Semiconductor）或本征硅晶体，其基本结构如图1.6所示。

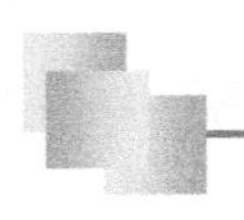

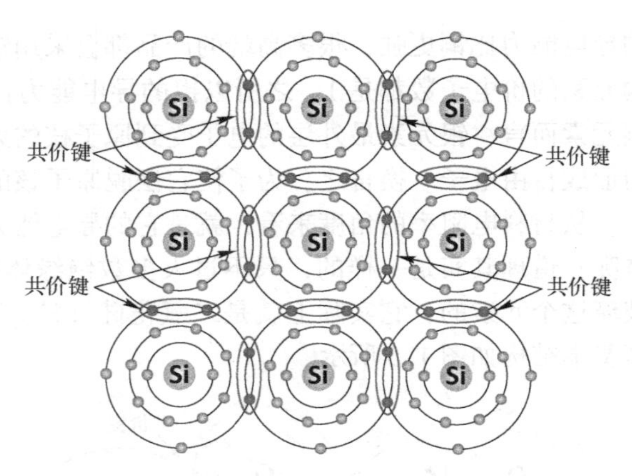

图 1.6　本征半导体的基本结构

本征半导体具有排列整齐的晶格结构。当一大堆硅原子在一起生活时，由于每个硅原子的价电子数都是 4，所以它们都容易得到电子，也容易失去电子，这种状态并不是很稳定。大家的财力都一样，你不喜欢我，我也不是很瞧得起你，但既然要长久地生活在同一片天地，还是要忍辱负重形成一种相对稳定的状态。鉴于“最外层电子数为 8 是稳定结构”已经达成共识，于是它们磋商了一下，每个硅原子都与附近的 4 个邻居共用一个电子，这样每个硅原子最外层的电子数都是 8，这样也就达到了相对稳定的状态。

这种原子之间共用电子的结构就是前面我们提过的共价键。由于共价键中的两个价电子属于两个相邻硅原子共同拥有，它们被束缚在两个原子核附近（受到两个硅原子的束缚力），所以也称为束缚电子。当环境温度为−273.15℃（绝对温度 $T=0\text{K}$）时，本征半导体中没有自由电子，所以它的导电性能与绝缘体一样。如果不出意外，这些生活在一起的硅原子必将和平共处，相安无事，直到世界的尽头……

然而，理想很丰满，现实却很骨感，硅原子的这种共价键结构并不是很稳定。在室温（$T=300\text{K}$）下，本征半导体一旦受到热能（或光照、电场等因素）的影响，束缚电子能够从原子的热运动当中获得能量，继而摆脱共价键的束缚成为自由电子（简单地说，就是束缚电子获得能量后跳出共价键结构），我们称这种现象为本征激发，如图 1.7 所示。

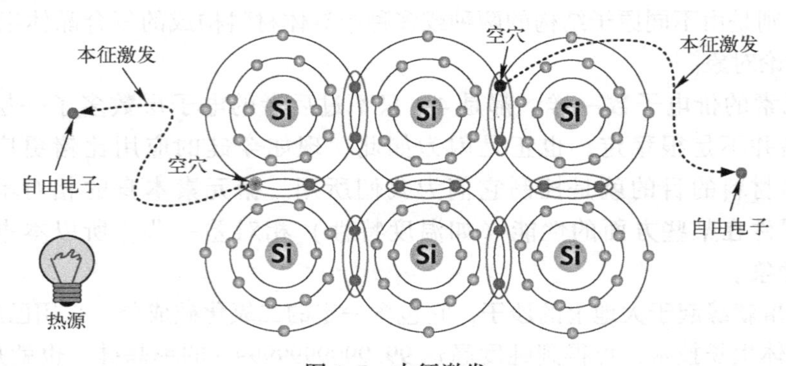

图 1.7　本征激发

产生本征激发后的半导体材料中存在自由电子，所以它的导电能力增强了（电阻率下降）。一般环境温度越高，激发出来的自由电子也越多，本征半导体的电阻率就会越小。同时，我们也可以看到，当束缚电子跳出共价键成为自由电子之后，在原来的位置就留下了一个空位，我们称为空穴（Hole）。很明显，本征半导体中的电子与空穴总是成双成对的，而自由电子可以在硅晶格结构中随意移动，在这个过程中，一些电子可能会填充一些空穴，我们称该过程为复合（Recombination），其结果导致自由电子与空穴消失。当然，电子也可能会再次被激发出来。

我们把价电子所处的空间称为价带（Valence Band），使用符号 E_v 表示价带中电子的最大能量，把自由电子所处的空间称为导带（Conduction Band），使用符号 E_c 表示导带中电子的最小能量，而把处于价带与导带之间的区域称为禁带（Forbidden Bandgap）。禁带区域是不存在电子的，那么本征激发就是价电子从价带跃过禁带到达导带的过程，而价电子挣脱共价键束缚需要获得的最小能量称为带隙能量（Bandgap Energy），也就是 E_v 与 E_c 的差值，使用符号 E_g 来表示，如图 1.8 所示。

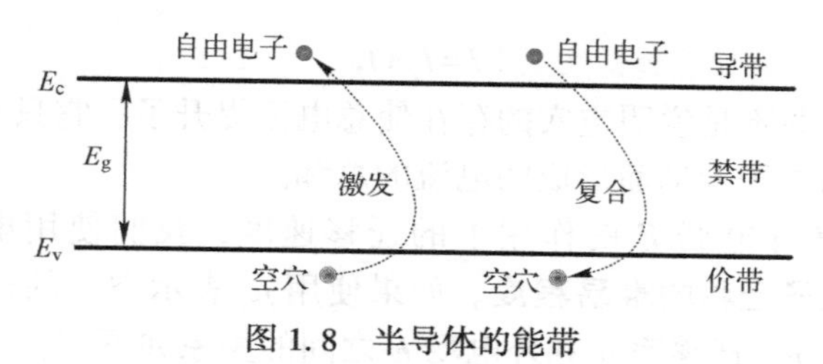

图 1.8　半导体的能带

我们可以通过生活中的台阶跳跃行为区分这 3 种能带。低台阶的势能相当于价带，高台阶的势能相当于导带，从低台阶跳到高台阶必然需要一个最小的跳跃力，这就相当于带隙能量，而从跳跃的开始到结束的那段空间相当于禁带，跳跃过程中的人体是不会静止的，即相当于禁带不存在电子。

如果给本征半导体材料施加一定的外电场，束缚电子会获得能量跳出共价键而形成自由电子，然后朝电源的正极性方向运动，而空穴肯定是不会移动的，如图 1.9 所示。

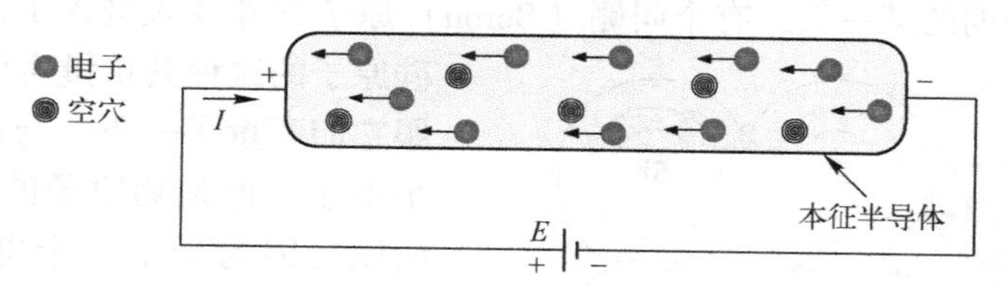

图 1.9　给本征半导体施加外电场（1）

这就跟教室里的座位（相当于空穴）一样，人（相当于电子）可以走，可以动，但是座位是不会自己移动的。但是在往电源正极性方向运动的过程中，自由电子可能会依次填补附近的空穴，如图 1.10 所示。

从效果上来看，电子（带负电）往电源正极方向填充空穴的运动，就相当于空穴（带正电）往电源负极方向的运动，所以后续我们也把空穴看作带正电荷的载流子，它的带电量与自由电子相等，只不过符号相反而已。很明显，空穴的移动方向与电流方向是相同的，

而存在空穴是半导体区别于导体的重要特性。

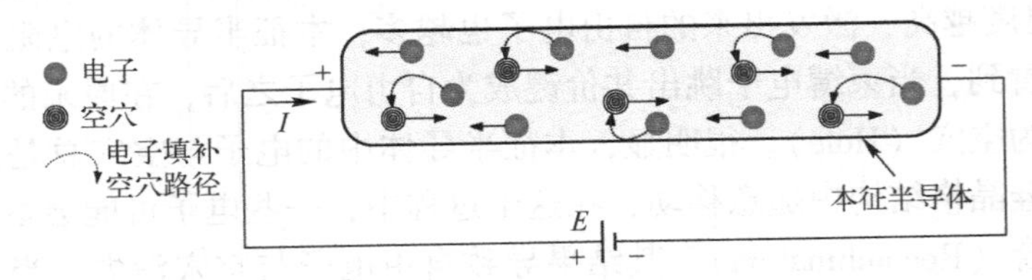

图 1.10　给本征半导体施加外电场（2）

当然，并不是所有的电子在运动的过程中都会填充空穴，有些可能一直没有填充空穴就直接“穿”过去了，有些可能在前面一段路程中没有填充空穴而在后面一段路程中填充了，也有一些恰好相反。总之，我们可以把由电子运动而形成的总电流 I 分解成两部分，一部分是由没有填充空穴的自由电子的移动而形成的电流 I_N（电子带负电，Negative），另一部分是由填充了空穴的自由电子的移动而形成的电流 I_P（空穴带正电，Positive），它们形成的总电流 I 如下式：

$$I=I_P+I_N \tag{1.1}$$

很明显，这个式子并不是说明空穴的存在使总电流提升了，它只不过把总电流分解成为两个由不同迁移路径的电子运动而形成的电流的总和。

为了描述载流子在外电场 E 的作用下的迁移速度，我们使用电子迁移率（Electron Mobility）μ 来**反映载流子迁移的难易程度**。如果使用 μ_P 表示空穴的迁移率，μ_N 表示电子的迁移率，那么迁移速度 v、迁移率 μ 和外电场 E 之间的关系如下式：

$$v=\mu E \tag{1.2}$$

在相同外电场的作用下，载流子的迁移率越大，则迁移的速度就越快。很明显，空穴的迁移率总是小于自由电子，因为空穴的迁移是自由电子不断从一个共价键跳往相邻共价键的运动过程，而共价键有来自多个原子核的束缚力，它每次跳出来时需要更大的能量（迁移难度更大），而身处共价键结构外的自由电子受到的束缚力相对而言要小很多［本征硅的 μ_P 一般为 $480\text{cm}^2/(\text{V}\cdot\text{s})$，$\mu_N$ 一般约为 $1350\text{cm}^2/(\text{V}\cdot\text{s})$］。

话说在天气晴朗的某一天，有个叫硼（Boron）原子的外乡人进入了硅元素村庄，觉得硅原子的这种共价键生活方式不错，于是跟它们商量了一下，与四周的邻居共用 4 个电子，但是硼原子的价电子只有 3 个，所以会因为少了一个电子而多出一个空位，这怎么办？硅原子很好说话，当村里邻近硅原子的价电子由于本征激发而形成自由电子时，这个激发出来的自由电子就很容易填补这个空位，如此一来，硼原子由于获得一个电子而成为不能移动的负离子，而邻近硅原子的共价键中就出现了一个新的空穴，如图 1.11 所示。

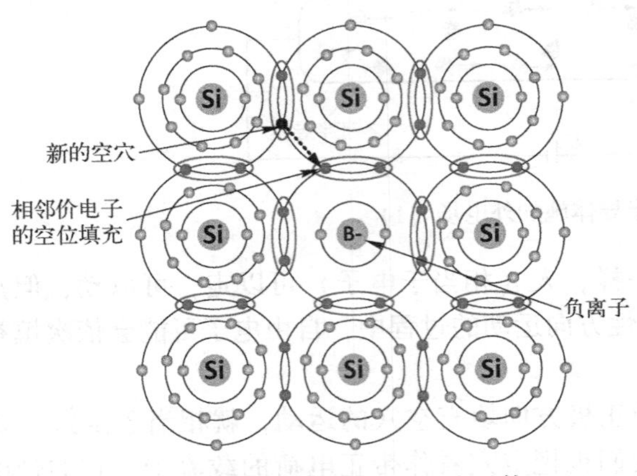

图 1.11　掺入硼元素的杂质半导体

当越来越多的硼原子加入到这个村庄时，每一个新加入的硼原子都会因为相同的原理而使本征半导体多出一个空穴，这样空穴就会越来越多。

本征半导体的导电能力是比较差的，一般不能直接用来制造半导体器件，所以通常会在其中掺入其他微量的元素（杂质元素）来提升它的导电能力，我们称为掺杂（Doping）。掺入的杂质元素越多，半导体的导电能力就越强，我们将掺杂后的半导体材料就称为杂质半导体（Doped Semiconductor）。

在本征半导体中掺入+3 价的杂质（如硼、镓和铟等）后，杂质原子（Impurity Atoms）得到了一个电子，从而形成带负电的离子。而每掺入一个杂质原子，就可以给半导体提供一个空穴。很明显，此类杂质半导体中的空穴载流子将远远大于电子载流子，所以我们称其为空穴型或 P 型半导体。这种杂质半导体中也是有电子载流子的，只不过相对空穴载流子占少数而已。

日子就这么一天天过下去了……

又是秋高气爽的一天，有个叫磷（Phosphorus）原子的富户路过前面硼原子加入的那个村庄，其一瞧，全都是穷人，空穴满天飞，于是拔腿就跑到了邻近的硅元素村庄，只恨没多长两条腿，要是遇到打劫那还了得，这么多现金带在身上真不方便。

磷原子进来的硅元素村庄还没有来过外乡人，村里人很殷实，也很客气，于是磷原子决定留下，并且觉得共用电子的生活方式确实不错，于是也与周围硅原子共用 4 个电子，形成了最外层的电子数为 8 的相对稳定结构，但这样一来，自己就多出来了一个电子。磷原子琢磨一晚后做了一个决定，即谁想要谁要去，希望可以拉动本村的经济。如此一来，村里就多出了一个自由电子，如图 1.12 所示。

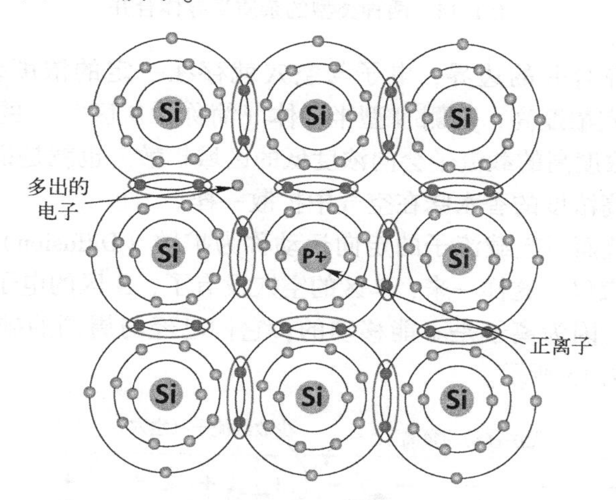

图 1.12　掺入磷元素的杂质半导体

正所谓“物以类聚，人以群分”，越来越多的磷原子加入了这个富村，每个新加入的磷原子都会因为感恩而贡献出一个电子，这样一来自由电子的数量越来越多。

在本征半导体中掺入+5 价的杂质（如磷、砷和锑等）后，杂质原子失去一个电子而成为不能移动的正离子，而每掺入一个杂质原子，就可以给半导体提供一个自由电子。很明显，此类杂质半导体中的电子载流子将远远大于空穴载流子，所以我们称其为电子型或 N

型半导体。同样，此种杂质半导体中的空穴载流子也是有的，只不过相对电子载流子占少数而已。

日子也就这么一天天过下去了……

需要提醒的是，由于原子核与电子的数量是相等的，所以杂质半导体仍然呈现电中性。为了方便后续的描述，我们使用图 1.13 所示的简化示意表示 N 型半导体与 P 型半导体。

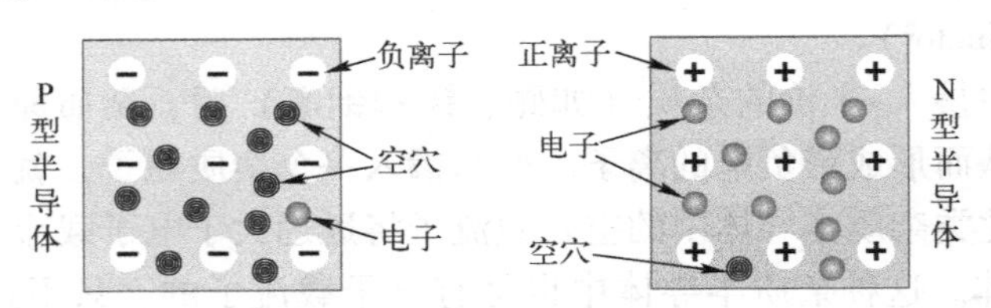

图 1.13　P 型与 N 型半导体

日子一晃就过去了，P 型半导体村的村长眼瞅着 N 型半导体村走向了小康生活，心里不平衡了。于是，双方经过友好协商后，决定将两个村合并成一个村，希望能够实现共同富裕。两种类型的杂质半导体合并后如图 1.14 所示。

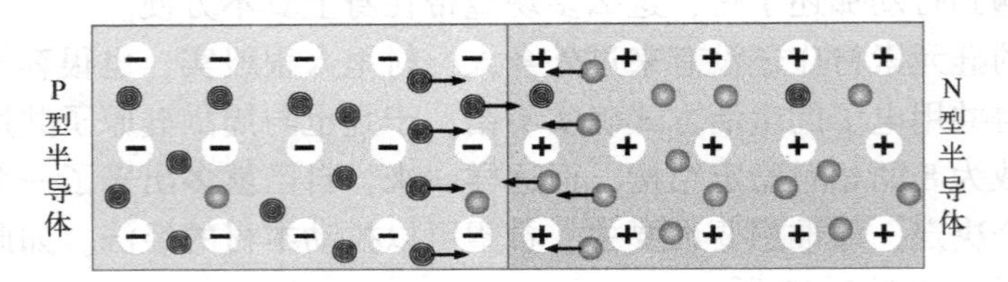

图 1.14　两种类型的杂质半导体合并

刚开始合并时，在合并的边界，电子与空穴就存在一定的浓度差。左侧 P 型半导体（简称“P 区”）的空穴浓度高，右侧 N 型半导体（简称“N 区”）的电子浓度高，这样就会出现一种现象，即浓度高的载流子会向浓度低的区域扩散。也就是说，N 区的高浓度电子会向 P 区扩散，正如高浓度的香水味在空气中扩散一样。

我们把由于浓度差而引起载流子的定向运动称为扩散（Diffusion），也就相当于 N 区的电子跳进了 P 区的空穴里。这样一来，P 区的空穴没有了，N 区的电子也没有了，但是两边的离子都还是存在的，因为离子是不能移动的，它们已经与周围的硅原子形成了稳定的结构，此时的状态如图 1.15 所示。

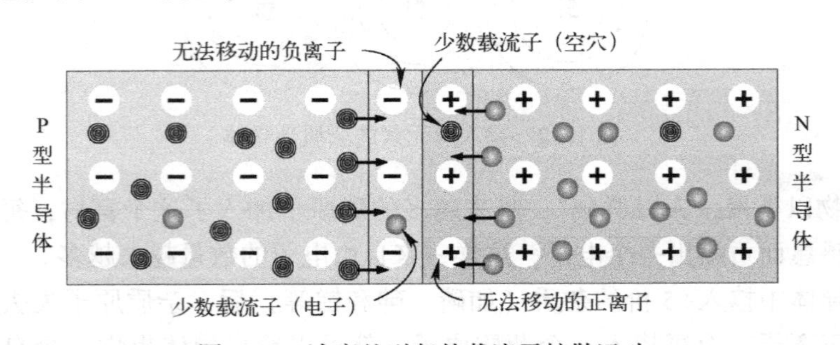

图 1.15　浓度差引起的载流子扩散运动

N 区高浓度的电子填补 P 区的空穴也可以认为是 P 区高浓度的空穴向 N 区扩散，因为空穴的迁移方向总是与电子相反的，所以我们可以认为高浓度的空穴与电子是同时扩散的（图 1.15 中同时标记了两者的迁移方向）。总之，多数载流子（简称“多子”）总是向少数载流子（简称“少子”）的区域迁移。

理论上，P 区的多子（空穴）与 N 区的多子（电子）会全部复合，最后将只剩下正负离子。但是，电子与空穴的每一次复合，都会遗留下来一些正负离子，它们之间将产生方向从 N 区指向 P 区的内电场，这种内电场会阻碍由于多子的浓度差而带来的扩散运动，同时会把 P 区的少子（电子）往 N 区转移［同样，你也可以认为内电场把 N 区的少子（空穴）往 P 区转移］。

我们把由于电场的作用而引起的载流子的定向运动称为漂移（Drift），少子漂移后的状态如图 1.16 所示。

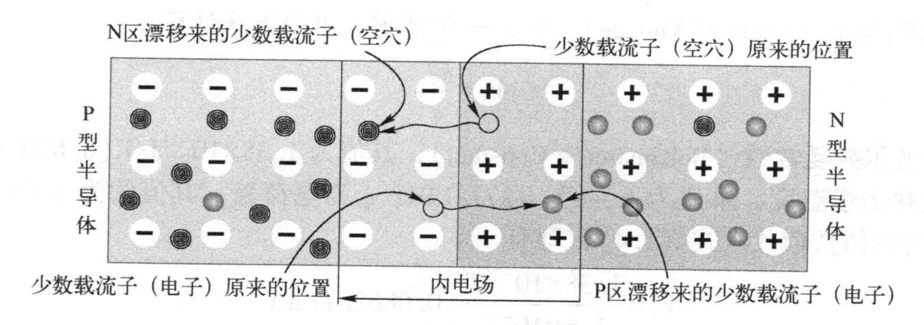

图 1.16　少数载流子的漂移运动

很明显，漂移的作用力对于多子的扩散运动是起到阻碍作用的，从“同名电荷相斥，异名电荷相吸”的特性很容易理解。随着电子与空穴复合的增多，遗留下来的正负离子也越来越多，形成的内电场会越来越大，漂移的作用力也就越来越强，最后与扩散的作用力达到平衡，如图 1.17 所示。

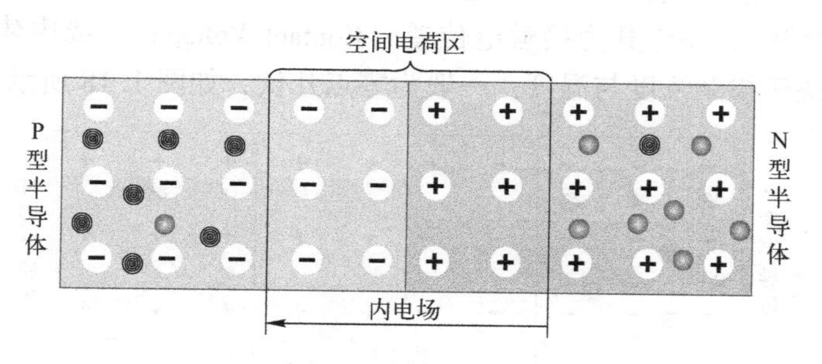

图 1.17　平衡状态

我们观察一下合并边界附近的区域，里面只有正离子与负离子，而没有空穴或电子，因为它们都已经复合了。P 区的离子是带负电荷的，N 区的离子是带正电荷的，我们把它们统称为空间电荷，而把仅包含空间电荷的区域称为空间电荷区（Space Charge Region）。当然，我们也可以认为两侧的多子扩散到对侧区域被消耗掉了，所以也可以称其为耗尽区（Depletion Region）。

整个合并的过程可以这样来描述：两种杂质半导体结合之后，多子的扩散运动会使空间电荷区从无到有然后进一步拓宽，此时扩散运动占据主导地位，但是在这个过程当中，由于多子的扩散而形成的空间电荷区也会越来越宽，此时产生的内电场就会越来越强，这样将会导致少子的漂移能力越来越强，也就让空间电荷区变窄的能力越来越强。换言之，扩散与漂移这两种运动是紧密联系而又相互矛盾的，最后肯定会达到扩散与漂移两种作用力相等的平衡状态。

我们可以通过扩散系数（Diffusion Constant）来**反映载流子扩散的难易程度**，这里使用D_N表示电子的扩散系数，使用D_P表示空穴的扩散系数，而描述载流子漂移（即在电场作用下的迁移运动）的难易程度已经提到过了，也就是载流子的迁移率μ，它与载流子的扩散系数之间存在一个称为爱因斯坦关系式（Einstein Relationship）的简单关系，即

$$\frac{D_N}{\mu_N}=\frac{D_N}{\mu_P}=V_T \tag{1.3}$$

其中，V_T为热电压（Thermal Voltage），它是一个常数，可由下式计算：

$$V_T=\frac{kT}{q} \tag{1.4}$$

其中，k为玻尔兹曼常数（Boltzmann's Constant），其值为1.38×10^{-23}J/K(8.62×10^{-5}eV/K)；T为开尔文热力学温度，单位为K，0℃=273.15K；q为电荷量，其值约为1.6×10^{-19}C。如果把k、q的具体数值代入式（1.4），则有

$$V_T=\frac{1.38\times10^{-23}T}{1.6\times10^{-19}}=0.08625T(\text{mV}) \tag{1.5}$$

这个关系式说明，**环境温度越高，V_T的值就会相应上升，即具有正温度系数特性，其典型值约为0.08625mV/℃**。在室温（T=300K）状态下，可以计算得到V_T的值约为26mV，这个数据后续会经常使用到。

P型半导体与N型半导体合并形成的空间电荷区也称为PN结（PN Junction）。很明显，PN结当中存在一个极性为左负右正的内电场，所以N区的电位要比P区高。我们使用符号V_0表示两个电位的差值，并称其为接触电位差（Contact Voltage），或内建电位差（Built-in Voltage），其值取决于掺杂浓度与温度，一般为零点几伏，如图1.18所示。

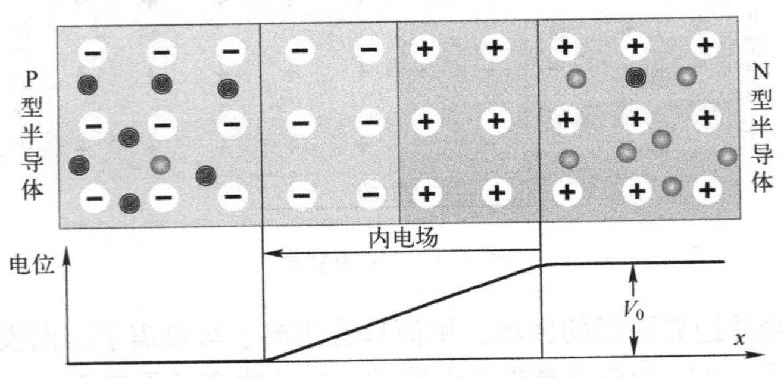

图1.18　内建电位差

如果以P区的电位为参考，那么N区的电位就是V_0。在空间电荷区的内电场中，电子势能发生了变化。也就是说，P区的电子势能比N区高。如果电子要从N区跑到P区，就

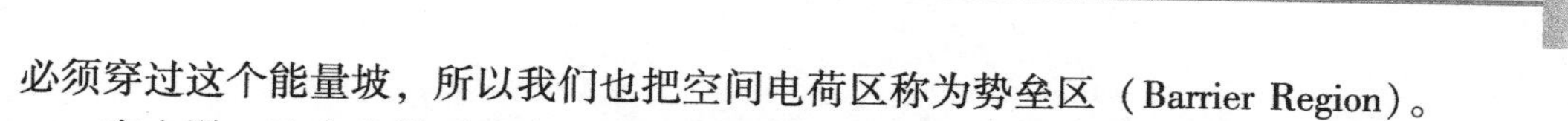

必须穿过这个能量坡，所以我们也把空间电荷区称为势垒区（Barrier Region）。

有人说：这个我没听明白！假设右侧的 N 区是地面，左侧的 P 区是高空，那么这两个地方就有高度的差别，自然会有重力势能的差别。一块石头与地面之间的距离越大，重力势能就越大，而石头在地面的重力势能肯定是最小的。如果把石头从地面弄到高空，就需要克服重力势能，也就相当于有一个能量坡需要克服。

同样的道理，半导体材料中的自由电子就相当于石头，而电场对电子的吸引力就相当于地球对石头的吸引力。由于内电场的极性是左负右正的，所以电子一旦扔到空间电荷区内，它就会往右边跑（右侧是正离子，异性相吸），就相当于石头在空中总是要往地面落下一样。在石头往下落的过程中，它的重力势能是减小的，电子势能也是同样的道理，所以 N 区的电子势能比 P 区要小。如果 N 区的自由电子想要跑到 P 区，就必须克服电子势能比较高的能量坡，正如同你用力把石头往高空抛一样，抛石头的力量就是用来克服重力势能的。

然而，为什么要将两种不同杂质的半导体合并起来呢？原因很简单，因为 PN 结表现出来的特殊导电特性能够为我们所用，详情且听下回分解。

第 2 章　二极管基础知识：初入江湖

电阻器（简称“电阻”）可以说是电子电路中应用最广泛的基础元件。我们知道，在电阻两端施加一定的电压 V 后，电阻中就会流过一定的电流 I。那么，V 与 I 之间又存在什么关系呢？我们通过实验，把不同的电压与对应的电流记录下来，这样就可以在平面直角坐标系（电压为横坐标，电流为纵坐标）中绘出电阻的 V–I 关系曲线，也称其为伏安特性曲线（V–I Characteristics Curve），如图 2.1 所示。

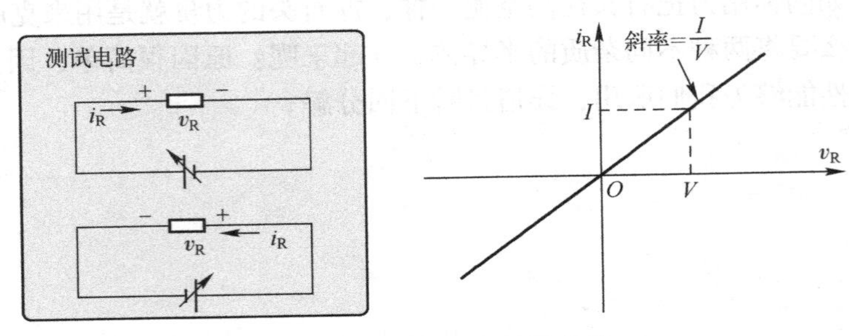

图 2.1　电阻的伏安特性曲线

很明显，电阻的伏安特性曲线是一条直线。所以，流过电阻的电流与其两端施加的电压是呈正比的，这就是电阻的导电特性。我们把曲线上任意一点的电压与电流的比值定义为电阻的阻值 R（直线斜率的倒数），则有著名的欧姆定律（Ohm's Law）表达式：

$$I=\frac{V}{R} \tag{2.1}$$

电阻的具体应用有很多，**限制回路的电流**（简称“限流”）就是其中之一。假设图 2.1 所示电路中的测试电压为 1V，要求设置回路的电流为 1mA，我们就可以根据欧姆定律计算出电阻的阻值应为 1V/1mA = 1kΩ。反过来，如果已知测试电压为 1V，而电阻的阻值为 1kΩ，也可以分析出回路的电流应为 1mA。换句话说，我们通过观察电阻的伏安特性曲线总结出相应的导电特性后，就可以在电子电路分析与设计中合理地使用它了。

同样的道理，为了能够合理地使用 PN 结，我们需要先了解其相应的导电特性。与获得电阻的导电特性的方式一样，我们可以在 PN 结两端施加一定的电压并观察流过的电流，如图 2.2 所示。

从图 2.2 中可以看到，外接电压 V_F 的正极接 P 区，而负极接 N 区，我们称这种连接方式为正向偏置（Forward Bias），相应的外接电压 V_F 可以称为正向偏置电压（可简称为“正向偏压”或“正偏电压”）。“偏置”是电子技术中的行业术语，大家初次接触可能会有些陌生，它是一种利用直流电压为电路设置固定直流电流与电压的广义称谓，可以理解为“施加电压”的意思，它使某个节点偏离原来的电位。简单地说，就是设置电路的直流电位，相关的术语还有偏置电流、偏置电阻和偏置电路等。

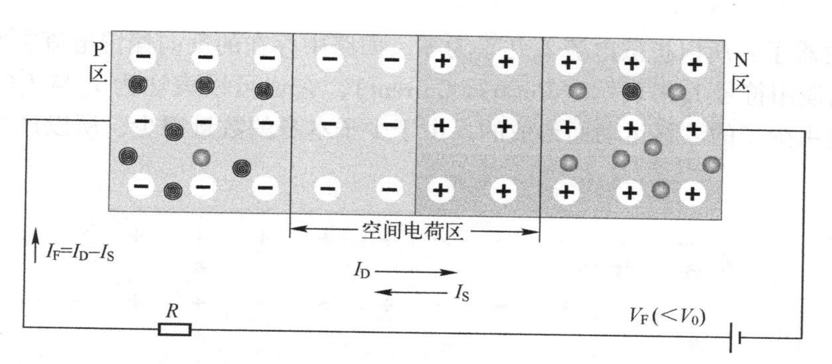

图 2.2 施加较小的正向电压

由于 V_F产生的外电场方向与 PN 结的内电场方向是相反的，所以外电场起到削弱内电场的作用。此时，PN 结的平衡状态被破坏，P 区的多子（空穴）与 N 区的多子（电子）都会向 PN 结迁移，前者会与一部分负离子中和，使 P 区的空间电荷量减少，后者会与一部分正离子中和，使 N 区的空间电荷量减少。也就是说，此时的空间电荷区会变得更窄一些，扩散作用力会稍大于漂移作用力。但是，我们前面提到过内建电位差 V_0，如果 $V_F<V_0$，虽然空间电荷区变窄了，但势垒区仍然还是存在的，所以 PN 结所呈现的电阻率仍然比较高，此时其就相当于一个大电阻。

如果把由于扩散作用力而形成的电流标记为 I_D，把由于漂移作用力而形成的电流标记为 I_S，那么此时的回路电流 I_F（Forward Current）就是两者之差（I_D-I_S），我们也可以称 I_F为“正向偏置电流”。当 $V_F<V_0$时，I_D会稍大于 I_S，所以 I_F还是比较小的，也就相当于回路是不导通的。

当 $V_F>V_0$时，空间电荷区会进一步变窄，这样势垒也就越小了，此时的扩散作用力远大于漂移作用力，P 区与 N 区中能越过势垒的多子会大大增加而形成扩散电流，相当于被两个电阻率比较低的杂质半导体连通了，此时回路的正向电流 I_F是比较大的，如图 2.3 所示。

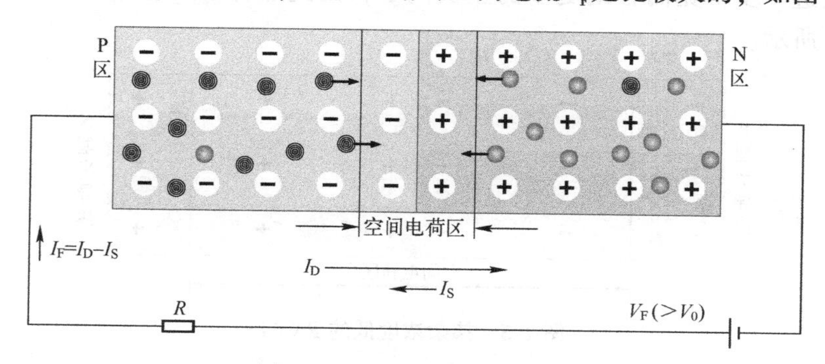

图 2.3 施加较大的正向电压

很明显，正向电流 I_F主要是由多子的扩散运动而形成的。由于少子形成的漂移电流很小，可以忽略不计。

接下来我们给 PN 结施加反向偏置电压 V_R。如图 2.4 所示，由于此时外电场的方向与内电场的方向是一致的，所以空间电荷区会被进一步拓宽。从势垒的角度来看，多子要通过空间电荷区就更难了，所以扩散电流 I_D 几乎为零。回路中存在的反向偏置电流主要由漂移电流 I_S 形成，我们使用符号 I_R 来表示（Reverse Current），它也可以表达为 I_D 与 I_S 的差值。很明显，I_R 主要是由少子的漂移运动而形成的。由于少子本身的数量很少，所以产生的电流也比较小。

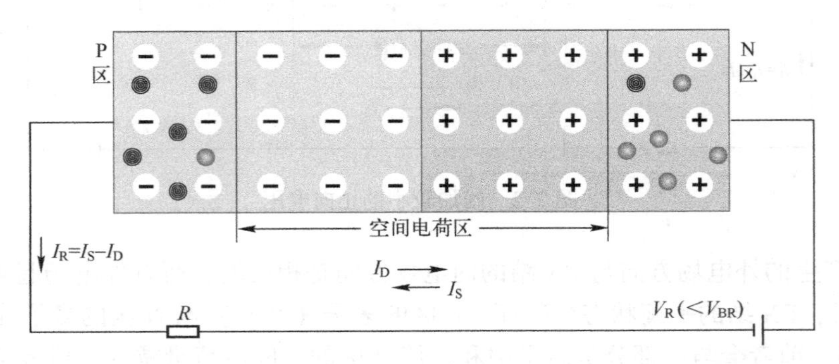

图 2.4　施加较小的反向电压

当 V_R 进一步被提升时，虽然空间电荷区理论上会越来越宽、I_R 会越来越小，但是当 V_R 上升到一定程度时，I_R 会突然急剧增加，我们把这种现象称为反向击穿，把发生反向击穿现象所需要的偏置电压称为反向击穿电压（Breakdown Voltage），使用符号 V_{BR} 来表示。

有人可能会想了：既然反向电场会使空间电荷区进一步变宽，那么阻挡多子扩散的能力就会越强，为什么一下子就好像导通了呢？实际上，当外加的反向电场很强的时候，虽然空间电荷区会变宽，但是仍然存在两种情况，可能会导致空间电荷区的载流子数目急剧增加，从而引起 I_R 的急剧上升，继而呈现反向击穿的现象。

第一种是雪崩效应（Avalanche Effect），它通常发生在掺杂浓度比较低的 PN 结当中。由于半导体的掺杂浓度比较低，为了最终获得与多子扩散作用力达到平衡的漂移作用力，空间电荷区需要进一步拓宽而容纳更多的正负离子，因此这种 PN 结的空间电荷区是比较宽的，如图 2.5 所示。

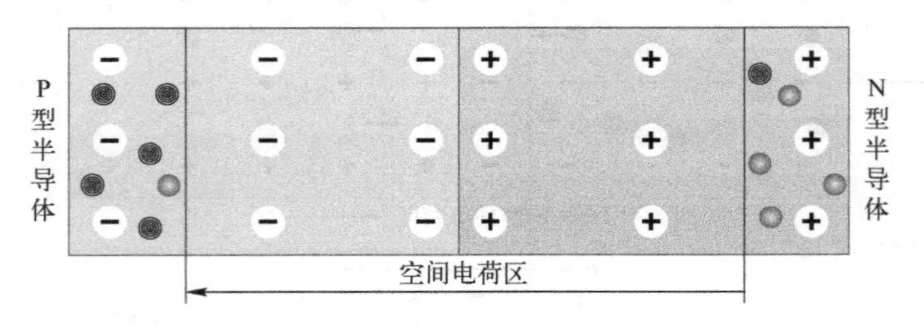

图 2.5　掺杂浓度低的 PN 结

当这种 PN 结施加的反向偏压持续增大时，空间电荷区还会被进一步拓宽，在外电场的作用下，少子的漂移速度就会相应加快（载流子的动能增大）。由于空间电荷区是很宽的，所以少子在这个区域有一段比较长的路程要跑，而少子在跑的过程中就会被进一步加速，电子运动的速度就会越来越快，正如一直在以恒定加速度行驶的汽车一样，路程越长，加速时间也就越长，最后汽车的速度也就越快。

载流子在运动的过程当中总是会不断地与晶格原子或杂质离子进行碰撞，这些高速运动的载流子获得足够的动能就可以把束缚在共价键中的价电子碰撞出来而产生新的电子空穴对，而新产生的载流子也同样高速地碰撞其他晶格原子或杂质离子，又产生新的电子空穴对，由此产生的连锁反应将使得空间电荷区的载流子数量急剧增多，最后回路中的反向电流也就急剧增大了，如同发生雪崩一样。

第二种是齐纳效应（Zener Effect），它通常发生在掺杂浓度比较高的 PN 结当中。由于半导体的掺杂浓度比较高，为了最终获得与载流子扩散作用力达到平衡的漂移作用力，只需要很窄的空间电荷区就可以产生足够的内电场，因此这种 PN 结的空间电荷区是比较窄的，如图 2.6 所示。

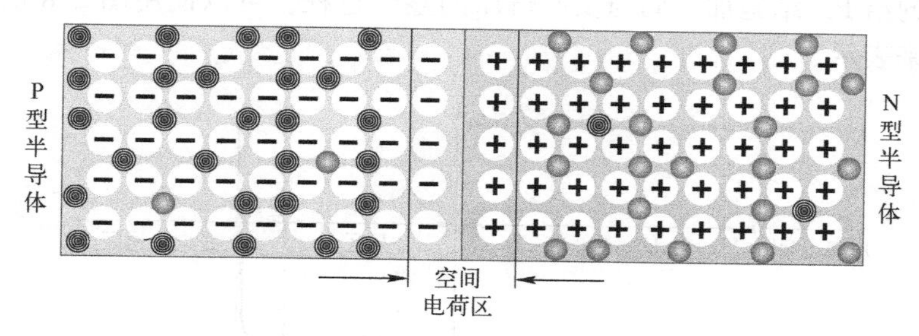

图 2.6　掺杂浓度高的 PN 结

掺杂浓度影响空间电荷区宽度的原理，与战争中攻击敌方的堡垒有异曲同工之妙。我们的攻击力就相当于载流子的扩散作用力，而堡垒的防守力就相当于内电场对载流子的漂移作用力。掺杂浓度低相当于敌方的堡垒越稀疏，我们就可以拿下更多的疆土，空间电荷区也就会更宽，由于兵力总是有限的，所以最终会达到一个平衡状态。相反，掺杂浓度越高就相当于敌方的堡垒越密集，只要我们攻下距离很短的堡垒就会感到压力非常大，那么相同的兵力就只能拿下更少的疆土，空间电荷区也就会更窄。

我们同样与以恒定加速度行驶的汽车来做比较，只不过因为空间电荷区比较窄，路程也比较短，所以最后载流子的速度也并不快。也就是说，载流子与晶格原子或杂质离子发生碰撞的机会比较少。然而，正因为空间电荷区比较窄，只要给 PN 结施加不大的反向电压，就能够建立很强的电场，这足以把空间电荷区中晶格原子的价电子直接从共价键中拉出来（破坏共价键结构），从而产生电子与空穴对，我们称为场致激发，这样也能够产生大量的载流子，使 PN 结的反向电流急剧增大，最终呈现反向击穿的现象。

一般来说，PN 结的击穿电压小于 5V 的击穿机制属于齐纳效应，大于 7V 的击穿机制属于雪崩效应，而介于 5V 与 7V 之间则两种击穿机制都有可能，甚至可能是两者的组合。

需要注意的是：这两种击穿都是可逆的。如果 PN 结出现反向击穿的现象，但是反向电流与反向电压的乘积没有超过 PN 结容许的耗散功率 P_D（Power Dissipation），也就是 PN 结没有因为温度过高而烧毁，那么把外加反向电压降低之后，PN 结仍然可以恢复到原来的状态。

我们通过金属接触面从合并的杂质半导体引出两个电极，由 P 区引出的电极称为阳极（Anode，A），由 N 区引出的电极称为阴极（Kathode/Cathode，K），二极管的基本结构及其原理图符号如图 2.7 所示。

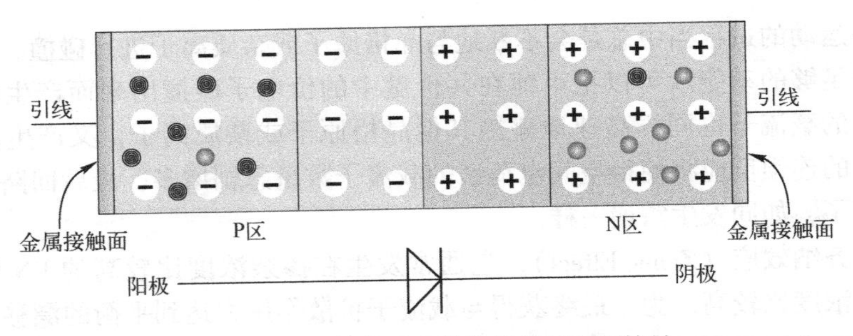

图 2.7　二极管的基本结构及其原理图符号

前面讨论的给 PN 结施加正向与反向偏压的整个过程，可以使用图 2.8 所示的 PN 结的伏安特性曲线来表示。

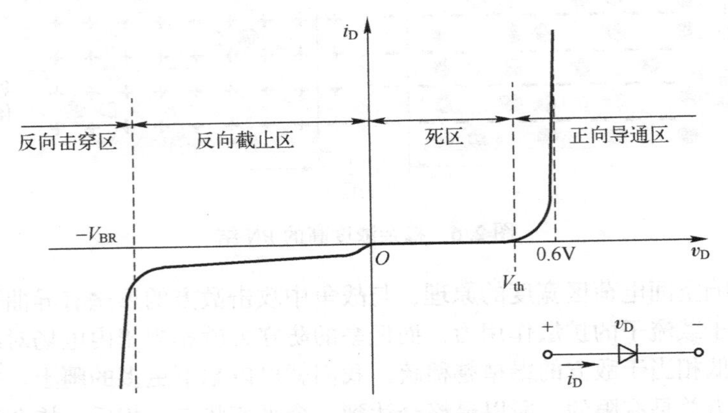

图 2.8　PN 结的伏安特性曲线

图 2.8 中，V_{th}表示开启电压（Threshold Voltage）或死区电压，一般硅管约为 0.5V，锗管约为 0.1V。当 PN 结两端的正向电压 $v_D<V_{th}$时，外电场还不足以克服内电场对载流子的扩散运动而造成的阻力，继而使得多子不能够顺利通过空间电荷区，此时 PN 结呈现的电阻很大，正向电流 i_D近似为零，我们称 PN 结处于**截止状态**（Cut-Off State），这与在 PN 结两端施加反向偏压时呈现的小电流是非常相似的。当 $v_D>V_{th}$时，PN 结呈现的电阻很小，i_D将随 v_D的上升而上升，我们称 PN 结处于**导通状态**（On-State），此时 PN 结两端存在一定的正向导通压降，一般硅管约为 0.6V，锗管约为 0.2V（特殊二极管会略有不同，超过 2V 也是存在的）。

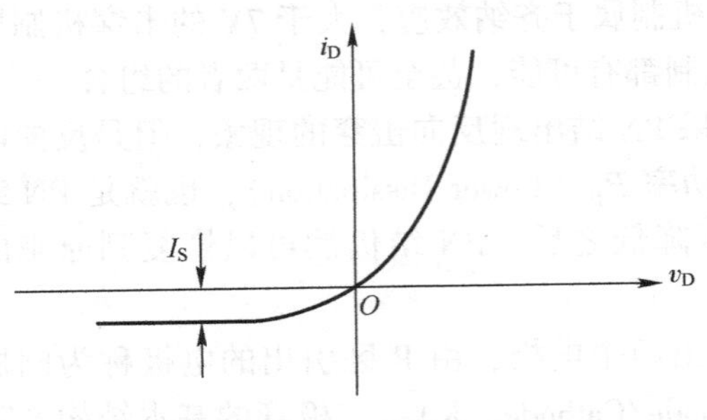

图 2.9　原点附近的伏安特性曲线

那反向饱和电流 I_S在哪里呢？实际上，如果把图 2.8 所示原点附近的曲线进行放大，会观察到如图 2.9 所示的原点附近的伏安特性曲线。

在原点附近有一个反向饱和电流 I_S，其值通常在 $10^{-18}\sim10^{-12}$A 之间，且与 PN 结的面积大小成正比例关系，所以也称其为比例电流（Scale Current）。而流过 PN 结的电流 i_D与施加在其两端的电压 v_D之间存在如下关系式：

$$i_D = I_S(e^{v_D/V_T} - 1) \tag{2.2}$$

对于一个明显的正向电流 i_D，它总会远远大于 I_S，所以式（2.2）可简化为下式：

$$i_D \approx I_S e^{v_D/V_T} \tag{2.3}$$

这个式子说明 i_D与 v_D之间近似服从指数函数的关系，其中 V_T就是我们提到过的热电压。而之所以重点提到反向饱和电流，是因为它是一个非常重要的参数，后续会经常涉及。

需要特别注意的是，二极管虽然存在很小的反向电流 I_R，但仍然远比 I_S大得多，I_R多出的那部分通常由耗尽区的载流子或泄漏效应而引起，这些因素与 PN 结的面积大小呈正比例关系。另外，I_S与 I_R的温度特性也有所不同，前者的温度每升高 5℃，其值增加约 1 倍，后者的温度每升高 10℃其值增加约 1 倍。

总的来说，二极管在被施加一定的正向偏压时呈现导通状态，而被施加一定的反向偏压时呈现截止状态，这就是它的单向导电性，这种特性使得二极管在刚刚步入电路设计领域时就获得了很广泛的应用。

二极管最经典的应用莫过于将交流（Alternate Current，AC）转换为直流（Direct Current，DC），我们称该转换过程为整流（Rectifying），相应的电路称为整流电路，相应的二极管称为整流二极管。

所谓直流信号，就是大小与方向均不变的信号；而交流信号是方向与幅值的大小均发生变化的信号，如图 2.10 所示为直流与交流信号（脉动直流可以认为是直流与交流的叠加）。

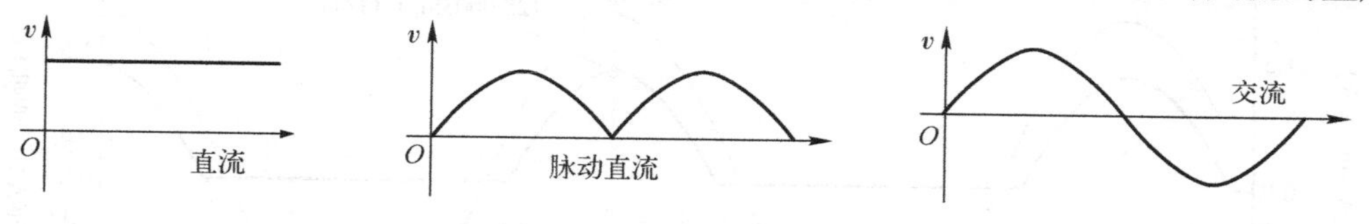

图 2.10 直流与交流信号

家里使用的很多电器（如冰箱、空调、电视机和洗衣机等）会直接使用 220V 的交流电，然而大多数直接控制电器运行的相关电路只有在直流供电的条件下才能正常工作，所以家用电器的内部通常都会有整流电路。如图 2.11 所示为基本的半波整流（Half-Wave Rectifier，HWR）仿真电路。

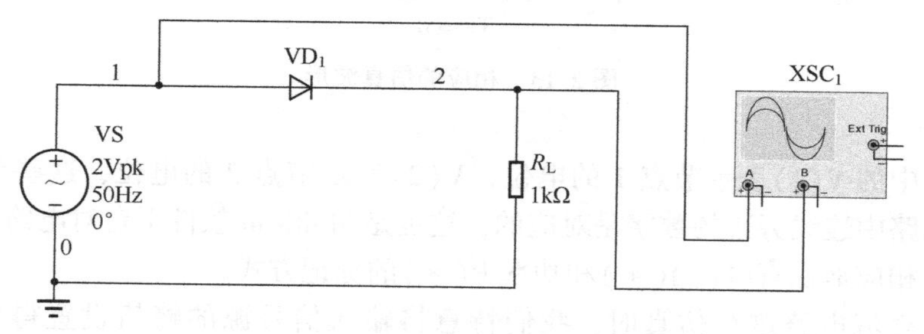

图 2.11 基本的半波整流仿真电路

基本的半波整流仿真电路的结构非常简单，把整流二极管 VD_1串联在输入交流电压源 VS（峰值为 2V，频率为 50Hz，"S" 表示 "Source"）与负载（Load）R_L之间即可。什么是负载呢？如牛拉车，车就相当于负载。用电设备都是消耗能源的负载，我们通常使用一个电

阻 R_L来等效它。

当 v_s大于 0.5V（VD_1的死区电压）时，VD_1处于导通状态且两端有一定的正向压降 v_D，负载 R_L的两端即可获得极性为上正下负的电压。相反，当 v_s 小于 0.5V 时，VD_1处于截止状态，整个回路是断开的，负载 R_L的两端没有电压，如图 2.12 所示为二极管的单向导通特性。

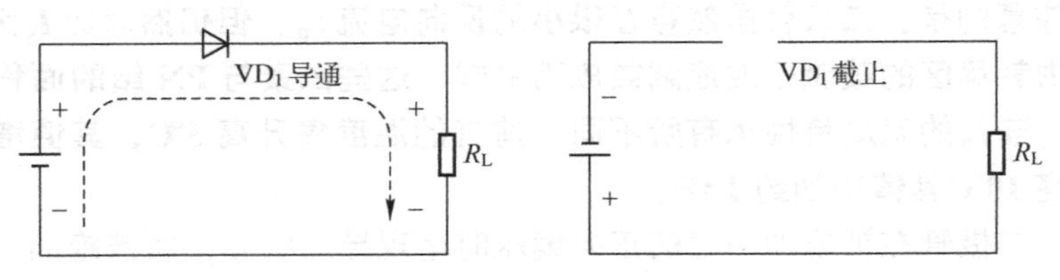

图 2.12　二极管的单向导通特性

很明显，R_L的两端只有上正下负的脉动直流电压，即完成了将输入交流处理为脉动直流的功能，相应的仿真波形如图 2.13 所示。

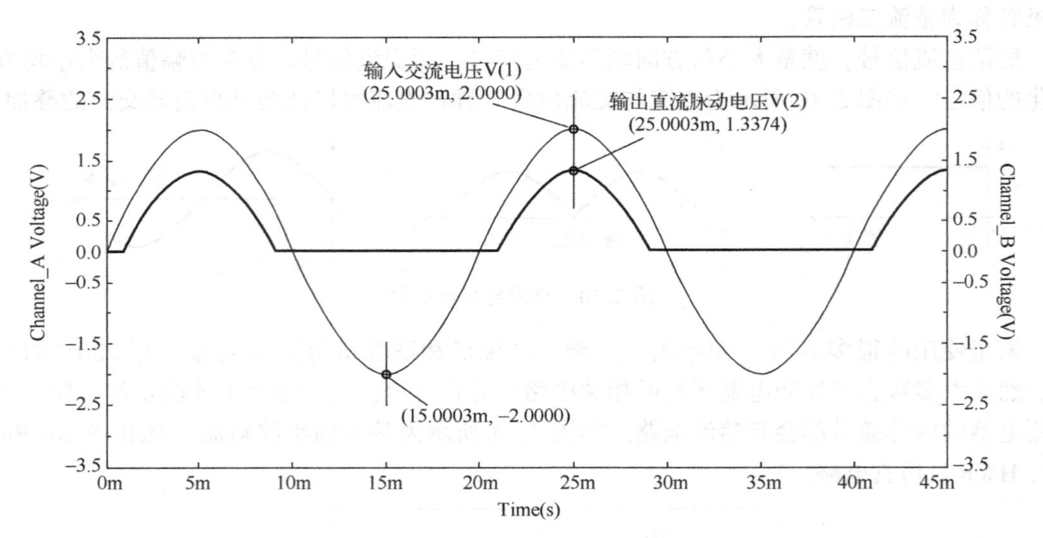

图 2.13　相应的仿真波形

仿真波形中的 V(1)表示节点 1 的电位，V(2)表示节点 2 的电位，这些节点与图 2.11 所示的仿真电路中连线旁边的数字是对应的，这也是 Multisim 软件平台对电路网络节点参数的标记方式，相应地也有电流 I(*)和功率 P(*)的标记方式。

在对半波整流电路进行仿真时，我们特意将输入信号源的峰值设置得比较小。从图 2.13 中可以看到，由于二极管正向导通压降的存在，输出电压的峰值比输入电压的要小约 0.6V，也就是有一定的损耗。所以，这种半波整流电路在输入交流电压的峰值接近（或小于）二极管死区电压的场合中并不适用，而是使用运放与二极管构成的精密整流电路比较合适。当然，如果输入交流电压的峰值远大于二极管的死区电压（如 220V 的交流电），我们通常会把二极管当作理想的二极管，在这种情况下，可以忽略正向导通压降引起的误差。

半波整流电路的输出效率比较低，输入交流电压的负半周对负载 R_L 完全没有能量贡献，所以另外一种效率更高的全波整流电路（Full-Wave Rectifier，FWR）应用更加广泛，如图 2.14 所示为全波整流电路。

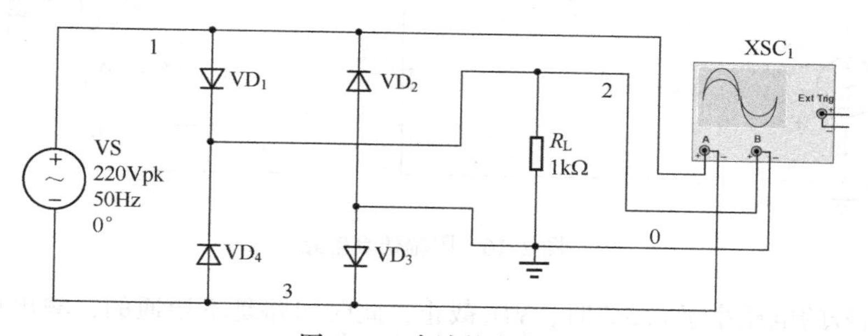

图 2.14　全波整流电路

当输入交流电压的正半周到来时，VD_1 与 VD_3 处于正向导通状态，负载 R_L 两端电压的极性为上正下负；而当输入交流电压的负半周到来时，VD_2 与 VD_4 处于正向导通状态，负载 R_L 两端电压的极性为上正下负，如图 2.15 所示为全波整流电路的仿真波形。

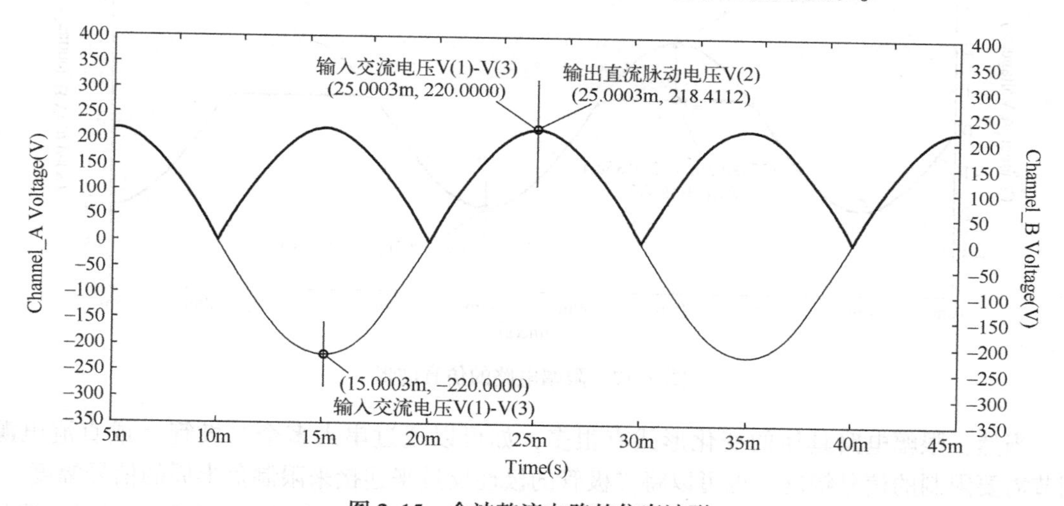

图 2.15　全波整流电路的仿真波形

从图 2.15 中可以看到，输入与输出电压的峰值相差约两个二极管的导通压降（约 1.6V），但对于峰值为 220V 的大电压而言，这点损耗完全可以忽略不计。很明显，全波整流电路的输出效率更高，输出电压的平均值为半波整流电路的两倍。虽然全波整流电路使用了 4 个二极管，相对于半波整流电路貌似成本高一些，但是现如今二极管的价格已经非常低了，而且全波整流电路对后级滤波电路的要求也低一些，所以额外使用两个二极管还是值得的。

限幅电路与钳位电路也是二极管的经典应用。限幅电路（Limiting Circuit）将输入信号

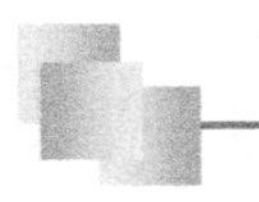

的幅值限制在一定的范围内，以避免因电压过大而损坏某些元器件。我们先看一个简单的限幅仿真电路，如图 2. 16 所示。

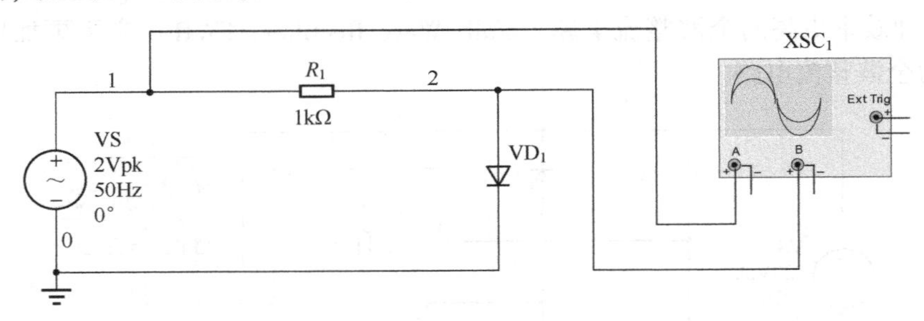

图 2. 16　限幅仿真电路

当输入信号的电压小于 0. 5V 时，VD_1截止，此时回路是不导通的，输出信号等于输入信号；当输入信号的电压大于 0. 5V 时，处于导通状态的 VD_1会将输出电压限制为一个二极管正向导通的压降（约为 0. 6V），如图 2. 17 所示为限幅电路的仿真波形。

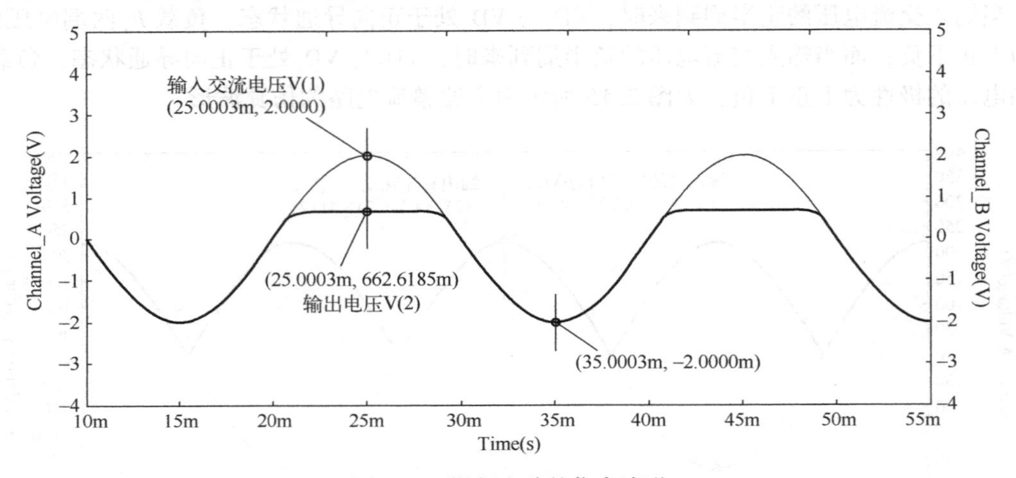

图 2. 17　限幅电路的仿真波形

当然，限幅电路具体的变化形式有很多，如可以通过串入多个二极管（或直流电源）调节需要限制的信号幅度，也可以将二极管的极性反过来连接来限制负半周的信号幅度，还可以使用反向并联的二极管同时限制正负半周的信号幅度，甚至可以将多种方式混合应用，如图 2. 18 所示为各种不同的限幅电路。

钳位电路（Clamping Circuit）能够将输入电压偏移到另一个不同的电压值上，最简单的钳位仿真电路如图 2. 19 所示。

假设初始状态下的输入电压为−10V，此时 VD_1导通并对电容 C_1快速充满电（极性为左负右正），而输出电压仅比公共地（0V）低一个二极管压降。当输入电压跳变为+10V 时，由于电容两端的电压不能突变，它与输入电压串联形成+20V 的输出电压，此时 VD_1是截止的，只要 R_L的阻值不是很小（电容放电的速度很慢），在输入电压再次跳变为−10V 之前，我们可以认为电容两端的压降是不变的，最简单的钳位仿真电路的仿真波形如图 2. 20 所示。

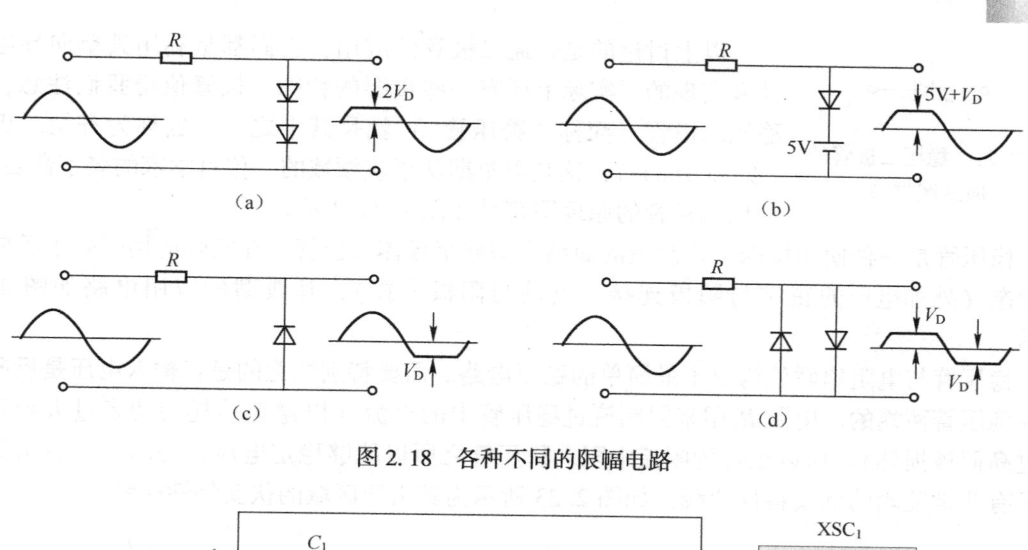

图 2.18　各种不同的限幅电路

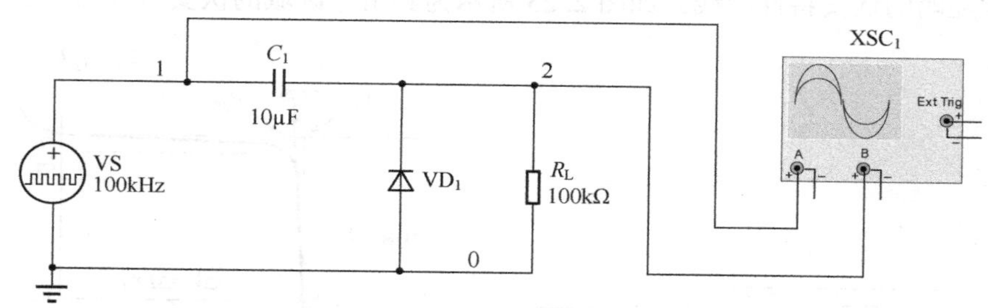

图 2.19　最简单的钳位仿真电路

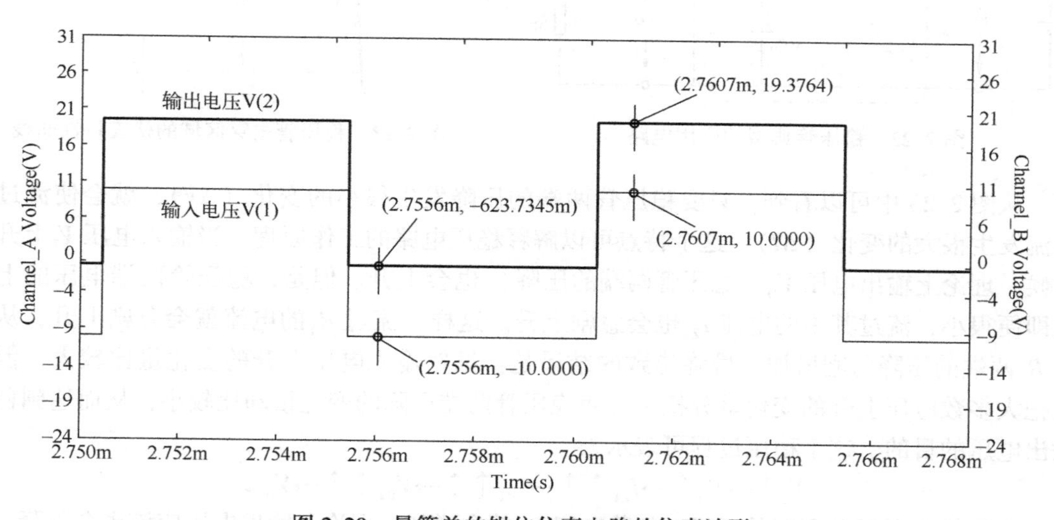

图 2.20　最简单的钳位仿真电路的仿真波形

与限幅电路相似，钳位电路也有很多形式，如用二极管串联直流电源来调节波形偏移的程度，本文这里不再赘述。需要指出的是，很多读者容易混淆限幅电路与钳位电路，它们两者的区别是**前者削掉输入信号的一部分而对剩余部分不做任何改变，后者对信号不做改变而仅进行一定数值的偏移**。

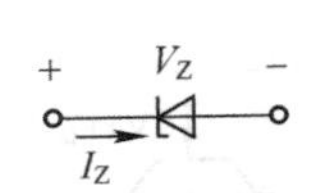

图 2.21　稳压二极管的原理图符号

以上讨论的是普通二极管的应用，它们都是利用其单向导电特性来实现的。实际上还有一些重要的特殊二极管值得我们注意，如稳压二极管（简称“稳压管”）就是其中之一，也称为齐纳二极管（Zener Diode），这是以早期从事该领域的一位科学家的名字命名的，稳压二极管的原理图符号如图 2.21 所示。

稳压管是一种使用特殊工艺制造的面结合型硅半导体二极管，在实际应用时处于**反向击穿状态**（外加电压的正端与阴极连接，负端与阳极连接），其典型的应用电路如图 2.22 所示。

稳压管与电阻串联就构成了最简单的稳压电路。需要特别注意的是：**输入电压是反向施加在稳压管两端的**。电阻 R_1 用来限制流过稳压管中的电流（以避免消耗的功率过大导致温度过高而被损坏），所以也称为限流电阻。稳压管之所以能够稳定电压，是因为它在击穿区域具有非常陡峭的伏安特性曲线，如图 2.23 所示为其击穿区域的伏安特性曲线。

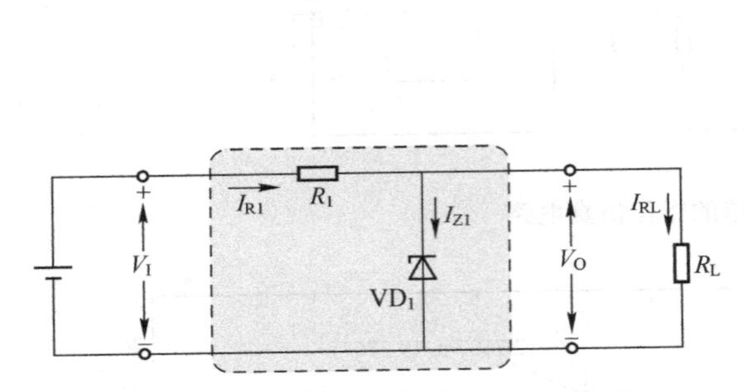

图 2.22　稳压管典型的应用电路

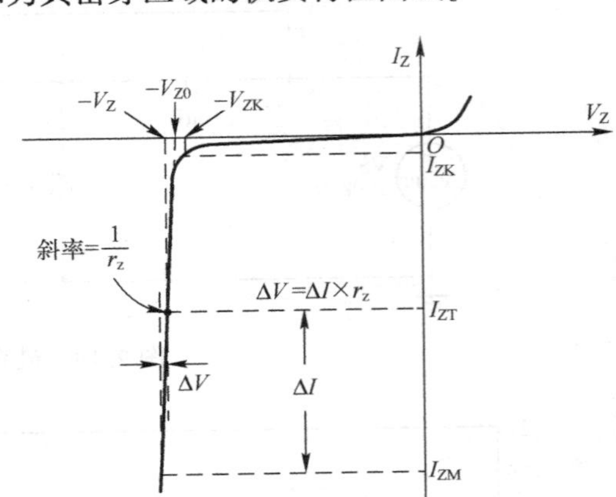

图 2.23　稳压管击穿区域的伏安特性曲线

从图 2.23 中可以看到，只要稳压管两端的压降发生很小的变化（ΔV），就会使流过的电流发生很大的变化（ΔI），这个特点可以解释稳压电路的工作原理。当输入电压 V_I 上升的时候，理论上输出电压 V_O（稳压管两端的压降）也会上升。但是，稳压管两端电压的上升量即便很小，流过其中的电流 I_{Z1} 也会急剧上升。这样，流过 R_1 的电流就会急剧上升，从而使 R_1 两端的压降急剧增加。最终导致的结果是：虽然输入电压上升的变化量比较大，但是 R_1 把大多数电压上升的变化量分担了，而稳压管两端压降的变化量却比较小，从而达到稳定输出电压的目的，这个稳压过程可表示为

$$V_I\uparrow\rightarrow V_O\uparrow\rightarrow I_{Z1}\uparrow\uparrow\rightarrow I_{R1}\uparrow\uparrow\rightarrow V_{R1}\uparrow\uparrow\rightarrow V_O\downarrow$$

当负载 R_L 的阻值下降的时候，负载电流 I_{RL} 就会增加，理论上输出电压应该也会下降，但是只要稳压管两端的压降下降一点点，流过其中的电流 I_{Z1} 的下降量反而会更大。由于此时的输入电压是不变的，所以流过 R_1 的电流也基本不变。虽然 I_{RL} 增加了，但是 I_{Z1} 却下降了，输出电压仍然还是稳定的。也就是说，I_{RL} 的上升量来自 I_{Z1} 的下降量，这个稳压过程可表示为

$$R_L\downarrow\rightarrow I_{RL}\uparrow\rightarrow V_O\downarrow\rightarrow I_{Z1}\downarrow\downarrow(I_{R1}\text{不变})\rightarrow V_O\uparrow$$

从稳压过程中可以看到，这种稳压电路是利用稳压管电流的自动调节原理来满足负载电

流的改变的，然后与限流电阻 R_1配合，把输入电压的变化转换成 R_1两端压降的变化，而输出电压却可以几乎保持不变。

在对稳压电路进行设计时，需要特别注意限流电阻的取值范围，从而保证稳压电路在最坏的条件下也能够正常工作。那怎么样才算稳压电路正常工作呢？我们从图 2.23 中可以看到 I_{ZK}与 I_{ZM}两个参数，其中 I_{ZK}是稳压管能够进入稳压状态的最小电流，称为膝点或拐点电流（Knee Point Current），所以限流电阻不宜过大，否则稳压管将退出反向击穿状态，这样也就不再有稳定电压的能力了。当然，限流电阻也不宜过小，以避免稳压管因流过的电流 I_{Z1}超过最大稳定电流 I_{ZM}，导致消耗的功率过大而被损坏，所以使稳压管正常工作的电流 I_{Z1}的范围为

$$I_{ZK}<I_{Z1}<I_{ZM} \tag{2.4}$$

我们可以根据两种最坏的条件进一步推导出限流电阻的计算公式。第一种情况，当输入电压最大且负载电阻也最大（负载电流 I_{RL}最小）时，流过稳压管的电流 $I_{Z1}=I_{R1}-I_{RL}$为最大值，此时要保证 $I_{Z1}<I_{ZM}$，所以有：

$$I_{R1}-I_{RL}<I_{ZM} \tag{2.5}$$

I_{R1}可由输入电压减去输出电压后再除 R_1获得，I_{RL}则为输出电压除负载电阻 R_L，即有：

$$\frac{V_{Imax}-V_{D1}}{R_1}-\frac{V_{D1}}{R_{Lmax}}<I_{ZM} \tag{2.6}$$

整理一下，可得到 R_1最小值的表达式，即

$$R_{min}=\frac{(V_{Imax}-V_{D1})\times R_{Lmax}}{I_{ZM}\times R_{Lmax}+V_{D1}} \tag{2.7}$$

再来看第二种情况，当输入电压最小且负载电阻最小时，流过稳压管中的电流 I_{Z1}为最小值，此时要保证 $I_{Z1}>I_{ZK}$，同样展开之后再整理一下就可以得到 R_1最大值的表达式，即

$$R_{max}=\frac{(V_{Imin}-V_{D1})\times R_{Lmin}}{I_{ZK}\times R_{Lmin}+V_{D1}} \tag{2.8}$$

我们举一个简单的电路设计实例：**在图 2.22 所示的电路中，假设输入电压为 12V，当输出电压等于 5V 时，从表 2.1 所示的数据手册中选择相应的稳压管，并计算当输入电压的变化范围是±10%，负载电阻 R_L在 0.5~1.5kΩ 之间变化时，限流电阻 R_1的取值范围。**

表 2.1　1N47 系列的稳压管的数据手册（部分）

型　号	标称稳压值 (V_Z)	测试电流 (I_{ZT})	最大动态电阻 (Z_{ZT})	最大稳定电流 (I_{ZM})	I_{ZK}
1N4730	3.9V	64mA	9Ω	234mA	1mA
1N4731	4.3V	58mA	9Ω	217mA	1mA
1N4732	4.7V	53mA	8Ω	193mA	1mA
1N4733	5.1V	49mA	7Ω	178mA	1mA
1N4734	5.6V	45mA	5Ω	162mA	1mA
1N4735	6.2V	41mA	2Ω	146mA	1mA
1N4736	6.8V	37mA	3.5Ω	133mA	1mA
1N4737	7.5V	34mA	4.0Ω	121mA	0.5mA

注：如非特别说明，T_A=25℃。

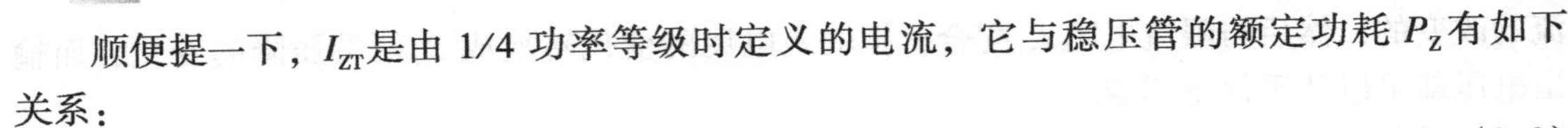

顺便提一下，I_{ZT}是由 1/4 功率等级时定义的电流，它与稳压管的额定功耗 P_Z 有如下关系：

$$P_Z = 4V_Z I_{ZT} \tag{2.9}$$

例如，1N47 系列稳压管的标称功耗为 1W，当标称稳压值为 5.1V 时，其相应的 I_{ZT} 如下：

$$I_{ZT} = P_Z/4V_Z = 1\text{W}/(4\times5.1\text{V}) \approx 49\text{mA}$$

实际上，本例也可以使用功耗更小的稳压管（如 500mW 的 1N46 系列），但是找了很多数据手册都没有 I_{ZK} 的值，取而代之的是一个比较小的 I_{ZT} 的值（250μA）。此时，在这种情况下，只需要在 I_{ZT} 的基础上留些设计裕量即可确定 I_{ZK} 的值（如 1mA）。

言归正传，既然我们需要 5V 的输出电压，那么理论上应该选择标称值为 5V 的稳压管，但是数据手册中没有 5.0V 的稳压管，因为稳压管本身是不能做精密稳压的，它是有一定的偏差的。实际上，数据手册也暗示了此种稳压管的精度，如选择 5.1V，那么在实际工作的时候，它可能会是 5.0V，也有可能是 5.2V，有些数据手册会直接标出在某个测试电流下标称稳压值的最大值与最小值，一般 10%和 5%的精度是比较常用的。当然，也有 2%和 1%的精度。

我们可以选择一个略大于 5V 的稳压管，如 5.1V 的 1N4733，它的最大稳定电流 I_{ZM} = 178mA。那这个电流够不够用呢？我们使用标称稳压值除以负载电阻的最小值，估算一下负载电流的最大值，即 5.1V/0.5kΩ≈10mA，所以 178mA 也是足够的。

另外，数据手册中还有一个最大动态电阻 Z_{ZT}（对应图 2.23 中的 r_Z，其定义为 $\Delta V/\Delta I$），其值一般在几欧姆到几十欧姆之间。此值越小，表示稳压管的稳压能力相对要好一些。为了阐述动态电阻对稳压能力的影响，我们可以把稳压管看作一个直流电源 V_{Z0} 与动态电阻 Z_{ZT} 的串联，那么将图 2.22 所示的电路可以等效为如图 2.24 所示的电路。

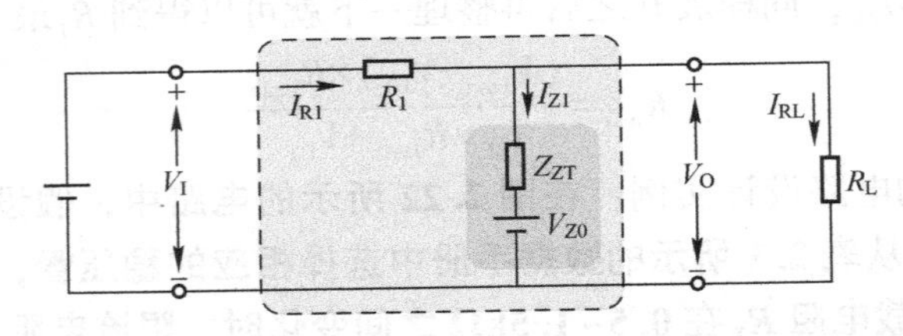

图 2.24 硅稳压电路的等效电路

图 2.24 中，V_{Z0} 是图 2.23 中斜率为 $1/r_Z(1/Z_{ZT})$ 的直线与横轴电压的相交点。从图 2.24 所示的等效电路很容易理解动态电阻对稳压能力的影响。很明显，Z_{ZT} 越小，相同的电流变化量引起 Z_{ZT} 两端压降的变化就会越小，输出电压也就越稳定。如果你手中稳压管的种类比较多，则可以选一个动态电阻比较小的稳压管。

接下来确定限流电阻的取值范围。由于负载电阻的变化范围是已知的，所以我们只需要计算一下输入电压的变化范围就可以了，即 $V_{Imin} = 12\text{V}\times(1-10\%) = 10.8\text{V}$，$V_{Imax} = 12\text{V}\times(1+10\%) = 13.2\text{V}$。

至此，式（2.7）和式（2.8）中的所有参数都是已知的，即有：

$$R_{min} = \frac{(13.2\text{V}-5.1\text{V})\times1.5\text{k}\Omega}{178\text{mA}\times1.5\text{k}\Omega+5.1\text{V}} = 45\Omega$$

$$R_{max}=\frac{(10.8V-5.1V)\times 0.5k\Omega}{1mA\times 0.5k\Omega+5.1V}=509\Omega$$

我们取一个中间值（220Ω）就可以了。在允许的范围内可以取一个比较大点的阻值，这样稳压性能也相对更好一些，同时也可以节约一些电能，环保还是要考虑的。

最后还可以计算出限流电阻消耗的功率，即

$$P=\frac{V^2}{R}=\frac{(V_{Imax}-V_{D1})^2}{R_1}=\frac{(13.2V-5V)^2}{220\Omega}\approx 0.31W$$

在考虑到设计裕量的情况下，我们可以选择耗散功率为 1W 的电阻。稳压电路的设计至此大功告成。

当然，并不是所有的二极管都是由两种类型的杂质半导体合并而成的，肖特基二极管就是一例外，其全名为肖特基势垒二极管（Schottky Barrier Diode，SBD），它是通过金属与中度掺杂的 N 型半导体材料接触而成的，其基本结构与原理图符号如图 2.25 所示。

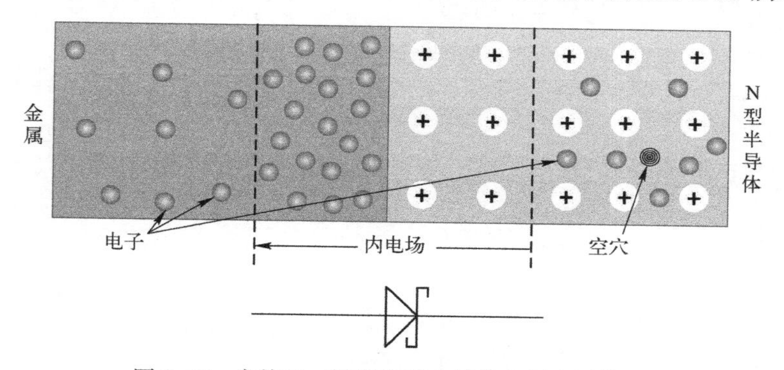

图 2.25　肖特基二极管的基本结构与原理图符号

当金属与 N 型半导体结合时，由于金属的自由电子相对较少，从而存在浓度差，电子将从 N 型半导体向金属扩散。但是，金属是不存在空穴的，N 型半导体得不到空穴补充而带正电，金属多了电子所以带负电，这样就形成了一个从 N 型半导体指向金属侧的内电场，我们称之为势垒（不能称之为 PN 结），它也具有单向导电性。

SBD 的伏安特性非常类似于 PN 结二极管的伏安特性，但是相对于后者，SBD 有两个非常重要的特点：其一是正向导通压降更低，由硅制成的 SBD 的正向导通压降一般为 0.3V 左右；其二是从导通转换为截止（或截止转换为导通）的速度比 PN 结二极管要快很多。正是这两个特点，使得 SBD 在某些应用场合具有很大的优势，之后在适当的时候还会对其进行进一步的讨论。

另外，发光二极管、变容二极管和光电二极管等特殊二极管也很常用，这里就不再详细讨论了，有兴趣的读者可以自行参考相关图书。最后给大家留一个小问题：既然二极管的空间电荷区存在内建电位差，那么是不是可以将多个二极管串联起来点亮小灯泡呢（见图 2.26）？

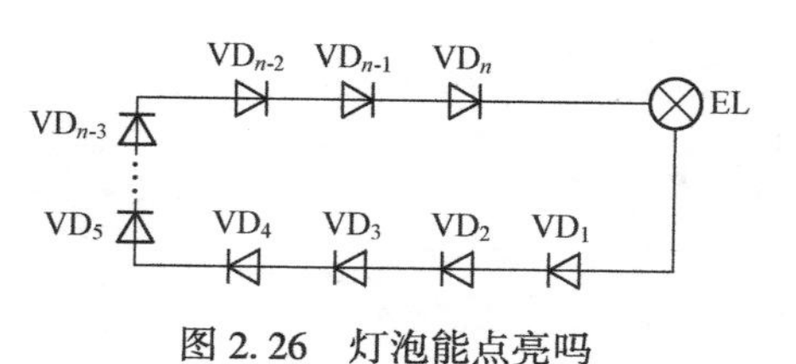

图 2.26　灯泡能点亮吗

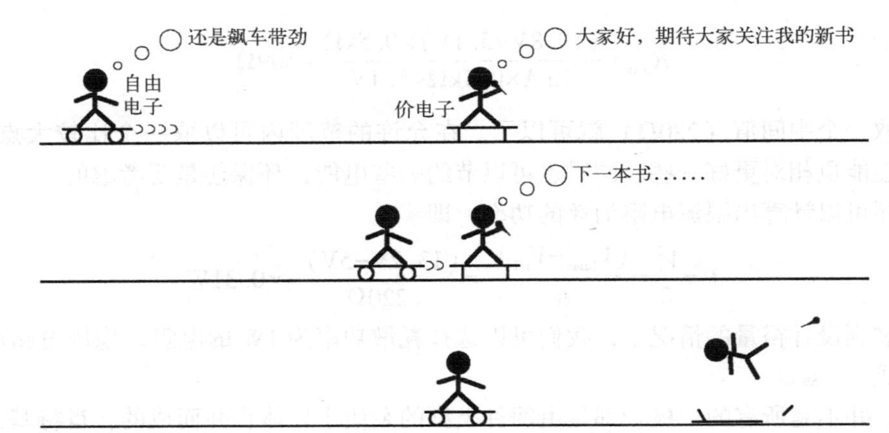
还是飙车带劲
自由
电子
大家好，期待大家关注我的新书
价电子
下一本书……

第3章 三极管基本结构与放大原理：三国演义

将两块不同类型的杂质半导体合并可以得到具有单向导电特性的二极管。那么，如果把3块**相邻类型不同**的杂质半导体层叠起来，然后通过金属接触面从3层半导体各引出一个电极，这样就会构成一种全新的元器件，也就是我们将要讨论的三极管。它的学名是双极结型晶体管（Bipolar Junction Transistor，BJT），也称为晶体三极管，是一种电流控制电流的半导体元器件，具有放大电流的功能，主要作用是把微弱的输入信号放大成为幅值较大的输出信号，是很多常用电子电路的核心元器件。

注意：广义的三极管还包含场效应管、达林顿管和晶闸管，以及绝缘栅双极型晶体管等具备3个电极的晶体管，而本书所涉及的三极管均**特指**双极结型晶体管，这也是行业工程师已经达成共识的通俗称谓。

根据层叠半导体材料性质的不同，三极管可分为NPN与PNP两种类型，前者由两块N型半导体夹一块P型半导体构成，后者由两块P型半导体夹一块N型半导体构成。硅管多为NPN型的，锗管多为PNP型的，本书主要讲解NPN型三极管的基本结构与放大原理。

NPN型三极管的基本结构如图3.1所示。

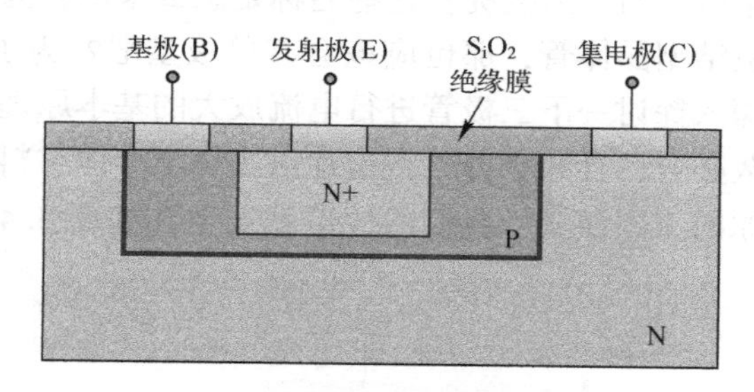

图3.1 NPN型三极管的基本结构

为了实现放大电流的目的，相互层叠的3块杂质半导体还有一定的特殊工艺要求。标有符号“N+”的N型半导体的掺杂浓度很高（符号“+”表示高掺杂），这是它的主要特点。前面已经提到过，N型半导体每掺入一个杂质原子就会多出一个自由电子，所以这个“N+”区域的电子数量非常多，我们把这个区域称为发射区（Emitter Region），而把从发射区引出的电极称为发射极（Emitter，E）。

中间夹着的P型半导体的特点是厚度很薄，一般也就几微米到几十微米。与发射区恰好相反，它的掺杂浓度很低，所以相对发射区而言，尽管它是P型半导体，但是它的多子（空穴）还是很少的，少子（电子）就更少了，我们把这个区域称为基区（Base Region），而把从基区引出来的电极称为基极（Base，B）。

剩下的那一块面积最大的N型半导体的特点就很明显了，看面相就知道了，就是面积很大，它的掺杂浓度较低，我们把这个区域称为集电区（Collector Region），而把从集电区引出的电极称为集电极（Collector，C）。

这3层硅半导体也形成了两个PN结，我们把基区与发射区之间的PN结称为发射结（Emitter-Base Junction，EBJ），而把基区与集电区之间的PN结称为集电结（Collector-Base Junction，CBJ）。NPN型与PNP型三极管的结构如图3.2所示。

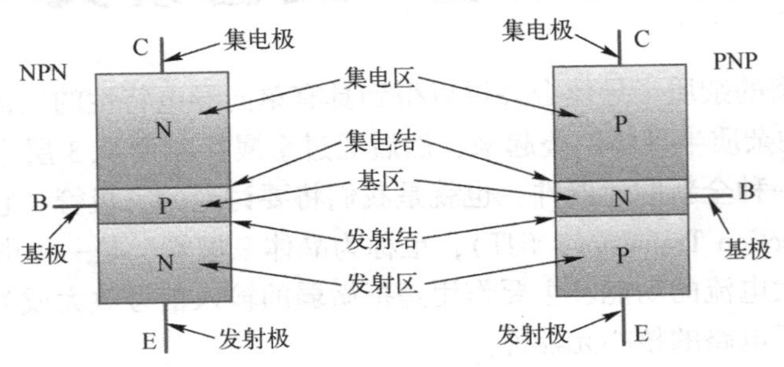

图3.2　NPN型与PNP型三极管的结构

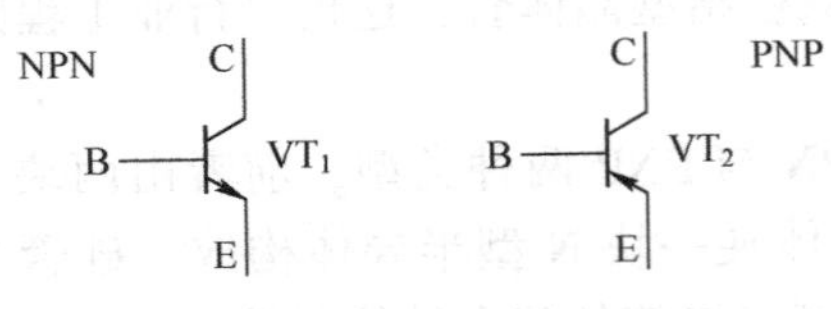

图3.3　三极管的原理图符号

由于这是我们第一次接触三极管，所以大家一定要注意电极（Electrode）、区（Region）和结（Junction）的区别。在实际进行原理图设计时，通常使用字母“VT”或“Q”作为位号标记，其原理图符号如图3.3所示。

那为什么要命名为集电极与发射极呢？这些名称是怎么来的？为什么把三极管称为双极结型晶体管？既然有双极结型晶体管，那也应该会有单极型吧？为了找到这些问题的答案，我们先从载流子的角度深入探讨一下三极管进行电流放大的基本原理。

话说天下大势，分久必合，合久必分，在这片由3块半导体材料层叠而成的疆域内，也上演了一部群雄逐鹿中原的三国演义，我们的故事就发生在如图3.4所示的半导体“势力”的分布版图内。

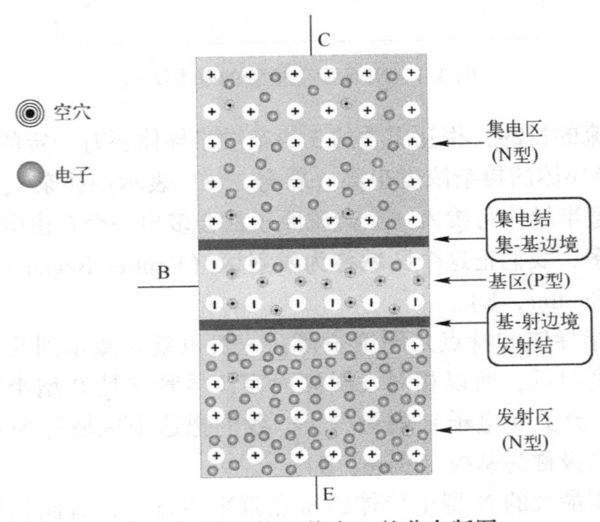

图3.4　半导体“势力”的分布版图

第一幕：在这个看似和平实则波谲云诡的年代，总有一些暗流涌动的势力正在潜伏着，只要时机成熟，战争将一触即发。基区是集电区与发射区共同的邻国，地理环境注定的资源匮乏而导致基区的国力一直非常弱。为了能够在兵荒马乱的时代中生存与发展，基区的国王一直卧薪尝胆，时刻都在集电区与发射区培养己方的暗势力。

NPN型三极管由两块N型半导体（发射区与集电区）夹着一块P型半导体（基区）构成。其中，基区很薄且掺杂浓度很低，所以多子（空穴）很少，少子（电子）就更少了（弱国嘛）。发射区与集电区都是N型半导体，但是发射区的掺杂浓度高很多，是3个区中掺杂浓度最高的，真可谓兵强马壮，国力强盛，国王也一直对北方各区的疆土虎视眈眈，尤其是集电区。其国土面积比发射区要大得多，资源丰富，幅员辽阔，只不过集电区的边境防守甚为严密，一直没有给发射区任何机会。

第二幕：天刚刚破晓，一支百万大军从发射区大本营出发，浩浩荡荡地向北部的基-射边境奔袭。发射区的主帅接到命令，让其迅速扫平北方部落并臣服于发射区，从而统治天下！这个计划已经制定了很久了，但一直没有等到时机。直到不久前探子来报，集电区边境守城的主帅命令全城深沟高垒，加强防守！机会来了。

原来一直没有任何处理的NPN型三极管被施加了两个供电电源，如图3.5所示。

我们通过电阻R_B在三极管的基极（B）与发射极（E）之间施加5V的供电电压，这样就能够使发射结进入正向导通状态，并且假设发射结的正向压降V_{BE}约为0.6V，然后再通过电阻R_C在集电极（C）与发射极（E）之间提供一个更大的偏置电压。这个更大的偏置电压有多大呢？实际上，只要不比发射结的正向压降小就可以了，这里我们使用12V的供电电压。

在这两个供电电压连接的一瞬间，三极管的内部还没有充分工作起来，此时我们认为集电极的电位V_C为12V。很明显，此时三极管集电极的电位V_C是大于基极的电位V_B的，集电结由于被施加了反向偏置电压而处于截止状态，如图3.6所示。

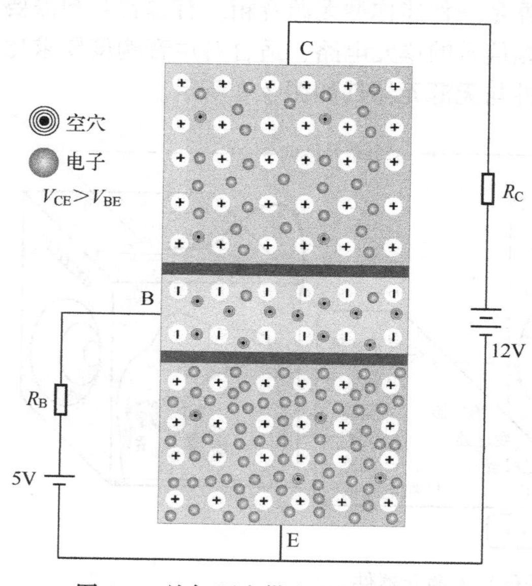

图3.5　施加两个供电电源的三极管

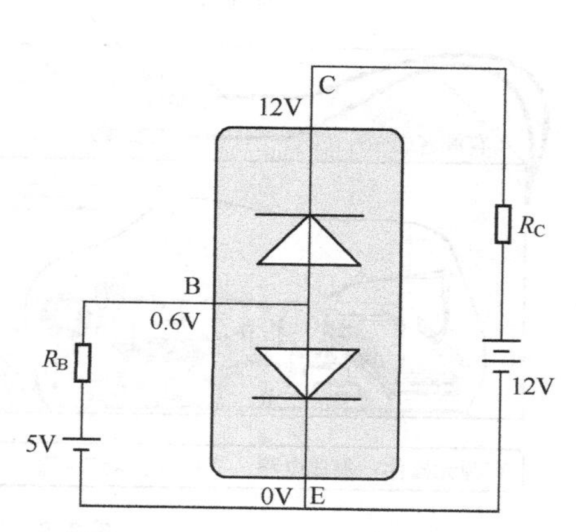

图3.6　三极管上电一瞬间的电位

我们通过电阻给三极管的各个电极施加一定电压的目的就是使三极管处于放大状态（Active Mode），也就是让**发射结正向偏置、集电结反向偏置**，这是三极管进入放大状态的外部电压偏置条件。很明显，三极管目前的状态是符合这个条件的。

我们也可以把三极管处于放大状态的条件归纳为一个表达式，即 $V_{CE}>V_{BE}$。也就是说，集电极与发射极（C-E）之间的压降大于基极与发射极（B-E）之间的压降，那么如果以发射极的电位 V_E 为参考，则有 $V_C>V_B$，$V_B>V_E$，同样是“发射结正偏，集电结反偏”的意思，所以也可以使用 $V_C>V_B>V_E$ 来表示三极管处于放大状态，如图 3.7 所示为三极管进入放大状态的偏置条件。

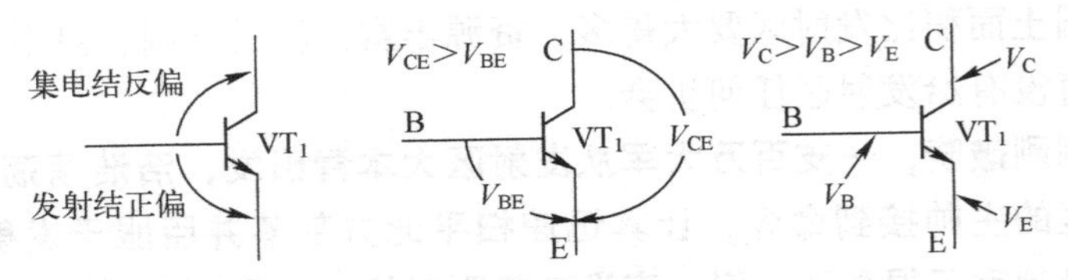

图 3.7　三极管进入放大状态的偏置条件

从三极管进入放大状态需要一定的外部偏置电压的角度来讲，三极管属于有源元器件（Active Device）。也就是说，要使三极管能够正常工作，必须提供额外的能源（电源），而电阻、电容、电感器、二极管和变压器之类的元器件属于无源元器件（Passive Device），它们不需要电源也可以正常工作。例如，我们常见的音箱就分无源与有源两种。无源音箱只需要将音频信号线连接到如电脑、手机和 MP3 播放器之类的音频输出接口就可以了，这类音箱的内部除扬声器外，最多还会有一些电阻、电容和电感器等无源元器件构成的分频器（用于将音频信号分离成高音、中音和低音等不同成分，然后分别送入相应的高、中和低音扬声器，以便各个音频频段都可以完整地被表现出来），或什么都没有，一般适合于对声音响度要求比较低的场合，我们常用的小耳塞也算是一种迷你型无源音箱。有源音箱却需要额外提供电源，这类音箱的内部具有放大输入音频信号的单元电路，适合对声音响度要求比较高的场合，如舞台、广场和礼堂等。有源元器件与无源元器件如图 3.8 所示。

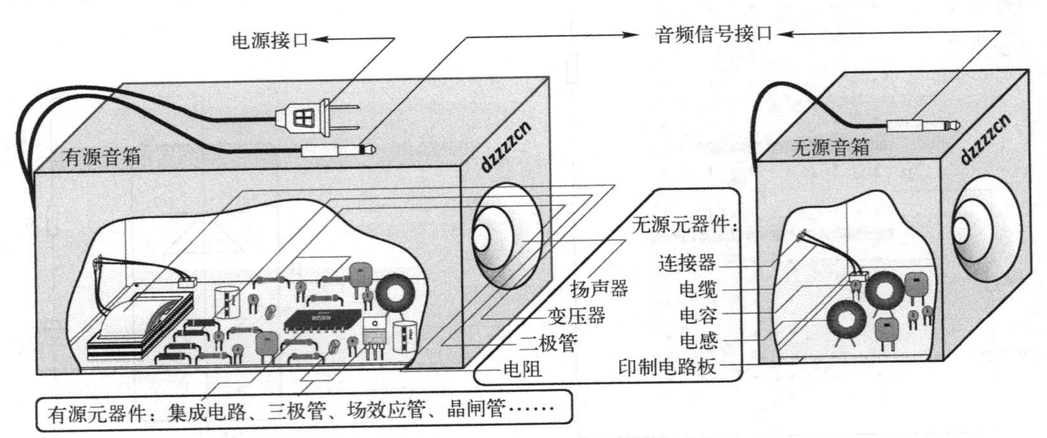

图 3.8　有源元器件与无源元器件

好的，一切已经准备就绪，一场战争马上就要开始了，我们来观察一下三极管内部载流子的运动情况（都要同时注意多子与少子）。

第三幕：基区是一个小国家，无论从哪方面看都无法与发射区这个强国抗衡。眼瞅着百万大军兵临城下，其稍微做了一下抵抗后就做出了一个英明无比的决策，即开城投降！很快，发射区这个强国的兵力就冲过了基-射边境。

我们已经提过：由浓度差而引起载流子从高浓度区域向低浓度区域的定向运动称为扩散。当发射结处于正向导通状态时，由于发射区的掺杂浓度很高（3个区中最高），而基区的掺杂浓度最低，所以发射区的多子（**电子**）将源源不断地穿过发射结扩散到基区，形成发射结电子扩散电流，我们使用符号I_{EN}来表示，其中E表示来自发射区，N表示由电子形成的电流，该电流的方向与电子运动的方向相反。

与此同时，基区的多子（空穴）也扩散至发射区形成空穴扩散电流，我们使用符号I_{EP}来表示，其中P表示空穴形成的电流，该电流的方向与空穴运动的方向相同。由于基区的掺杂浓度很低，所以I_{EP}相对于I_{EN}是很小的。然而，革命的力量是不分大小的，我们一定要团结一切可以团结的力量，这样才能最终实现目标……不好意思，跑题了！

这里的I_{EN}与I_{EP}两个电流就形成了发射极电流I_E，即

$$I_E = I_{EN} + I_{EP} \tag{3.1}$$

此时内部载流子的状态如图3.9所示。

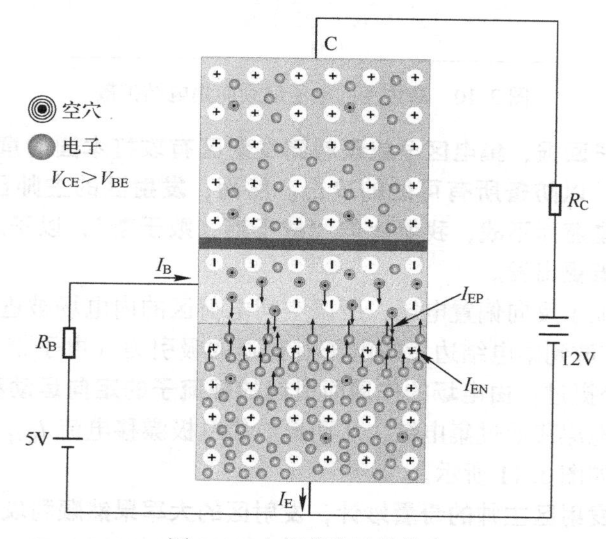

图3.9　内部载流子的状态

第四幕：百万大军已经顺利攻占基区城池，势如破竹。由于基区没有进行有效的抵抗，从发射区奔袭的百万大军基本没有损伤，正所谓“一鼓作气”，主帅的命令是继续挥师北上。然而，谁也没想到，军队中有少量不明身份的人趁机与基区的人暗中联络部署。

从发射区扩散到基区的多子（**电子**）在基-射边境（发射结）的附近浓度最高，离发射结越远（北上），浓度就越低，从而形成了一定的**电子**浓度差，这种浓度差使得扩散到基区的电子继续往集电结方向扩散。

在电子扩散的过程中，有一小部分与基区的多子（空穴）进一步复合，从而形成基区电流 I_{BN}。由于基区很薄且掺杂浓度低，尽管基区是P型半导体且多子是空穴，但是空穴也还是很少的，所以从发射区注入的高浓度电子在扩散的过程中与基区空穴的复合机会也很少，从而形成的电流 I_{BN} 也就很小了。但它是组成基极电流 I_B 的一部分（还有另外几部分，我们很快将会看到），而绝大多数高浓度的电子都将被扩散到集-基边境（集电结），如图3.10所示为高浓度的电子继续向集电结扩散。

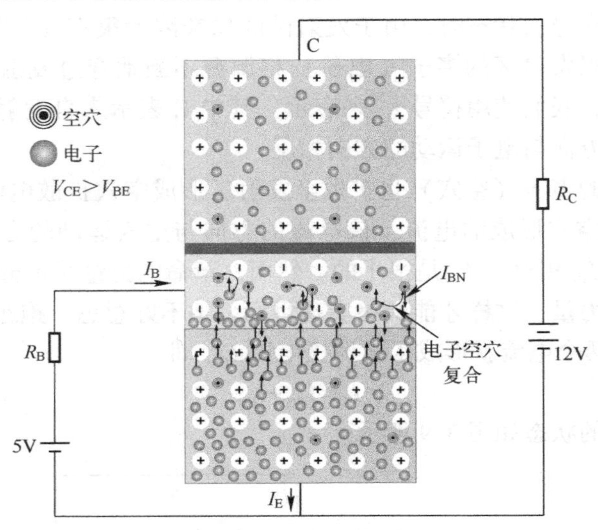

图3.10　高浓度的电子继续向集电结扩散

第五幕：正如探子回报，集电区早就预料到发射区有攻打本国的意图，已然吩咐下去，将所有城池拓宽加固，以防备所有可能的攻击。然而，发射区的主帅已然准备好了应对之策，既然你要深沟高垒避而不战，我就让你“成于斯，败于斯”，以子之矛攻子之盾。于是乎，大军三更做饭，五更出发。

由于集电结被施加了反向偏置电压，所以空间电荷区的内电场被进一步加强（PN结变宽）了，这样反而对扩散到集电结边境的电子有很强的吸引力（电子带负电，同性相斥，异性相吸）。我们也已经提过：**由电场的作用而引起的载流子的定向运动称为漂移**，所以高浓度的电子将会很顺利地漂移通过集电结，从而形成集电极漂移电流 I_{CN1}，该电流的方向与电子漂移的方向相反，如图3.11所示。

第六幕：得益于发射区主帅的奇囊妙计，发射区的大军果然顺利攻下了集电区，形成了全境统一的大好格局。但是，集电区的残余势力也乘机混入到了基区中，蛰伏待机，随时可能会组织人手破坏国家的和平统一。

（1）集电极电流 I_C 由3个部分组成。第一部分是发射区注入到基区的高浓度电子漂移到集电区后形成的电流，我们将其标记为 I_{CN1}，它是形成 I_C 的主要成分。

（2）实际上，当发射区注入到基区的高浓度电子漂移到集电区时，还有很小一部分电子是基区本身的少数载流子，它们不是发射区注入的，我们把由它们漂移通过集电结形成的电流标记为 I_{CN2}，它属于 I_C 的第二个部分。

（3）还有一部分是由集电区本身的少子（空穴）形成的。施加给集电结的反向偏置电压有

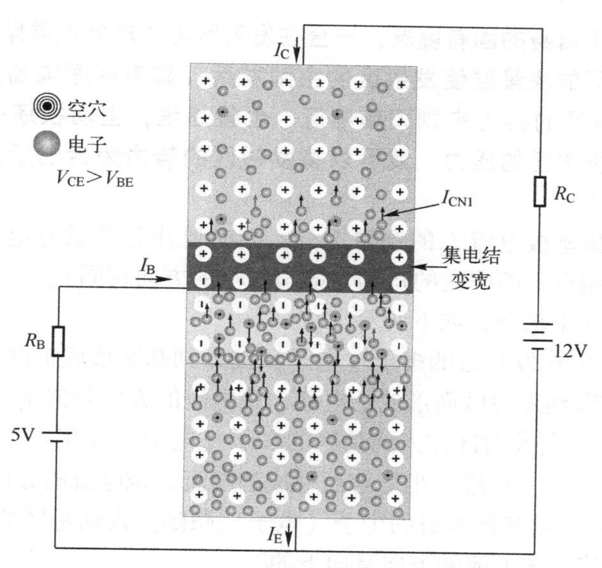

图 3.11　高浓度的电子漂移到集电区

利于基区的电子漂移到集电区，但同时对集电区的少子（空穴）漂移到基区也有积极意义。而集电区的空穴漂移到基区后，与基区的少子（电子）复合形成了电流，我们使用 I_{CP} 来标记。

所以，集电极电流 I_C 可表达为下式：

$$I_C = I_{CN1} + I_{CN2} + I_{CP} \tag{3.2}$$

需要注意的是：I_{CN2} 与 I_{CP} 是由少子形成的，它们对电流的放大是没有贡献的，我们将其统称为集电极-基极反向饱和电流（Collector-Base Reverse Current），并使用符号 I_{CBO} 来标记，即

$$I_{CBO} = I_{CN2} + I_{CP} \tag{3.3}$$

集电极电流的成分如图 3.12 所示。

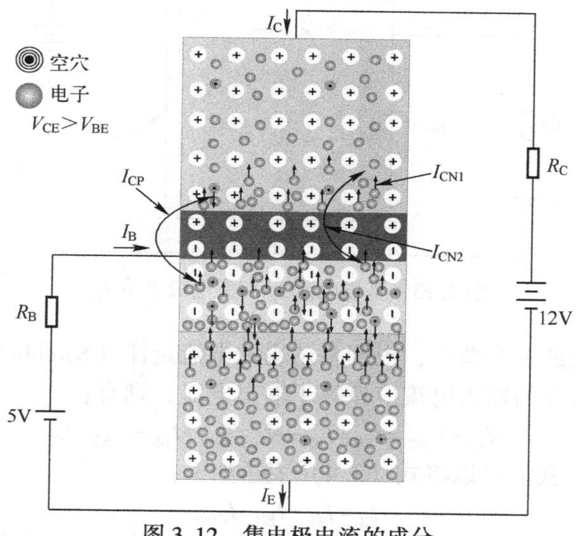

图 3.12　集电极电流的成分

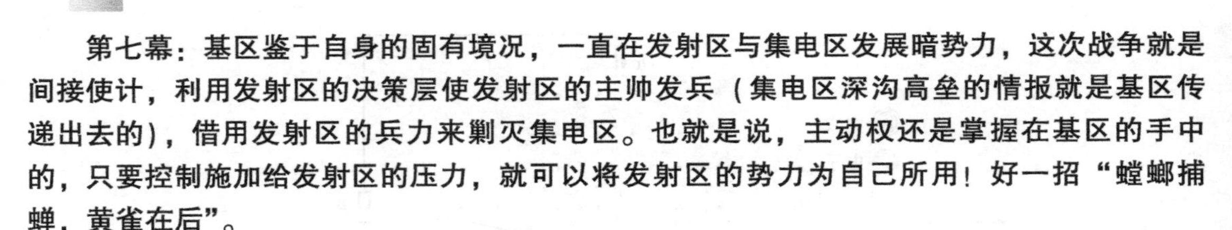

第七幕：基区鉴于自身的固有境况，一直在发射区与集电区发展暗势力，这次战争就是间接使计，利用发射区的决策层使发射区的主帅发兵（集电区深沟高垒的情报就是基区传递出去的），借用发射区的兵力来剿灭集电区。也就是说，主动权还是掌握在基区的手中的，只要控制施加给发射区的压力，就可以将发射区的势力为自己所用！好一招“螳螂捕蝉，黄雀在后”。

我们回过头来分析基极电流 I_B 的主要成分，同时要注意各成分电流的方向（电子的运动方向与电流的方向相反，而空穴的运动方向与电流的方向相同）。

基极电流 I_B 包含 4 个部分，如下所示。

第一部分是 I_{EP}：它在发射区的多子（电子）注入到基区形成扩散电流 I_{EN} 的同时，基区的多子（空穴）也扩散到发射区而形成的电流，该电流的方向是向下的。

第二部分是 I_{BN}：它是发射区注入到基区的多子（电子）往集电结扩散的过程中，有一小部分与基区的多子（空穴）进一步复合而形成的电流，该电流的方向是向下的。

第三部分是 I_{CN2}：它是基区本身的少子（电子）跟随注入到基区的高浓度电子一起漂移到集电区而形成的电流，该电流的方向是向下的。

第四部分是 I_{CP}：它是集电区的少子（空穴）漂移到基区形成的电流，该电流的方向也是向下的。

基极电流 I_B 和集电极电流 I_C 如图 3.13 所示。

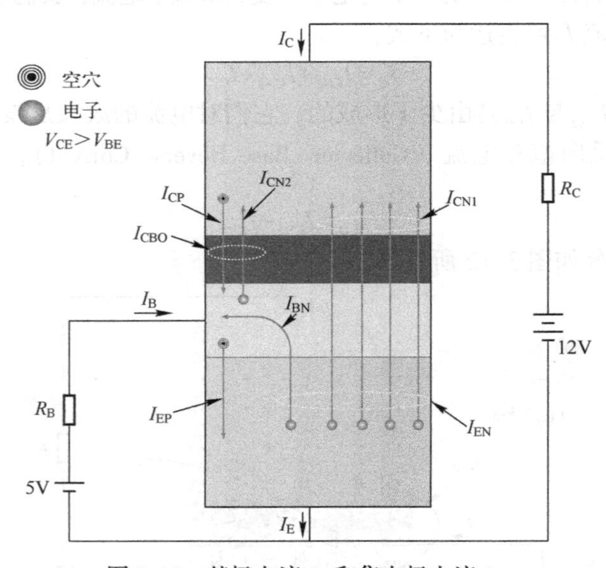

图 3.13　基极电流 I_B 和集电极电流 I_C

如果我们把基区当成一个节点，根据基尔霍夫电流定律（Kirchhoff Current Laws，KCL），也称为节点电流法，节点的输入电流应该等于输出电流，则有：

$$I_B+I_{CP}+I_{CN2}=I_{EP}+I_{BN}\rightarrow I_B=I_{EP}+I_{BN}-I_{CN2}-I_{CP} \tag{3.4}$$

再结合式（3.3），我们可以将式（3.4）表达如下：

$$I_B=I_{EP}+I_{BN}-I_{CBO} \tag{3.5}$$

有人可能会问：I_{CN1} 与 I_{EN} 右侧的那部分电流不需要计算吗？其实你可以算进去，只不过

这两个部分是一样的，把它们列入等式中就相互抵消了。

有人可能会再问：发射区的电子都跑到基区与集电区了，后续不就没有电子了吗？你想得太多了，外面有两个电源呀，它们可以提供源源不断的电子。

我们来回顾一下三极管放大电流的整个过程：在三极管的放大状态下，只要控制三极管的发射结电压 V_{BE}，基极电流 I_B 也会随之发生变化，这样就可以控制发射区注入到基区并漂移到集电区的电子数量，也就控制了集电极电流 I_C 的变化，相当于基极电流 I_B 控制了集电极电流 I_C 的变化，如图 3.14 所示为三极管的整个放大过程。

从三极管放大电流的原理可以看到，所谓的三极管放大电流，**并不是将基极电流 I_B 直接放大**，它只不过使用较小的 I_B（变化量）来**控制**较大的 I_C（变化量），从外部电路看就好像 I_B 被放大了一样，这与“四两拔千斤”是一个道理。

我们还可以看到，在三极管对 I_B 进行放大的过程中，电子是从浓度最高的区域发射出来的，所以我们才把三极管结构中标有“N+”的区域形象地称为发射区，这个区域引出的电极就称为发射极，而面积最大的区域是用来收集来自发射区的电子的。从图 3.1 也可以看到，集电区实际上包围着发射区，注入到基区的电子很难逃脱被收集的命运，所以我们把这块面积最大的区域形象地称为集电区，而引出的电极就称为集电极，如图 3.15 所示为电子的发射与收集。

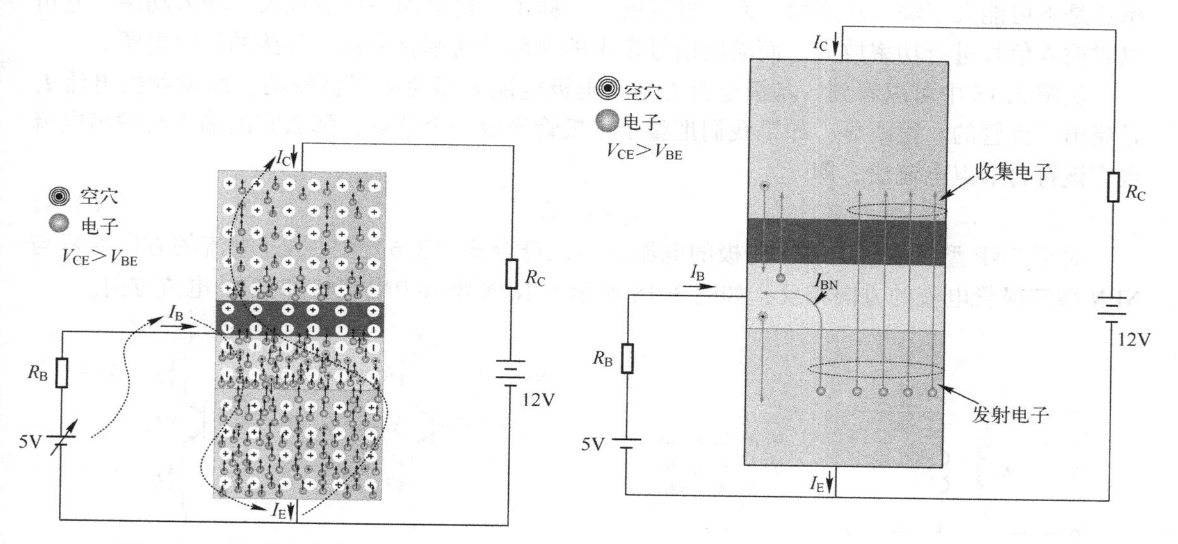

图 3.14　三极管的整个放大过程

图 3.15　电子的发射与收集

同时还应该注意到，在整个电流放大的过程中，有电子参与，也有空穴参与，这就是我们把三极管称为双极结型晶体管的原因。当然，也有单极型晶体管，这种类型的晶体管内部只有一种载流子参与导电，如场效应管，这已经超出了本书的范围，此处不再讲解。

事实上，也可以从电阻率的角度来描述电流的放大原理。我们可以把三极管看作一个受基极电流控制的电位器，如图 3.16 所示为从电阻率的角度理解三极管放大的原理。

电位器根据基极电流的变化情况，实时修改三极管 C-E 之间的电阻率（阻值），以维持集电极电流 I_C 与基极电流 I_B 之间的比例放大关系，这可以作为三极管对电流进行放大的通俗理解

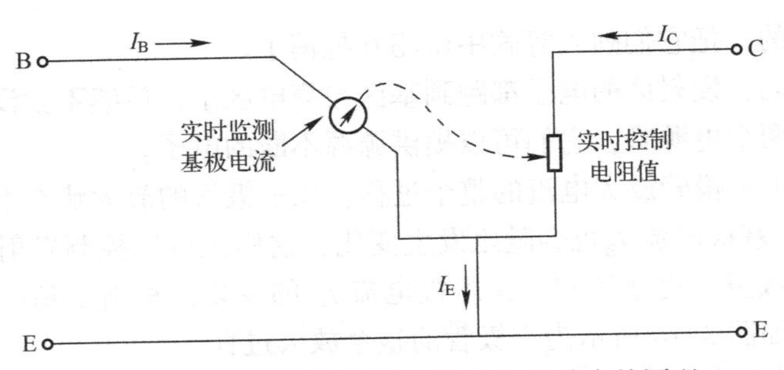

图 3.16　从电阻率的角度理解三极管放大的原理

(尽管将三极管 C-E 之间看作一个电位器并不是很准确，但现阶段的我们可以这么认为)。

有人可能会嘀咕了：三极管的电流放大能力也没什么稀奇的，变压器也可以做到呀！只要我们控制变压器初级与次级的线圈匝数比（$N_1:N_2$），输入电流一样也可以被放大，如图 3.17 所示为变压器如何进行电流的放大。

乍看起来好像有道理，我们姑且不讨论普通变压器无法“放大”直流的情况，变压器与三极管的主要区别在于：**变压器的输入能量与输出能量是守恒的**。虽然通过调整变压器初级与次级匝数比的方式可以“放大”电压或电流，但是变压器没有办法放大功率，输出功率总是不可能大于输入功率的。而三极管就不一样了，输出功率可以远大于输入功率，它可以对输入信号进行功率放大，而输出信号多出的那部分功率就来源于外接的供电电源。

从图 3.15 中可以看到，基极电流 I_B 与集电极电流 I_C 是流入三极管的，而发射极电流 I_E 是流出三极管的。很明显，如果我们把整个三极管当成一个节点，那么它的输入与输出电流也应该符合节点电流法，即

$$I_E = I_B + I_C \tag{3.6}$$

对于 PNP 型三极管，各个电极的电流大小也符合式（3.6），只不过电流的方向恰好与 NPN 型三极管电流的方向相反，如图 3.18 所示为 NPN 型和 PNP 型三极管的电流方向。

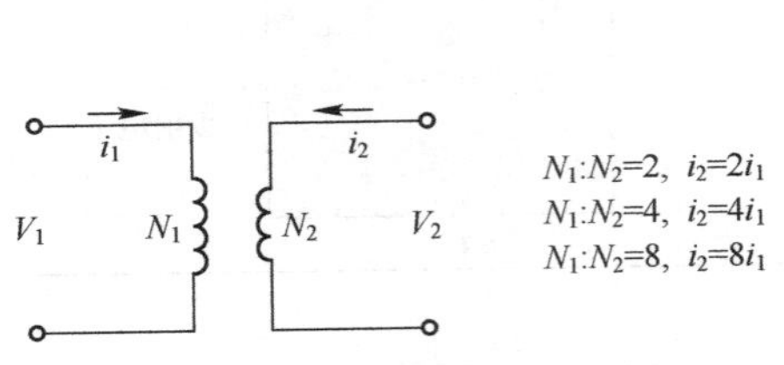

图 3.17　变压器如何进行电流的放大

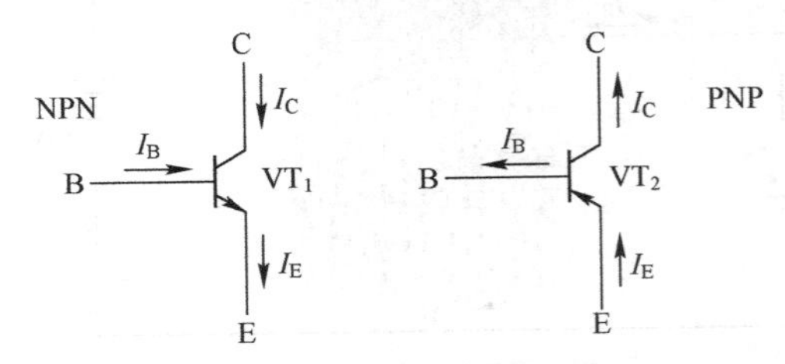

图 3.18　NPN 型和 PNP 型三极管的电流方向

通过图 3.18 观察各个电极的电流方向，可以知道原理图符号中的箭头方向代表发射极总电流的方向。所以，今后大家判断三极管各个电极的电流方向时，就不需要再观察稍显复杂的载流子示意图了，太麻烦！载流子示意图只是方便我们从微观层面理解电流的放大原理。换句话说，就是从战术上重视它，从战略上藐视它，在实际电路分析设计应用的层面，我们只需要知道这两个原理图符号就行了。

正所谓：好马配好鞍。宏观层面上三极管的电流放大行为也可以从另一个角度更容易地被理解。假设有一条水路管道，如图 3.19 所示。

在没有安装水泵的前提下，水压只能保证从E入口进来的水勉强流到B出口，此时C出口是没有水流出的。直到我们在C管道安装了一个水泵，额外增加的水压才能把水抽往C出口。三极管也是同样的道理，我们早就提过，空穴是一种假想的载流子，它并不是真实存在的，实际参与导电的只有电子。因为基区非常薄，从发射区注入的电子（相当于水流）很自然就会聚焦在集电结边界，又由于集电结两端被施加了反向偏压（相当于一个水泵），所以大部分电子被“抽”到集电区而形成集电极电流，而只有小部分形成基极电流。

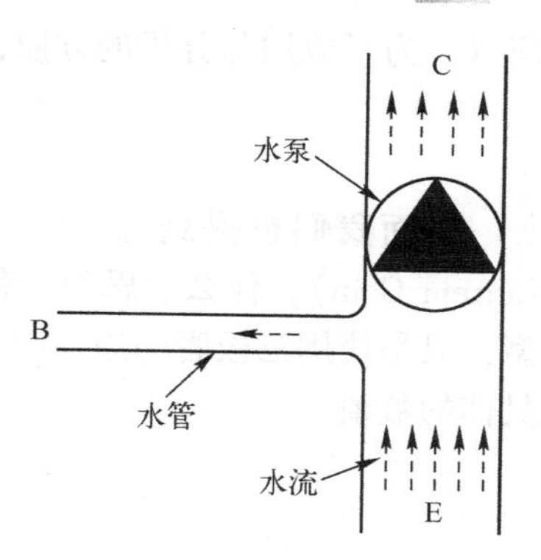

图3.19　水路管道

行文至此，有一个问题自然就浮出水面了：我们说三极管可以对基极输入的小电流进行放大，那么怎么样去衡量这种放大能力呢？为了回答这个问题，我们首先还是得回过头分析一下在前面提到的那么多电流当中，真正参与电流放大的部分是哪些呢？

仍然需要明确一点的是，**只有多数载流子才是对电流的放大真正有用的，而少数载流子对电流的放大是无贡献的，且通常会影响三极管的电流放大质量（尤其是环境温度的变化比较大时）**。从三极管的电流放大原理可以知道，基极电流通过控制从发射区注入到基区的电子数量达到电流放大的目的，并且注入到基区的电子数量可以通过掺杂浓度来控制，而少子在本征半导体阶段就已经存在了，它们是受热能、光照和电压等影响而激发出来的电子空穴对。换句话说，你是否对本征半导体掺杂都不会影响它们的存在，我们很难去控制它们的数量。从战争的角度来看，如果一支军队不受你的控制，那么这支军队的战斗力还属于你吗？答案当然是否定的！同样的道理，少数载流子形成的电流也不应该纳入电流放大（或控制）能力的范畴。

从前面的分析可以知道，基极电流I_B是输入的原始电流，而集电极电流I_C是放大后的输出电流。I_B包含4个部分，即$I_B=I_{EP}+I_{BN}-I_{CN2}-I_{CP}$，实质上对电流的放大有贡献的成分只是$I_{EP}$和$I_{BN}$，因为它们是由各个区的多子扩散而形成的。而另外两个部分I_{CN2}和I_{CP}是由少数载流子形成的，我们已经将它们标记为集电极-基极之间的反向饱和电流I_{CBO}。集电极电流I_C包含3个部分，即$I_C=I_{CN1}+I_{CN2}+I_{CP}$，其中$I_{CN2}+I_{CP}$同样是我们刚刚提到的$I_{CBO}$。也就是说，集电极电流中有用的成分就只有$I_{CN1}$。

我们把集电极电流I_C中对电流的放大有用的成分I_{CN1}与基极输入电流I_B中对电流的放大有用的成分（$I_{EP}+I_{BN}$）的比值称为电流放大系数（准确来说是“共发射极电流放大系数”，后续会进一步讨论）或电流增益（Current Gain），并且使用符号β来标记，则有下式：

$$\beta=\frac{I_{CN1}}{I_{EP}+I_{BN}}=\frac{I_C-I_{CBO}}{I_B+I_{CBO}} \tag{3.7}$$

三极管的电流放大倍数越大，表示对输入电流的放大（控制）能力越强，它是三极管在放大电路应用中非常重要的一个电气参数。常用的β在20~200之间，还有一种超β三极管的电流放大倍数能达到几百甚至上千。当然，对于实际的三极管应用电路，β不一定越大越好。β过大的三极管更容易受到温度的影响，从而也就更容易出现热稳定性问题。

实际使用的三极管的I_{CBO}通常比较小，一般远小于基极电流I_B，比集电极电流I_C更小。

所以，为了应用与分析的方便，我们通常就直接把I_C与I_B的比值作为电流的放大系数，即

$$\beta \approx \frac{I_C}{I_B} \tag{3.8}$$

前面我们也提到过，β的全名应该是“共发射极电流放大系数”（Common-Emitter Current Gain），什么意思呢？我们可以把图3.13简化为图3.20所示的三极管放大电路的原型，只是使用三极管的原理图符号代替载流子的示意图，供电电源使用符号来标记，而不是具体的数值。

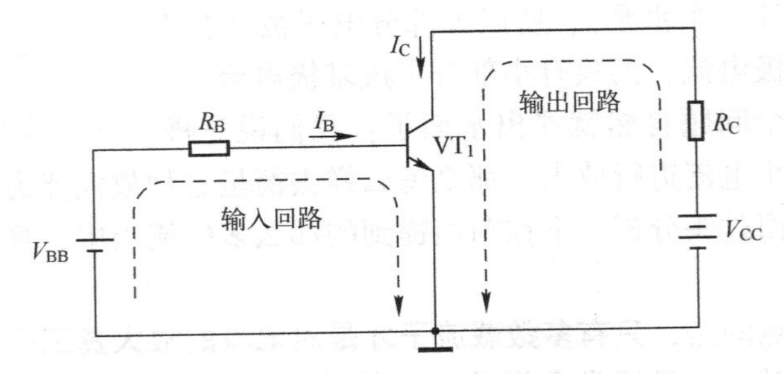

图3.20 三极管放大电路的原型

从图3.20中可以看到两个回路：输入回路，包含电源V_{BB}、电阻R_B和三极管VT_1，该回路使用到了VT_1的基极与发射极；输出回路，包含电源V_{CC}、电阻R_C和VT_1，该回路使用到了VT_1的集电极与发射极。很明显，两个回路共用三极管的发射极，所以我们把图3.20所示的三极管的连接方式称为共发射极（Common-Emitter）或发射极接地（Grounded-Emitter）连接组态。

在三极管共发射极连接组态的放大电路中，基极电流I_B是输入电流，集电极电流I_C是输出电流，那么电流放大系数就是I_C与I_B的比值，也就是刚刚提过的β，所以我们才把它称为共发射极电流放大系数，简称共射电流放大系数，或电流放大系数。

实际上，还有一种共基电流放大系数（Common-Base Current Gain），对应的是三极管的共基极连接组态，如图3.21所示为三极管的共基极连接组态。

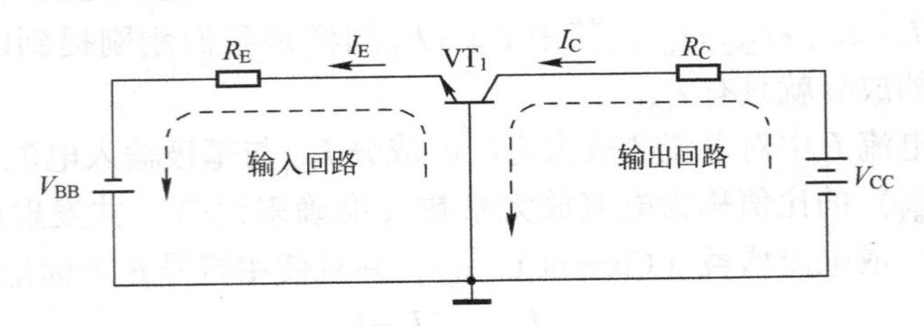

图3.21 三极管的共基极连接组态

很明显，输入与输出回路共用VT_1的基极，所以它是共基极组态连接的方式。与共发射极组态连接有所不同的是，该电路的输入是发射极电流I_E（而不是基极电流I_B）。但是，我们仍然可以把集电极电流I_C与发射极电流I_E的比值称为共基电流放大系数，并使用符号α来表示，如下式：

$$\alpha=\frac{I_C}{I_E} \tag{3.9}$$

很明显，无论三极管的连接组态怎么样，它的电流放大原理总是不会变的，所以集电极电流 I_C 总是会小于发射极电流 I_E，即 $\alpha<1$，其值一般在 0.9~0.998 之间。

当然，你也可以使用前面介绍的 β 来表示 α，我们可以简单地推导一下：

$$\alpha=\frac{I_C}{I_E}\rightarrow I_E=\frac{I_C}{\alpha}$$

$$\beta=\frac{I_C}{I_B}\rightarrow I_B=\frac{I_C}{\beta}$$

$$I_E=I_C+I_B\rightarrow\frac{I_C}{\alpha}=I_C+\frac{I_C}{\beta}\rightarrow\frac{1}{\alpha}=1+\frac{1}{\beta}\rightarrow\alpha=\frac{\beta}{1+\beta} \tag{3.10}$$

你也可以反过来用 α 来表示 β，自己简单推导一下就可以了，如下式：

$$\beta=\frac{\alpha}{1-\alpha} \tag{3.11}$$

有人可能会想：既然有共发射极与共基极连接组态，那应该也会有共集电极（Common-Collector）连接组态吧？没错！我们观察如图 3.22 所示三极管共集电极的连接组态。

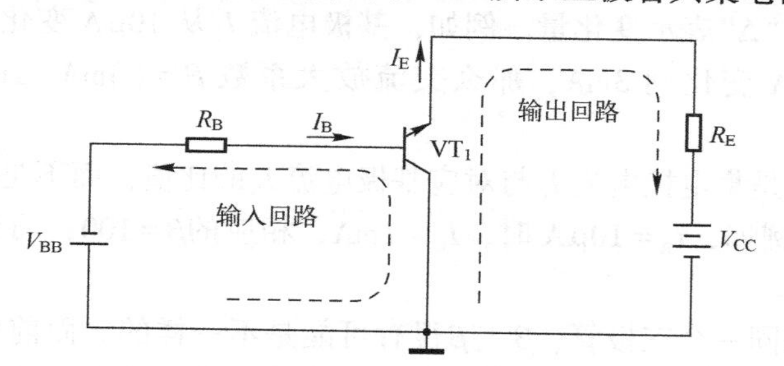

图 3.22　三极管共集电极的连接组态

同样可以看到，输入与输出两个回路共用 VT_1 的集电极，也就是共集电极连接组态。需要指出的是，**无论三极管使用哪种连接组态，如果要让三极管处于放大状态，那么发射结就必须是正向偏置的，而集电结必须是反向偏置的**，这一点总是不会变的。

有人可能会想：那应该也有一个共集电流放大系数吧？不要想当然，这个还真没有！

从图 3.22 中可以看到，共集电极连接组态放大电路的电流放大系数就是发射极电流 I_E 与基极电流 I_B 的比值，我们可以使用前面介绍的共射电流放大系数 β 或共基电流放大系数 α 来表示，而没有必要额外再弄一个参数，简单推导如下：

$$I_E=\beta I_B+I_B=(1+\beta)I_B\rightarrow\frac{I_E}{I_B}=(1+\beta) \tag{3.12}$$

$$I_E=\alpha I_E+I_B\rightarrow(1-\alpha)I_E=I_B\rightarrow\frac{I_E}{I_B}=\frac{1}{1-\alpha} \tag{3.13}$$

实际上，电流的放大系数可以分为交流与直流两种，这两者有什么区别呢？我们假定某三极管在放大的状态下测得各个电极的电流值如表 3.1 所示。

表 3.1　某三极管各电极的电流

I_B	I_C	I_E
10μA	1mA	1.01mA
20μA	3mA	3.02mA
30μA	5mA	5.03mA
40μA	7mA	7.04mA
50μA	9mA	9.05mA
60μA	11mA	11.06mA
70μA	13mA	13.07mA
80μA	15mA	15.08mA

我们把集电极电流I_C的变化量与基极电流I_B的变化量的比值称为交流放大系数，用符号β来表示，如下式：

$$\beta=\frac{\Delta I_C}{\Delta I_B} \tag{3.14}$$

式（3.14）中的符号“Δ”表示变化量。例如，基极电流I_B从10μA变化到20μA时，相应的集电极电流I_C从1mA变化到3mA，那么交流放大系数$\beta=(3\text{mA}-1\text{mA})/(20\mu\text{A}-10\mu\text{A})=200$。

而直流放大系数是集电极电流I_C与对应基极电流I_B的比值，而不是变化量的比值，我们使用符号$\bar{\beta}$来表示。例如，$I_B=10\mu\text{A}$时，$I_C=1\text{mA}$，相应的$\bar{\beta}=100$；而当$I_B=20\mu\text{A}$时，$I_C=3\text{mA}$，相应的$\bar{\beta}=150$。

很明显，即使是同一个三极管，β与$\bar{\beta}$很有可能是不一样的。而前面提到的都可以算是直流放大系数，所以真正的符号应该是$\bar{\beta}$。但是，在基极电流变化不大的情况下，我们可以认为这两个值是近似相等的。所以，为了后续分析方便，如果没有特别注明，我们将不对这两个参数加以区分，统一使用β来表示。

当然，有些资料描述交流放大系数β时也会使用符号h_{fe}来表示，所以直流放大倍数$\bar{\beta}$相应也会使用h_{FE}来表示，它们所要表示的意思是一致的，后续我们还会进一步讨论。而对于共基电流放大系数α，同样也有相似的交流与直流放大系数，大家了解一下即可。

需要特别指出的是，由于三极管的发射结是一个PN结，所以i_E与B-E之间的电压v_{BE}的关系与式（2.2）一样，它们之间的关系近似遵循下式：

$$i_E=\frac{I_S}{\alpha}e^{v_{BE}/V_T} \tag{3.15}$$

结合式（3.9），则有：

$$i_C=I_S e^{v_{BE}/V_T} \tag{3.16}$$

其中，饱和电流I_S与发射结的面积成正比。假设三极管A的发射结面积为三极管B的2倍（其他都相同），那么三极管A的饱和电流就是三极管B的2倍。如果我们给这两个三极管施加相同的v_{BE}，那么三极管A的集电极电流就是三极管B的2倍，这个概念经常在集成电路设计中被采用，所以请务必牢记这两个式子。

第4章　合理设置三极管的工作状态：小目标

基区的国王之所以能够从“幕后”控制发射区的兵力，是因为存在合理的偏置电路能够使三极管处于放大状态，继而赢得战争的最终胜利。然而，偏置电路是由阅读本书的你所提供的。无论三极管内部燃起了多大的“战火”，它们都是在你设定的规则下进行的（当然，基区的国王并不知道，还以为主宰这个世界的是自己），其实你才是真正的大赢家。然而，并不是每个人都擅长于设定规则，不深谙此道的初学者稍不留神可能就会铩羽而归，因为三极管除了放大，还有其他3种将令你永远无法凯旋的状态，即截止（Cut-Off）、饱和（Saturation）和倒置/反向放大（Reverse-Active）。

当直流电源V_{BB}反向施加在三极管的发射结而使其不导通时，基极电流I_B是非常小的（可以近似认为是0），发射区能够注入到基区的电子会非常少。尽管集电结仍然还是反向偏置的，但是能够从基区吸附过来的电子也很少，这样就会导致集电极电流I_C也非常小，三极管B-E和C-E之间均呈现高阻状态，输入与输出回路都是不导通的，我们称此时的三极管处于截止状态，如图4.1所示。

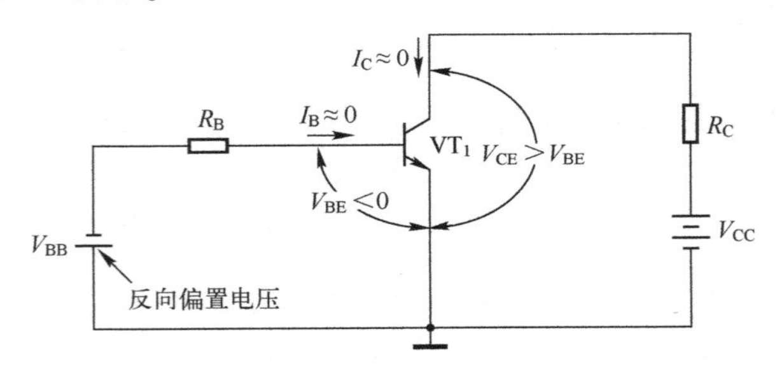

图4.1　三极管处于截止状态（1）

当然，就算你连接的V_{BB}是正向偏置的，由于发射结都有一定的死区电压V_{th}，如果施加的正向偏置电压不足以使发射结导通，那么I_B也会非常小，三极管也将处于截止状态，如图4.2所示。

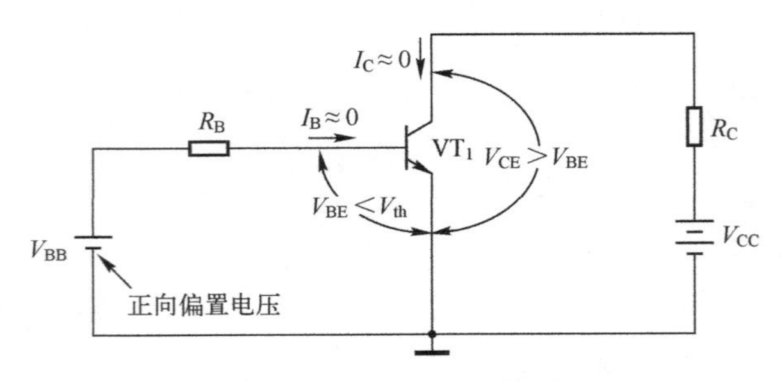

图4.2　三极管处于截止状态（2）

综合以上两种情况，我们把三极管发射结的正向压降小于死区电压 V_{th}，而集电结仍然处于反偏状态时的工作区域称为截止区，可使用下式表达：

$$V_{BE}<V_{th}, V_{CE}>V_{BE} \tag{4.1}$$

有人不耐烦地说：哎呀，好了，知道了，我按你给的电路图提供 $V_{BB}=5V$ 的电源不就行了嘛！但是这还远远不够，如果电阻 R_B 的取值不适当也可能会出问题。例如，R_B 的阻值选得非常大，这样尽管你有 5V 的电源，但由此产生的 I_B 仍然可能会非常小，也有可能会导致三极管进入截止区，因为输入回路同样是不导通的。

相反，如果 R_B 的阻值选择得过小，三极管也有可能无法进入放大状态，因为此时的 I_B 会非常大，经过三极管放大后的 I_C 也会非常大，所以电阻 R_C 两端的压降也就很大了，继而导致三极管 C-E 之间的压降 V_{CE} 非常小。从输出回路来看，V_{CE} 就等于电源 V_{CC} 减去电阻 R_C 两端的压降，电阻 R_C 两端的压降越大，V_{CE} 自然就会越小。一旦 V_{CE} 下降到比 V_{BE} 还要小时，三极管已经不在放大状态了，因为集电结已然不再是反向偏置的了，如图 4.3 所示。

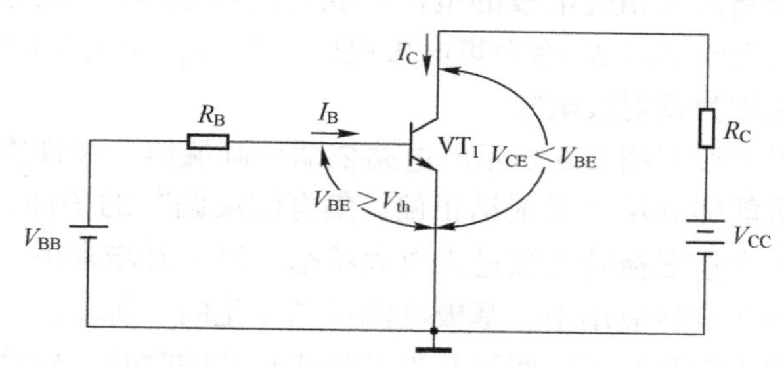

图 4.3　三极管处于饱和状态

我们把三极管的发射结处于正偏，而集电结也处于正偏时对应的工作区域称为饱和区，可使用下式来表达：

$$V_{BE}>V_{th}, V_{CE}<V_{BE} \tag{4.2}$$

为什么称为饱和呢？三极管（处于放大状态）对基极电流 I_B 的放大可以理解为集电极从电源 V_{CC} 吸入不同电流的过程。例如，I_B 上升时，I_C 也会相应上升，这就相当于集电极吸入更多的电流。而当 I_B 下降时，相当于集电极吸入比较小的电流，而这种吸入不同电流的能力是通过改变三极管 C-E 之间的压降 V_{CE} 获得的。当三极管处于饱和状态时，就算你再提升 I_B，相应的 I_C 也不再有很大的变化，因为电源 V_{CC} 几乎已经全部施加在电阻 R_C 的两端了，相应的 I_C 也已经达到了最大值，就像已经吸满水的海绵一样，它没有办法再吸水了，如图 4.4 所示。

三极管处于饱和状态时，其 C-E 之间的压降 V_{CE} 是很小的，所以无法根据基极电流 I_B 的变化（通过改变 V_{CE}）从电源 V_{CC} 吸入不同的集电极电流 I_C。此时，I_C 与 I_B 不再是比例变化的关系，这样三极管也就脱离了放大区。我们把三极管处于饱和状态时 C-E 之间的压降称为饱和压降，用符号 $V_{CE(sat)}$ 表示，其中“sat”就是饱和的意思。小功率三极管的 $V_{CE(sat)}$ 一般小于 0.4V，大功率三极管的 $V_{CE(sat)}$ 为 1~3V。

当然，你可能会想：那就提升 R_C 的阻值限制一下集电极电流吧，这样应该就可以避免三极管进入饱和区了。很遗憾，你的修改思路是错误的，这个时候更不应该再提升 R_C 的阻值了，因为三极管已经饱和了，再提升 R_C 就会进入深度饱和状态了。

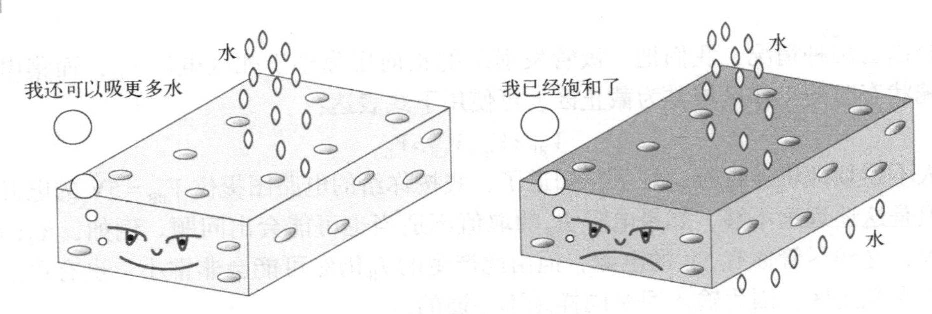

图 4.4 海绵的饱和状态

又有人说：那就把电阻 R_C 的阻值改小点呗！但如果你只是单纯地调整 R_C，而不把基极电流 I_B 降下来，偏置电路同样也无法让三极管处于相对合理的状态。

也就是说，在选定两个供电电源之后，关键是**怎么样选择合适的电阻 R_B 与 R_C**，这两个电阻存在的目的就是限制流过相应电极的电流。我们把基极串接的限流电阻 R_B 称为基极电阻，而把集电极串接的限流电阻 R_C 称为集电极电阻。当然，如果以后你看到发射极串接了一个电阻，也可以把它称为发射极电阻。

换句话说，不要以为按照图 3.5 所示的电路依葫芦画瓢给三极管连接电阻跟电源就完事了。虽然从理论上来讲能够满足“发射结正偏，集电结反偏”的条件，但是如果 R_B 与 R_C 的阻值选得太过离谱，也会让三极管无法进入放大状态。退一万步来讲，就算你碰巧让三极管真的处于放大区了，而在实际应用中，基极电流总是变化的。所以，很有可能当基极电流比较大的时候三极管就进入饱和区了；而当基极电流比较小的时候三极管又进入截止区了。而我们设计放大电路的目标是：**无论输入电流的变化是最大值还是最小值，承担电流放大任务的三极管始终都应该是处于放大状态的**。因此，在设计三极管的偏置电路时也需要仔细分析，不是想当然就可以的，弄得不好就会很容易进入饱和或截止状态。本来基极电流是呈正弦波变化的，经过放大后集电极电流交流分量也应该是呈正弦波变化的，让你这么一摆弄，输出可能就面目全非了，如图 4.5 所示。

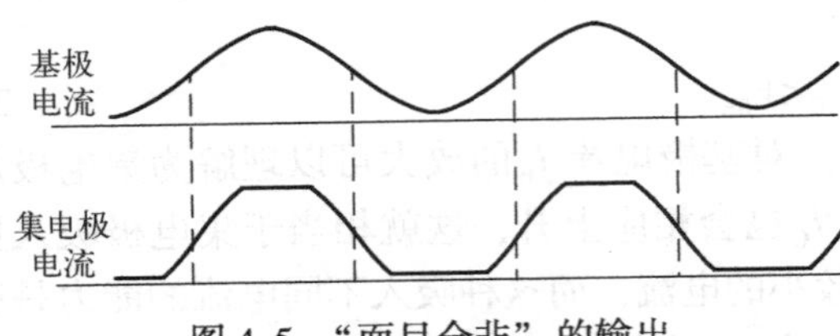

图 4.5 “面目全非”的输出

这还能叫作信号放大吗？我们把这种输出信号没有按输入信号进行比例放大的现象称为信号或波形失真（Waveform Distortion）。通俗地说，就是失去了原来真实信息的信号。

所以，对于现阶段的我们，还不到将电子产品中看似神秘的三极管放大电路的工作原理弄明白的时候，得一步一步来，**先定一个小目标**，想尽一切办法（通过选择合适的电阻 R_B 与 R_C）给三极管提供合适的基极与集电极电流。

那我们具体应该怎么做呢？R_B 与 R_C 的组合有千千万万，怎么才能够保证你的选择是合理的呢？前面已经提到过三极管的整个放大过程，也就是发射结电压的变化引起基极电流的变化，最后控制集电极电流变化。那么，有一种思路比较简单，那就是：对输入变化的电流进行放大，本质上就是对某一个范围内的电流进行放大。例如，我们要对最大值为 50μA 的电流进行放大，那肯定需要对 10μA、20μA、30μA、40μA 直至 50μA 的电流值都能够分别

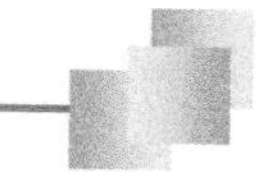

进行放大。当然，你也可以更进一步细分，如 1μA、2μA、3μA 直至 50μA，而正常放大后的电流波形应如图 4.6 所示。

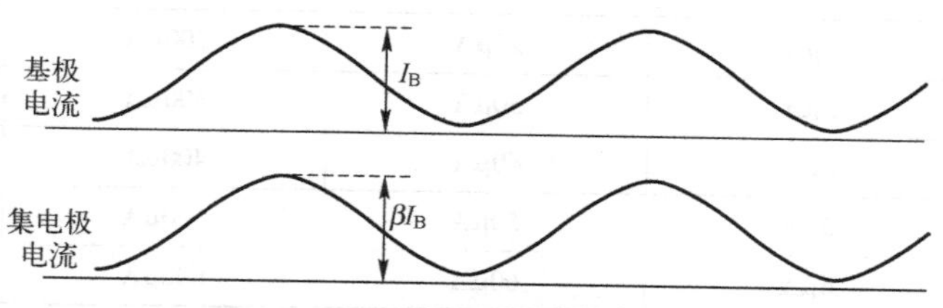

图 4.6 正常放大后的电流波形

行！那我就按图 4.7 所示的电路搭建一个新电路，电阻的参数由你自己定。如果走运的话，可能参数合理，也有可能根本不能用，但是没有关系，我有办法让这些参数最后调整到相对合理的状态。

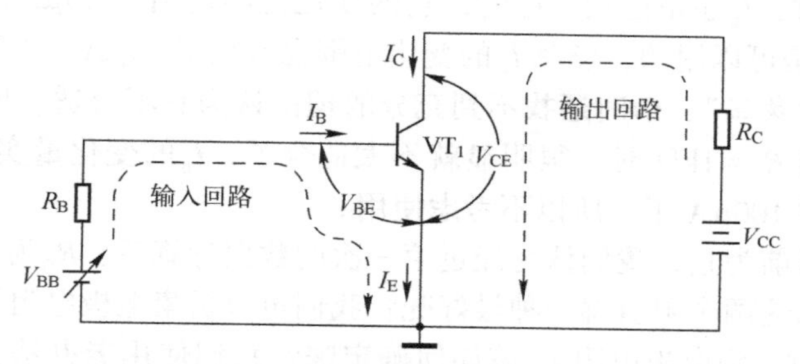

图 4.7 搭建的新电路

为了数据计算的简便，这里我们假设三极管的共射电流放大系数 $\beta=100$，电源 $V_{CC}=12V$，发射结死区电压及正向导通压降均为 0V，并且通过调整电源 V_{BB}（0.1～6V）获得一定范围内变化的基极电流 I_B（本例需要的 I_B 最大值为 50μA）。

接下来分两个步骤进行操作，先来确定基极电阻 R_B 的阻值。我们将其设置为 1kΩ～1MΩ 之间的一些阻值来测试 I_B 是否在正常范围内，如 1MΩ、100kΩ、10kΩ 和 1kΩ，先确定一个大致的阻值，后续有需要再微调。

从输入回路可以得到 I_B 的表达式如下：

$$V_{BB}=I_B \cdot R_B+V_{BE} \rightarrow I_B=\frac{V_{BB}-V_{BE}}{R_B} \approx \frac{V_{BB}}{R_B} \tag{4.3}$$

式（4.3）中已经假设 $V_{BE}=0V$，将已知的数据代入后可得到相应的 I_B，如表 4.1 所示为不同 R_B 对应的 I_B。

表 4.1 不同 R_B 对应的 I_B

V_{BB}	$R_B=1M\Omega$	$R_B=100k\Omega$	$R_B=10k\Omega$	$R_B=1k\Omega$
	I_B	I_B	I_B	I_B
0.1V	100nA	1μA	10μA	100μA
0.4V	400nA	4μA	40μA	400μA
1V	1μA	10μA	100μA	1mA

续表

	$R_B=1M\Omega$	$R_B=100k\Omega$	$R_B=10k\Omega$	$R_B=1k\Omega$
2V	2μA	20μA	200μA	2mA
3V	3μA	30μA	300μA	3mA
4V	4μA	40μA	400μA	4mA
5V	5μA	50μA	500μA	5mA
6V	6μA	60μA	600μA	6mA

从表4.1中的数据可以看到，当$R_B=1M\Omega$且V_{BB}从0.1V到6V变化时，I_B的变化量太小，其最大值还没有超过10μA。而我们需要I_B的最大值为50μA，所以1MΩ的电阻R_B显然不太适合，原因就是R_B过大而导致I_B过小的。

当$R_B=100k\Omega$时，I_B还是比较合适的，它的变化范围包括了50μA，可以考虑使用；当$R_B=10k\Omega$时，也还是可以用的，毕竟I_B的变化范围也包括了50μA，尽管变化量有些大，但我们现在都还只是“菜鸟”，暂时还找不到充分的理由认为它不合适，所以也可以考虑使用它，宁枉勿纵嘛；当$R_B=1k\Omega$时，很明显就不太适合了，I_B的变化量实在是太大了，V_{BB}电压改变一点点就超过100μA了，所以不考虑使用。

也就是说，到目前为止，我们认为经过第一次的数据计算后，R_B为100kΩ或10kΩ都算是可以使用的，那么这两个阻值哪一种最好呢？我们再分析集电极电阻R_C的取值情况。

当$R_B=100k\Omega$时，集电极电阻R_C该如何确定呢？我们使用老办法，将其设置为1kΩ~1MΩ之间的一些阻值，还是取1MΩ、100kΩ、10kΩ和1kΩ，同样可获得相应的数据，如表4.2所示为$R_B=100k\Omega$时相应的计算数据。

表4.2　$R_B=100k\Omega$时相应的计算数据

	$R_C=1M\Omega$			$R_C=100k\Omega$			$R_C=10k\Omega$			$R_C=1k\Omega$		
V_{BB}	I_B	I_C	V_{CE}	I_B	I_C	V_{CE}	I_B	I_C	V_{CE}	I_B	I_C	V_{CE}
0.1V	1μA	100μA	**-88V**	1μA	100μA	1V	1μA	100μA	11V	1μA	100μA	11.9V
0.4V	4μA	400μA	**-388V**	4μA	400μA	**-28V**	4μA	400μA	8V	4μA	400μA	11.6V
1V	10μA	1mA	**-988V**	10μA	1mA	**-88V**	10μA	1mA	2V	10μA	1mA	11V
2V	20μA	2mA	**-1988V**	20μA	2mA	**-188V**	20μA	2mA	**-8V**	20μA	2mA	10V
3V	30μA	3mA	**-2988V**	30μA	3mA	**-288V**	30μA	3mA	**-18V**	30μA	3mA	9V
4V	40μA	4mA	**-3988V**	40μA	4mA	**-388V**	40μA	4mA	**-28V**	40μA	4mA	8V
5V	50μA	5mA	**-4988V**	50μA	5mA	**-488V**	50μA	5mA	**-38V**	50μA	5mA	7V
6V	60μA	6mA	**-5988V**	60μA	6mA	**-588V**	60μA	6mA	**-48V**	60μA	6mA	6V

有些人一看到数据表格就晕了，其实很简单。由于我们假设$R_B=100k\Omega$，所以I_B的数据都是一样的，而三极管的电流放大系数也是一样的（100），所以I_C也都是一样的。我们唯一要做的工作是：根据输出回路计算三极管C-E之间的压降V_{CE}，也就是电源V_{CC}减去电阻R_C两端的压降，即

$$V_{CE}=V_{CC}-I_C\cdot R_C \tag{4.4}$$

大家注意表格中字体加粗的数据，它们都是带负号的。我们的供电电压是+12V，理论上不可能出现负电压，这到底是什么情况呢？实际上，出现负电压就表明此时 R_B 与 R_C 的阻值配置已经使三极管进入了饱和区。原因不外乎有两种：不是因为 I_C 太大，就是因为 R_C 太大。因为这两个值的任意一个太大，电阻 R_C 两端的压降就会变大，很容易就会使 V_{CE} 非常小，继而使集电结处于正偏状态，从而使三极管进入饱和区。

例如，当 $I_C=100\mu A$ 时，虽然电流值并不大，但是当 R_C 的阻值为 1MΩ 时，它们的乘积就是 100V，有点吓人吧。同样，当 $R_C=10k\Omega$ 时，虽然阻值并不是很大，但是部分集电极电流已经达到数毫安，所以两者的乘积有些已经超过 12V 了。

之所以计算出负电压，是因为我们假定三极管是处于放大状态的，而事实上却可能并非如此，因为电阻 R_C 两端的压降即便是满打满算的，“撑死”也就只有 12V，而 V_{CE} 最小也不可能低于 0V。

从这 4 组数据可以看出，在 I_B 一定的情况下，如果 R_C 的阻值越大，则三极管越容易进入饱和区，这与我们之前的推测是非常吻合的。当 $R_C=1k\Omega$ 时，还没有出现饱和现象；当 $R_C=10k\Omega$ 时，已经出现部分饱和；当 $R_C=100k\Omega$ 时，大部分已经出现饱和；而当 $R_C=1M\Omega$ 时，全部都已经出现饱和了。也就是说，当 $R_B=100k\Omega$ 时，只有 $R_C=1k\Omega$ 是比较理想的配置。

那么这个组合是不是最理想的呢？说不定 $R_B=10k\Omega$ 会更好一些呢？我们同样来观察一下对应的计算数据，如表 4.3 所示为 $R_B=10k\Omega$ 时对应的计算数据。

表 4.3　$R_B=10k\Omega$ 时对应的计算数据

	$R_C=1M\Omega$			$R_C=100k\Omega$			$R_C=10k\Omega$			$R_C=1k\Omega$		
V_{BB}	I_B	I_C	V_{CE}	I_B	I_C	V_{CE}	I_B	I_C	V_{CE}	I_B	I_C	V_{CE}
0.1V	10μA	1mA	**−988V**	10μA	1mA	**−88V**	10μA	1mA	2V	10μA	1mA	11V
0.4V	40μA	4mA	**−3988V**	40μA	4mA	**−388V**	40μA	4mA	**−28V**	40μA	4mA	7V
1V	100μA	10mA	**−9988V**	100μA	10mA	**−988V**	100μA	10mA	**−88V**	100μA	10mA	2V
2V	200μA	20mA	**−19988V**	200μA	20mA	**−1988V**	200μA	20mA	**−188V**	200μA	20mA	**−8V**
3V	300μA	30mA	**−29988V**	300μA	30mA	**−2988V**	300μA	30mA	**−288V**	300μA	30mA	**−18V**
4V	400μA	40mA	**−39988V**	400μA	40mA	**−3988V**	400μA	40mA	**−388V**	400μA	40mA	**−28V**
5V	500μA	50mA	**−49988V**	500μA	50mA	**−4988V**	500μA	50mA	**−488V**	500μA	50mA	**−38V**
6V	600μA	60mA	**−59988V**	600μA	60mA	**−5988V**	600μA	60mA	**−588V**	600μA	60mA	**−48V**

“我的上帝”，每一组数据都出现了负值，表示它们都已经出现饱和现象了。原因在于 R_B 的阻值太小，这样 I_B 就会过大，从而导致 I_C 和 R_C 两端的压降过大，很容易使三极管进入饱和状态。

所以，我们可以最终确定的阻值组合是：$R_B=100k\Omega$，$R_C=1k\Omega$。如果你想进一步确定两个电阻的精确值，可以重复上面的步骤进一步缩小阻值范围。实际上，我们对这些数据进行对比的目的就是观察偏置电路在各种阻值配置的情况下，三极管的外部特性是怎么样的，从而根据得到的电流与电压数据就可以初步判断哪种配置是相对比较合理的。

有人可能会说：这也太麻烦了吧。设计一个偏置电路还要弄这么多数据！确实是挺麻烦的，这种办法虽然是可行的，但是市面上的三极管型号那么多，你总不能逐个去测试这些数据吧。很明显，不可能，有些通用的方法能够让我们更方便地确定 R_B 与 R_C。这就是接下来要提到的三极管的输入特性曲线与输出特性曲线，如图 4.8 所示为三极管输入与输出特性曲线的测试电路。

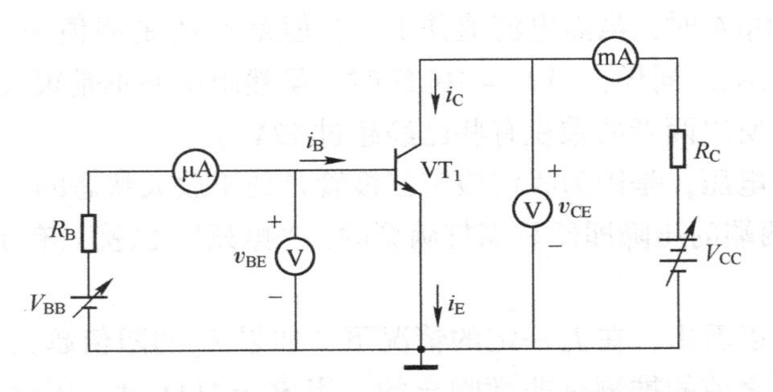

图 4.8　三极管输入与输出特性曲线的测试电路

三极管输入与输出特性曲线测试电路的基本原理与我们刚刚进行的数据计算是一样的，就是对三极管的输入或输出回路施加一定的电压，测试相应电流，然后把数据记下来绘成曲线，没有什么区别，只不过比我们刚才手动计算更专业、更实用一些而已。

先来了解一下三极管的输入特性曲线，它是当三极管 C-E 之间的压降 v_{CE} 为常数时，施加在三极管 B-E 之间的压降 v_{BE} 与由此产生的基极电流 i_B 之间的关系，通常用下式来表达：

$$i_B=f(v_{BE})\big|_{v_{CE}=\text{常数}} \tag{4.5}$$

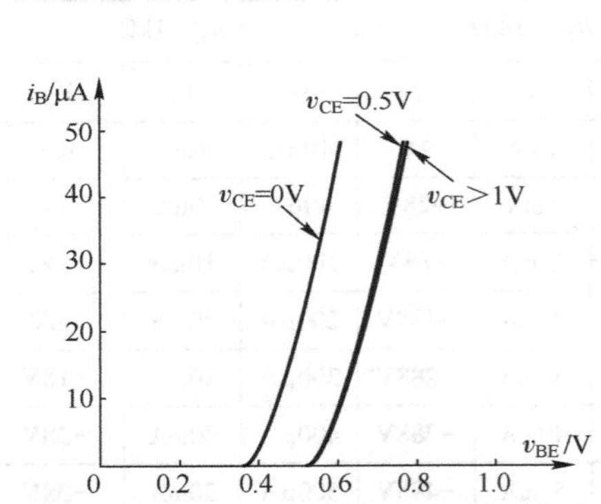

图 4.9　某 NPN 型硅管的输入特性曲线

我们很早就提过，三极管的发射结其实相当于一个二极管，所以三极管的输入特性曲线与二极管的伏安特性曲线差不了多少。有所不同的是，它与 v_{CE} 有一定的关系。某 NPN 型硅管的输入特性曲线如图 4.9 所示。

当 $v_{CE}=0V$ 时，相当于三极管的 C-E 之间是短接的，此时的三极管就相当于两个同向并联的二极管，所以它的输入特性曲线与二极管的伏安特性曲线是相似的。

当 $v_{CE}>0V$ 时，输入特性曲线会往右平移，因为当 $v_{CE}=0V$ 时，基极电流相当于流过两个二极管中的电流的总和，而一旦 v_{CE} 慢慢开始增加，流过集电结中的电流就会下降。换言之，在原来相同的 v_{BE} 电压下，基极电流 i_B 减小了，在输入特性曲线上的表现就是往右平移了。

前面我们提到过二极管都有一个开启电压 v_{th}，当 v_{CE} 上升到接近 v_{BE} 时（如 0.5V），集电结是不导通的，流过集电结的电流近似为 0。而当 $v_{CE}>v_{BE}$ 后，集电结开始处于反偏状态，发射区注入到基区的一部分电子就被吸附到了集电区，输入特性曲线会进一步向右平移。但是，当 $v_{CE}>1V$ 之后，集电结两端的反偏电压足以将绝大部分电子吸附到集电区，所以更大的 v_{CE} 对应的输入特性曲线可以认为是重合的，整个过程如图 4.10 所示。

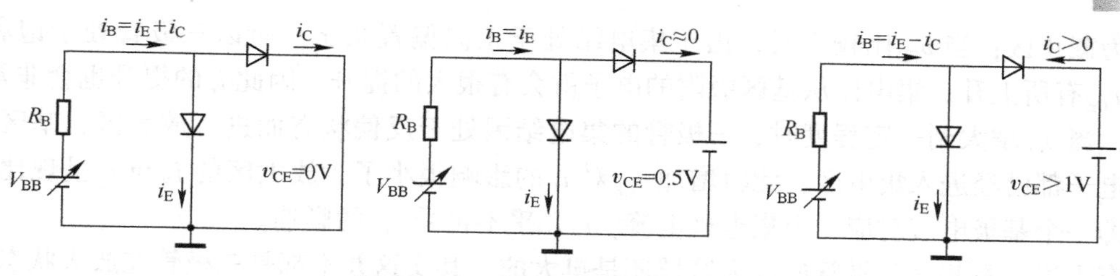

图 4.10　v_{CE}影响 i_B的过程（增加）

需要注意的是：在三极管正常工作的时候，发射结正向压降 v_{BE}的变化不会太大，但基极电流 i_B的变化会比较大，而输入多出的电压自然是施加在基极限流电阻 R_B两端的电压。

再来看看输出特性曲线，它是在保证基极电流 i_B为常数的情况下，三极管 C-E 之间的压降 v_{CE}与集电极电流 i_C之间的关系，我们通常使用下式来表达：

$$i_C=f(v_{CE})\big|_{i_B=常数} \tag{4.6}$$

例如，我们先设定一个基极电流 i_B，然后通过调整电源 V_{CC}来改变 v_{CE}，这样就可以得到类似如图 4.11 所示的一条曲线。

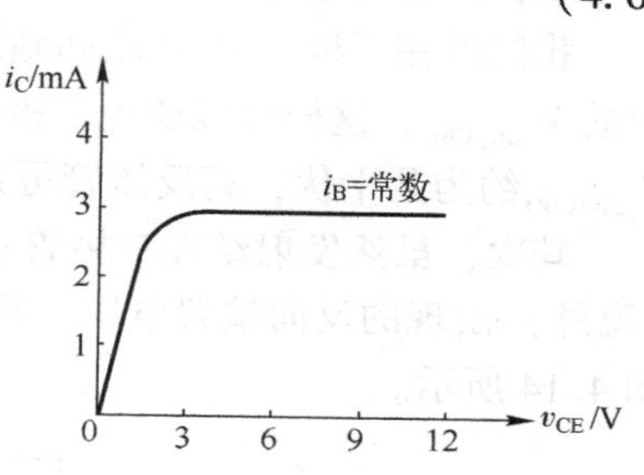

图 4.11　一条输出特性曲线

这条曲线的解读思路在讨论输入特性曲线时已经提过了。当 v_{CE}比较小时，三极管的集电结是正向偏置的状态（饱和状态），集电区从基区吸附过来的电子很少，从而导致集电极电流也比较小。当 v_{CE}持续增大时，i_C增加得也很快，因为吸附到集电区的电子将随 v_{CE}的增加而增加。但是，当 v_{CE}超过一定的数值后，集电结的电场已经足够强，并且基区的大部分电子都已经被吸附到了集电区，所以即使 v_{CE}再提升，i_C的增加量也并不多，此时三极管已经处于放大状态。

当我们设置多个不同的 i_B进行相同的测试后，就能够得到如图 4.12 所示的输出特性曲线。

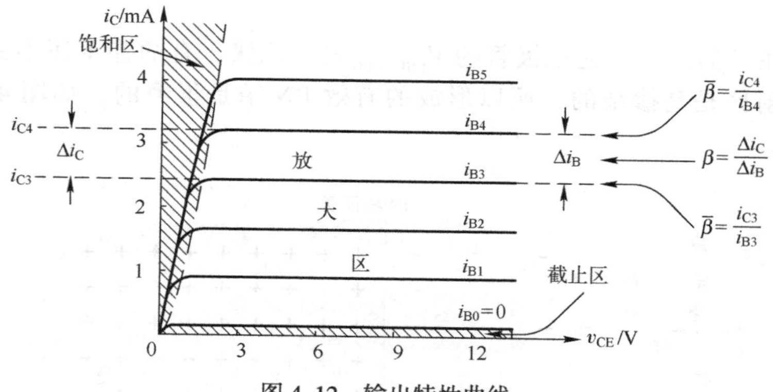

图 4.12　输出特性曲线

输出特性曲线包含了很多有用的信息，如直流与交流放大系数，并且前面提过的三极管的状态也可以从特性曲线中看出来。当 $i_B\leqslant0$ 时，三极管的集电极电流 i_C也很小，相应的区域称为截止区；当 v_{CE} 比较小时，由于集电结处于正向偏置状态，所以三极管处于饱和区，只要 v_{CE} 有所上升，集电区从基区吸附的电子就会有很大的提升，因此 i_C 的提升也会非常快；但是，当 v_{CE} 增大到一定程度时，三极管的集电结因处于反偏状态而进入放大区，基区的大部分电子都已经进入集电区，此时增加 v_{CE} 对 i_C 的影响很小了。放大区的 i_B 与 i_C 呈现比例关系，即一个基极电流对应一个集电极电流，i_C 几乎不再受 v_{CE} 的影响。

有人说：看起来三极管的放大区域还是挺大的。其实这并不都是三极管在放大状态时所有可以使用的区域，还有几个极限参数需要考虑。实际应用时不应超过相应值，否则三极管很有可能会被损坏。

首先，由于集电结处于反偏状态，所以我们要保证三极管能够正常工作，施加在三极管 C-B 之间的电压则不应该过大，否则集电结可能会被击穿。我们使用 $V_{(BR)CBO}$ 来标记集电结反向击穿电压，具体来讲，它是当发射极开路时测量得到的三极管 C-B 之间的最大反向击穿电压，其测试电路如图 4.13 所示。

我们以在三极管 C-B 之间施加电流源并调整电流源（而不是电压源）的方式来测量对应的 $V_{(BR)CBO}$，这样可以避免三极管被击穿后产生过大的电流而被烧毁。通常普通三极管的 $V_{(BR)CBO}$ 约为几十伏，高反压管可达数百伏甚至上千伏。

其次，虽然发射结在三极管正常工作的情况下处于正向偏置状态，但是仍然要关注可能（意外）出现的反向偏置电压。我们用 $V_{(BR)EBO}$ 来标记发射结反向击穿电压，其测试电路如图 4.14 所示。

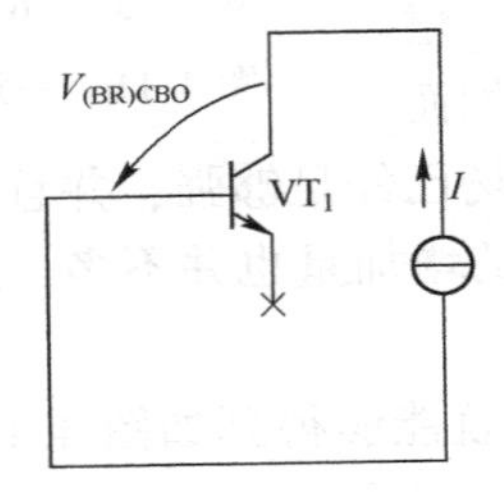

图 4.13　$V_{(BR)CBO}$ 的测试电路

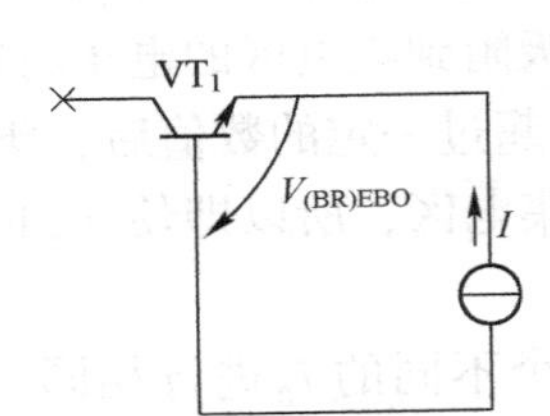

图 4.14　$V_{(BR)EBO}$ 的测试电路

需要特别注意的是：普通三极管的 $V_{(BR)EBO}$ 只有几伏，有的甚至还不到 1V。原因在于三极管的发射区是高掺杂的，所以形成的有效 PN 结是很薄的，如图 4.15 所示为三极管的发射结。

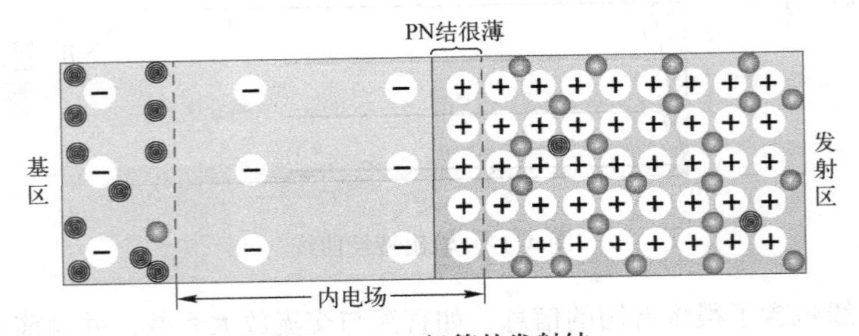

图 4.15　三极管的发射结

我们前面提过，PN结比较薄时容易产生齐纳效应的击穿现象，而齐纳击穿电压一般不大于7V。需要明确指出的是，发射结被击穿是毁灭性的（对于集电结却并非如此），此时三极管的β将永久性地变小。虽然这并不妨碍发射结在集成电路设计中作为稳压管产生参考电压（因为在这种应用中，我们通常也并不关心β下降带来的影响），但是对于**放大电路应用**中发射结的反向偏置电压可能会超过$V_{BR(EBO)}$的场合，**必须**添加保护电路。三极管常用的两种保护电路如图4.16所示。

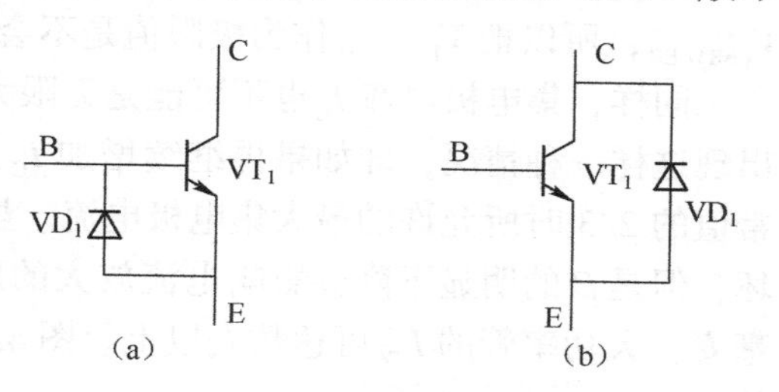

图4.16　三极管常用的两种保护电路

在图4.16（a）所示的电路中，当三极管的发射结出现过高的反偏电压时，二极管VD_1因正向偏置而导通，由于导通后的压降不大于1V，所以施加到VT_1的反向偏置电压不会超过$V_{(BR)EBO}$。

在实际应用的电路中，还有可能会出现三极管的发射极电位比集电极电位更高的现象，由于三极管相当于两个背靠背连接的二极管，此时集电结是正向偏置的，所以反向电压几乎全部施加在发射结的两端，如图4.17所示为发射结的另一种反向偏置状态。

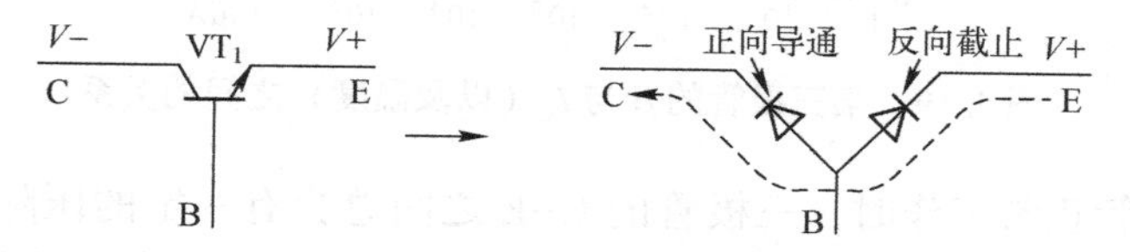

图4.17　发射结的另一种反向偏置状态

为了避免发射结被反向电压击穿，可以在三极管的C-E之间反向并联一个保护二极管，如图4.16（b）所示，我们将会在串联型稳压电路中看到这种保护电路的实际应用。

再次，三极管的C-E之间能够承受的电压也不是无限的。当v_{CE}增加到一定程度时，三极管也有可能会被击穿，我们使用$V_{(BR)CEO}$来标记。具体来讲，它是当基极开路时测量得到的三极管的C-E之间允许施加的最大电压。

细分起来，存在几种不同的C-E击穿电压，它们分别为$V_{(BR)CEO}$、$V_{(BR)CER}$、$V_{(BR)CES}$和$V_{(BR)CEX}$。不同C-E击穿电压的测试电路如图4.18所示。

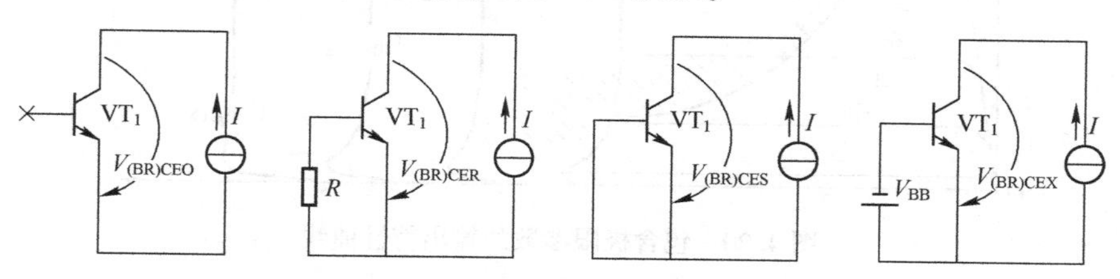

图4.18　不同C-E击穿电压的测试电路

这些击穿电压的大小通常有如下关系：

$$V_{(BR)CEO}<V_{(BR)CER}<V_{(BR)CES}<V_{(BR)CEX} \tag{4.7}$$

在数据手册中一般都会给出$V_{(BR)CEO}$。在实际应用中，虽然大多数三极管的基极对地都

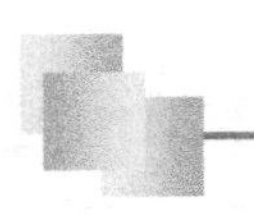

会连接（或等效为）一个电阻，此时对应的C-E击穿电压为$V_{(BR)CER}$，但是由于$V_{BR(CEO)}$ < $V_{(BR)CER}$，所以把$V_{BR(CEO)}$作为极限值是不会有问题的。

同样，集电极电流I_C也不可能是无限大的。当三极管的集电极电流I_C比较大的时候，会出现这样一种情况，即如果再继续增加I_C，β就会开始下降。我们用I_{CM}表示当β下降到正常值的2/3时所允许的最大集电极电流。虽然集电极电流超过I_{CM}并不至于使三极管立刻损坏，但是β的明显下降会影响电流放大的质量（出现失真）。一般小功率管的I_{CM}约为几十毫安，大功率管的I_{CM}可达数安以上。图4.19显示了某三极管的β与I_C（以及温度）之间的关系。

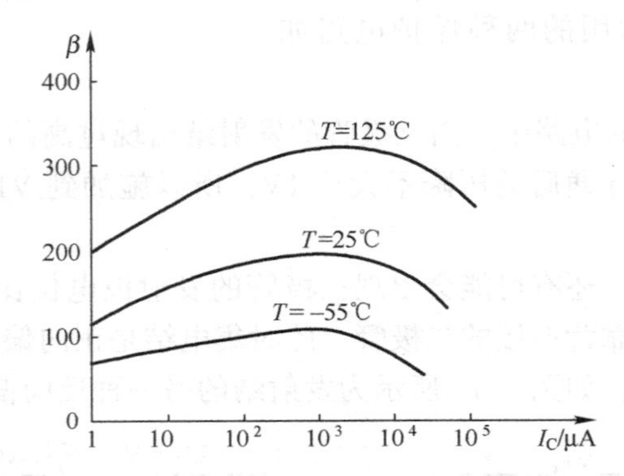

图4.19　某三极管的β与I_C（以及温度）之间的关系

另外，在三极管正常工作时，三极管的C-E之间总会有一定的压降，并且集电极电流也肯定不为0，由于它们的乘积就是三极管消耗的功率，这些功率以热能的方式被消耗掉，所以会导致三极管集电结的结温升高。通常我们使用P_{CM}表示集电极最大的**允许功耗**（或耗散功率），超过P_{CM}时三极管的性能会变差，甚至会被烧毁。

包含极限参数的输出特性曲线如图4.20所示。

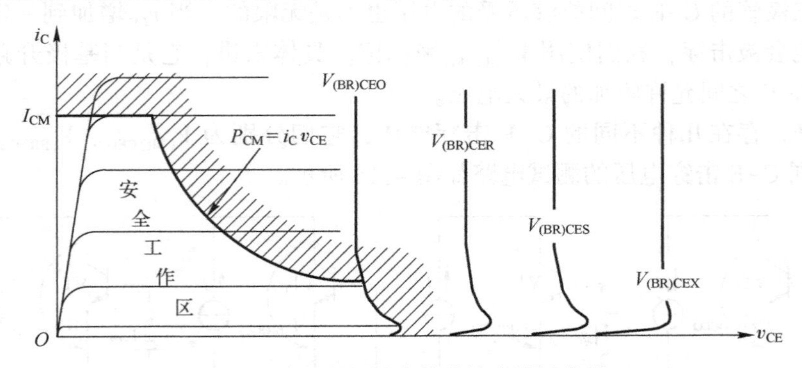

图4.20　包含极限参数的输出特性曲线

我们把极限参数I_{CM}、$V_{(BR)CEO}$和P_{CM}对应曲线包含的区域称为安全工作区（Safe Operating Area，SOA），在实际中对三极管进行选型时，不应该超过安全工作区。这样，去除饱和区与截止区，剩下能够用于放大的区域已经不是我们原来想象的那么大了。

从以上内容可以看到，输入与输出特性曲线可以比较全面地体现三极管处于放大状态时对应的电压与电流参数，这样我们也就可以快速而合理地设置三极管的工作状态了。假设某三极管的输入与输出特性曲线如图 4.21 所示，同样给图 4.7 所示的电路选择相应的基极电阻 R_B与集电极电阻 R_C。

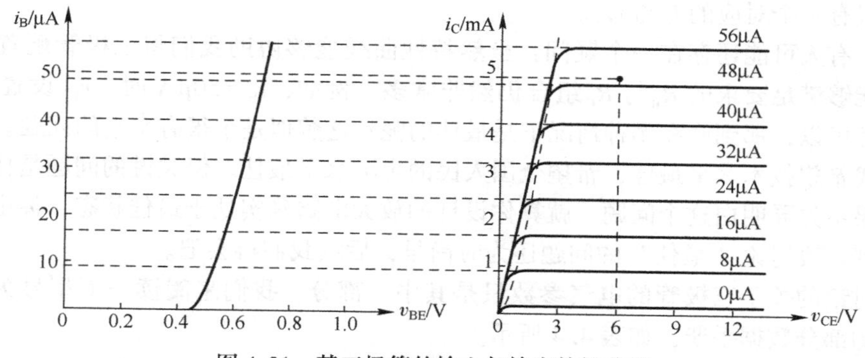

图 4.21　某三极管的输入与输出特性曲线

由于 i_B的最大值为 50μA，而 V_{BB}的最大值为 6V，所以我们可以计算出 R_B 约为 120kΩ。50μA 对应的 i_C约为 5mA，为了避免三极管进入饱和区，我们假设 V_{CE}为 6V，这样就可以计算出 R_C约为 1.2kΩ。也就是说，三极管偏置电路中的 R_B可以根据输入特性曲线来设置。同样的，在确定集电极电阻 R_C的时候，在保证三极管不进入截止或饱和状态（且处于安全工作区域以内）的情况下，只需要根据输出特性曲线设置即可，这样就不会将 i_C设置得过大或过小。

仔细想来，好像跟我们手动计算的差别并不大，但特性曲线还可以反过来直观地判断：我们选择的三极管型号是否符合放大电路的要求。例如，需要对 1mA 的基极电流进行放大，这个特性曲线对应的三极管可能就无法胜任了。

讨论了这么多关于输入与输出特性曲线相关的内容，那它与最开始的手动计算来选择电阻组合的配置方式有什么关系呢？实际上，之前所有计算的数据都隐含在这两个曲线里面，如图 4.22 所示。

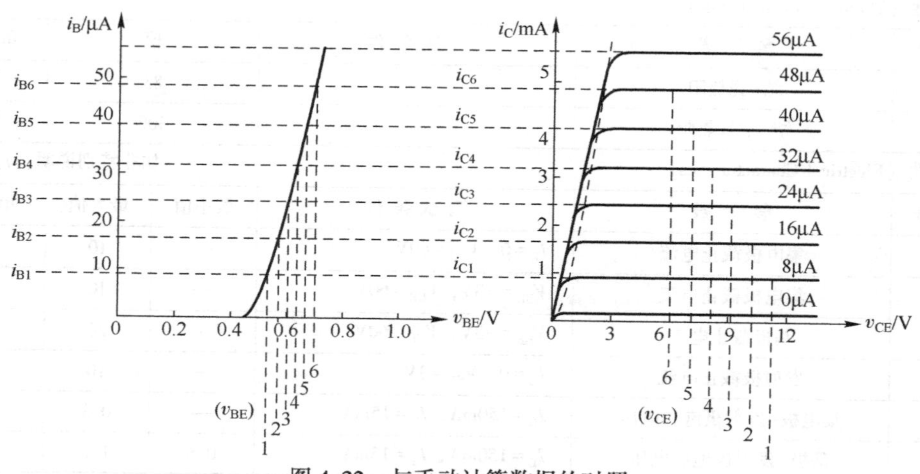

图 4.22　与手动计算数据的对照

我们之前计算三极管放大电路的主要数据包括基极电流 i_B、集电极电流 i_C 和 C-E 之间的压降 v_{CE}。当我们在输入回路中确定了一个基极电流 i_{B1} 的时候，被三极管放大后，会有一个集电极电流 i_{C1} 和一个 v_{CE1}。同样的，确定一个 i_{B2} 的时候，也有对应的 i_{C2} 与 v_{CE2}。每确定一个 i_B，就有一个对应的 i_C 与 v_{CE}。

然而，有人可能还存在一个疑问：虽然特性曲线能够协助我们将三极管配置为放大状态，但是能够满足要求的 R_B 与 R_C 组合仍然非常多。例如，$i_B = 50\mu A$ 时，v_{CE} 设置在 3~10V 之间似乎都可以，那到底在哪种情况下是最佳的呢？这貌似是个很有水平的问题。就相当于你在说，我希望技术水平最佳，希望全国人民的生活水平最佳。但关键的问题是什么才是最佳呢？如果不先弄明白这个问题，就算你设计的放大电路确实处于最佳状态，你也无法觉察到。所以现阶段讨论“最佳”的问题还为时尚早，后续我们再会吧。

前面讨论的关于三极管的电气参数只是其中一部分，我们来阅读一下型号为 2N2222A 的三极管的部分数据手册，如表 4.4 所示。

表 4.4　型号为 2N2222A 的三极管的部分数据手册

最大额定值（Absolute Maximum Ratings）

符　号	参　数	测试条件	最大值	单　位
V_{CBO}	集电极-基极电压	$I_E = 0$	75	V
V_{CEO}	集电极-发射极电压	$I_B = 0$	40	V
V_{EBO}	发射极-基极电压	$I_C = 0$	6	V
I_{CM}	集电极电流峰值	—	800	mA
I_{BM}	基极电流峰值	—	200	mA
P_{tot}	总功耗（Total Dissipation）	（$T_A \leqslant 25℃$）	500	mW
		（$T_C \leqslant 25℃$）	1.2	W
T_{STG}，T_A	存储与环境温度	—	-65~+200	℃
T_J	结温（Junction Temperature）	—	175	℃

温度特性（Thermal Characeristics）

符　号	参　数	测试条件	值	单　位
$R_{\theta JC}$	结-壳热阻	—	83	℃/W
$R_{\theta JA}$	结-空气热阻	—	300	℃/W

电气特性（Electrical Characteristics）　　如非特别说明，$T_C = 25℃$

符　号	参　数	测试条件	最小值	最大值	单　位
I_{CBO}	集电极截止电流	$I_E = 0$，$V_{CB} = 60V$	—	10	nA
I_{CEX}	集电极截止电流	$V_{BE} = -3V$，$V_{CE} = 60V$	—	10	nA
I_{BEX}	基极截止电流	$V_{BE} = -3V$，$V_{CE} = 60V$	—	20	nA
I_{EBO}	发射极截止电流	$I_C = 0$，$V_{EB} = 3V$	—	10	nA
$V_{CE(sat)}$	集电极-发射极饱和电压	$I_C = 150mA$，$I_B = 15mA$	—	0.3	V
$V_{BE(sat)}$	基极-发射极饱和电压	$I_C = 150mA$，$I_B = 15mA$	0.6	1.2	V

续表

电气特性（Electrical Characteristics）		如非特别说明，$T_C=25℃$			
符　号	参　数	测试条件	最小值	最大值	单　位
h_{FE}	直流电流增益（DC Current Gain）	$I_C=0.1mA$，$V_{CE}=10V$	35	—	—
		$I_C=1mA$，$V_{CE}=10V$	50	—	—
		$I_C=10mA$，$V_{CE}=10V$	75	—	—
		$I_C=150mA$，$V_{CE}=10V$	100	300	—
		$I_C=500mA$，$V_{CE}=10V$	40	—	—
		$I_C=150mA$，$V_{CE}=1V$	50	—	—
		$I_C=10mA$，$V_{CE}=10V$，$T_A=-55℃$	35	—	—
h_{fe}	小信号电流增益（Small Signal Current Gain）	$I_C=1mA$，$V_{CE}=10V$，$f=1kHz$	50	300	—
		$I_C=10mA$，$V_{CE}=10V$，$f=1kHz$	75	375	—
f_T	特征频率（Transition Frequency）	$I_C=20mA$，$V_{CE}=20V$，$f=100MHz$	300	—	MHz
C_{EBO}	发射极-基极电容	$I_C=0$，$V_{EB}=0.5V$，$f=100kHz$	—	25	pF
C_{CBO}	集电极-基极电容	$I_E=0$，$V_{CB}=10V$，$f=100kHz$	—	8	pF
NF	噪声系数（Noise Figure）	$I_C=0.2mA$，$V_{CE}=5V$，$f=1kHz$，$R_S=2kΩ$	—	4	dB
h_{ie}	输入阻抗（Input Impedance）	$I_C=1mA$，$V_{CE}=10V$	2	8	kΩ
h_{re}	反向电压传输比	$I_C=1mA$，$V_{CE}=10V$	—	8	10^{-4}
h_{oe}	输出导纳（Output Admittance）	$I_C=1mA$，$V_{CE}=10V$	5	35	μs
r_{bb}，$C_{b'c}$	反馈时间常数	$I_C=20mA$，$V_{CE}=20V$，$f=31.8MHz$	—	150	ps
开关时间（Switching Times）					
符　号	参　数	测试条件	最小值	最大值	单　位
t_{on}	开启时间（Turn-On Time）	$I_{Con}=150mA$，$I_{Con}=15mA$，$I_{Boff}=15mA$	—	35	ns
t_d	延迟时间（Delay Time）		—	10	ns
t_r	上升时间（Rise Time）		—	25	ns
t_{off}	并断时间（Turn-Off Time）		—	250	ns
t_s	存储时间（Storage Time）		—	200	ns
t_f	下降时间（Fall Time）		—	60	ns

在最大额定值（极限参数）中，电极之间的击穿电压的测试条件使用相应电极的电流值来代替。例如，V_{CBO}的测试条件为$I_E=0$，其含义与发射极开路（Open Emitter）相同。

值得注意的是：$V_{(BR)CEO}$大约为$V_{(BR)CBO}$的一半，这一点似乎有点难以理解。因为$V_{(BR)CBO}$表示集电结的反向击穿电压，而$V_{(BR)CEO}$相当于是集电结与发射结反向串联后的反向击穿电压，此时集电结是反偏的，而发射结是正偏的，按道理$V_{(BR)CEO}$怎么也应该比$V_{(BR)CBO}$要大那么一点点（一个二极管导通压降）吧，怎么反倒下降了一大半？我们暂且按下不表，容你思量一番，继续来阅读数据手册。

在电气特性参数中，集电极截止电流I_{CBO}就是我们前面提到的集电极-基极之间的反向饱和电流，它是在发射极开路时测试得到的，其测试电路如图 4.23 所示。

前面我们已经提过了，I_{CBO}是由少数载流子形成的，其大小取决于温度和少数载流子的浓度。在温度一定的条件下，I_{CBO}基本上是常数。一般硅三极管的 I_{CBO}是纳安级别的，而比较好的小功率锗三极管的 I_{CBO}是微安级别的。我们之所以重点提到 I_{CBO}，是因为它是衡量三极管稳定性的一个重要参数。如果你的电路系统工作的环境温度变化很大，应该优先选择硅三极管。

需要注意的是，还有一个参数需要关注，即集电极-发射极反向饱和电流 I_{CEO}，它是当基极开路时在 C-E 之间施加一定电压而测量得到的电流，其测试电路如图 4.24 所示。

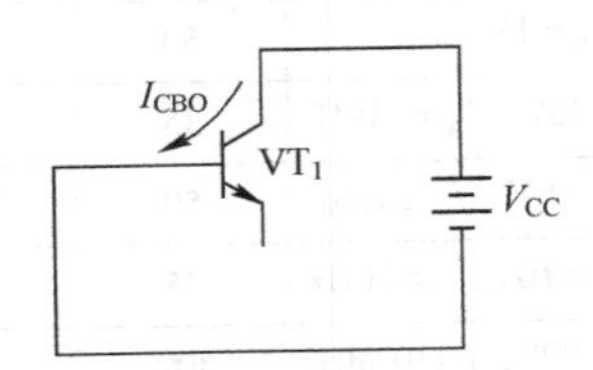

图 4.23　I_{CBO}的测试电路

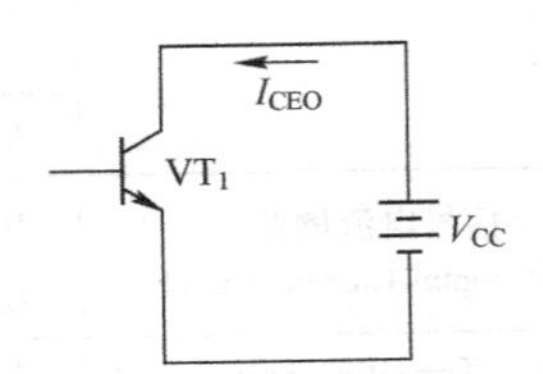

图 4.24　I_{CEO}的测试电路

由于 I_{CEO}从集电区穿过基区流过发射区，所以也称为穿透电流，数据手册当中一般没有标出这个参数，因为它与 I_{CBO}之间遵循以下关系式：

$$I_{CEO}=(1+\beta)I_{CBO} \tag{4.8}$$

我们可以这样来理解式（4.8）：当按照图 4.24 所示的电路进行测试时，发射结是正向偏置的，所以发射区有较多的电子注入到基区，而集电结处于反向偏置状态，所以集电区的少子（空穴）会漂移到基区。由于基极是开路的，注入到基区的电子与空穴必然将进行复合，复合形成的电流即 I_{CBO}。又由于电子的数量远大于空穴，所以复合后仍然还有大量电子将继续漂移到集电区而形成集电极电流。而发射区每向基区提供一个复合用的电子，就要向集电区提供β个电子。也就是说，到达集电区的电子数量等于基区复合数的β倍，即产生的电流为βI_{CBO}，所以发射极的总电流为$(1+\beta)I_{CBO}$，如图 4.25 所示为 I_{CEO}与 I_{CBO}的载流子关系。

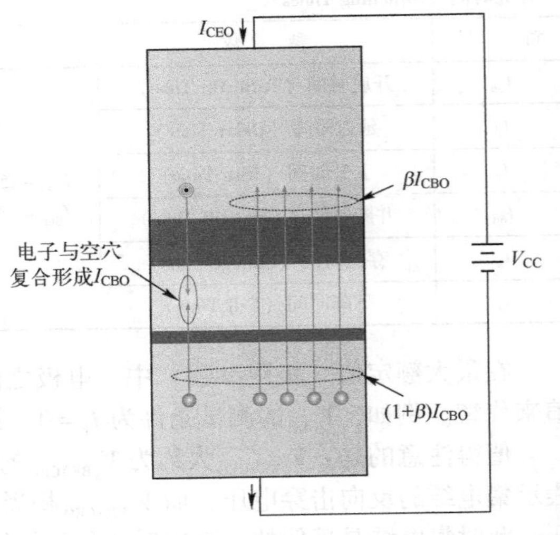

图 4.25　I_{CEO}与 I_{CBO}的载流子关系

实际上，式（4.8）也可以从式（3.7）推导出来。由于测试 I_{CEO}时基极是开路的，所以 $I_B=0$，而此时的集电极电流 I_C就是穿透电流 I_{CEO}，则有：

$$\beta=\frac{I_C-I_{CBO}}{I_B+I_{CBO}}=\frac{I_{CEO}-I_{CBO}}{I_{CBO}}\longrightarrow I_{CEO}=(1+\beta)I_{CBO}$$

我们前面提过，I_{CBO}会随温度的上升而上升，而穿透电流 I_{CEO}是 I_{CBO}的$(1+\beta)$倍，所以

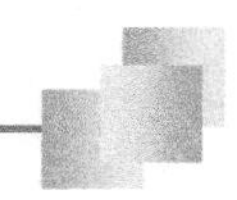

I_{CEO}随温度的变化量会比I_{CBO}更为明显，它也是衡量三极管质量的一项重要指标。也正因为如此，在选用三极管时，不能只考虑β的大小，也应该注意选择I_{CBO}较小的管子，而且β一般也不能选择过大，以避免I_{CEO}过大而引起的热稳定性问题，这一点在功率放大电路设计过程中还会详细讨论。

I_{CEO}与I_{CBO}之间的关系就可以解释"$V_{BR(CBO)}$为什么会比$V_{BR(CEO)}$还要大"。由于基区与集电区都是低掺杂的，所以集电结的宽度相对比较大，它所产生的击穿现象属于雪崩效应机制。我们提到过，雪崩击穿是由于载流子在较宽的空间电荷区被加速后，将共价键中的电子碰撞出来而产生的连锁反应。换言之，如果载流子相对较多的话，雪崩效应就会更明显，也就更容易发生击穿现象，而测试$V_{BR(CEO)}$时对应的I_{CEO}却是测量$V_{BR(CBO)}$时对应I_{CBO}的$(1+\beta)$倍；接下来发生的故事你应该已经猜到了吧！

我们还可以看到电气参数中有一个I_{CEX}，它与I_{CEO}有什么区别呢？实际上，这两者之间的关系与V_{CEO}和V_{CEX}的关系是一样的，只不过测试电路不同而已。I_{CEO}是基极开路时测量得到的，而I_{CEX}则是在基极-发射极之间施加一定的反向电压而测量得到的，数据手册当中施加的电压为-3V。

另外，数据手册中的直流放大系数是使用h_{FE}来表示的，也就相当于"头顶"有一横的$\bar{\beta}$符号，至于其他目前尚未讨论的参数，我们将在后续章节中陆续讲解。

数据手册中标出的电气参数主要是为了方便工程师的应用，换言之，如果用来全面分析三极管放大电路还是远远不够的，所以后续我们将选择 Multisim 软件平台元器件库中对应型号为 2N2222A 的三极管进行放大电路的分析与验证，它的模型参数如表 4.5 所示。

表 4.5　型号为 2N2222A 的三极管的模型参数

参　数	描　　述	值
IS	饱和电流（Transport Saturation Current）	2.04566e-13A
BF	理想正向电流放大系数（Ideal Maximum Forward Beta）	296.463
NF	正向电流放射系数（Emisstion Coefficient）	1.09697
VAF	正向厄尔利电压（Forward Early voltage）	10V
ISE	基极-发射极间漏（Leakage）饱和电流	1.45081e-13A
NE	基极-发射极间漏放射系数	1.39296
BR	理想反向电流放大系数	0.481975
NR	反向电流放射系数	1.16782
VAR	反向厄尔利电压（Reverse Early Voltage）	100V
ISC	基极-集电极间漏饱和电流	1.00231e-13A
NC	基极-集电极间漏放射系数	1.98587
RB	零偏置基极电阻（Zero-bias Base Resistance）	3.99688Ω
IRB	基极电阻为 RBM 一半时的电流值	0.2A
RBM	大电流时的最小基极电阻	3.99688Ω
RE	发射极电阻（Emitter Resistance）	0.0857267Ω
RC	集电极电阻（Collector Resistance）	0.428633Ω
CJE	基极-发射极零偏置结电容（Depletion Capacitance）	1.09913e-11F

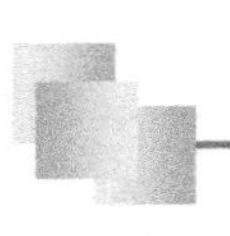

续表

参 数	描 述	值
VJE	基极-发射极内建电势（Built In Potential）	0.99V
MJE	发射结指数因子（Exponential Factor）	0.23
TF	理想正向渡越时间（Ideal Forward Transit Time）	2.96787e-10s
XTF	TF 的偏压依存系数（Coefficient for Bias Dependence of TF）	9.22776
VTF	依存于 TF 的 VBC（VBC Dependence of TF）	25.2257V
ITF	TF 影响下的大电流参数（High-Current Parameter）	0.0793144A
PTF	$F=1/(2\pi T_F)$ 上的过剩相位旋转（Excess Phase）	0°
CJC	基极-集电极零偏置结电容（Depletion Capacitance）	3.1941e-11F
VJC	基极-集电极内建电势	0.4V
MJC	集电结指数因子（Exponential Factor）	0.85
CJS	基极-衬底间零偏置电容（Substrate Capacitance）	0F
EG	禁带能量宽度（Energy Gap for Temperature Effect on IS）	1.05eV
KF	闪烁噪声系数（Flicker Noise Coefficient）	0
AF	闪烁噪声指数（Flicker Noise Exponent）	1
XCJC2	连接于内基极的结电容的比例	1
XTB	正向与反向电流放大系数的温度系数	0.1
XTI	饱和电流 IS 的温度系数	1

你现在可以稍微浏览一下表 4.5，后续章节的一些计算过程会随时参考到这个表格，这里只讨论其中两个参数，其一是理想正向电流放大倍数 BF，它的意义等同于 h_{FE}，虽然严格来讲有一点区别，但现阶段你可以认为两者是一样的；另一个是理想反向电流放大倍数 BR，什么意思呢？这就要涉及三极管的第 4 种状态了，即倒置/反向放大状态。我们知道，三极管在处于放大状态时发射结正偏而集电结反偏，如果我们把发射结与集电结互换过来使用（发射结反偏而集电结正偏），电路是不是也可以用呢？有没有电流放大能力呢？处于倒置状态的放大电路如图 4.26 所示。

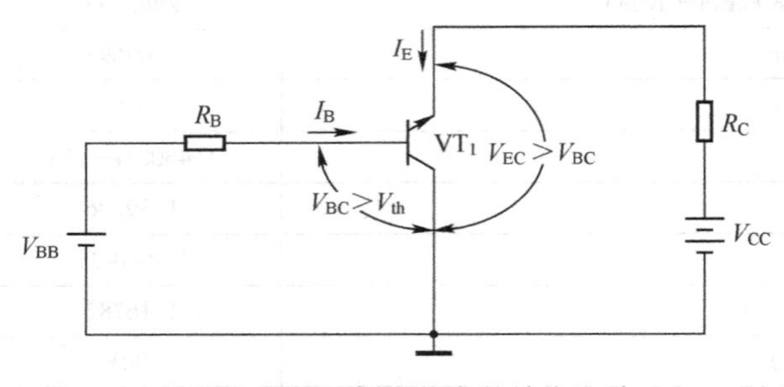

图 4.26　处于倒置状态的放大电路

从表 4.5 中可以看到，BR 是比较小的，还不到 1，这一点从三极管的电流放大原理很容易预料到。BR 的典型范围为 0.01~1，与高达数百甚至上千的 BF 相比有数量级上的差别。尽管三极管处于倒置状态时仍然可以工作，但由于发射结是反向偏置的，所以务必要特别注意 $V_{(BR)EBO}$ 的极限值。另外，在这种状态下虽然也有一些应用电路（例如，利用发射结击穿特性构成的振荡电路），但由于其的使用并不广泛，因此本书不做讨论。

第5章 基本共射放大电路：裂变

偶尔获得一次战争的胜利并不难，困难的是如何成为每一场战争的胜利者。为此，人们总是倾向于总结以往各种战争的经验或教训并将其理论化和模式化，以便更加有效地指导后续可能发生的战争，《孙子兵法》与《三十六计》就是最好的证明。所以，尽管三极管放大电路可以对输入电流进行放大，但仍然存在很多需要进一步优化的工作等着我们去做，毕竟乌合之众的战斗力总比不上训练有素的军队。

前面已经详细讨论了三极管的工作区域和相关的电气参数，以及三极管输入与输出特性曲线的基本原理，当时使用的阻值配置的测试电路如图5.1所示。

为了确定R_B与R_C的最佳阻值配置，我们是这么操作的：调整直流供电电源V_{BB}的大小，改变三极管发射结的正向导通压降v_{BE}，从而使基极电流i_B发生相应的变化，并随后控制集电极电流i_C的变化。也就是说，在整个过程当中，三极管把基极电流i_B的变化量放大成为集电极电流i_C的变化量。所以，我们只需要把i_C的变化量作为输出就可以达到放大输入电流的目的。

但是，在实际的应用当中，通常使用电压（不是电流）的形式在多个放大电路之间进行信号的传递。换句话说，大多数放大电路都需要对电压信号进行放大。那应该怎么办呢？有些读者可能已经猜到了，我们在实验过程中一直在调整的电源V_{BB}就相当于输入的电压信号，它的变化趋势与相应的i_B是成正比的。所以，能够对变化的电压信号进行放大的电路如图5.2所示。

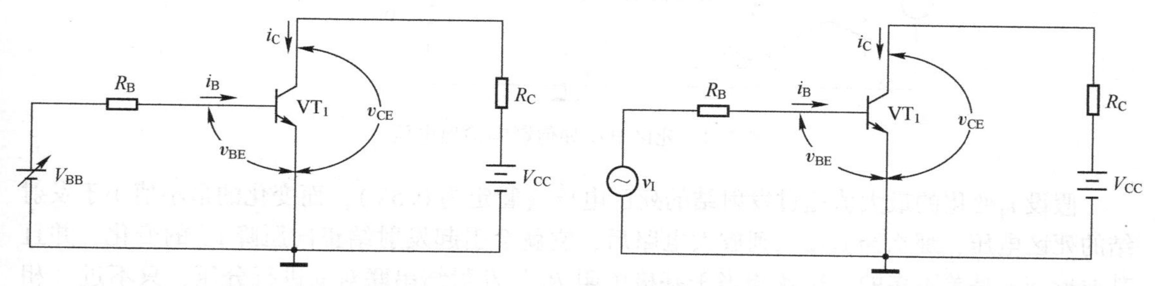

图5.1 阻值配置的测试电路

图5.2 能够对电压信号进行放大的电路

为了与直流供电电源V_{BB}有所区别，这里使用符号v_I表示变化的电压信号，我们暂时认为它可以表示变化的直流或交流。那么放大电路的输出信号又是什么呢？实际上，大多数放大电路需要输出的也是电压信号（对于下一级放大电路来说，相当于输入信号），对于这一环节，我们无须做更多的工作，只要把R_C两端的压降作为输出就可以了，如图5.3所示为放大电路的电压输出。

由于R_C两端的压降（输出电压v_O）与i_C是呈正比例变化的，所以此电路的整个放大过程就是：输入电压v_I的变化引起三极管发射结电压v_{BE}的变化，从而影响i_B发生相应的变化，

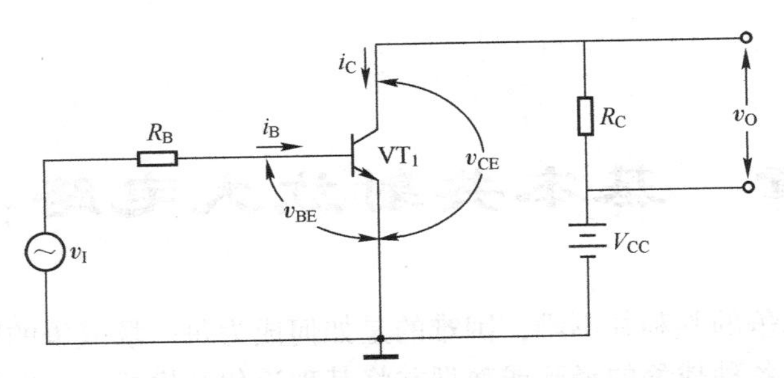

图 5.3　放大电路的电压输出

继而控制 i_C 的变化，最后导致 R_C 两端压降的变化。简单地说，就是 v_I 引起 v_O 的变化。当三极管处于放大状态时，它们都是正比例变化的。如果 v_I 是上升的，那么 v_{BE}、i_B 和 i_C 是上升的，最后 v_O 也会上升；如果 v_I 减小，那么相应的 v_O 也会减小，这就是三极管放大电路进行电压信号放大的基本原理。但是，这仅仅是基本原理而已，离实际应用还差得很远，接下来还得进一步地完善它。

我们很早就提到过，三极管的发射结相当于一个二极管，它存在一定的死区电压 V_{th}，如果在 v_I 变化的过程中其幅值小于 V_{th}，那么相应的三极管将会处于截止状态，此时小于 V_{th} 的那一部分输入信号是不会被放大的，如图 5.4 所示为死区电压如何影响输出电压。

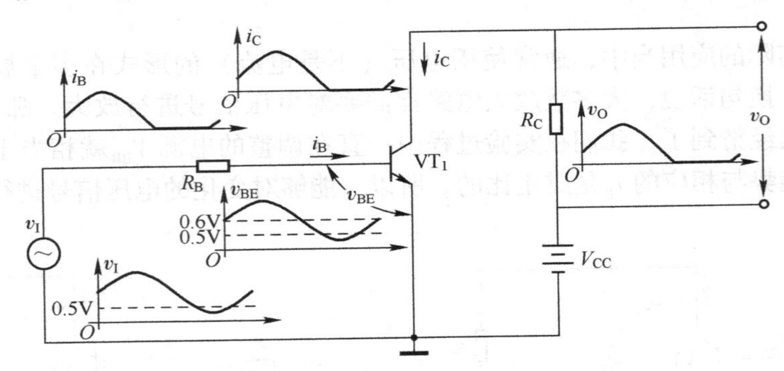

图 5.4　死区电压如何影响输出电压

假设 v_I 变化的最大值超过发射结的死区电压（暂定为 0.5V），而变化的最小值小于发射结的死区电压，那么当 v_I 接入到放大电路后，它就会引起发射结正向压降 v_{BE} 的变化，并且其波形与 v_I 是差不多的，这就相当于基极电阻 R_B 与发射结串联对 v_I 进行分压，只不过（相对于 v_I 而言）v_{BE} 的变化量比较小，而且 v_{BE} 本身不会有太大的变化，也就大约在发射结导通压降（约 0.6V）上下很小的范围内波动，这样自然会引起 i_B 发生相应的变化。

从图 5.4 中可以看到，当 $v_{BE}<V_{th}$ 时，基极电流 i_B 是非常小的，我们可以认为其是 0，因为发射结还没有导通，相应的 i_C 也为 0；当 $v_{BE}>V_{th}$ 时，由于 i_C 与 i_B 是比例放大的关系，所以它们的波形肯定是相似的，只不过 i_C 的幅值更大一些。三极管总是严格履行自己的职责，放大自己应该放大的。当然，不能放大的，它同样也不会放大。而 R_C 两端的压降与 i_C 的变化趋势是相同的，这样 v_O 的波形自然也就失真了。

很明显，v_O 出现波形失真是因为 v_I 的幅值过小，使三极管进入了截止区而。我们把由于三极管进入截止区而导致输出信号的失真称为截止失真（Cut-Off Distortion）。

图5.4所示的v_O波形勉勉强强还算过得去，虽然它已经失真了，但毕竟还是有输出的嘛。但是，在实际的电路应用中，v_I的幅值很有可能不会很大，也许就只有几十毫伏甚至更小，如果你把幅值这么小的电压信号作为v_I直接连接到放大电路的输入端，很明显，三极管的发射结则是永远无法导通的，从而也就谈不上对它进行放大了。

那该怎么办呢？如图5.5所示，我们可以将一个直流电源与信号源串联起来来实现。

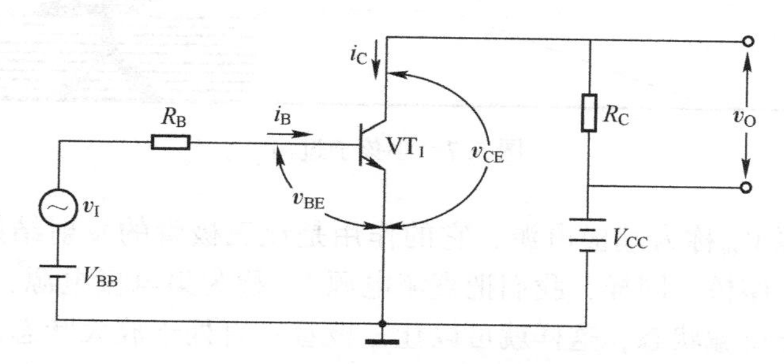

图5.5　直流电源与信号源串联

久违的直流电源V_{BB}又出现了，只不过这个时候的V_{BB}始终是不会变化的，它的电压值总是比v_I的幅值大，比发射结的死区电压也大很多，如之前使用过的5V电压值。我们将V_{BB}与v_I串接的目的就是使三极管的发射结始终处于导通状态，这样就算v_I的幅值很小，它也可以在发射结已经导通的状态下引起i_B的变化，如图5.6所示。

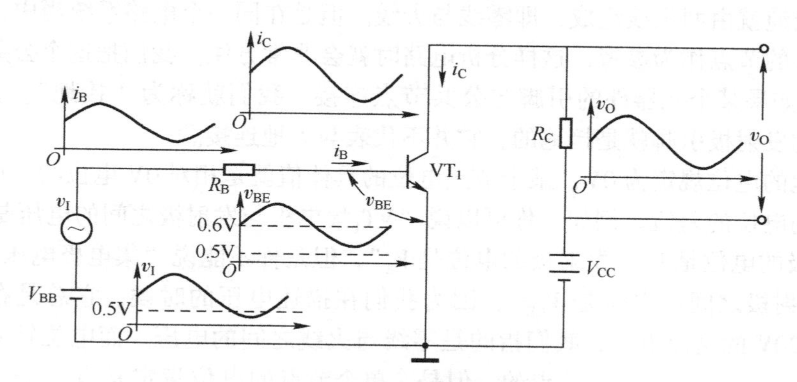

图5.6　串联直流电压消除截止失真

这里我们使用与原来相同的v_I。很明显，无论v_I的幅值为最大值还是最小值，V_{BB}与v_I串联后的电压值总会大于发射结的死区电压（0.5V）。也就是说，三极管总是处于放大状态，此时i_B与v_I的变化趋势一致，这样i_C与v_O的波形也就不会出现失真了。这就相当于一个小孩子要过河，但是这条河水太深了，怎么办呢？只要大人把这个小孩扛在肩上就没事了，如图5.7所示。

同样的道理，需要进行放大的小信号v_I就相当于要过河的小孩子，而与v_I串联的直流电源V_{BB}就相当于大人，大人的作用就是不让河水影响小孩子过河。

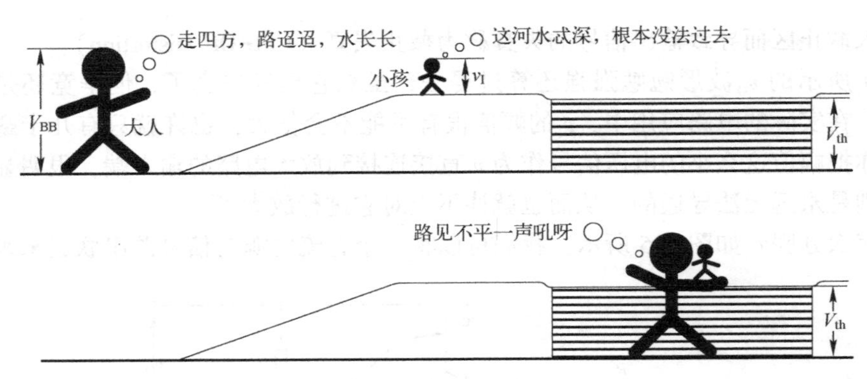

图 5.7　小孩子过河

我们把直流电源 V_{BB}称为基极电源，它的作用是让三极管的发射结始终处于正偏状态，相当于在河面架了一座桥。同样，我们把直流电源 V_{CC}称为集电极电源，它的作用是让三极管的集电结始终处于反偏状态，这样就可以让三极管一直处于放大状态。另外，电源 V_{CC}还给三极管提供能源，因为我们已经提过，三极管本身不能凭空产生新的能量，它并不是把基极电流 i_B直接放大，而是通过使用较小的 i_B变化量来控制较大的集电极电流 i_C的变化量，从外部电路来看就好像是 i_B被放大一样，而放大（控制）后的 i_C就是由供电电源 V_{CC}来提供的。

大家有没有注意到电路图底部的“⊥”符号，其实在前面的章节中一直都存在，它是什么意思呢？我们知道，电压一般都是由两根线来传输的。例如，我们家里使用的 220V 交流电压传输线缆就由两根线组成，即零线与火线。但是在同一个电路系统当中，我们总是会使用一个公共的节点作为参考，这样分析电路时就会非常方便。我们把这个公共的参考节点称为“地”，如果某个元器件的引脚与公共节点连接，我们就称为“接地”。例如，图 5.6 所示三极管的发射极引脚就是接地的，它并不代表与大地连接。

我们把地的电位规定为 0V，某个节点电位的具体值就是相对 0V 电位的，而电压值就是两个节点之间电位的差值。例如，你可以说“VT_1集电极与发射极之间的电压是 V_{CE}”，也可以说“集电极的电位是 V_C，发射极的电位是 V_E”，但是你不能说“集电极电压是 V_C”，或者“集电极与发射极之间的电位是 V_{CE}”，因为我们在描述电压的时候，它总是存在两个节点的。例如，220V 的交流电压，我们指的是零线与火线之间的电压。而电位针对的是单个节点的。但是，单个节点的电位肯定是有一个参考点的，没有参考的电位是没有意义的。例如，VT_1集电极与发射极之间的压降 V_{CE}的值等于集电极电位 V_C与发射极电位 V_E之间的差值。如果三极管的发射极是接地的，那么发射极电位 V_E与地（0V）是相等的，所以我们可以认为 $V_{CE}=V_C-V_E=V_C-0V=V_C$。但是，你不能说“集电极-发射极之间的压降 V_{CE}等于集电极电位 V_C”，这种表达方式是不妥的，如图 5.8 所示为电位与电压。

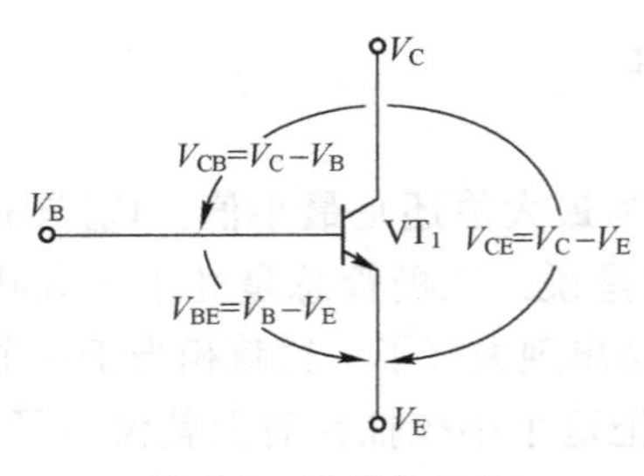

图 5.8　电位与电压

那我们提到这些知识的用意何在呢？因为在实际应用中，我们不太可能总是把输入信号

v_I与直流电源V_{BB}进行串联后再接入放大电路进行放大，这就相当于把直流电源V_{BB}的正极作为参考，因为你总是要把v_I“扛”在它的“肩膀”上的。同样，对于输出信号，我们也总是需要两条线把电压引出来，这样就相当于以直流电源V_{CC}的正极为参考。输入信号存在一个参考电位，输出信号存在一个参考电位，另外我们还规定了一个公共参考地，这么多参考电位太麻烦了。

我们通常统一使用一个公共参考点，也就是前面提过的零电位。这样的话，无论是输入信号还是输出信号，它们其中一根线总是与公共参考地连接的。对于输入信号v_I，就是将它直接与三极管的发射结并联，如图5.9所示。

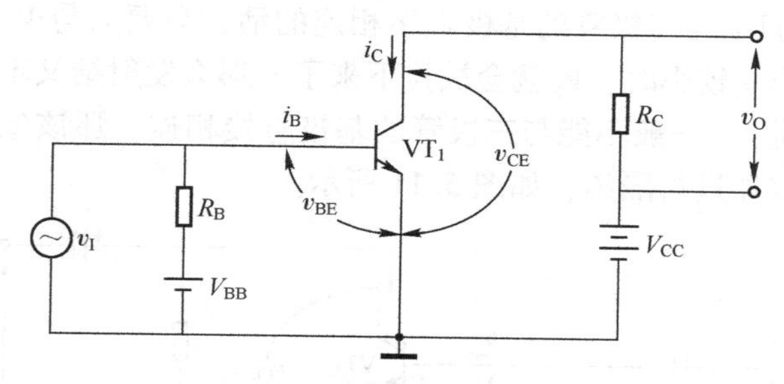

图5.9　使用公共参考点

这是什么意思呢？实际上，电压信号的传输还是使用两根线，只不过现在使用一个参考地。如此一来，大家都参考同一个电位，就好像只用一根线传输电压信号一样，这样我们就不需要总是把输入信号v_I与直流电源V_{BB}串联了。V_{BB}的目的是让三极管的发射结始终处于导通状态，v_I是要“扔入”放大电路进行放大的，这样有利于把输入信号源从放大电路设计当中独立出来。

同样的道理，对于输出信号v_O，我们也应该参考同一个电位，这样就只需要拉出一根信号线就可以了。那么v_O是从集电极电阻R_C的上侧还是下侧引出呢？从R_C的下侧引出肯定是不太对的，因为我们说过，既然你要用一根线引出来，那么肯定是有一个共同的参考电位的。对于图5.9，参考电位就是0V（电源V_{CC}的负极）。如果你从R_C的下侧引出电压信号，就相当于把直流电源V_{CC}引出了。你把V_{CC}引出来干什么呢？它是直流供电电源，总是不会发生变化的。如果你想把它引出，把V_{CC}直接拿走就可以了。我们需要的应该是跟随输入信号变化的放大后的信号，所以输出信号应该从R_C的上侧引出来，如图5.10所示为输出电压的引出。

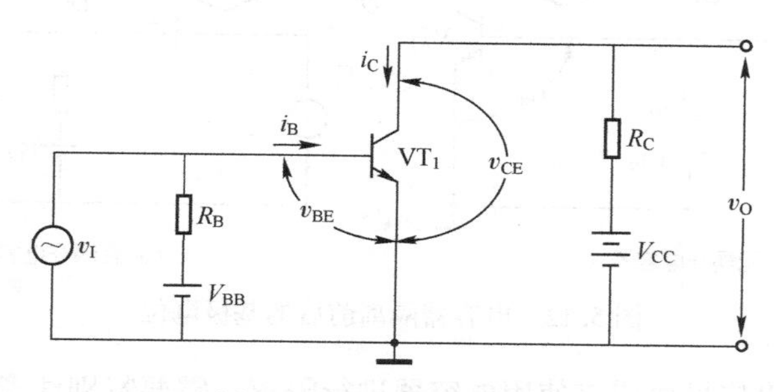

图5.10　输出电压的引出

很遗憾地通知各位：革命尚未成功，同志仍需努力。经过修改的电路还是存在一个很大的问题，由于v_I与三极管的发射结是直接并联在一起的，所以当三极管处于放大状态时，基极电位V_B应该约为0.6V。但是，v_I很可能会非常小（如只有几十毫伏），比死区电压小得多。换言之，对于v_I来讲，由于它的下侧与公共地连接（参考电位是0V），所以其上侧的电位也就可能只有几十毫伏（无论具体电位是多少，它总可能会与V_B不相同）。然而，由于v_I直接与三极管的基极连接，同一个电路节点肯定不会存在两个不同的电位，所以v_I就会与V_B"打架"。

也就是说，虽然足够大的直流电源V_{BB}可以使三极管的发射结导通，也能够让基极电位大约有0.6V，然而一旦v_I与三极管的基极直接相连的话，只要v_I与V_B不相同，就会产生电位干扰现象。例如，当v_I较小时，V_B就会被拉下来了，那么发射结又不导通了，三极管又不在放大区了。也就是说，v_I一般不能与三极管的基极直接相连。那该怎么办呢？我们比较常用的做法就是使用电容器进行隔离，如图5.11所示。

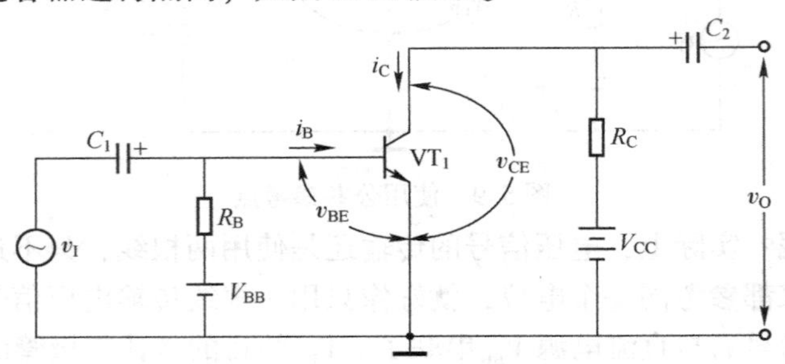

图5.11　使用电容器进行隔离的电路

电容器有"隔直流，通交流"的特性，所以输入信号源中的交流成分可以通过电容器叠加在基极电位上。你可以这样理解：当没有输入信号（$v_I=0$）的时候，电容器C_1与三极管基极连接的一侧是直流电压（约0.6V），而与信号源v_I连接的一侧为0V，所以C_1会被充电到0.6V。当变化的输入信号到来时，由于电容器两端的电压不能突变，所以基极电位就会在原来0.6V的基础上跟随输入信号的变化而变化，如图5.12所示为电容器隔离前后的基极电位。

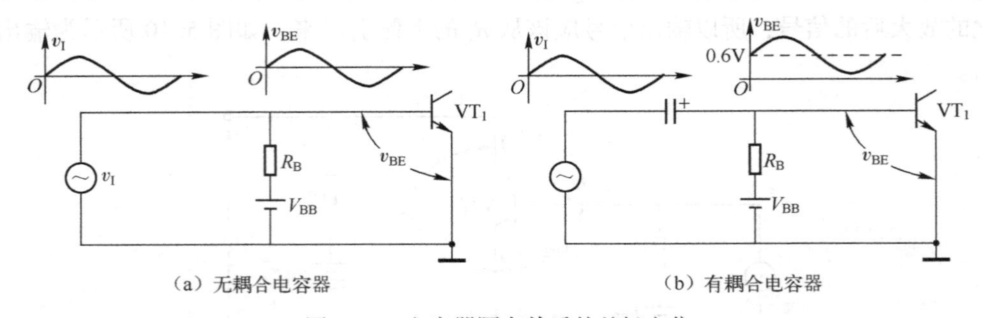

图5.12　电容器隔离前后的基极电位

同样的道理，输出信号也应该使用电容器进行隔离。需要特别注意的是：这两个电容器通常是有极性的。那极性该怎么定呢？其实很简单，你就观察没有信号源输入（$v_I=0$）时，耦合电容哪一侧节点的电位高就把正极往哪边连接。例如，当我们确定电容器 C_1 的连接时，可以假定输入信号为 0V，此时基极的电位为 0.6V（比左侧（0V）高），所以电容器的正极应该接右边。

有人可能会说：串联电容器后不就没办法放大直流信号了吗？这个问题提得非常好，它确实没有办法放大直流信号，但是我们现阶段讨论的放大电路都是用来放大交流信号的，因为有用的信号通常都包含在交流信号当中（如音频信号）。而对于直流信号的放大，我们可以使用直接耦合的放大电路，后续会进一步讨论。现在你只需要知道利用电容器的“隔直流，通交流”特性可以解决直流电位相互干扰（牵制）的问题就可以了。

我们把电容器 C_1 与 C_2 称为耦合电容器（Coupling Capacitor），大家可能是第一次接触到“耦合”的概念。是什么意思呢？通俗来讲，耦合的意思就是：把信号通过某种方式从一个地方传送到另一个地方！这跟人去旅游一样，你可以坐汽车、火车或高铁，他可以坐飞机，总之，就是要把人从一个地方送到另一个地方去。

在电路系统中，这里提到的“其他地方”通常就是下一级放大电路或负载，正如牛拉车一样，牛就相当于放大电路，而车就相当于负载。同样的道理，一个放大电路总是需要驱动负载的（养头牛肯定是需要它来完成某些工作的，而不是拴在客厅给人观赏的），它可以是电灯泡、扬声器或电机，甚至是另外一个放大电路，没有连接负载的放大电路是没有实际意义的。例如，对于图 5.13 所示的电路，我们可以说：耦合电容器把前一级放大电路输出的电压信号耦合到下一级放大电路。

而对于图 5.14 所示的电路，我们可以说：耦合电容器把放大电路输出的电压信号耦合到扬声器。耦合电容器所起的作用就是隔离直流而传递交流信号，因为常用的磁动式扬声器的内部就是一个线圈，如果有直流成分施加在两端时，很容易损坏扬声器或放大电路本身。

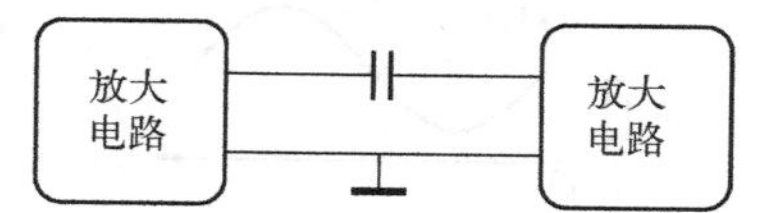

图 5.13　耦合电容器连接两级放大电路

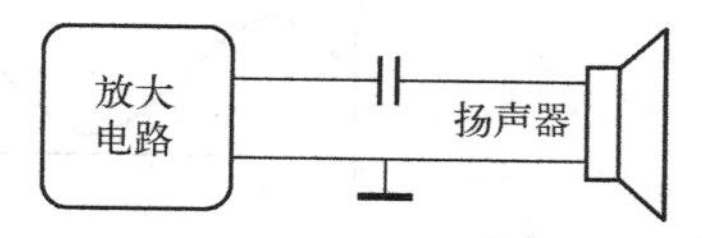

图 5.14　耦合电容器连接放大电路与负载

到目前为止，放大电路的优化工作已经接近圆满了，但是仍然还是有一个地方不是很完美，那就是它需要两个直流电源，太麻烦了。有没有办法只使用一个直流电源也能达到相同的效果呢？我们可以使用集电极供电电源 V_{CC} 代替基极供电电源 V_{BB}，如图 5.18 所示。

可能有人会问：在与集电极共用一个电源的情况下，基极电流不会太大吗？你的担心是多余的。我们早就提过，R_B 与 R_C 存在的意义就是限制三极管各个电极的电流，只要 R_B 的取值设置得比 R_C 大，那么在同一个直流供电电源的情况下，基极电流就会比集电极电流要小得多，这样也就达到我们的目的了。

图 5.15 所示的电路看着有点别扭，我们调整一下它的画法，如图 5.16 所示为调整后的放大电路。

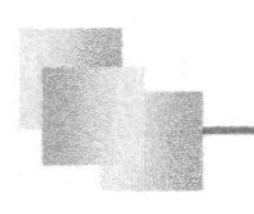

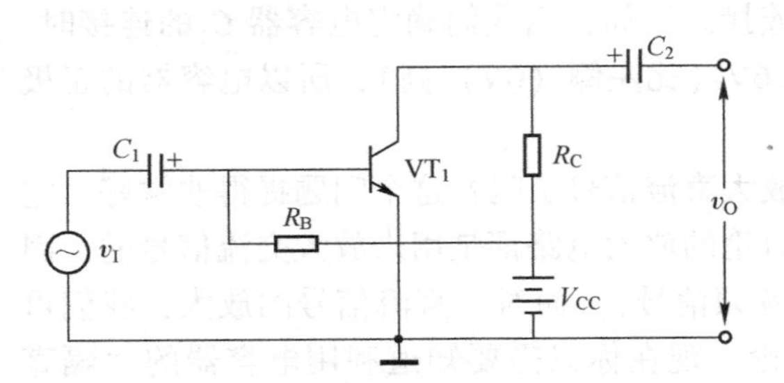

图 5.15　单电源供电的放大电路

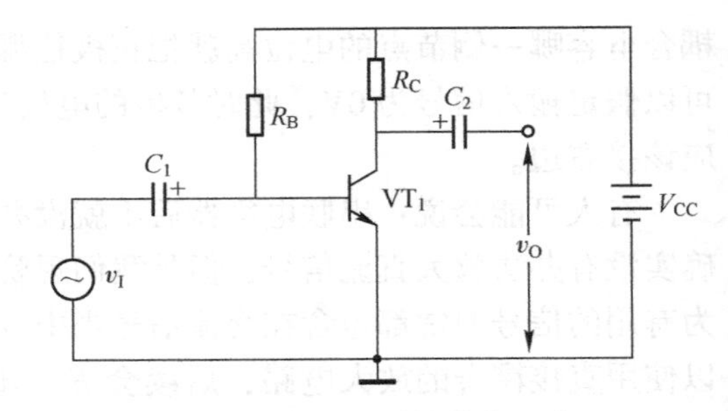

图 5.16　调整后的放大电路

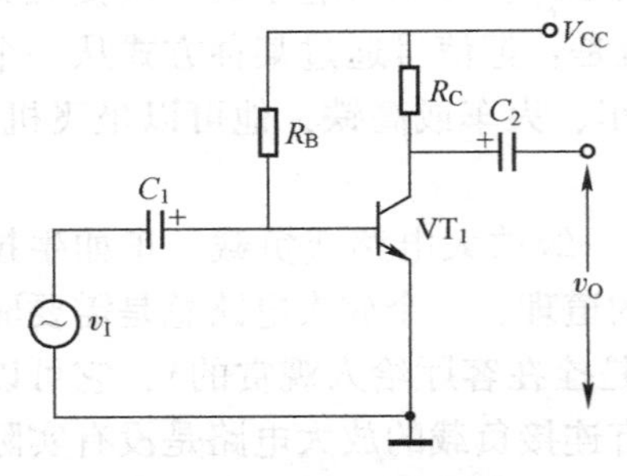

图 5.17　行业习惯画法

在实际工作中，你见过的放大电路应该如图 5.17 所示，它与图 5.16 所示的电路是完全一致的，只不过使用网络标号 V_{CC} 表示电阻 R_B 与 R_C 的公共连接点的电位是 V_{CC}，也就相当于在 V_{CC} 节点与公共参考点之间连接了一个电压值为 V_{CC} 的直流电源。这种电路图的画法更简洁一些，是电子行业中电路图的习惯画法，也是后续电路分析过程中采用的绘图方式。

最后我们来回顾一下三极管放大电路的整个电压放大过程，如图 5.18 所示。

输入信号源 v_I 表示交流信号，经过耦合电容器 C_1 耦合到三极管的基极后形成 v_{BE}，然后 i_B 发生相应的变化，三极管把 i_B 放大为集电极电流 i_C，而集电极与发射极两端的压降等于电源 V_{CC} 减去 R_C 两端的压降，所以 v_{CE} 与 i_C 的变化是相反的（反相 180°），最后经过耦合电容器 C_2 把 v_{CE} 波形中的直流成分隔离之后，就得到输出电压 v_o 了。

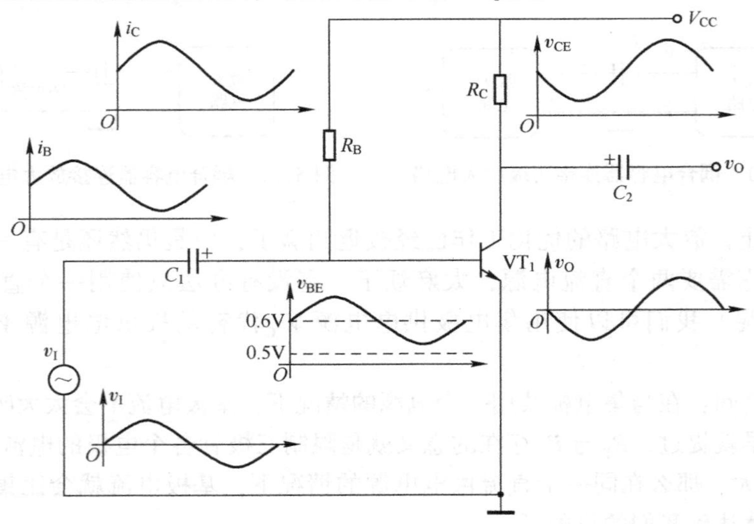

图 5.18　三极管放大电路的工作原理

原来我们的意思是输出电压 v_O 从集电极电阻 R_C 两端输出，而实际上却是从三极管的集电极与发射极两端输出。为什么呢？因为我们使用同一个参考电位，所以你从三极管的集电极输出，就相当于从集电极与参考点之间输出。很明显，输出信号与输入信号是反相的。那算不算放大呢？当然算，小孔成像不也是倒过来的嘛，倒过来的波形还是包含了输入波形所有的信息的。

三极管完整的放大电路应该如图 5.19 所示。

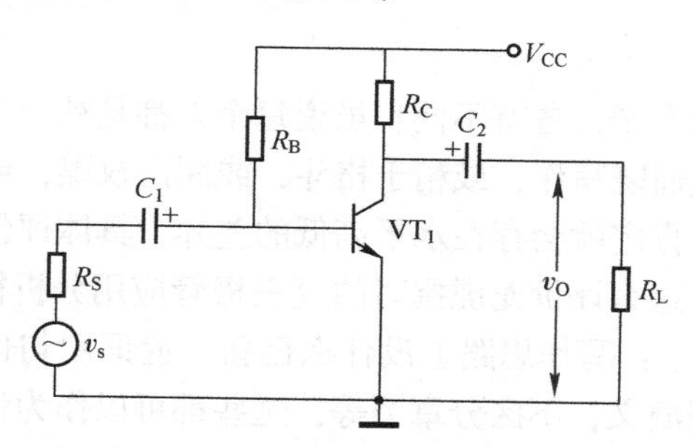

图 5.19　三极管完整的放大电路

我们使用 v_s 表示信号源，R_S 表示信号源的内阻，R_L 表示负载。由于三极管的发射极是输入与输出回路共用的，所以我们把它称为共发射极放大电路，也因为这是三极管放大电路最基本的结构，也把它称为基本共发射极放大电路（简称基本共射放大电路）。

第 6 章　静态工作点分析：可以作战吗？

有句老话说得好：龙生九子，各有不同！虽说每个人都是社会中的一颗螺丝钉，但是表现出来的能力却不尽相同，或通晓写作，或精于格斗，或深谙权谋，或擅长打篮球等。如果某一天让所有人都做同一件事，肯定就会存在水平高低的差异，具体评价某件事完成的好或差的角度也有很多。例如，我可以这么评价龙虎撰写的《三极管应用分析精粹：从单管放大到模拟集成电路设计（基础篇）》一书：写作思路上没什么创新，遣词用句也不讲究，阅读起来枯燥无味，讨论三极管还扯上三国演义，不区分章节等，这些都可以作为评价某本书的指标。

放大电路与人非常相似，只不过它一辈子只做放大输入信号这一档子事，自然也有很多指标可以衡量信号放大的完成质量。虽然前面已经得到了三极管共射放大电路的基本结构，但是具体到每一个实际参数的放大电路，它们所表现出来的放大能力也会有很大的不同。为了最终能够设计出（**某方面**）性能“最佳”的放大电路，首先还是需要全面讨论一下衡量放大电路放大性能的各种指标，咱们就以图 6.1 所示的基本共发射极放大电路实例作为切入点吧。

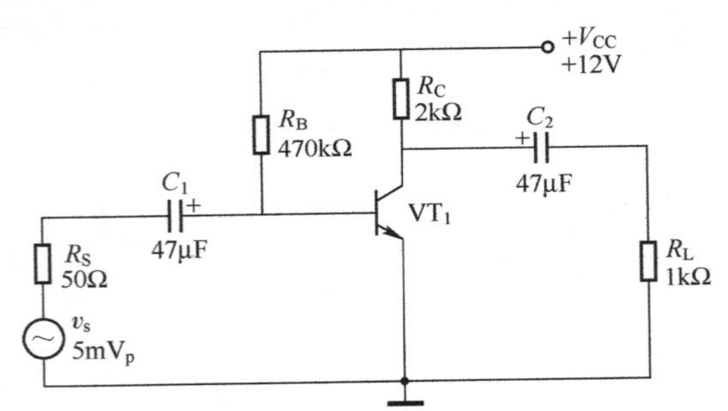

图 6.1　基本共发射极放大电路

这里对相关元器件的具体参数进行了标记，后续进行直流或交流参数分析时就会使用到，我们先来简单回顾一下这些元器件各自所起的作用。

三极管 VT_1是电流放大功能的核心元器件。直流电源 V_{CC}一方面通过基极限流电阻 R_B给 VT_1的发射结提供正向偏置电压，另一方面通过集电极限流电阻 R_C给 VT_1的集电结提供反向偏置电压，只要 R_B与 R_C的取值合理，就可以使 VT_1进入放大状态。

电容器 C_1与 C_2利用“隔直流，通交流”的特性进行交流信号的耦合（隔离直流成分）。耦合电容器 C_1把输入信号源 v_s的交流成分耦合进入 VT_1的基极，VT_1把由此产生的基极电流放大成为集电极电流，然后再通过集电极限流电阻 R_C进行电流与电压的转换，最后经过耦合电容器 C_2把其中的交流成分耦合到负载 R_L输出。另外，R_S是信号源的内阻。

这里还是要提醒一下大家：供电电源使用 V_{CC}(+12V）来标记（而不是电池符号），相当于在 V_{CC}与公共参考地之间连接了一个电压值为+12V 的直流电源，因为后续会涉及电路的回路，有些读者现在可能还不太适应。

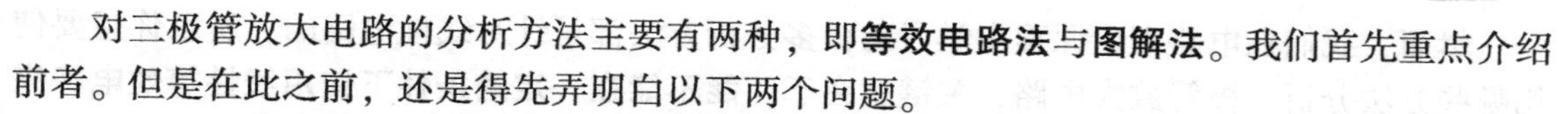

对三极管放大电路的分析方法主要有两种，即**等效电路法**与**图解法**。我们首先重点介绍前者。但是在此之前，还是得先弄明白以下两个问题。

第一：什么是等效电路？为什么要使用等效电路法？

第二：什么是直流参数？为什么要分析直流参数？

读者应该都已经接触过“等效”的概念。例如，在电路或电工课程当中，我们需要求解图 6.2 所示的戴维南等效电路中流过电阻 R_6 的电流 I_{R6}。具体的求解方法有很多，其中之一就是根据戴维南定理（Thevenin's theorem），把虚线框中的电路等效为一个电压源 V 与一个电阻 R 的串联，这样再计算流过电阻 R_6 的电流就会很方便了，与使用其他方法计算的结果是一样的，而我们把电压源 V 与电阻 R 的串联电路称为等效电路。

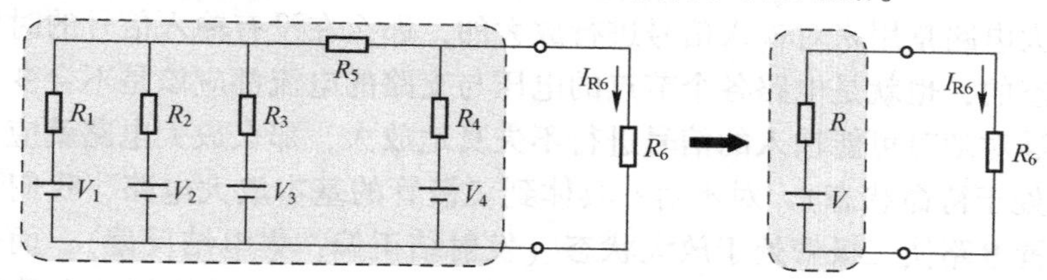

图 6.2　戴维南等效电路

所以，我们说的“等效”，是指在保证**对外**效果相同的前提下，使用简单的且易于研究和理解的事物来代替实际的，或者陌生的，或者比较复杂的事物，这样就会使得问题的分析过程更加简单。例如，虚线框中的这一部分电路还是有点复杂，但是无论里面有多少个电压源，或网络连接有多么复杂，如果只是需要获取流过电阻 R_6 的电流，那么我们总是可以把这一部分电路等效为一个电压源 V 跟一个电阻 R 的串联。

如果这么说你还觉得不是很明白，我这么跟你讲：在本书的描述过程当中，多次会使用“相当于”这个词语，它就是“等效”的意思。我们之所以经常使用到这个词语，就是为了对某句话的意思做进一步的补充，也就是为了想让你更容易理解。

那么在分析三极管放大电路的过程中为什么要使用等效电路法呢？我们从三极管的输入与输出特性曲线中可以看到，它们都是非线性的（电流与电压不是线性变化关系），在曲线上的表现不是一条直线。例如，电阻两端的电压与流过其中的电流是成比例的（比值恒定），在伏安特性曲线上的表现就是一条直线。但三极管的输入与输出特性曲线都不是直线。所以从这个角度，我们可以把电阻称为线性元器件（Linear Device），而把三极管称为非线性元器件（Nonlinear Device）。如图 6.3 所示为电阻与三极管的伏安特性曲线。

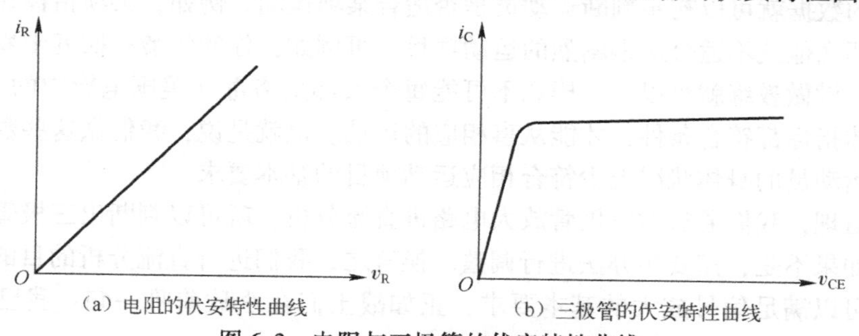

（a）电阻的伏安特性曲线　　（b）三极管的伏安特性曲线

图 6.3　电阻与三极管的伏安特性曲线

然而，我们在电路理论课程中学习的很多分析方法都是针对线性电路的，所以你想要使用哪些方法分析三极管放大电路，关键就在于：**能不能在一定的条件下使用线性等效电路来代替三极管这个非线性元器件**。

那什么是直流参数分析呢？直流参数分析也称为静态工作点分析（Quiescent operation point），静态工作点也简称为“Q 点”，它是指在没有输入信号时电路的工作状态。需要注意的是：这里并未使用“没有输入信号时**放大电路**的工作状态”的描述，只要是一个电路（不必一定是放大电路），它总会有静态工作点，我们在电路理论中使用支路电流法、回路电流法、网孔电流法和叠加定理之类的方法分析出来的电阻电路的直流电流与电压参数都属于静态工作点。

我们说放大电路是用来对输入信号进行放大的，那么在没有输入信号的时候，放大电路是处于静止状态的，也就是电路各个节点的电压与支路的电流都应该是不会变化的。为了在不久的将来能够对随时可能输入的信号进行不失真地放大，那么放大电路就应该一直处于放大状态（随时处于待命状态），对不对？具体到三极管的基本放大电路，我们要做的工作便是合理设计偏置电路使三极管处于放大状态（发射结正偏，集电结反偏），而这必然会涉及放大电路中相关的电流与电压参数，这些与三极管在静止状态时的相关参数都属于直流参数，而获取这些直流参数的过程就是直流分析。

我们可以把放大电路比作运动员，如果想要更快、更高、更强，那么健康的体魄肯定是必不可少的，这包括与运动项目相适应的年龄、身高、体重、肺活量、血压和体温，必要的时候还要血检和尿检，这些检测出来的数据就相当于电路的直流参数，它们是静态的，是运动员还没有进入运动状态前得到的，如图 6.4 所示为电路与人的状态。

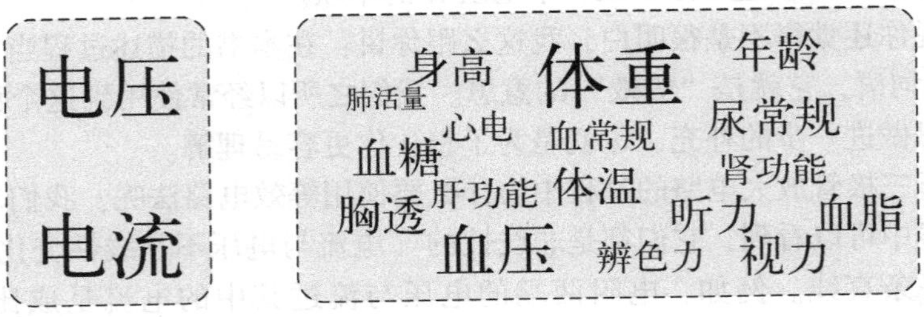

图 6.4　电路与人的状态

那为什么要对放大电路进行直流分析呢？这就很好理解了，还是以运动员为例，我们通过体检得到的数据就可以初步判断运动员是否适合某项运动。例如，某项指标显示这个人有心脏问题，那么他就不适合从事剧烈的运动项目。再例如，你的年龄有四五十岁了，就不要再玩拳击了，做做教练就可以了，毕竟不可能每个人都是洛奇（美国电影中的拳王）。只有他的各项身体指标都符合条件，才能从事相应的运动。也就是说，我们做这些数据检测的目的就是保证运动员的身体状况至少符合相应运动项目的基本要求。

同样的道理，我们通过对三极管放大电路进直流分析，就可以判断出三极管是不是处于放大状态。如果不是，需要想办法进行调整。换言之，我们进行直流分析的目的就是为了保证放大电路可以满足信号放大的基本要求，正如战士们在杀敌前吼一句：我已经准备好战斗了！

也正因为如此，在放大电路的分析过程中，通常都是分析直流参数之后再分析交流参数，因为直流参数是交流参数的基础。换言之，放大电路首先要处于放大状态才可以进行输入信号的放大。如果放大电路本身不在放大状态，那么你进行的交流参数分析是没有任何意义的，如图 6.5 所示为放大电路的分析过程。

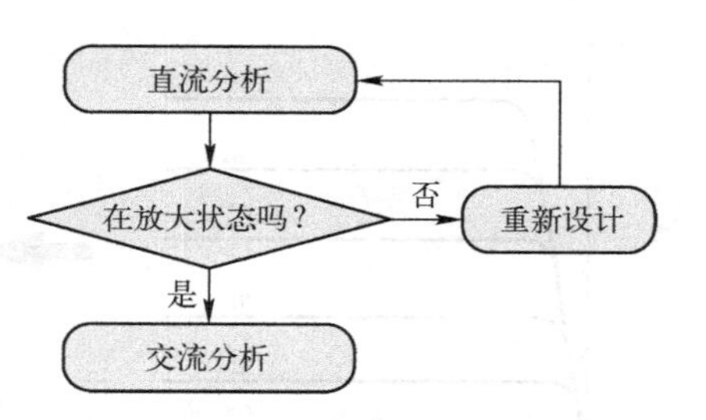

图 6.5 放大电路的分析过程

为了能够方便地分析三极管这个非线性元器件，我们需要获取其相应的线性等效电路。首先来看看三极管的输入直流等效电路。

在讨论三极管的输入特性曲线时，我们曾经提到过，当三极管 C-E 之间的压降 v_{CE}增大到一定值以后，再进一步增加的 v_{CE}对发射结电压 v_{BE}与基极电流 i_B之间的关系就没有更大的影响了。也就是说，在直流状态下，三极管的输入特性与二极管的正向导通特性是相似的，因此我们可以把三极管的发射结等效为一个二极管。由于二极管正向导通之后，其两端的静态压降是保持不变的，所以可以进一步把发射结等效为一个理想二极管与一个电压源的串联，如图 6.6 所示为三极管的直流输入等效电路。

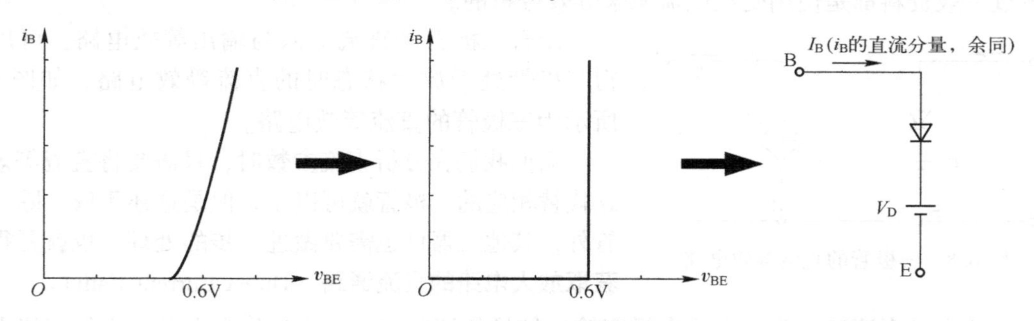

图 6.6 三极管的直流输入等效电路

等效电路中的二极管是理想的，而直流电源 v_D表示三极管的发射结正向导通压降，硅管约为 0.6V，锗管约为 0.2V。

我们再来看看三极管的直流输出等效电路。从三极管输出特性曲线的放大区域可以看到，基极电流 i_B与集电极电流 i_C是β倍的比例放大关系。虽然三极管实际的输出特性曲线在放大区域不会都是水平的（略向右上倾斜，后续还会进一步讨论），曲线与曲线之间也不会是绝对平行的，但是我们仍然可以认为：处于放大状态的三极管只要 i_B确定了，i_C也就随之确定且仅受 i_B控制，与输出回路的其他参数是无关的。那么在直流静态下，我们可以使用 I_B（i_B 的直流分量，余同）控制的恒流源来等效三极管的输出电路，如图 6.7 所示为三极管的直流输出等效电路。

由于恒流源是受基极电流控制的，所以称其为受控电流源（Current Controlled Current Source，CCCS），βI_B表示输出电流为基极电流 I_B的β倍。需要注意的是：受控电流源只是从电路分析的角度虚拟出来的，只是代表三极管的 I_B对 I_C的控制作用，并不意味着电流源本身有电流输出，因为我们已经讨论过了：**三极管本身是不能产生能源的！**

有人可能会问：前面不是把集电极与发射极之间当成一个受基极电流控制的电位器嘛，

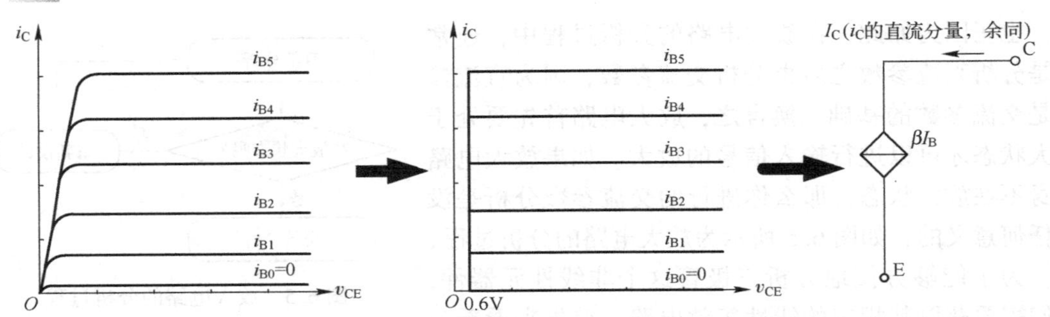

图 6.7　三极管的直流输出等效电路

为什么现在又等效为一个受控电流源？难道有什么问题吗？

这里可以回答你：没有问题！在直流分析的时候，你可以把它当成一个电位器，电位器的电阻就相当于恒流源的输出直流电阻，也就是恒流源两端的电压与流过其的电流的比值，后面我们会计算它。电位器是从电阻的角度来分析的，而恒流源是从电流的角度来分析的。在两端电压相同的条件下，电阻越大，则相应的电流就越小，本质上描述的是同一个概念，只不过一般资料都是使用受控电流源来等效分析的。

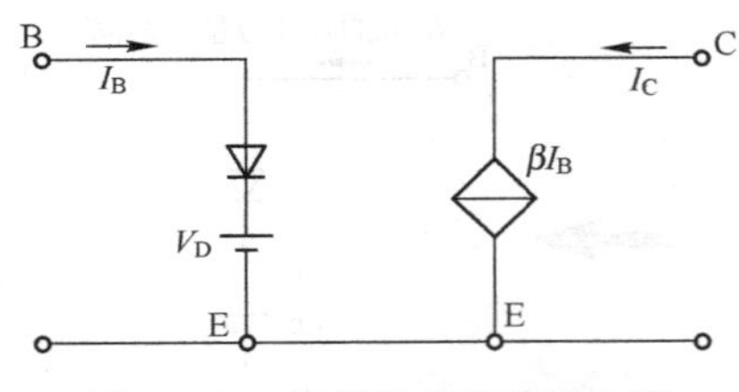

图 6.8　三极管的直流等效电路

结合三极管的直流输入与输出等效电路，可以获得三极管处于放大状态时的直流等效电路，如图 6.8 所示为三极管的直流等效电路。

后面我们在分析直流参数时，只需要将直流等效电路代替相应的三极管就可以了。但是这还不够，除三极管外，其他元器件也需要做进一步的处理，也就是得**先获取放大电路的直流通路**（Direct Current Path）。

那什么是直流通路呢？它是在没有输入信号的情况下，由直流供电电源产生的直流电流经过的通路。例如，耦合电容器 C_1与 C_2，在没有输入信号的情况下相当于是不存在的，因为放大电路各个节点的电位与支路的电流都处于静止状态（都是不变的直流量）。电容器有“隔直流，通交流”的特性，相当于无穷大的电阻（开路），所以在直流通路中，可以把这两个耦合电容拿掉。

要获取电路相应的直流通路，需要做以下 3 件事。

（1）电容器开路：这一点之前已经介绍过了。需要注意的是，我们这里所说的电容器主要是指耦合电容（或旁路电容，后续会进一步讨论）。

（2）电感器短路：在直流状态下，电感器相当于一根导线。

（3）交流源置 0：因为是在计算直流参数，而不是交流参数。对于电压源就是短路，对于电流源就是开路。

将图 6.1 所示的电路按照上述 3 点处理之后如图 6.9 所示。

首先把电容器开路（耦合电容器 C_1和 C_2已经断开），再把电感器短路（电路里面没有电感器，所以不需要做什么），最后把信号源置 0（交流信号源短路）。很明显，在两个耦合电容断开之后，前面的信号源 v_s、信号源内阻 R_S和后面的负载 R_L与放大电路的核心部分已

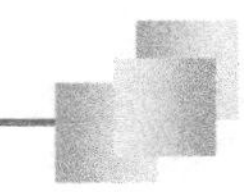

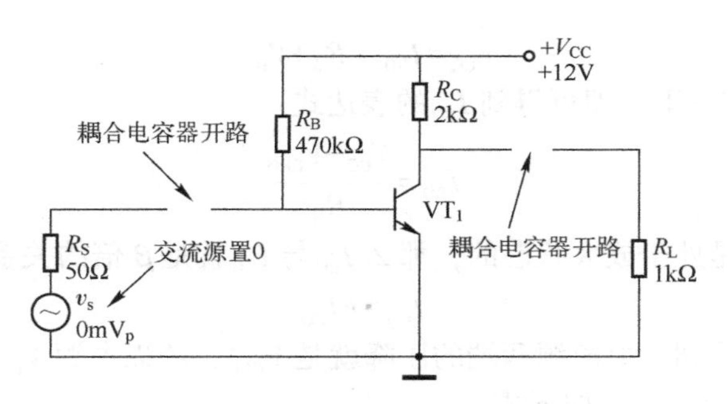

图 6.9　直流通路的获取

经没什么关系了。换句话说，在基本放大电路的直流通路中只剩下三极管 VT_1、基极电阻 R_B、集电极电阻 R_C和直流电源 V_{CC}。

我们进一步调整图 6.9 所示的电路，最终的直流通路如图 6.10 所示。

把前面得到的图 6.8 所示的三极管直流等效电路代入直流通路中，这样就可以得到基本共射放大电路的直流等效电路了，如图 6.11 所示。

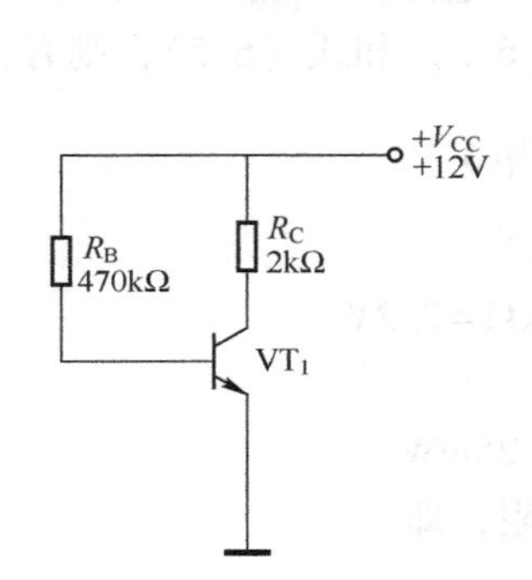

图 6.10　最终的直流通路

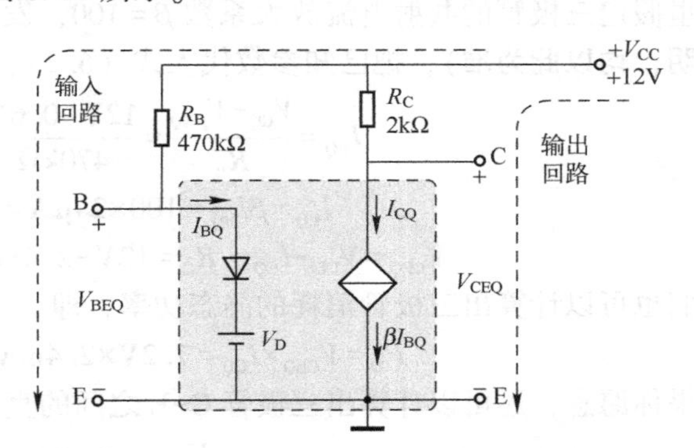

图 6.11　基本共射放大电路的直流等效电路

这里我们对相关的直流电压与电流参数进行了符号标记。注意，每个参数符号的下标都带有字母“Q”，表示静态工作点。事实上，如果你熟悉了三极管放大电路的分析之后，也可以不画出直流通路而直接对照图 6.1 所示的电路进行计算，只不过获取直流通路之后，我们就可以避免其他不相干因素的影响。就像你跟别人对话的时候，旁边的噪声会让你有些听不清楚。虽然对话仍然可以进行，但是如果没有噪声的话，对话的时候会更加顺利一些。同样的道理，我们先获得电路的直流通路，也是为了更方便地进行直流参数的分析。

我们需要分析的直流参数有 3 个：基极静态电流 I_{BQ}、集电极静态电流 I_{CQ}、集电极与发射极之间的静态压降 V_{CEQ}。当然，我们的最终目的是求得集电极电位 V_{CQ}来证明集电结处于反向偏置状态（发射结很明显是正向偏置的），这样才能够确定三极管处于放大状态。

从图 6.11 中可以看到两个回路，输入回路由电源 V_{CC}经基极电阻 R_B与三极管的输入等效电路再到公共地，根据基尔霍夫电压定律（Kirchhoff Voltage laws，KVL，也称回路电压法），V_{CC}等于三极管 B-E 之间的静态压降 V_{BEQ}加上基极电阻 R_B两端的压降（基极静态电流 I_{BQ}与 R_B的乘积），如下式：

$$V_{CC}=I_{BQ}\cdot R_B+V_{BEQ} \tag{6.1}$$

将式（6.1）移项整理一下，即可得到 I_{BQ} 的表达式：

$$I_{BQ}=\frac{V_{CC}-V_{BEQ}}{R_B} \tag{6.2}$$

我们**假设**三极管是处于放大状态的，那么 I_{BQ} 与 I_{CQ} 就是 β 倍的关系，如下式：

$$I_{CQ}=\beta I_{BQ} \tag{6.3}$$

从输出回路可以看到，恒流源两端的压降就是 V_{CEQ}，所以电源 V_{CC} 就等于 R_C 两端的压降（I_{CQ} 与 R_C 的乘积）加上 V_{CEQ}，如下式：

$$V_{CC}=I_{CQ}\cdot R_C+V_{CEQ} \tag{6.4}$$

将式（6.4）移项整理一下，即可得到 V_{CEQ} 的表达式：

$$V_{CEQ}=V_{CC}-I_{CQ}\cdot R_C \tag{6.5}$$

以上几个表达式相信大家应该都不会陌生。在第 4 章中提过，我们最终的目的是求得 V_{CQ} 来证明三极管的集电结是处于反向偏置状态的，由于 β 一般是已知的，所以只要先计算出 I_{BQ} 就可以得到 I_{CQ}，从而就可以计算出 V_{CEQ}。

这里假定三极管的共射电流放大系数 $\beta=100$，发射结导通压降 $V_{BEQ}=0.6\text{V}$（**本书如无特别说明，均以此为准**），把已知参数代入式（6.2）、式（6.3）和式（6.5），则有：

$$I_{BQ}=\frac{V_{CC}-V_{BEQ}}{R_B}=\frac{12\text{V}-0.6\text{V}}{470\text{k}\Omega}\approx 24\mu\text{A}$$

$$I_{CQ}=\beta I_{BQ}=100\times 24\mu\text{A}=2.4\text{mA}$$

$$V_{CEQ}=V_{CC}-I_{CQ}\cdot R_C=12\text{V}-2.4\text{mA}\times 2\text{k}\Omega=7.2\text{V}$$

我们也可以计算出三极管消耗的静态功率，即

$$P_D=V_{CEQ}\times I_{CQ}=7.2\text{V}\times 2.4\text{mA}=17.28\text{mW}$$

如果你愿意，还可以计算出三极管 C-E 之间的直流电阻，即

$$R_{CEQ}=\frac{V_{CEQ}}{I_{CQ}}=\frac{7.2\text{V}}{2.4\text{mA}}=3\text{k}\Omega$$

这个直流电阻值的计算结果可以作为一般性参考。也就是说，一般三极管的直流输出电阻约为几千欧姆，可能也会小一些（如几百欧姆），但不会太大！在输出特性曲线上，直流电阻就是静态工作点（Q 点）对应的三极管 C-E 之间的静态压降 V_{CEQ} 与集电极静态电流 I_{CQ} 的比值，如图 6.12 所示为三极管的直流输出电阻。

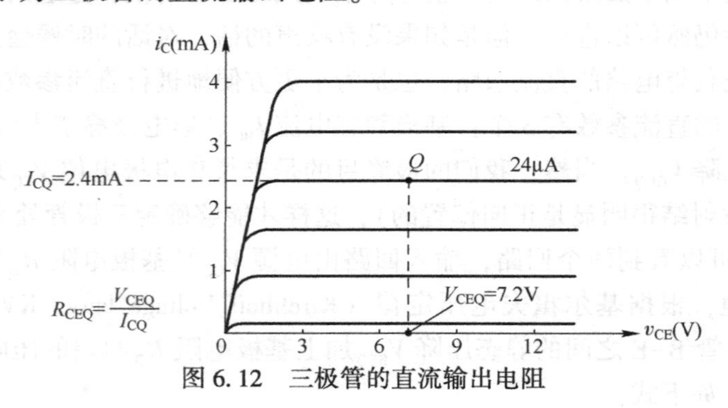

图 6.12　三极管的直流输出电阻

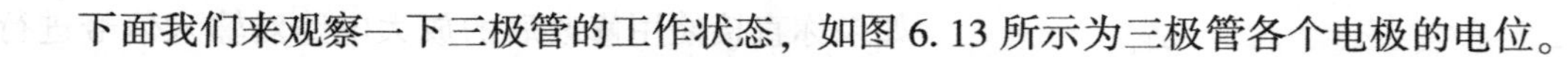

下面我们来观察一下三极管的工作状态，如图 6.13 所示为三极管各个电极的电位。

因为基本放大电路中三极管的发射极是接地的（电位为 0V），所以 V_{CQ} 等于 V_{CEQ}，也就是 7.2V。很明显，$V_{CQ}>V_{BQ}$，所以三极管是处于放大状态的。

实际上，图 6.1 所示的放大电路实在是太简单了，因此就算不将三极管的等效电路代入进去，也能够直接看得出来其输入与输出回路，如图 6.14 所示。

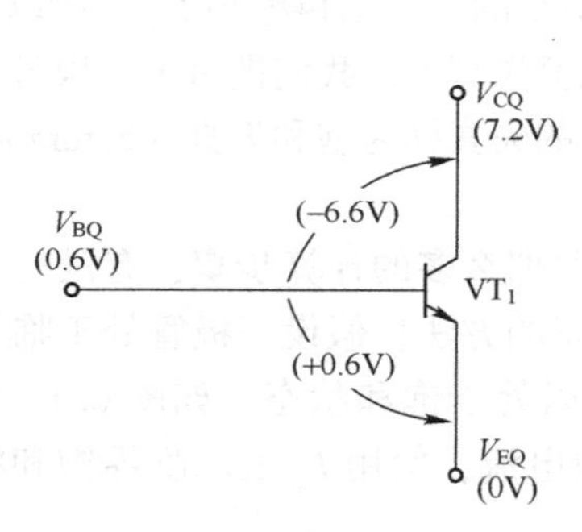

图 6.13　三极管各个电极的电位

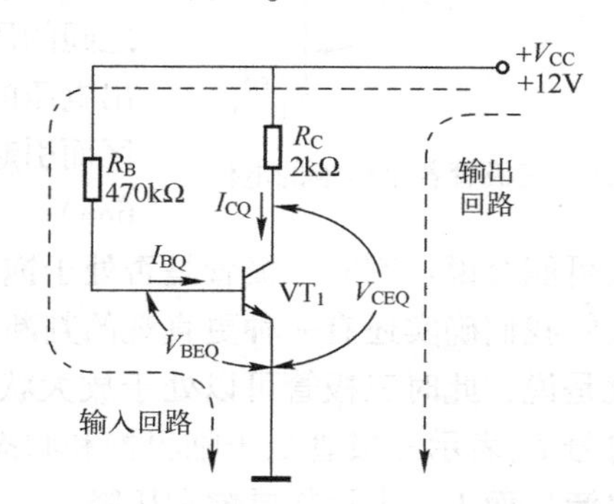

图 6.14　图 6.1 所示电路的输入回路与输出回路［基本（固定式）放大电路］

在输入回路中，基极静态电流 I_{BQ} 就等于直流电源 V_{CC} 减 V_{BEQ} 后再除以 R_B。在输出回路中，集电极–发射极之间的静态压降 V_{CEQ} 就等于直流电源 V_{CC} 减去 R_C 与集电极静态电流 I_{CQ} 的乘积，最终的结果是一样的。大家要习惯这个思路，后续我们就不会再使用三极管直流等效电路了。

为了展示偏置电路对三极管状态的影响，我们修改其相关参数再来计算一下。这里把 R_B 改为 47kΩ（原来是 470kΩ），使用同样的方法计算出来的静态参数如下：

$$I_{BQ}=\frac{V_{CC}-V_{BEQ}}{R_B}=\frac{12\text{V}-0.6\text{V}}{47\text{k}\Omega}\approx 240\mu\text{A}$$

$$I_{CQ}=\beta I_{BQ}=100\times 24\mu\text{A}=24\text{mA}$$

$$V_{CEQ}=V_{CC}-I_{CQ}\cdot R_C=12\text{V}-24\text{mA}\times 2\text{k}\Omega=-36\text{V}$$

从以上结果可以看到，计算出来的集电极电位 $V_{CQ}=-36$V！我们的直流电源是+12V，怎么就计算出了负电压呢？其实这种现象很早就已经见过了，因为我们这个静态工作点的计算过程**假定**三极管处于放大状态（先假设再验证，这是判定三极管工作状态的思路）。这样，I_{CQ} 与 I_{BQ} 之间才会有 β 倍线性放大的关系。如果三极管本身并不在放大状态，你却仍然基于线性放大关系计算 V_{CEQ}，自然会出错，因为实际上 I_{CQ} 是不会有这么大的。

R_B 从 470kΩ 下降到 47kΩ 的过程中，基极静态电流 I_{BQ} 就会上升。我们刚开始已经验证了三极管 VT_1 本来是处于放大状态的，所以集电极静态电流 I_{CQ} 也应该是上升的，相应的集电极电阻 R_C 两端的压降就会上升。也就是说，集电极电位 V_{CQ} 一直在下降。当 I_{BQ} 上升到某个值的时候，VT_1 就开始进入饱和状态，你再进一步提升 I_{BQ}，I_{CQ} 也不会再提升了，此时 V_{CQ} 已经下降到约为几百毫伏，也就是前面提到的三极管 C–E 之间的饱和压降 $V_{CE(sat)}$。

这里我们假定 $V_{CE(sat)}=0.2$V，那么修改相关参数后，三极管各个电极的电位如图 6.15 所示。

很明显，发射结是正偏的，集电结也是正偏的，所以三极管处于饱和状态。

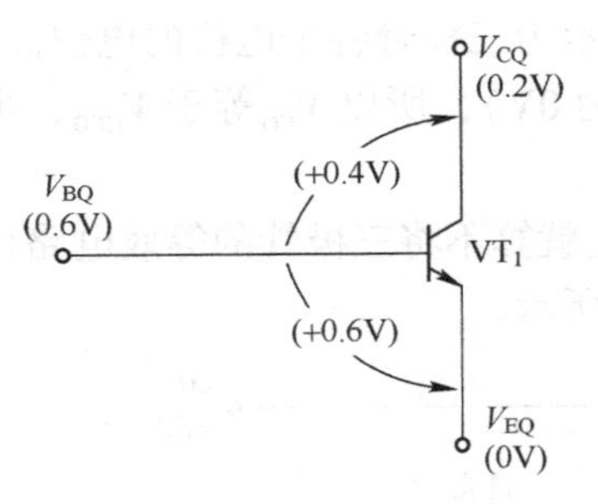

图 6.15　三极管各个电极的电位

如果你直接使用修改后的放大电路对输入信号进行放大，那么输出信号就会出现饱和失真，如图 6.16 所示。

从图 6.16 中可以看到，当 i_B 增大到一定程度之后，i_C不再上升了，因为三极管已经饱和了，此时三极管 C-E 之间的压降 v_{CE}是很小的（没法再减小了），所以最终的输出电压的负半周也就失真了。我们把由于三极管进入饱和区而引起输出信号的失真称为饱和失真（Saturation Distortion）。

有人可能会说：判断三极管是否处于饱和状态需要那么多的计算步骤，有没有一种更简单的方法？我们确实还有一种更直观的判断三极管状态的方法！假设三极管处于临界饱和状态，也就是说，此时三极管可以处于放大状态，也可以处于饱和状态。如图 6.17 所示，我们使用符号 I_{BS}表示三极管处于临界饱和状态时的基极电流，使用 I_{CS}表示临界饱和状态时的集电极电流，而 V_{CES}表示临界饱和压降。

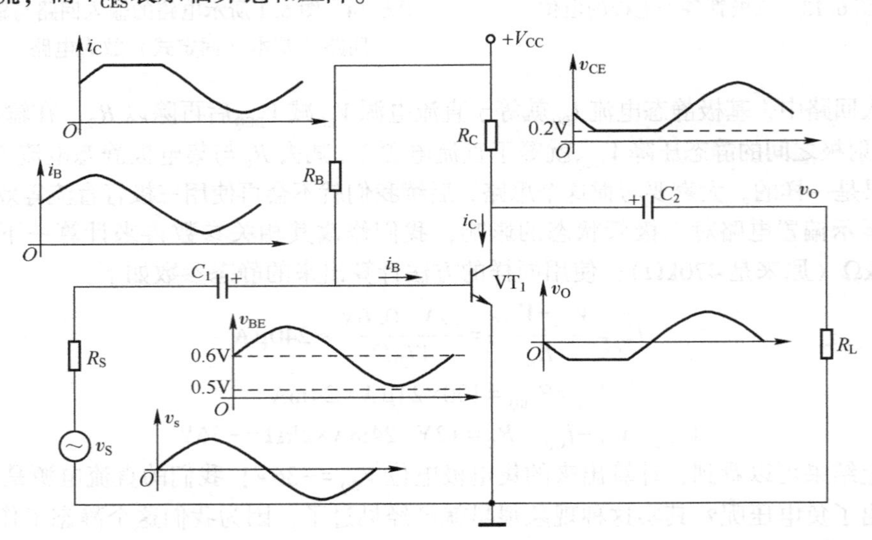

图 6.16　饱和失真

很明显，我们要让三极管不进入饱和状态的条件是：偏置电路设置的基极静态电流 I_{BQ}不能够大于临界饱和状态时的基极电流 I_{BS}，即

$$I_{BQ}<I_{BS} \tag{6.6}$$

而集电极临界饱和电流 I_{CS}等于直流电源 V_{CC}减去集电极-发射极之间的临界饱和压降 V_{CES}，然后再除以 R_C，如下式：

$$I_{CS}=\frac{V_{CC}-V_{CES}}{R_C}\approx\frac{V_{CC}}{R_C} \tag{6.7}$$

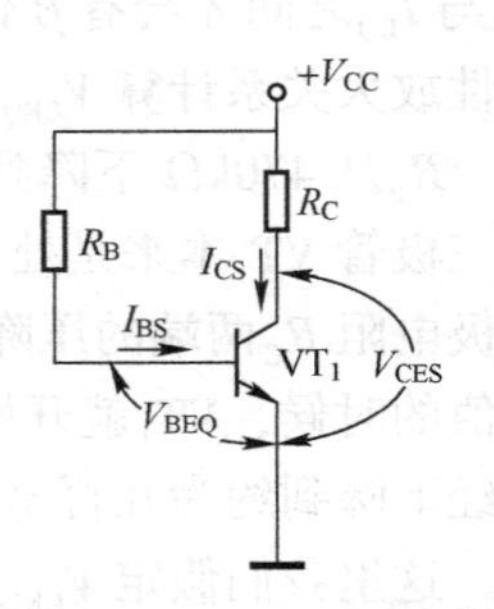

图 6.17　临界饱和状态

与从式（6.4）整理出来的集电极静态电流 I_{CQ}的表达式相同，

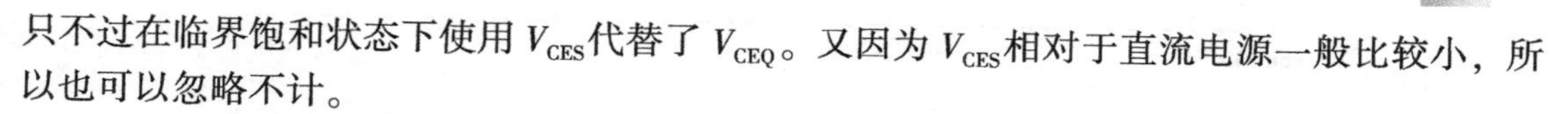

只不过在临界饱和状态下使用 V_{CES} 代替了 V_{CEQ}。又因为 V_{CES} 相对于直流电源一般比较小，所以也可以忽略不计。

由于三极管处于临界饱和状态，所以你也可以认为它处于放大状态，所以 I_{BS} 与 I_{CS} 仍然存在 β 倍的放大关系，我们再把式（6.7）代入进去，就可以得到基极临界饱和电流 I_{BS} 的表达式如下：

$$I_{BS}=\frac{I_{CS}}{\beta}\approx\frac{V_{CC}}{\beta R_C} \tag{6.8}$$

而基极静态电流 I_{BQ} 的计算公式前面已经推导出来了，即

$$I_{BQ}=\frac{V_{CC}-V_{BEQ}}{R_B}\approx\frac{V_{CC}}{R_B} \tag{6.9}$$

同样，V_{BEQ} 相对于直流电源 V_{CC} 一般比较小，也可以把它忽略，而三极管不进入饱和状态的条件是 $I_{BQ}<I_{BS}$，结合式（6.8）与式（6.9），则有：

$$\frac{V_{CC}}{R_B}<\frac{V_{CC}}{\beta R_C} \tag{6.10}$$

由于式（6.10）的分子都是一样的，如果要满足 $I_{BQ}<I_{BS}$，那我们必须保证 R_B 大于 R_C 的 β 倍，即

$$R_B>\beta R_C \tag{6.11}$$

我们来简单验证一下。刚开始 $R_B=470\text{k}\Omega$，$R_C=2\text{k}\Omega$，$\beta=100$，由于 $470\text{k}\Omega>2\text{k}\Omega\times100$，所以三极管处于放大状态。把 R_B 改为 $47\text{k}\Omega$ 后，此时 $47\text{k}\Omega<2\text{k}\Omega\times100$，所以三极管处于饱和状态。

下面使用 Multisim 软件平台来仿真图 6.1 所示的电路，相应的仿真电路如图 6.18 所示。

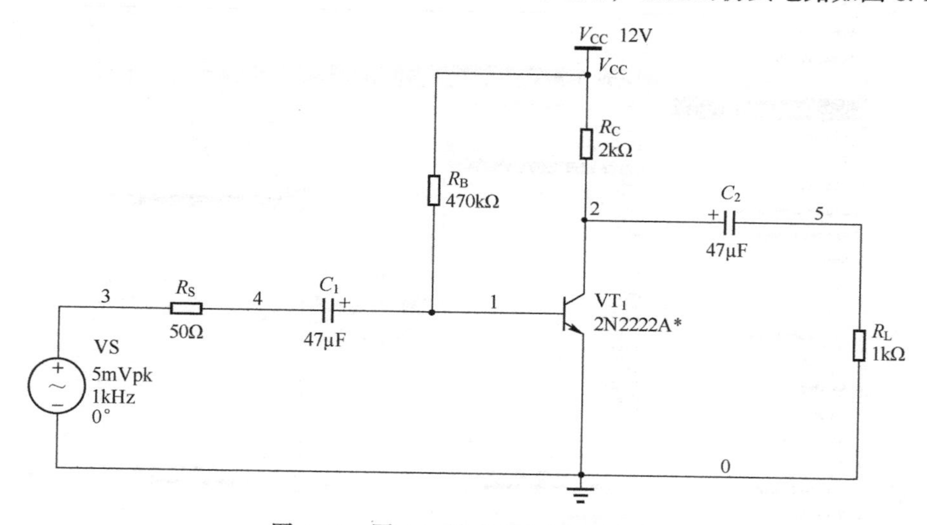

图 6.18　图 6.1 所示电路的仿真电路

我们使用的三极管的型号是 2N2222A，因为网络上很多仿真例子都使用了该型号，所以这样可以方便大家对比仿真结果，在仿真出现问题的时候也容易找到参考资料。需要注意的是：仿真之前一定要把三极管的电流放大系数更改为 100，如图 6.19 所示。

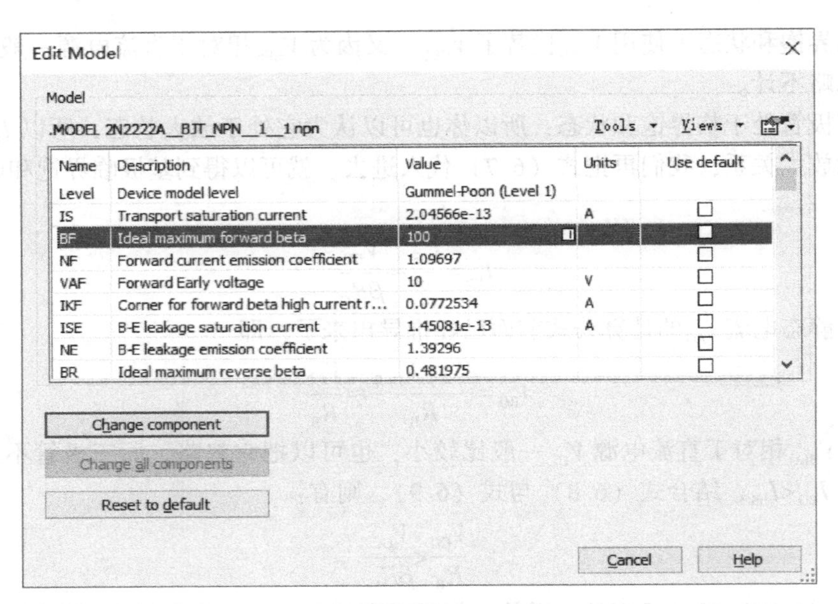

图 6.19　修改电流的放大系数

前面已经提过，三极管的共射电流放大系数对应模型中的 BF 值，其中“B”代表希腊字母β，“F”表示 Forward，有些资料就使用符号β_F表示电流放大系数。我们将 BF 值修改为 100（原值为 296.463，可参考表 4.4），完成之后单击“Change component”按钮即可。

为了得到基本放大电路的直流参数，我们需要进行直流工作点仿真分析（DC Operating Point），如图 6.20 所示为设置需要观察的对象。

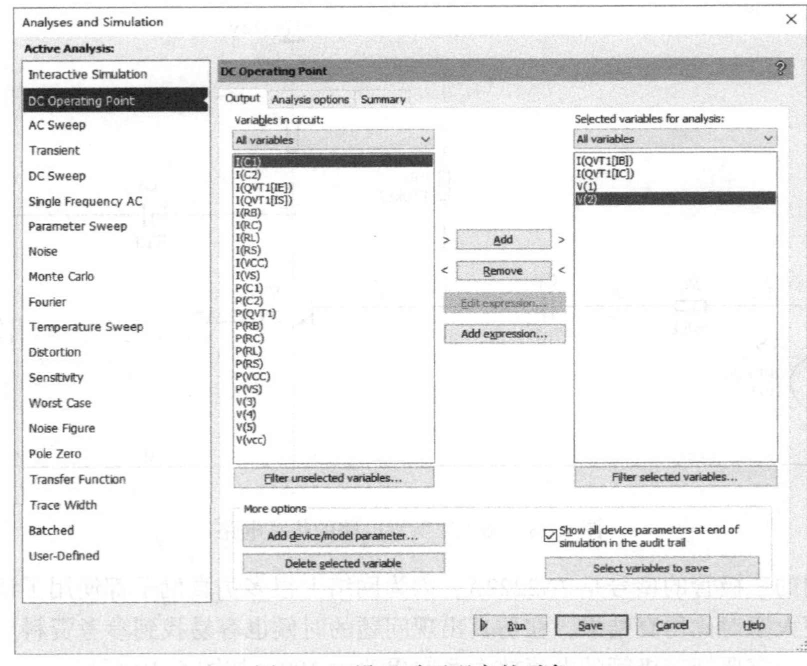

图 6.20　设置需要观察的对象

直流工作点分析不需要进行其他额外设置，只要把你想观察的参数添加到“Selected variables for analysis”栏即可。我们需要观察的参数有 4 个：

（1）发射结静态压降 V_{BEQ}，即节点 1 的电位 V(1)。

（2）集电极-发射极之间的静态压降 V_{CEQ}，即节点 2 的电位 V(2)。

（3）基极静态电流 I_{BQ}，即 I(QVT1[IB])。

（4）集电极静态电流 I_{CQ}，即 I(QVT1[IC])。

然后单击“Run”按钮，可获得如图 6.21 所示的静态工作点的仿真结果。

DC Operating Point Analysis

	Variable	Operating point value
1	V(1)	645.62179 m
2	V(2)	7.05139
3	I(QVT1[IB])	24.15825 u
4	I(QVT1[IC])	2.47431 m

图 6.21　静态工作点的仿真结果

从图 6.21 中可以看到，仿真结果与我们的计算大体是一致的，有一点点偏差是正常的，因为我们的计算过程中也忽略了很多实际参数，如穿透电流，以及 BF 值与实际 β 的差距（后续会进一步提到）。仿真数据中显示集电极电位（7.05139V）大于基极电位（645.62179mV），说明三极管确实处于放大状态。

当然，很多读者可能会习惯通过使用万用表或探针的方式直接进行观察，如图 6.22 所示。

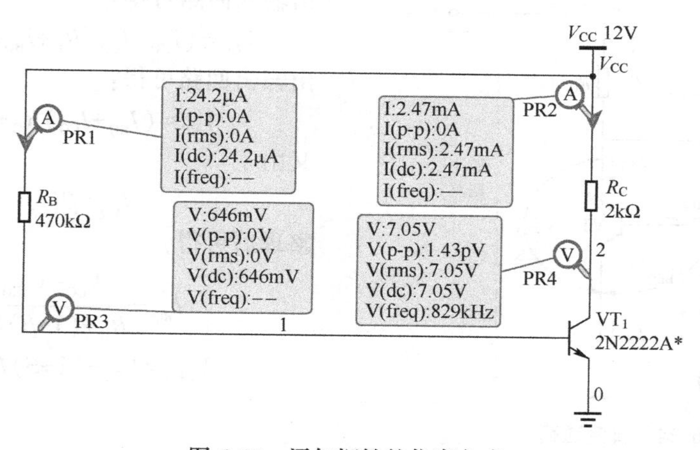

图 6.22　添加探针的仿真方式

这里我们仅保留了与直流通路相关的元器件。很明显，最终的仿真结果与前面的直流工作点分析是完全一致的，因为后者也只是计算与直流通路相关的参数。换句话说，在进行直流工作点分析时，Multisim 软件平台会自动进行“电容器开路、电感器短路和交流源置 0”

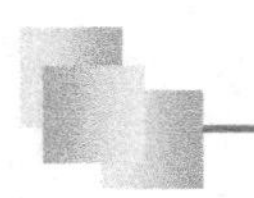

的操作。实际上，添加探针的仿真方式默认选择图 6.20 所示对话框左栏中的“Interactive Simulation”，它是一种“所见即所得”的仿真方式，对于电路功能性的仿真还是非常有用的，只不过使用直流工作点分析可以观察到更多的参数，并且还可以进行变量之间的运算。本书为了描述方便与统一，尽量**不使用**交互式仿真。

为了全书组织及阅读的方便，后续我们会经常以图 6.23 所示的方式标记**仿真电路**的静态工作点。

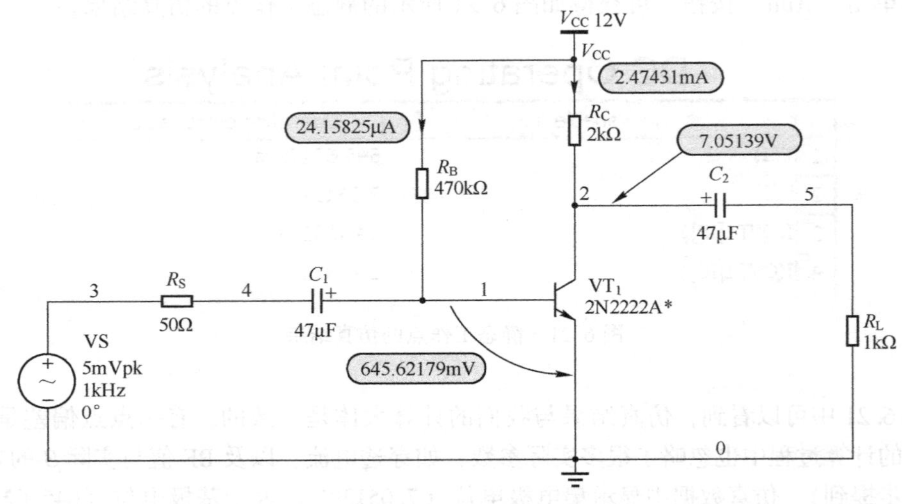

图 6.23　本书静态工作点的标记方式

根据前述同样的方法，我们分析图 6.24 所示直流通路的静态工作点表达式。

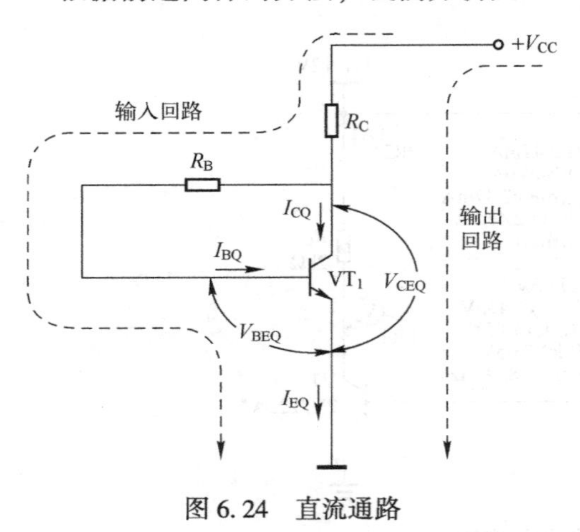

图 6.24　直流通路

由输入回路可得：

$$V_{CC}=(I_{BQ}+I_{CQ})R_C+I_{BQ}R_B+V_{BEQ} \quad (6.12)$$

由输出回路可得：

$$V_{CC}=(I_{BQ}+I_{CQ})R_C+V_{CEQ} \quad (6.13)$$

又由于：

$$I_{CQ}=\beta I_{BQ}$$

整理后可得：

$$I_{BQ}=\frac{V_{CC}-V_{BEQ}}{R_B+(1+\beta)R_C} \quad (6.14)$$

$$V_{CEQ}=V_{CC}-(1+\beta)I_{BQ}R_C \quad (6.15)$$

第7章 动态性能分析：作战水平如何？

前面已经对图6.1所示的基本共射放大电路进行了直流分析，并且已经确定偏置电路能够使三极管 VT_1 处于放大状态。也就是说，它已经准备好进行信号放大的必要条件了。接下来分析相应的交流参数，在此之前，我们需要讨论一下：**什么是交流参数？为什么要对电路进行交流分析？**

还是以运动员为例。前面已经提到过，通过体检的方式可以保证运动员满足相应运动项目的基本要求，如篮球项目。很明显，能够打篮球的人不止千万，所以可以满足这项运动基本要求的人数不胜数，但是能够达到较高水平的只是少数人。我们可以通过多方面的指标来衡量某个运动员在篮球项目中的综合水平，如助攻、篮板球、命中率、远投能力和罚中数等，这些参数都是运动员在运动过程中体现其综合水平的数据。

放大电路也相当于一个运动员，只不过它仅需要做好信号放大这项运动就可以了，所以也存在很多指标来衡量放大电路对输入信号放大的综合水平，如电压放大系数、输入电阻、输出电阻、动态范围、通频带、非线性失真、信噪比和稳定性等，这些数据是放大电路在对输入信号进行动态放大的过程中体现出来的，我们把它们统称为交流参数，而获取这些交流参数的过程就称为交流分析。

那为什么要进行交流分析呢？以篮球项目为例就很好理解了，我们通过运动员在篮球运动过程中体现出来的动态数据就可以得知该运动员的综合水平。这里我虽然不是想要提乔丹，然而从各个方面来讲，他的篮球水平的确是比较高的。当然，也会有水平很差的运动员，他可能一场球赛下来一个篮板球也没抢到，助攻一次也没有，如图7.1所示。

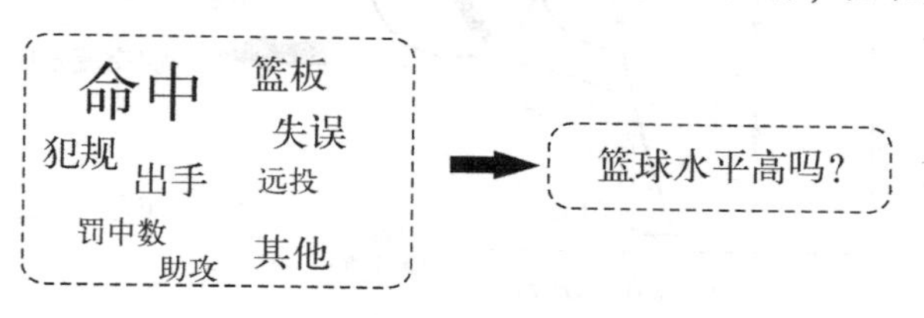

图7.1　篮球水平的衡量参数

同样的道理，不同的放大电路在信号放大这项运动方面，有好的，也有差的。换言之，**你通过直流分析能够保证放大电路可以对输入信号进行放大是一回事，但是它对输入信号的放大性能有多好却是另外一回事**。正如同能杀敌的战士并不代表擅于杀敌，这就是我们进行交流分析的目的，分析放大电路对输入信号的放大性能，所以我们也把对交流参数的分析称为动态参数分析，因为你设计的放大电路要放大信号，这样我们才能够分析它的性能到底有多好，或者有多差，如图7.2所示为放大电路性能的衡量参数。

虽然存在很多衡量放大电路对输入信号放大性能的指标，但对于现阶段的我们，只需要了解3个参数就可以了，即电压放大系数（Voltage Gain）、输入电阻（Input Resistance）和

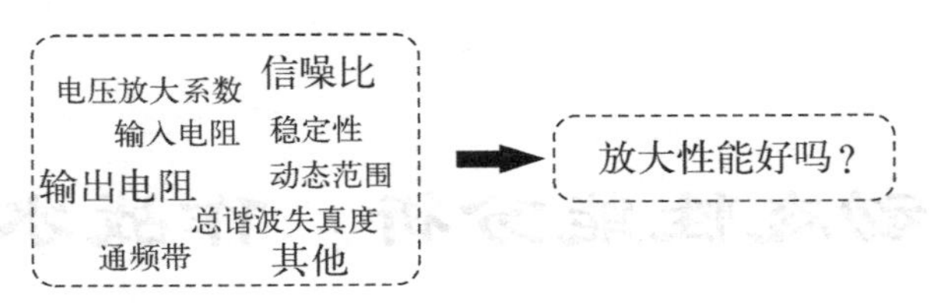

图 7.2　放大电路性能的衡量参数

输出电阻（Output Resistance）。电压放大系数比较好理解，既然要对输入信号进行放大，那么能够放大多少呢？不然还叫什么放大电路！虽然对于实际的应用而言，电压放大系数并不一定越大就越好，也不一定越小就越差，但它还是可以从侧面来反映放大电路的性能的。

我们为什么还要分析输入电阻与输出电阻呢？实际上这两个参数与放大电路的电压放大系数是密切相关的，后续会进一步详细讨论。

与前面分析放大电路直流参数的过程一样，我们首先需要得到三极管的交流等效电路，同样观察一下三极管的输入特性曲线。

当三极管的基本放大电路对输入的交流小信号进行放大时，就相当于在发射结静态导通压降 V_{BEQ} 的基础上加入一个变化很小的电压信号 Δv_{BE}，此时在基极静态电流 I_{BQ} 的基础上会产生一个变化很小的输入电流 Δi_B。由于 Δv_{BE} 与 Δi_B 都比较小，所以我们可以把这个小范围内的曲线看成直线。也就是说，这个小范围内的发射结伏安特性曲线与电阻器的伏安特性曲线是完全一样的。所以，从交流的角度来看，发射结可以等效为一个小信号交流电阻（或称为增量电阻、动态电阻），我们通常用符号 r_{be}（有些资料标记为 r_π）表示，如图 7.3 所示为输入交流时三极管的等效电路。

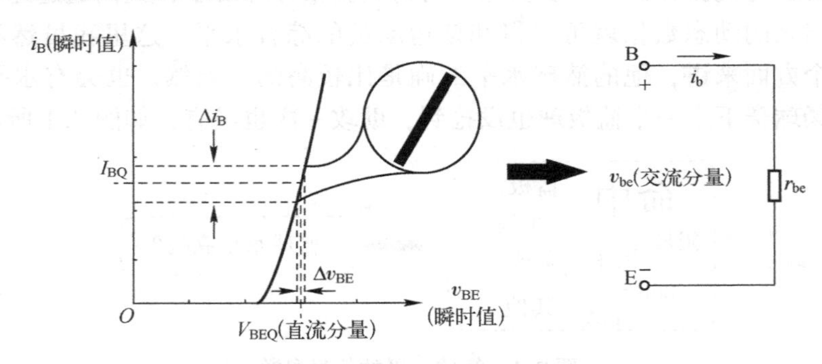

图 7.3　输入交流时三极管的等效电路

有些读者可能会有些迷惑：三极管的输入怎么就等效为一个电阻了？不是存在一个二极管吗？之所以我们在交流分析的时候不需要考虑二极管，是因为三极管是处于放大状态的，发射结已经有了合适的静态工作点。所以，对于输入的交流小信号而言，发射结相当于是不存在的。前面已经讨论过了，输入交流信号是“扛”在 V_{BEQ} 的“肩膀”上的，发射结对于交流小信号是透明（不可见）的！如果 Δv_{BE} 与 Δi_B 的变化量都非常小，它们之间的关系与线性电阻两端的电压和流过其中的电流之间的关系是相同的，所以我们才可以把输入等效为一个电阻。也正因为等效电路法主要用来分析输入信号变化比较小时的交流参数，所以也称为**小信号分析**（Small Signal Analysis），而这种在输入信号变化比较小的条件下等效过来的电路也称为**微变等效电路**。对于输入信号变化比较大的电路分析，后续讨论的图解法更适用一些。例如，功率放大电路的最大不失真输出幅度等，各有各的用处。

既然三极管的输入交流电路可以等效为一个动态电阻 r_{be}，那么它的阻值有多大呢？这肯定是需要确定的。我们回过头来观察 NPN 型三极管的内部结构，如图 7.4 所示。

三极管的每个区本身会有一定的电阻，我们将其称为体电阻，而形成的两个 PN 结也会有一定的电阻，所以总共 5 个电阻。从图 7.4 中可以看到，基极（B）与发射极（E）之间的电阻包含 3 个电阻。第一个电阻是基区本身的体电阻，我们使用符号 $r_{bb'}$ 表示，其阻值范围一般在几欧姆到几百欧姆之间，低频三极管的典型值约为 300 欧姆，超高频管只有几欧姆左右；第二个电阻是发射结电阻 $r_{b'e}$，它的阻值与发射结电流有关；第三个电阻是发射区体电阻 $r_{e'}$。我们在讲解三极管的基本结构时就提到过，三极管的发射区是高掺杂的，所以它的电阻值是比较小的，一般最多也就几欧姆，远小于 $r_{b'e}$。

为了得到 r_{be} 的表达式，我们先从图 7.4 所示的 NPN 型三极管的内部结构得到其内部结构的简化电路，如图 7.5 所示。

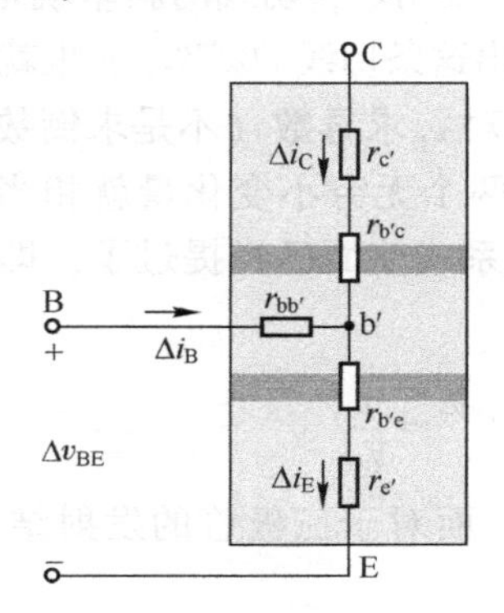

图 7.4　NPN 型三极管的内部结构

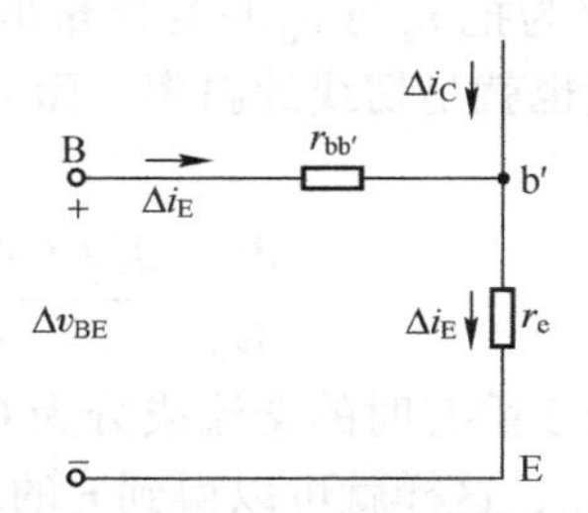

图 7.5　NPN 型三极管内部结构的简化电路

这里使用电阻 r_e 来表示发射结电阻 $r_{b'e}$ 与发射区体电阻 $r_{e'}$ 的串联，即

$$r_e = r_{b'e} + r_{e'} \tag{7.1}$$

然后我们计算图 7.5 所示电路的交流等效输入电阻 r_{be}。需要注意的是：r_{be} 不能通过把 $r_{bb'}$ 与 r_e 两个电阻的阻值简单相加获得，因为流过 r_e 与 $r_{bb'}$ 的电流是不一样的，但我们可以使用电阻计算的通用公式，也就是通过输入电压（变化量）与输入电流（变化量）的比值来计算，如下式：

$$r_{be} = \frac{\Delta v_{BE}}{\Delta i_B} \tag{7.2}$$

简化电路的输入电流是 Δi_B，而输入电压是 $r_{bb'}$ 与 r_e 两个电阻的压降之和，也就是 Δi_B 与 $r_{bb'}$ 的乘积再加上 Δi_E 与 r_e 的乘积，如下式：

$$r_{be} = \frac{\Delta v_{BE}}{\Delta i_B} = \frac{\Delta i_B \cdot r_{bb'} + \Delta i_E \cdot r_e}{\Delta i_B}$$

由于 Δi_E 与 Δi_B 是$(1+\beta)$倍的关系，展开后则有：

$$r_{be} = \frac{\Delta i_B \cdot r_{bb'} + (1+\beta)\Delta i_B \cdot r_e}{\Delta i_B} = r_{bb'} + (1+\beta) r_e \tag{7.3}$$

从式（7.3）可以看到，r_e增加了$1+\beta$倍，因为发射极的电流比基极电流大$1+\beta$倍，所以折算到基极支路就增加了$1+\beta$倍。同样的道理，如果把$r_{bb'}$折合到发射极支路，则需要除$1+\beta$倍，这种等效折算的概念在三极管放大电路分析过程中经常会被用到，所以一定要熟练地掌握这种等效。

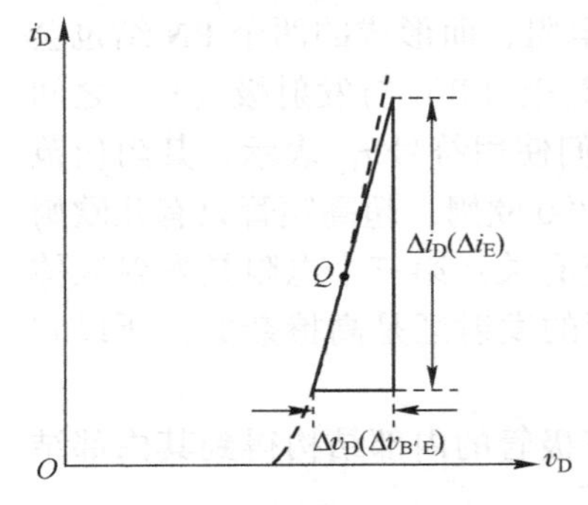

图 7.6　二极管的伏安特性曲线

现在的问题是：r_e应该怎么计算呢？由于其相当于发射结（二极管）的动态交流电阻，所以可以表达如下：

$$r_e=\frac{\Delta v_{B'E}}{\Delta i_E} \tag{7.4}$$

式（7.4）中，$\Delta v_{B'E}$相当于二极管两端的压降v_D，而Δi_E则相当于流过二极管的电流i_D，所以可以从二极管的伏安特性曲线中获得r_e，如图7.6所示为二极管的伏安特性曲线。

我们在二极管的伏安特性曲线上对应的Q点做一条切线，其斜率为$\Delta i_D/\Delta v_D$。很明显，切线的斜率就是r_e的**倒数**。所以，只要我们能够求出这条切线的斜率，r_e也就求出来了。

从数学（微积分）的角度来讲，Q点的斜率就是i_D对v_D求**导数**（不是求**倒数**），这个**求导**过程可以理解为把i_D与v_D的变化量取无限小，这样两个无穷小变化量就相当于是直线，那么它们的比值也就是切线的斜率，而i_D与v_D之间的关系式前面已经提过了，即式（2.2），则有：

$$\frac{di_D}{dv_D}=\frac{d[I_S(e^{v_D/V_T}-1)]}{d_{V_D}}=\frac{I_S}{V_T}e^{v_D/V_T}\approx\frac{i_D}{V_T} \tag{7.5}$$

放大电路处于静态时的交流成分为0，则有$i_D=I_D$，而对于三极管的发射结，I_D就是发射极静态电流I_{EQ}，这样就可以得到r_e的表达式如下：

$$r_e=\frac{\Delta v_{B'E}}{\Delta i_E}=\frac{\Delta v_D}{\Delta i_D}=\frac{1}{di_D/dv_D}\approx\frac{1}{I_D/V_T}=\frac{V_T}{I_D}=\frac{V_T}{I_{EQ}}=\frac{26(mV)}{I_{EQ}(mA)}(T=300K) \tag{7.6}$$

再结合式（7.3），即可得到r_{be}的表达式如下：

$$r_{be}=r_{bb'}+(1+\beta)r_e=r_{bb'}+(1+\beta)\frac{V_T}{I_{EQ}}=r_{bb'}+(1+\beta)\frac{26mV}{I_{EQ}}(T=300K) \tag{7.7}$$

接下来我们再来看看三极管的输出交流等效电路。当很小的基极电流变化量Δi_B引起很小的集电极电流变化量Δi_C时，三极管的输出交流等效电路如图7.7所示。

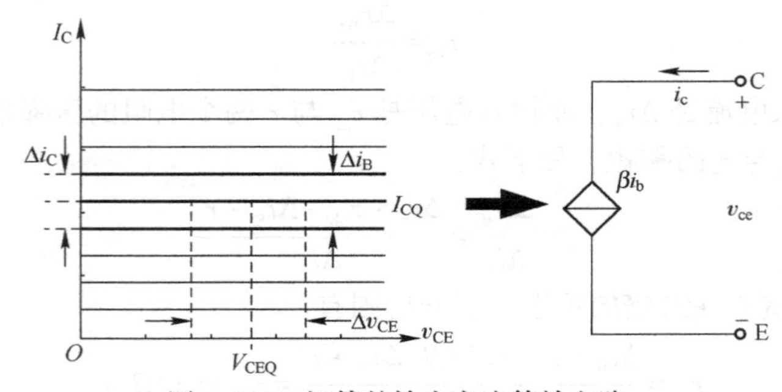

图 7.7　三极管的输出交流等效电路

图 7.7 中的水平线表示我们已经放大了的曲线，因为基极电流的变化量 Δi_B 是很小的。从图 7.7 中可以看到，当三极管处于放大状态时，Δi_C 与 Δv_{CE} 可以认为是没有关系的，Δi_C 仅受 Δi_B 的控制，可以等效为一个受基极电流控制的电流源，所以三极管的输出交流等效电路与直流等效电路是差不多的。为了有所区别，我们使用"小写字母+小写下标"的符号来标记。

我们把输入与输出交流等效电路合并一下，这样就得到了三极管的交流微变等效电路，如图 7.8 所示。

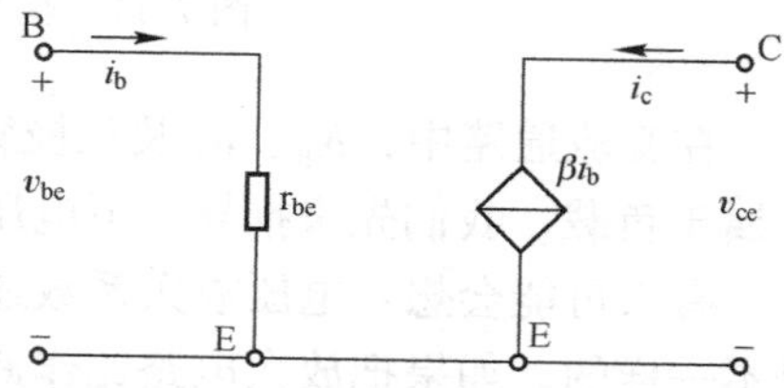

图 7.8　三极管的交流微变等效电路

下面我们就可以开始着手分析图 6.1 所示的基本放大电路的交流参数了。与前面分析直流参数类似，首先应该先获取放大电路的交流通路（Alternating Current Path）。所谓的交流通路，就是在信号源的作用下，交流信号流过的路径。例如，耦合电容器 C_1 与 C_2 应该是短路的，因为电容器有"隔直流，通交流"的特性，对于交流信号而言，相当于很小的电阻。

要获取电路的交流通路，同样需要做以下 3 件事。

（1）电容器短路：这个我们之前已经介绍过了，这些电容器一般是耦合电容器（或旁路电容）。

（2）电感器开路：因为电感器对交流呈现的是高阻抗，所以其相当于一个大电阻。

（3）直流电源置 0：对于电压源是短路的，而对于电流源则是开路的，因为其内阻非常大。

将图 6.1 所示的电路按照上述 3 点处理之后的交流通路如图 7.9 所示。

电容器短路（耦合电容器 C_1 和 C_2 是短路的），电感器开路（电路中没有电感器，所以不需要做什么），直流电源置 0（电路里本来有一个直流电源 V_{CC}，现在已经短接了，也就是与公共地连接了。因为我们早就说过，V_{CC} 网络标号就相当于在 V_{CC} 节点与公共地之间并联了一个电压值为 V_{CC} 的直流电源，所以把直流电源 V_{CC} 短接就相当于把 V_{CC} 节点与公共地之间短接）。

我们把处理后的电路调整一下，就可以得到如图 7.10 所示的交流通路。

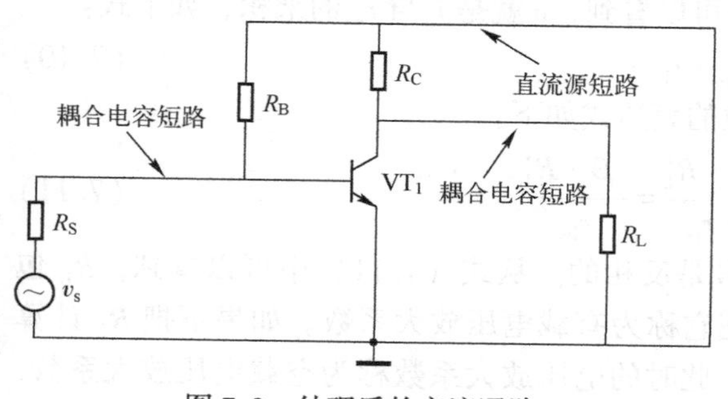

图 7.9　处理后的交流通路

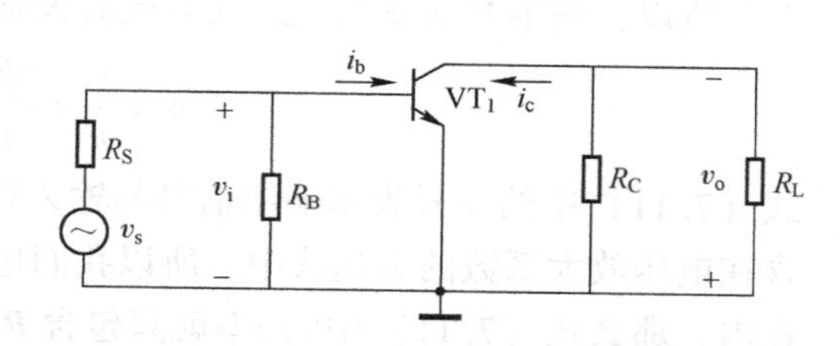

图 7.10　进一步处理后的交流通路

然后再把图 7.8 所示的三极管的交流微变等效电路代入图 7.10，这样就可以得到基本共射放大电路的交流微变等效电路了，如图 7.11 所示。

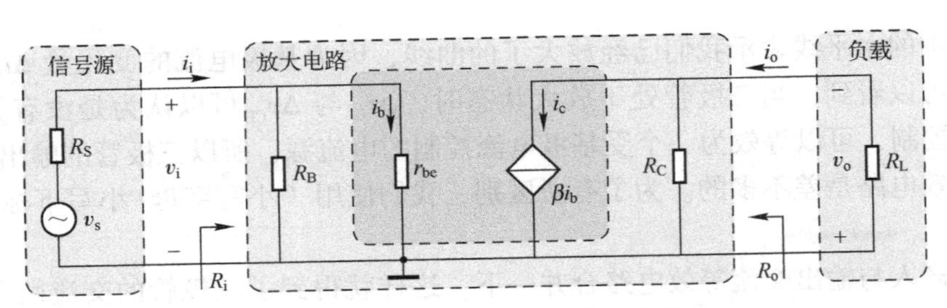

图 7.11　基本共射放大电路的交流微变等效电路

在交流通路中，R_B、R_C及三极管交流微变等效电路属于放大电路，R_S与 v_S属于信号源，R_L属于负载。我们先来推导一下电压放大系数的表达式。

有人可能会想：电压放大系数还用得着推导吗？不就是电流放大系数β吗？这两个概念是不一样的。如果把放大电路比作武林高手，那么三极管的电流放大系数β就相当于人的内力，而电压放大系数就相当于人的攻击能力。内力高不代表攻击能力强，只能说它具备攻击能力强的必要素质。例如，《天龙八部》中的虚竹刚开始从无涯子那里得了一身好内力，但是招式欠缺，导致攻击力不足，最后在天山童姥的指点下，攻击力就强多了。

同样的道理，三极管的电流放大系数β可以很高（相当于内力强）。但是，如果外围电路的参数设置不合理，则其电压放大系数就可能会非常低（相当于攻击力弱），甚至可能引起失真（相当于走火入魔）。相反，如果外围电路的参数配置得当，就会有比较高的电压放大系数。

电压放大系数的定义是输出电压与输入电压的比值，我们使用符号 A_v 来表示，如下式：

$$A_v=\frac{v_o}{v_i} \tag{7.8}$$

我们先来观察一下输出电压 v_o。从输出回路中可以看到，v_o就是 R_C与 R_L的并联值再乘以 i_c，如下式：

$$v_o=-i_c\cdot R_L'=-\beta i_b\cdot R_L' \tag{7.9}$$

式（7.9）中的 $R_L'=R_C\|R_L$，表示 R_C与 R_L 的并联值；负号表示输出电压的极性是上负下正，因为从输出回路的 R_L' 来看，电流的方向是从下往上的。

再来观察一下输入电压 v_i。从输入回路中可以看到，v_i就是 i_b与 r_{be}的乘积，如下式：

$$v_i=i_b\cdot r_{be} \tag{7.10}$$

所以，基本共射放大电路的电压放大系数的表达式如下：

$$A_v=\frac{v_o}{v_i}=\frac{-\beta i_b\cdot R_L'}{i_b\cdot r_{be}}=\frac{-\beta\cdot R_L'}{r_{be}} \tag{7.11}$$

式（7.11）中的负号表示输出信号与输入信号是反相的。从式（7.11）中可以看到，R_L 包含在电压放大系数的表达式中，所以我们也把它称为有载电压放大系数。如果不把 R_L 计算在内，那么式（7.11）中的 R_L' 就只包含 R_C，此时的电压放大系数称为空载电压放大系数，我们使用符号 A_{vo}来表示。很明显，空载电压放大系数是大于有载电压放大系数的，因为连接的负载 R_L 与集电极电阻 R_C是并联的，并联后的总阻值 R_L' 下降了，所以也就导致了电压放大系数表达式中的分子减小了。

我们也经常以对数的形式表示电压放大系数，称为电压增益（Voltage Gain），它的单位是分贝（Decibel，dB），如下式：

$$A_v(\mathrm{dB}) = 20\lg\left(\frac{v_o}{v_i}\right) \tag{7.12}$$

例如，若$A_v=10$，则$A_v(\mathrm{dB})=20\lg(10)\approx 20$；若$A_v=0.1$，则$A_v(\mathrm{dB})=20\lg(0.1)=-20$；若$A_v=1000000$，则$A_v(\mathrm{dB})=120$。从以上可以看到，即使电压放大系数高达百万，使用对数来衡量仍然比较简单。

接下来分析放大电路的输入电阻 R_i。需要注意的是，它不是我们使用万用表直接测量得到的，而是从放大电路的输入端看进去的交流等效电阻。从输入回路中很容易看出，R_i是基极电阻 R_B与 r_{be}的并联值，如下式：

$$R_i = R_B \| r_{be} \approx r_{be} \tag{7.13}$$

一般情况下，R_B是远大于 r_{be}的，所以在粗略估算的情况下，也可以把 R_i 近似认为是 r_{be}。前面已经提过，R_i会影响放大电路的电压放大系数。是什么意思呢？我们可以把放大电路的输入回路简化一下，如图 7.12 所示。

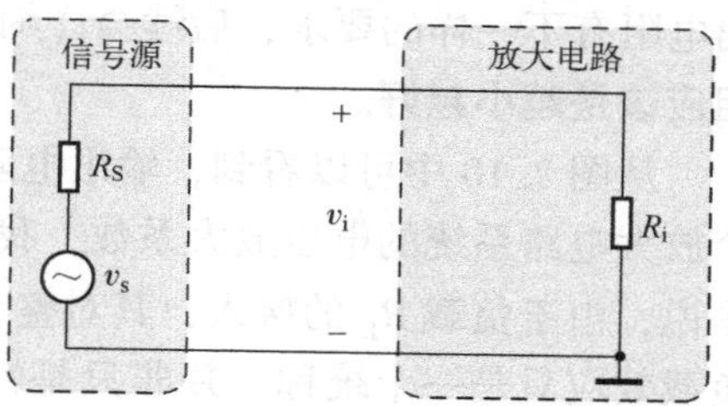

图 7.12　输入回路的简化示意

我们给放大电路提供的信号源是 v_s，然而实际施加到放大电路的输入信号却是 v_i。也就是说，由于信号源内阻 R_S的存在，它会与放大电路的输入电阻 R_i进行串联分压，所以放大电路的输入信号 v_i会比信号源 v_s要小一些（电压信号被衰减了），从而也就间接降低了整个放大电路系统的电压放大系数。所以，如果你需要获得更大的电压放大系数，放大电路的 R_i 自然是越大越好，这样从 v_s分到的有效输入信号 v_i就会越大。当然，这只是一般的情况，如高频放大电路应用中更讲究阻抗的匹配，但是我们目前学习的都是低频放大电路，暂时不用考虑这些。总之，现阶段你可以认为：**放大电路的输入电阻应该越大越好**。

我们还可以进一步计算出输出电压 v_o与输入源电压 v_s的比值，并称其为源电压放大系数，使用符号 A_{vs}来表示。也就是说，A_{vs}考虑了信号源内阻 R_S与放大电路输入电阻 R_i串联分压的影响，所以它可以用放大电路的有载电压放大系数乘上 R_S与 R_i的分压比，如下式：

$$A_{vs} = \frac{v_o}{v_s} = \frac{v_o}{v_i}\cdot\frac{v_i}{v_s} = A_v\frac{R_i}{R_i+R_S} = \frac{-\beta\cdot R'_L}{r_{be}}\times\frac{R_i}{R_i+R_S} \tag{7.14}$$

前面已经提过，一般 $R_B \gg r_{be}$，所以 R_i可以近似为 r_{be}，因此式（7.14）可简化为

$$A_{vs} \approx \frac{-\beta\cdot R'_L}{r_{be}}\times\frac{r_{be}}{R_S+r_{be}} = \frac{-\beta\cdot R'_L}{R_S+r_{be}} \tag{7.15}$$

最后再来分析放大电路的输出电阻 R_o，它是从输出端向放大电路看进去的交流等效电阻，也就是 R_C与 r_{ce}的并联值，如下式：

$$R_o = R_C \| r_{ce} \approx R_C \tag{7.16}$$

一般电流源的交流内阻是很大的（注意“很大”两个字，我们很快就会尝试计算它），所以可以近似认为输出电阻就是集电极电阻 R_C。需要注意的是：**放大电路的输出电阻是不包含负载 R_L 的**。

前面提到过 R_o 会影响电压放大系数，我们也来看一下。由于输出回路是电流源与集电极电阻 R_C 并联。从负载 R_L 的角度来看，放大电路的输出电流就相当于信号源，而输出电阻 R_o 就相当于信号源的内阻。我们可以把电流源变换成电压源，那么电压源就是 $\beta i_b R_o$，而输出电阻 R_o 就与电压源串联在一起，如图 7.13 所示为电流源与电压源的转换。

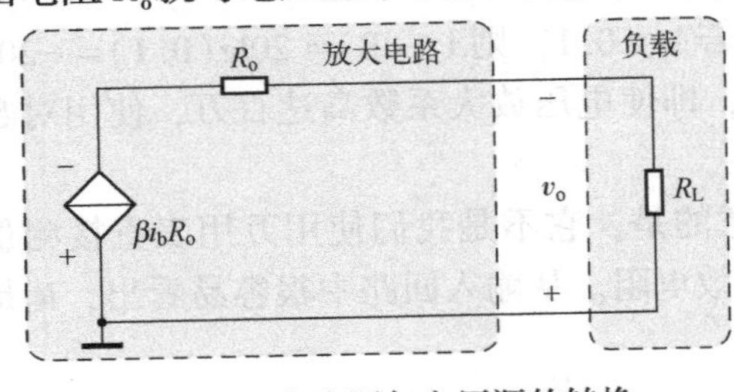

图 7.13　电流源与电压源的转换

这是一个简单的电流源与电压源的变换，其在电路分析的过程中很常用。从图 7.13 中可以看到，负载 R_L 与放大电路的输出电阻 R_o 是串联的。也就是说，输出电压 v_o 是通过两个电阻分压出来的，这与前面提到的信号源内阻 R_S 与输入电阻 R_i 的分压原理是一样的。所以，如果你想让整个放大电路的电压放大系数越大，那么放大电路的 R_o 应该越小越好，这样负载 R_L 从放大电路得到的有效输出电压也就会越大。当然，这也是一般情况。例如，高频或跨导放大电路对输出电阻有不一样的要求，后续会详细讨论。总之，现阶段你就可以认为：**放大电路的输出电阻应该是越小越好**。

从图 7.10 中可以看到，输出电阻 R_o 与连接的负载 R_L 对输出信号进行分压，影响了整个放大电路系统的电压放大系数，我们可以称这种情况为负载效应（Loading Effect）。也就是说，由于负载 R_L 的接入，其对整个放大电路系统的电压放大系数已经产生了影响。当然，负载效应只是一个统称，并非只是针对电压放大系数的。只要将负载接入后对系统产生影响，都可以称为负载效应。

同样的道理，对于信号源 v_s，放大电路的输入电阻 R_i 也相当于一个负载 R_L，信号源内阻 R_S 与放大电路的输入电阻 R_i 对信号源进行分压，所以也可以把放大电路接入后引起输入电压 v_i 的下降称为负载效应。

我们可以使用空载电压放大系数 A_{vo} 推导出有载电压放大系数。A_{vo} 是不包含负载 R_L 的，那么空载输出电压就是 $v_i \cdot A_{vo}$，而输出电阻 R_C（忽略电流源的交流内阻 r_{ce}）与负载 R_L 对空载输出电压进行分压后就是有载输出电压，即

$$A_v = \frac{v_i \cdot A_{vo}}{v_i} \cdot \frac{R_L}{R_L+R_C} = A_{vo}\frac{R_L}{R_L+R_C} = \frac{-\beta R_C}{r_{be}} \cdot \frac{R_L}{R_L+R_C} = \frac{-\beta R'_L}{r_{be}} \tag{7.17}$$

从式（7.17）中可以看到，$(R_L \times R_C)/(R_L+R_C)$ 就是两个电阻并联后的阻值，与式（7.11）完全一致。

下面根据已知参数计算一下放大电路的交流参数。我们假设 $r_{bb'}=5\Omega$（至于为什么是 5Ω，而不是其他资料上常用的 150Ω 或 300Ω，后续会提到），结果如下：

$$R_i = r_{be} = \left(5\Omega + (100+1)\frac{26\text{mV}}{2.4\text{mA}}\right) \approx 1.1\text{k}\Omega$$

$$R_o \approx R_C = 2\text{k}\Omega$$

$$A_v = \frac{-\beta R'_L}{r_{be}} = \frac{-100 \times (2\text{k}\Omega \| 1\text{k}\Omega)}{1.1\text{k}\Omega} \approx -61$$

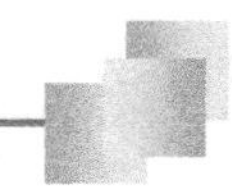

$$A_{vo}=\frac{-\beta R_C}{r_{be}}=\frac{-100\times 2k\Omega}{1.1k\Omega}\approx -182$$

$$A_{vs}=A_v\cdot\frac{R_i}{R_i+R_S}=-61\times\frac{1.1k\Omega}{1.1k\Omega+50\Omega}\approx -58$$

$$A_{vs}(dB)=20\lg(58)\approx 35dB$$

同样使用Multisim软件平台对放大电路进行仿真，观察一下放大电路的电压放大系数，这里分别测量输入信号源与负载两端的电压波形，如图7.14所示为基本共射放大电路。

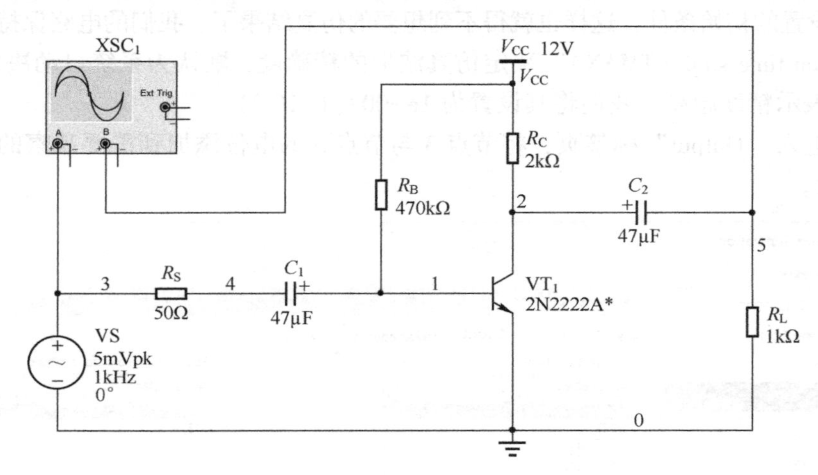

图7.14　基本共射放大电路

对图7.14所示的电路进行仿真后，双击示波器符号可以获取（交互式仿真）相应的波形，也可以使用瞬态（Transient）分析，它们都能够获取肉眼可以看到的瞬时波形。我们这里选择后者，首先进入如图7.15所示的瞬态分析对话框。

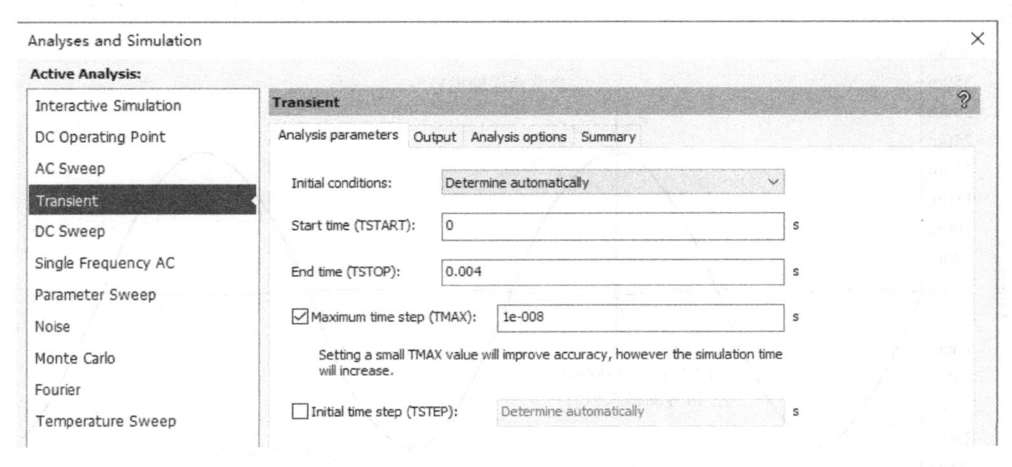

图7.15　瞬态分析对话框

瞬态分析可以选择需要观察仿真波形的哪一段，只需要设置“Start time（TSTART）”与“End time（TSTOP）”即可。例如，你可以选择1～2ms或99～100ms时间段内的波形作为观察对象（也就是截取一部分波形的意思，就算你只观察 99～100ms 的波形，前面的 99ms 也会占用仿真时间，只不过不会显示出来而已）。我们设置“Start time（TSTART）”为 0ms，设置“End time（TSTOP）”为 4ms，表示我们仅观察从仿真开始的前 4 个周期（输入信号的频率为 1kHz，周期为 1ms）。

“Initial conditions”表示如何处理有初始值的元器件，这对于一些特殊的仿真电路是非常有用的。例如，我们需要观察初始电压不为 0 的电容器对电阻器进行放电的波形，这时就需要设置该项为“User-defined”。如果你保持默认选择“Determine automatically”，Multisim 软件平台会忽略你设置的初始条件，这样也就得不到想要的仿真结果了。我们的电路保持默认即可。

“Maximum time step（TMAX）”决定仿真波形的精确度，默认为系统自动决定(1×10^{-5})，此值越小，表示精度越高。我们将其设置为 1e-008(1×10^{-8})。

然后再进入“Output”标签页，将节点 3 与节点 5 的电位添加到需要观察的列表中，如图 7.16 所示。

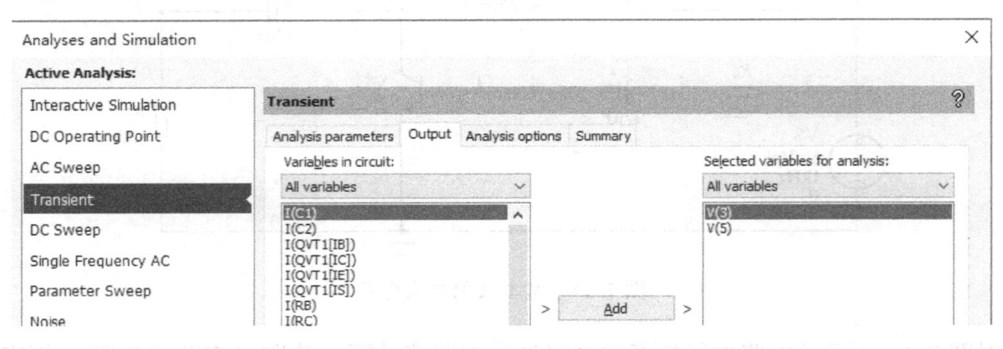

图 7.16 “Output”标签页

对电路进行仿真后，可以从“Grapher View”窗口得到相应的仿真结果，如图 7.17 所示。

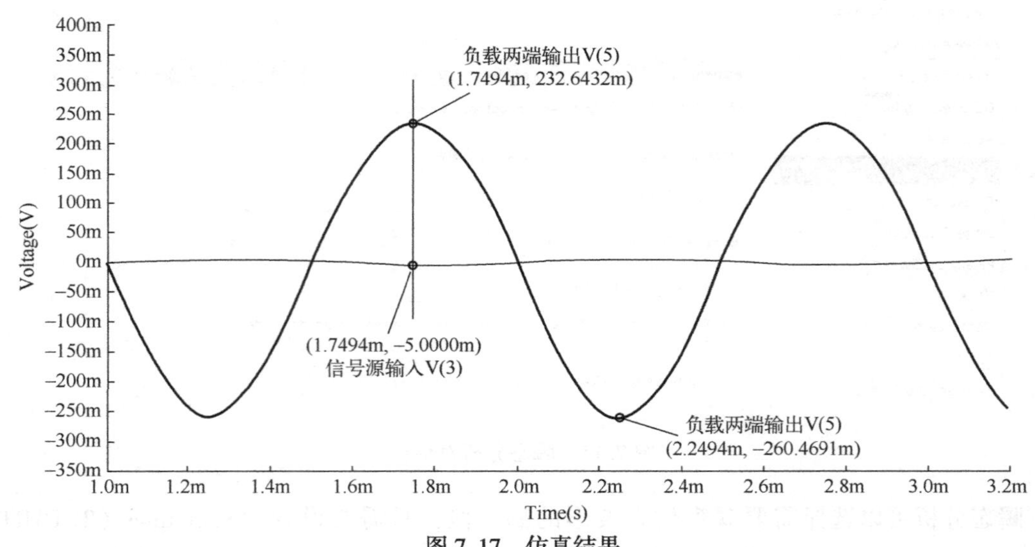

图 7.17 仿真结果

从图7.17中可以看到，输出电压的峰值约为233mV，所以电压放大系数就是-233mV/5mV=-46.6，用对数形式表示约为33.4dB。同样，我们在图7.17中可以看到，当输出电压的幅值为最小时，输入信号源的幅值是最大的，也就是输出与输入信号是反相的。

值得一提的是，如果你对图7.14所示的电路使用交互式仿真，在“Grapher View”窗口中也会有相应的波形（而不是以双击示波器符号的方式获取波形）。在“Grapher View”窗口中进行波形的截图相对会更方便一些（本书均采用此方式），而且对于幅值差距很大的波形，能够以合适的比例在同一窗口内显示（瞬态分析时却不可以），如图7.18所示。

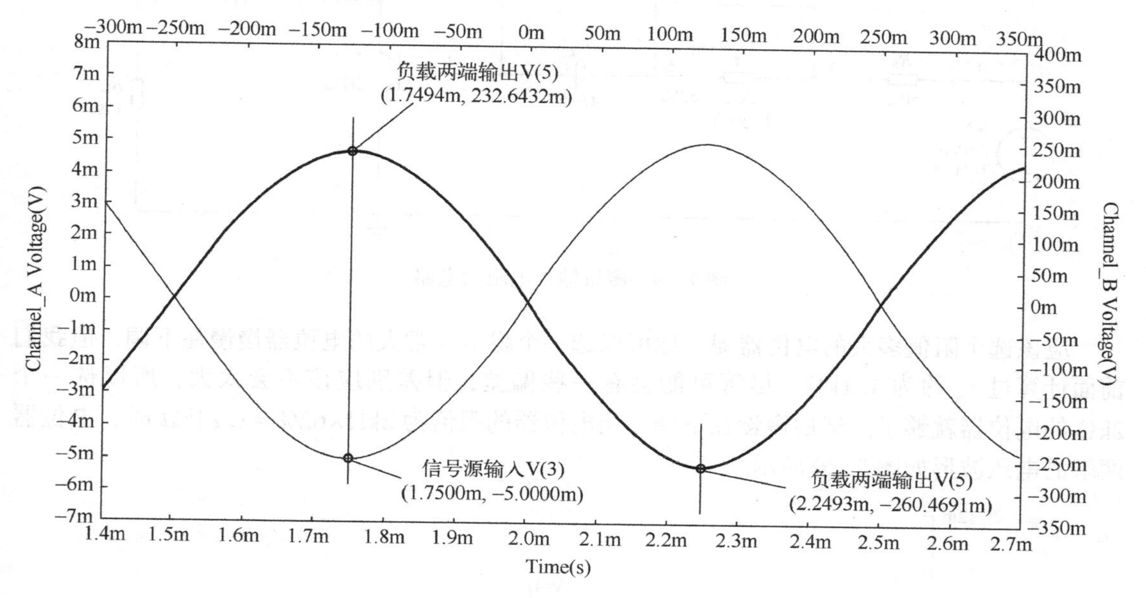

图7.18 仿真波形

从图7.18中可以看到，虽然这两个波形的幅值与图7.17所示的一致，但幅值较小的波形却已经被放大了。虽然这非常有利于同时对小信号波形的细节进行观察，但是需要注意：**波形缩放后，其左右两侧会出现不相同的刻度，没有缩放时只有一个统一的刻度。**

然而遗憾的是，电压放大系数的仿真结果（-46.6）与我们通过理论计算得到的结果（-58）之间的差距还是有点大。虽然我们也强调过仿真与理论肯定会有些出入，但是对于将来可能会担当重点项目且具备实事求是的大无畏精神的我们而言是缺乏足够说服力的，所以得深入探讨一下这两种结果偏差的来源。

我们的验证思路是这样的：**使用Multisim软件平台测量出来的r_{be}与输出电阻R_o重新计算一下电压放大系数**。因为前面得到的r_{be}是由公式估算出来的，可能会有些偏差，而输出内阻则是忽略了三极管的输出动态电阻，因为我们假定它是无穷大的，而实际上却不太可能。

首先我们来获取r_{be}，它与R_B的并联值就是输入电阻，所以只要测量出放大电路的输入电阻就可以顺势计算出r_{be}。怎么测量放大电路的输入电阻呢？我们可以在信号源内阻R_S与耦合电容C_1之间串联一个电位器，电位器与放大电路的输入电阻串联对输入信号源进行分压，然后调整这个电位器。当电位器右侧的电压峰值是左侧电压峰值一半的时候，电位器的阻值就是放大电路的输入电阻，如图 7.19 所示为测量输入电阻的电路。

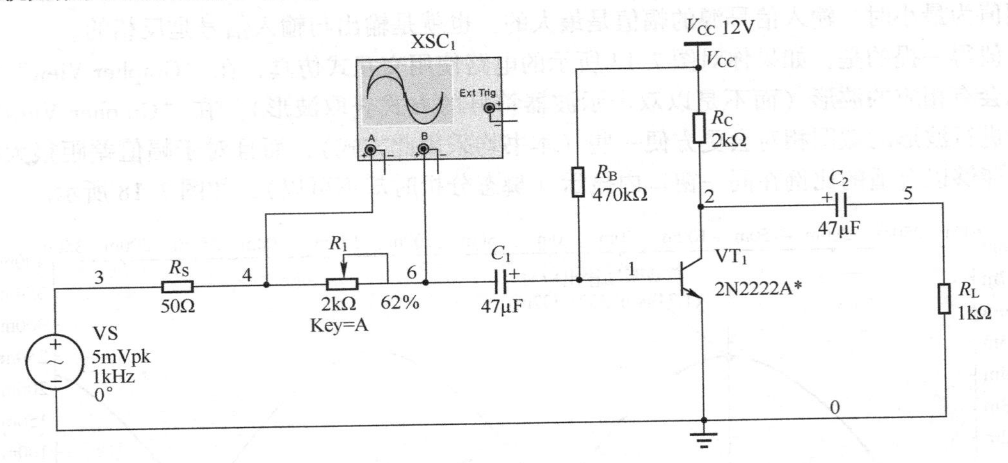

图 7.19　测量输入电阻的电路

应该选个阻值多大的电位器呢？你可以选一个阻值非常大的电位器慢慢往下调，但我们前面计算过 r_{be} 约为 1.1kΩ，尽管可能会有一些偏差，但差别应该不会太大，所以选一个 2kΩ 的电位器就够了。然后慢慢往下调。当电位器的阻值为 2kΩ×62%＝1.24kΩ 时，电位器两端的电压波形如图 7.20 所示。

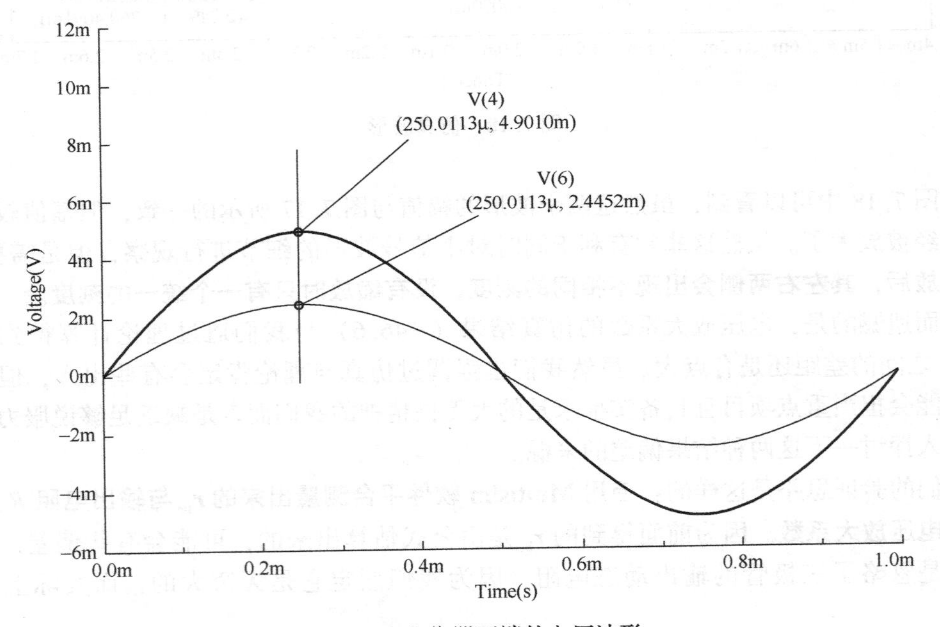

图 7.20　电位器两端的电压波形

从图 7.20 中可以看到，电位器左侧的电位峰值约为右侧的 2 倍。也就是说，该电路的输入电阻就是 1.24kΩ。由于基极电阻 R_B＝470kΩ，相对 r_{be} 而言要大很多，所以我们可

以近似认为 $r_{be}=1.24\text{k}\Omega$，这个值比我们的理论计算结果 $1.1\text{k}\Omega$ 要大一些（会降低电压放大系数）。

再来测量一下输出电阻。测量输出电阻的基本原理与测量输入电阻的基本原理是类似的，我们首先测一下放大电路空载时的输出电压，然后再连接并调整电位器。如果有载输出电压是空载输出电压的一半，那么此时电位器的阻值就等于放大电路的输出电阻，如图 7.21 所示为测量输出电阻的电路。

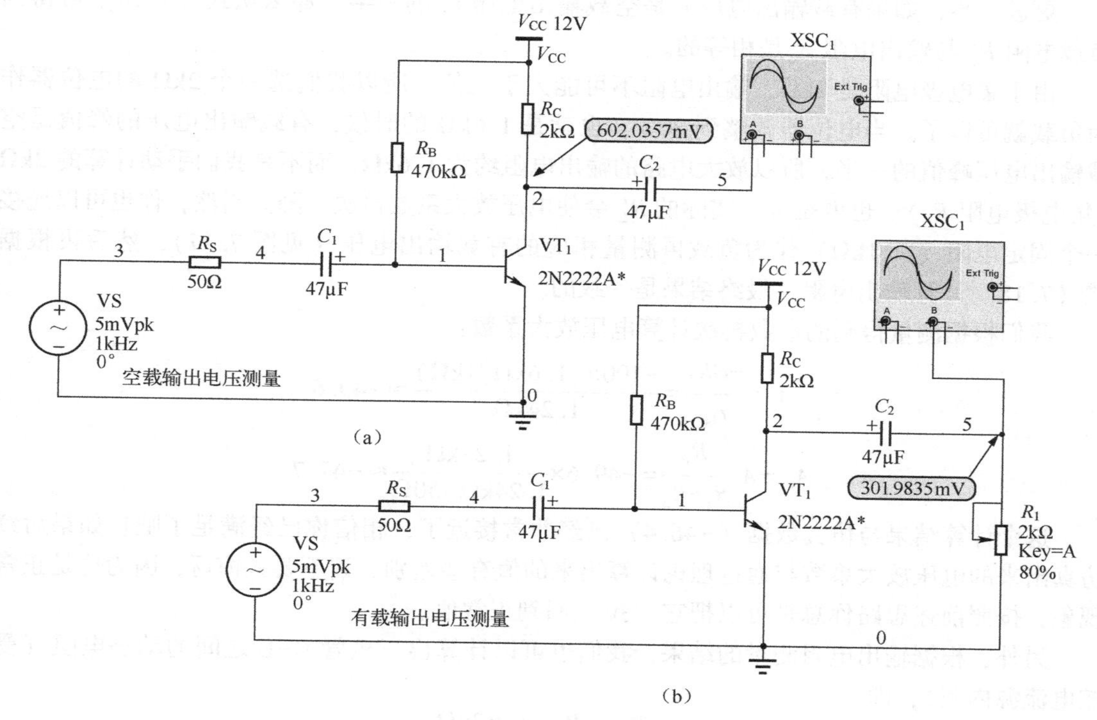

图 7.21　测量输出电阻的电路

测量输出电阻的原理很简单，放大电路的输出信号本身就相当于一个信号源 v_s，而输出电阻就相当于信号源的内阻 R_s，也就是一个理想电压源与一个电阻的串联。当放大电路空载的时候，测量得到输出电压 v_o' 就是理想电压源 v_s；而当放大电路带负载的时候，测量得到的就是经过信号源内阻 R_s 与负载 R_L 分压后的电压 v_o，如图 7.22 所示测量输出电阻的原理。

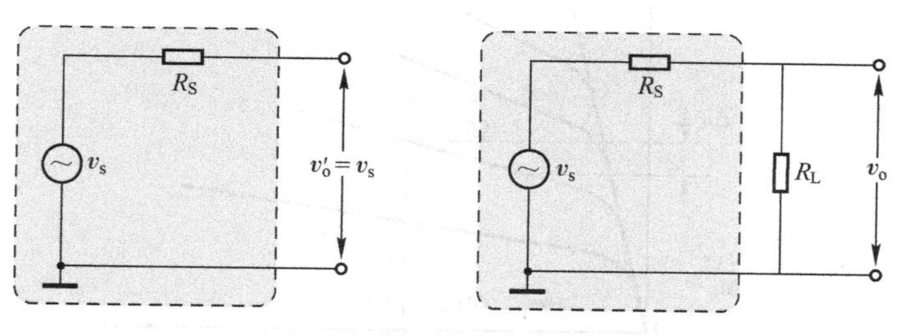

图 7.22　测量输出电阻的原理

很明显有下式：

$$v_o=\frac{R_L}{R_L+R_o}v_s=\frac{R_L}{R_L+R_o}v'_o$$

移项整理一下则有输出电阻的通用计算公式：

$$R_o=\left(\frac{v'_o}{v_o}-1\right)R_L \tag{7.18}$$

更进一步，如果有载输出电压 v_o是空载输出电压 v'_o 的一半，那么从式（7.18）可得到负载电阻 R_L 与输出电阻 R_o是相等的。

由于集电极电阻是 2kΩ，输出电阻不可能大于此值，所以我们选一个 2kΩ 的电位器作为负载就可以了。当电位器调整到 80%，也就是 1.6kΩ 的时候，有载输出电压的峰值是空载输出电压峰值的一半，所以放大电路的输出电阻约为 1.6kΩ，而不是我们手动计算的 2kΩ（集电极电阻 R_C）。也就是说，实际的 R'_L 会使电压放大系数再次下降。当然，你也可以连接一个固定电阻（如 1kΩ）作为负载再测量相应的有载输出电压（见图 7.17），然后再根据式（7.18）计算输出电阻，最终结果是一致的。

我们根据测量得到的参数再次计算电压放大系数：

$$A_v=\frac{-\beta R'_L}{r_{be}}=\frac{-100\times(1.6\text{k}\Omega\|1\text{k}\Omega)}{1.24\text{k}\Omega}\approx-49.6$$

$$A_{vs}=A_v\frac{R_i}{R_i+R_S}=-49.6\times\frac{1.24\text{k}\Omega}{1.24\text{k}\Omega+50\Omega}\approx-47.7$$

这个计算结果与仿真数据（-46.4）已经非常接近了，相信你已经满足了吧！如果后续仿真出来的电压放大系数与通过理论计算出来的值有些差别，请不要太惊讶，因为这是正常现象，按照前述思路你总是可以把它“拉”回到正常值。

另外，根据输出电阻测量的结果，我们也可以计算出三极管 C-E 之间的动态电阻（受控电流源内阻），即

$$R_o=r_{ce}\|R_C=1.6\text{k}\Omega\rightarrow\frac{r_{ce}\cdot R_C}{r_{ce}+R_C}=\frac{r_{ce}\times2\text{k}\Omega}{r_{ce}+2\text{k}\Omega}=1.6\text{k}\Omega\rightarrow r_{ce}=8\text{k}\Omega$$

我们把电阻 r_{ce} 称为三极管的输出交流电阻，它比直流电阻要大一些，在输出特性曲线上就是 Q 点附近三极管 C-E 之间压降的变化量与集电极电流变化量的比值，如图 7.23 所示为三极管输出交流电阻的定义。

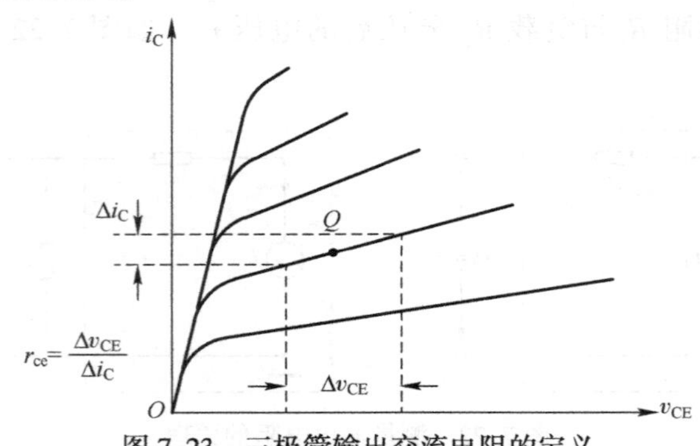

图 7.23　三极管输出交流电阻的定义

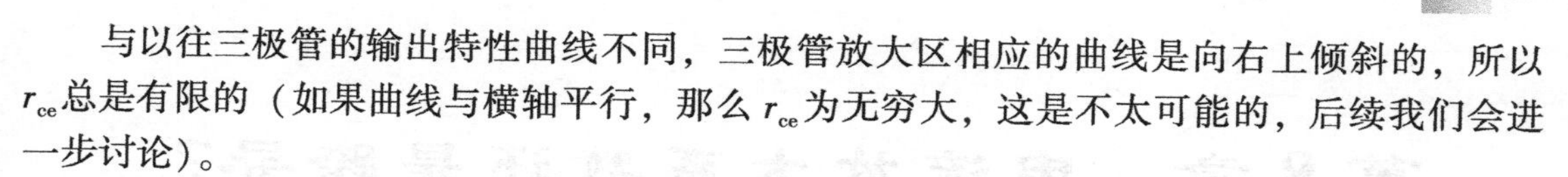

与以往三极管的输出特性曲线不同，三极管放大区相应的曲线是向右上倾斜的，所以 r_{ce} 总是有限的（如果曲线与横轴平行，那么 r_{ce} 为无穷大，这是不太可能的，后续我们会进一步讨论）。

然而，8kΩ 与我们前面期望的“三极管的输出交流电阻很大”还是有点心理落差，一般三极管的输出交流电阻可以达到几十千甚至几百千欧姆，主要与三极管的型号及放大电路的静态工作点有关。现阶段你只需要知道“**三极管 C-E 之间的直流电阻小，而交流电阻大**”就可以了，这个特性在提升放大电路性能方面将会对你有很大帮助，后续我们还会进一步讨论。

第 8 章　电流放大系数还是跨导？我还是我！

尽管不是所有场合，但你总会在不少与三极管放大电路分析相关的图书中发现，在电压放大系数的表达式中并没有使用β，取而代之的是h_{fe}。另外，也有些更倾向于使用g_m。那么，这些符号表征的参数在使用时有什么区别或联系呢？为了解答这些问题，我们首先学习一些通用的分析方法。虽然未必与实际工作直接相关，但对于找到其中的关联却有着非凡的意义。

假设我们手头有一个黑盒子模块，它对外引出了 4 个端口，黑盒子里面的电路参数是未知的，但可以确定其内部电路是由线性电阻、电容器、电感器或线性受控源组成的（不包含独立电压源或电流源），如图 8.1 所示为黑盒模块。

图 8.1　黑盒模块

我们把这种黑盒模块称为线性网络模块。很明显，这是一个四端口网络。但是，如果从端口 1 流入黑盒的电流总等于从端口 1′流出的电流，而从端口 2 流入黑盒的电流也总等于端口 2′流出的电流，则可以称其为**二端口网络**。当然，如果端口电流没有这些限制，我们称其为**四端口网络**。本书仅讨论二端口网络。

现在摆在眼前的问题是：我们无法拆开这个黑盒模块去了解内部元器件的参数，虽然对其中的具体电路没有任何兴趣，但是想获取模块对外端口的电流与电压之间的关系，这样就可以在不了解模块内部的情况下直接应用到已有电路系统当中了。应该怎么做呢？

这个问题与之前讨论的不太一样，以往我们都是在电路参数与输入信号已知的条件下讨论如何获得各个节点的电位或流过某支路的电流与输出信号，而现在讨论的却是在电路参数未知的条件下如何根据输入信号来获取输出信号。既然你的目的是要把黑盒模块应用到已有电路系统当中，那肯定需要知道其输入与输出之间的关系。

与测量三极管的输入与输出特性曲线一样，我们可以给模块的端口施加一定的激励（可以是电流源或电压源），然后通过测试并总结端口对应电流与电压之间的数据，就可以获得模块的端口特性。例如，我们可以把端口电流都看作外部施加的独立电流源（也可以是独立电压源，后面会提到），如图 8.2 所示为施加电流源的黑盒模块。

对于二端口线性网络，两端口之间的电流与电压的关系可以通过一些参数来描述，而这些参数仅取决于构成该二端口线性网络本身的元器件及它们之间的连接方式。换言之，如果描述二端口网络的参数被确定之后，当其中一个端口的电压或电流发生变化时，我们就可以随之确定另外一个端口的电压与电流的变化情况。

我们可以根据叠加定理求出电压v_1与v_2，即

$$v_1=z_{11}\cdot i_1+z_{12}\cdot i_2 \tag{8.1}$$

$$v_2=z_{21}\cdot i_1+z_{22}\cdot i_2 \tag{8.2}$$

图 8.2　施加电流源的黑盒模块

用矩阵方式可以表达如下：

$$\begin{bmatrix} v_1 \\ v_2 \end{bmatrix} = \begin{bmatrix} z_{11} & z_{12} \\ z_{21} & z_{22} \end{bmatrix} \begin{bmatrix} i_1 \\ i_2 \end{bmatrix} = \mathbf{Z} \begin{bmatrix} i_1 \\ i_2 \end{bmatrix} \tag{8.3}$$

其中：

$$\mathbf{Z} \equiv \begin{bmatrix} z_{11} & z_{12} \\ z_{21} & z_{22} \end{bmatrix}$$

将其称为二端口的 **Z** 参数矩阵，符号“≡”的意思是“被定义为”。矩阵中各要素的下标用来定位行与列，如 z_{11} 表示第 1 行第 1 列的参数，z_{21} 表示第 2 行第 1 列的参数，其他以此类推。

对于矩阵方面的知识不需要了解更多，我们现在只需要知道式（8.3）表达的意思就是：**假设两个端口的电流 i_1 与 i_2 是已知的，那么对于任意的二端口线性网络，利用叠加定理总可以求出端口电压 v_1 与 v_2，区别只是表征 Z 参数矩阵的各要素不同而已**。所以，接下来我们的任务就是确定 **Z** 参数矩阵中各要素的具体值。

可以这样描述叠加定理：在线性电路中，如果存在**多个**电源**同时**作用时，电路中任意一条支路的电流（或电压）等于电路中每个电源分别**单独**作用时在该支路产生的电流（或电压）的代数和。当某个电源单独作用时，应将其他的电压源短路、电流源开路。

图 8.2 中有两个电流源，我们先将 i_2 去掉（开路），即 $i_2=0$，此时如图 8.3 所示。

根据式（8.1）与式（8.2）即可求得 z_{11} 与 z_{12} 如下：

$$v_1 = z_{11} \cdot i_1 + z_{12} \cdot 0 = z_{11} \cdot i_1 \rightarrow z_{11} = \frac{v_1}{i_1}$$

$$v_2 = z_{21} \cdot i_1 + z_{22} \cdot 0 = z_{21} \cdot i_1 \rightarrow z_{21} = \frac{v_2}{i_1}$$

我们把在某个条件成立下的等式表达为

$$z_{11} = \left.\frac{v_1}{i_1}\right|_{i_2=0}, \quad z_{21} = \frac{v_2}{i_1}\bigg| i_2=0 \tag{8.4}$$

其中，z_{11} 表示端口 2-2′开路时端口 1-1′的开路输入阻抗；z_{21} 表示端口 2-2′开路时端口 2-2′与端口 1-1′之间的开路转移阻抗。

我们再来获取其他两个参数，按照前面的方法去掉 i_1（$i_1=0$），如图 8.4 所示。

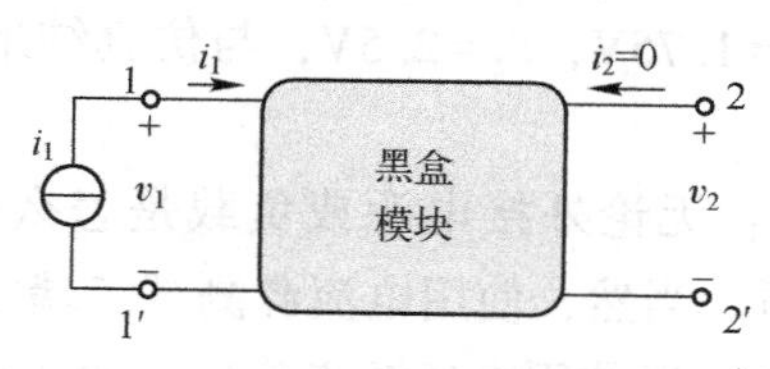

图 8.3　电流源 i_1 单独作用

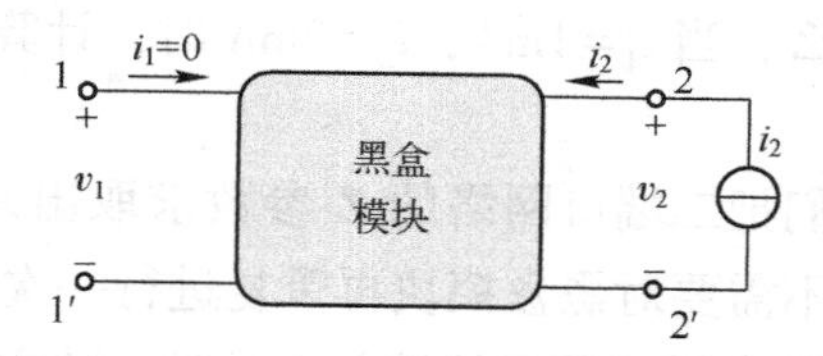

图 8.4　电流源 i_2 单独作用

同样可求得 z_{12} 与 z_{22} 如下：

$$v_1 = z_{11} \cdot 0 + z_{12} \cdot i_2 = z_{12} \cdot i_2 \rightarrow z_{12} = \frac{v_1}{i_2}$$

$$v_2 = z_{21} \cdot 0 + z_{22} \cdot i_2 = z_{22} \cdot i_2 \rightarrow z_{22} = \frac{v_2}{i_2}$$

我们可以通过下式表达：

$$z_{12}=\frac{v_1}{i_2}\bigg|_{i_1=0},\quad z_{22}=\frac{v_2}{i_2}\bigg|_{i_1=0} \tag{8.5}$$

其中，z_{12}表示端口 1-1′开路时端口 1-1′与端口 2-2′之间的开路转移阻抗；z_{22}表示端口 1-1′开路时端口 2-2′的开路输入阻抗。很明显，**Z** 参数都是阻抗的性质（电压与电流的比值）。

我们使用简单的电路来仿真一下，如图 8.5 所示为仿真电路。

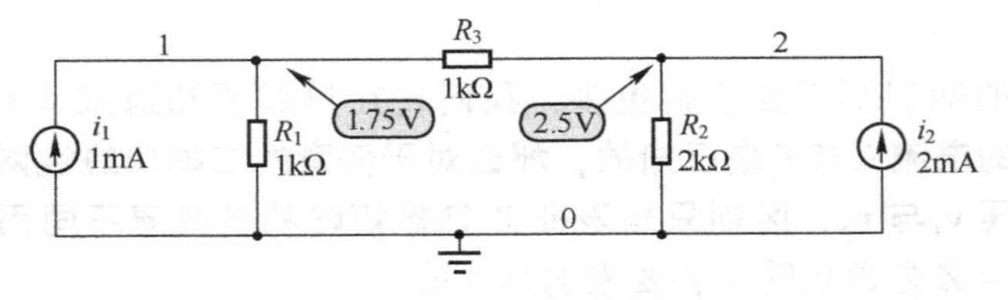

图 8.5　仿真电路

手动计算验证一下。为求出 z_{11}与 z_{21}，我们把 i_2开路，仅施加电流源 i_1，则有：

$$v_1=i_1\cdot\frac{R_1(R_2+R_3)}{R_1+R_2+R_3}\to z_{11}=\frac{v_1}{i_1}=\frac{R_1(R_2+R_3)}{R_1+R_2+R_3}=\frac{1\text{k}\Omega\times(2\text{k}\Omega+1\text{k}\Omega)}{1\text{k}\Omega+2\text{k}\Omega+1\text{k}\Omega}=0.75\text{k}\Omega$$

$$v_2=i_1\cdot\frac{R_1R_2}{R_1+R_2+R_3}\to z_{21}=\frac{v_1}{i_1}=\frac{R_1R_2}{R_1+R_2+R_3}=\frac{1\text{k}\Omega\times2\text{k}\Omega}{1\text{k}\Omega+2\text{k}\Omega+1\text{k}\Omega}=0.5\text{k}\Omega$$

同理，为了求出 z_{12}与 z_{22}，我们把 i_1开路，仅施加电流源 i_2，则有：

$$v_1=i_2\cdot\frac{R_1R_2}{R_1+R_2+R_3}\to z_{12}=\frac{v_1}{i_2}=\frac{R_1R_2}{R_1+R_2+R_3}=\frac{1\text{k}\Omega\times2\text{k}\Omega}{1\text{k}\Omega+2\text{k}\Omega+1\text{k}\Omega}=0.5\text{k}\Omega$$

$$v_2=i_2\cdot\frac{R_2(R_1+R_3)}{R_1+R_2+R_3}\to z_{22}=\frac{v_2}{i_2}=\frac{R_2(R_1+R_3)}{R_1+R_2+R_3}=\frac{2\text{k}\Omega\times(1\text{k}\Omega+1\text{k}\Omega)}{1\text{k}\Omega+2\text{k}\Omega+1\text{k}\Omega}=1\text{k}\Omega$$

所以，该电阻网络的端口电压与电流之间的关系如下：

$$v_1=0.75\text{k}\Omega\cdot i_1+0.5\text{k}\Omega\cdot i_2$$
$$v_2=0.5\text{k}\Omega\cdot i_1+1\text{k}\Omega\cdot i_2$$

那么，当 $i_1=1\text{mA}$，$i_2=2\text{mA}$ 时，计算出来的 $v_1=1.75\text{V}$，$v_2=2.5\text{V}$，与仿真结果是完全一致的。

我们把二端口网络的 **Z** 参数求取出来的好处是：无论外接电源或负载是怎么变化的，我们都不需要对黑盒模块再重复进行一次复杂的分析。当然，使用电流源测试二端口网络获取 **Z** 参数来描述端口特性并不是唯一的方法，我们也可以使用电压源来测试，如图 8.6 所示为施加电压源的黑盒模块。该网络模块的端口电压与电流之间的关系可使用 **Y** 参数来表示，即

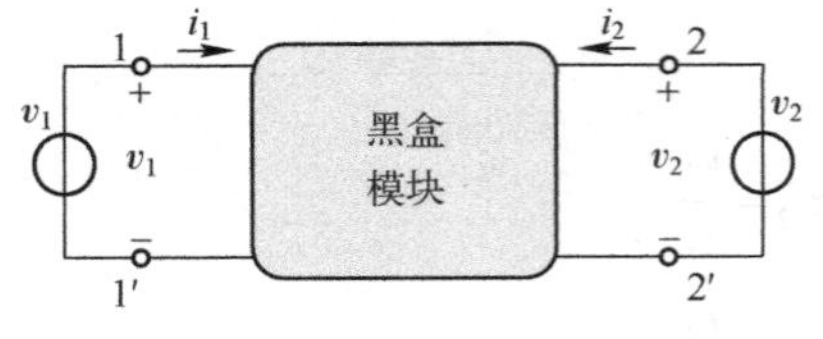

图 8.6　施加电压源的黑盒模块

$$i_1=y_{11}\cdot v_1+y_{12}\cdot v_2 \tag{8.6}$$

$$i_2=y_{21}\cdot v_1+y_{22}\cdot v_2 \tag{8.7}$$

我们同样可以得到：

$$y_{11}=\left.\frac{i_1}{v_1}\right|_{v_2=0},\quad y_{21}=\left.\frac{i_2}{v_1}\right|_{v_2=0}$$
$$y_{12}=\left.\frac{i_1}{v_2}\right|_{v_1=0},\quad y_{22}=\left.\frac{i_2}{v_2}\right|_{v_1=0} \tag{8.8}$$

实际测试 ***Y*** 参数各要素的方法与测试 ***Z*** 参数各要素的方法是一样的，只不过电压源为 0 时是短路的。我们把 y_{11} 称为端口 2-2′短路时端口 1-1′的输入导纳（电流与电压的比值），y_{21} 称为端口 2-2′短路时端口 2-2′与端口 1-1′之间的转移导纳；y_{12} 称为端口 1-1′ 短路时端口 1-1′与端口 2-2′之间的转移导纳；y_{22} 称为端口 1-1′ 短路时端口 2-2′的输入导纳。

还有一种 ***H*** 参数也很常见，它的方程表达式如下：

$$v_1=h_{11}\cdot i_1+h_{12}\cdot v_2 \tag{8.9}$$
$$i_2=h_{21}\cdot i_1+h_{22}\cdot v_2 \tag{8.10}$$

我们同样可以得到：

$$h_{11}=\left.\frac{v_1}{i_1}\right|_{v_2=0},\quad h_{12}=\left.\frac{v_1}{v_2}\right|_{i_1=0}$$
$$h_{21}=\left.\frac{i_2}{i_1}\right|_{v_2=0},\quad h_{22}=\left.\frac{i_2}{v_2}\right|_{i_1=0} \tag{8.11}$$

将 ***H*** 参数与 ***Z*** 参数、***Y*** 参数逐一对比就可以发现，$h_{11}=1/y_{11}$，$h_{22}=1/z_{22}$。也就是说，***H*** 参数包含了 ***Z*** 参数与 ***Y*** 参数，所以我们也把 ***H*** 参数称为混合参数。

理论知识已经储备得足够多了，接下来我们分析图 8.7 所示电路的 ***H*** 参数。

图 8.7 就是我们前面讨论过的三极管的交流等效电路，只不过多了一个 r_o（r_{ce}），其表示电流源内阻。根据 ***H*** 参数的定义，则有：

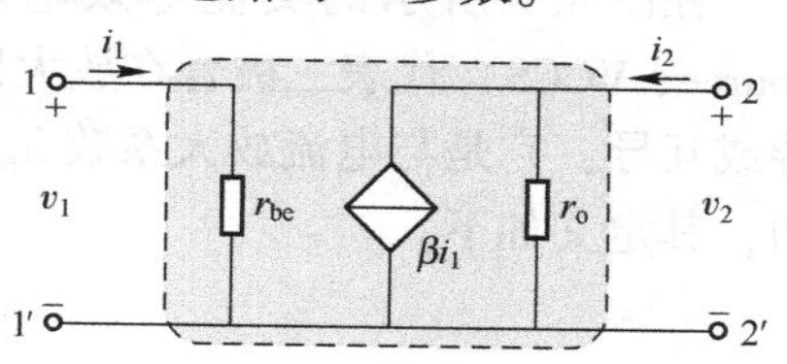

图 8.7　三极管的交流等效电路

$$h_{11}=\left.\frac{v_1}{i_1}\right|_{v_2=0}=r_{be},\quad h_{12}=\left.\frac{v_1}{v_2}\right|_{i_1=0}=0$$
$$h_{21}=\left.\frac{i_2}{i_1}\right|_{v_2=0}=\beta,\quad h_{22}=\left.\frac{i_2}{v_2}\right|_{i_1=0}=1/r_o \tag{8.12}$$

在实际应用中，通常参数 h_{11} 使用符号 h_{ie} 来代替，它表示输出端交流短路时的输入电阻（“i” 表示 “input”，“e” 表示共发射极），单位为 Ω。对于三极管的交流等效电路，它表示基极与发射极之间的电压对基极电流的控制作用，也就是我们介绍过的 r_{be}，可以称其为三极管共发射极组态连接时基极与发射极之间的交流输入电阻。

参数 h_{12} 使用符号 h_{re} 来代替，它表示输入端交流开路时的反向电压传输比（“r” 表示 “reverse”）。我们已经提到过，三极管的输入特性曲线会随 v_{CE} 的不同而稍有偏移，这说明三极管的基极电流 i_B 不仅受到 v_{BE} 变化的影响，还会受到 v_{CE} 变化的影响，参数 h_{re} 就是衡量输出电压 v_{CE} 对输入回路产生的影响，它是一个无量纲的比例系数。

参数 h_{21} 使用符号 h_{fe} 来代替，它表示输出交流短路时的电流放大系数（或正向电流传输比，“f” 表示 “forward”），也就是我们前面介绍的衡量三极管电流放大能力的 β，它也是一个无量纲的比例系数。

参数h_{22}使用符号h_{oe}来代替，它表示输入交流开路时的输出电导（“o”表示“output”），它的单位为西门子（Siemens，S），以前也称为姆欧（**欧姆**倒过来念，Multisim软件平台里的电导单位就是用“mho”来表示的，即“ohm”倒过来）。我们之前已经提到过，三极管在放大区域的实际输出特性曲线并不是与横轴水平的，而是略向右上倾斜的，这说明i_C不但受i_B的控制，同时还会受到v_{CE}变化的影响。当v_{CE}增大时，i_C也会有一定的增加。h_{oe}就表示（当i_B为常数时）v_{CE}对i_C的影响程度，在模型中通常使用输出电导的倒数$1/h_{oe}$来表示，标记为r_o，我们称其为三极管集电极-发射极的交流输出电阻。

使用$\boldsymbol{H}$参数表示的三极管的交流等效电路也称为混合π等效电路（Hybrid-πEquivalnt Circuit），如图8.8所示。

很明显，h_{ie}就是r_{be}，h_{fe}就是共射电流放大系数β，$1/h_{oe}$就是r_{ce}，这些参数只是两种不同的表达方式而已。一般情况下，h_{re}非常小，而$1/h_{oe}$非常大，所以我们通常会将它们省略。

当然，你肯定也看到过三极管的另一种混合π等效电路，如图8.9所示。

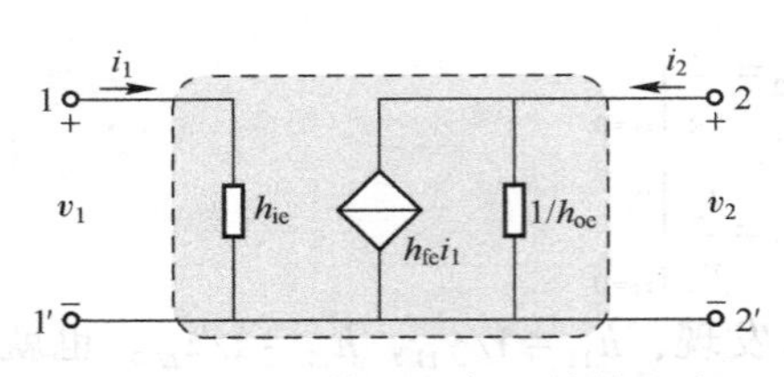

图8.8　三极管的混合π等效电路

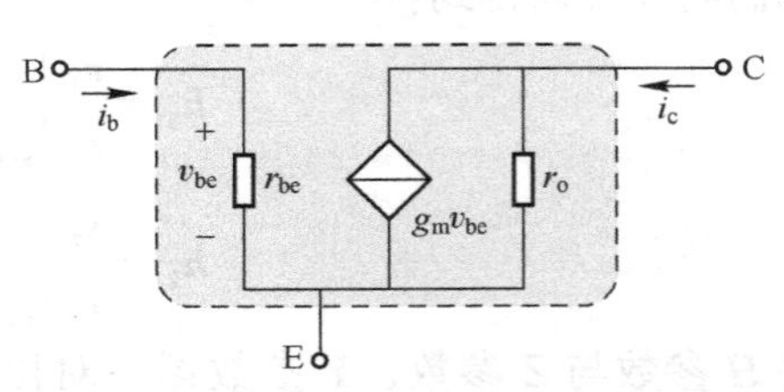

图8.9　三极管的另一种混合π等效电路

在图8.9所示的交流等效电路中，使用电压控制电流源（Voltage Controlled Current Source，VCCS）代表三极管在放大区的恒流特性，其中g_m被称为正向传输电导，简称为跨导或互导，它是与电流放大系数h_{fe}相当的参数，也可以表示三极管（放大电路）的放大能力，其定义如下：

$$g_m = \left.\frac{\Delta i_C}{\Delta v_{BE}}\right|_{v_{CE}=0} \tag{8.13}$$

三极管的跨导定义为输出电流的变化量与输入发射结电压变化量（而不是基极电流变化量）的比值，所以我们将其称为电导（电抗的倒数是电纳，阻抗的倒数是导纳），其单位为西门子。

我们把图8.9所示的交流等效电路代入图7.10所示的交流通路当中，可得到如图8.10所示的交流微变等效电路。

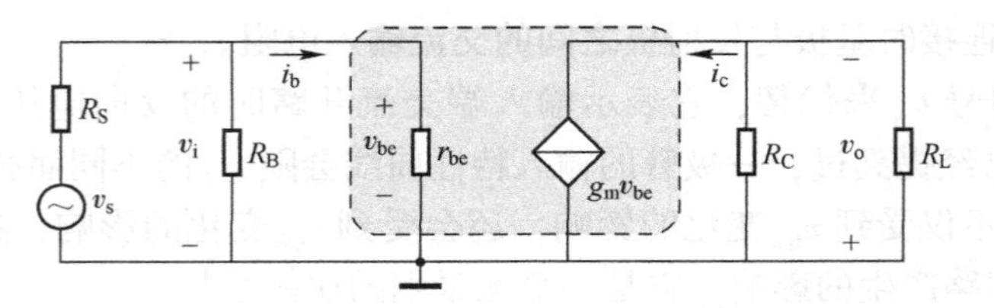

图8.10　交流微变等效电路

这里我们仍然忽略了电流源的内阻（假定为无穷大），则有：

$$A_{\mathrm{v}}=\frac{v_{\mathrm{o}}}{v_{\mathrm{i}}}=\frac{-i_{\mathrm{c}}\cdot(R_{\mathrm{C}}\|R_{\mathrm{L}})}{i_{\mathrm{b}}\cdot r_{\mathrm{be}}}=-\frac{i_{\mathrm{c}}}{v_{\mathrm{be}}}(R_{\mathrm{C}}\|R_{\mathrm{L}})=-g_{\mathrm{m}}\cdot R_{\mathrm{L}}' \tag{8.14}$$

从式（8.14）中可以看到，放大电路的电压放大系数就是g_{m}乘以R_{L}'。那么现在的问题是：g_{m}到底是多少呢？通过对比式（7.11）与式（8.14）可得：

$$g_{\mathrm{m}}=\frac{\beta}{r_{\mathrm{be}}}=\frac{h_{\mathrm{fe}}}{h_{\mathrm{ie}}} \tag{8.15}$$

当$r_{\mathrm{be}}=1.24\mathrm{k\Omega}$时，$g_{\mathrm{m}}=100/1.24\mathrm{k\Omega}\approx 81\mathrm{ms}$。这里使用前面仿真测试出来的$r_{\mathrm{be}}$（$h_{\mathrm{ie}}$）计算$g_{\mathrm{m}}$，因为我们很快会使用它来验证仿真的结果，这样可以避免理论估算带来的二次误差。

实际上，我们可以从**H**参数与**Y**参数获得g_{m}的表达式，即

$$y_{21}=\left.\frac{i_2}{v_1}\right|_{v_2=0}=\left.\frac{i_2/i_1}{v_1/i_1}\right|_{v_2=0}=\frac{h_{\mathrm{fe}}}{h_{\mathrm{ie}}}=\frac{\beta}{r_{\mathrm{be}}} \tag{8.16}$$

使用**Y**参数分析图8.7所示的三极管的交流等效电路也会有意想不到的结论：

$$\begin{aligned} y_{11}&=\left.\frac{i_1}{v_1}\right|_{v_2=0}=1/r_{\mathrm{be}},\quad y_{12}=\left.\frac{i_1}{v_2}\right|_{v_1=0}=0 \\ y_{21}&=\left.\frac{i_2}{v_1}\right|_{v_2=0}=\frac{\beta i_{\mathrm{b}}}{r_{\mathrm{be}}\cdot i_{\mathrm{b}}}=\frac{\beta}{r_{\mathrm{be}}},\quad y_{22}=\left.\frac{i_2}{v_2}\right|_{v_1=0}=1/r_{\mathrm{o}} \end{aligned} \tag{8.17}$$

通过对比**Y**参数与**H**参数的表达式可以看到，除y_{21}外，两者的结果是完全对应的，只不过y_{11}与y_{22}恰好是z_{11}与z_{22}的倒数而已，但它们描述的参数本质上完全一样。所以，在保持y_{11}、y_{12}与y_{22}不变的前提下，将图8.8所示电路中的h_{21}替换为y_{21}即可得到图8.9所示的交流等效电路。很明显，y_{21}就是g_{m}，即β/r_{be}。

正所谓条条大路通罗马，我们还可以从另一个角度得到g_{m}的计算公式。从前面的讨论可以知道，电流放大系数β描述的是Δi_{C}与Δi_{B}的比值，而跨导g_{m}描述的是Δi_{C}与Δv_{BE}的比值，由于Δi_{C}与Δi_{B}有β倍的放大关系，所以我们可以通过三极管的特性曲线求得g_{m}，如图8.11所示为三极管的特性曲线。这条曲线与三极管的输入特性曲线差不多，只不过纵轴为i_{C}（而不是i_{B}），这是因为i_{C}与i_{B}有β倍的比例放大关系。那么，根据跨导的定义，g_{m}就是Δi_{C}与Δv_{BE}的比值，也就是特性曲线上静态工作点Q对应的斜率。这样，结合式（7.6）则有：

$$g_{\mathrm{m}}=\frac{\Delta i_{\mathrm{C}}}{\Delta v_{\mathrm{BE}}}\approx\frac{I_{\mathrm{EQ}}}{V_{\mathrm{T}}}=\frac{I_{\mathrm{EQ}}(\mathrm{mA})}{26\mathrm{mV}}(T=300\mathrm{K}) \tag{8.18}$$

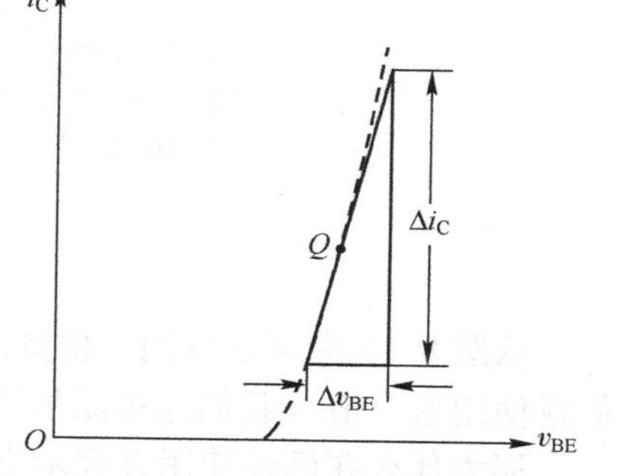

图8.11 三极管的特性曲线

注意：上述结论是在静态工作点Q处推导出来的。从式（8.18）可以看到，g_{m}与集电极静态电流I_{CQ}有关。前面我们已经计算过基本放大电路的$I_{\mathrm{EQ}}=2.4\mathrm{mA}$，所以$g_{\mathrm{m}}=2.4\mathrm{mA}/26\mathrm{mV}\approx 92\mathrm{mS}$，这个值与前面的计算结果（81mS）还是有一定的误差的。那到底哪个更接近实际呢？我们可以使用Multisim软件平台对其仿真一下。

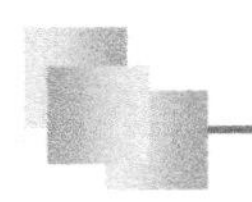

如图 8.12 所示，首先进入直流工作点分析对话框，单击“More options”组合框中的“Add device/model parameter...”按钮，弹出“Add Device/Model Parameter”对话框。在该对话框中，从器件模型中找到 QVT1 所属参数列表中的“g_m”。

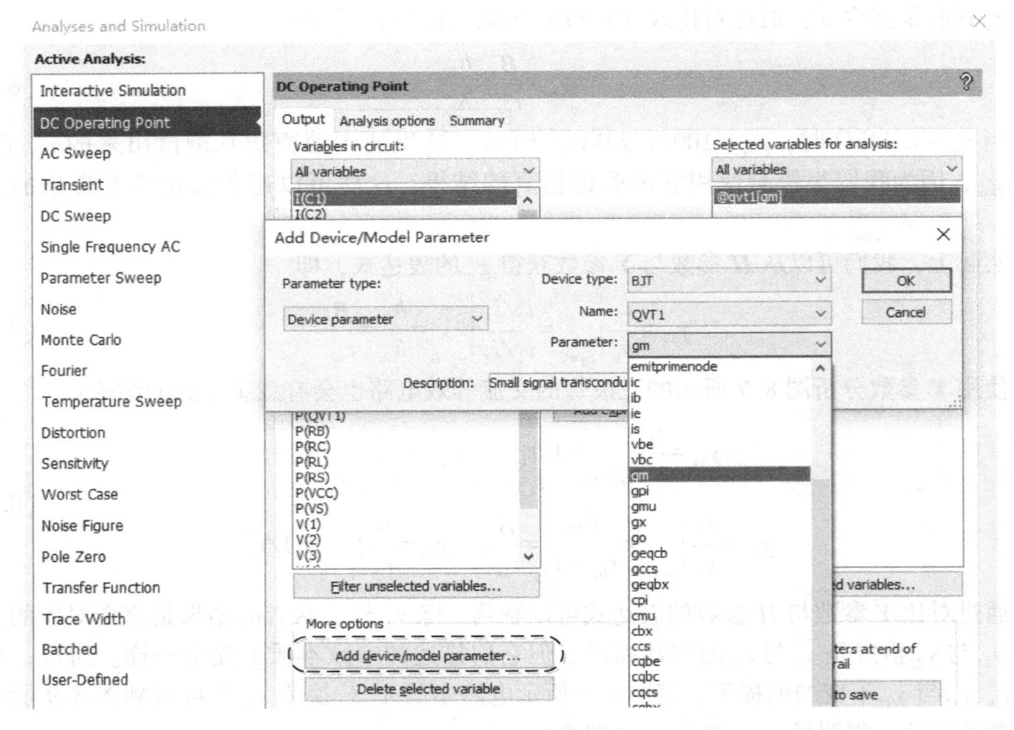

图 8.12　添加元器件的参数

对电路进行仿真后即可得到如图 8.13 所示的仿真结果。

DC Operating Point Analysis

	Variable	Operating point value
1	@qvt1[cqbc]	2.58807 p
2	@qvt1[cqbe]	38.45352 p
3	@qvt1[gm]	85.39728 m

图 8.13　仿真结果

从图 8.13 中可以看到，仿真出来的 $g_m \approx 85.4$，介于前面计算的两个数据之间，后续我们就使用这个值（我们还多添加了元器件的两个参数，后面将会使用到）。

那为什么在已经使用 β 表示电压放大系数之后还要弄一个 g_m 呢？我们可以尝试从跨导的角度重新观察基本共射放大电路，如图 8.14 所示。电路的左侧部分可以看作由电压控制的电流源，它的增益是集电极输出电流 i_c 与基极输入电压 v_{be} 的比值，也就是前面提过的跨导 g_m，而使用电导作为增益单位的放大器可称为跨导放大器（Transconductance Amplifier）。右侧部分只有一个电阻，我们可以将其看作一个把电流转换成电压的“放大器”，可以称其为跨阻放大器（Transresistance Amplifier），由于它的输出量是电压、输入量是电流，所以其

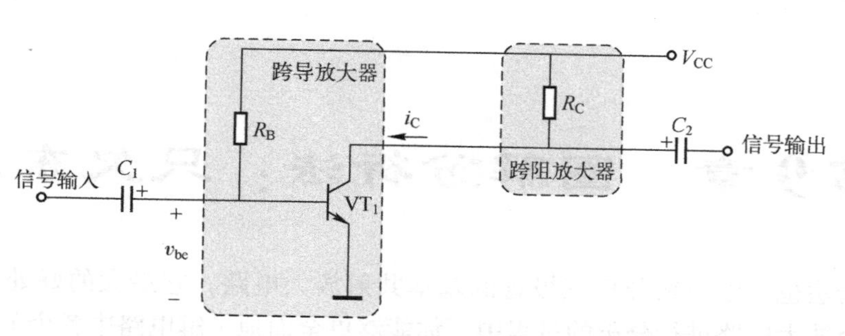

图 8.14　从跨导的角度观察的基本共射放大电路

增益具有电压/电流的单位（也就是电阻）。将这两部分放大器连接在一起就构成了电压放大器（Voltage Amplifier）。如果把它们的增益相乘，得到的总增益正好等于输出电压与输入电压的比值，也就是我们已经推导出来的电压放大系数。

使用 g_m 的好处之一就是可以对放大器（尤其是多级放大器）的每一部分进行独立分析。例如，通过对不同电路结构或不同元器件的 g_m 进行分析，就能够得出放大器的跨导部分，然后通过考虑增益对电压变化范围的权衡折中，又能够分析出跨阻（R_L'）部分。如果你对电压放大系数感兴趣，就可以通过 $g_m \cdot R_L'$ 获得。

综上所述，无论使用哪一种模型进行电路的分析，它们都只是在不同角度对同一个事物的不同描述。从模型外部的角度来看，它们的端口特性总是不变的，就如同一本名著被多国语言翻译一样，这样做只是为了使大家分析问题时更方便一些而已。

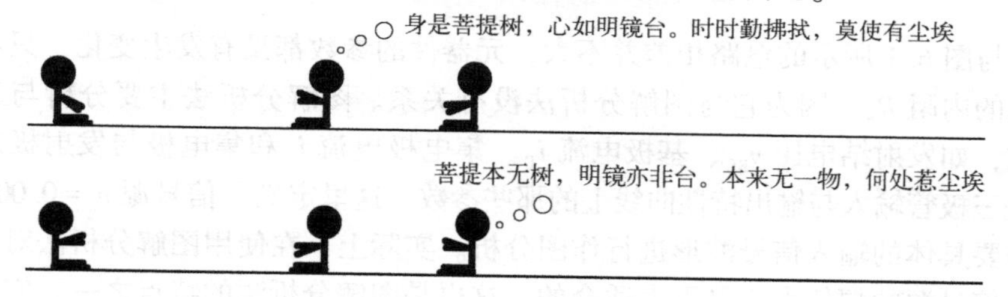

第 9 章　图解分析法：只欠东风

图解分析法也可以用来分析三极管的基本共射放大电路，它最大的好处就是形象且直观。在对整个放大电路进行分析的过程中，你能够更全面地了解电路中各个节点的电位及各支路电流的状态。虽然其实际应用并不如等效电路法广泛，但对于初学者进一步理解放大电路的工作原理还是有很大帮助的。我们需要分析的放大电路如图 9.1 所示。

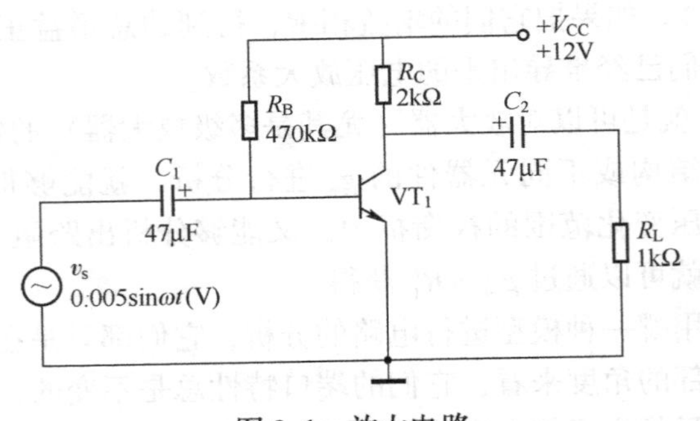

图 9.1　放大电路

图 9.1 与图 6.1 所示的电路相差并不大，元器件的参数都没有发生变化，只不过我们忽略了信号源的内阻 R_S，因为它与图解分析法没有关系。图解分析法主要分析与三极管直接相关的参数，如发射结电压 v_{BE}、基极电流 i_B、集电极电流 i_C 和集电极与发射极之间的压降 v_{CE}，也就是三极管输入与输出特性曲线上的那些参数。这里定义了信号源 $v_s = 0.005\sin\omega t$(V)，因为我们需要具体的输入信号波形进行作图分析。实际上，在使用图解分析法对放大电路进行分析时，信号源的幅值太小是不太适合的，这也是图解分析法的特点之一，它更适用于分析信号幅值比较大的应用电路。但为了统一等效电路法与图解分析法，我们并没有扩大输入信号的峰值，大家重点关注这种分析方法的思路及相关的概念即可。

另外，我们还需要知道电路中三极管 VT_1 的输入与输出特性曲线，假设如图 9.2 所示。

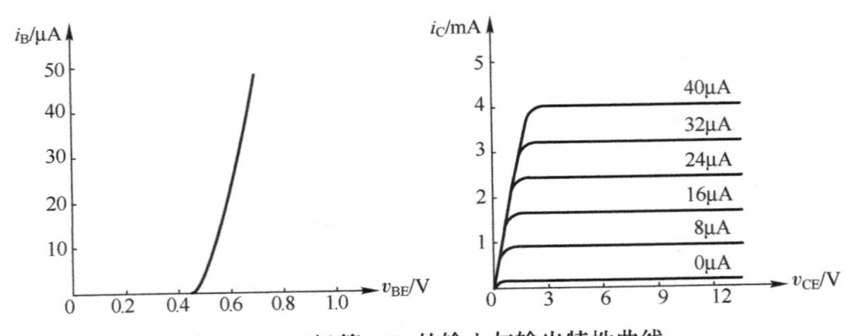

图 9.2　三极管 VT_1 的输入与输出特性曲线

需要注意的是，这两个特性曲线是我们自己画的，不是厂家给的真实特性曲线，主要目的还是用来讨论图解分析法的分析原理。如果分析结果与使用等效电路法分析的结果不太一样，请大家不要太纠结。

与等效电路法一样的分析套路，我们首先获取电路的直流通路，然后再分析相应的直流参数。图9.1所示电路的直流通路与图6.11所示的直流通路是完全一样的，通过其输入回路可以得到下式：

$$I_B=\frac{V_{CC}-V_{BE}}{R_B} \tag{9.1}$$

注意：全书中“大写字母+大写下标”表示直流。由于现确定的是直流参数，所以这里用“大写字母+大写下标”的形式表示。

与式（6.2）的结构完全一样，只不过少了下标字母“Q”，它是一个二元一次方程，移项整理一下则有：

$$I_B=-\frac{1}{R_B}\times V_{BE}+\frac{V_{CC}}{R_B} \tag{9.2}$$

初中数学就已经讲过，在平面直角坐标系中确定二元一次方程所对应的直线时，只需要得到两个点（或一个点与斜率）就可以了。我们把 $V_{CC}=12V$，$R_B=470k\Omega$ 代入式（9.2），则有：

$$I_B=-\frac{1}{R_B}\cdot V_{BE}+\frac{V_{CC}}{R_B}=-\frac{1}{470k\Omega}\cdot V_{BE}+\frac{12V}{470k\Omega}$$

当 $V_{BE}=0V$ 时，$I_B=V_{CC}/R_E=12V/470k\Omega\approx25.5\mu A$；当 $V_{BE}=1V$ 时，$I_B\approx24.3\mu A$。

在图9.2所示的平面直角坐标系中取（0，25.5）和（1，24.3）这两个点确定这条直线，如图9.3所示为输入回路确定的直线。我们把这条直线称为输入回路的直流负载线（DC load line），它与三极管的输入特性曲线的交点就是静态工作点 Q。而 Q 点在横轴上的投影对应为 V_{BEQ}，其值约为0.6V；Q 点在纵轴上的投影对应为 I_{BQ}，其值约为24μA。这样，基本共射放大电路的两个静态工作点就求出来了。

还有两个参数是未知的，即集电极静态电流 I_{CQ} 与C-E之间的静态压降 V_{CEQ}，我们可以通过输出特性曲线将其求出来。同样从直流通路的输出回路可以得到下式：

$$V_{CE}=V_{CC}-I_C\cdot R_C \tag{9.3}$$

它也是一个二元一次方程，移项整理之后则有：

$$I_C=-\frac{1}{R_C}\cdot V_{CE}+\frac{V_{CC}}{R_C} \tag{9.4}$$

将 R_C 与 V_{CC} 的具体数值代入式（9.4），则有：

$$I_C=-\frac{1}{2k\Omega}\cdot V_{CE}+\frac{12V}{2k\Omega}$$

当 $V_{CE}=0V$ 时，$I_C=12V/2k\Omega=6mA$；当 $I_C=0$ 时，$V_{CE}=12V$，如图9.4所示。

同样，我们取(0,6)和(12,0)这两个点确定这条直线。这条直线称为输出回路的直流负载线。从图9.4中可以看到，它与输出特性曲线之间存在很多相交的点。到底哪一个点才是静态工作点呢？因为前面我们已经求出了基极静态电流约为24μA，所以基极电流等于24μA

对应的那条输出特性曲线与直流负载线的交点才是静态工作点，而 Q 点对应的 V_{CEQ} 约为 7V，I_{CQ} 约为 2.4mA！同样，此时的三极管是处于放大状态的。

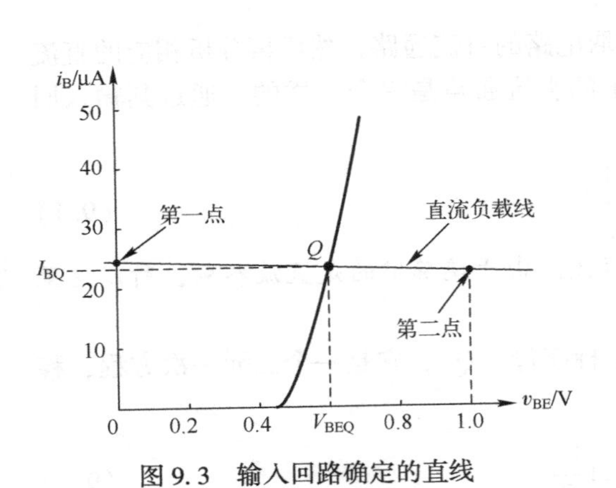

图 9.3　输入回路确定的直线

图 9.4　输出回路确定的直线

接下来分析一下交流参数，需要注意的是：放大电路的输入电阻与输出电阻是无法直接求出来的，因为我们已经提过了，图解分析法主要求解与三极管本身相关的参数，虽然电压放大系数是可以求出来的，但是图解分析法的主要目的还是观察放大电路的工作状态，分析非线性失真和确定最大输出电压的幅值。

首先我们讨论一下输入回路的动态分析。前面已经提到过，输入的交流电压信号是“扛”在发射结静态压降 V_{BEQ} 之上的，所以三极管 B-E 之间的总电压为

$$v_{BE}=V_{BEQ}+v_s=0.6+0.005\sin\omega t(\mathrm{V})$$

此时输入回路对应的动态工作曲线如图 9.5 所示。

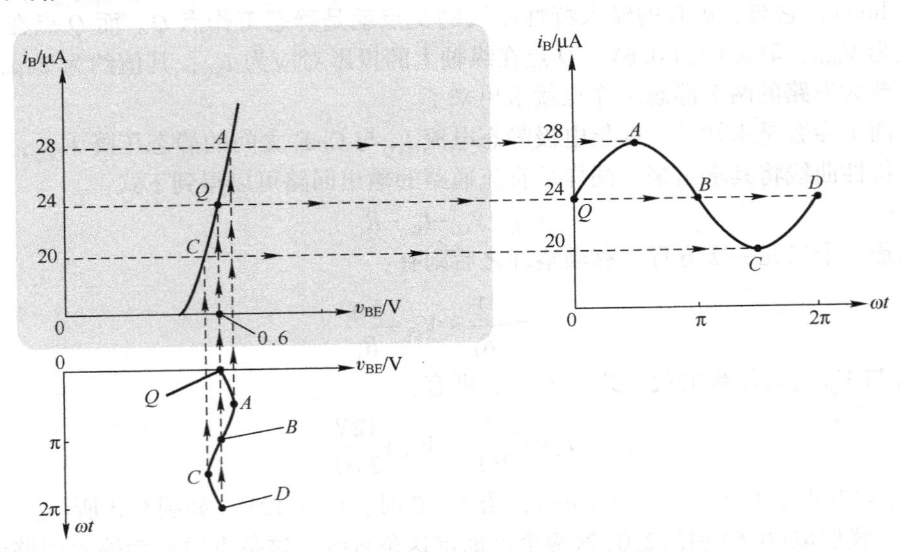

图 9.5　输入回路对应的动态工作曲线

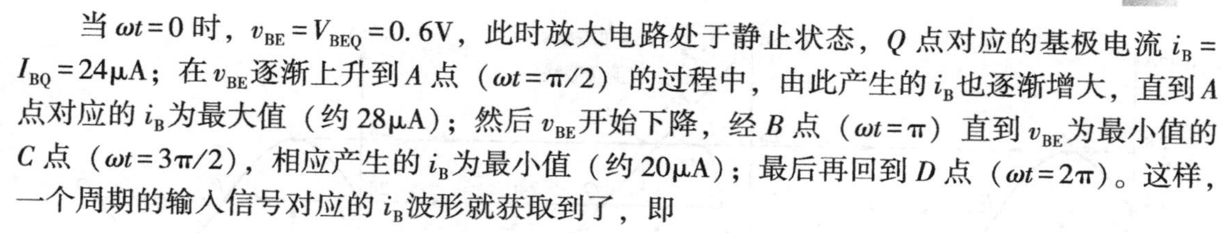

当 $\omega t=0$ 时，$v_{BE}=V_{BEQ}=0.6\text{V}$，此时放大电路处于静止状态，$Q$ 点对应的基极电流 $i_B=I_{BQ}=24\mu\text{A}$；在 v_{BE} 逐渐上升到 A 点（$\omega t=\pi/2$）的过程中，由此产生的 i_B 也逐渐增大，直到 A 点对应的 i_B 为最大值（约 28μA）；然后 v_{BE} 开始下降，经 B 点（$\omega t=\pi$）直到 v_{BE} 为最小值的 C 点（$\omega t=3\pi/2$），相应产生的 i_B 为最小值（约 20μA）；最后再回到 D 点（$\omega t=2\pi$）。这样，一个周期的输入信号对应的 i_B 波形就获取到了，即

$$i_B=I_{BQ}+i_b=24+4\sin\omega t(\mu\text{A})$$

为了最终得到输出电压 v_O 的波形，我们需要在输出特性曲线上绘出交流负载线，它表示 i_C 与 v_{CE} 之间的关系，也就是输出回路的交流负载线方程，这还得观察输出回路对应的交流通路，如图 9.6 所示。

从图 9.6 中可以看到，输出电压 v_O 就是三极管 C-E 之间的电压 v_{CE}，它与集电极电流 i_C 的比值就是 $R'_L=R_C\|R_L$。也就是说，交流负载线的斜率为 $-1/R'_L$。当然，在电路处于正常放大的情况下，i_C 与 v_{CE} 都不会出现 0 值，因为它们都是“扛”在直流成分之上的，因此输出回路的交流负载线方程应如式（9.5）：

$$i_C=-\frac{1}{R'_L}v_{CE}+X \tag{9.5}$$

这还是一个二元一次方程，对应的直线没有经过原点，其中 X 是一个未知常数，但是没关系，至少交流负载线的斜率我们已经知道了，也就是 $-1/R'_L$，所以只要再确定一个点就可以绘出交流负载线了。

实际上，输出回路的交流负载线必然会经过静态工作点，因为放大电路在动态工作时，当输入交流信号的瞬时值变化到零时，对应的动态工作点就是静态工作点，所以我们经 Q 点做一条斜率为 $-1/R'_L$ 的直线，该直线就是交流负载线了，如图 9.7 所示为输出回路的直流与交流负载线。

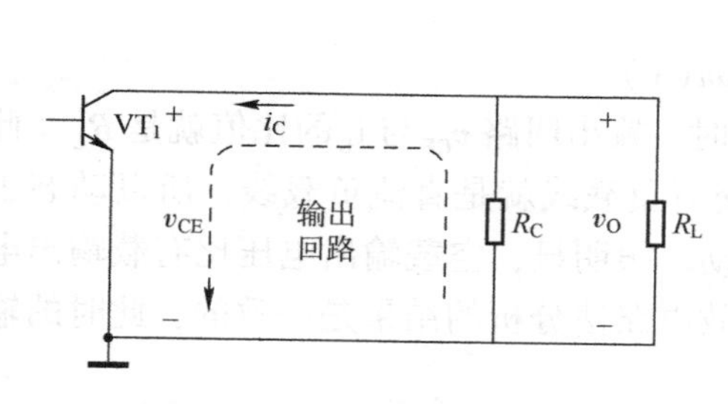

图 9.6 输出回路的交流通路

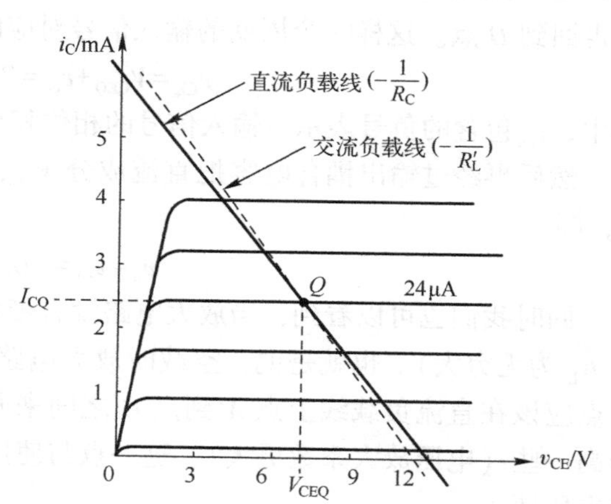

图 9.7 输出回路的直流与交流负载线

很明显，交流负载线会比直流负载线要陡一些，因为 R'_L 比 R_C 要小，所以 i_B 经过放大后，相应的输出回路的动态曲线如图 9.8 所示。

由于 i_C 与 i_B 是比例放大的关系，所以它们的波形应该是大体相似的，只不过 i_C 更大一些，即

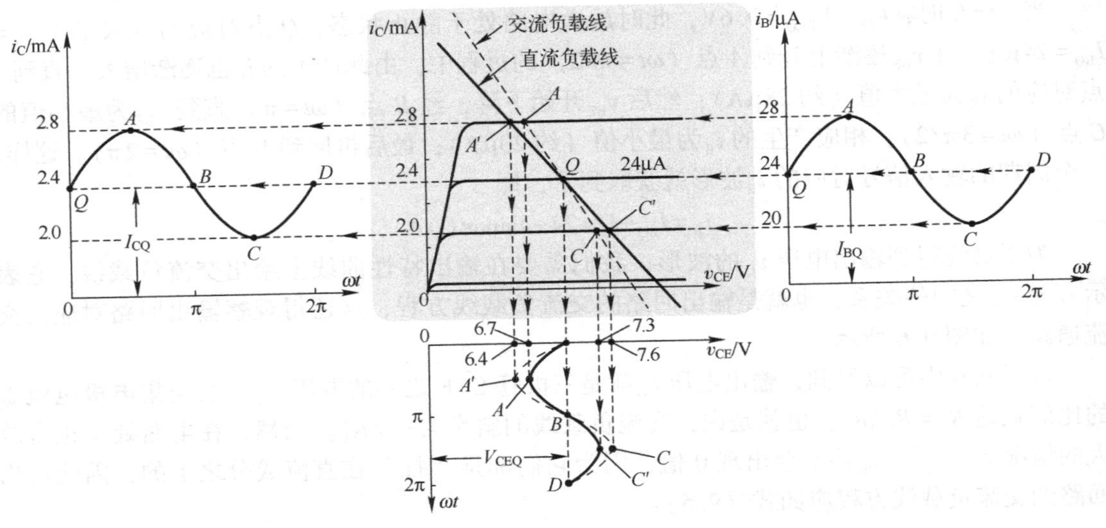

图 9.8　输出回路的动态曲线

$$i_C = I_{CQ} + i_c = 2.4 + 0.4\sin\omega t (\mathrm{mA})$$

当放大电路对输入信号进行动态放大时，动态工作点是沿着交流负载线来回移动的。i_C的变化会引起v_{CE}发生相应的变化，当$\omega t=0$时，动态工作点就是Q点，此时放大电路处于静止状态，对应的集电极电流$i_C=I_{CQ}=2.4\text{mA}$，$v_{CE}=V_{CEQ}=7\text{V}$。在i_C逐渐上升到A点的过程中，动态工作点沿着交流负载线往上移，由此产生的v_{CE}却逐渐下降，直到A点时对应的i_C为最大值（约2.8mA），而相应的v_{CE}却为最小值（约6.7V）；然后v_{CE}随着i_C开始下降而上升，经B点直到C点时i_C为最小值（约2mA），由此产生的v_{CE}却为最大值（约7.3V），最后再回到D点。这样一个周期的输入信号对应的v_{CE}波形就获取到了，即

$$v_{CE} = V_{CEQ} + v_{ce} = 7 - 0.3\sin\omega t (\mathrm{V})$$

其中，v_{ce}包含的负号表示与输入信号的相位相反。

然后再经过输出耦合电容把直流成分V_{CEQ}隔离之后，负载两端得到的那部分电压就是v_o，即

$$v_o = v_{ce} = -0.3\sin\omega t (\mathrm{V})$$

同时我们也可以看到，当放大电路没有带负载时，输出回路v_{CE}与i_C的比值就是R_C（此时R_L为无穷大）。也就是说，空载时放大电路的交流负载线就是直流负载线，所以动态工作点应该在直流负载线上点A'到点C'之间来回移动。很明显，空载输出电压比有载输出电压高一些（电压放大系数更大），这一点与使用等效电路法分析的结果是一致的，此时的输出电压即

$$v_o = v_{ce} = -0.6\sin\omega t (\mathrm{V})$$

我们可以根据v_o与v_s获得放大电路的有载电压放大系数约为$-0.3\text{V}/0.005\text{V}=-60$，空载电压放大系数约为$-0.6\text{V}/0.005\text{V}=-120$，它们与等效电路法分析结果的误差大小取决于三极管特性曲线的准确程度。

当然，以上所述只是理想的放大状态。如果你设置的静态工作点不合理，则三极管就有

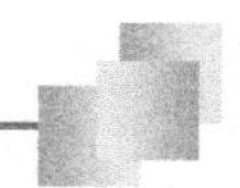

可能进入截止区或饱和区，也就会引起相应的截止失真或饱和失真。我们先来看一下出现截止失真现象时的动态工作情况，如图9.9所示。

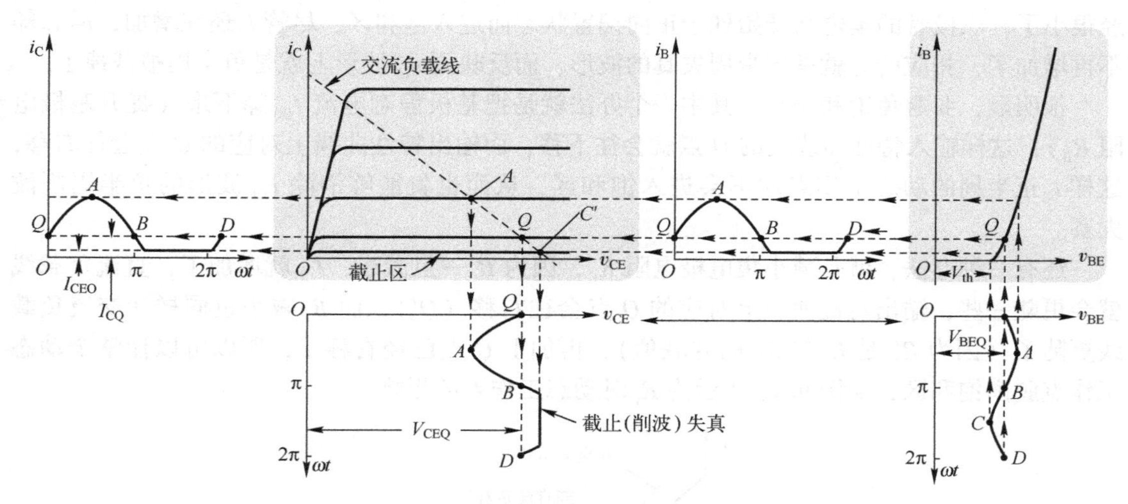

图9.9　截止失真

前面我们已经提过，截止失真是由于三极管进入截止区而引起的输出信号的失真。如果输入回路的静态工作点设置得比较低，那么只要输入交流信号负半周的幅值稍微大一些，就有可能无法使发射结正向导通，对应的 i_B 与 i_C 波形就是负半周失真的，而反映到 v_{CE} 波形上就是正半周被截掉了，也就是我们所说的削波失真。

很明显，要避免截止失真，必须增加基极静态偏置电流 I_{BQ}（减小基极电阻 R_B），这样可以把放大电路的 Q 点抬起来，才能够使整个动态工作点不进入截止区。当然，就算 Q 点是合理的，如果输入电压的幅值非常大，也有可能会出现削波失真，所以放大电路也有允许的最大输入电压幅值，后面很快就会提到。

同样来看一下饱和失真，其动态工作情况如图9.10所示。

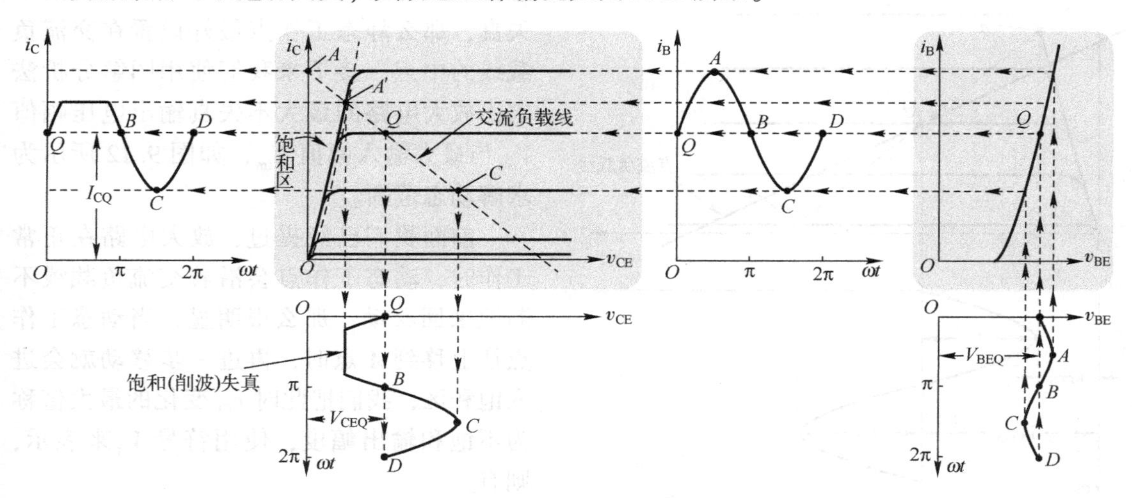

图9.10　饱和失真的动态工作情况

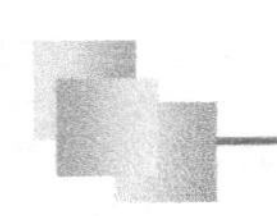

与截止失真恰好相反，如果 Q 点对应的 I_{BQ} 与 I_{CQ} 设置得比较大，虽然 i_B 的波形并没有出现失真现象，但是从输出特性曲线中可以看到，当 i_B 上升到一定程度时（对应 A' 点），v_{CE} 已经很小了，三极管的集电结开始处于正向偏置状态而进入饱和区，尽管 i_B 还在增加，但 i_C 却不再增加了，相应的 i_C 就是正半周失真的波形，而反映到 v_{CE} 波形上就是负半周被截掉了。

很明显，要避免饱和失真，其中一个办法就是把基极静态电流 I_{BQ} 降下来（提升基极电阻 R_B），这样输入特性曲线上的 Q 点就会往下移，而输出特性曲线上对应的 Q 点会往右移，这样 i_C 正半周的动态工作点才不会进入饱和区，从而也就能够消除 v_{CE} 波形的负半周削波失真。

还有一种办法，就是减小集电极电阻 R_C，因为 R_C 一旦减小，I_{CQ} 就增加了，直流负载线就会更陡一些，输出特性曲线上对应的 Q 点会往右移（Q'），而 R_C 减小也同样让交流负载线更陡了（因为 R'_L 是 R_C 与 R_L 的并联值），再加上 Q 点已经右移了，所以可以让整个动态工作点脱离饱和区，如图 9.11 所示为 R_C 对动态工作点的影响。

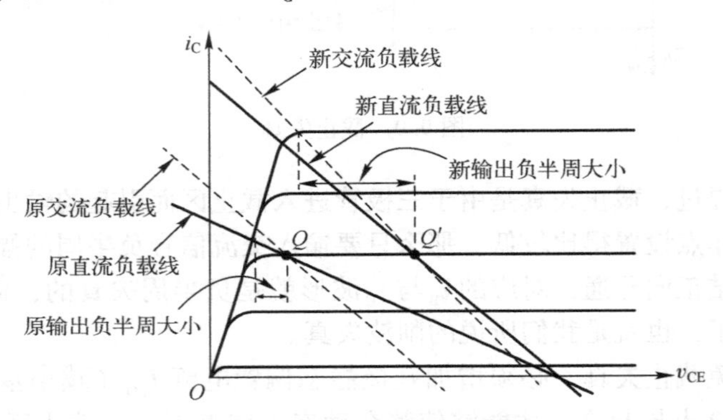

图 9.11　R_C 对动态工作点的影响

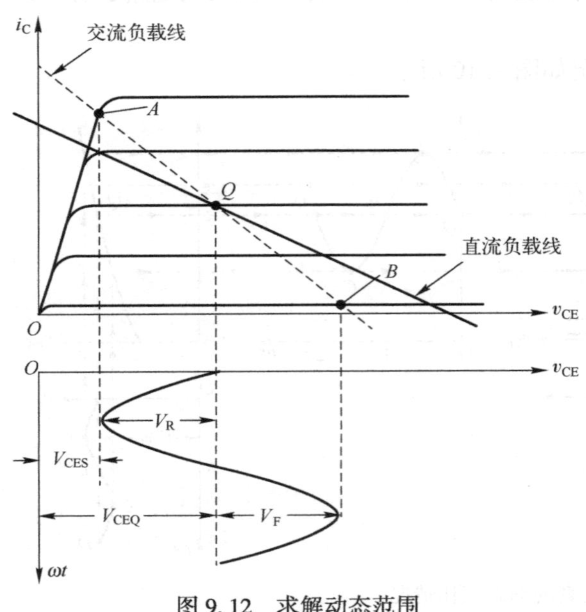

图 9.12　求解动态范围

从前面的分析过程中可以知道，如果想让放大电路的输出幅值尽可能大而且不失真，那么静态工作点最好设置在交流负载线的中点。接下来我们使用图解分析法求出放大电路的最大不失真输出电压幅值 V_{om} 与最大输入幅值 V_{im}，如图 9.12 所示为求解动态范围。

前面我们已经提过，放大电路在正常工作时，动态工作点会沿着交流负载线不断地来回移动，那么很明显，当动态工作点往上移到 A 点时，再进一步移动就会进入饱和区，我们把此时 v_{CE} 变化的最大值称为不饱和输出幅度，使用符号 V_R 来表示，则有：

$$V_R = V_{CEQ} - V_{CES} \tag{9.6}$$

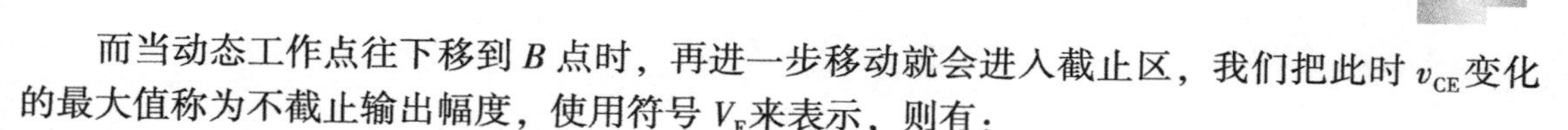

而当动态工作点往下移到 B 点时，再进一步移动就会进入截止区，我们把此时 v_{CE} 变化的最大值称为不截止输出幅度，使用符号 V_F 来表示，则有：

$$V_F = I_{CQ}R'_L \tag{9.7}$$

放大电路的最大不失真输出幅值 V_{om} 就是 V_F 与 V_R 中数值较小的一个。如果你设置的 Q 点能够使 $V_R = V_F$，那么放大电路能够获得的 V_{om} 就是最大的。

我们通常使用术语“输出动态范围”表示最大不失真输出电压峰峰值，使用符号 V_{opp} 来表示。很明显，最大不失真输出幅值与动态范围之间的关系如下：

$$V_{opp} = 2V_{om} \tag{9.8}$$

当然，如果你只要求输出电压不失真（不需要很大的幅值），那可以把 Q 点设置得相对低一些，这样三极管的静态功耗就会小一些。

前面我们已经提过，即使放大电路的 Q 点设置得很合理，如果输入信号的幅值过大，也有可能产生削波失真。所以，在求出最大输出幅值 V_{om} 后，我们也可以进一步对输入信号的幅值加以限制，即输入电压的最大幅值 V_{im} 为

$$V_{im} = V_{om}/A_v \tag{9.9}$$

图解分析法的特点是可以比较全面地反映三极管的工作状态，这对于深入理解三极管放大电路的工作原理是非常有用的。当然，缺点也不是没有，因为你想得到准确的结果，就必然需要三极管准确的特性曲线，而一般情况下厂家是不会提供这个“东风”的。你可以使用相应的仪器测量出来，但很明显，这样做会很麻烦，而且三极管的特性曲线只能反映输入信号在低频工作时电压与电流之间的关系。在高频应用中的时候，由于三极管寄生电容的存在，这些关系就不一定是正确的了，所以图解分析法一般应用于信号幅度比较大而且工作频率也不高的场合（如音频功率放大电路），而当信号幅度比较小或工作频率比较高时，等效电路分析法还是更常用一些。

第 10 章　相量法与波德图：利其器以善其事

如果你足够仔细，则会发现在对基本共射放大电路进行仿真的过程中，我们使用的信号源是频率为 1kHz 的正弦波，通常将其称为单音信号，也就是单一频率的纯正弦波信号。然而，实际中放大电路的输入信号包含的频率成分通常会很丰富，所以我们可以称其为多音信号。例如，如图 10.1 所示为音频信号，其频率范围通常在 20Hz~20kHz 之间，属于低频段。

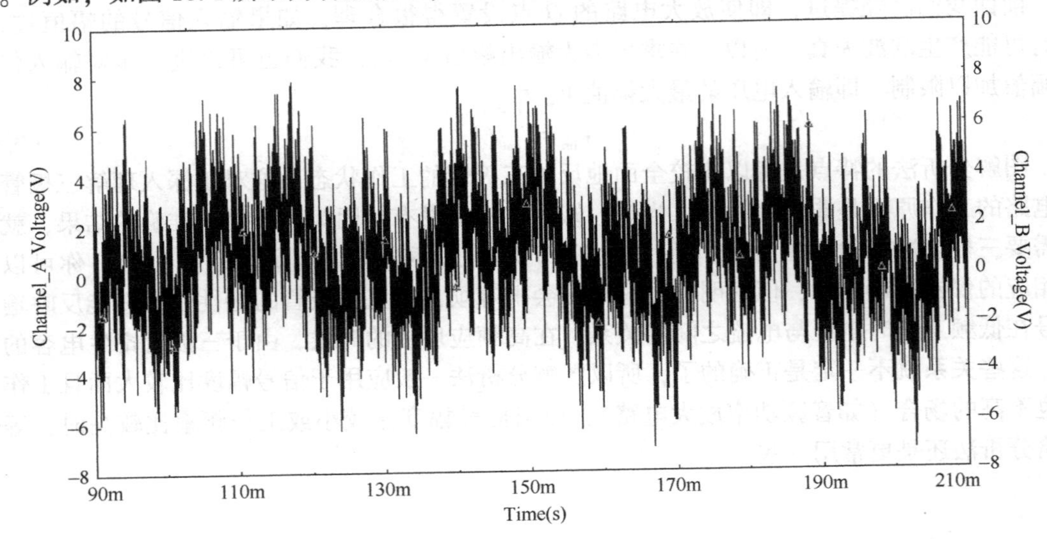

图 10.1　音频信号

尽管看起来并不像是正弦波，但将其放大后就可以发现它是由不同参数的正弦波叠加而成的。为了充分证明我并没有“忽悠”你，验证音频信号是多种正弦波叠加而成的仿真电路如图 10.2 所示。

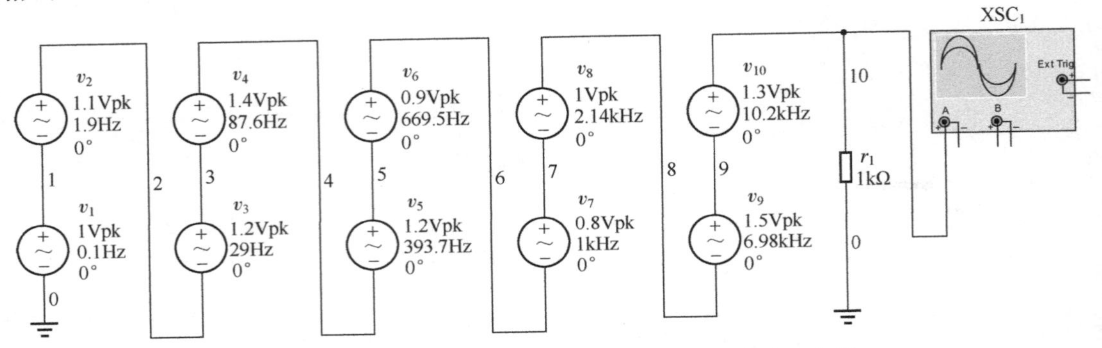

图 10.2　验证音频信号是多种正弦波叠加而成的仿真电路

视频信号也是如此，如电视信号是由直流到高达数兆赫兹的正弦波叠加而成的，我们肉眼看到的彩色全电视信号（NTSC 制式）如图 10.3 所示。

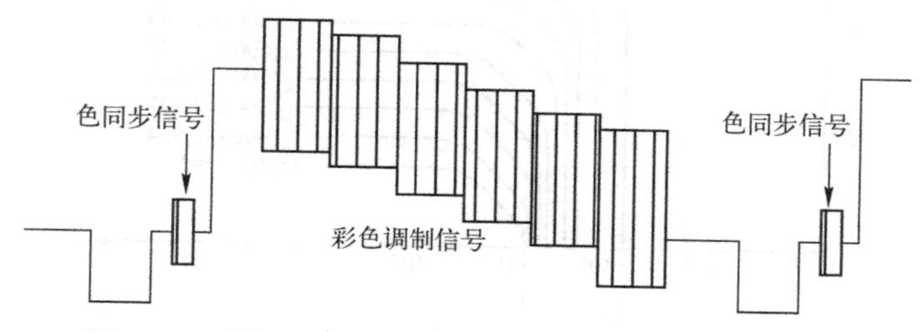

图 10.3　我们肉眼看到的彩色全电视信号（NTSC 制式）

如果你使用示波器观察图 10.3 所示的彩色全电视信号，就会发现栅格（对应色同步信号与调制信号）范围内是一片片填充的区域，也就表示里面有非常丰富的正弦波。

当然，还存在其他种类的多音信号，此处不再赘述。作为一个理想的放大电路，我们当然希望它能够对所有频率范围内的输入信号进行无差异的放大，但是实际的放大电路是无法做到这一点的，它对不同频率的信号会表现出不同的放大特性。

我们把输入到放大电路的不同频率的正弦信号与对应的输出信号之间的变化关系称为频率响应（Frequency Response），它包含两个方面：其一是输出信号的幅度随频率变化的特性，描述当输入信号的频率变化时输出信号幅度的变化趋势，简称幅频特性或幅频响应；其二是输出信号的相位随频率变化的特性，描述当输入信号的频率变化时输出信号相位的变化趋势，简称相频特性或相频响应。如图 10.4 所示为输入与输出信号的振幅和相位的变化。

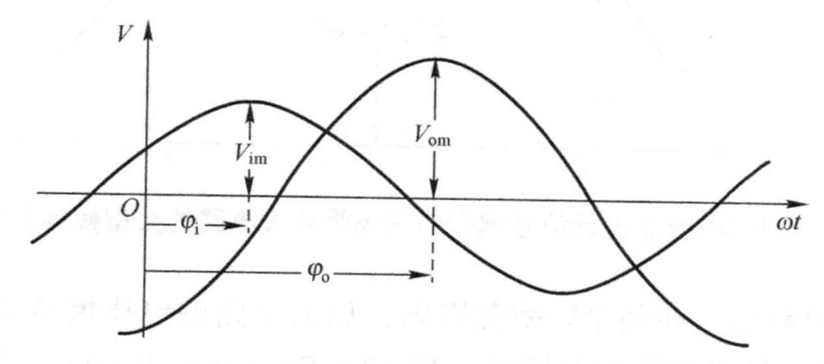

图 10.4　输入与输出信号的振幅和相位的变化

我们把输出信号的幅度随频率变化的曲线称为幅频特性曲线，将相位随频率变化的曲线称为相频特性曲线，并使用波德图（Bode plot）进行统一描述，它是理解放大电路频率特性与稳定性的重要工具，所以必须得先对它做一些简单的讨论，其对应的坐标系如图 10.5 所示。

从图 10.5 中可以看到，坐标系中的横轴（频率）使用对数分布的方式来表达，这样可以在有限的范围内表达更宽的频率范围。幅频特性坐标系（上半部分）纵轴的单位是分贝，用来表示电压增益。而相频特性坐标系（下半部分）的纵轴和横轴为输出与输入信号之间的相位差，正值表示输出信号的相位超前，负值表示输出信号的相位滞后。使用电容器进行信号耦合的三极管放大电路的典型幅频特性曲线如图 10.6 所示。

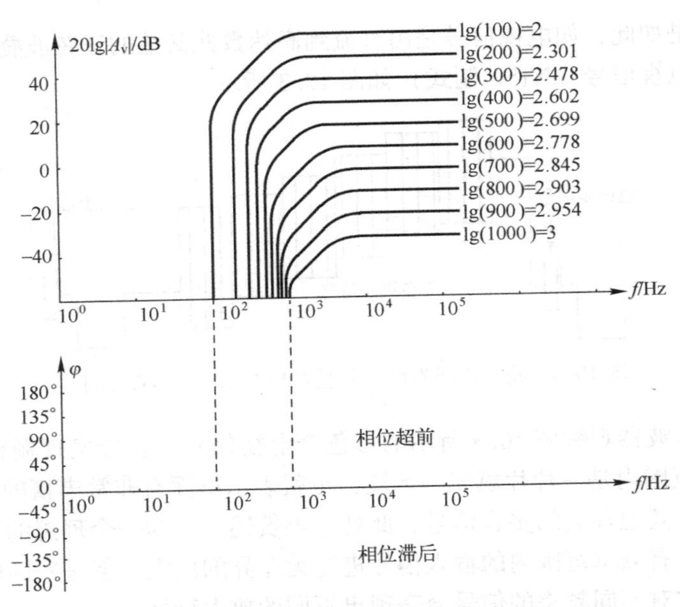

图 10.5　波德图对应的坐标系

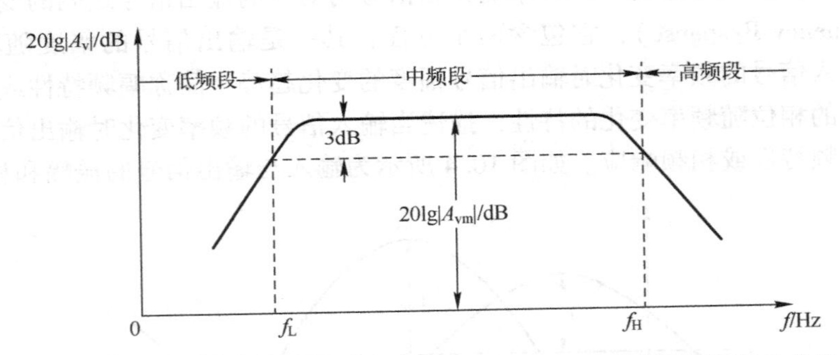

图 10.6　使用电容器进行信号耦合的三极管放大电路的典型幅频特性曲线

从图 10.6 中可以看到，在整个频率范围内，放大电路的电压增益在中间的一段频率段范围内几乎保持不变，我们称其为中频段（Middle-Frequency Band），而频率低于或高于中频段时的电压增益均会以一定的斜率开始下降。中频段对应的电压增益就是前面章节中我们介绍的电压放大系数 A_v 的分贝表示结果，即式（7.12）。为了与低频或高频段的电压增益有所区别，我们将中频段的电压增益标记为 A_{vm}(dB)，同时把低频段的电压增益比 A_{vm}(dB) 小 3dB 时对应的频率称为下限截止频率（Cut-Off Frequency）或转折频率（Corner Frequency），使用符号 f_L 来标记。而把高频段的电压增益比 A_{vm}(dB) 小 3dB 时对应的频率称为上限截止频率，使用符号 f_H 来标记。f_H 与 f_L 之间的频率差值就称为放大电路的带宽，用符号 BW 表示，即

$$BW = f_H - f_L \tag{10.1}$$

也就是说，在对输入信号进行放大时，我们通常都需要保证信号的频率在对应放大电路的带宽之内，这样放大电路才能有相对稳定的电压增益，否则输出信号很有可能会因为电压增益变化过大而导致失真。很明显，获取带宽的关键在于得到 f_L 与 f_H，那具体应该怎么做

呢？我们先分析图10.7所示的RC积分电路（Integrating Circuit）的频率响应。

频率响应描述输出信号与输入信号之间的关系，也就是两者的比值。按照我们学过的分压公式，则有下式：

$$A_v=\frac{v_o}{v_i}=\frac{1/\omega C_1}{R_1+1/\omega C_1}=\frac{1}{1+\omega R_1 C_1} \tag{10.2}$$

其中，$\omega=2\pi f$。尽管RC积分电路并没有放大输入信号的能力，但按照惯例，我们依然可以把输出电压与输入电压的比值称为电压放大系数（用分贝表示则为电压增益）。

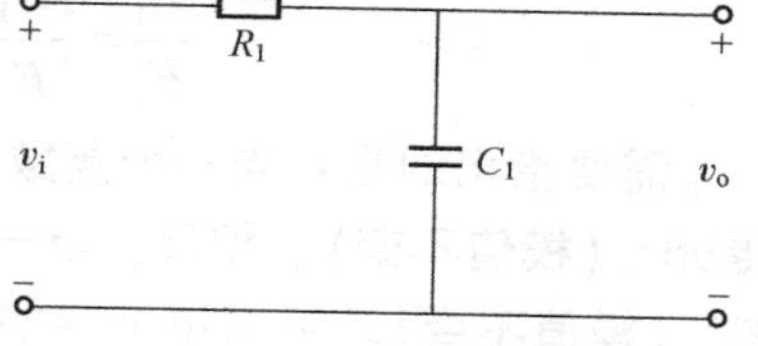

图10.7　RC积分电路

要绘出式（10.2）对应的幅频特性曲线并不太难。然而，该式仅包含频率信息（不包含相位），为了更全面地分析电路的幅频与相频响应，通常使用另外一种以复数运算为基础的相量法，我们先来简单介绍一下。

复数的代数形式为$F=a+jb$，其中，$j=\sqrt{-1}$，为虚数单位，它的基本运算与实数是一致的，即

$$j\times j=\sqrt{-1}\times\sqrt{-1}=-1,\ \frac{1}{j}=\frac{1\times j}{j\times j}=-j \tag{10.3}$$

复数F在复平面上可以使用一条从原点指向对应坐标点的有向线段来表示，如图10.8所示。

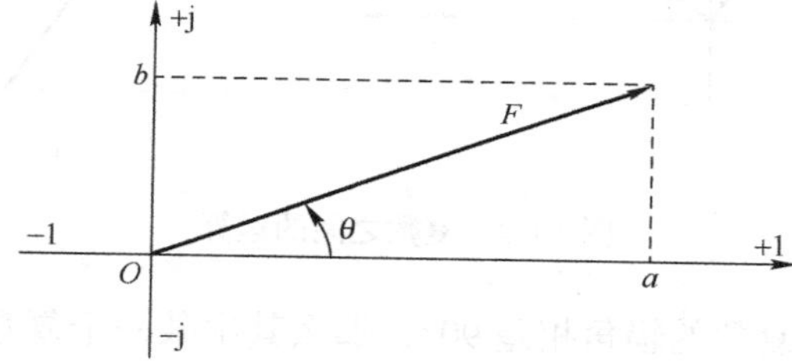

图10.8　复平面中的复数表达方式

很明显，复数F也可以化为三角形式或指数形式（根据欧拉公式$e^{j\theta}=\cos\theta+j\sin\theta$），即

$$F=|F|(\cos\theta+j\sin\theta)=|F|e^{j\theta} \tag{10.4}$$

其中，$|F|$表示复数的模值；θ表示复数的辐角。我们可以求出F的模值与辐角如下：

$$|F|=\sqrt{a^2+b^2},\theta=\arctan\left(\frac{b}{a}\right) \tag{10.5}$$

极坐标与指数形式的表达方式是非常相似的，所以复数F也可以表达如下：

$$F=|F|\angle\theta \tag{10.6}$$

复数的基本运算与实数的基本运算也是相似的，使用代数形式进行的运算如下：

$$F_1\pm F_2=(a_1+jb_1)\pm(a_2+jb_2)=(a_1+a_2)\pm j(b_1+b_2) \tag{10.7}$$

$$F_1\times F_2=(a_1+jb_1)\times(a_2+jb_2)=(a_1a_2+b_1b_2)+j(a_1b_2+a_2b_1) \tag{10.8}$$

$$\frac{F_1}{F_2}=\frac{a_1+jb_1}{a_2+jb_2}=\frac{(a_1+jb_1)(a_2-jb_2)}{(a_2+jb_2)(a_2-jb_2)}=\frac{a_1a_2+b_1b_2}{(a_2)^2+(b_2)^2}+j\frac{a_2b_1-a_1b_2}{(a_2)^2+(b_2)^2} \tag{10.9}$$

复数代数形式的乘除法运算还是有点复杂的，所以使用指数形式会更简便一些，即

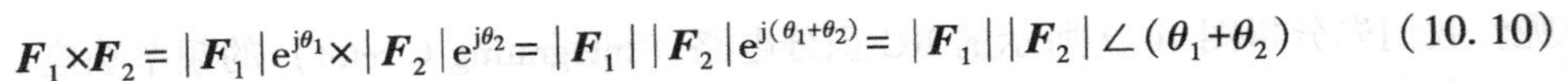

$$\boldsymbol{F}_1\times\boldsymbol{F}_2=|\boldsymbol{F}_1|\mathrm{e}^{\mathrm{j}\theta_1}\times|\boldsymbol{F}_2|\mathrm{e}^{\mathrm{j}\theta_2}=|\boldsymbol{F}_1||\boldsymbol{F}_2|\mathrm{e}^{\mathrm{j}(\theta_1+\theta_2)}=|\boldsymbol{F}_1||\boldsymbol{F}_2|\angle(\theta_1+\theta_2) \tag{10.10}$$

$$\frac{\boldsymbol{F}_1}{\boldsymbol{F}_2}=\frac{|\boldsymbol{F}_1|\mathrm{e}^{\mathrm{j}\theta_1}}{|\boldsymbol{F}_2|\mathrm{e}^{\mathrm{j}\theta_2}}=\frac{|\boldsymbol{F}_1|}{|\boldsymbol{F}_2|}\mathrm{e}^{\mathrm{j}(\theta_1-\theta_2)}=\frac{|\boldsymbol{F}_1|}{|\boldsymbol{F}_2|}\angle(\theta_1-\theta_2) \tag{10.11}$$

需要指出的是：**当一个复数与虚数单位 j（向量 0+j×1）相乘时，相当于复数逆时针旋转 90°（模值不变）。相反，当一个复数除以 j（相当于乘−j）时，就相当于复数顺时针旋转 90°（模值不变）**。可简单推导如下：

$$\boldsymbol{F}_1\times\boldsymbol{F}_2=(a_1+\mathrm{j}b_1)\times(0+\mathrm{j})=-b_1+\mathrm{j}a_1 \tag{10.12}$$

$$\frac{\boldsymbol{F}_1}{\boldsymbol{F}_2}=\frac{a_1+\mathrm{j}b_1}{0+\mathrm{j}}=\frac{(a_1+\mathrm{j}b_1)\times\mathrm{j}}{\mathrm{j}\times\mathrm{j}}=\frac{-b_1+\mathrm{j}a_1}{-1}=b_1-\mathrm{j}a_1 \tag{10.13}$$

如图 10.9 所示为复数之间的运算，其清晰地展示了这两种运算的效果。

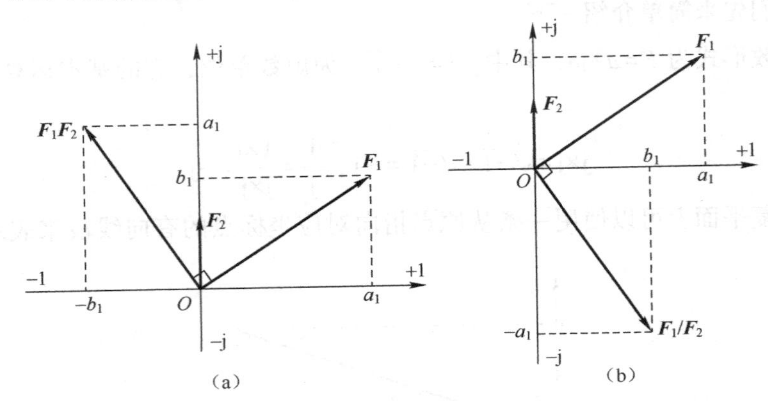

图 10.9　复数之间的运算

换句话说，如果两个复数的辐角相差 90°，那么其中某一个复数的辐角就等于另一个向量乘 j 或除 j 后结果复数的辐角。如果这个向量正好为虚数单位，则结果复数的模值就等于另一个复数的模值，认识到这一点非常重要。例如，在图 10.9（a）中，结果复数 $\boldsymbol{F}_1\boldsymbol{F}_2$ 超前 $\boldsymbol{F}_1$ 的角度为 90°，则 $\boldsymbol{F}_1\boldsymbol{F}_2=|\boldsymbol{F}_1|\times\mathrm{j}$；在图 10.9（b）中，复数 $\boldsymbol{F}_1/\boldsymbol{F}_2$ 滞后 $\boldsymbol{F}_1$ 的角度为 90°，则 $\boldsymbol{F}_1/\boldsymbol{F}_2=|\boldsymbol{F}_1|\times(-\mathrm{j})=|\boldsymbol{F}_1|/\mathrm{j}$。

复数的基本运算方法就介绍到这里，已经足够我们使用了。我们把电路中的所有参数都转换成相量的表达方式（统一到复平面来表示）后再进行分析的方法称为相量法。首先对电路的输入与输出量进行转换，通常是电压或电流。我们前面已经提过，放大电路的频率响应是输入信号的频率在一定范围内变化时与对应的输出信号之间的变化关系。换句话说，输入的测试信号是不同频率的正弦波，而正弦波的三要素是振幅、（角）频率和相位，那么转换到复平面后同样应该有这 3 个要素。例如，表达式为 $\sqrt{2}V_\mathrm{i}\sin(\omega t+\varphi)$ 的正弦波对应的相量如图 10.10 所示。

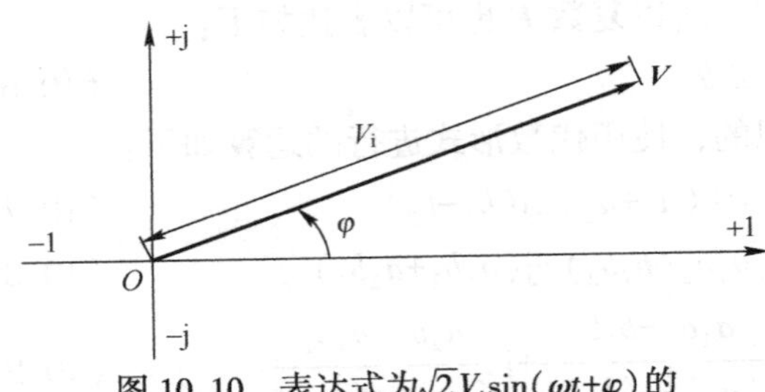

图 10.10　表达式为 $\sqrt{2}V_\mathrm{i}\sin(\omega t+\varphi)$ 的正弦波对应的相量图

从图 10.10 中可以看到，与前面讨论的相量是完全一致的，相量的模值（长度）就是正弦波的有效值 V_i，而相量的辐角 φ 就是正弦波的初始相位。在电子电路分析的过程中，为了与以前所讨论的标量（不包含相位）符号有所区别，我们通常在表示相量的符号上加一个点，如 $\dot{V}$、$\dot{I}$ 等，当然，也可以使用携带符号“jω”的方式来表达，如 $V(\mathrm{j}\omega)$、$I(\mathrm{j}\omega)$ 等，那么 $\sqrt{2}V_i\sin(\omega t+\varphi)$ 对应的相量可表达为

$$\dot{V}=V_i\angle\varphi \quad 或 \quad V(\mathrm{j}\omega)=V_i\angle\varphi$$

很明显，相量本身并没有包含频率信息，而且频率本身对于输出量与输入量的比值而言也没有多大的意义（因为我们需要的是幅度与相位的变化信息）。目前我们已经把放大电路等效为线性电路来分析，那么如果输入信号是正弦量，则电路中各支路的电压与电流都将是同频率的正弦量。换言之，经过放大电路处理后，频率总是没有发生变化的。

实际上，相量旋转的速度就对应正弦波的角频率，如图 10.11 所示。

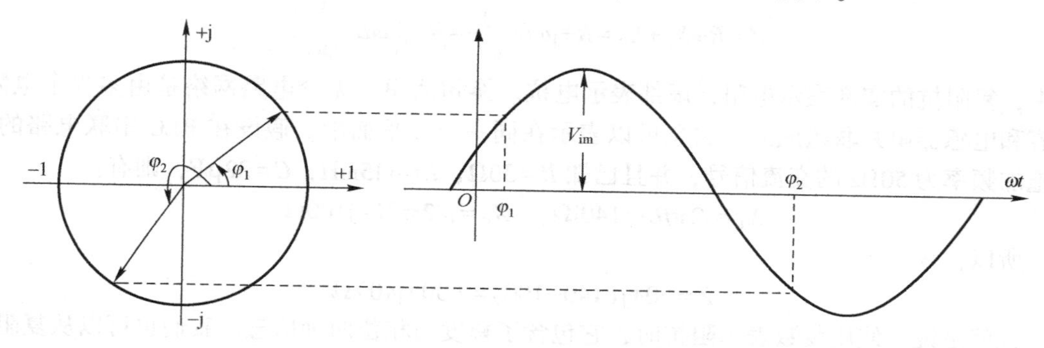

图 10.11　正弦量与旋转相量

从图 10.11 中可以看到，相量的旋转轨迹是一个圆圈，正弦波的幅值就相当于圆的半径，角频率就相当于相量的旋转速度，大家了解一下即可。

接下来我们把元器件的参数以复数的形式来表示。如果以两端的正弦电压为参考，则流过电阻器的电流相量如图 10.12 所示。

电阻两端的电压与流过其中的电流是同相的，所以电阻 R 的复数表达式为

$$\frac{\dot{V}_R}{\dot{I}_R}=\frac{V_R\angle\varphi}{I_R\angle\varphi}=\frac{V_R}{I_R}=R \tag{10.14}$$

也就是说，电阻的复数表达式没有变化。相应的，电容器两端的正弦电压相量与流过其中的电流相量如图 10.13 所示。这个向量表达的意思是：流过电容的电流超前其两端电压

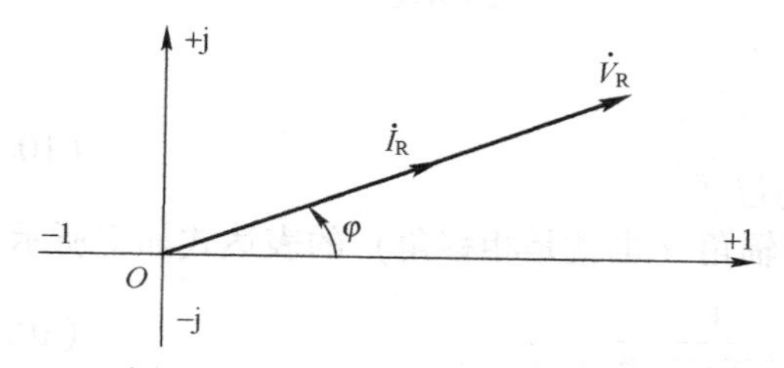

图 10.12　流过电阻器的电流相量

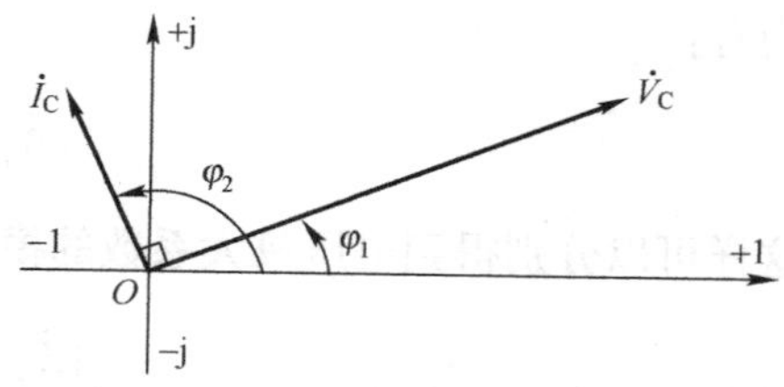

图 10.13　电容器两端的正弦电压相量与流过其中的电流相量

90°，所以容抗的复数表达式为

$$\frac{\dot{V}_C}{\dot{I}_C}=\frac{V_C\angle\varphi_1}{I_C\angle\varphi_2}=\frac{V_C}{I_C}\angle-90^\circ=\frac{1}{\omega C}\angle-90^\circ$$

我们前面已经提过，滞后 90°就相当于将向量除以虚数单位 j，所以容抗的复数表达式也可为

$$X_C=\frac{1}{\omega C}\angle-90^\circ=\frac{1}{j\omega C}=-\frac{j}{\omega C} \tag{10.15}$$

可以很容易地推导出感抗的复数表达式如下：

$$X_L=j\omega L \tag{10.16}$$

例如，RLC 串联电路的复阻抗可表示为

$$Z=R+X_L+X_C=R+j\omega L-\frac{j}{\omega C}=R+j\left(\omega L-\frac{1}{\omega C}\right)$$

其中，复阻抗的实部表示电阻；虚部表示电抗。换句话说，无论电路网络是由多少个电阻、电容和电感器串并联组成的，它总可以表示在同一个复平面中。假设在 RLC 串联电路的两端施加频率为 50Hz 的交流信号，并且已知 $R=30\Omega$，$L=445\text{mH}$，$C=32\mu\text{F}$，则有：

$$X_L=j2\pi fL\approx 140j\Omega,\quad X_C=j/2\pi fC=j100\Omega$$

所以：

$$Z=30+j(140-100)=(30+j40)\Omega$$

也就是说，使用复数表示阻抗时，它包含了幅度与相位两种信息。我们也可以从复阻抗表达式中看出它是呈容性的还是呈感性的。例如，**Z**=30+j40 代表的相量处于复平面的上半区域，所以它是呈感性的。反之，如果处于复平面的下半区域，则是呈容性的。

基础工作已经准备就绪，我们把图 10.7 所示的 RC 积分电路中的所有参数转换为相量来表示，如图 10.14 所示。

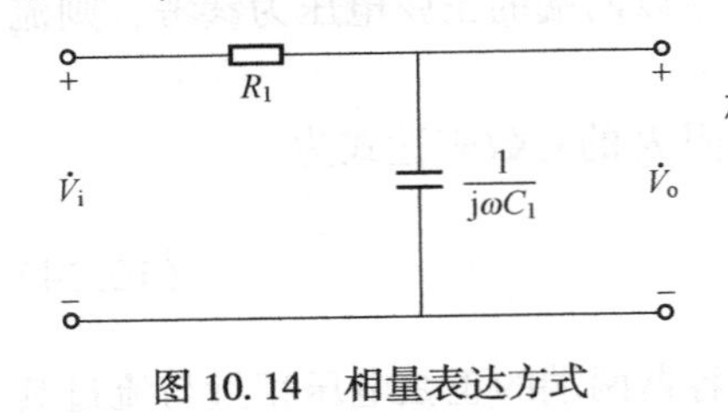

图 10.14　相量表达方式

接下来的步骤与以往使用代数的方式一样进行运算，相应的电压放大系数为

$$\dot{A}_v=\frac{\dot{V}_o}{\dot{V}_i}=\frac{1/j\omega C_1}{1/j\omega C_1+R_1}=\frac{1}{1+j\omega R_1C_1} \tag{10.17}$$

我们令：

$$f_H=\frac{1}{2\pi R_1C_1} \tag{10.18}$$

则有：

$$\dot{A}_v=\frac{1}{1+j(f/f_H)} \tag{10.19}$$

这样可以分别得到电压放大系数的模值与辐角（也就是相移角）的表达式如下所示：

$$|\dot{A}_v|=\frac{1}{\sqrt{1+(f/f_H)^2}} \tag{10.20}$$

$$\varphi=-\arctan(f/f_H) \tag{10.21}$$

我们可以手动粗略地绘制出 RC 积分电路的幅频特性曲线。

（1）当$f \ll f_H$时，$f/f_H \ll 1$，相应的电压放大系数的模值为

$$|\dot{A}_v| = \frac{1}{\sqrt{1+(f/f_H)^2}} \approx 1$$

若使用分贝表示，则有：

$$20\lg|\dot{A}_v| \approx 20\lg(1) = 0\text{dB}$$

很明显，它是一条与横轴平行的零分贝线。

（2）当$f \gg f_H$时，$f/f_H \gg 1$，相应的电压放大系数的模值为

$$|\dot{A}_v| = \frac{1}{\sqrt{1+(f/f_H)^2}} \approx f_H/f$$

若使用分贝表示，则有：

$$20\lg|\dot{A}_v| \approx 20\lg(f_H/f) = -20\lg(f/f_H)\,\text{dB}$$

这是一条斜线，其斜率为-20dB/十倍频程（decade，dec）。也就是说，当频率每提升 10 倍时，电压增益下降 20dB，该斜线与零分贝直线在$f=f_H$处相交，这两条直线构成的折线就是 RC 积分电路对应的近似幅频特性曲线。

（3）当$f=f_H$时，相应的电压放大系数的模值为

$$|\dot{A}_v| = 1/\sqrt{1+(1)^2} = 1/\sqrt{2} \approx 0.707$$

若使用分贝表示，则有：

$$20\lg|\dot{A}_v| = 20\lg(0.707) = -3\text{dB}$$

也就是说，当频率提升到f_H时，电压放大系数已经下降到原来（$|\dot{A}_v|=1$）的 0.707 倍，使用分贝表示就是-3dB。根据前面的定义，我们可以把f_H称为 RC 积分电路的上限截止频率。

相应地，我们也可以绘出 RC 积分电路的相频特性曲线：

（1）当$f \ll f_H$时，φ 趋近于 0°，是一条 $\varphi=0°$的直线；

（2）当$f \gg f_H$时，φ 趋近于 90°，是一条 $\varphi=90°$的直线；

（3）当$f=f_H$时，$\varphi=-45°$。

当$f=0.1f_H$与$f=10f_H$时，可以分别近似得到$\varphi=0°$与$\varphi=90°$，所以在$0.1f_H$与$10f_H$之间的相频响应可使用一条斜率为-45°/十倍频程的斜线来表示，也就是频率每提升 10 倍，则相位滞后 45°。结合前述的幅频与相频响应，即可得到描述 RC 积分电路频率响应的波德图，如图 10.15 所示。

从图 10.15 中可以看到，当输入信号的频率越高时，输出信号的幅度就越低，也就是低通滤波器（Low-Pass Filter，LPF）的特性。换言之，这种电路仅允许频率低于f_H的信号通过，而对频率高于f_H的信号有很大的衰减。当然，也可以从阻抗的角度来理解，因为频率越高，容抗就越低，所以对输入信号的分压输出就越小。

实际上，手动绘制的频响特性曲线总是存在一定的误差，所以我们使用图 10.16 所示仿真电路的参数来仿真一下。

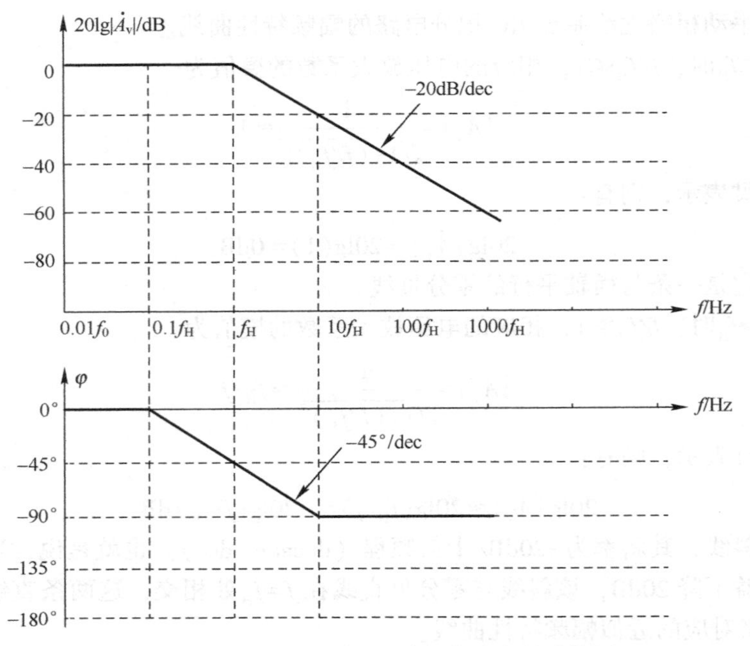

图 10.15　描述 RC 积分电路频率响应的波德图

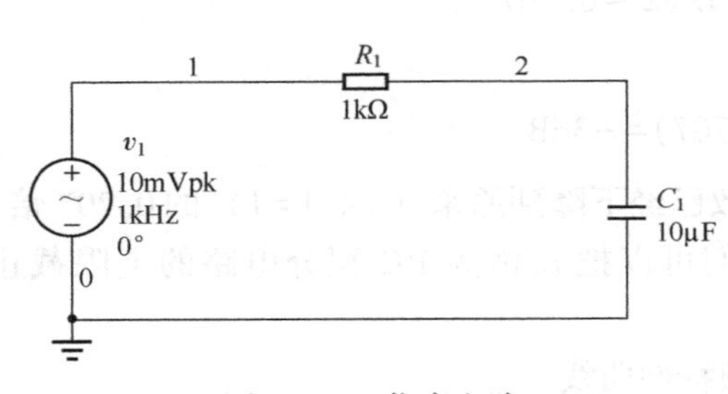

图 10.16　仿真电路

手动计算的上限截止频率如下：

$$f_{\mathrm{H}}=\frac{1}{2\pi R_1C_1}=\frac{1}{2\times3.14\times1\mathrm{k}\Omega\times10\times10^{-6}\mathrm{F}}\approx15.9\mathrm{Hz}$$

这里涉及交流扫描仿真，也就是观察输入信号的频率在一定范围内发生变化时放大电路输出信号的幅值与相位的变化，所以需要首先设置频率变化的范围。如图 10.17 所示，在仿真分析设置对话框中切换到交流扫描分析（AC Sweep）这一项。

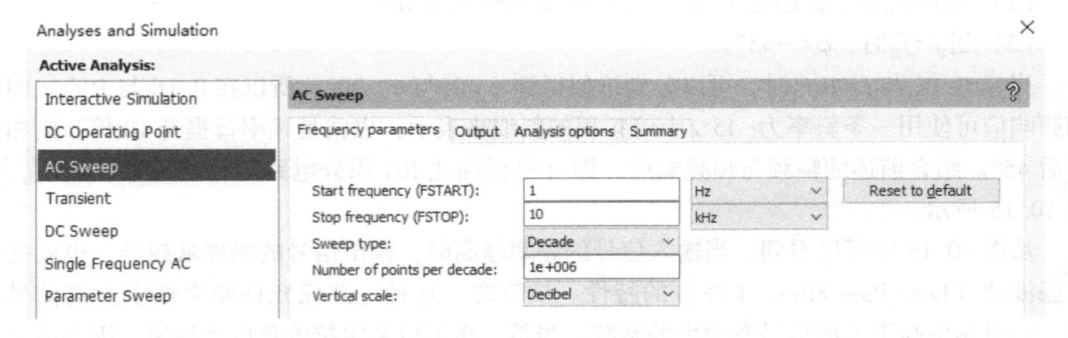

图 10.17　仿真分析设置对话框

默认的频率扫描范围是 1Hz（FSTART）~10GHz（FSTOP），为了更精确地观察 $f_{\mathrm{H}}=15.9\mathrm{Hz}$ 附近的频响特性，我们适当缩小了频率的变化范围，即 1Hz~10kHz。然后设置频率扫描的

方式，可以是十倍频程（Decade）、二倍频程（Octave）或线性（Linear），并且可以设置每十倍频程的扫描点数（Number of points per decade）。线性扫描方式的扫描点数是整个频率范围内的总点数，十倍/二倍频程扫描方式的扫描点数是每十倍/二倍频程范围内的点数，点数值越大，仿真出来的曲线就越精细，相应需要花费的仿真时间也就越长。另外，我们还可以设置坐标系中纵轴的单位，它可以是线性（Linear）、对数（Logarithmic）、分贝（Decibel）或二倍（Octave），除分贝显示的是式（7.12）的结果外，其他都是输出与输入的比值（不会小于 0），只不过数值在纵轴上的分布不一样而已，如图 10.18 所示为交流扫描相关的参数设置。

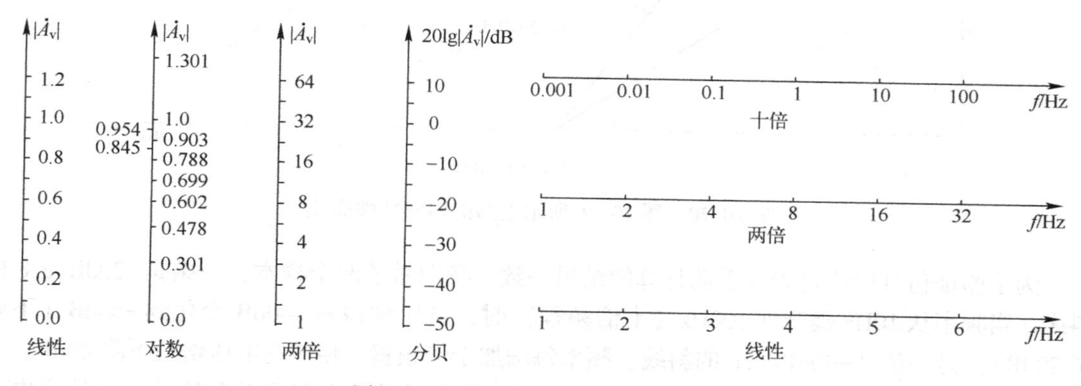

图 10.18　交流扫描相关的参数设置

本书在对仿真电路进行交流扫描分析时，设置的频率扫描方式均为每十倍频程，纵轴均采用分贝显示方式。接下来我们需要选择观察哪个节点的频率与相位的变化情况，这里需要观察节点 2 输出电压信号的变化情况。单击图 10.17 所示对话框中的“Output”标签，在该标签页中的设置如图 10.19 所示。

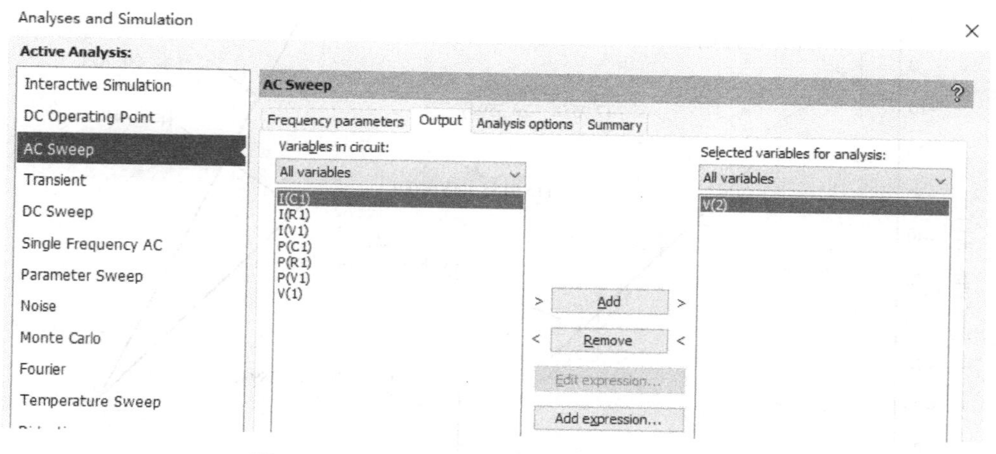

图 10.19　“Output”标签页（添加观察节点）

设置完相关参数之后，进行仿真，可得到相应的幅频特性曲线如图 10.20 所示。

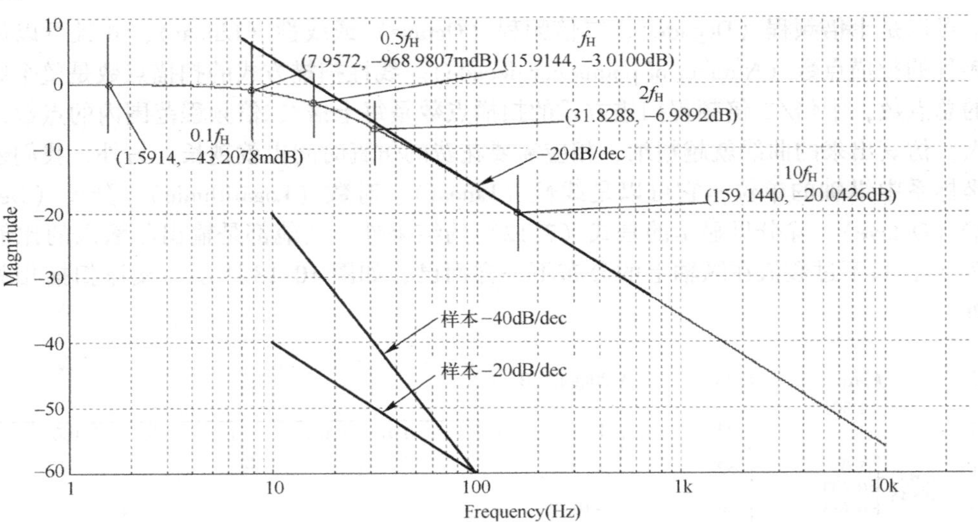

图 10.20　图 10.16 所示电路的幅频特性曲线

为了验证仿真曲线是否与手动计算的结果一致，我们做了两个样本：一条是−20dB/dec 的斜线，当频率从 10Hz 提升到 100Hz（十倍频程）时，电压增益从−40dB 变化到−60dB（下降了 20dB）；另一条是−40dB/dec 的斜线，频率每增加十倍频程，相应的电压增益下降 40dB。

当我们把−20dB/dec 斜线的样本平移到仿真曲线附近时，它们是重合的，也就是说电压增益确实以−20dB/dec 变化。如果延长−20dB/dec 的样本，它与 0dB 水平线相交的电压增益约为−3dB（图 10.20 中表示为−3.0100dB）。很明显，我们手动绘制的曲线图与仿真结果是相似的，只不过有些误差而已。当 f=0.1f_H时，电压增益约为−43mdB（理论为 0dB）；当 f=10f_H时，电压增益约为−20.0426dB（理论为−20dB），但是对于实际工程是足够的。

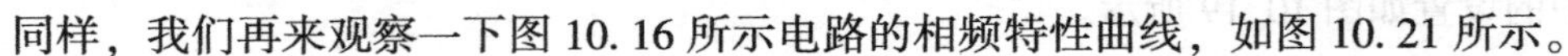

同样，我们再来观察一下图 10.16 所示电路的相频特性曲线，如图 10.21 所示。

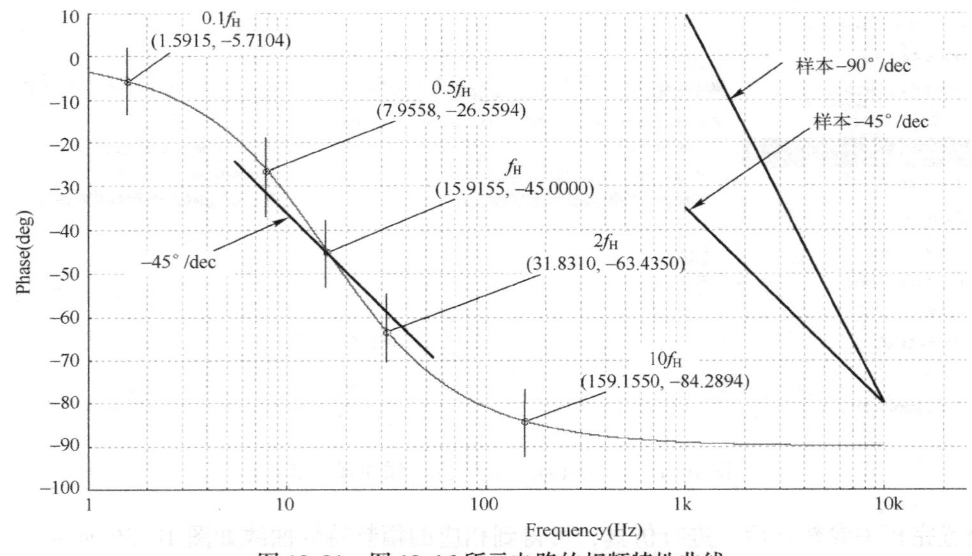

图 10.21　图 10.16 所示电路的相频特性曲线

我们同样做了两个样本，当频率从 1kHz 提升到 10kHz（十倍频程）时，辐角从−35°变化到−80°（下降了 45°），也就是−45°/dec 的斜线；另外还有一条−90°/dec 的斜线。如果把−45°/dec 的样本平移到仿真曲线的附近，它们的斜率是大致相同的。当然，手动绘制的相频特性曲线与仿真结果也存在一定的误差。当$f=0.1f_H$时，辐角约为−5.7°（理论为 0°）；当$f=10f_H$时，辐角约为−84.3°（理论为−90°）。

如果将两级 RC 积分电路串联，其频率特性曲线又会是怎么样的呢？求解步骤与前述方式一致，首先使用复平面的参数代替电路中的参数，如图 10.22 所示。

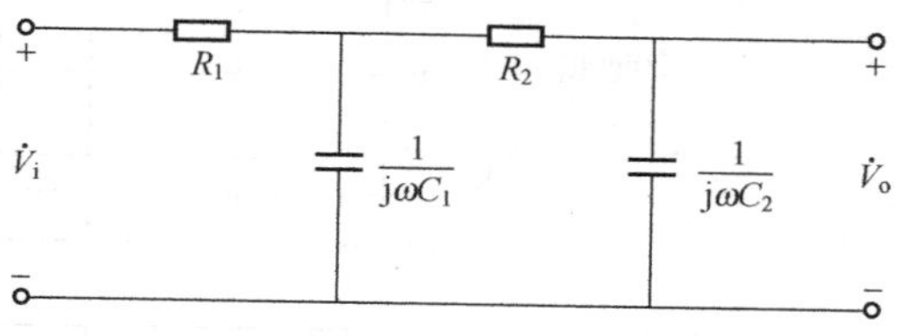

图 10.22　两级 RC 积分电路

同样按照分压的计算方式得到输出与输入的关系：

$$\dot{A}_v=\frac{\dot{V}_o}{\dot{V}_i}=\frac{1/j\omega C_1}{1/j\omega C_1+R_1}\times\frac{1/j\omega C_2}{1/j\omega C_2+R_2}=\frac{1}{1+j(f/f_{H1})}\times\frac{1}{1+j(f/f_{H2})} \tag{10.22}$$

式（10.22）中相乘的两个分式结构是完全一样的，它们是各级 RC 积分电路的电压放大系数表达式，而级联后的电压放大系数就是各级电压放大系数的乘积。我们同样可以获得相应的模值与辐角表达式，如下所示：

$$|\dot{A}_v|=\frac{1}{\sqrt{1+(f/f_{H1})^2}}\frac{1}{\sqrt{1+(f/f_{H2})^2}} \tag{10.23}$$

$$\varphi=-[\operatorname{arctg}(f/f_{H1})+\operatorname{arctg}(f/f_{H2})] \tag{10.24}$$

如果使用对数表示电压放大系数的模值，则有：

$$20\lg|\dot{A}_v|=20\lg\left(\frac{1}{\sqrt{1+(f/f_{H1})^2}}\right)+20\lg\left(\frac{1}{\sqrt{1+(f/f_{H2})^2}}\right) \tag{10.25}$$

式（10.24）说明多级 RC 积分电路串联的总辐角就是各级 RC 积分电路辐角的和；而式（10.25）说明多级 RC 积分电路的总电压增益就是各级 RC 积分电路的电压增益之和。所以我们只需要分别绘出单独两级 RC 积分电路的幅频与相频特性曲线再进行相加操作即可，具体在手动绘制频响特性曲线时可以这么做（假设$f_{H1}<f_{H2}$）：

（1）当$f\ll f_{H1}$时，每一级 RC 积分电路对应的幅频特性曲线均为零分贝线，所以相加之后还是 0dB。而对于相频特性曲线，每一级 RC 积分电路对应的相移都是 0°，所以相加之后也还是 0°。

（2）当$f_{H1}<f<f_{H2}$时，第一级 RC 积分电路对应的幅频特性曲线为−20dB/dec 的斜线，而第二级仍然还是 0dB 的水平线，所以两者相加起来就是−20dB/dec 的斜线。对于相频特性曲线，第一级 RC 积分电路对应的相频特性曲线为−45°/dec 的斜线，而第二级还是 0°，所以两者相加总的相频特性曲线就是−45°/dec 的斜线。

（3）当$f>f_{H2}$时，前后两级对应的幅频特性曲线均为−20dB/dec 的斜线，两者相加就是−40dB/dec 的斜线。而对于相频特性曲线，就是两级 45°/十倍频程的直线相加，即−90°/dec 的斜线。

（4）当$f\gg f_{H2}$时，幅频特性曲线仍然还是−40dB/dec，而相移均达到最大值−90°，所以两者相加为−180°，相应的波德图如图 10.23 所示。

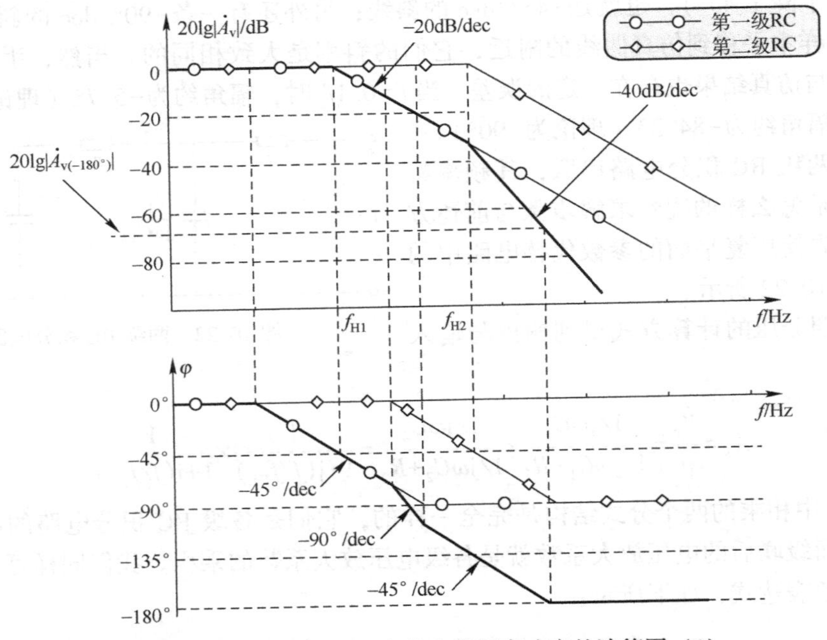

图 10.23　描述两级 RC 积分电路频率响应的波德图（1）

前面我们假设 f_{H1} 与 f_{H2} 相差并不大；当这两个频率点分离得比较远时，相应的频率特性曲线会稍微有些不一样，如图 10.24 所示。

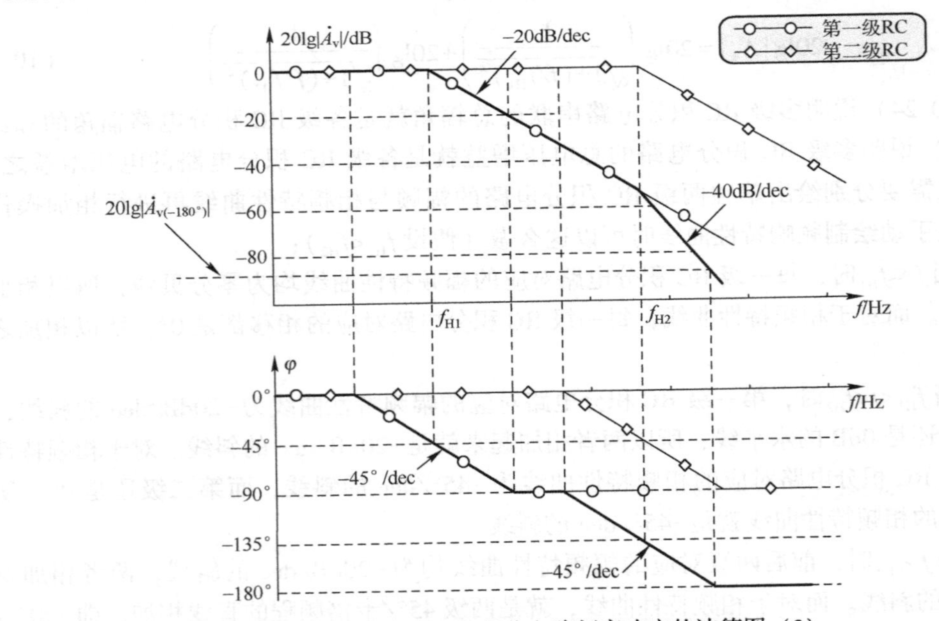

图 10.24　描述两级 RC 积分电路频率响应的波德图（2）

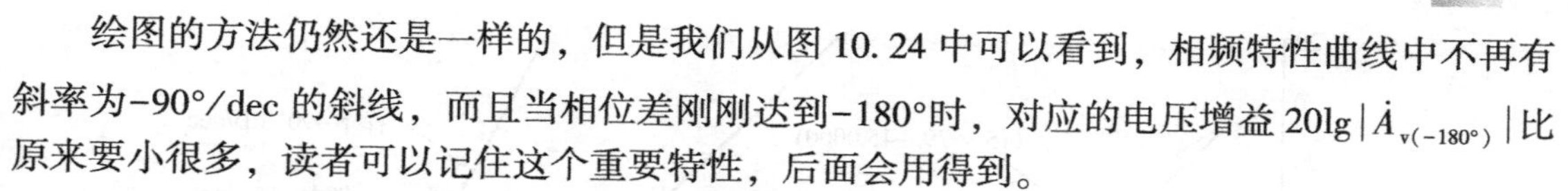

绘图的方法仍然还是一样的，但是我们从图 10.24 中可以看到，相频特性曲线中不再有斜率为−90°/dec 的斜线，而且当相位差刚刚达到−180°时，对应的电压增益 $20\lg|\dot{A}_{v(-180°)}|$比原来要小很多，读者可以记住这个重要特性，后面会用得到。

同样，我们使用图 10.25 所示的电路来仿真一下。

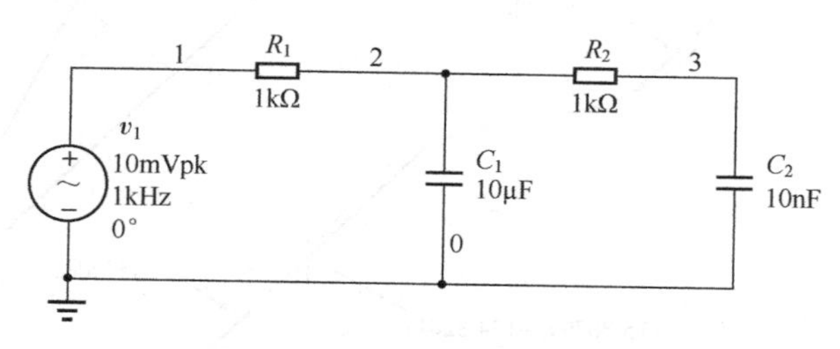

图 10.25　仿真电路

手动计算的上限截止频率f_{H2}如下（f_{H1}同上例）：

$$f_{H2}=\frac{1}{2\pi R_2C_2}=\frac{1}{2\times3.14\times1\text{k}\Omega\times10\times10^{-9}\text{F}}\approx15.9\text{kHz}$$

图 10.25 所示电路的幅频特性曲线如图 10.26 所示。

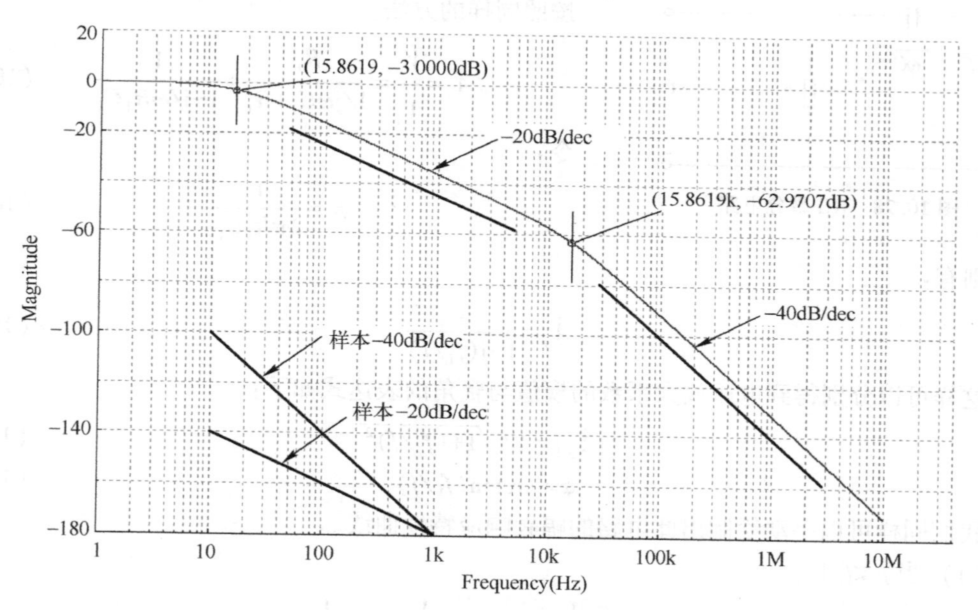

图 10.26　图 10.25 所示电路的幅频特性曲线

图 10.25 所示电路的相频特性曲线如图 10.27 所示。

由于f_{H1}与f_{H2}相差比较大，所以相频响应特性曲线中没有斜率为−90°/dec 的斜线。从图 10.26 和图 10.27 所示的仿真结果中可以看到，仿真结果与我们手动计算的结果非常接近，读者也可以调整参数降低f_{H2}，重新观察相频特性曲线是否与我们的理论分析相符合。

接下来我们再分析图 10.28 所示的 RC 微分电路（Differentiating Circuit）的频率响应。

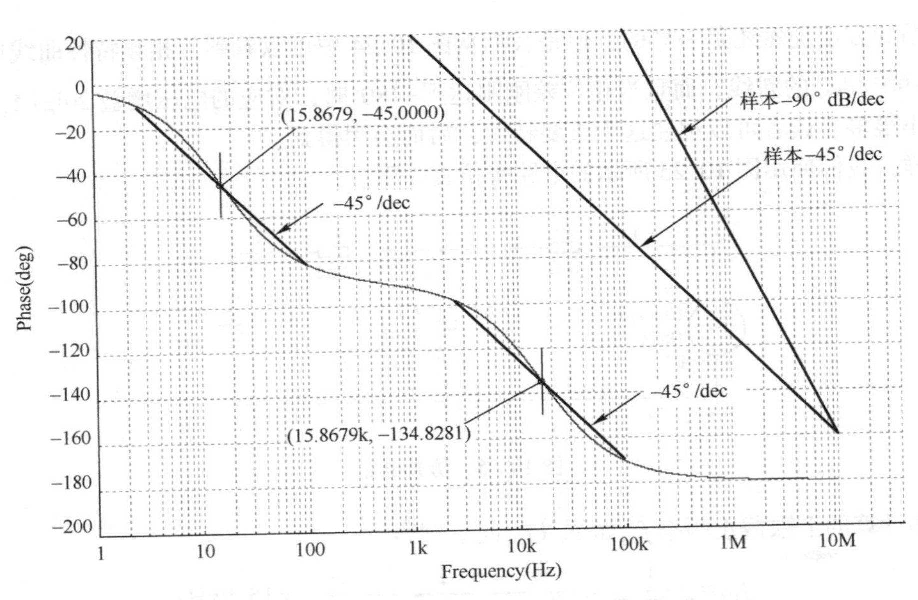

图 10.27　图 10.25 所示电路的相频特性曲线

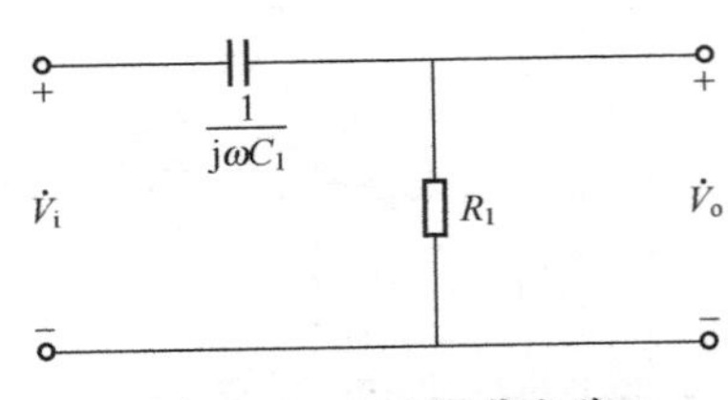

图 10.28　RC 微分电路

按照同样的方法：

$$\dot{A}_v = \frac{\dot{V}_o}{\dot{V}_i} = \frac{R_1}{1/j\omega C_1 + R_1} = \frac{1}{1 - j/\omega R_1 C_1} \tag{10.26}$$

令：

$$f_L = \frac{1}{2\pi R_1 C_1} \tag{10.27}$$

则有：

$$\dot{A}_v = \frac{1}{1 - j(f_L/f)} \tag{10.28}$$

这样可以分别得到电压放大系数的模值与辐角的表达式如下：

$$|\dot{A}_v| = 1/\sqrt{1 + (f_L/f)^2} \tag{10.29}$$

$$\varphi = \arctan(f_L/f) \tag{10.30}$$

我们同样可以手动绘制出此电路的幅频响应特性曲线。

（1）当$f \ll f_L$时：

$$|\dot{A}_v| = \frac{1}{\sqrt{1+(f_L/f)^2}} \approx \frac{1}{\sqrt{(f_L/f)^2}} = \frac{1}{f_L/f} = f/f_L$$

若使用分贝表示，则有：

$$20\lg|\dot{A}_v| = 20\lg(f/f_L)\,\text{dB}$$

这是一条斜率为 20dB/dec 的直线，也就是每十倍频增益上升 20dB，而对应的辐角 $\varphi = \arctan(f_L/f) \approx 90°$，是一条与横轴平等的直线。

（2）当$f \gg f_L$时：

$$|\dot{A}_{v}|=\frac{1}{\sqrt{1+(f_{L}/f)^{2}}}\approx\frac{1}{\sqrt{1+(0)^{2}}}=1$$

若使用分贝表示，则有：

$$20\lg|\dot{A}_{v}|\approx 20\lg(1)=0\text{dB}$$

这是一条零分贝线，它与上述斜率为 20dB/dec 的直线在 $f=f_L$ 处相交，由这两条直线构成的折线就是 RC 微分电路对应的近似幅频响应特性曲线，而对应的辐角 $\varphi=\arctan(f_L/f)\approx 0°$。

（3）当 $f=f_L$ 时：

$$|\dot{A}_{v}|=\frac{1}{\sqrt{1+(1)^{2}}}=\frac{1}{\sqrt{2}}\approx 0.707$$

也就是说，当频率提升到 f_L 时，电压放大系数上升到最大值（$|\dot{A}_v|=1$）的 0.707 倍，使用分贝表示就是−3dB，而相应的辐角 $\varphi=\text{arctg}(f_L/f)\approx 45°$。我们把 f_L 称为 RC 微分电路的下限截止频率。

综上所述，我们可以得到如图 10.29 所示的描述 RC 微分电路频率响应的波德图。

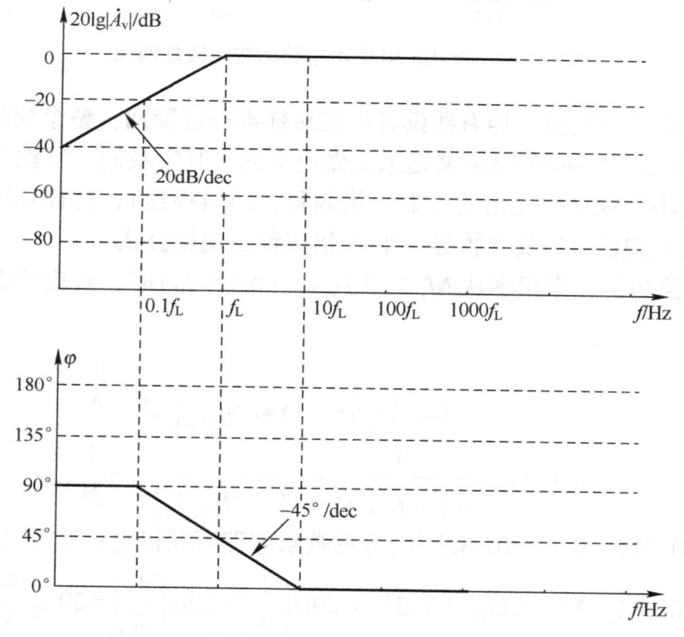

图 10.29　描述 RC 微分电路频率响应的波德图

从图 10.29 中可以看到，当输入信号的频率越高时，输出信号的幅度也就越大，也就是高通滤波器（High-Pass Filter，HPF）的特性。换言之，这种电路仅允许频率高于 f_L 的信号通过，而对频率低于 f_L 的信号有很大的衰减。

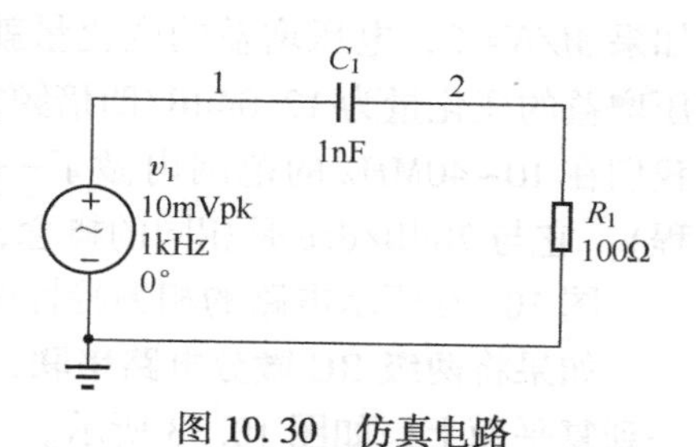

图 10.30　仿真电路

我们使用图 10.30 所示的仿真电路来仿真一下。

手动计算的下限截止频率如下：

$$f_L = \frac{1}{2\pi R_1 C_1} = \frac{1}{2\times 3.14\times 100\Omega\times 1\times 10^{-9}\text{F}} \approx 1.59\text{MHz}$$

图 10.30 所示电路的幅频特性曲线如图 10.31 所示。

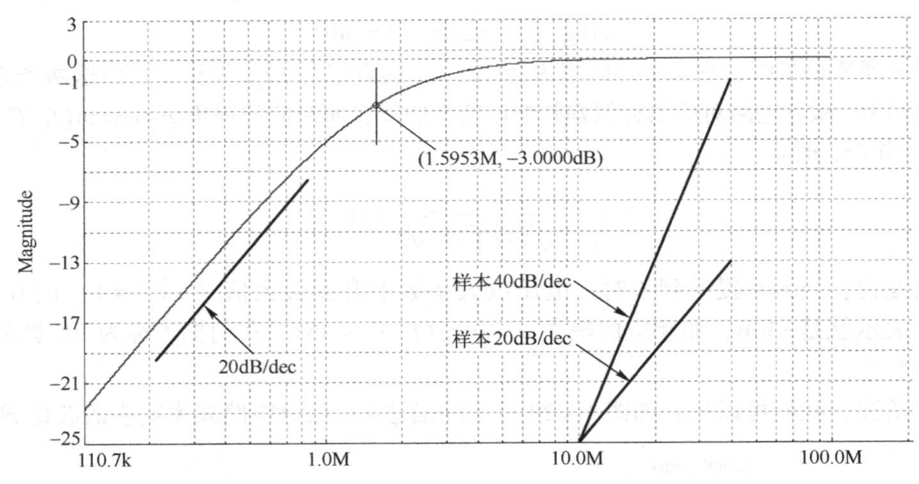

图 10.31　图 10.30 所示电路的幅频特性曲线

仿真出来的曲线并不复杂，但有些读者可能对样本有些疑问：整个幅频特性曲线的纵轴总共只有 28dB，那么样本 40dB/dec 又是怎么做出来的？其实我们可以把十倍频程电压增益的变化量换算为更小倍频程的变化量（如二倍频程、四倍频程），这样就可以方便我们查找了。那怎么换算呢？我们可以简单推导一下 N 倍频程的通用公式。

以 RC 积分电路为例，当频率从 Nf_H 上升到 Mf_H（$Nf_H \gg f_H$）时，对应的电压放大系数的模值分别为

$$|\dot{A}_v(N)| = \frac{1}{\sqrt{1+(f/f_H)^2}} = \frac{1}{\sqrt{1+(Nf_H/f_H)^2}} \approx \frac{1}{N} \tag{10.31}$$

$$|\dot{A}_v(M)| = \frac{1}{\sqrt{1+(f/f_H)^2}} = \frac{1}{\sqrt{1+(Mf_H/f_H)^2}} \approx \frac{1}{M} \tag{10.32}$$

我们对式（10.31）与式（10.32）的分贝数求差即可获得电压增益的变化量，则有：

$$20\lg|\dot{A}_v(N)| - 20\lg|\dot{A}_v(M)| = 20\lg\left(\frac{1}{N}\right) - 20\lg\left(\frac{1}{M}\right) = 20\lg\left(\frac{M}{N}\right) \tag{10.33}$$

如果 $M/N=10$（十倍频程），电压增益的变化量为 20dB，也就是我们所说的 20dB/dec；如果 $M/N=2$，电压增益的变化量就是 6.02dB，即 6.02dB/二倍频程；如果 $M/N=4$，则电压增益的变化量为 12.04dB/四倍频程，其他以此类推。在图 10.31 所示的幅频特性曲线中，我们在 10~40MHz 的范围内做了一条电压增益变化量为 12dB 的斜线样本（12dB/四倍频程），它与 20dB/dec 是相同的概念，而 40dB/dec 的样本对应 24dB/四倍频程。

图 10.30 所示电路的相频特性曲线的仿真结果如图 10.32 所示，读者可自行分析。

如果将两级 RC 微分电路串联，其频响特性曲线该怎么绘制呢？我们同样将所有参数统一到复平面上，如图 10.33 所示。

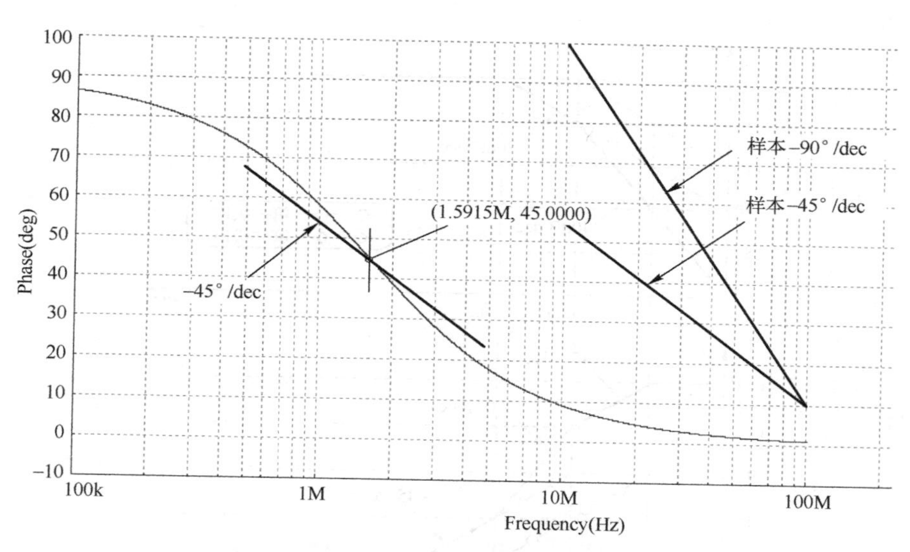

图 10.32　图 10.30 所示电路的相频特性曲线

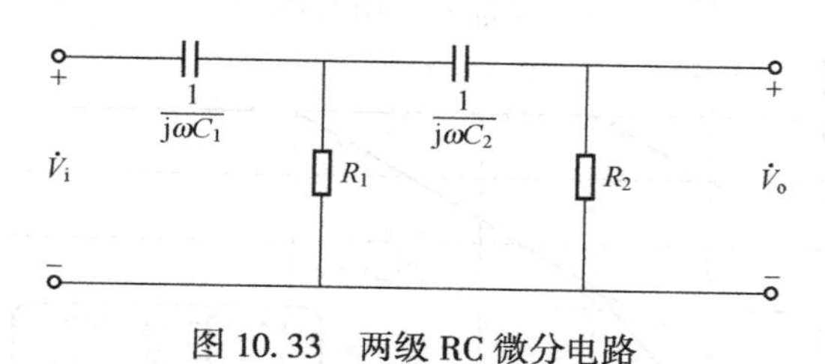

图 10.33　两级 RC 微分电路

按照分压公式得到输出与输入的比值为

$$\dot{A}_v = \frac{1}{1-j(f_{L1}/f)} \times \frac{1}{1-j(f_{L2}/f)} \tag{10.34}$$

使用分贝表示的模值如下：

$$20\lg|\dot{A}_v| = 20\lg\left(\frac{1}{\sqrt{1+(f_{L1}/f)^2}}\right) + 20\lg\left(\frac{1}{\sqrt{1+(f_{L2}/f)^2}}\right) \tag{10.35}$$

而总的辐角可表达如下：

$$\varphi = \arctan(f_{L1}/f) + \arctan(f_{L2}/f) \tag{10.36}$$

式（10.35）说明多级 RC 微分电路的总电压增益就是各级电压增益的和，而式（10.36）说明多级 RC 微分电路的总辐角就是各级辐角的和，这与前述 RC 积分电路级联是相似的。所以我们只需要分别绘出单独两级 RC 微分电路的幅频与相频特性曲线，然后将其进行相加操作即可。

我们假设两级 RC 微分电路的下限截止频率分别为 f_{H1} 与 f_{H2}，在它们比较靠近（$f_{H1}<f_{H2}$）与离得比较远（$f_{H1} \ll f_{H2}$）的情况下，分别对应的频响特性曲线如图 10.34 所示。

同样我们来对图 10.35 所示的电路进行仿真。

图 10.35 所示电路的幅频与相频特性曲线分别如图 10.36 和图 10.37 所示，读者可自行验证与手动计算的结果是否一致。

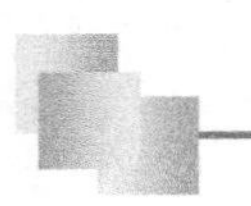

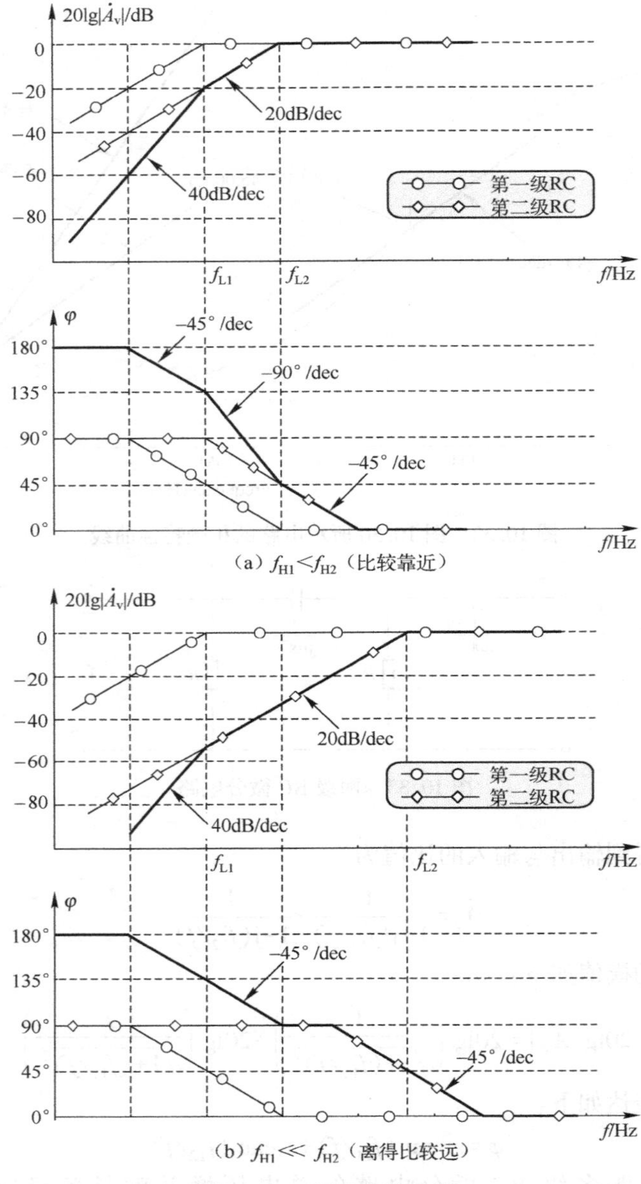

（a）$f_{H1}<f_{H2}$（比较靠近）

（b）$f_{H1}\ll f_{H2}$（离得比较远）

图 10.34　频响特性曲线

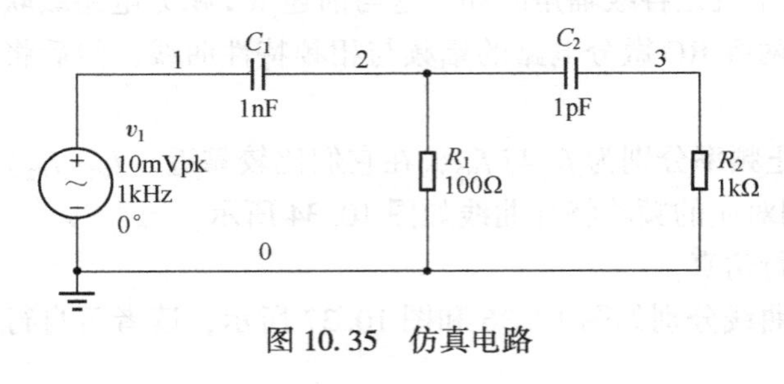

图 10.35　仿真电路

除高通与低通滤波器外，还有带通滤波器（Band-pass filter，BPF）、带阻滤波器（Band-reject filter，BRF）和全通滤波器（All-pass filter，APF）。带通滤波器可以看作高通滤波器（下限截止频率为 f_L）与低通滤波器（上限截止频率为 f_H）的串联。如果 $f_L<f_H$，那么它的幅频特性

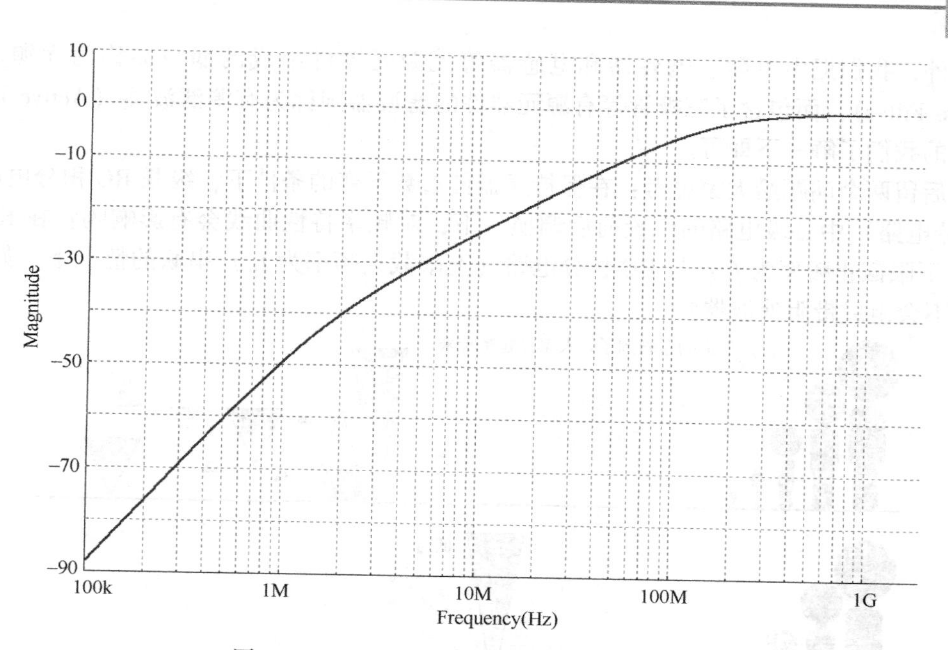

图 10.36　图 10.35 所示电路的幅频特性曲线

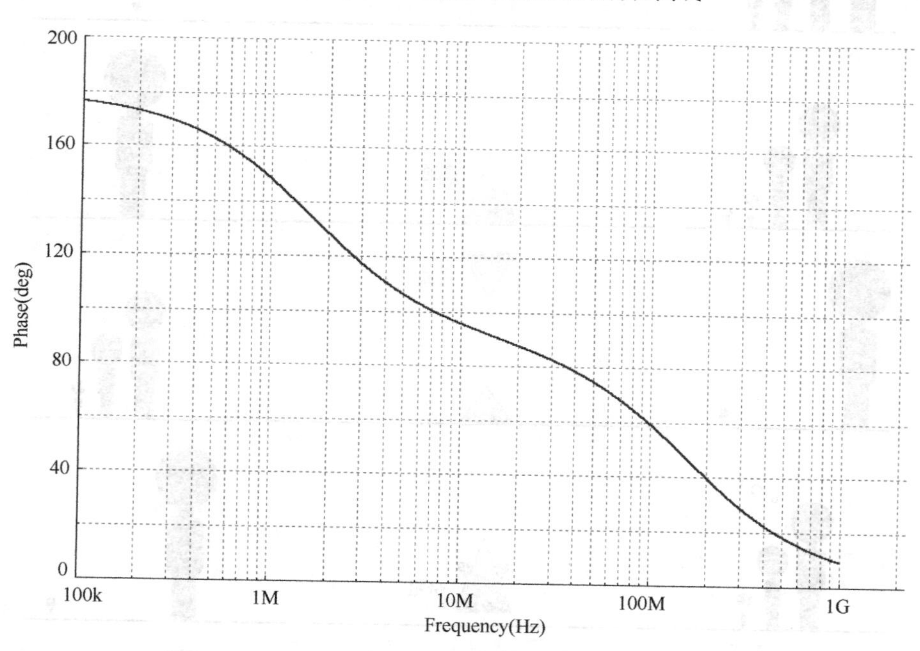

图 10.37　图 10.35 所示电路的相频特性曲线

曲线与图 10.6 非常相似，它只允许频率范围在 f_L 与 f_H 之间的信号通过。而带阻滤波器却刚好相反，我们将其也称为带陷器（Band Elimination Filter，BEF）或陷波器（Notch Filter），它阻止频率范围在 f_L 与 f_H 之间的信号通过。全通滤波器算是比较特殊的，它并不改变输入信号的频率特性，只对输入信号的相位产生影响，常用于需要对系统延时进行补偿的场合，所以也称为延时均衡器（Delay Equalizer）或移相器（Phase Shifter）。

另外，我们把由电阻、电容器和电感器等无源元器件组成的滤波器称为无源滤波器（Passive Filter），而包含了三极管等有源元器件的滤波器则称为有源滤波器（Active Filter），现阶段的我们了解一下即可。

最后留两个问题给大家思考：在保持元器件参数不变的条件下，级联 RC 积分电路（或 RC 微分电路）中各级电路的位置前后调换一下，对频率特性曲线会有影响吗？在 RC 微分电路（下限截止频率为f_L）与 RC 积分电路（上限截止频率为f_H）串联的情况下，如果$f_L > f_H$，会不会组成带阻滤波器？

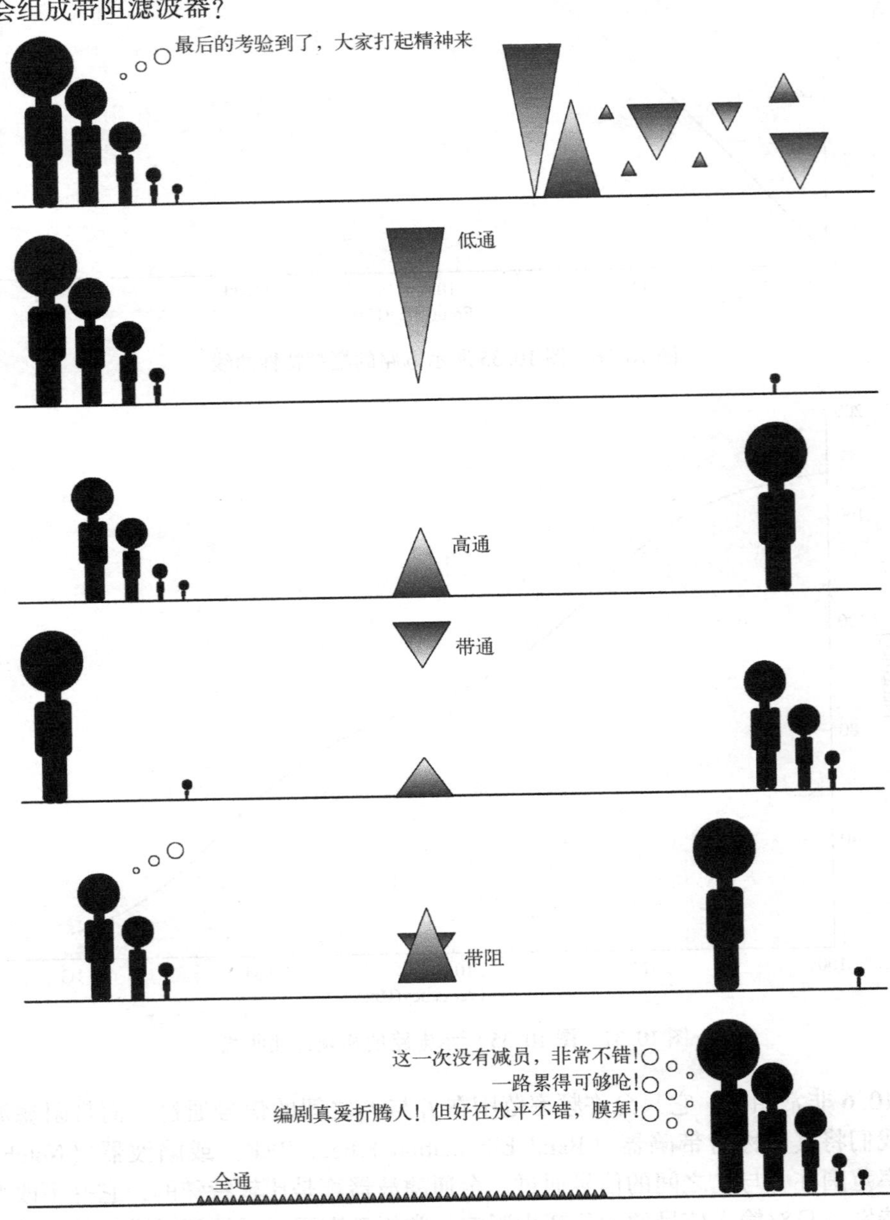

第 11 章　频率特性分析：收之桑榆，失之东隅

前面我们对波德图进行了详尽的讨论，接下来就使用它分析放大电路的频率响应。对于图 6.1 所示的基本共射放大电路，耦合电容 C_1 与输入电阻形成了一个高通滤波器，耦合电容 C_2 与负载 R_L 也形成了一个高通滤波器，也就相当于级联的两个高通滤波器，其低频等效电路如图 11.1 所示。

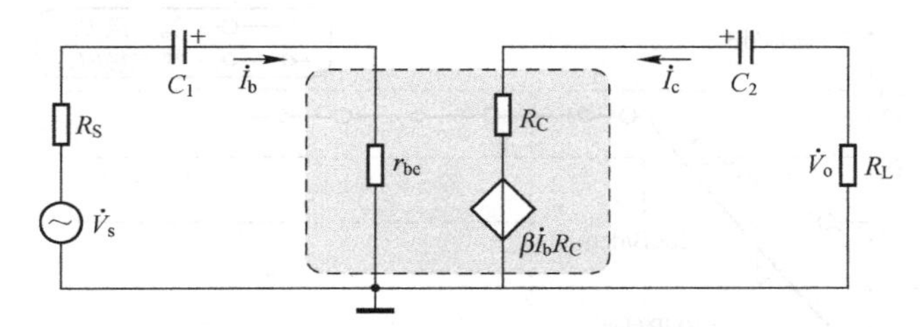

图 11.1　图 6.1 所示电路的低频等效电路

我们同样需要获得 $\dot{V}_o$ 与 $\dot{V}_s$ 比值的表达式，与以往讨论的高通滤波器有所不同的是，输入与输出两个回路均额外串联了一个电阻，但是没有关系，最简单的分压公式是“无敌”的，即有：

$$\dot{A}_v=\frac{\dot{V}_o}{\dot{V}_s}=\frac{1}{\dot{V}_s}\cdot\dot{V}_o=\frac{1}{R_S+r_{be}+1/j\omega C_1}\cdot\frac{-\beta R_C R_L}{R_C+R_L+1/j\omega C_2} \tag{11.1}$$

式（11.1）中已经抵消掉了前一项分母与后一项分子中的共有项 $\dot{I}_b$，接下来把它转换为式（10.28）所示的形式。因为它是反映高通滤波器频率特性的一般表达式，所以这样就可以很方便地获取相应的下限截止频率了。

我们把式（11.1）的分子与分母均除以$(R_C+R_L)(R_S+r_{be})$，则有：

$$\dot{A}_v=-\frac{\beta R'_L}{R_S+r_{be}}\cdot\frac{1}{1-j/\omega C_1(R_S+r_{be})}\cdot\frac{1}{1-j/\omega C_2(R_C+R_L)} \tag{11.2}$$

再令：

$$f_{L1}=\frac{1}{2\pi C_1(R_s+r_{be})},\quad f_{L2}=\frac{1}{2\pi C_2(R_C+R_L)} \tag{11.3}$$

则有：

$$\dot{A}_v=-\frac{\beta R'_L}{R_S+r_{be}}\left[\frac{1}{1-j/(f_{L1}/f)}\cdot\frac{1}{1-j/(f_{L2}/f)}\right] \tag{11.4}$$

至此，中括号内相乘的两部分与式（10.28）所示的形式完全相同，很明显就是两个级联 RC 高通滤波器的频率响应，而中括号外的那部分就是已经讨论过的式（7.15），即基本

放大电路的源电压放大系数，使用分贝表示就是中频段的电压增益 A_{vm}(dB)，低频段或高频段的幅频响应特性就是在该电压增益（不是0dB）的基础上变化的。也就是说，基本共射放大电路在低频段具有两个下限频率 f_{L1} 与 f_{L2}。将元器件的实际参数代入式（11.3），则有：

$$f_{L1}=\frac{1}{2\times3.14\times47\times10^{-6}F\times(50\Omega+1.24k\Omega)}\approx2.63Hz$$

$$f_{L2}=\frac{1}{2\times3.14\times47\times10^{-6}F\times(2k\Omega+1k\Omega)}\approx1.1Hz$$

这两个下限截止频率比较接近，我们取较大值2.63Hz作为它们的下限截止频率即可。由于两个高通滤波器是级联的，所以低于下限截止频率的幅频特性是斜率为40dB/dec的直线，而截止频率附近的相频特性是斜率为-90°/dec的直线，如图11.2所示。

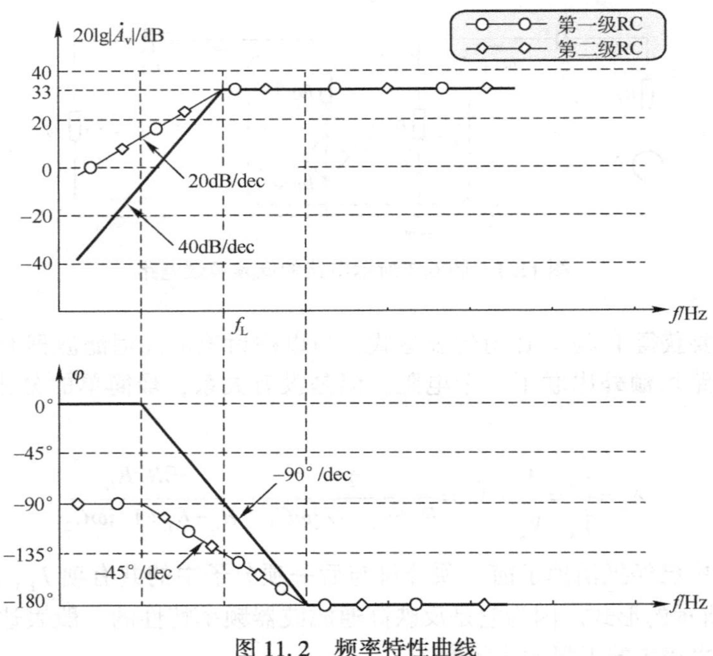

图 11.2　频率特性曲线

这里有两点需要注意：

（1）虽然基本放大电路有高通滤波器的特性，但并不是单纯的RC无源滤波器，而是有一定的电压增益的，它在中频段的电压增益约为33dB，而不是0dB。

（2）由于基本放大电路的输出与输入是反相的关系，相当于中频段的输出与输入的相位差为180°，所以高通滤波器的相移特性是以-180°为基准而变化的，而不是0°。

我们对图7.14所示的电路进行交流仿真，相应的仿真结果如图11.3所示。

从图11.3中可以看到，频率为1kHz时的电压增益约为34dB，也就是我们前面提到的中频段电压增益，对应的相移约为-180°。当输入信号的频率越低时，电压增益就越小。当频率约为3Hz时，低频段的电压增益比中频段的小3dB，这符合高通滤波器的特性。

我们进一步放大幅频特性曲线的低频段曲线，如图11.4所示。

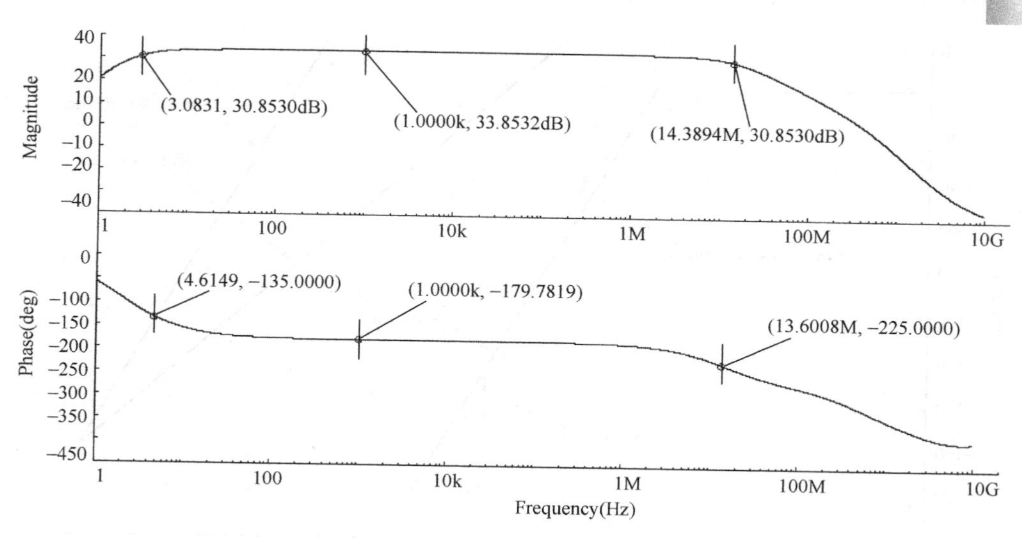

图 11.3　仿真结果

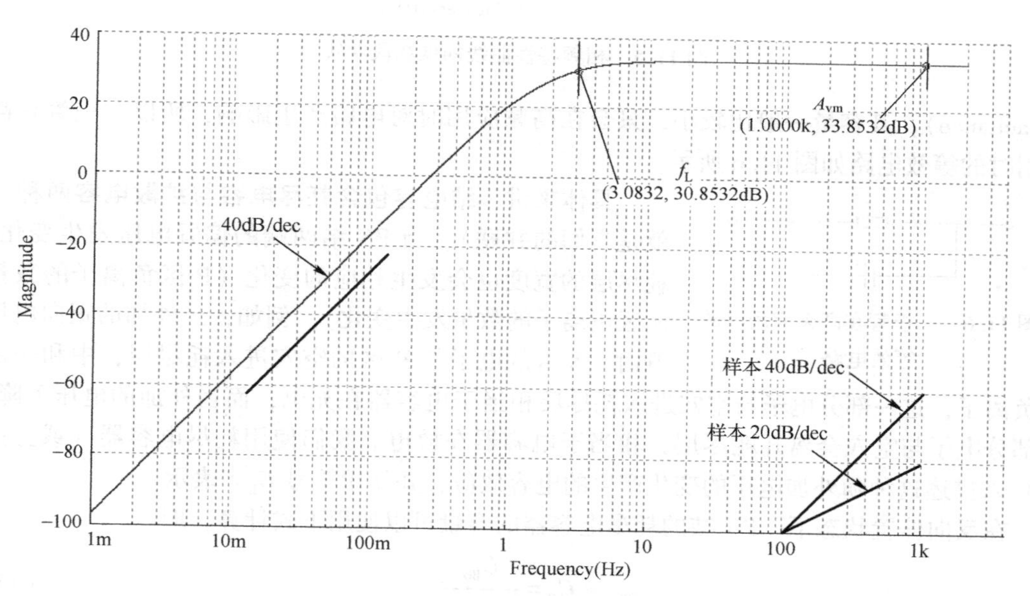

图 11.4　幅频特性曲线的低频段曲线

为了观察低频段电压增益的变化趋势，我们同样做了两个样本，将 40dB/dec 的直线平移后正好与低频段的幅频曲线平行，说明与理论分析一致。

我们同样观察一下相频特性曲线的低频段曲线，如图 11.5 所示。

很明显，低频段的频率响应与我们的理论计算是差不多的。但是，从图 11.3 所示的低频段曲线中也可以看到，在频率大于约 30MHz 的高频段也出现了低通滤波器的频率特性。这是由于什么因素引起的呢？答案是三极管的寄生电容（Parasitic Capacitance）。

我们知道，二极管的 PN 结是由两种不同的杂质半导体接触而形成的，这两种杂质半导体相当于平行板的两个极板，这样也就存在一定的电容量，我们将其称为结电容（Junction

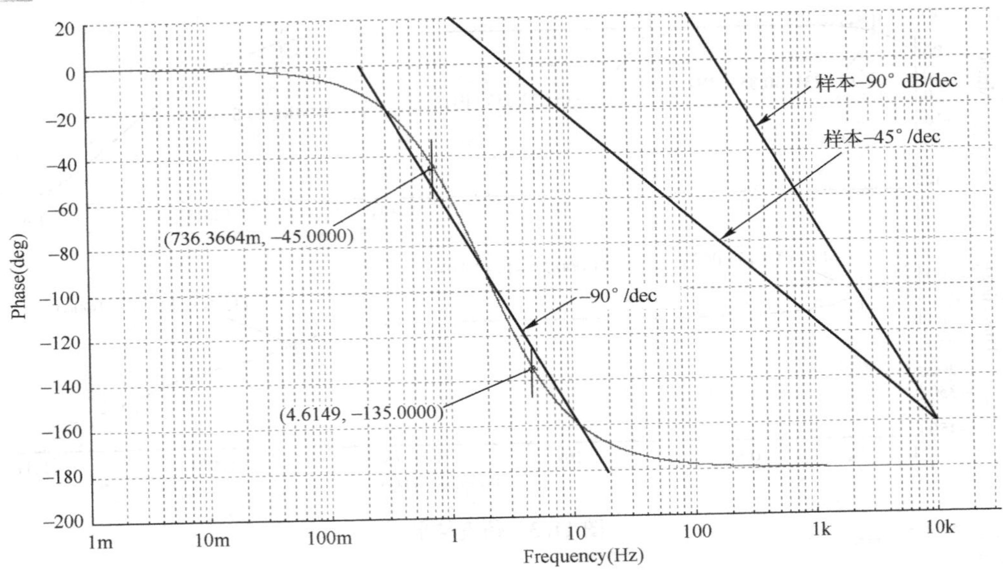

图 11.5　相频特性曲线的低频段曲线

Capacitance)，其容量一般比较小，只会在高频应用时对电路产生影响，所以二极管在高频应用时的等效电路如图 11.6 所示。

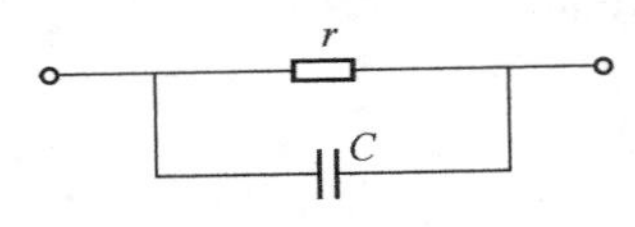

图 11.6　二极管在高频应用时的等效电路

具体来讲，结电容包含**耗尽电容**与**扩散电容**两种（也就是它们的并联）。当 PN 结两端的偏置电压发生变化时，耗尽层的宽度也会发生相应的变化（P 区负离子的数量与 N 区正离子的数量发生变化）。例如，当外加的正向电压上升时，N 区的电子与 P 区的空穴进入耗尽层，中和一部分正负离子，这一部分电子与空穴进入耗尽层相当于电容器在充电；而当外加的电压下降时，一部分电子与空穴会离开耗尽层，相当于电容器在放电。我们使用耗尽电容器（或势垒电容）来描述这种随外加电压的变化产生的电容效应，并使用符号 C_B来表示。

在反向偏置状态下，PN 结的耗尽电容器的容量可以使用下式计算，即

$$C_B = \frac{C_{B0}}{\sqrt[m]{1+\dfrac{V_R}{V_0}}} \tag{11.5}$$

其中，C_{B0}是 PN 结在零偏置状态下的耗尽电容器的容量；V_R是 PN 结两端的反向偏置电压；V_0是我们早就接触过的内建电位差；m 为变容指数（Grading Coefficient），其值取决于 PN 结 P 区到 N 区载流子浓度的变化方式。

从式（11.5）可以看到，PN 结两端施加的反向偏置电压越大时，耗尽电容就越小。虽然式（11.5）给出的是反向偏置状态下的计算公式（正向偏置时的耗尽电容也不小），但由于 PN 结在正向偏置状态下的电阻很小，所以耗尽电容对高频的影响比较小。也就是说，耗尽电容在 PN 结的反向偏置状态下比较重要。

当然，PN 结处于正向偏置状态时还是需要考虑扩散电容的。由于 PN 结的正向电流是

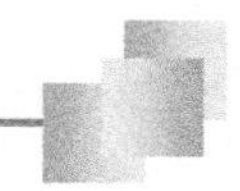

由 P 区空穴与 N 区电子相互扩散而产生的（P 区扩散到 N 区的空穴成为 N 区的少子，我们称为非平衡少数载流子，N 区扩散到 P 区的空穴成为 P 区的少子），所以为了使 P 区形成扩散电流，注入的少数载流子（电子）沿 P 区必须有浓度差，在 PN 结的边缘处浓度最大，远离 PN 结的地方浓度最小，如图 11.7 所示。

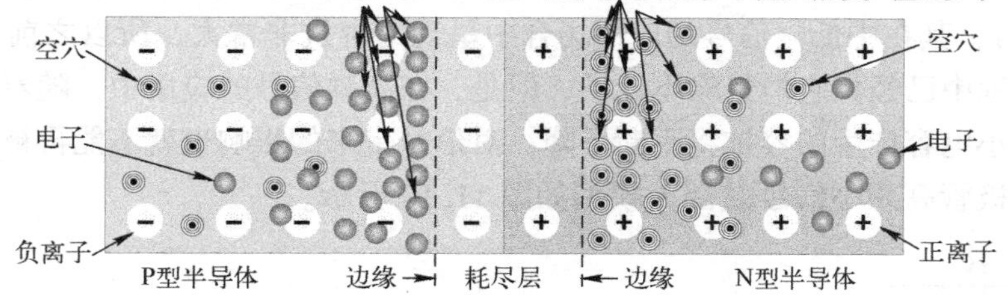

图 11.7　PN 结附近载流子的积累情况

也就是说，P 区有电子的积累，N 区有空穴的积累。当加大 PN 结两端的正向电压时，正向电流随之加大，此时就需要积累更多的载流子以满足电流加大的需求。而当正向电流减小时，积累在 P 区的电子或 N 区的空穴就会相对减少，这样相应就有载流子的充入和放出。我们把这种积累在 P 区的电子或 N 区的空穴随外加电压变化而产生的电容效应称为扩散电容，并使用符号 C_D来表示，它反映了在外加电压的作用下载流子在扩散过程中的积累情况。

扩散电容器的容量也可以使用下式来计算，即

$$C_D=\left(\frac{\tau_T}{V_T}\right)\cdot I \tag{11.6}$$

其中，τ_T为二极管的平均渡越时间（Mean Transit Time），可以理解为非平衡少子的寿命，如 P 区空穴注入到 N 区并与多子（电子）复合所花的平均时间；I 是偏置点的二极管电流。PN 结处于正向偏置状态时，扩散电容较大；而其处于反向偏置状态时，扩散电容器的容量很小，一般可以忽略不计。

某硅二极管的结电容器的容量与外加偏置电压变化的曲线如图 11.8 所示。

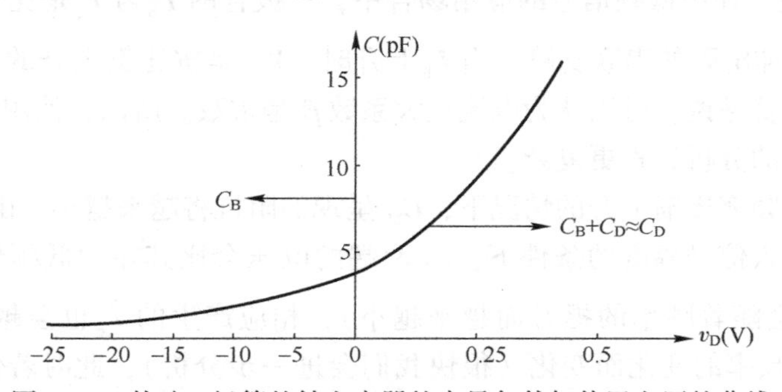

图 11.8　某硅二极管的结电容器的容量与外加偏置电压的曲线

从图 11.8 中可以看到，结电容随 PN 结两端正向偏置电压的增加呈指数形式增加，在反向偏置区域处于最低的水平。

三极管是由三层硅半导体层叠而成的，形成了两个 PN 结，所以它们之间也就有一定的

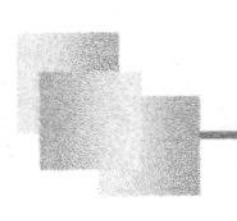

结电容，如图 11.9 所示。

图 11.9 中，$C_{b'e}$是发射结寄生电容器（有些资料标记为 C_{π}，下标来源于 π 模型）；$C_{b'c}$是集电结寄生电容器（有些资料标记为 C_{μ}，下标表示在 C-B 之间提供了一个结合），数据手册中可能会标记为 C_{ob}（这来源于测试时使用共基极放大电路的缘故，也称为基极接地输出电容）。它们的容值一般都比较小（通常 $C_{b'e}$在几皮法到几十皮法之间，$C_{b'c}$在零点几皮法到几皮法之间），其在中低频信号的应用场合中呈现的容抗非常大，所以之前在对基本放大电路的分析过程中已经将它们忽略不计了。但是，在高频信号的应用中，随着信号频率的不断提升，这些小电容产生的容抗将不断下降，对信号带来的影响也就不能再被忽视了。

完整的三极管高频小信号混合 π 模型如图 11.10 所示。

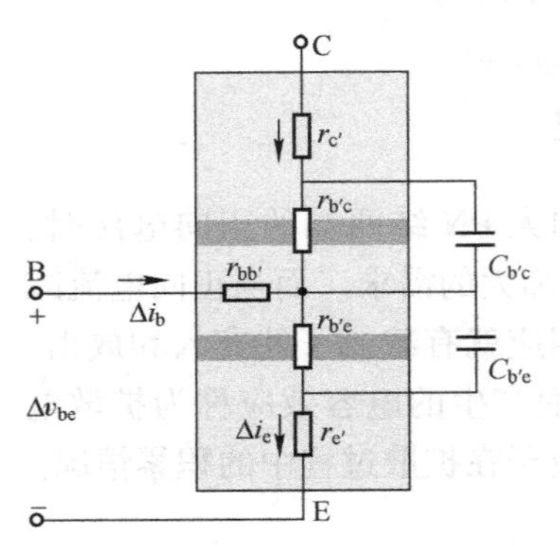

图 11.9　三极管结电容

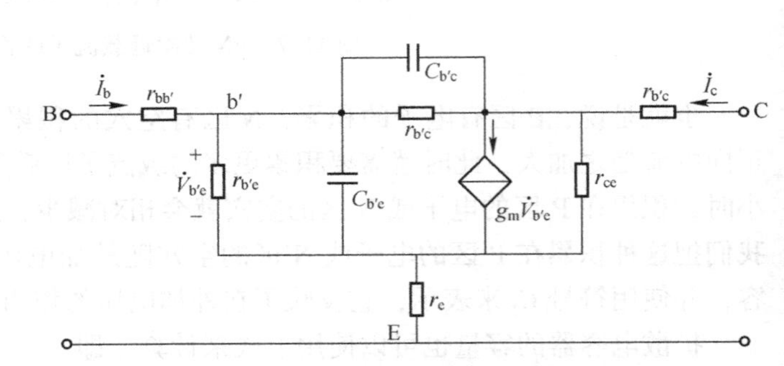

图 11.10　完整的三极管高频小信号混合 π 模型

这里需要注意的是：我们使用的是电压控制电流源（$g_m\dot{V}_{b'e}$）模型！为什么不使用电流控制电流源（$\beta\dot{I}_b$）模型呢？因为受控电流源实质上是受施加于内基极 b′（而不是基极 B）与发射极之间的电压 $\dot{V}_{b'e}$直接控制的。以前我们都是在中低频信号的应用场合中分析基本放大电路的一些交流参数的，由于寄生小电容呈现的容抗非常大，所以其相当于是不存在的（开路）。换句话说，在中低频信号的应用场合中，三极管的 $\dot{I}_b$与 $\dot{I}_c$是比例变化的关系，相当于 $r_{bb'}$与 $r_{b'e}$两个纯电阻的串联支路。当 $\dot{I}_b$上升时，$\dot{V}_{b'e}$是按比例上升的，$\dot{I}_c$自然也同样是按比例上升的。也就是说，可以认为电流放大系数 β 是常数。所以，使用电流控制电流源模型不会使放大电路的分析过程更复杂。

但是，在信号频率逐渐上升的情况下，$C_{b'e}$呈现的阻抗将越来越小。由于它与 $r_{b'e}$是并联的，所以在相同输入信号幅度的条件下，$r_{b'e}$两端的电压会比其在中低频信号的应用场合中的电压要小（$\dot{V}_{b'e}$会随着频率的提升而越来越小），相应产生的 $\dot{I}_c$也会越来越小。换言之，在高频段，β 会随频率的变化而变化（很快我们会进一步分析），此时若使用电流控制电流源模型反而会使电路的分析变得更加复杂（三极管的高频特性与 β 相关，而 β 本身也与频率相关），而无论是 NPN 型或 PNP 型三极管，$\dot{V}_{b'e}$与 $\dot{I}_c$都是呈比例变化的（g_m为常数）。因此，在进行高频特性分析时，一般会优先使用电压控制电流源模型。

我们可以进一步修正式（8.15）所示的 g_m表达式，即

$$g_m=\frac{\beta_0}{r_{b'e}} \tag{11.7}$$

为了与高频应用情况下的β有所区别，我们使用符号β_0表示中频段三极管的电流放大系数（也就是以前讨论过的β），而三极管在高频段的电流放大系数就是在β_0的基础上变化的。那具体是如何变化的呢？别急，咱们一步步来。

通常并联在 b′与 C 之间的$r_{b'c}$是一个非常大的电阻，而呈串联形式的r_c与r_e的阻值却很小，为了分析的简便，我们会把它们都忽略不计，简化后的高频小信号混合 π 模型如图 11.11 所示。

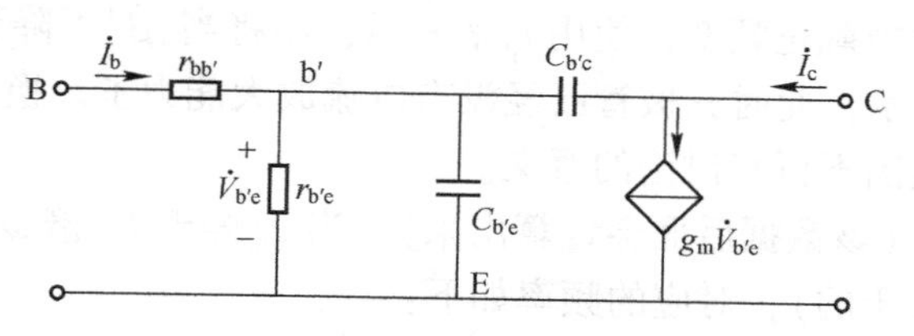

图 11.11　简化后的高频小信号混合 π 模型

我们可以根据简化模型推导出β随频率是如何变化的。根据式（8.12）的定义，电流放大系数的表达式为

$$\dot{\beta}=\left.\frac{\dot{I}_c}{\dot{I}_b}\right|_{\dot{V}_{CE}=0} \tag{11.8}$$

只是将式（8.12）中的标量都替换为相量而已。事实上，第 8 章讨论的诸多参数都可以（也应该）这么做（仍然是成立的），相当于假设输入为正弦信号。根据式（11.8）的定义，我们只需要把简化模型中三极管的集电极与发射极短路，然后再求出$\dot{I}_c$与$\dot{I}_b$比值的表达式即可，此时对应的$\dot{\beta}$的计算模型如图 11.12 所示。

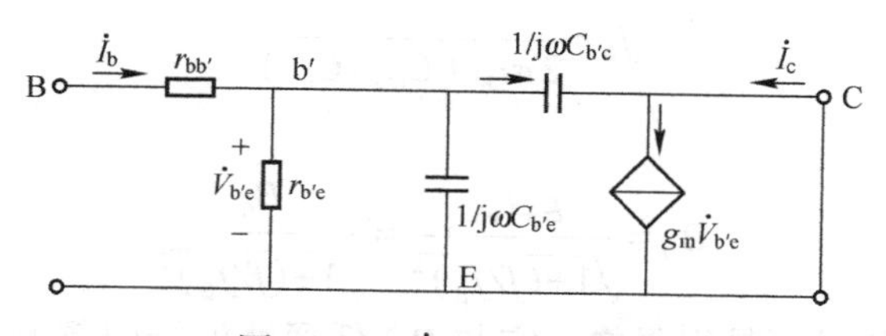

图 11.12　$\dot{\beta}$的计算模型

从图 11.12 中可以看到，$C_{b'c}$两端的电压就是$\dot{V}_{b'e}$，所以流过$C_{b'c}$的电流为$\dot{V}_{b'e}/(1/j\omega C_{b'c})=j\omega C_{b'c}\dot{V}_{b'e}$。我们在集电极列出节点电流方程，则有：

$$\dot{I}_c+j\omega C_{b'c}\dot{V}_{b'e}=g_m\dot{V}_{b'e}\rightarrow\dot{I}_c=\dot{V}_{b'e}(g_m-j\omega C_{b'c}) \tag{11.9}$$

而$\dot{V}_{b'e}$是基极电流$\dot{I}_b$乘以内基极 b′与发射极之间的总阻抗（也就是$r_{b'e}$、$C_{b'e}$、$C_{b'c}$的并联阻抗），则有：

$$\dot{V}_{b'e}=\dot{I}_b(r_{b'e}\|1/j\omega C_{b'e}\|1/j\omega C_{b'c})=\dot{I}_b[r_{b'e}\|1/j\omega(C_{b'e}+C_{b'c})] \tag{11.10}$$

结合式（11.9）与式（11.10），就可以得到$\dot{\beta}$的表达式，即

$$\dot{\beta}=\frac{\dot{I}_{c}}{\dot{I}_{b}}=\frac{g_{m}-j\omega C_{b'c}}{1/r_{b'e}+j\omega(C_{b'e}+C_{b'c})} \tag{11.11}$$

在简化模型有效的频率范围内，$g_m \gg \omega C_{b'c}$，因此可以将式（11.11）简化为

$$\dot{\beta}\approx\frac{g_{m}}{1/r_{b'e}+j\omega(C_{b'e}+C_{b'c})}=\frac{g_{m}r_{b'e}}{1+j\omega(C_{b'e}+C_{b'c})r_{b'e}} \tag{11.12}$$

什么是有效的频率范围呢？虽然当输入信号的频率无限提升时，理论上 $\omega C_{b'c}$ 也会逐渐逼近 g_m，但是当频率提升到一定程度时，$|\dot{\beta}|$ 就开始下降了。我们把 $|\dot{\beta}|$ 下降到 $0.707\beta_0$ 时对应的频率称为共发射极截止频率，使用 f_β 来表示；而将当 $|\dot{\beta}|$ 下降到 1 时对应的频率称为特征频率，使用 f_T 来表示，此时三极管已经没有电流放大能力了。换言之，对于特定的三极管，大于其 f_T 的频率范围不再有讨论的意义。

假设 $C_{b'c}=2.88\text{pF}$（该数据后面会计算出来），当 g_m 等于 10 倍 $\omega C_{b'c}$ 时（一般大于 10 倍以上可以认为是远远大于的），对应的频率如下：

$$f=\frac{1}{10\times2\pi C_{b'c}g_{m}}=\frac{1}{10\times2\times3.14\times2.88\text{pF}\times85\text{mS}}=65\text{GHz}$$

也就是说，$\omega C_{b'c}$ 只有在 65GHz 以上的频段才能与 g_m 相提并论，而三极管特征频率的典型值在 100MHz 到几十吉赫兹之间（如 2N2222A 的特征频率也就几百兆赫兹），所以我们才可以将式（11.11）中的 $j\omega C_{b'c}$ 忽略。事实上，图 11.11 所示模型的准确性是受频率限制的，当频率低于 $0.2f_T$ 时，可以相当准确地描述三极管的特性；而在更高的频率范围内，必须在模型中增加其他寄生元器件和优化模型来描述三极管实际上是一个分布参数网络的事实，这已经超出了本书的范围。

从式（11.12）中可以看到，$\dot{\beta}$ 也是一个相量，我们可以按照前面讨论的方法来获取它的模值，其中隐含了三极管电流放大系数随频率变化的变化趋势，令：

$$f_{\beta}=\frac{1}{2\pi r_{b'e}(C_{b'e}+C_{b'c})} \tag{11.13}$$

则有：

$$|\dot{\beta}|=\frac{g_{m}r_{b'e}}{\sqrt{1+(f/f_{\beta})^{2}}}=\frac{\beta_{0}}{\sqrt{1+(f/f_{\beta})^{2}}} \tag{11.14}$$

式（11.14）的结构是不是很眼熟。它与 RC 低通滤波器幅频响应的标准表达式是完全一样的，所以很明显，$\dot{\beta}$ 是一个具有上限截止频率为 f_β 的频响曲线。当 $f>f_\beta$ 时，$|\dot{\beta}|$ 会以 −20dB/dec 的斜率下降，如图 11.13 所示。

我们也可以得到这样的结论：放大电路的电压增益之所以在高频段逐渐下降，本质上是因为三极管的电流放大系数随频率的提升而减小了。当 $20\lg|\dot{\beta}|=0\text{dB}$（$|\dot{\beta}|=1$）时，对应的频率就是 f_T，那么根据式（11.14）则有：

$$|\dot{\beta}|=\frac{\beta_{0}}{\sqrt{1+(f_{T}/f_{\beta})^{2}}}=1\rightarrow f_{T}\approx\beta_{0}f_{\beta} \tag{11.15}$$

再考虑到式（11.13），则有：

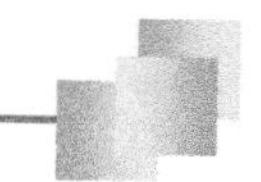

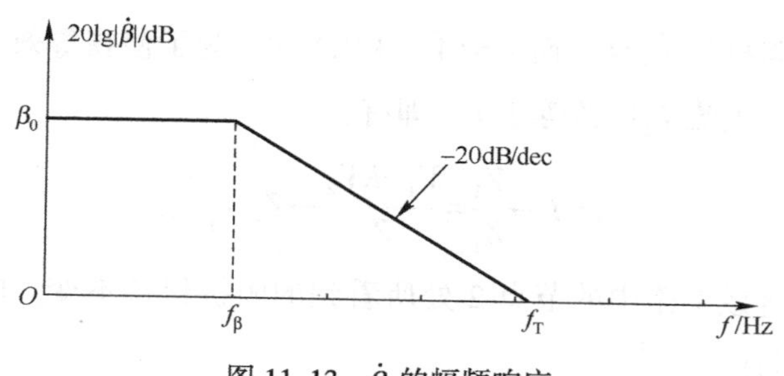

图 11.13　$\dot{\beta}$ 的幅频响应

$$f_T \approx \beta_0 f_\beta = \frac{\beta_0}{2\pi r_{b'e}(C_{b'e}+C_{b'c})} = \frac{g_m}{2\pi(C_{b'e}+C_{b'c})} \tag{11.16}$$

需要注意的是，当频率高于 f_β 数倍时，由于 $C_{b'e}$ 呈现的容抗会非常小，所以 $r_{b'e}$ 相对而言可以忽略不计，这样 $r_{bb'}$ 与 $C_{b'e}$ 组成的低通滤波器对三极管的高频特性就会有比较大的影响。

从式（8.18）可以看到，g_m 与集电极电流 I_C 是成正比的，所以理论上 f_T 会随 I_C 的增加而增加。当 I_C 较小时，只有**部分** $C_{b'e}$（扩散电容）与 I_C 成正比（$C_{b'e}$ 的下降并不会很显著），相应的 f_T 会随 I_C 下降得很快。但是，当 I_C 较大时，$C_{b'e}$ 主要以扩散电容器为主（$C_{b'e}$ 将随 I_C 的增大而增大），相应的 f_T 也会下降，如图 11.14 所示为特征频率随集电极电流的变化。

简单地说，如果你想设计频率特性更好的放大电路，应该首先确定合理的集电极电流，使特征频率最大化，这一点在后续设计共射放大电路时还会再次涉及。

接下来我们分析基本共射放大电路的高频响应，在这之前首先了解一下密勒理论（Miller's theorem）。假设在电路系统中，节点 1 与节点 2 之间的阻抗为 Z，且节点 2 的电压是节点 1 的 K 倍，即 $\dot{V}_2 = K\dot{V}_1$，如图 11.15 所示。

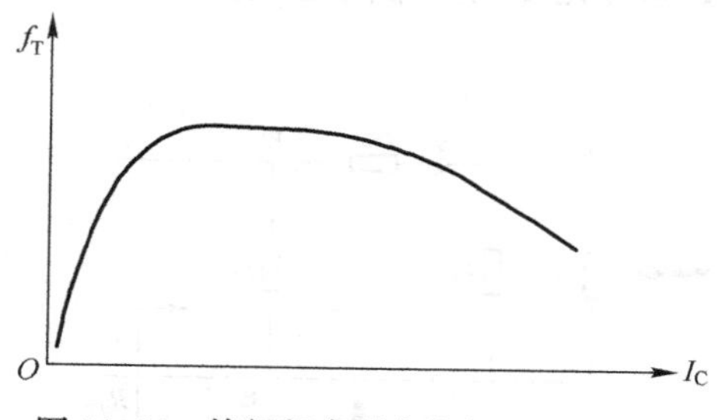

图 11.14　特征频率随集电极电流的变化

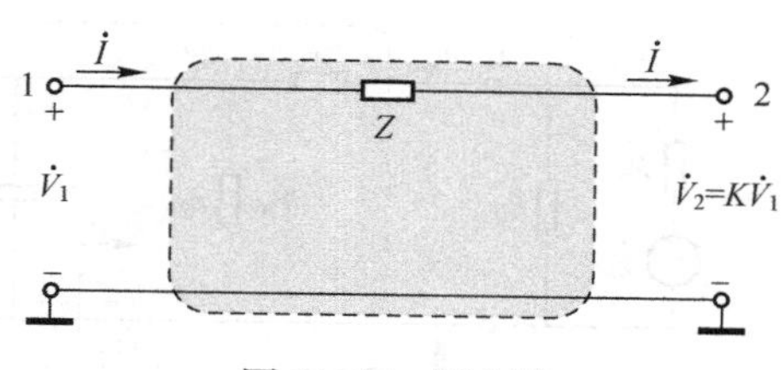

图 11.15　原电路

根据密勒理论，输入与输出之间的阻抗 Z 可以替换为连接节点 1 与公共地连接的阻抗 Z_1，以及节点 2 与公共地的阻抗 Z_2，它们的值分别为

$$Z_1 = \frac{Z}{1-K},\quad Z_2 = \frac{Z}{1-1/K} \tag{11.17}$$

替换后的等效电路如图 11.16 所示。

我们可以简单证明一下密勒理论。在原电路

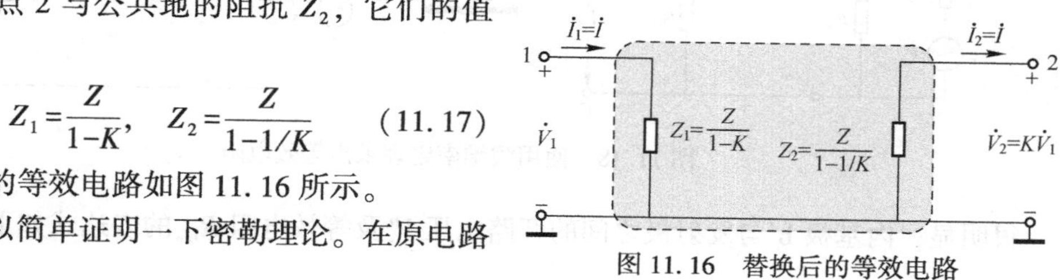

图 11.16　替换后的等效电路

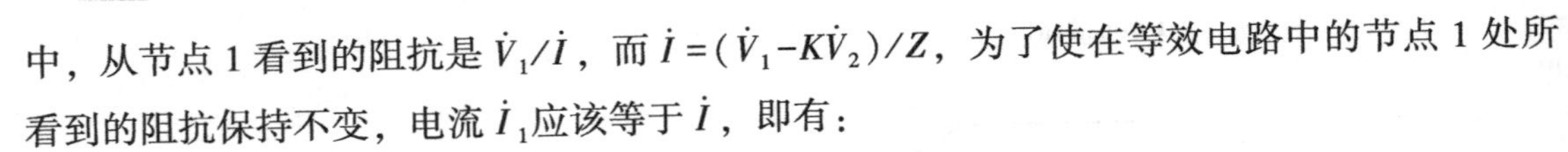

中，从节点 1 看到的阻抗是 $\dot V_1/\dot I$，而 $\dot I=(\dot V_1-K\dot V_2)/Z$，为了使在等效电路中的节点 1 处所看到的阻抗保持不变，电流 $\dot I_1$应该等于 $\dot I$，即有：

$$\dot I_1=\dot I\rightarrow\frac{\dot V_1}{Z_1}=\frac{\dot V_1-K\dot V_2}{Z}\rightarrow Z_1=\frac{Z}{1-K} \tag{11.18}$$

同理，为了使在等效电路中的节点 2 处所看到的阻抗保持不变，电流 $\dot I_2$也应该等于 $\dot I$（注意 $\dot I_2$的方向），即有：

$$\dot I_2=\dot I\rightarrow\frac{0-\dot V_2}{Z_2}=\frac{\dot V_1-K\dot V_2}{Z}\rightarrow\frac{-K\dot V_1}{Z_2}=\frac{\dot V_1-K\dot V_2}{Z}\rightarrow Z_2=\frac{Z}{1-1/K} \tag{11.19}$$

很快就可以看到密勒理论在频率特性分析过程中带来的好处。我们首先把图 11.11 所示的简化模型代入到基本共射放大电路的交流通路当中，则其在高频应用场合中的交流微变等效电路如图 11.17 所示。

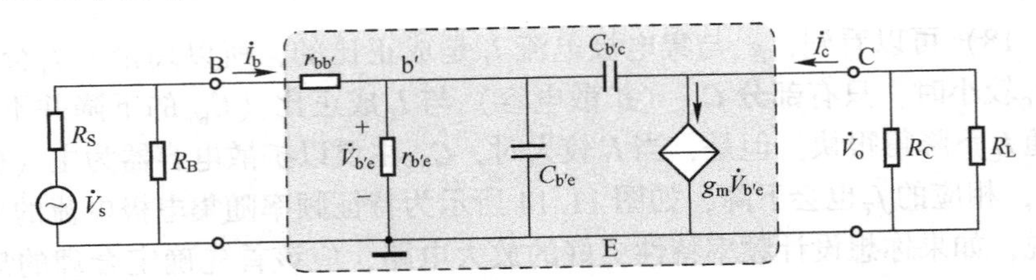

图 11.17　基本共射放大电路在高频应用场合中的交流微变等效电路

从图 11.17 中可以看到，基极体电阻 $r_{bb'}$与电容 $C_{b'e}$组成了一个低通滤波器，但它并不是简单的 RC 积分电路，同时还存在信号源内阻 R_s、基极电阻 R_B和 $r_{b'e}$。你当然可以使用前述分压公式来获得低通滤波器的频率特性，但我们更愿意先使用戴维南定理获取从电容 $C_{b'e}$两端看到的等效电阻 $R_{b'e}$，如图 11.18 所示。

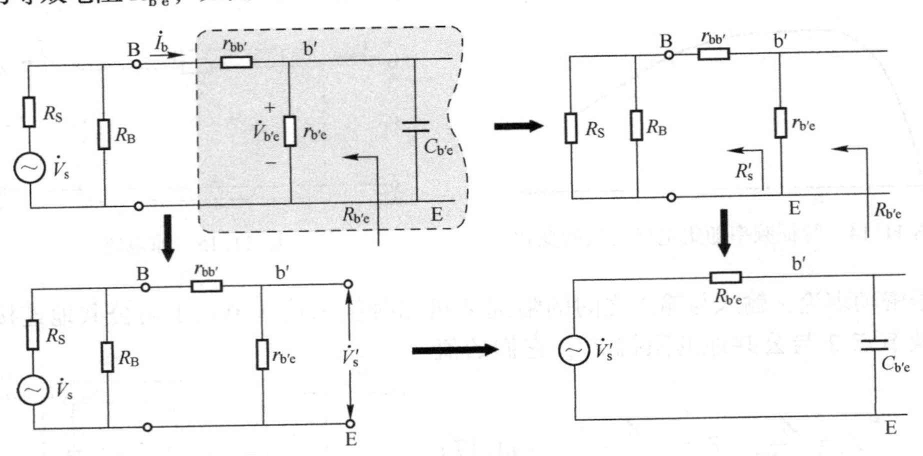

图 11.18　使用戴维南定理求出等效电阻

很明显，内基极 b′与发射极之间的开路电压 V'_s及等效电阻 $R_{b'e}$的表达式如下：

$$\dot{V}_s' = \frac{R_B \| r_{be}}{R_S + (R_B \| r_{be})} \cdot \frac{r_{b'e}}{r_{be}} \dot{V}_s \tag{11.20}$$

$$R_{b'e} = R_S' \| r_{b'e} = [(R_S \| R_B) + r_{bb'}] \| r_{b'e} \tag{11.21}$$

这样，图 11.17 可简化为图 11.19 所示的电路。

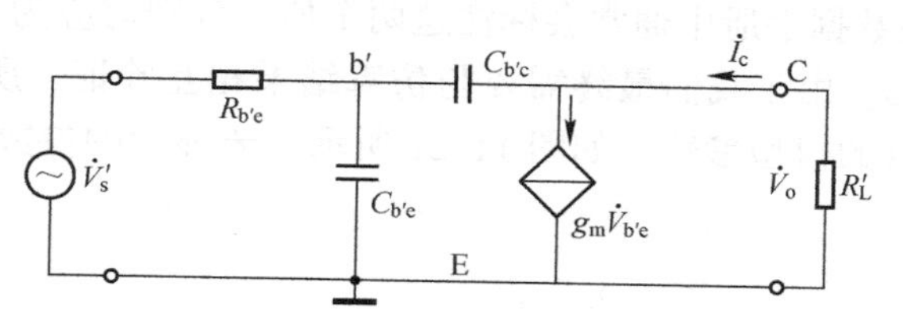

图 11.19　简化后的电路

图 11.19 所示的电路仍然不是简单的 RC 积分电路，在节点 b′与 C 之间还连接了一个电容器 $C_{b'c}$。从表面上看，$C_{b'c}$好像与 R_L' 形成了一个高通滤波器，但是它对输入回路 RC 低通滤波器的影响却不太好确定。此外，密勒理论大显身手的时刻终于到来了。

我们可以根据密勒理论把 $C_{b'c}$对输入回路呈现的容抗替换为对公共地连接的容抗，对应图 11.16，则有 $Z=1/j\omega C_{b'c}$，$K=-\beta_0 R_L'/r_{b'e}=-g_m R_L'$，那么等效到内基极 b′与公共地之间的容抗为

$$Z_1 = \frac{Z}{1-K} = \frac{1/j\omega C_{b'c}}{1-(-g_m R_L')} = \frac{1}{(1+g_m R_L') j\omega C_{b'c}} \tag{11.22}$$

从式（11.22）中可以看到，从内基极 b′向右侧看到的是一个与公共地连接的电容，只不过其容值为$(1+g_m R_L')C_{b'c}$，我们将其标记为 C_M，并称其为**密勒电容器**。$g_m R_L'$ 是放大电路的有载电压放大系数，其值一般远大于 1，相当于 $C_{b'c}$被扩大到原来的$(1+g_m R_L')$倍，如图 11.20 所示。

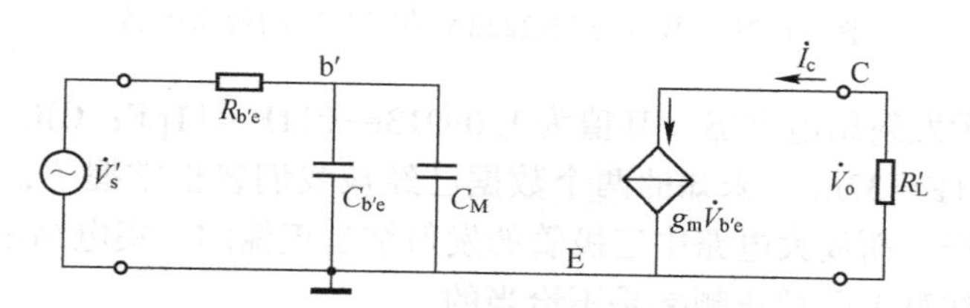

图 11.20　根据密勒理论替换后的电路

很明显，C_M与 $C_{b'e}$并联，跟 $R_{b'e}$构成了低通滤波器，但通常 C_M远比 $C_{b'e}$要大很多，所以 C_M对基本放大电路高频特性的影响将占主导位置。换句话说，**基本共射放大电路虽然可以具有较高的电压放大系数，但电压放大系数越高，则相应的高频特性将会越差（上限截止频率越小）**。从三极管本身来看（不包含偏置电路），影响其高频特性的主要因素即 $r_{bb'}$与 $C_{b'c}$，它们的乘积是一个时间常数，可以用来表征三极管的高频特性，其值越小，高频特性就越好。一般低频三极管为几十至近百皮秒，高频三极管约为几皮秒至几十皮秒，这个参数在图 4.23 所示的 2N2222A 数据手册中也可以看到。

此时的输入回路已经是一个单纯的 RC 积分电路了，根据式（10.18）可得其上限截止

频率为

$$f_H=\frac{1}{2\pi R_{b'e}(C_{b'e}+C_M)}=\frac{1}{2\pi R_{b'e}[C_{b'e}+(1+g_mR_L')C_{b'c}]} \tag{11.23}$$

式（11.23）中除 $C_{b'e}$ 与 $C_{b'c}$ 外，其他参数可根据已知条件计算出来，所以关键是获取这两个电容的具体值。在数据手册中通常会标注这两个值，分别对应为 $C_e(C_{EBO})$ 与 $C_c(C_{CBO}$ 或 $C_{o'b})$，可以参考图 4.23。由于我们最终需要与仿真结果相互验证，所以还是来观察一下型号为 2N2222A 的三极管的模型参数，如图 11.21 所示（未显示的参数可参考表 4.4）。

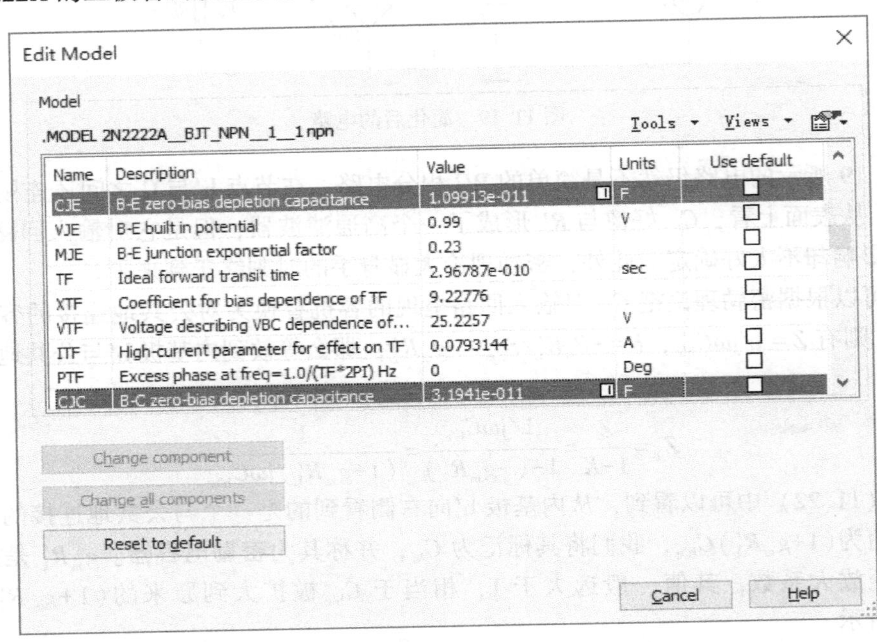

图 11.21　型号为 2N2222A 的三极管的模型参数

其中，CJE 表示发射结电容器，其值为 1.09913e−011F≈11pF；CJC 表示集电结电容器，其值为 3.1941e−011F≈32pF。未知的两个数据已经被我们轻松掌握了，但是这两个数值是零偏置条件下的数据，而放大电路中三极管的发射结是正偏的、集电结是反偏的，所以直接使用这两个数据来估算上限截止频率是不恰当的。

由于集电结是反偏的，$C_{b'c}$ 可以使用式（11.5）来计算，模型参数中的 CJC 对应式中的 C_{B0}（为 32pF）；V_R 为集电结两端的反向偏置电压，按照第 6 章静态工作点的仿真结果，我们可以得到其值为 7.05V − 0.645V ≈ 6.4V；而模型参数中的 VJC 对应式中的 V_0（约为 0.4V），MJC 对应式中的 m（为 0.85），把这些数据代入式（11.5）可得：

$$C_{b'c}=\frac{32\text{pF}}{\left(1+\dfrac{6.4\text{V}}{0.4\text{V}}\right)^{0.85}}\approx 2.88\text{pF}$$

接下来我们再获取 $C_{b'e}$。根据式（11.16），由于 g_m 与 $C_{b'c}$ 现在是已知的，所以只要我们得到 f_T 的数据就可以计算出 $C_{b'e}$ 了。但是，三极管模型中没有 f_T 对应的参数，它是一个变动比较大的值，通常使用参数 τ_F 来表示，我们称其为渡越时间或正向基极传输时间，表示载

流子电子穿越基区所花的平均时间，你可以理解为式（11.6）中的 τ_T，它与 f_T 之间有如下关系：

$$f_T = \frac{1}{2\pi\tau_F} \tag{11.24}$$

τ_F 对应三极管模型中的参数 TF，其值为 2.96787^{-10}s ≈ 0.3ns，则有：

$$f_T = \frac{1}{2\pi\tau_F} = \frac{1}{2\times3.14\times0.3\text{ns}} \approx 530\text{MHz}$$

将 f_T 代入式（11.16）中就可以计算出 $C_{b'e}$，即

$$C_{b'e} = \frac{g_m}{2\pi f_T} - C_{b'c} = \frac{85\text{mS}}{2\times3.14\times530\text{MHz}} - 2.88\text{pF} \approx 25.5\text{pF} - 2.88\text{pF} = 22.6\text{pF}$$

有些读者可能会根据式(11.6)计算如下：

$$C_D = \left(\frac{\tau_T}{V_T}\right) I \approx \left(\frac{0.3\text{ns}}{26\text{mV}}\right) \times 2.47\text{mA} = 28.5\text{pF}$$

当然，这个结果只代表 PN 结的扩散电容，此值比刚刚计算得到的 22.6pF 还要大，什么情况？实际上，$C_{b'e}$ 包含两个部分，一部分是前面介绍的发射结电容器，我们使用 C_{je} 来标记；另一部分是基区的寄生（扩散）电容器，我们使用 C_{de} 来标记，即

$$C_{b'e} = C_{de} + C_{je} \tag{11.25}$$

C_{je} 的估算方法有几种，如果你实在懒得去查找数据，最简单的估算方法就是零偏置时的 2 倍（22pF）。当然，如果谨慎的你需要更有说服力的计算公式，同样可以使用式（11.5），有所不同的是，此时公式中的 V_R 是正向偏置电压，即

$$C_{je} = \frac{C_{j0}}{\sqrt[m]{1 - \frac{V_F}{V_0}}} \tag{11.26}$$

虽然已经有资料证明式（11.26）在 PN 结正向偏置时计算出来的精度并不高，但幸运的是，Multisim 软件平台采用的就是它。我们从表 4.4 中得到 CJE(C_{j0}) ≈ 11pF、VJE(V_0) = 0.99V、MJE(m) = 0.23，而发射结的正向偏置电压 V_F ≈ 0.646V，代入式（11.26）则有：

$$C_{je} = \frac{11\text{pF}}{\left(1 - \frac{0.6\text{V}}{0.99\text{V}}\right)^{0.23}} \approx 13.6\text{pF}$$

基区寄生电容 C_{de} 可计算如下：

$$C_{de} = \tau_F \cdot g_m \approx 0.3\text{ns} \times 85\text{mS} = 25.5\text{pF}$$

所以有：

$$C_{b'e} = C_{de} + C_{je} = 25.5\text{pF} + 13.6\text{pF} \approx 39.1\text{pF}$$

现在需要面临另一个选择：$C_{b'e}$ 是 22.6pF 还是 39.1pF 呢？最好的判断依据还是仿真结果。我们从图 8.13 所示的静态工作点仿真结果可以看到，$C_{b'c}$ 约为 2.6pF，这与我们的计算结果（2.88pF）相当接近，而 $C_{b'e}$ 约为 38pF，说明式（11.25）计算的结果相对更“靠谱”一些，这样我们就选择 39.1pF 进行接下来的计算。

这样，输入回路的总电容为

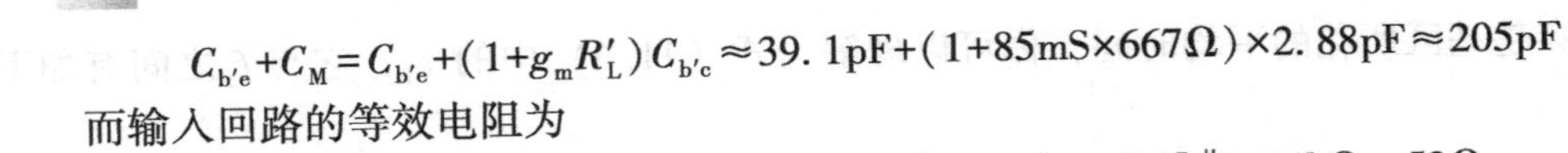

$$C_{b'e}+C_M=C_{b'e}+(1+g_mR'_L)C_{b'c}\approx39.1\text{pF}+(1+85\text{mS}\times667\Omega)\times2.88\text{pF}\approx205\text{pF}$$

而输入回路的等效电阻为

$$R_{b'e}=[(R_S\|R_B)+r_{bb'}]\|r_{b'e}=[(50\Omega\|470\text{k}\Omega)+5\Omega]\|1.24\text{k}\Omega\approx52\Omega$$

这里仍然假设 $r_{bb'}=5\Omega$，此值来自表 4.4 中的模型参数 RBM，我们取了个整数（原值为 3.99688Ω），而不是随便按其他图书假设的 150Ω 或 300Ω。虽然通过调整 $r_{bb'}$ 能够使上限截止频率的计算数据更漂亮（与理论的仿真结果更接近），但跟你一样严谨的我是不屑于这么做的。

至此，可以得到输入回路的上限截止频率为

$$f_H=\frac{1}{2\pi R_{b'e}(C_{b'e}+C_M)}=\frac{1}{2\times3.14\times52\Omega\times205\text{pF}}\approx14.9\text{MHz}$$

图 11.3 所示的仿真结果对应的 $f_H\approx14.4\text{MHz}$，与手动计算之间的误差并不大。

第 12 章　温度特性分析：作战水平发挥稳定吗？

前面分析了基本共射放大电路的一些静态与动态参数，也就是说，现在至少可以知道你的放大电路能不能对输入信号进行放大，以及放大方面的一些性能是怎么样的。我们假设你设计或选择的放大电路目前对输入信号的放大性能是比较令人满意的，但是这就能说明它的性能很好吗？不一定！

还是以篮球项目为例，如某个运动员各方面的技术指标综合起来比较高，但是他存在一个非常致命的问题：发挥不稳定。例如，打主场时他总是发挥得很好，而打客场时总是会差一些；又例如，他上午发挥得比较好，而下午发挥得就比较差。那你能说他的篮球水平很高吗？最多只能算是个有潜质的运动员，对不对？

同样的道理，一个放大电路现在对输入信号的放大比较好，并不代表它将来一直都能够表现得这么好，这就是电路的稳定性问题。影响电路稳定性方面的因素有很多，如直流供电电源的波动、元器件本身的老化和环境温度的变化，它们都会导致电路的直流静态工作点不稳定，继而使得其动态性能变差，严重的时候甚至会让放大电路无法正常工作，如图 12.1 所示。

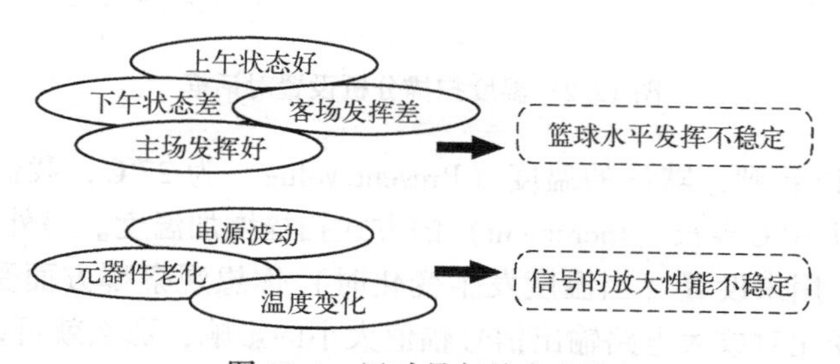

图 12.1　运动员与放大电路

今天我们就来讨论一下环境温度的变化对放大电路稳定性的影响，准确来说是温度对三极管电气参数的影响，因为三极管是由对温度比较敏感的半导体制造出来的。那怎么样直观地展现出温度的变化对放大电路稳定性的影响呢？我需要用烙铁焊一个三极管放大电路拍个视频出来吗？没有必要！充分利用 Multisim 软件平台内置的温度扫描（Temperature Sweep）分析即可。

在没有特别设置的情况下，我们的仿真电路默认都是在 27℃ 下进行的，而温度扫描分析观察的是温度在某一个范围内发生变化时电路各项参数受到的影响，所以得先设置一下扫描参数。

我们使用的仿真电路仍然还是图 7.14 所示的电路，首先进入 Multisim 软件平台的温度扫描分析设置对话框，如图 12.2 所示。

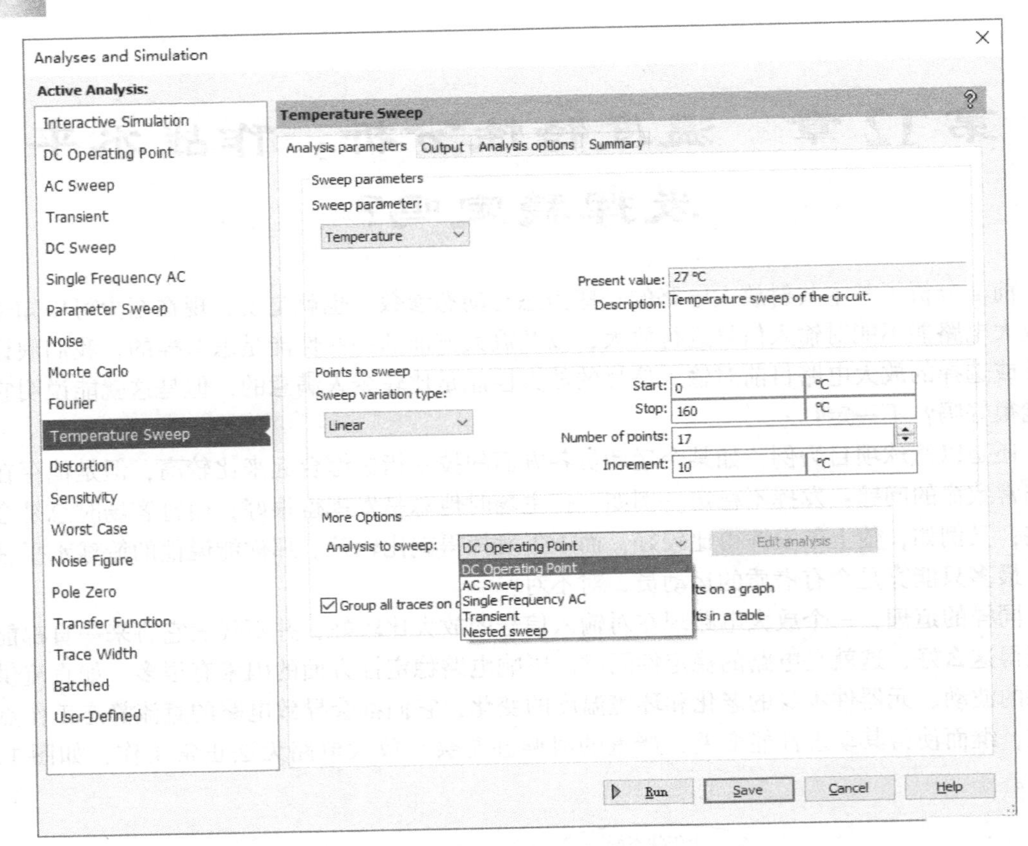

图 12.2　温度扫描分析设置对话框

从图 12.2 中可以看到，默认的温度（Present value）为 27℃，我们把温度的变化范围设置为 0~160℃，以 10℃步长（Increment）的方式扫描增加温度。另外，“Analysis to sweep”列表中有 5 个选项，用来设置（当温度发生变化时）你想观察哪方面受到影响的参数。例如，你想观察温度变化对放大电路输出信号幅值大小的影响，那么就可以选择瞬态（Transient）。我们需要观察电路的静态工作点随温度的变化情况，所以选择直流静态工作点（DC Operating Point），然后进入“Output”标签页选择需要观察哪些参数，如图 12.3 所示。

读者对已经选中的参数应该不会再有疑问，因为与我们前面在仿真静态工作点时选择的观察参数是完全一样的。单击“Run”按钮即可出现如图 12.4 所示的仿真结果。

为了方便大家观察，我们已经使用对应的静态工作点符号进行了标记，重点观察“**dy**”这一行数据，它表示当温度从 0℃变化到 160℃时静态工作点的变化量。从图 12.4 中可以看到，发射结正向导通压降 V_{BEQ} 的变化量是负的，它从 690mV(0℃)下降到了 419mV(160℃)，下降量约为 271MV，变化百分比为[(690mV-419mV)/690mV]×100%≈39%。集电极静态电位 V_{CQ} 的变化量也是负的，从开始的 7.56V 下降到了 5.71V，下降量为 1.85V，变化百分比约为 24%，这个下降量还是比较大的。如果大家还有印象的话，在进行基本放大电路的源电压放大系数仿真的时候，输入信号源的峰值是 5mV，放大后的输出电压峰值约为 233mV（见图 7.17）。然而，V_{CQ} 随温度上升的变化量甚至都已经超过了有效输出电压的峰

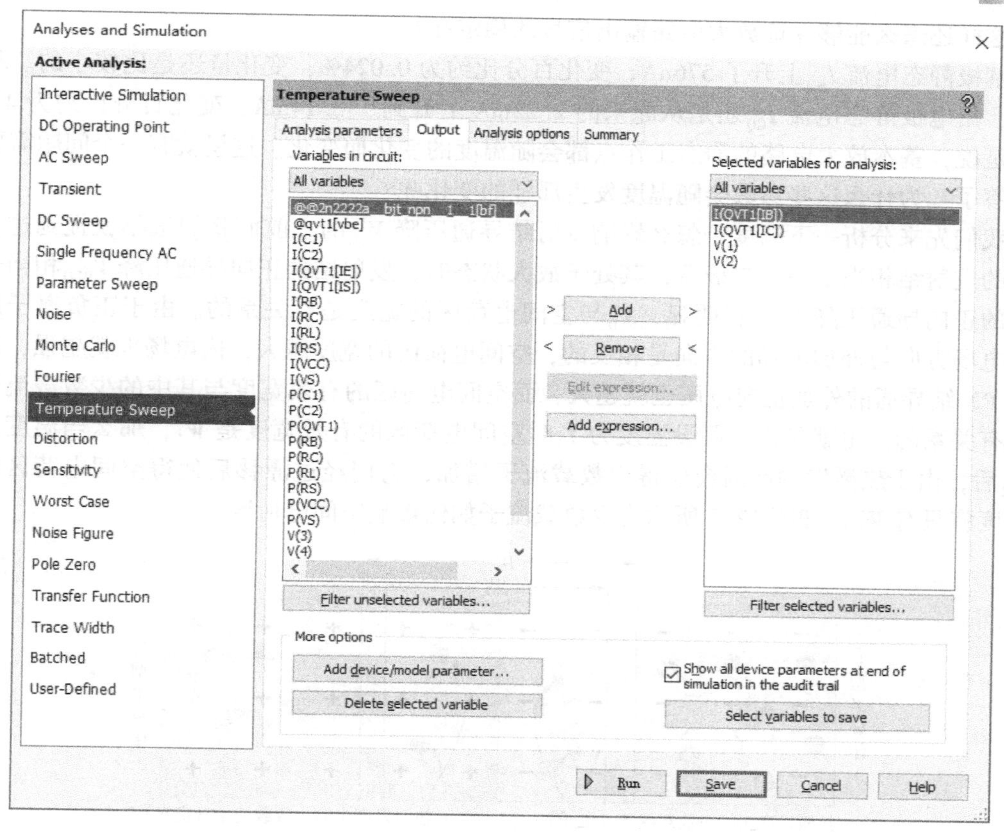

图 12.3　“Output”标签页

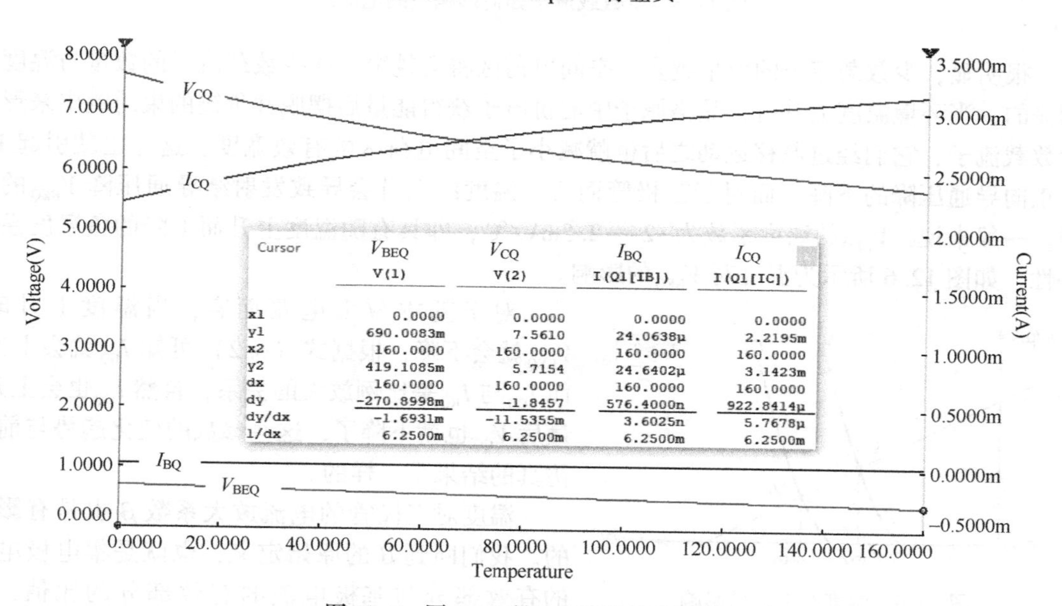

图 12.4　图 7.14 所示电路的仿真结果

值，这样还怎么能够保证放大电路输出信号的稳定呢？

基极静态电流 I_{BQ} 上升了 576nA，变化百分比约为 0.024%，变化量还是比较小的。尽管如此，集电极静态电流 I_{CQ} 还是从原来的 2.22mA 上升到了 3.14mA，变化百分比约为 41%。也就是说，基本放大电路的静态工作点都会随温度的变化而变化。这里就有一个问题需要我们解答了：为什么这些参数会随温度发生那样的变化呢？

我们先来分析一下温度是怎么影响发射结导通压降 V_{BE} 的。前面我们很早就提到过，三极管的发射结相当于一个二极管，其处于放大状态时，发射结的正向导通压降 V_{BEQ} 相当于二极管的正向导通压降 V_D。很明显，V_D 与空间电荷区的宽度是有关系的。由于正负离子产生的内电场方向与外加电场的方向是相反的，空间电荷区的宽度越大，内电场也就越强，那么要使 PN 结导通的外加正向电压也就越大，而空间电荷区的有效宽度与其中的少数载流子数量是有关系的。也就是说，假设温度为 T_1 时空间电荷区的有效宽度是 W_1，那么当温度上升到 T_2 后，由于热激发的原因会使得少数载流子增加，它们经过漂移后使得空间电荷区的有效宽度将只有 W_2，如图 12.5 所示为少数载流子如何影响空间电荷区。

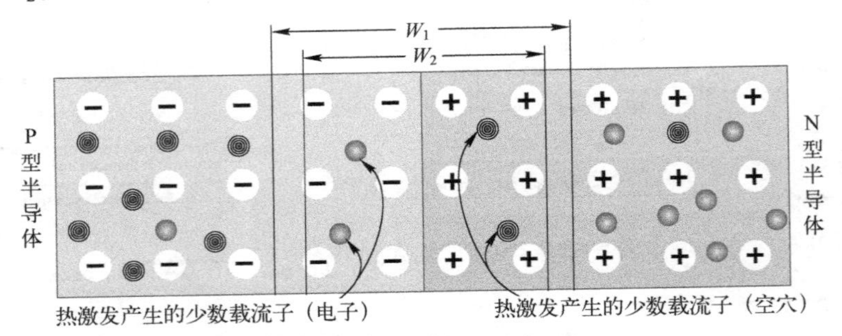

图 12.5　少数载流子如何影响空间电荷区

很明显，少数载流子的数量越多，空间电荷区将会越窄。而少数载流子的数量与温度是相关的，当环境温度上升时，晶格原子中的价电子获得能量后摆脱共价键的束缚跳出来形成少数载流子，它们经过漂移运动之后也就减小了空间电荷区的有效宽度，这样也就引起 PN 结正向导通压降的下降。而对于三极管而言，温度的上升会导致发射结导通压降 V_{BEQ} 的下降。一般来说，V_{BEQ} 的温度系数为 −2～−2.5mV/℃，即具有随温度上升而下降的负温度系数特性，如图 12.6 所示为温度对 V_{BEQ} 的影响。

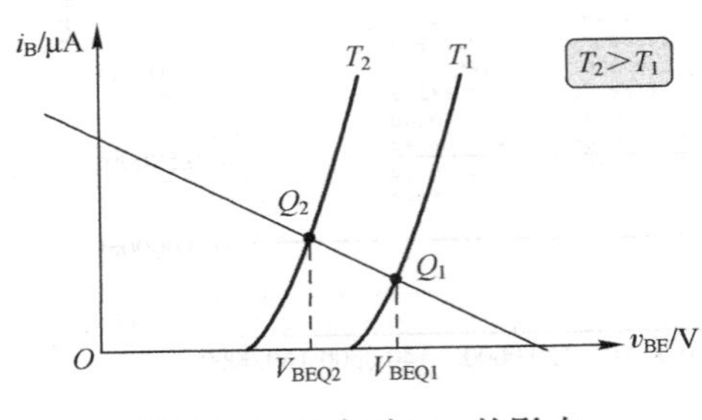

图 12.6　温度对 V_{BEQ} 的影响

对于基本放大电路而言，当温度上升时，V_{BEQ} 就会下降，根据式（6.2）可知 I_{BQ} 就会上升，而 I_{CQ} 与 I_{BQ} 是比例放大的关系，自然 I_{CQ} 也会上升，最后 V_{CQ} 也就下降了，这些参数的变化趋势与前面仿真的结果是一样的。

温度对三极管的电流放大系数 β 也是有影响的。我们回到 β 的原始定义，也就是集电极电流的有效部分与基极电流的有效部分的比值，即式（3.7），在此重写如下：

$$\beta = \frac{I_{CN1}}{I_{EP} + I_{BN}} \tag{12.1}$$

注意式（12.1）中的 I_{BN}，它是发射区注入到基区的电子向集电结扩散的过程中与基区的空穴复合而形成的。当温度升高的时候，载流子的扩散速度会加快，继而导致在基区中电子与空穴复合的机会减小了，也就是分母的 I_{BN} 部分减小了，所以 β 就增加了。

三极管模型参数（见表 4.4）中的 XTB 决定了 β 与温度之间的变化关系，当绝对温度从 T_1 变化到 T_2 时，相应的 β 可使用下式计算：

$$\beta_{T_2} = \beta_{T_1} \cdot (T_2/T_1)^{XTB} \tag{12.2}$$

由于三极管模型参数中的 BF 是 T=300K 时对应的 β，所以温度为 T_2 时的 β 为

$$\beta_{T_2} = BF \cdot (T_2/300)^{XTB} \tag{12.3}$$

XTB 值随三极管型号的不同而有所不同，但大部分三极管为 1～2。一般温度每升高 1℃，β 会增加 0.5%～1%，即使三极管的基极静态电流 I_{BQ} 不变，温度的上升也会导致 I_{CQ} 增加，最后 V_{CQ} 也就下降了，这些参数的变化趋势与我们前面仿真的结果还是一样的。

温度还会对三极管集电极－基极的反向饱和电流 I_{CBO} 有影响，这个我们也早就提过了。I_{CBO} 是由少数载流子的漂移运动形成的，它只与少数载流子的数量及环境的温度有关系。环境的温度越高，基区与集电区由于温度能量激发出来的少数载流子就会增加，产生的 I_{CBO} 相应地也就增加了。由于 I_{CBO} 也是 I_{CQ} 的一部分，这样就会引起 I_{CQ} 的上升，从而 V_{CQ} 也就下降了，这些参数的变化趋势与我们前面仿真的结果还是一样的。也就是说，由于与三极管本身相关的多项参数对温度很敏感，所以导致基本放大电路的静态工作点对温度也很敏感，从而也就使得静态工作点不稳定。

静态工作点不稳定会带来什么问题呢？我们还是以篮球项目为例，静态工作点相当于地面，稳定的静态工作点就相当于平整干净的地面，而不稳定的静态工作点就相当于坑坑洼洼的地面，自然也就会影响运动员的水平发挥了。同样的道理，电路静态工作点的不稳定也会影响放大电路“把玩”信号放大的综合水平。我们也早就提到过，直流静态参数是交流动态参数的基础，如果连静态工作点都不稳定，那么其动态性能肯定也会受到影响。

我们可以根据前面的讨论总结一下：当温度发生变化时，无论它影响的是三极管的发射结导通电压 V_{BEQ} 还是 β，或者 I_{CBO}，它们最终总是会反应到集电极电流 I_{CQ}，继而影响集电极电位 V_{CQ} 发生相应的变化。例如，当温度上升时，静态工作点的整个变化过程如图 12.7 所示。

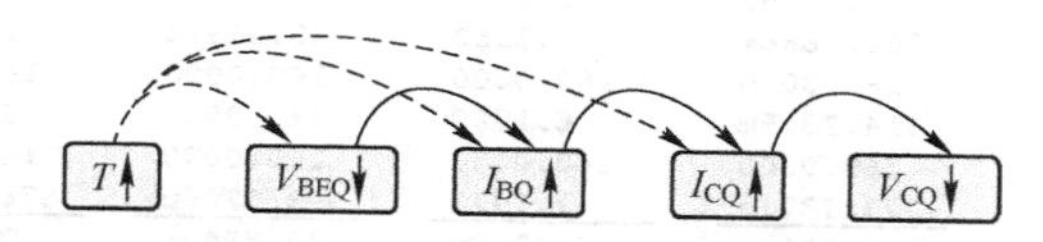

图 12.7　静态工作点的整个变化过程（当温度上升时）

由于基本放大电路的输出电压是（从三极管的集电极）通过耦合电容隔离直流成分而输出的交流电压，所以 V_{CQ} 随温度的变化量就相当于叠加在有效输出信号上。简单地说，就是使输出信号失真了。所以温度的变化会直接影响电路的静态工作点、会间接影响电路的动态性能。

为了改善放大电路的温度特性，我们进行了一些电路结构方面的微调整，如图 12.8 所示为集电极反馈式共射放大电路。

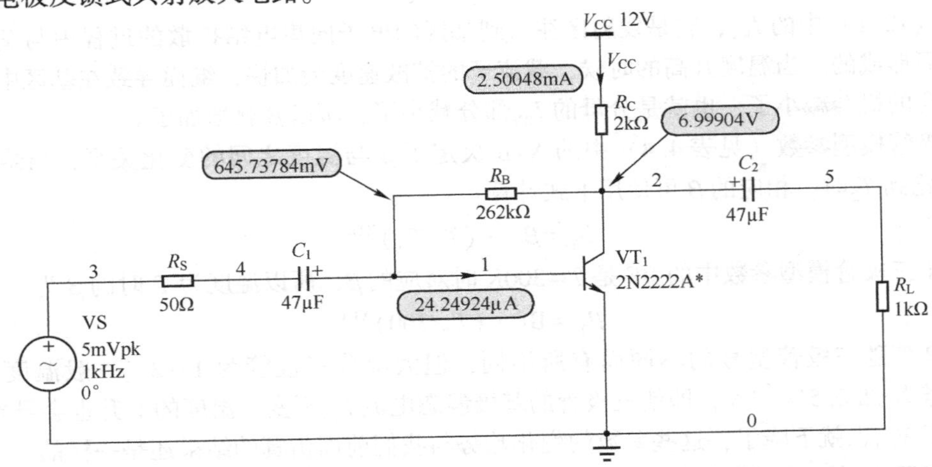

图 12.8　集电极反馈式共射放大电路

基极电阻 R_B 不再与供电电源直接相连，而是与三极管的集电极连接在一起，我们称为集电极反馈式共射放大电路。为了能够方便地与基本共射放大电路的温度扫描结果进行对比，R_B 的取值最好使其静态工作点与原来的基本放大电路尽量一致，这样它们的温度扫描分析数据就可以直接进行比较。当然，挖空心思调整电阻值并不是必须的，如果不想调整出像 262kΩ 这样比较“怪”的电阻值，也可以直接选择 260kΩ 或更小一些的常用电阻值，这样可以使得修改后的放大电路的电流值比基本共射放大电路的稍微大一些。这样，在相同温度变化量的条件下，静态电流越大，则相应产生的变化量也就越大。如果我们找到的线索能够证明“静态电流更大的放大电路受到温度的影响反而比静态电流更小的要小”，就可以说明修改后的方案的温度稳定性更好。当然，如果你实在连这些都不愿意考虑，可以使用静态工作点变化的百分比来进行对比，只不过你需要做一些简单的数据运算而已。

我们同样对改进后的共射放大电路进行温度扫描分析，相应的仿真结果如图 12.9 所示。

Cursor	V_{BEQ} V(1)	V_{CQ} V(2)	I_{BQ} I(QVT1[IB])	I_{CQ} I(QVT1[IC])
x1	0.0000	0.0000	0.0000	0.0000
y1	691.4686m	7.3252	25.3197μ	2.3121m
x2	160.0000	160.0000	160.0000	160.0000
y2	414.2815m	6.1780	21.9991μ	2.8890m
dx	160.0000	160.0000	160.0000	160.0000
dy	-277.1871m	-1.1472	-3.3206μ	576.9179μ
dy/dx	-1.7324m	-7.1700m	-20.7540n	3.6057μ
1/dx	6.2500m	6.2500m	6.2500m	6.2500m

图 12.9　图 12.8 所示电路的仿真结果

从图 12.9 中可以看到，发射结的正向导通压降 V_{BEQ} 的变化量为 -277mV，比原来（-270mV）下降得更多了。也就是说，这个参数受到温度的影响反而更大了。乍一看，貌似电路的温度稳定性并没有什么改善。然而，V_{BEQ} 这个数据的变化量并不能说明什么，我们最终还是要观察集电极电位 V_{CQ} 的变化量，因为它才会直接影响输出信号。V_{CQ} 的实际下降量约为1.15V，比原来的变化量（1.85V）小了很多。也就是说，在相同温度变化量的条件下，集电极反馈式放大电路的静态工作点更稳定一些。

有趣的是，与原来电路中 I_{BQ} 的变化趋势不一样，集电极反馈式放大电路中的 I_{BQ} 反而是下降的。为什么会这样呢？当 I_{CQ} 因温度上升而上升时，V_{CQ} 就会下降，流过基极电阻 R_B 的电流 I_{BQ} 也就会有一定的下降，那么再经过三极管放大后，I_{CQ} 因温度上升而上升的趋势就会有一定的限制，整个过程如图12.10所示。

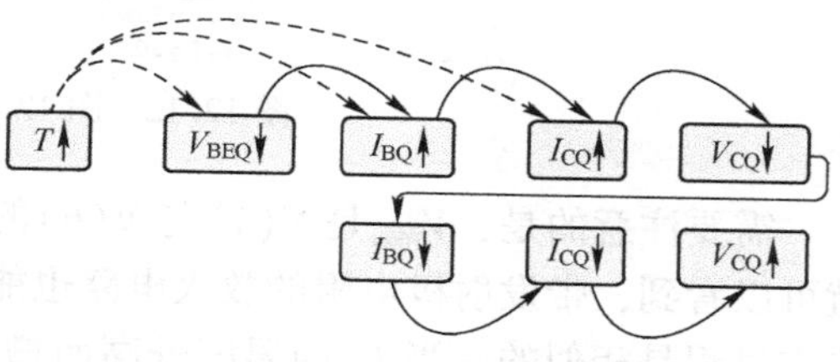

图12.10　温度对Q点的影响

实际上，在集电极反馈式放大电路的静态工作点的稳定过程中存在一个负反馈（Negative FeedBack，NFB）机制。温度的上升对三极管各项参数产生的影响最终体现为集电极电流 I_{CQ} 上升了，而经过一系列负反馈之后，原来上升的 I_{CQ} 又下降了一部分。这样，I_{CQ} 的下降量抵消原来的上升量，从而使其受温度的影响要小一些。

正是由于负反馈机制，才使得放大电路能够自动地稳定静态工作点。准确地来说，这是由于基极电阻 R_B 引入了电压负反馈。因为 R_B 与输出回路相连接，当输出回路中的集电极电流 I_{CQ} 发生变化而引起 V_{CQ} 变化时，R_B 就会把电压的变化量引导至输入回路来影响三极管的发射结电压 V_{BEQ}，也就是通过输出电压反馈并降低输入电压，从而最终降低输出电流的过程。由于最终反馈的结果使输出量的变化减小了，所以我们称为负反馈。如果反馈的结果使输出量的变化更大了，我们可以称为正反馈（Positive FeedBack，PFB）。由于图12.8所示电路中的负反馈机制出现在了直流通路当中，所以也可以称其为直流负反馈。相应地，也有交流负反馈，现阶段的你只需要知道**直流负反馈能够稳定电路的静态工作点**就可以了。

我们并不仅仅只有一种提升温度稳定性的途径，图12.11所示的带发射极电阻的放大电路也是一种可行的方案。

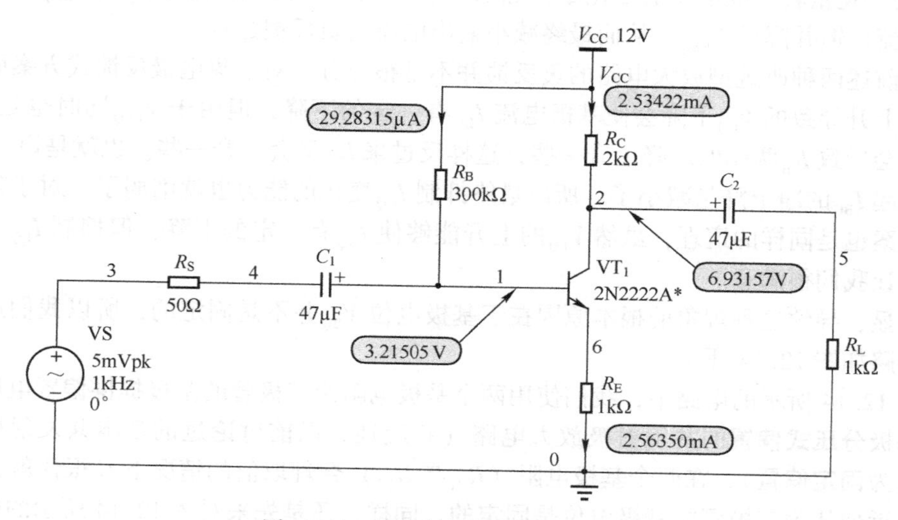

图12.11　带发射极电阻的放大电路

同样，对图 12.11 所示的电路进行温度扫描分析，相应的仿真结果如图 12.12 所示。

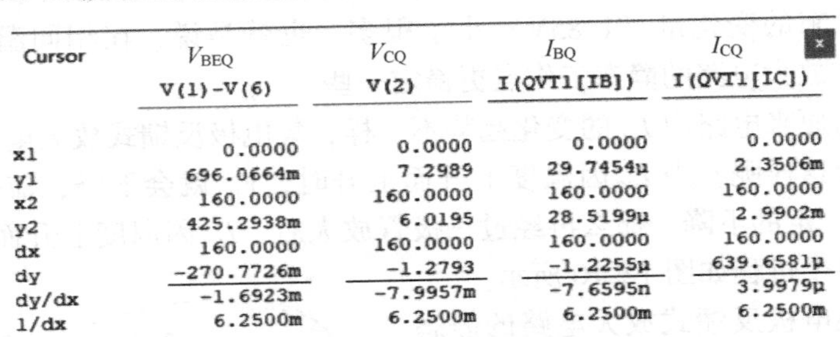

Cursor	V_{BEQ} V(1)-V(6)	V_{CQ} V(2)	I_{BQ} I(QVT1[IB])	I_{CQ} I(QVT1[IC])
x1	0.0000	0.0000	0.0000	0.0000
y1	696.0664m	7.2989	29.7454μ	2.3506m
x2	160.0000	160.0000	160.0000	160.0000
y2	425.2938m	6.0195	28.5199μ	2.9902m
dx	160.0000	160.0000	160.0000	160.0000
dy	-270.7726m	-1.2793	-1.2255μ	639.6581μ
dy/dx	-1.6923m	-7.9957m	-7.6595n	3.9979μ
1/dx	6.2500m	6.2500m	6.2500m	6.2500m

图 12.12　图 12.11 所示电路的仿真结果

需要注意的是，V_{BEQ}是 V(1)与 V(6)的电位差。通过对比集电极反馈式方案的仿真结果就可以看到，带发射极电阻的放大电路也能够获得一定的温度稳定性，它们的静态工作点的稳定过程是相似的。当 I_{CQ}因温度升高而增加时，I_{EQ}也就增加了，从而发射极电位 V_{EQ}也就上升了，这样将会导致 V_{BEQ}下降，最终引起 V_{CQ}有一定的上升，如图 12.13 所示为静态工作点的稳定过程。

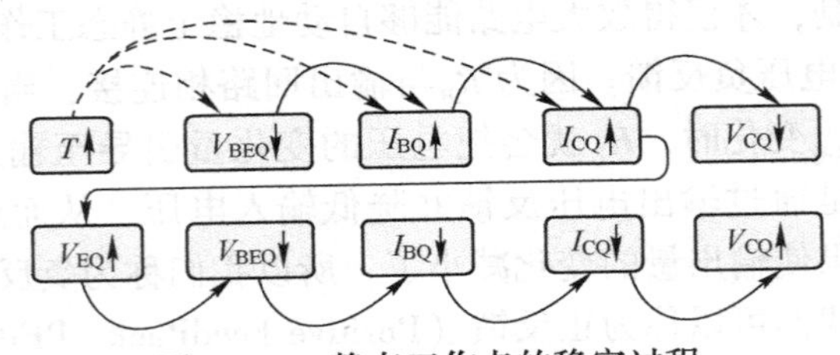

图 12.13　静态工作点的稳定过程

与集电极反馈式方案有所不同的是，带发射极电阻的放大电路是由于 R_E而引入了电流负反馈。由于 R_E是输入回路与输出回路共用的，所以当输出回路中的 I_{CQ}发生变化时，R_E就会把 I_{CQ}的变化量转变成电压的变化量，然后再将其引导至输入回路来影响 V_{BEQ}，也就是通过输出电流反馈并降低 V_{BEQ}，从而最终减小输出电流的负反馈过程。

然而前述两种改进型放大电路的负反馈并不是很充分。对于集电极反馈式方案而言，虽然因温度上升导致的 V_{CQ}下降会使基极电流 I_{BQ}有一定的下降，但由于 V_{BEQ}同时也是下降的，所以也就会导致 R_B两端的压降上升一些，这样反过来 I_{BQ}又会上升一些。也就是说，由 R_B负反馈而引起 I_{BQ}的净下降量减小了，所以最终抑制 I_{CQ}变化的能力也就削弱了。对于带发射极电阻的方案也是同样的道理，虽然 V_{EQ}的上升能够使 I_{BQ}有一定的下降，但抑制 I_{CQ}变化的能力并不能让我们很满意。

很明显，导致这种现象的根本原因在于基极电位 V_{BQ}并不是固定的，所以我们进一步优化后的电路如图 12.14 所示。

在图 12.14 所示的电路中，我们使用两个基极电阻给三极管的基极提供偏置电压，所以称其为基极**分压式偏置**的共发射极放大电路（相应地，以前讨论过的基本共发射极放大电路可以称为**固定偏置**），在两个基极电阻（R_{B1}与 R_{B2}）合理取值的情况下（很快就会提到），我们可以近似认为三极管的基极电位是固定的。同样，还是先来对图 12.14 所示的电路进行仿真，相应的仿真结果如图 12.15 所示。

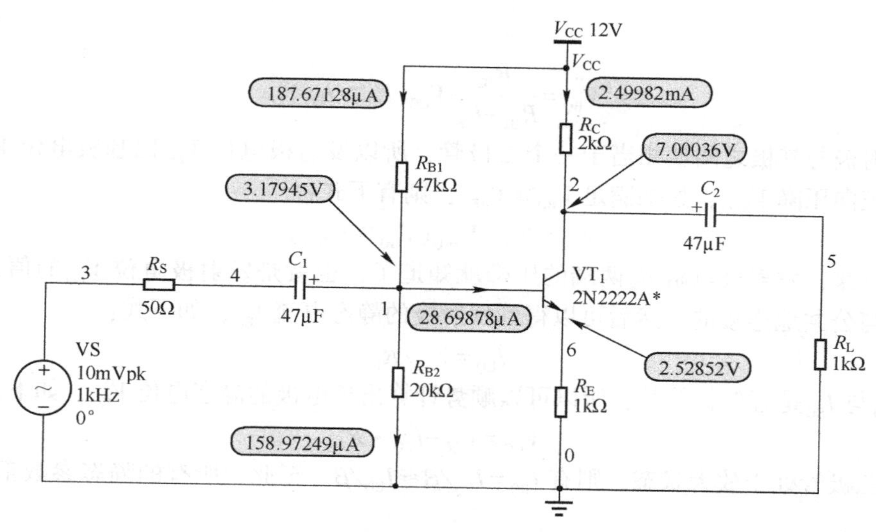

图 12.14　基极分压式共射放大电路的仿真电路

Cursor	V_{BEQ} V(1)-V(6)	V_{CQ} V(2)	I_{BQ} I(QVT1[IB])	I_{CQ} I(QVT1[IC])
x1	0.0000	0.0000	0.0000	0.0000
y1	697.2289m	7.1615	30.9777μ	2.4193m
x2	160.0000	160.0000	160.0000	160.0000
y2	420.1498m	6.4358	25.2714μ	2.7821m
dx	160.0000	160.0000	160.0000	160.0000
dy	-277.0791m	-725.6853m	-5.7062μ	362.8426μ
dy/dx	-1.7317m	-4.5355m	-35.6638n	2.2678μ
1/dx	6.2500m	6.2500m	6.2500m	6.2500m

图 12.15　图 12.14 所示电路的仿真结果

结果更加令人兴奋，由于基极电位被固定住了，所以负反馈回来的电压将更多地用于抑制由于温度变化而引起的集电极电流的变化，现在 V_{CQ} 的变化量还不到 800mV。实际上，这种基极分压式结构的放大电路的应用非常广泛，所以有必要对其进行更为深入的探讨。我们来分析图 12.14 所示放大电路的静态工作点，其直流通路如图 12.16 所示。

这里我们对电路的参数进行了标记，我们同样需要分析三极管 VT_1 是否处于放大状态。与以往介绍的基本放大电路不一样的是，此电路中三极管的发射极没有与公共地直接相连，所以想要确定 VT_1 的工作状态，仅计算集电极与发射极之间的静态压降 V_{CEQ} 是不够的，而是要分别计算出发射极电位 V_{EQ} 与集电极电位 V_{CQ}。

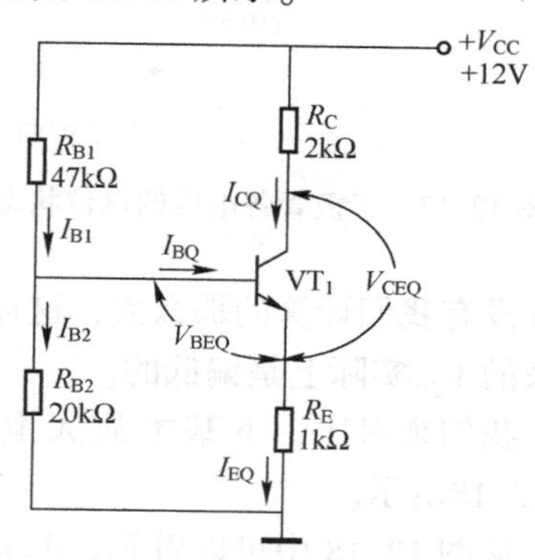

图 12.16　图 12.14 所示电路的直流通路（分压式放大电路）

在图 12.16 所示的电路中，基极电阻 R_{B1} 与 R_{B2} 构成一个电阻分压器，从电源 V_{CC} 分到的电压给三极管的发射结提供正向偏置。如果选择适当的基极电阻使得 $I_{B1} \gg I_{BQ}$，那我们可以认为基极电位 V_{BQ} 是固定的，它与基极静态电流 I_{BQ} 是无关的，相应的基极静态电位 V_{BQ}

如下式：

$$V_{BQ}=\frac{R_{B2}}{R_{B1}+R_{B2}}V_{CC}(I_{B1}\gg I_{BQ}) \tag{12.4}$$

而发射极与基极之间就相当于一个二极管，所以发射极电位 V_{EQ} 比基极电位 V_{BQ} 小一个二极管的正向压降 V_{BEQ}，如果满足 $V_{BQ}\gg V_{BEQ}$，则有下式：

$$V_{EQ}=V_{BQ}-V_{BEQ}(V_{BQ}\gg V_{BEQ}) \tag{12.5}$$

这样一来，发射极电阻 R_E 两端的压降就知道了，也就是发射极电位 V_{EQ} 的值，因为 R_E 的下侧是与公共地连接的。然后可以得到发射极的静态电流 I_{EQ}，如下式：

$$I_{EQ}=V_{EQ}/R_E \tag{12.6}$$

而 I_{CQ} 与 I_{EQ} 是近似相等的，所以可以顺势计算出集电极的静态电位 V_{CQ}，如下式：

$$V_{CQ}=V_{CC}-I_{CQ}\cdot R_C \tag{12.7}$$

如果三极管处于放大状态，则有 $I_{BQ}=I_{CQ}/\beta\approx I_{EQ}/\beta$。至此，所有的静态参数都已经求解出来了。

同样，假设电流放大系数 $\beta=100$，发射结的导通压降 $V_{BEQ}=0.6\text{V}$，根据实际参数计算如下：

$$V_{BQ}=\frac{R_{B2}}{R_{B1}+R_{B2}}V_{CC}=\frac{20\text{k}\Omega}{47\text{k}\Omega+20\text{k}\Omega}\times 12\text{V}=3.58\text{V}$$
$$V_{EQ}=V_{BQ}-V_{BEQ}=3.58\text{V}-0.6\text{V}=2.98\text{V}$$
$$I_{EQ}=V_{EQ}/R_E=2.98\text{V}/1\text{k}\Omega=2.98\text{mA}$$
$$V_{CQ}=V_{CC}-I_{CQ}\cdot R_C=12\text{V}-2.98\text{mA}\times 2\text{k}\Omega=6.04\text{V}$$
$$I_{BQ}=I_{CQ}/\beta=2.98\text{mA}/100=29.8\mu\text{A}$$

我们观察一下三极管各电极的电位状态，如图 12.17 所示。

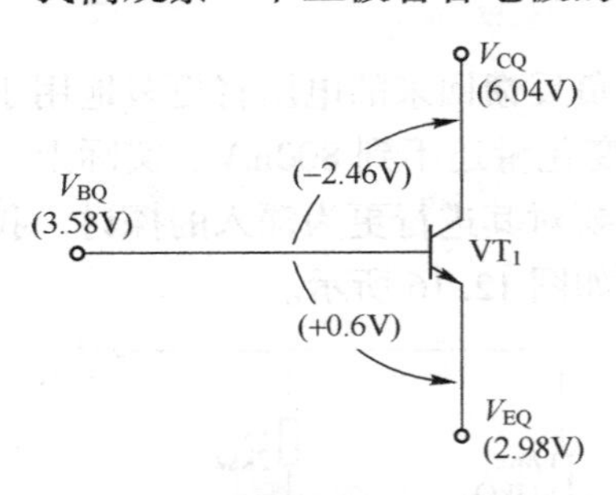

图 12.17 三极管各电极的电位状态

从图 12.17 中可以看到，发射结正偏，而集电结反偏，所以三极管处于放大状态。当然，理论的计算结果与仿真数据（见图 12.14）之间会存在一些误差，如理论计算的集电极电位 V_{CQ} 是 6.04V，而仿真的结果却达到了 7V。这是正常的，因为我们在静态工作点的计算过程中忽略了很多实际因素。例如，在计算基极电位 V_{BQ} 的时候，我们忽略了基极电流 I_{BQ}，实际 I_{BQ} 的仿真结果约为 28.7μA，而 I_{B1} 的仿真结果约为 188μA。如果在计算 V_{BQ} 的时候把 I_{BQ} 也考虑进去，那么 V_{BQ} 实际上并没有我们计算的那么大，这样一来，V_{EQ} 与 I_{EQ} 也就没有那么高了。换句话说，我们计算出来的 V_{CQ} 实际上是偏低的。

我们来对比一下基本放大电路与基极分压式放大电路静态工作点的计算过程，如图 12.18所示。

从图 12.18 中可以看到，基本放大电路的集电极电流 I_{CQ} 是由 I_{BQ} 计算出来的。也就是说，I_{CQ} 与 β 是直接相关的。所以，当温度发生变化时，放大电路的静态工作点就会发生变化。另一方面，三极管实际的 β 是分散性非常大的参数，即使型号相同，β 的最大值与最小

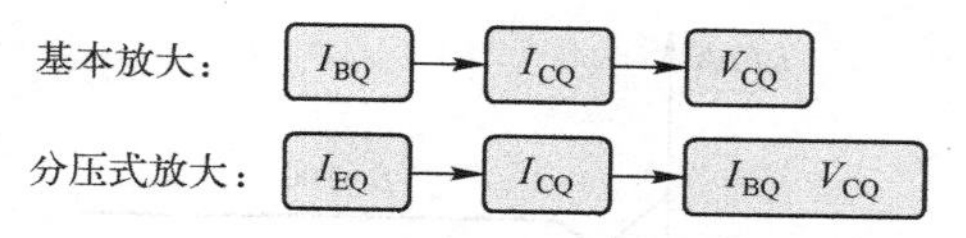

图 12.18　静态工作点计算过程对比

值之比也会有 5~10 倍，所以即便环境的温度是恒定的，在其他参数完全相同的条件下，放大电路的静态工作点仍然会是不相同的。换言之，如果一个放大电路的静态工作点对 β 过于依赖，肯定不是一个（温度特性）良好的电路结构。而分压式放大电路的 I_{CQ} 是通过固定的 V_{BQ} 计算得到的，所以 I_{CQ} 本身不再与 β 有直接的依赖关系，这一点正是我们希望看到的。

我们假设三极管的电流放大系数 $\beta=200$，重新计算一下基本（固定式）放大电路与基极分压式放大电路的静态工作点参数，如表 12.1 所示。

表 12.1　两种放大电路的静态工作点参数的对比

电路结构	基本（固定式）放大电路（图 6.14）		分压式放大电路（图 12.16）	
参数	$\beta=100$	$\beta=200$	$\beta=100$	$\beta=200$
I_{BQ}	24μA	24μA	29.8μA	14.9μA
I_{CQ}	2.4mA	4.8mA	2.98mA	2.98mA
V_{BQ}	0.6V	0.6V	3.58V	3.58V
V_{CQ}	7.2V	2.4V	6.04V	6.04V
V_{EQ}	0V	0V	2.98V	2.98V

从表 12.1 中的数据可以看到，当 β 发生变化后，固定式放大电路的静态工作点发生了很大的变化（如 V_{CQ} 从原来的 7.4V 下降到了 2.4V），这很容易导致放大电路出现异常。如果 β 持续增大到 300，那么三极管就已经进入饱和区了。相应的 Q 点在输出特性曲线上的变化如图 12.19 所示。

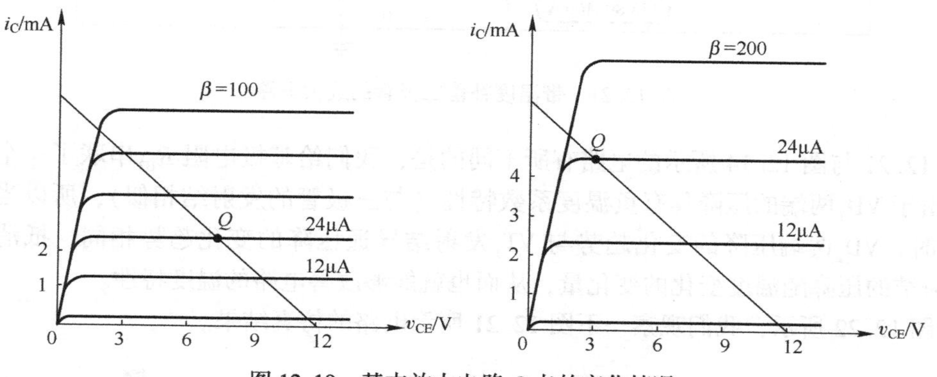

图 12.19　基本放大电路 Q 点的变化情况

但是在 β 发生同样变化量的条件下，分压式放大电路的 Q 点却基本保持不变，在输出特性曲线上的变化如图 12.20 所示。也就是说，发射极电阻 R_E 引入的负反馈能够有效抑制三极管 β 的分散性，以及随温度变化而产生的集电极电流变化。简单地说，就是稳定了放大电路的静态工作点。

为了进一步提升放大电路的温度稳定性，我们还可以给基极分压式放大电路“加点料”，温度补偿是一种常用的方式，其典型电路如图 12.21 所示。

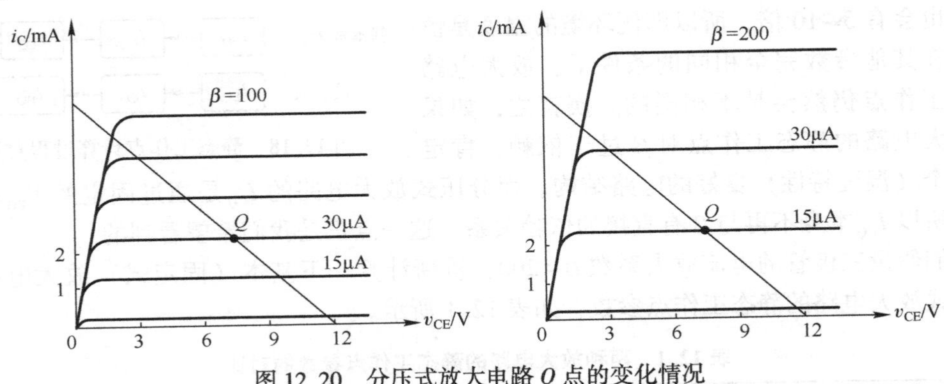

图 12.20　分压式放大电路 Q 点的变化情况

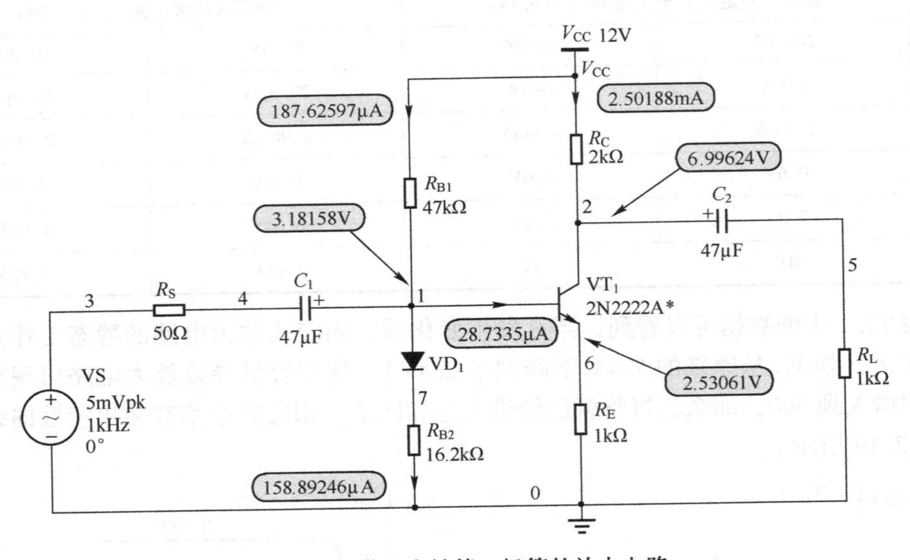

图 12.21　带温度补偿二极管的放大电路

图 12.21 与图 12.14 所示的电路有所不同的是，我们给基极电阻 R_{B2} 串联了一个二极管 VD_1。由于 VD_1 两端的压降具有负温度系数特性（与三极管的发射结相似），所以当温度发生变化时，VD_1 两端压降的变化趋势与 VT_1 发射结导通压降的变化趋势相同，抵消了原来 VT_1 发射结的压降随温度变化的变化量，从而也就能够改善电路的温度特性。

如图 12.22 所示，我们观察一下图 12.21 所示电路的仿真结果。

Cursor	V_{BEQ} V(1)-V(6)	V_{CQ} V(2)	I_{BQ} I(QVT1[IB])	I_{CQ} I(QVT1[IC])
x1	0.0000	0.0000	0.0000	0.0000
y1	697.8335m	7.0893	31.6387μ	2.4553m
x2	160.0000	160.0000	160.0000	160.0000
y2	416.0085m	6.7642	22.9266μ	2.6179m
dx	160.0000	160.0000	160.0000	160.0000
dy	-281.8250m	-325.1577m	-8.7121μ	162.5788μ
dy/dx	-1.7614m	-2.0322m	-54.4505n	1.0161μ
1/dx	6.2500m	6.2500m	6.2500m	6.2500m

图 12.22　图 12.21 所示电路的仿真结果

通过将图 12. 21 与图 12. 15 所示的仿真结果对比可以看到，V_{CQ}的变化量又进一步下降了，这就是温度稳定性更好的证明。

我们还可以使用一个匹配的三极管来产生合适的基极电压，这样在得到所需集电极电流的同时，也能确保该电路具有自动温度补偿特性，如图 12. 23 所示为带三极管的基极偏置方式的电路。

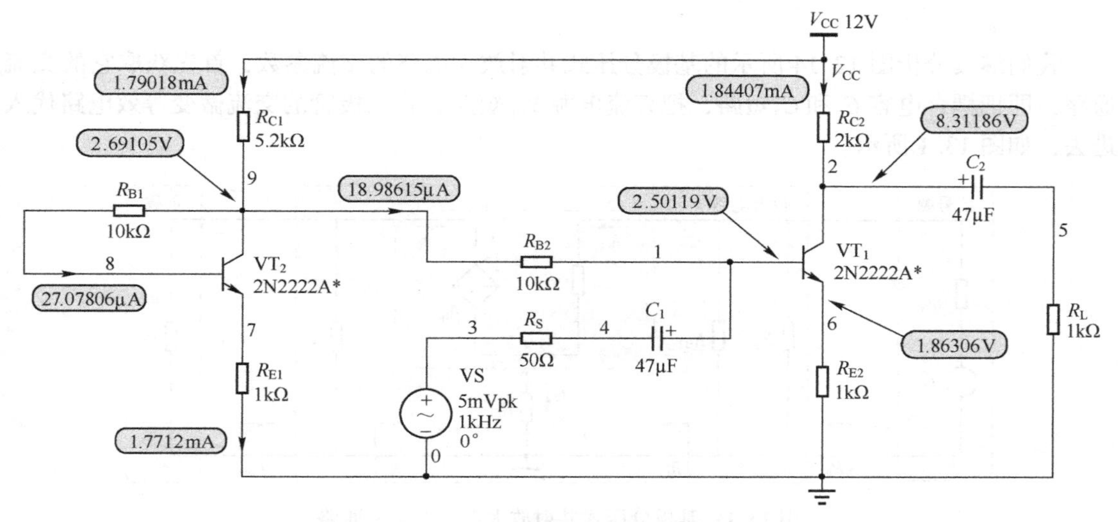

图 12. 23　带三极管的基极偏置方式的电路

从图 12. 23 的直流通路来看，VT_1与 VT_2的基极偏置是完全一样的，都是通过 10kΩ 的电阻从 VT_2的集电极电位获得的。如果 VT_1与 VT_2的特性参数高度一致，当温度上升引起 VT_2的集电极电位 V_{C2}下降时，VT_1的基极电流 I_{B2}也会下降，继而引起 VT_1的集电极电位 V_{C1}上升。但是，由于 V_{C1}本来就会因温度的上升而下降，其下降量抵消了（由 V_{C2}下降而引起的）上升量，从而也就可以更好地对 V_{BE}进行温度补偿。换句话说，在 VT_1与 VT_2处于环境温度相同的条件下，温度的变化对该电路的影响已经不重要了。

如图 12. 24 所示，我们来观察一下图 12. 23 所示电路的仿真结果。

Cursor	V_{BEQ} V(1)-V(6)	V_{CQ} V(2)	I_{BQ} I(QVT1[IB])	I_{CQ} I(QVT1[IC])
x1	0.0000	0.0000	0.0000	0.0000
y1	686.6712m	8.3354	21.4363μ	1.8323m
x2	160.0000	160.0000	160.0000	160.0000
y2	396.1425m	8.2134	14.3643μ	1.8933m
dx	160.0000	160.0000	160.0000	160.0000
dy	-290.5287m	-122.0201m	-7.0720μ	61.0101μ
dy/dx	-1.8158m	-762.6257μ	-44.2001n	381.3129n
1/dx	6.2500m	6.2500m	6.2500m	6.2500m

图 12. 24　图 12. 23 所示电路的仿真结果

从图 12. 24 中可以看到，集电极电位的变化量又进一步下降了将近 2/3，确实是个不俗的战绩。

第13章 分压式共射放大电路动态性能：鱼与熊掌

我们继续分析图12.14所示的基极分压式共射放大电路的交流参数，首先获取它的交流通路，即把耦合电容C_1和C_2短路，把直流电源V_{CC}短路，将三极管的交流微变等效电路代入进去，如图13.1所示。

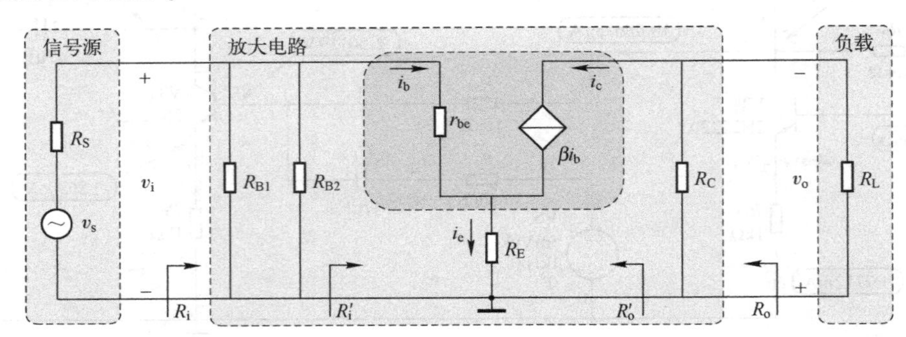

图13.1 基极分压式共射放大电路的交流通路

先分析输入电阻R_i。我们把从三极管的基极往放大电路看进去的支路交流电阻标记为R_i'，它是支路电压v_i与电流i_b的比值，即

$$R_i'=\frac{v_i}{i_b}=\frac{i_b\cdot r_{be}+i_b\cdot(1+\beta)R_E}{i_b}=r_{be}+(1+\beta)R_E \tag{13.1}$$

从输入回路可以看到，放大电路的输入电阻就是电阻R_{B1}、R_{B2}与R_i'的并联，即

$$R_i=R_{B1}\parallel R_{B2}\parallel R_i'=R_B'\parallel[r_{be}+(1+\beta)R_E] \tag{13.2}$$

其中，$R_B'=R_{B1}\parallel R_{B2}$。

再分析输出电阻R_o。我们把从集电极往放大电路看进去的支路交流电阻标记为R_o'，它可以认为是电流源内阻r_{ce}与一个电阻（暂时未知）的串联，而R_o就是R_C与R_o'的并联。前面已经提过了，r_{ce}本身比R_C大很多。对于总的并联阻值来讲，再给r_{ce}串联一个多大的电阻都没有太大意义了，所以R_o可以近似认为是R_C，即

$$R_o\approx R_C\parallel R_o'\approx R_C \tag{13.3}$$

电压放大系数仍然是输出电压与输入电压的比值，即

$$A_v=\frac{v_o}{v_i}=\frac{-\beta i_b\cdot R_L'}{i_b[r_{be}+(1+\beta)R_E]}=\frac{-\beta\cdot R_L'}{r_{be}+(1+\beta)R_E} \tag{13.4}$$

负号表示输出信号与输入信号是反相的。当然，你也可以用g_m来表示电压放大系数，即

$$A_v=\frac{-\beta R_L'}{r_{be}+(1+\beta)R_E}\approx\frac{-\beta R_L'}{r_{be}+\beta R_E}=\frac{-g_m R_L'}{1+g_m R_E} \tag{13.5}$$

接下来我们对比一下固定式与分压式共射放大电路的交流参数，如表 13.1 所示。

表 13.1　固定式与分压式共射放大电路的交流参数对比

交流系数	固定式	分压式
A_v	$-\frac{-\beta R'_L}{r_{be}}$	$-\frac{-\beta R'_L}{r_{be}+(1+\beta)R_E}$
R_i	$R_B \parallel r_{be}$	$R'_B \parallel [r_{be}+(1+\beta)R_E]$
R_o	R_c	R_c

从表 13.1 中可以看到，分压式共射放大电路的电压放大系数要小很多，因为表达式的分母比固定式共射放大电路多加了$(1+\beta)R_E$，而这一项的阻值通常比 r_{be} 要大得多，100kΩ以上都是很常见的。基于同样的理由，分压式共射放大电路的输入电阻要更大一些，而输出电阻却是差不多的。

这两种结构的放大电路哪一种更好呢？从实用的角度来看，分压式共射放大电路应用得更为广泛，主要是由于其负反馈带来了比较稳定的静态工作点（当然，也带来了其他的一些好处，后续会提到）。另外，它的输入电阻也大了很多，因为我们早就提过，放大电路的输入电阻应该越大越好。但是，分压式共射放大电路也不是十全十美的，它的电压放大系数比较低。

我们使用实际参数来计算一下，同样假定 $r_{bb'}=5\Omega$，$\beta=100$，$I_{EQ}=2.98\text{mA}$（前面已经计算出来），则有：

$$r_{be}=r_{bb'}+(1+\beta)\frac{26\text{mV}}{I_{EQ}}=5\Omega+(1+100)\frac{26\text{mV}}{2.5\text{mA}}\approx 886\Omega$$

$$R'_i=r_{be}+(1+\beta)R_E=886\Omega+(1+100)\times 1\text{k}\Omega\approx 102\text{k}\Omega$$

$$R_i=R_{B1}\parallel R_{B2}\parallel R'_i=47\text{k}\Omega\parallel 20\text{k}\Omega\parallel 102\text{k}\Omega\approx 12.3\text{k}\Omega$$

$$R_o\approx R_C=2\text{k}\Omega$$

$$A_v=\frac{-\beta\cdot R'_L}{r_{be}+(1+\beta)R_E}=\frac{-100\times(2\text{k}\Omega\parallel 1\text{k}\Omega)}{102\text{k}\Omega}\approx -0.65$$

$$A_{vs}=\frac{R_i}{R_i+R_S}A_v=\frac{12.3\text{k}\Omega}{12.3\text{k}\Omega+50\Omega}\times(-0.65)\approx -0.64$$

什么情况？源电压的放大系数只有-0.64？你没有看错，正是-0.64！也就是说，这个放大电路的输入信号不但没有被放大，反而还被衰减了。我们使用 Multisim 软件平台仿真图 12.14 所示的电路，其仿真结果如图 13.2 所示。

从标尺测量的数据可以看到，输出电压的幅值约为 6.4mV，则源电压放大系数约为-6.4mV/10mV=-0.64，与我们理论计算的结果相当接近。

为什么加入发射极电阻 R_E 之后电压放大系数就下降了呢？我们前面已经讨论了 R_E 所起的作用，它给放大电路提供了负反馈。从直流分析的角度来看，可以认为它引入了直流负反馈，这样能够稳定放大电路的静态工作点，而从交流分析的角度来看，则可以认为它引入了交流负反馈。

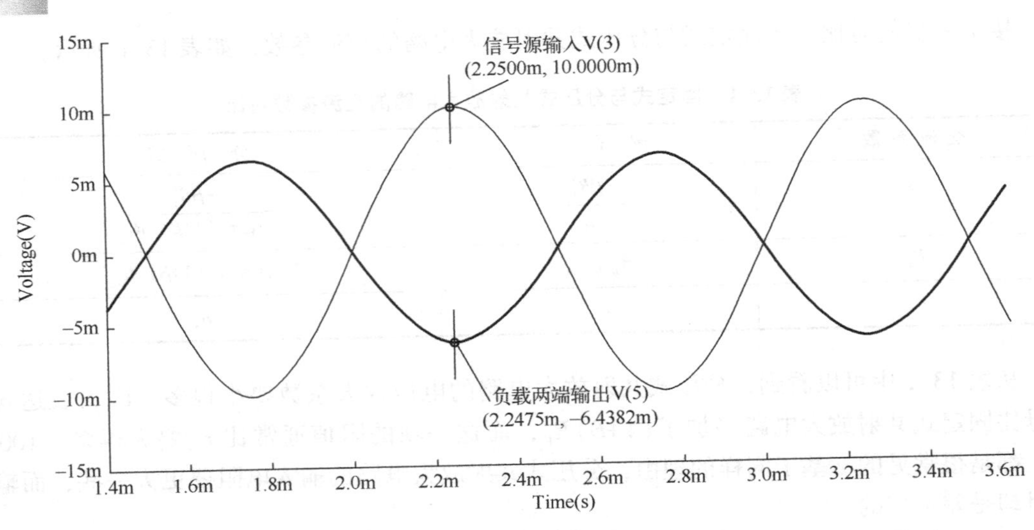

图 13.2　图 12.14 所示电路的仿真结果

有人可能会想：不能放大输入信号的放大电路还有什么用呢？放大电路的主要作用不就是用来放大的吗？你引入什么乱七八糟的负反馈也不能在电压放大系数上面打折扣呀！乍一听，好像有点道理。然而，在很多实际应用中，电压放大系数并不是你想象的那么重要，至少不是第一位的，这就是为什么我们在刚接触电压放大系数这个概念时就提到过一句话：**电压放大系数并不是越大越好，也不是越小就越差**。

发射极电阻 R_E 引入的交流负反馈有一个很大的特点：**牺牲放大电路的电压放大系数来获取其他交流参数的提升**。我们之前就提到过，衡量放大电路的交流参数有很多，目前我们计算的电压放大系数、输入电阻与输出电阻只是其中一小部分。虽然引入交流负反馈使放大电路的电压放大系数下降了，但是却提升了其他交流参数的指标，现阶段的你可以理解一些。例如，它提升了放大电路的输入电阻，表达式中相应多出的$(1+\beta)R_E$ 项就是交流负反馈的功劳。另外，还有些你现在可能还不能理解的。例如，它可以提升放大系数的稳定性，拓宽通频带，减小非线性失真，降低内部噪声等，这些交流参数同样也是非常重要的，很多时候甚至比电压放大系数更重要，所以有些场合甚至会牺牲所有的电压放大系数。

总之，你现在就可以认为，之所以放大电路的电压放大系数下降，是因为发射极电阻 R_E 引入了交流负反馈。从电压放大系数的表达式也可以看到，$(1+\beta)R_E$ 在表达式的分母位置，这个部分的值越大，相应的电压放大系数就会越低。

虽然我为了说服你相信“牺牲电压放大系数后提升的其他交流参数也非常重要”而已经口干舌燥，并且暗示这已经是一个性能比较好的放大电路，但固执的你仍然想要获得一定的电压放大系数，因为现阶段的你认为它还是更重要的（尽管不一定是正确的），但这并不会让我觉得很为难，因为想让分压式共射放大电路具有电压放大能力很容易，我们可以按如图 13.3 所示的电路进行修改。电路的变化并不大，只是在发射极电阻 R_E 的两端并联了一个电容器 C_3。我们先来观察一下该电路的仿真结果，如图 13.4 所示。

从图 13.4 中可以看到，输出电压的幅值现在约为 438mV，所以源电压放大系数约为

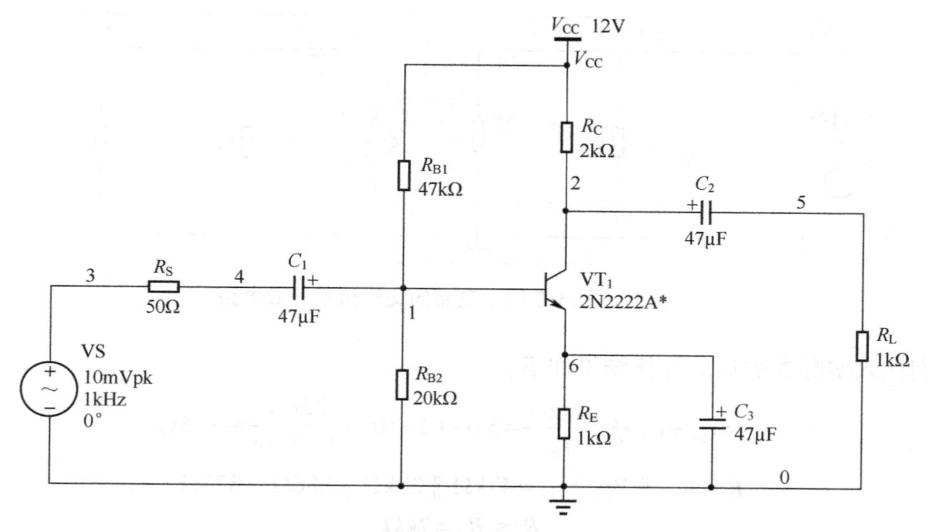

图 13.3　分压式共射放大电路（发射极电阻并联旁路电容器）

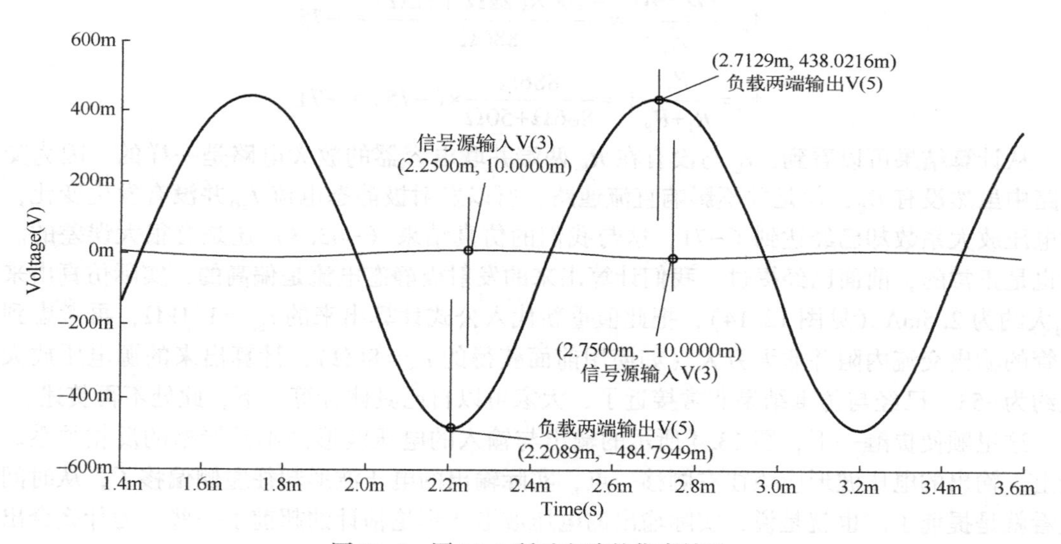

图 13.4　图 13.3 所示电路的仿真结果

-43.8。很明显，修改后的放大电路有了一定的电压放大能力。那为什么在 R_E 两端并联一个电容就可以提升放大电路的电压放大系数呢？我们分析一下修改后放大电路的交流参数就知道了。

根据我们讨论过的交流通路获取方法，把耦合电容 C_1、C_2短接，把直流电源 V_{CC}短接。另外还有一点，R_E 两端并联的电容器也是短接的，所以对应的交流微变等效电路如图 13.5 所示。

如果你对比图 13.5 与图 7.11 所示的交流微变等效电路，就会发现它们几乎是完全一样的，只不过后者的输入回路只有一个基极电阻 R_B，而前者的输入回路是两个基极电阻 R_{B1}与 R_{B1}并联，但是这并不影响交流参数的计算公式。

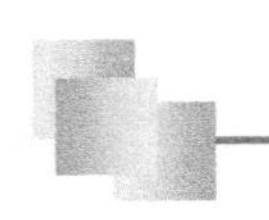

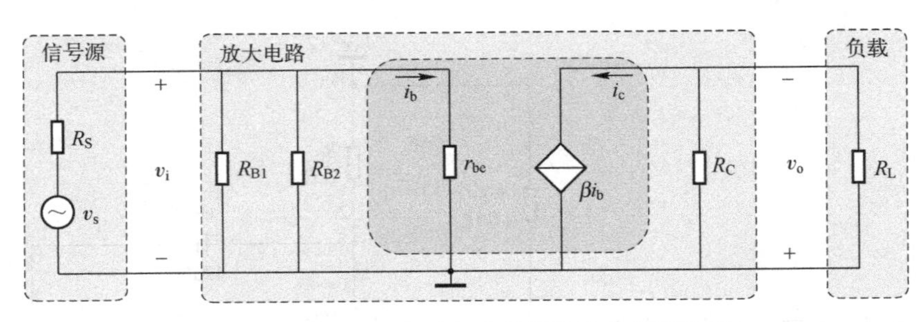

图 13.5　图 13.3 所示电路的交流微变等效电路

我们代入实际参数后的计算结果如下：

$$r_{be}=r_{bb'}+(1+\beta)\frac{26\text{mV}}{I_{EQ}}=5\Omega+(1+100)\frac{26\text{mV}}{2.98\text{mA}}\approx 886\Omega$$

$$R_i=R_{B1}\parallel R_{B1}\parallel r_{be}=47\text{k}\Omega\parallel 20\text{k}\Omega\parallel 886\Omega\approx 833\Omega$$

$$R_o\approx R_C=2\text{k}\Omega$$

$$A_v=\frac{-\beta\cdot R'_L}{r_{be}}=\frac{-100\times(2\text{k}\Omega\parallel 1\text{k}\Omega)}{886\Omega}\approx -75$$

$$A_{vs}=\frac{R_i}{R_i+R_S}A_v=\frac{886\Omega}{886\Omega+50\Omega}\times(-75)\approx -71$$

从计算结果可以看到，r_{be}与没有在 R_E 两端并联电容器的放大电路是一样的，因为交流通路中虽然没有 R_E，但是并不影响直流通路，所以发射极静态电流 I_{EQ}并没有发生变化，而源电压放大系数却已经达到了−71，这与我们的仿真结果（−43.8）还是有很大误差的。其实也是正常的，前面已经提过，我们计算出来的发射极静态电流是偏高的，实际仿真出来的 I_{EQ}大约为 2.5mA（见图 12.14），把此值重新代入公式计算出来的 $r_{be}\approx 1.1\text{k}\Omega$，再考虑到三极管的输出交流内阻并非无穷大（如使用前面获得的 $r_{ce}=8\text{k}\Omega$），计算出来的源电压放大系数约为−53，已经与仿真结果非常接近了，大家可以自己具体计算一下，此处不再赘述。

这里顺便提醒一下，图 13.4 所示的输出与输入的电压波形并不是严格的反相关系。理论上，输出的电压波形应该往右侧移一点，实际输出的电压波形却往左侧偏移了，从时间轴上看就是提前了。也就是说，实际输出的电压波形比理论估计的超前了一些。为什么会出现这种现象呢？

在图 12.14 所示的电路中，发射极电流 i_E就是流过发射极电阻 R_E的电流 i_{RE}。当基极电流 i_B发生变化时，集电极电流 i_C和 i_E也会发生相同的变化，而集电极电位 v_C的变化趋势与 i_C却是相反的，所以才有输出与输入反相 180°的关系。但是，当我们在 R_E两端并联一个电容器之后，情况就不一样了。我们观察一下流过三极管发射极和 R_E的电流，如图 13.6 所示。

从图 13.6 中可以看到，i_E与 i_{RE}并不是同相位的，因为电容器 C_3中也有电流 I_{C3}。从三极管的发射极节点来看，i_E就是 i_{RE}与 i_{C3}的叠加。因为流过电容的电流是超前其两端电压的，所以总电流 i_E就会比 i_{RE}超前（实际上，你可以把电阻 R_E与电容器 C_3的并联看作一个有一定漏电阻的电容器，这样流过发射极的电流总会超前 R_E两端的电压）。通俗地说，由于 i_E的变化会比 i_{RE}快一个节拍，而三极管是电流控制电流的器件，所以 i_C的变化也会快一个节拍，这样在时间上引起的集电极电位的变化也会快一些，所以输出信号在相位上就超前了。

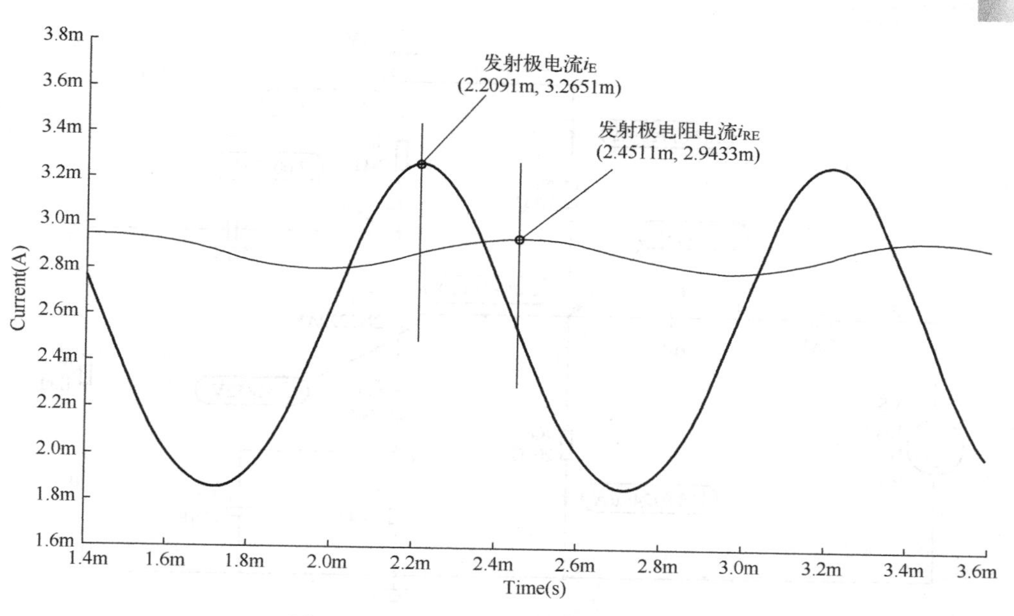

图 13.6　流过三极管发射极和 R_E 的电流

总之，现在的放大电路还是有一定的电压放大系数的。很明显，之所以在 R_E 两端并联电容器 C_3后电压放大系数就提升了，就是因为它把本应该流过 R_E 的交流信号给旁路了，所以我们也把电容器 C_3称为旁路电容（Bypass Capacitor）。也就是说，交流信号直接通过旁边并联的电容到公共地，而没有经过发射极电阻 R_E，如图 13.7 所示。

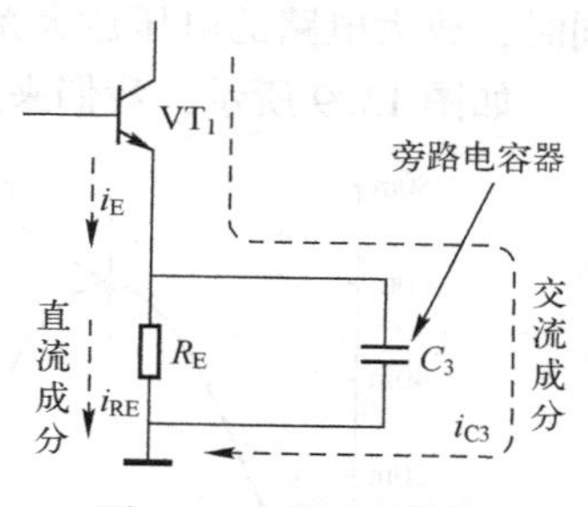

图 13.7　旁路电容器

我们之前已经提到过，交流通路是交流信号经过的路径。既然交流信号没有经过发射极电阻 R_E，则在交流通路中自然也就没有 R_E 了。换句话说，R_E 两端并联旁路电容的放大电路没有牺牲电压放大系数来换取其他交流参数的提升。现在可以看得见的是，输入电阻因此而被“打回了原形”，从原来的 12.3kΩ 下降到现在的 1kΩ 都不到。所以分压式共射放大电路是否需要在 R_E 两端并联旁路电容，关键在于整个电路系统是对电压放大系数的要求更高，还是引入交流负反馈提升的其他性能更重要。

有句老话说得好：鱼与熊掌不可兼得。如果 R_E 两端没有并联旁路电容，那么电压放大系数就会很低，但是获得了其他交流性能的改善。而如果并联了旁路电容，电压放大系数确实是提升了，但同样也将失去获得优化其他交流性能的良机。但是对电路设计有着较高要求的你（与我一样）肯定也是很贪婪的，还是希望两方面的性能都能够有所保留（尽管你潜意识觉得不太现实）。然而，一切皆有可能，我们观察如图 13.8 所示的电路。

我们把 1kΩ 的电阻拆分成了两个，即 $R_{E1}=100\Omega$ 与 $R_{E2}=900\Omega$，并且在 R_{E2} 两端并联了旁路电容。从直流负反馈的角度来看，它们稳定直流静态工作点的效果还是一样的。但是，从交流负反馈的角度来看，R_{E1} 还可以起到提升输入电阻的作用（而 R_{E2} 却没有），这样也就能够提升放大电路的交流性能了。只要我们适当调整 R_{E1}，那么在获得一定交流性能提升的

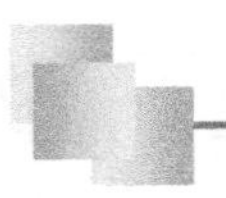

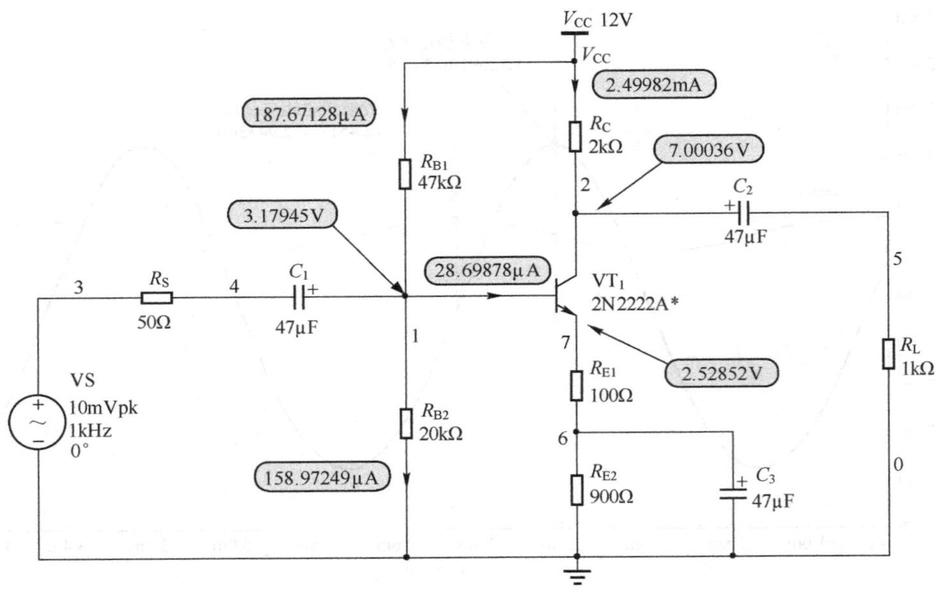

图 13.8　分压式共射放大电路（部分发射极电阻并联旁路电容器）

同时，放大电路的电压放大系数也会有一定的保留，这下大家应该都满足了吧。

如图 13.9 所示，我们来观察一下图 13.8 所示电路的仿真结果。

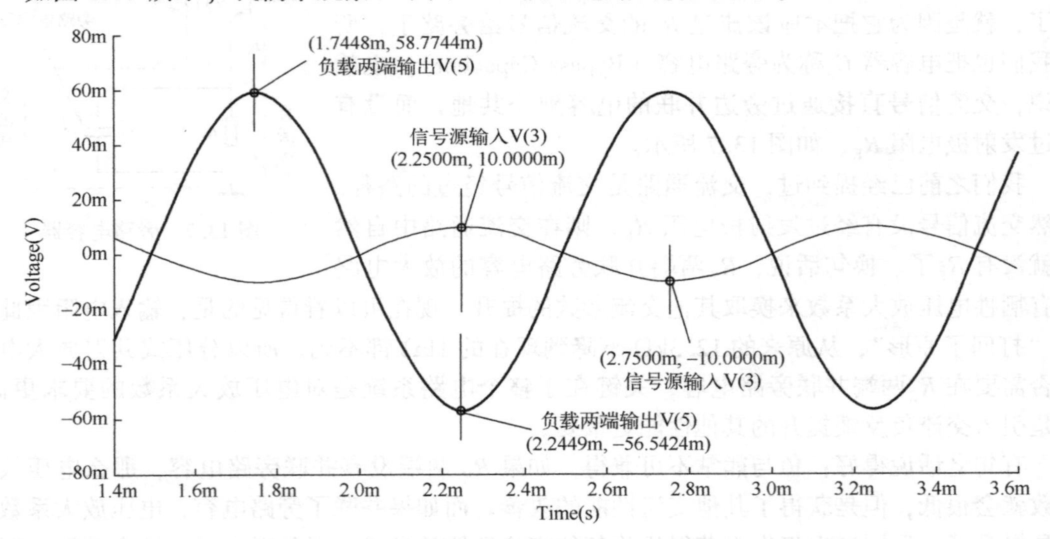

图 13.9　图 13.8 所示电路的仿真结果

从图 13.9 中可以看到，源电压放大系数约为-59mV/10mV=-5.9。由于交流通路与图 13.1 所示的是完全一样的，所以根据最新数据的计算结果如下：

$$R_i' = r_{be} + (1+\beta)R_{E1} = 886\Omega + (1+100)\times 100\Omega \approx 11\text{k}\Omega$$

$$R_i = R_{B1} \parallel R_{B2} \parallel R_i' = 47\text{k}\Omega \parallel 20\text{k}\Omega \parallel 11\text{k}\Omega \approx 6.2\text{k}\Omega$$

$$R_o \approx R_C = 2\text{k}\Omega$$

$$A_v=\frac{-\beta \cdot R'_L}{r_{be}+(1+\beta)R_{E1}}=\frac{-100\times(8k\Omega \parallel 2k\Omega \parallel 1k\Omega)}{886\Omega+(1+100)\times 100\Omega}\approx -5.6$$

从计算结果可以看到，理论计算与仿真结果相差无几。当然，你可能也见过在 R_E 两端并联 RC 串联电路的方式，实际上与图 13.8 所示电路的效果是完全一样的。如图 13.10 所示，电容器在直流通路中是开路的，所以 RC 串联支路不影响静态工作点的稳定性，而电容器在交流通路中是短路的，所以其也就相当于两个电阻并联，充当三极管的发射极电阻。

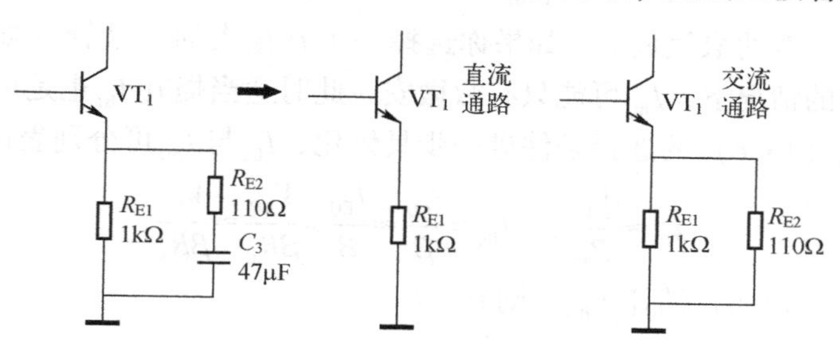

图 13.10　发射极电阻并联 RC 串联支路

由于 R_{E1} 与 R_{E2} 并联后的阻值约为 100Ω，所以也可以在得到稳定静态工作点的同时保留一定的电压放大能力，读者可使用其中的参数进行仿真，结果是完全一样的。当然，提升电压放大系数的方案还有很多，后续还会进一步讨论。

我们之前已经提过，合理的偏置电路能够使基极分压式结构的放大电路具有自动稳定静态工作点的能力，那怎么样判断一个具体参数的电路是否能够有效地稳定静态工作点呢？因为如果偏置电路的参数取值不适当，就可能达不到预期的效果，所以进一步获得使分压式结构的放大电路稳定的条件是很有必要的。这不但可以帮助我们快速判断电路参数是否合理，而且在后续进行电路设计时也能够有一定的理论依据。

我们重新观察一下前面推导分压式共射放大电路静态工作点表达式的过程，那里有两个地方值得我们注意：其一是式（12.4）中的 $I_{B1}\gg I_{BQ}$；其二是式（12.5）中的 $V_{BQ}\gg V_{BEQ}$。这就是推导静态工作点表达式的前提，实际上它们隐含了分压式放大电路的稳定条件。

首先，我们说 I_{B1} 应该远远大于 I_{BQ}，那么 I_{B1} 应该多大才算是远远大于 I_{BQ} 呢？很明显，I_{B1} 比 I_{BQ} 越大，基极电位 V_{BQ}（从 R_{B1} 与 R_{B2} 分压过来的）就会越稳定。因为 I_{BQ} 越小，它对 V_{BQ} 的影响就会越小。从阻抗的角度来讲，它就暗示着从三极管基极往偏置电路看到的电阻 R'_B 远远小于往三极管看到的电阻 R'_i，如图 13.11 所示。

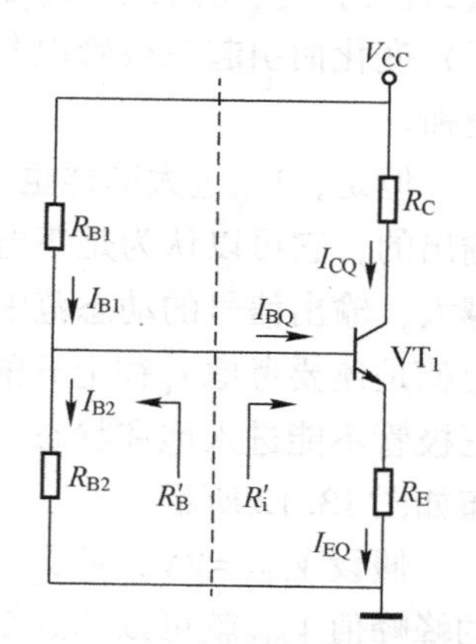

图 13.11　从三极管基极往两侧看到的电阻

换句话说，当温度（或其他因素）导致静态工作点发生变化时，由于 $I_{B1}\gg I_{BQ}$，所以 R'_i 的变化量（由 I_{BQ} 的变化引起的）相对于 R'_B 可以忽略不计。因为 R'_i 仍然是远远大于 R'_B 的，所以我们仍然可以认为 V_{BQ} 仅取决于 R_{B1} 与 R_{B2} 的分压。换句话说，只有满足 $I_{B1}\gg I_{BQ}$，V_{BQ} 才能够被认为是固定的。

但是，I_{B1}也不是越大越好。因为你若把I_{B1}设置得过大，那么R_{B1}与R_{B2}相应地就会很小。这样不但会平白消耗了电源能量，也会使放大电路的输入电阻下降（因为在交流通路当中，R_{B1}与R_{B2}是并联在一起接地的，而我们也提到过，输入电阻应该是越大越好）。为了使电路的静态工作点能够达到稳定状态又不至于使其他方面的指标过差，我们一般可以这么取：

$$I_{B1}\gg I_{BQ}\begin{cases}I_{B1}=(5\sim11)I_{BQ}, & \text{硅管}\\ I_{B1}=(10\sim21)I_{BQ}, & \text{锗管}\end{cases} \tag{13.6}$$

当然，这只是一般的取值范围，如果你选择一个β很大的三极管（如大于200），那么在集电极电流一定的情况下，I_{BQ}可能只有数微安，此时适当提升I_{B1}也是可以的。

我们可以把式（13.6）的选择条件进一步具体化，I_{B1}与I_{BQ}可分别表达如下：

$$I_{B1}\approx\frac{V_{BQ}}{R_{B2}},\quad I_{BQ}=\frac{I_{CQ}}{\beta}\approx\frac{I_{EQ}}{\beta}=\frac{V_{EQ}}{\beta R_E}\approx\frac{V_{BQ}}{\beta R_E} \tag{13.7}$$

把它们代入式（13.6）消掉V_{BQ}，则有：

$$\beta\geqslant\begin{cases}(5\sim11)\dfrac{R_{B2}}{R_E}, & \text{硅管}\\[2ex] (10\sim21)\dfrac{R_{B2}}{R_E}, & \text{锗管}\end{cases} \tag{13.8}$$

同样，我们前面认为只有在$V_{BQ}\gg V_{BEQ}$的前提下才有$V_{EQ}=V_{BQ}-V_{BEQ}$。乍一看，这两者之间似乎没有什么关系。因为只要V_{BQ}大于V_{BEQ}，V_{EQ}与V_{BQ}之间总是会相差V_{BEQ}的。然而，对于分压式结构的放大电路，$V_{BQ}\gg V_{BEQ}$就暗示着你设计的偏置电路应该保证负反馈量足够大，这样发射极电阻R_E两端的压降（也就是V_{EQ}）才会远远大于V_{BEQ}。而我们已经提过了，V_{EQ}是R_E将输出回路的电流转换过来的电压，然后再负反馈到输入回路以达到减小净输入信号量的目的。换句话说，V_{EQ}越大，R_E产生的负反馈量就会越大，抑制由于温度（或其他因素）变化而引起三极管电气参数变化的能力就会越强，稳定电路静态工作点的能力也会越强。

但是，V_{EQ}过大同样也不是件好事。因为输出交流信号是通过连接在集电极的耦合电容输出的，它可以认为是集电极电位v_C的变化量，所以V_{CEQ}越大，v_C能够往下降的变化量就会越大，输出信号的动态范围V_{OPP}（最大不失真输出峰峰值）也就有可能越大（“可能”的意思就是还要考虑v_C往上升的变化量，下文假设它不小于v_C下降的变化量），因为我们要保证三极管不能进入饱和状态，所以V_{CEQ}不能太低，假设其允许的最小值为1V，相关的电位分布如图13.12所示。

假设$V_{CEQ}=2V$，那么v_C变化的最小值就有可能达到2V−1V=1V。也就是说，输出信号的峰峰值V_{OPP}就可以达到2V，因为v_C变化的最大值也有1V。如果$V_{CEQ}=3V$，那么v_C变化的最小值就有可能达到2V，这样V_{OPP}就可以达到4V。也就是说，在合适的条件下，静态压降V_{CEQ}越大，输出信号的最大不失真峰峰值（动态范围）也就越大，而动态范围也是衡量放大电路交流性能的参数之一。

回过头来看，如果V_{BQ}太大，则V_{EQ}就会过大，这样三极管C-E之间的压降V_{CEQ}就会因此而被压缩殆尽，从而也就会降低放大电路的动态范围。所以，综合考虑一下，我们可以这

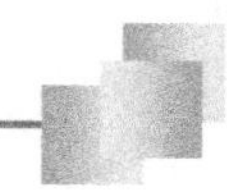

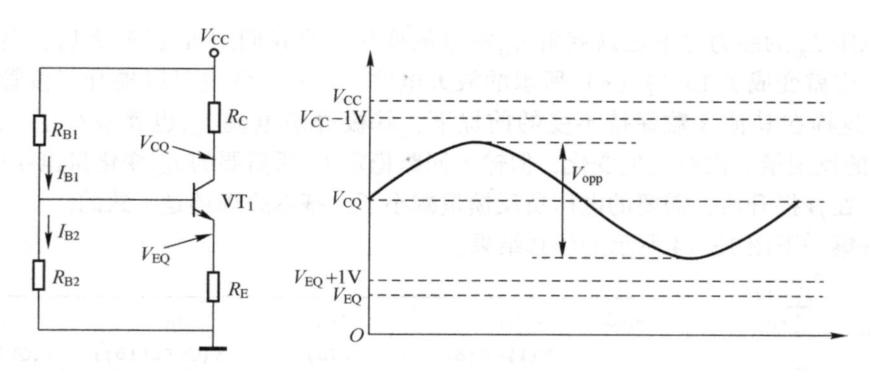

图 13. 12　电位分布与动态范围

么选择：

$$V_{BQ} \gg V_{BEQ} \begin{cases} V_{BQ} = (3 \sim 5)\text{V}, & \text{硅管} \\ V_{BQ} = (1 \sim 3)\text{V}, & \text{锗管} \end{cases} \tag{13.9}$$

同样，我们把式（13.9）具体化，V_{BQ}可如下近似表达：

$$V_{BQ} \approx V_{EQ} = I_{EQ}R_E$$

将其代入式（13.9）可得：

$$V_{EQ} = I_{EQ}R_E \geqslant \begin{cases} (3 \sim 5)\text{V}, & \text{硅管} \\ (1 \sim 3)\text{V}, & \text{锗管} \end{cases} \tag{13.10}$$

我们可以把式（13.8）与式（13.9）作为检查“基极分压式放大电路的偏置电路能否稳定静态工作点”的具体条件来简单地验证一下！假设参数不同的两个放大电路如图 13.13 所示。

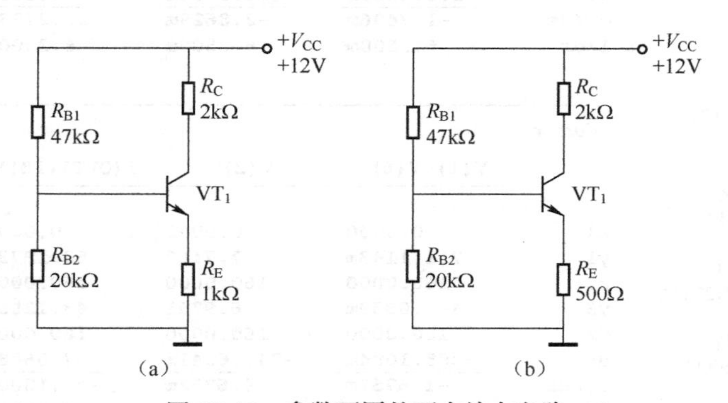

图 13. 13　参数不同的两个放大电路

在图 13.13（a）所示的放大电路中，$R_E/R_{B2} = 20\text{k}\Omega/1\text{k}\Omega = 20$，而 $\beta = 100$ 在式（13.8）判定条件的范围之内。前面已经把 V_{BQ} 计算出来了，约为 3.58V，也在式（13.9）判定的条件范围之内，所以该电路的静态工作点可以算是稳定的。

在图 13.13（b）所示的放大电路中，V_{BQ} 没有发生变化，则有 $R_E/R_{B2} = 20\text{k}\Omega/500\Omega = 40$，很明显，$\beta = 100$ 不在式（13.8）判定的条件范围之内，所以该电路的静态工作点不能算是稳定的。导致这种结果的原因就在于：R_E 太小了。当温度发生变化时，由 R_E 引入的负反馈获得稳定I_{CQ}的能力并不足以克服I_{CQ}本身的变化，当我们把R_E提升之后，就可以增加负反馈量，也就变成了13.13（a）所示的放大电路。当然，你也可以提升三极管的电流放大系数β，这样在其他参数保持不变的前提下，基极静态电流I_{BQ}也就减小了，虽然R_E = 500Ω引入的反馈量并没有发生变化，但输入回路稳定I_{CQ}所需要的I_{BQ}变化量也相应下降了。换句话说，在β提升后，需要的电压负反馈量减小了，基本原理还是一致的。

我们观察一下图13.14所示的仿真结果。

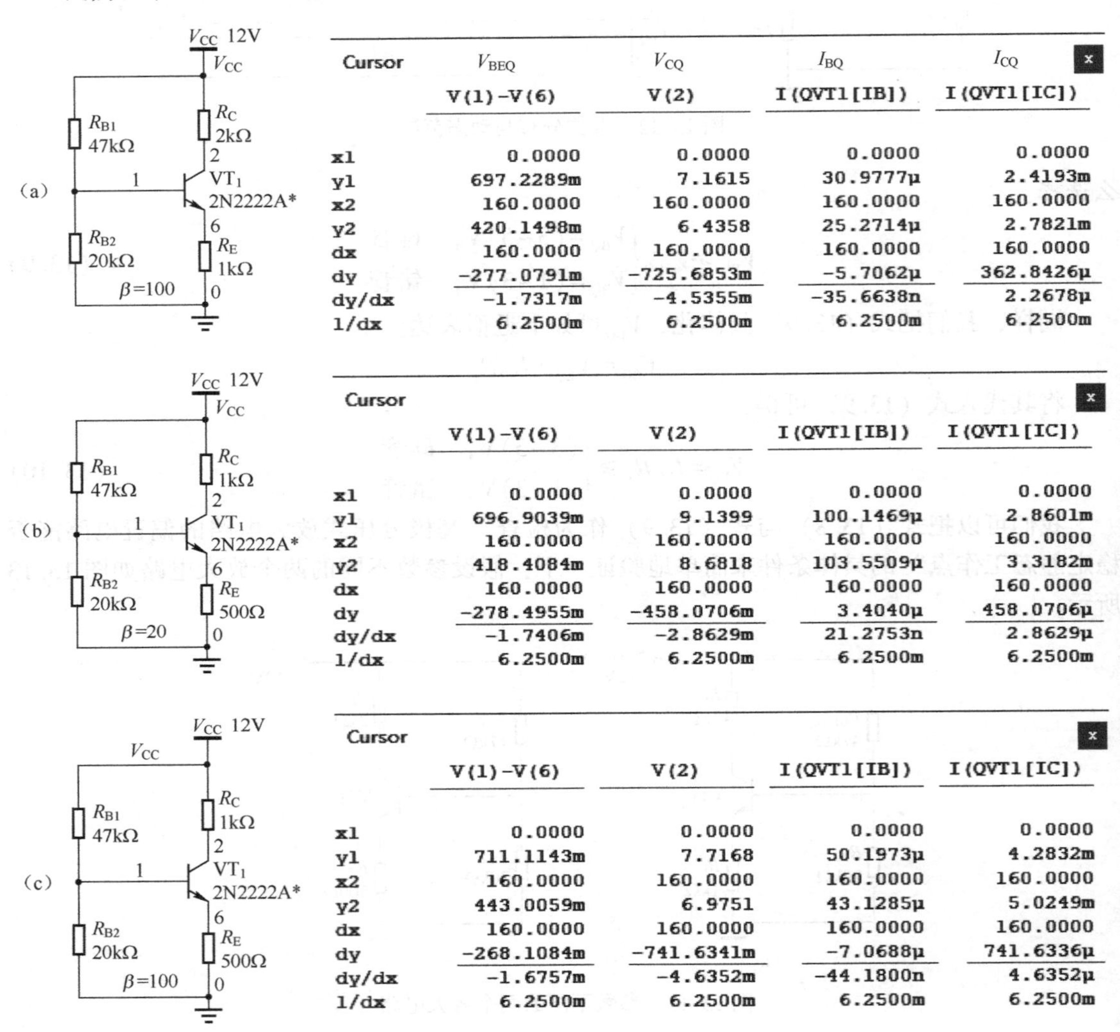

(a)

Cursor	V_{BEQ} V(1)-V(6)	V_{CQ} V(2)	I_{BQ} I(QVT1[IB])	I_{CQ} I(QVT1[IC])
x1	0.0000	0.0000	0.0000	0.0000
y1	697.2289m	7.1615	30.9777μ	2.4193m
x2	160.0000	160.0000	160.0000	160.0000
y2	420.1498m	6.4358	25.2714μ	2.7821m
dx	160.0000	160.0000	160.0000	160.0000
dy	-277.0791m	-725.6853m	-5.7062μ	362.8426μ
dy/dx	-1.7317m	-4.5355m	-35.6638n	2.2678μ
1/dx	6.2500m	6.2500m	6.2500m	6.2500m

(b)

Cursor	V(1)-V(6)	V(2)	I(QVT1[IB])	I(QVT1[IC])
x1	0.0000	0.0000	0.0000	0.0000
y1	696.9039m	9.1399	100.1469μ	2.8601m
x2	160.0000	160.0000	160.0000	160.0000
y2	418.4084m	8.6818	103.5509μ	3.3182m
dx	160.0000	160.0000	160.0000	160.0000
dy	-278.4955m	-458.0706m	3.4040μ	458.0706μ
dy/dx	-1.7406m	-2.8629m	21.2753n	2.8629μ
1/dx	6.2500m	6.2500m	6.2500m	6.2500m

(c)

Cursor	V(1)-V(6)	V(2)	I(QVT1[IB])	I(QVT1[IC])
x1	0.0000	0.0000	0.0000	0.0000
y1	711.1143m	7.7168	50.1973μ	4.2832m
x2	160.0000	160.0000	160.0000	160.0000
y2	443.0059m	6.9751	43.1285μ	5.0249m
dx	160.0000	160.0000	160.0000	160.0000
dy	-268.1084m	-741.6341m	-7.0688μ	741.6336μ
dy/dx	-1.6757m	-4.6352m	-44.1800n	4.6352μ
1/dx	6.2500m	6.2500m	6.2500m	6.2500m

图13.14　仿真结果

在图13.14（b）所示的电路中，三极管的β与R_E均有一定的下降，这对于静态工作点的稳定性非常不利。从仿真结果中也可以看到，基极电流的变化量是随温度上升的，这与基本共射放大电路非常相似（见图12.4）。也就是说，该电路中R_E的负反馈量还不足以抵消三极管参数变化带来的影响（由于温度变化引起的）。在图13.14（c）所示的电路中，我们提升了三极管的β，此时基极电流的变化量已经转变为负值，负反馈带来的效果已经开始

显现。

如图 13.15 所示，我们最后介绍一个两相信号放大电路，它可以将一路信号变换成两路大小相同而相位相反的信号。

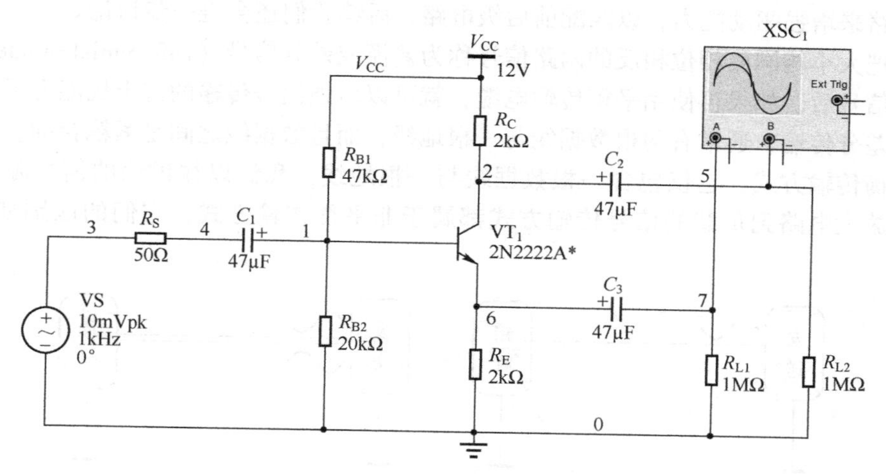

图 13.15　两相信号放大电路

由于集电极电流的变化趋势与集电极电位是相反的、与发射极的电位是相同的，所以如果从三极管的发射极与集电极引出两个信号，那么这两路信号的波形就是反相的。如果 R_E 与 R_C 是一致的，那么这两个信号的幅度大体是相同的。

我们同样来观察一下图 13.15 所示电路的仿真结果，如图 13.16 所示。

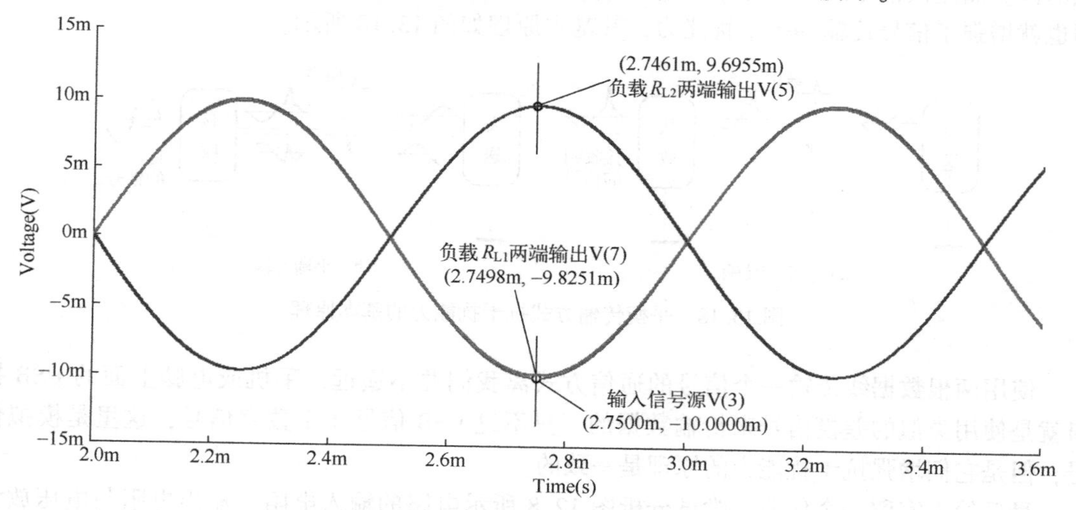

图 13.16　图 13.15 所示电路的仿真结果

很明显，负载 R_{L1} 与 R_{L2} 两端的输出波形是反相（180°）的关系，它们包含的信息是完全一样的。两路输出信号的幅值还是有一点点差别的，因为发射极电流实际上比集电极电流大一些，所以在相同阻值的条件下，前者转换出来的交流电压也会大一些。需要特别注意的是：**发射极的输出信号可以直接驱动负载，因为它的输出电阻是比较小的，而集电极的输出信号一般不可以直接驱动负载，因为它的输出电阻比较大**（可以看得出来，也就约为 2kΩ，作为需要驱动负载的信号源来讲，这个输出电阻还是太大了），所以通常还会在后面连接一级缓冲电路来增强驱动能力，以匹配前后级电路，后续我们还会进一步讨论。

我们把大小相同而相位相反的两路信号称为差模或差分信号（Differential-Mode Signal）。得到差分信号后，如果再使用平衡传输电缆，就可以增强信号传输的抗干扰能力了。平衡传输也称为差分传输，通常有两根数据线与一根地线，而且数据线之间是紧耦合的。相对应的也有非平衡传输方式，它仅包含一根数据线与一根地线，我们以往讨论的信号源到放大电路，以及放大电路到负载的信号传输方式都属于非平衡传输方式，它们的区别如图 13.17 所示。

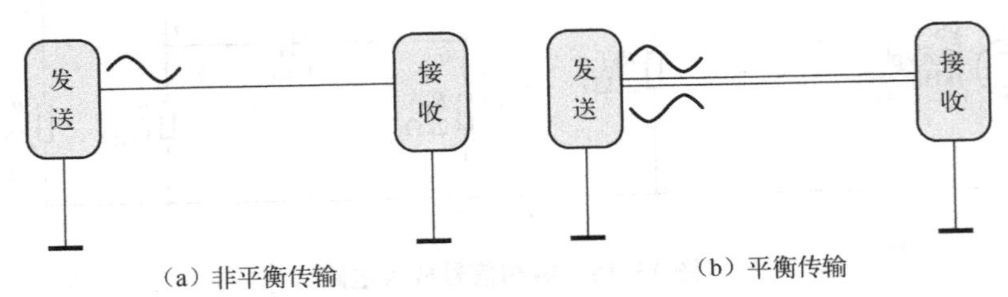

图 13.17　非平衡与平衡传输方式

当我们使用平衡方式传输差模信号时，可能存在噪声（或干扰），会同时反映在两条紧耦合数据线传输的信号上。而接收信号的一方只需要使用减法操作就可以将噪声（或干扰）抵消掉。而差模信号经减法操作后幅值就翻倍了，不会对传递的有用信息带来不良影响，从而也就增强了信号传输的抗干扰能力，其基本原理如图 13.18 所示。

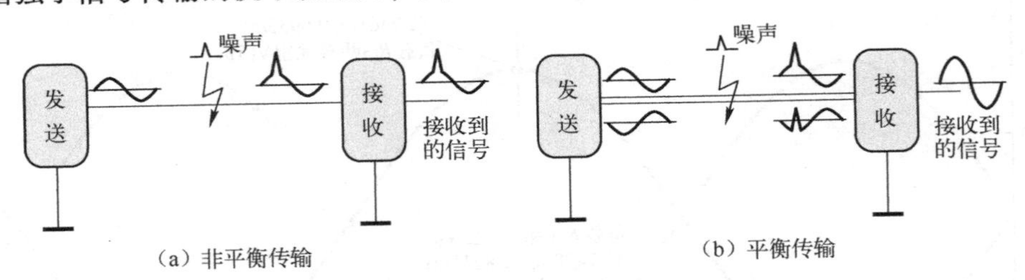

图 13.18　平衡传输方式抗干扰能力的基本原理

使用两根数据线传输一个信号的通信方式离我们并不遥远，手机或电脑上面的 USB 接口就是使用类似的差模信号来传输数据的，只不过 USB 信号属于数字信号，这里是模拟信号，但是它们增强抗干扰能力的原理是一致的。

最后给大家留一个作业：尝试分析图 12.8 所示电路的输入电阻、输出电阻与电压放大系数的表达式。

第14章 分压式共射放大电路频率特性：另辟蹊径

为了踏上另一条分析分压式共射放大电路频率特性的康庄大道，我们先来了解一下时间常数，考虑图14.1所示的RC积分仿真电路。

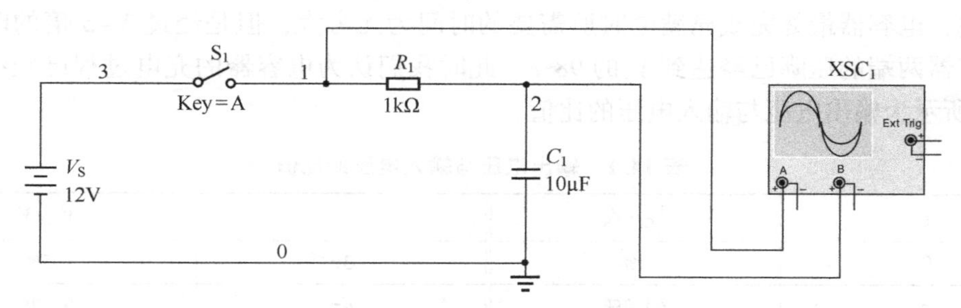

图14.1　RC积分仿真电路

开关S_1闭合后，电源V_S将通过电阻R_1对电容器C_1进行充电。假定初始状态下C_1没有存储电荷（两端压降为0V），则R_1左侧与右侧的电压波形如图14.2所示。

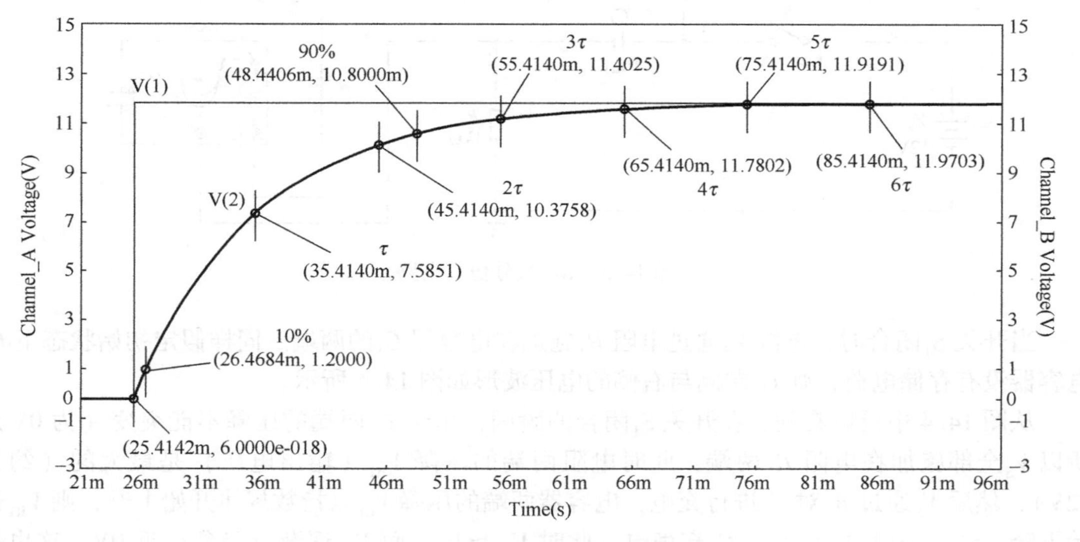

图14.2　R_1左侧与右侧的电压波形

从电路理论上来讲，我们把从“低电平”跳跃至“高电平”的输入信号称为阶跃信号（Step Signal），相应的电路输出称为“阶跃响应”（如果电容的初始储能为0，也称为“零状态响应”）。从图14.2中可以看到，C_1两端的压降V_{C1}（V(2)）按指数规律逐渐上升，并在一段时间t后充满电，此时$V_{C1} \approx V_S$，这就是电容充电储能的整个过程，可以使用一个数学

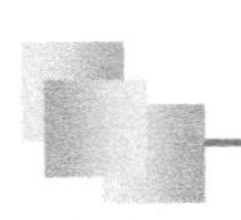

表达式来概括，即

$$V_{C1}=V_S(1-e^{-\frac{t}{R_1C_1}})=V_S(1-e^{-\frac{t}{\tau}}) \quad (14.1)$$

其中，τ 为 RC 积分电路的时间常数（Time Constant），其值为 R_1 与 C_1 的乘积，即 $\tau=R_1C_1$。如果均使用国际单位（阻值为 Ω，容值为 F），则时间常数的单位为 s。图 14.1 所示的 RC 积分电路的时间常数 $\tau=1\text{k}\Omega\times10\mu\text{F}=10\text{ms}$。

无论 V_S有多大，电容器两端的压降都是从初始值开始逐渐变化的，也就是我们所说的“电容器两端的电压不能突变”，这是因为电荷量的累积过程是不可能瞬间完成的。从数学理论上来讲，式（14.1）的指数函数部分只有在时间 t 为无穷大时才会为 1（无限接近 1）。换句话说，电容器最终完成充满电时所需要的时间为无穷大，但是经过 3~5 倍的时间常数后，电容器两端的压降已经达到 V_S的 98%，此时我们认为电容器的充电过程已经结束，如表 14.1 所示为输出电压与输入电压的比值。

表 14.1　输出电压与输入电压的比值

t	V_{C1}/V_S	t	V_{C1}/V_S
0	0%	3τ	95%
τ	63.2%	4τ	98.2%
2τ	86.5%	5τ	100%

我们再来观察图 14.3 所示的 RC 微分仿真电路。

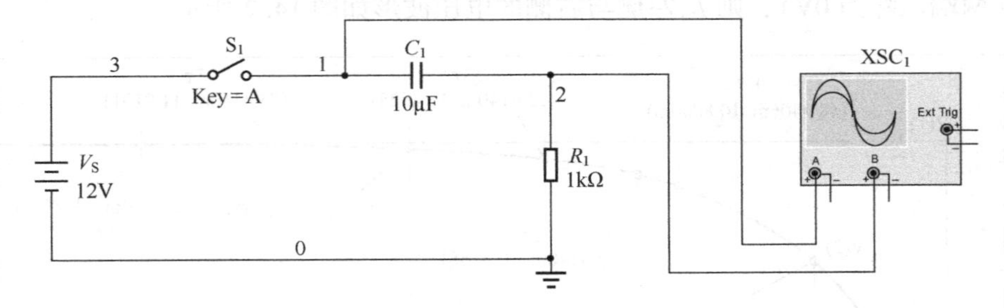

图 14.3　RC 微分仿真电路

当开关 S_1闭合时，电源 V_S通过电阻 R_1施加在电容器 C_1的两端。同样假定初始状态下 C_1电容器没有存储电荷，则 C_1左侧与右侧的电压波形如图 14.4 所示。

从图 14.4 中可以看到，在开关 S_1闭合的瞬间，由于 C_1两端的压降不能突变（为 0V），所以 V_S全部施加在电阻 R_1 两端，此时电阻两端的压降 V_{R1}（输出电压）是最大的（约为 12V），然后 V_S通过 R_1对 C_1进行充电，电容器两端的压降 V_{C1}以指数规律开始上升，则 V_{R1}开始下降。经过一段时间 t 后，C_1充满电，此时 $V_{C1}\approx V_S$，而 V_{R1}逐渐下降到接近 0V，这也是电容器充电储能的整个过程，它也可以使用一个数字表达式来概括，即

$$V_{R1}=V_S(e^{-\frac{t}{\tau}})=V_S(e^{-\frac{t}{R_1C_1}}) \quad (14.2)$$

其中，τ 是 RC 微分电路的时间常数，它与 RC 积分电路时间常数的定义一样，也是 R_1 与 C_1 的乘积，所以图 14.3 所示电路的时间常数也为 10ms。

从数学理论上来讲，式（14.2）的指数函数部分只有在时间 t 为无穷大时才会为 0（无

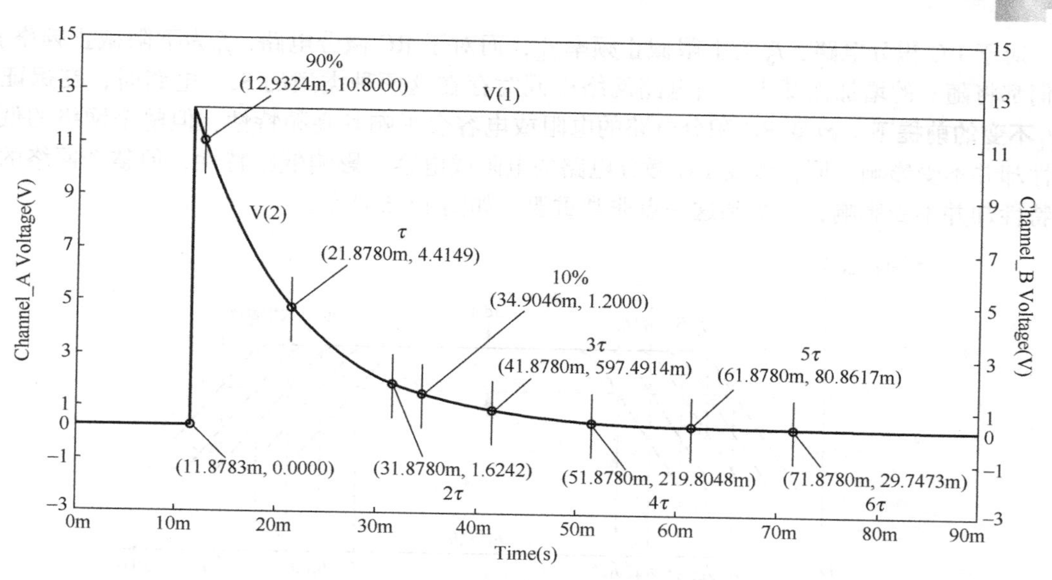

图 14.4　C_1 左侧与右侧的电压波形

限接近 0）。换句话说，电容器最终完成充电至两端压降为 12V 所需的时间为无穷大，但是经过 3~5 倍的时间常数后，电容器两端的压降已经上升到 V_S 的 98%，我们认为电容器的充电过程已经结束，如表 14.2 所示为输出电压与输入电压的比值。

表 14.2　输出电压与输入电压的比值

t	V_{R1}/V_S	t	V_{R1}/V_S
0	100%	3τ	5%
τ	36.8%	4τ	1.8%
2τ	13.5%	5τ	0%

如果把刚刚介绍的 RC 积分电路与 RC 微分电路进行对比，就会发现 V_S 与 RC 元器件参数都是一样的，唯一不同的是：前者的输出电压取自电容器两端，而后者的输出电压取自电阻两端，所以在电路参数相同的条件下，两个电路的输出电压的变化趋势必然是相反（互补）的。

我们把仅含有一个（或能够减少到仅有一个）电抗元器件（电容或电感器）与一个电阻的电路称为单时间常数（Single Time Constant，STC）电路。如果 STC 电路是由电容器 C 和电阻 R 构成的，则 $\tau=R\times C$。如果 STC 电路是由电感器 L 与电阻 R 构成的，则 $\tau=L/R$。虽然 STC 电路的结构比较简单，但是它们在线性或数字电路分析与设计中都起着非常重要的作用。例如，在第 11 章分析基本共射放大电路的高频特性的过程中，我们利用戴维南定理与密勒理论把比较复杂的输入回路转换成了 STC 电路。

RC 积分电路与 RC 微分电路就是典型的 STC 电路，它们的截止频率的表达式结构是一样的，如下式：

$$f_0=\frac{1}{2\pi R_1 C_1}=\frac{1}{2\pi\tau} \tag{14.3}$$

对于 RC 积分电路，f_0 为上限截止频率 f_H；而对于 RC 微分电路，f_0 为下限截止频率 f_L，它们都将随 τ 的增加而减小。当电路网络中同时存在这两种类型的 STC 电路时，**在保证 $f_H \gg f_L$ 不变的前提下**，改变 RC 积分电路的电阻或电容会影响其高频特性，但整个网络的低频特性却并不受影响，同样改变 RC 微分电路的电阻或电容会影响低频特性，但整个网络的高频特性却并不受影响，了解到这一点非常重要，如图 14.5 所示。

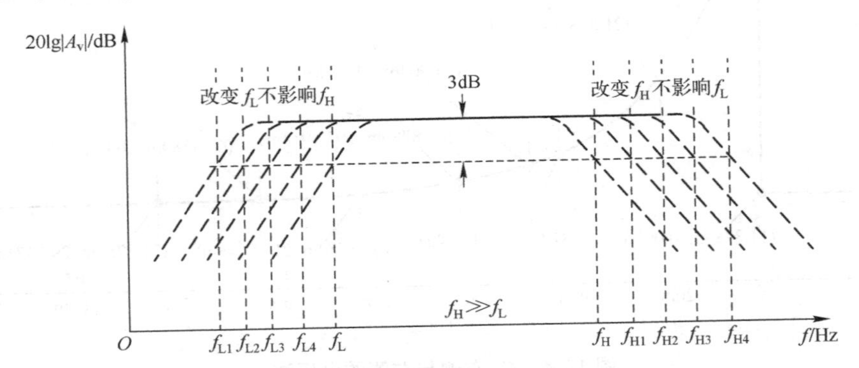

图 14.5　f_H 与 f_L 相互不影响

我们尝试按照第 10 章讨论的方法分析图 14.6 所示电路的上限与下限截止频率，其中下标 S 表明电容器串联在输入和输出之间，下标 P 表明电容器并联在输出与地之间。

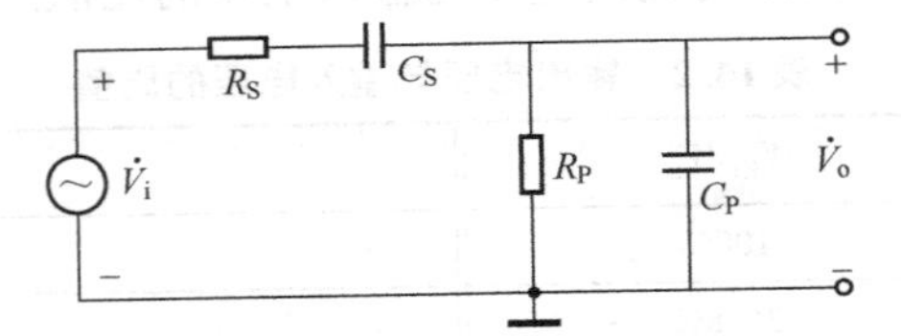

图 14.6　电阻与电容器串并联的电路

分析步骤仍然与以往使用代数方式进行运算的相同，令 $\tau_S = R_S C_S$，$\tau_P = R_P C_P$，则该电路的电压放大系数为

$$\dot{A}_v = \frac{\dot{V}_o}{\dot{V}_i} = \left(\frac{R_P}{R_S + R_P}\right) \Big/ \left[1 + \left(\frac{R_P}{R_S + R_P}\right)\left(\frac{C_P}{C_S}\right) + \frac{1}{j\omega\tau_S} + j\omega\tau_P\right] \tag{14.4}$$

虽然式（14.4）无疑是图 14.6 所示电路电压放大系数的精确表达式，但它却非常难以处理。但是，从前面的分析已经看到，串联电容器影响低频响应，并联电容器影响高频响应，如果 $C_P \ll C_S$，并且 R_S 与 R_P 在同一数量级上，则由 C_S 与 C_P 产生的截止频率的数量级将会不同。一般情况下，当电路含有耦合电容器（串联形式）与负载电容器（并联形式）且两个电容器的容抗是不同数量级时，我们可以分别考虑每一个电容器的影响。

当频率比较低时，可以将负载电容器 C_P 视为开路，将所有独立源置零即可求得从电容器 C_S 两端看到的等效电阻，如图 14.7（a）所示。很明显，从 C_S 两端看到的等效电阻是 R_S 与 R_P 的串联，而与 C_S 相关的时间常数即

$$\tau_S = (R_S + R_P) C_S \tag{14.5}$$

由于 C_P 被视为开路，所以 τ_S 也称为开路时间常数（Open-Circuit Time Constant）。

当频率比较高时，可以将耦合电容器 C_S 视为短路，将所有独立源置零即可求得从电容器 C_P 两端看到的等效电阻，如图 14.7（b）所示。很明显，从 C_P 两端看到的等效电阻是 R_S 和 R_P 的并联，而与 C_P 相关的时间常数即

$$\tau_P = (R_S \parallel R_P)C_P \tag{14.6}$$

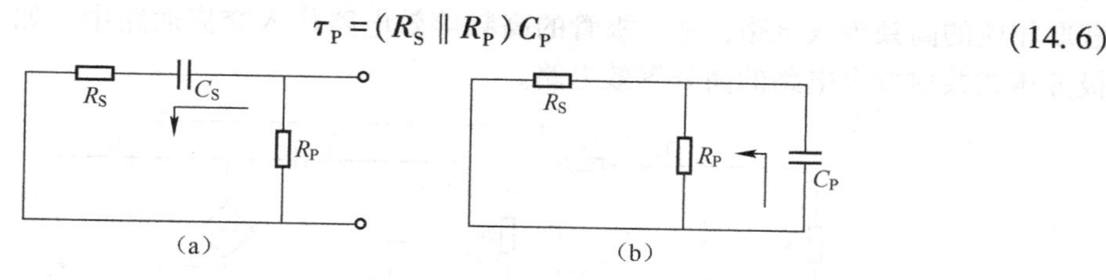

图 14.7　从电容器两端看入的等效电阻

由于 C_S 被视为开路，所以 τ_P 也称为短路时间常数（Short-Circuit Time Constant）。

我们举个实例验证一下。假设 $R_S = 1\text{k}\Omega$，$R_P = 2\text{k}\Omega$，$C_S = 10\mu\text{F}$，$C_P = 5\text{pF}$，由于 C_P 比 C_S 小 6 个数量级，可以分别讨论每个电容器对频率特性的影响，那么开路时间常数为

$$\tau_S = (R_S + R_P)C_S = (1\times10^3\Omega + 2\times10^3\Omega)\times10\times10^{-6}\text{F} = 30\text{ms}$$

短路时间常数为

$$\tau_P = (R_S \parallel R_P)C_P = (1\times10^3\Omega \parallel 2\times10^3\Omega)\times5\times10^{-12}\text{F} \approx 3.3\text{ns}$$

则有下限截止频率为

$$f_L = \frac{1}{2\pi\tau_S} = \frac{1}{2\times3.14\times30\text{ms}} \approx 5.3\text{Hz}$$

上限截止频率为

$$f_H = \frac{1}{2\pi\tau_P} = \frac{1}{2\times3.14\times3.3\text{ns}} \approx 48\text{MHz}$$

我们使用 Multisim 软件平台验证一下，相应的仿真电路与结果如图 14.8 所示。

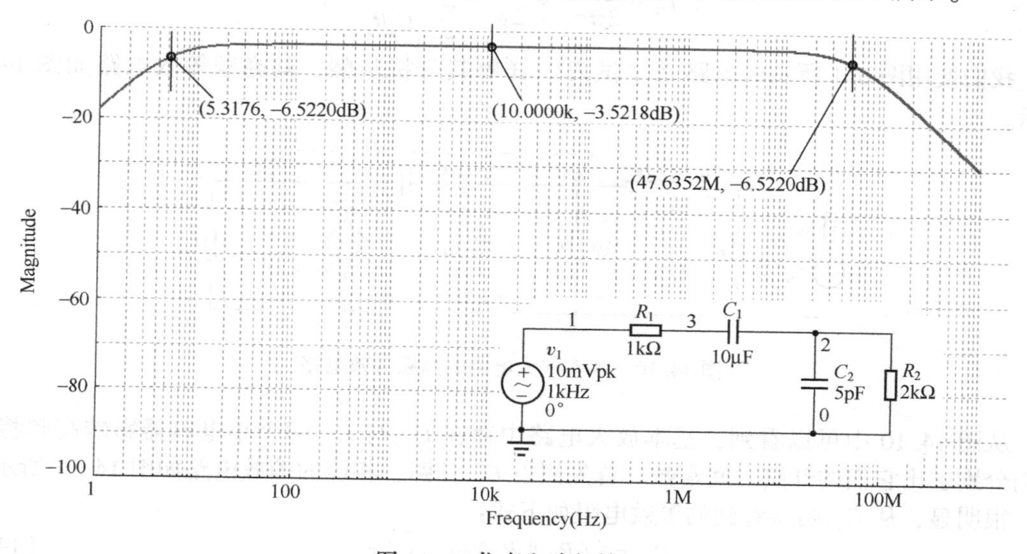

图 14.8　仿真电路与结果

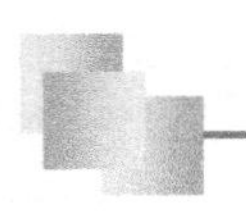

从图 14.8 中可以看到，仿真结果与理论分析的结果非常接近。

好的，时间常数相关的内容已经足够使用了，接下来我们继续分析图 12.14 所示的基极分压式共射放大电路的高频特性（对于放大电路而言，很多时候我们对高频特性更感兴趣，而且它的分析过程相对低频特性更复杂一些，所以后续仅进行上限截止频率的分析）。首先获取相应的高频等效电路，把三极管的高频等效电路代入交流通路中，如图 14.9 所示为基极分压式共射放大电路的高频等效电路。

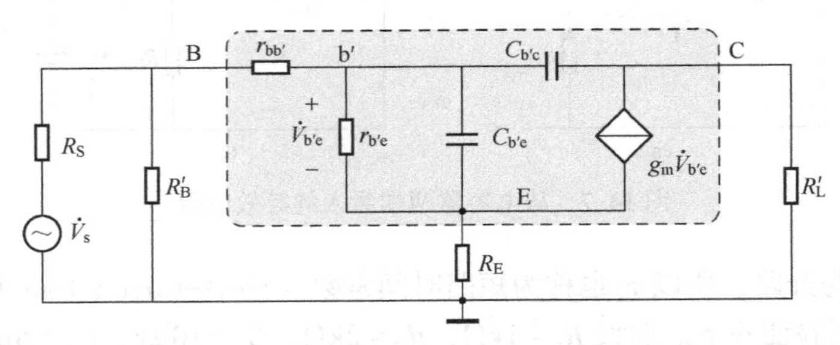

图 14.9　基极分压式共射放大电路的高频等效电路

这个等效电路比基本共射放大电路更复杂一些，按照第 11 章的方法求解并不太容易，所以我们可以使用**开路时间常数求解法**来求解该电路，具体可以这么做：**假设高频等效电路中存在 n 个电容器，依次考虑高频等效电路中的每一个电容器 C_i，每次考虑一个电容器时，将其他所有电容器置零（也就是开路），并求得从该电容器两端看到的等效电阻 R_i，这样就可以求出 C_i对应的开路时间常数 $\tau_i=C_iR_i$，将所有 τ_i相加就可以得到总的开路时间常数**，我们使用符号 τ_T表示，则有：

$$\tau_T = \sum_{i=1}^{n} C_iR_i \tag{14.7}$$

那么上限截止频率即

$$f_H = \frac{1}{2\pi\tau_T} = \frac{1}{2\pi} \cdot \frac{1}{\sum_i C_iR_i} \tag{14.8}$$

我们使用图 6.1 所示的电路来“试刀”详解其分析步骤，其高频等效电路如图 14.10 所示。

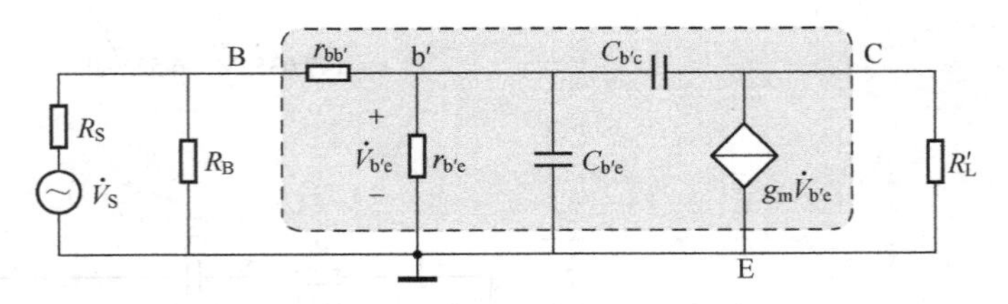

图 14.10　基本放大电路的高频等效电路

从图 14.10 中可以看到，基本放大电路中存在 $C_{b'e}$与 $C_{b'c}$两个小电容器影响高频特性，我们分别求出它们的开路时间常数。首先假设 $C_{b'c}$开路，相应的等效电路如图 14.11 所示。

很明显，从 $C_{b'e}$两端看到的等效电阻如下式：

$$R_{b'e} = [(R_S \parallel R_B) + r_{bb'}] \parallel r_{b'e} \tag{14.9}$$

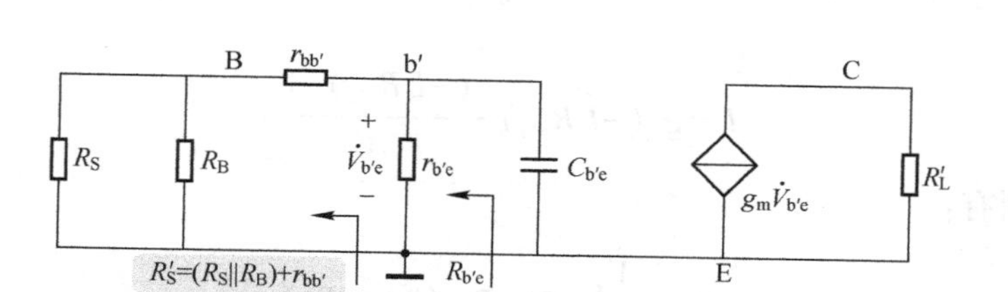

图 14.11　$C_{b'c}$开路时的高频等效电路

把实际参数代入式（14.9）进去，则有：

$$R_{b'e}=[(50\Omega \parallel 470k\Omega)+5\Omega] \parallel 1.24k\Omega \approx 53\Omega$$

而 $C_{b'e}$已经仿真过了，约为 38.5pF，因此 $C_{b'e}$对应的开路时间常数为

$$\tau_{b'e}=R_{b'e}C_{b'e}=53\Omega\times 38.5\text{pF}\approx 2.04\text{ns}$$

我们再将 $C_{b'e}$开路，相应的等效电路如图 14.12 所示。

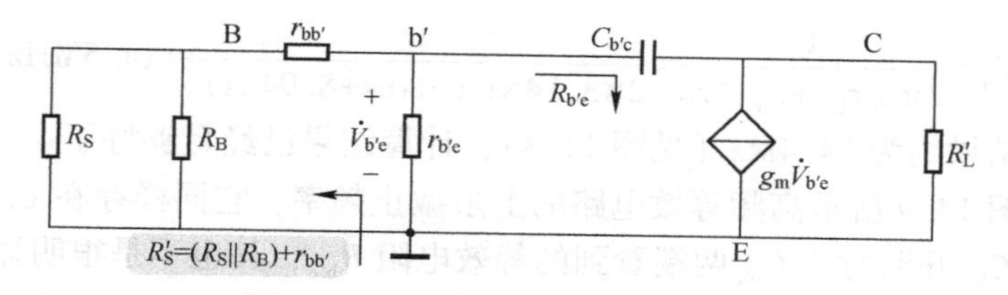

图 14.12　$C_{b'e}$开路时的高频等效电路

从电容器 $C_{b'c}$两端看到的等效电阻不是很明显，所以我们只能使用老办法了，从 $C_{b'c}$两端对电路施加一个电压源$\dot{V}_x$，相应地会产生电流$\dot{I}_x$，那么$\dot{V}_x$与$\dot{I}_x$的比值就是我们想要的结果，如图 14.13 所示。

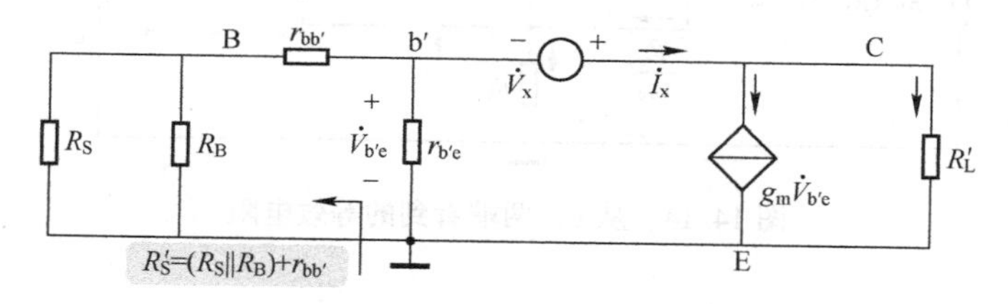

图 14.13　确定从 $C_{b'c}$两端看到的等效电阻

首先从节点 b′列出电流方程，即

$$\dot{I}_x=-\frac{\dot{V}_{b'e}}{r_{b'e}}-\frac{\dot{V}_{b'e}}{R'_S}=-\frac{\dot{V}_{b'e}}{R_{b'e}} \tag{14.10}$$

从节点 C 列出电流方程，即

$$\dot{I}_x=g_m\dot{V}_{b'e}+\frac{\dot{V}_{b'e}+\dot{V}_x}{R'_L} \tag{14.11}$$

结合式（14.10）与式（14.11），则有：

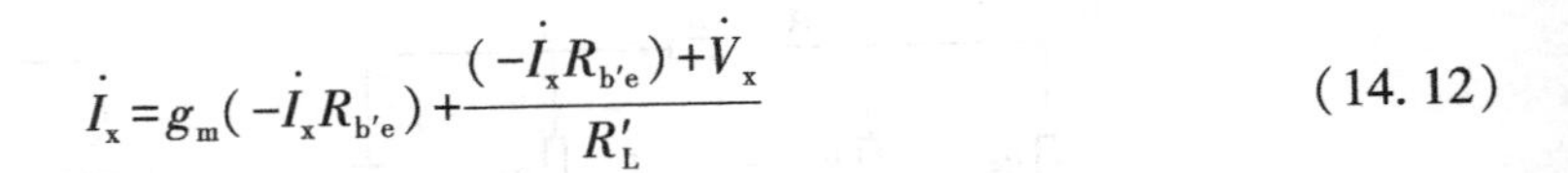

$$\dot{I}_x = g_m(-\dot{I}_x R_{b'e}) + \frac{(-\dot{I}_x R_{b'e}) + \dot{V}_x}{R'_L} \tag{14.12}$$

整理之后则有：

$$R_{b'c} = \frac{\dot{V}_x}{\dot{I}_x} = R'_L + R_{b'e}(1 + g_m R'_L) \tag{14.13}$$

为了保证理论计算的准确性，我们假设 R'_L包含了三极管的输出电阻（$r_{ce}=8\text{k}\Omega$），则有 $R'_L = R_C \parallel R_L \parallel r_{ce} = 2\text{k}\Omega \parallel 1\text{k}\Omega \parallel 8\text{k}\Omega \approx 615\Omega$，而 g_m约为 85mS，$r_{b'e}$约为 1.24kΩ，则有：

$$R_{b'c} = 615\Omega + 53\Omega \times (1 + 85\text{mS} \times 615\Omega) \approx 3.44\text{k}\Omega$$

$C_{b'c}$也已经仿真过了，约为 2.6pF，因此 $C_{b'c}$对应的开路时间常数为

$$\tau_{b'c} = R_{b'c} C_{b'c} = 3.44\text{k}\Omega \times 2.6\text{pF} \approx 8.94\text{ns}$$

根据式（14.8）可以得到基本放大电路的上限截止频率为

$$f_H = \frac{1}{2\pi(\tau_{b'e} + \tau_{b'c})\tau_T} = \frac{1}{2 \times 3.14 \times (2.04\text{ns} + 8.94\text{ns})} \approx 14.5\text{MHz}$$

实际的仿真结果约为 14.4Mz（见图 11.3），计算结果已经足够好了。

接下来分析图 14.9 所示高频等效电路的上限截止频率，它同样存在 $C_{b'e}$与 $C_{b'c}$两个小电容器。首先分析 $C_{b'c}$开路时从 $C_{b'e}$两端看到的等效电阻 $R_{b'e}$，其也不是很明显，所以我们只好对电路施加测试电压源$\dot{V}_x$，如图 14.14 所示。

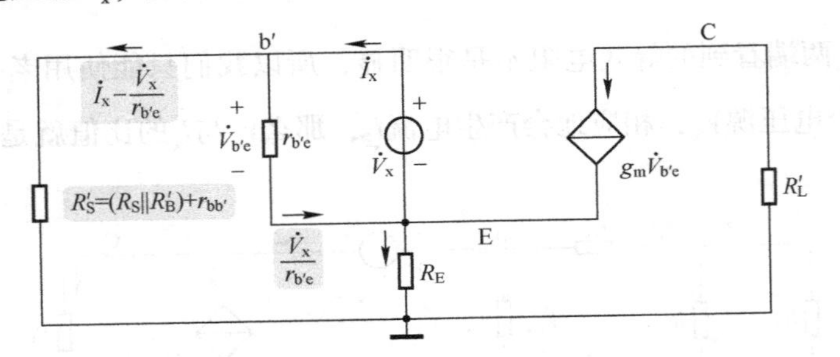

图 14.14　从 $C_{b'e}$两端看到的等效电阻

流过电阻 R_E中的电流可表示为

$$\dot{I}_{R_E} = \left[R'_S\left(\dot{I}_x - \frac{\dot{V}_x}{r_{b'e}}\right) - \dot{V}_x\right] / R_E \tag{14.14}$$

我们从节点 E 列出节点电流方程，则有（注意$\dot{V}_{b'e} = \dot{V}_x$）：

$$\left[R'_S\left(\dot{I}_x - \frac{\dot{V}_x}{r_{b'e}}\right) - \dot{V}_x\right] / R_E + \dot{I}_x = \frac{\dot{V}_x}{r_{b'e}} + g_m \dot{V}_x \tag{14.15}$$

整理一下则有：

$$R_{b'e} = \frac{\dot{V}_x}{\dot{I}_x} = \frac{r_{b'e}(R'_S + R_E)}{r_{b'e}(1 + g_m R_E) + R'_S + R_E} \tag{14.16}$$

将实际数据代入式（14.16），则有：

$$R_{b'e}=\frac{881\Omega\times(55\Omega+100\Omega)}{881\times(1+86\text{mS}\times100\Omega)+55\Omega+100\Omega}=\frac{0.1364\text{k}\Omega}{8.603\text{k}\Omega}\approx16\Omega$$

所以 $C_{b'e}$ 对应的开路时间常数为

$$\tau_{b'e}=R_{b'e}\times C_{b'e}=16\Omega\times38.7\text{pF}\approx0.62\text{ns}$$

然后分析 $C_{b'e}$ 开路时从 $C_{b'c}$ 两端看到的电阻 $R_{b'c}$，同样也不明显，所以我们给电路施加测试电压源 $\dot{V}_x$，如图 14.15 所示。

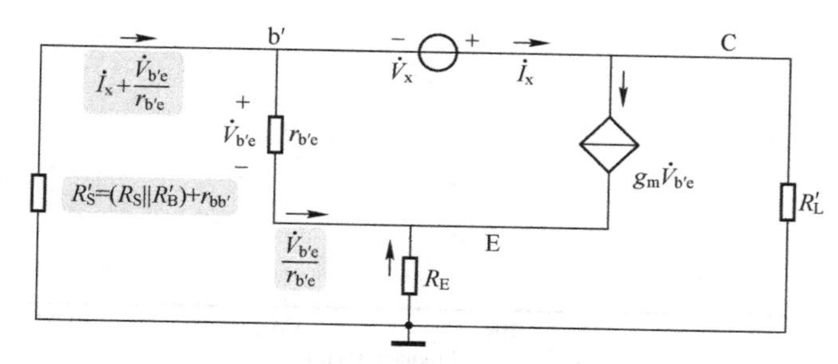

图 14.15　从 $C_{b'c}$ 两端看到的等效电阻

我们从节点 E 列出节点电流方程，则有：

$$\left[R'_S\left(\dot{I}_x+\frac{\dot{V}_{b'e}}{r_{b'e}}\right)+\dot{V}_{b'e}\right]/R_E+\frac{\dot{V}_{b'e}}{r_{b'e}}+g_m\dot{V}_{b'e}=0 \tag{14.17}$$

从节点 C 点列出节点电流方程，则有：

$$\left[\dot{V}_x-R'_S\left(\dot{I}_x+\frac{\dot{V}_{b'e}}{r_{b'e}}\right)\right]/R'_L+g_m\dot{V}_{b'e}=\dot{I}_x \tag{14.18}$$

结合式（14.17）与式（14.18）即可得：

$$R_{b'e}=\frac{\dot{V}_x}{\dot{I}_x}=\frac{R'_S(R_M+g_m r_{b'e}R'_L)}{R'_S+R_M}+R'_L \tag{14.19}$$

其中，$R_M=r_{b'e}+R_E+g_m r_{b'e}R_E$，如果使用图 13.8 所示电路的参数，则 $R_M\approx881\Omega+100\Omega+86\text{mS}\times881\Omega\times100\Omega\approx8.6\text{k}\Omega$。不考虑三极管有限的交流输出电阻时，则有：

$$R_{b'c}\approx\frac{55\Omega\times(8.6\text{k}\Omega+86\text{mS}\times881\Omega\times667\Omega)}{55\Omega+8.6\text{k}\Omega}+667\Omega\approx1.04\text{k}\Omega$$

这样 $C_{b'c}$ 相应的开路时间常数为

$$\tau_{b'c}=R_{b'c}\times C_{b'c}\approx1.04\text{k}\Omega\times3.9\text{pF}=4.056\text{ns}$$

所以上限截止频率约为

$$f_H=\frac{1}{2\pi(\tau_{b'e}+\tau_{b'c})}=\frac{1}{2\times3.14\times(0.62\text{ns}+4.056\text{ns})}\approx34\text{MHz}$$

我们使用 Multisim 软件平台对图 13.8 所示的电路进行交流分析，相应的仿真结果如图 14.16 所示。

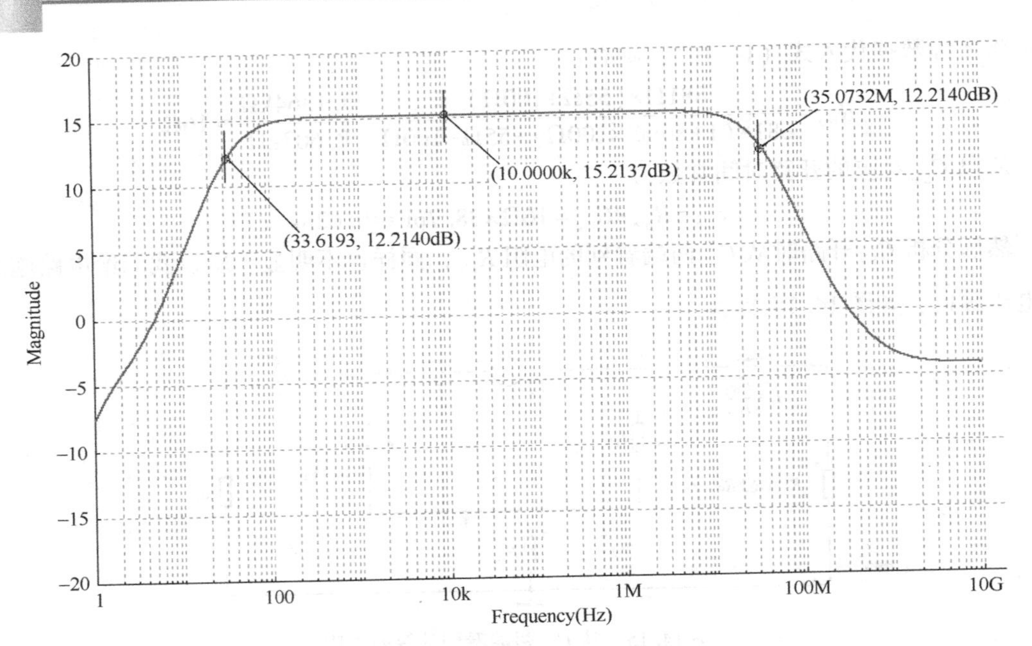

图 14.16　图 13.8 所示电路的仿真结果

从图 14.16 中可以看到，其上限截止频率约为 35MHz，与计算结果相当接近。由于我们考虑到三极管有限的输出交流电阻，所以我们的计算结果是偏低的。

前面我们讨论的频率响应分析法以正弦波作为放大电路的输入信号，研究放大电路对不同信号的幅值与相位的频域响应，也称为稳态分析法。通俗地说，它用来分析处于稳定状态的电路，优点是分析简单，实际测试时并不需要很特殊的设备，而缺点在于幅频与相频响应不能直观地（用肉眼）确定放大电路的波形失真，因此也难于使用这种方法选择使波形的失真达到最小的电路参数。而另一种瞬态（也称为“暂态”）分析法以单位阶跃信号作为放大电路的输入信号，研究放大电路的输出波形随时间变化的情况。

我们回过头观察图 14.2 所示的波形。前面已经提过，τ 越小，则 f_H 越大，同时也表示电容器充电的速度越快。换句话说，输出波形（电容器两端的压降）会更陡。我们使用上升时间 t_r 描述波形陡峭的程度，它表示输出电压从最终值的 10%（对应的时刻标记为 t_1）上升至 90%（对应的时刻标记为 t_2）所需要的时间，即 $t_r=t_2-t_1$。很明显，t_r 越小，则 f_H 越大，它与 τ 是有对应关系的，我们可以简单地推导一下。

根据式（14.1），当 $t=t_1$ 时：

$$v_o(t_1)/V_S=(1-e^{-t_1/R_1C_1})=0.1$$

则有：

$$e^{-t_1/R_1C_1}=0.9$$

同样当 $t=t_2$ 时：

$$v_o(t_2)/V_S=(1-e^{-t_2/R_1C_1})=0.9$$

则有：

$$e^{-t_1/R_1C_1}=0.1$$

所以：

$$\frac{e^{-t_1/R_1C_1}}{e^{-t_2/R_1C_1}}=\frac{0.9}{0.1}=9$$

两边取对数整理后可得：

$$t_r=t_2-t_1=(\ln 9)R_1C_1$$

再根据式（14.3），则有：

$$t_r\approx 0.35/f_H \tag{14.20}$$

我们使用图 14.2 所示波形中标记的数据验证一下，即

$$f_H=\frac{0.35}{t_r}=\frac{0.35}{t_2-t_1}=\frac{0.35}{48.4406\text{ms}-26.4684\text{ms}}\approx 15.9\text{Hz}$$

结果与式（14.3）的计算结果一致（见图 10.20）。从物理意义上来讲，当我们把阶跃信号输入到某个电路时，如果相应产生的输出信号的上升边沿越陡峭，则说明它能够更真实地响应变化很快速的输入电压。因为阶跃信号可以看作由频率很丰富的正弦波叠加而形成的信号（这一点我们后续还会进一步讨论），上升边沿越陡峭，则表示频率更高的正弦波成分通过了低通滤波器。也就是说，低通滤波器的高频特性更好。

推而广之，如果我们将一个阶跃测试信号给到三极管放大电路的输入，则也可以从相应输出信号的上升时间获得其高频特性。换句话说，在相同的测试条件下，如果某放大电路输出信号的上升时间越小，则说明其高频特性越好。我们来试试吧，输入阶跃测试信号的放大电路如图 14.17 所示。

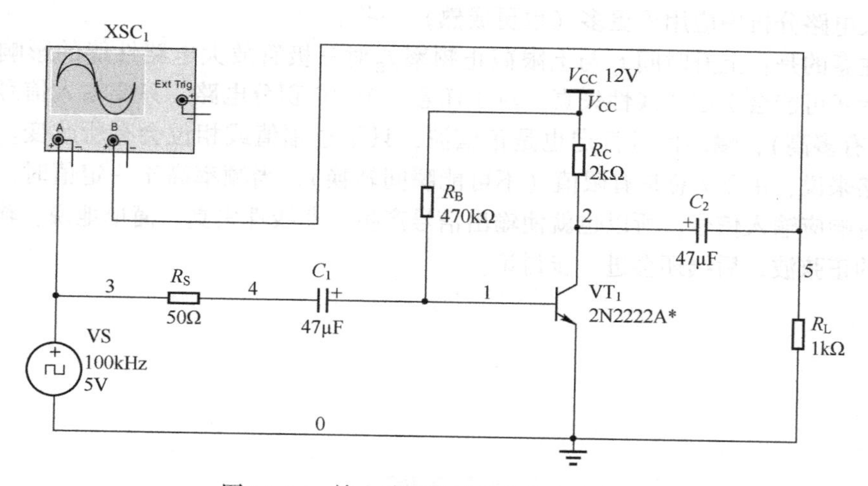

图 14.17　输入阶跃测试信号的放大电路

放大电路本身没有变化，只不过输入信号改为 100kHz 的方波信号（为了得到更精细的波形，我们减小了步长时间，同时把信号的频率提高了，以避免等待的仿真时间过长），因为它也有低电平到高电平的跳变，所以可以模拟一个阶跃测试信号。当然，你也可以选择 Multisim 软件平台器件库中的阶跃信号源（STEP_VOLTAGE）。

我们观察一下图 14.17 所示电路的仿真结果，如图 14.18 所示。

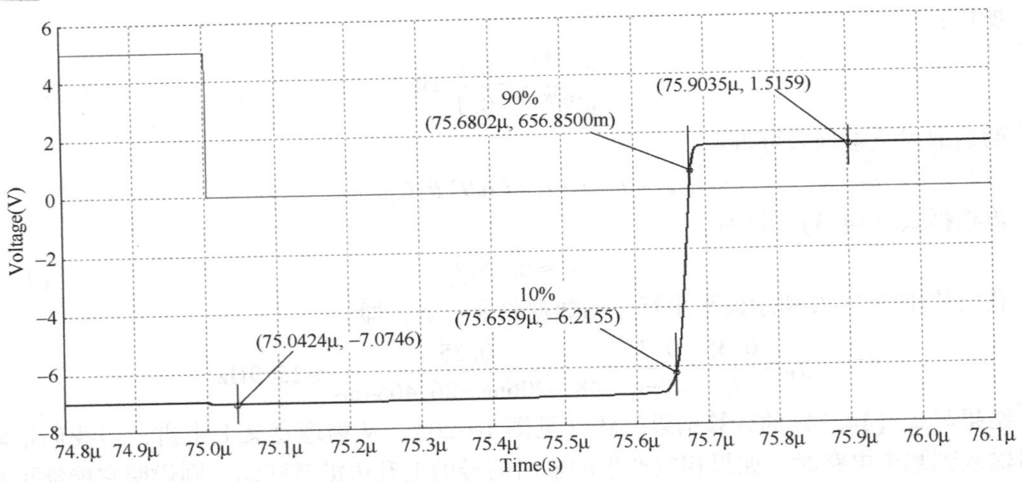

图 14.18　图 14.17 所示电路的仿真结果

从图 14.18 中可以看到，上升时间约为 75.6802μs−75.6559μs＝24.3ns，根据式（14.20）可得相应的上限截止频率约为 14.4MHz，与图 11.13 所示的仿真结果相关无几。

瞬态分析法的优点在于可以很直观地判断放大电路对输入阶跃信号产生的波形失真，并可以利用示波器直接观测放大电路的瞬态响应；缺点是实际的测量比较复杂（我们这里只是阐述分析思路而已），这一点在分析复杂或多级放大电路时更为突出，所以稳态分析法在三极管放大电路分析中应用得更多（也更成熟）一些。

需要注意的是：上升时间 t_r 与上限截止频率 f_H 对三极管放大电路性能的影响并不完全相同，前者还可能会引起非线性失真。对于任意一个 RC 积分电路，只要输入信号是正弦波（无论频率有多高），输出信号肯定也是正弦波，只不过幅值或相位会有所改变。但是，对于放大电路来说，由于 t_r 总是有限值（不可能瞬间转换），当频率高于一定值时，输出信号将不能实时响应输入信号，所以也就使输出信号产生了非线性失真。简单地说，输出信号不再是单纯的正弦波，后续还会进一步讨论。

第 15 章　共射放大电路设计：将帅之道

小说《三国演义》中的诸葛孔明说过这样一句话：为将而不通天文，不知奇门，不晓阴阳，不看阵图，不明兵势，是庸才也。简单地说，优秀的将帅应该具备与作战相关的全面知识。放大电路的设计者又何尝不需要全面的知识呢？今天我们就来讨论一下基极分压式共射放大电路的设计方法。

设计是分析的反向过程，可以说设计电路总是会比分析电路要困难一些。现如今学校教材讲解放大电路分析得比较多，但是关于放大电路的设计可以说少有涉及。本章将通过一个实例向大家展示如何设计基极分压式共射放大电路。

有人可能会问：关于基本共射放大电路的设计不再讲两句吗？其实没什么可讲的，太简单了，更主要的是，实际应用中很少会单独使用基本共射放大电路，因为我们也早就提过，它很不稳定！你绞尽脑汁设计一个性能比较差的放大电路有什么意义呢。

任何一个放大电路的设计肯定会有相应的需求，不同的应用场合，对放大电路的需求也是不一样的。例如，有些需要放大高频信号（注重高频特性），有些侧重电压放大系数，有些却更加关注功耗指标。我们现阶段设计的放大电路没有太多的需求，只需要有一定的电压放大系数就可以了。另外，本例还添加了一项指标，即动态范围，也就是输出信号的最大不失真峰峰值。动态范围小的放大电路能够对幅值比较小的输入信号进行不失真地放大，然而，一旦输入信号的幅值有所提升，输出信号就可能会出现削波失真，所以动态范围也是衡量放大电路动态性能的重要参数。

我们要求设计一个基极分压式共射放大电路，相应的设计需求如图 15.1 所示。

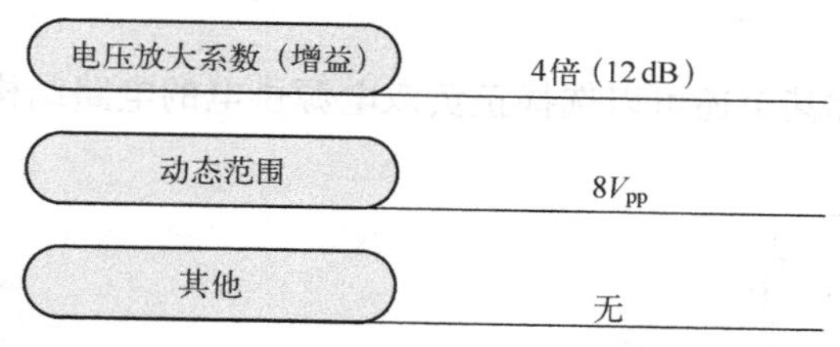

图 15.1　基极分压式共射放大电路的设计需求

首先需要做的是确定放大电路的基本结构。虽然我们讨论的是电路的设计，但通常都是根据现有的电路结构确定相应的参数的，以期达到整个系统的需求，这也是实际项目运作过程中的常态，因为设计与应用一个结构全新的电路是非常罕见的（风险很大）。

分压式共射放大电路的电路结构有多种形式，除之前讨论的正电源供电的 NPN 型三极管结构外，还有正电源供电的 PNP 型三极管结构，它们的结构是差不多的，如图 15.2 所示。

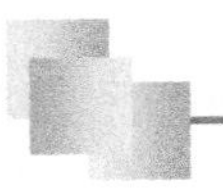

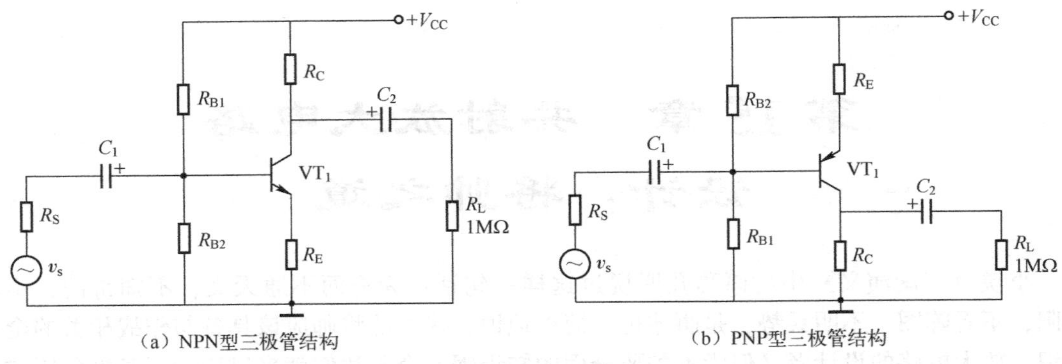

（a）NPN型三极管结构　　（b）PNP型三极管结构

图 15.2　正电源供电的放大电路

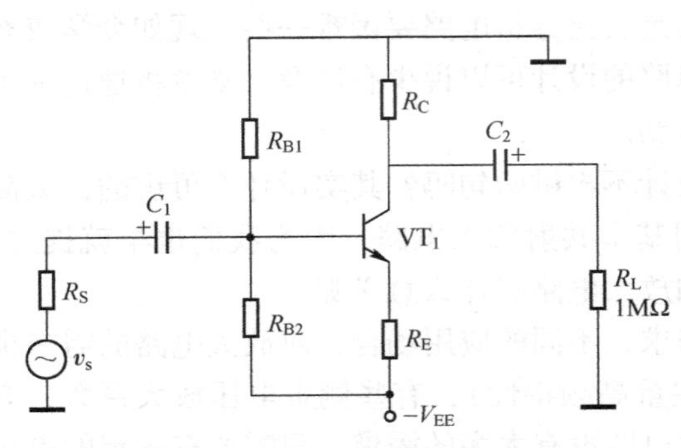

图 15.3　负电源供电的放大电路

在系统电源允许的情况下，也可以使用负电源供电的放大电路，如图 15.3 所示。

负电源供电的放大电路结构几乎没有发生变化，但是需要特别注意耦合电容器与旁路电容器（如果有）的极性连接。我们早就讨论过，要确定有极性电容器的连接方式，可以假设放大电路处于静态（输入信号为 0，对于交流电压源就是短路），然后把电容器的正极往电位高的那一侧连接。由于该放大电路是负电源供电的，所以耦合电容器 C_1 的右侧是负电位，而左侧为 0V（被信号源内阻 R_S 下拉到地），所以 C_1 的正极应该与左侧连接。同样，耦合电容器 C_2 的左侧是负电位，而右侧为 0V（被负载 R_L 下拉到地），所以 C_2 的正极应该与右侧连接。当然，如果放大电路连接的负载不是一个纯电阻，而同样是另一个放大电路，则需要重新观察耦合电容器 C_2 两侧的电位，判断电位高低之后再进行有极性电容器的连接，但是原理还是一样的。

如果实在有必要，你甚至还可以选择正负双电源供电的电路结构，如图 15.4 所示。

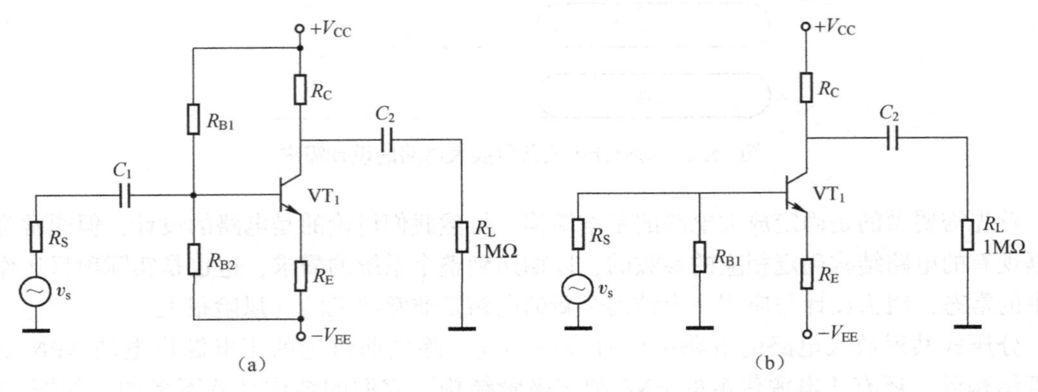

（a）　　（b）

图 15.4　正负双电源供电的放大电路

电路的结构依然没有太大的变化，需要注意的是：三极管基极的偏置电路。虽然你仍然可以按照图 15.4（a）所示的那样使用两个电阻的分压偏置方案，但是在正负双电源供电的场合下，图 15.4（b）所示的使用一个与公共地连接的基极电阻更为常见，此时 VT_1 的基极静态电位通常非常小，可以认为是 0V（实际应为基极静态电流 I_{BQ} 与（$R_S \parallel R_{B1}$）的乘积，在 R_S 比较小的情况下可以忽略不计），这样就可以省略输入端用来隔离直流的耦合电容器了，因为耦合电容器两端并没有直流电位差，并不需要“多此一举”的“隔直”措施。当然，输出耦合电容器还是不能省略掉的。

我们选择正电源供电的 NPN 型三极管放大电路，然后确定合适的供电电源。前面已经提过，共射放大电路的动态范围很大程度上取决于三极管 C-E 之间的静态压降 V_{CEQ}，输出信号就是集电极电位 v_C 的上下波动量，这一点对于前述任意一种电路结构的放大电路都是成立的。

为了避免三极管进入饱和区，我们在发射极静态电位 V_{EQ} 的基础上预留了 1V 的裕量，因为理论计算与实际的电路难免会有一些误差，还是保守一点为好，这样不至于把自己逼得太紧。同样的道理，我们也在供电电源 V_{CC} 附近预留了 1V 的裕量，以避免三极管进入截止区，此时放大电路的静态电位分布如图 15.5 所示。

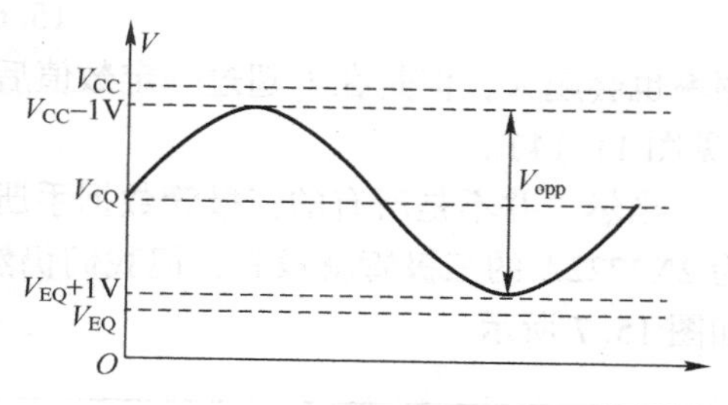

图 15.5 放大电路的静态电位分布

我们仍然假设三极管发射结的静态导通压降 $V_{BEQ}=0.6V$，根据式（13.9）所示的静态工作点的稳定条件，理论上基极电位 V_{BQ} 应该至少有 3V，所以 V_{EQ} 至少有 2.4V。也就是说，V_{CQ} 应该至少为 $2.4V+1V+4V=7.4V$。其中，2.4V 就是 V_{EQ}，1V 是为了避免三极管进入饱和区而预留的，4V 是输出信号最小值的变化量，因为设计要求的输出信号峰峰值为 8V，所以它的一半就是 4V。

同样的道理，输出信号最大值的变化量也有 4V，所以供电电源至少需要 $V_{CQ}+4V+1V=7.4V+5V=12.4V$。选择的供电电源越大，实现既定的动态范围指标就会越容易，你可以使用 15V 甚至更高的供电电源进行后续的设计，但我们决定使用 12V，这样一来，8V 的动态范围几乎已经达到了极限。

然后开始选择三极管具体的型号。三极管细分起来有很多种，如高频、低频、大功率和小功率等。在选择型号的过程中，首先确定的应该是极限值，你总不会希望三极管安装到电路就会因电压或电流过大而立马“报销”了吧？通常有 3 个极限参数需要优先考虑，即集电极与发射极之间的最大击穿电压 $V_{(BR)CEO}$、集电极的最大允许电流 I_{CM} 和集电极的最大允许耗散功率 P_{CM}。我们设计的放大电路并没有特殊的要求，因为供电电源只有 12V，一般的三极管都能够满足要求，所以选择常用的型号为 2N2222A 的三极管就可以了，其相应的 $V_{(BR)CEO}=40V$，$I_{CM}=0.8A$，$P_{CM}=0.5W$，已经足够我们使用了。

紧接着就是确定偏置电路的参数，对于基极分压式共射放大电路，偏置电路的设计过程就是放大电路分析的反向过程，我们首先得确定集电极静态电流 I_{CQ}。有些资料说的是发射极静态电流 I_{EQ}，这两个值是近似相等的，所以表达的意思相同。但问题是：**I_{CQ} 究竟应该设置多大才是最佳的呢？**

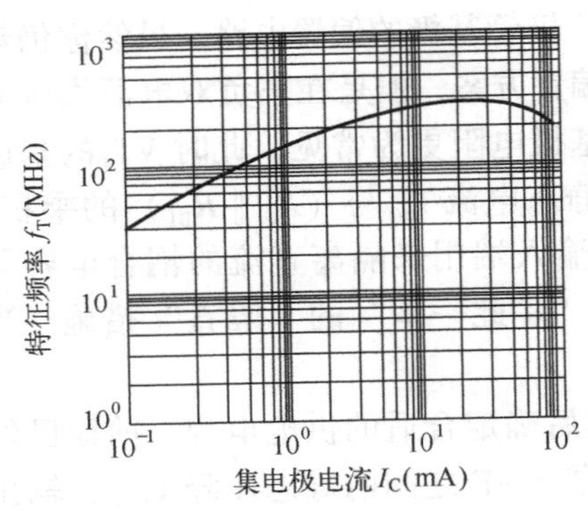

图 15.6　特性频率随集电极电流变化的曲线

又是一个“最佳”这样令人头疼的问题，然而事实是，电路设计的过程就是各方面折衷考虑的过程，不可能说一个放大电路在所有方面的性能都是最佳的，所以还是要根据具体的需求，针对哪方面重点设计，达到某方面性能“最佳”还是可能的。例如，你更注重的是低功耗，那就把 I_{CQ} 设置小一点；如果你要放大高频信号，那就根据 I_{CQ} 与三极管特征频率 f_T 的关系曲线来选择，有些三极管的数据手册中会有如图 15.6 所示的曲线图。

如果放大电路的应用频率比较高，则可以选择曲线中的最大值，在图 15.6 中也就 20mA 左右。从图 15.6 中可以看到，在一定范围内提高 I_C，相应的特征频率也会越大，但是在 I_C 超过一定数值后，特征频率就会开始下降，这一点我们已经提过了（见图 11.14）。

当然，并不是所有的三极管数据手册中都会有这样一个曲线图。例如，刚刚选择的型号为 2N2222A 的三极管就没有，但我们仍然可以从对应数据手册中的电气参数表中观察出来，如图 15.7 所示。

h_{FE}	直流电流增益的 (DC Current Gain)	I_C = 0.1mA, V_{CE} = 10V	35	—	—
		I_C = 1mA, V_{CE} = 10V	50	—	—
		I_C = 10mA, V_{CE} = 10V	75	—	—
		I_C = 150mA, V_{CE} = 10V	100	300	—
		I_C = 500mA, V_{CE} = 10V	40	—	—
		I_C = 150mA, V_{CE} = 1V	50	—	—
		I_C = 10mA, V_{CE} = 10V, T_A = −55℃	35	—	—
h_{fe}	小信号电流增益 (Small Signal Current Gain)	I_C = 1mA, V_{CE} = 10V, f = 1kHz	50	300	
		I_C = 10mA, V_{CE} = 10V, f = 1kHz	75	375	—
f_T	特征频率(Transition Frequency)	I_C = 20mA, V_{CE} = 20V, f = 100MHz	300	—	MHz

图 15.7　型号为 2N2222A 的三极管的部分数据手册

从图 15.7 中可以看到，三极管特征频率的测试条件是 I_C = 20mA，我们可以认为这个条件在高频应用时是比较合适的（因为制造厂商会把最漂亮的数据展现出来，以便吸引你去“买买买”呀），在需要对高频信号进行放大的应用场合，可以优先把 I_{CQ} 设置为 20mA。由于我们对频率没有特殊要求，所以可以把 I_{CQ} 设置得小一些。因为静态电流大，则三极管消耗的功率也就大，虽然我们并没有低功耗方面的要求，但也不要太过分了。

当然，有些场合对噪声的指标要求较高，同样也会有相应“最佳”的 I_C 值，这个话题涉及的内容比较多，我们将在第 28 章进行详尽讨论。

另外，从 $\beta(h_{FE})$ 的测试条件可以看到，I_{CQ} 从 0.1mA 到 10mA 都是可以用的，我们选择 1mA，这样计算起来也方便一些。有人可能会问：既然咱们对频率特性没有要求，是否需要选择 β 比较大时对应的 I_{CQ} 呢？例如，I_{CQ} = 150mA 时，β 最小为 100，这样应该更有利于实现

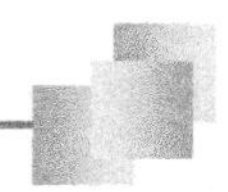

设计要求的电压放大系数 A_v，对不对？这里可以回答你：没有必要！因为基极分压式共射放大电路的 A_v 与 β 没有多大关系，我们很快就会提到。

I_{CQ} 确定之后就可以顺势计算出集电极电阻 R_C 与发射极电阻 R_E 了。具体应该怎样做呢？我们知道，基极分压式共射放大电路的 A_v 与 R_C 是成正比的，而与 R_E 是成反比的，这很容易从 A_v 的表达式观察到，即

$$A_v = \frac{-\beta \cdot R_C}{r_{be} + (1+\beta) R_E} \tag{15.1}$$

A_v 与 R_C 成正比很好理解，因为电阻 R_C 的作用就是把集电极电流转换为电压输出，它越大，那么相同的电流转换出来的电压就会越大，从而也就使得 A_v 越大。而与 R_E 成反比就更好理解了，因为 R_E 越大，交流负反馈就会越强，这样就会导致 A_v 越小。但是，知道这些并没有实际的用处，我们需要的是具体的电阻值。

我们可以进一步研究式（15.1）。前面早就提到过，一般（$1+\beta$）R_E 会远远大于 r_{be}，100kΩ 以上都是很平常的。所以，为了分析的方便，我们可以忽略式（15.1）中的 r_{be}，即有：

$$A_v = \frac{-\beta \cdot R_C}{(1+\beta) R_E} \tag{15.2}$$

如果 $\beta \gg 1$（这个条件并不苛刻，大于 10 的三极管比比皆是），我们可以近似认为 $1+\beta$ 就是 β，这样分子分母的 β 就抵消了，经简化后的 A_v 表达式即

$$A_v \approx \frac{-R_C}{R_E} \tag{15.3}$$

也就是说，基极分压式放大电路的 A_v 可以近似为 R_C 与 R_E 的比值，而与 β 几乎没有关系，这也从侧面印证了这种结构的放大电路与 β 的不相关性。实际上，式（15.3）是放大电路在深度负反馈状态下较为精确的 A_v 表达式，它仅取决于负反馈系数 R_C/R_E（后续还会进一步详细讨论）。由于我们需要的 $A_v=4$，所以 R_C 就应该是 R_E 的 4 倍。

接下来确定 R_E。因为我们选择的直流电源是 12V，而要求输出的最大不失真峰峰值是 8V，为了保证设计裕量，所以在输出信号最大值与最小值的上下都预留了 1V，这些裕量是不能轻易缩小的。如此一来，可以作为放大信号的电压空间加起来就已经使用了 10V，剩下就只有 2V 了，这 2V 的电压量可以留给发射极电阻 R_E，主要用来稳定电路的静态工作点。

到目前为止，R_E 两端的压降（V_{EQ}）已经没有我们之前预先计划的 2.4V 了，虽然 V_{EQ} 大一些，静态工作点也会相对更稳定一些，但是很明显，我们对动态范围有比较高的要求，所以综合考虑之后，可以适当减小 V_{EQ}，一般保证 1V 以上就可以了。这里暂时取 1.5V，不要取 2V 了，还是要留一点设计裕量。

前面已经确定了 $I_{CQ}=1\text{mA}$，所以 R_E 即

$$R_E = V_{EQ}/I_{EQ} \approx 1.5\text{V}/1\text{mA} = 1.5\text{k}\Omega$$

又由于 $A_v=4$，所以 R_C 就应该是 6kΩ，该电阻值并不常用，我们从表 15.1 所示的 E24 数系表中重新选择。

表 15.1　E24 数系表

系列	E24	E12	E6	E3	E24	E12	E6	E3
偏差	±5%	±10%	±20%	>±20%	±5%	±10%	±20%	>±20%
系数	1.0	1.0	1.0	1.0	3.3	3.3	3.3	
	1.1				3.6			
	1.2	1.2			3.9	3.9		
	1.3				4.3			
	1.5	1.5	1.5		4.7	4.7	4.7	4.7
	1.6				5.1			
	1.8	1.8			5.6	5.6		
	2.0				6.2			
	2.2	2.2	2.2	2.2	6.8	6.8	6.8	
	2.4				7.5			
	2.7	2.7			8.2	8.2		
	3.0				9.1			

我们选择 $R_C=6.8\text{k}\Omega$，把 A_v 适当地提高了一些，因为从式（15.3）可以看出，我们实际上忽略了分母的一部分，适当增加 R_C 可以补偿由此带来的误差，而且放大电路连接负载后，A_v 也是会降下来的。

现在就可以计算出 V_{CQ} 了，如下：

$$V_{CQ}=V_{CC}-I_{CQ}\times R_C\approx 12\text{V}-1\text{mA}\times 6.8\text{k}\Omega=5.2\text{V}$$

V_{CQ} 与 V_{EQ} 之间的差值就是 V_{CEQ}，其值为 5.2V−1.5V = 3.7V，达不到输出最小值为 4V 的变化量，此时相应的电位分布情况如图 15.8 所示。

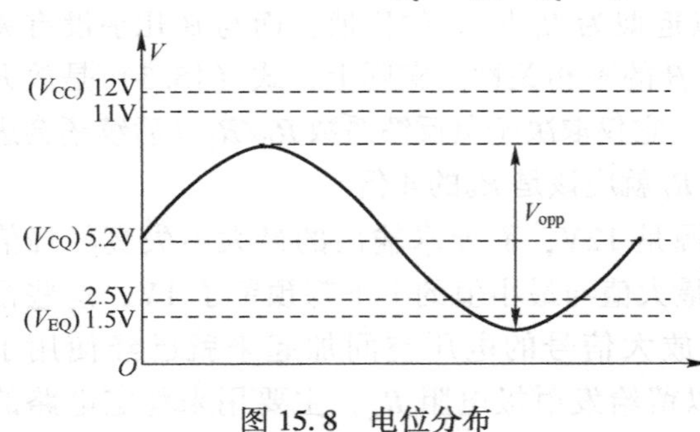

图 15.8　电位分布

这里需要特别注意集电极静态电位 V_{CQ} 的设置。如果 V_{CQ} 偏小而过于靠近 V_{EQ}，那么当输出信号的振幅为最大时，将可能会削去输出波形的下半周。相反，如果 V_{CQ} 偏大，将可能会削去输出波形的上半周，这一点从图 15.8 中可以很容易地看出来。

实际上，我们最好把 V_{CQ} 设置在供电电源 V_{CC} 与 V_{EQ} 的中点，即 $(12\text{V}-1.5\text{V})/2+1.5\text{V}=6.75\text{V}$，这样 V_{CQ} 的变化量才有可能是最大的，也就是输出信号的动态范围最大。但是前面已经提过，我们的设计过程实际上是电路分析的反向过程，而按理论计算出来的 V_{CQ} 是偏低的，所以咱们暂时就这么定下来，实际应该会升一点点，如果没有，后面再来调整。

我们也可以根据公式 $P=V\times I$ 计算出三极管消耗的静态功率，其中，V 为集电极与发射极之间的静态压降 3.7V，而 I 为集电极静态电流 1mA，则计算出来的功率为 3.7mW。型号为 2N2222A 的三极管允许消耗的最大功率为 500mW，远远大于实际消耗的功率。

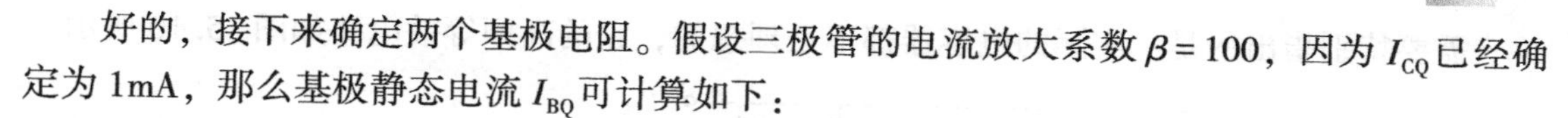

好的，接下来确定两个基极电阻。假设三极管的电流放大系数 $\beta=100$，因为 I_{CQ} 已经确定为 1mA，那么基极静态电流 I_{BQ} 可计算如下：

$$I_{BQ}=I_{CQ}/\beta=1\text{mA}/100=10\mu\text{A}$$

根据式（13.6）所示的静态工作点的稳定条件，我们可以选择 I_{B1} 为 I_{BQ} 的 11 倍（在允许的范围内取最大值为好），这样计算出来的 $I_{B1}=110\mu\text{A}$。由于 $V_{EQ}=1.5\text{V}$，$V_{BEQ}=0.6\text{V}$，所以 $V_{BQ}=V_{EQ}+V_{BEQ}=2.1\text{V}$，这样 R_{B1} 与 R_{B2} 也就可以计算出来了，即

$$R_{B1}=\frac{V_{CC}-V_{BQ}}{I_{B1}}=\frac{12\text{V}-2.1\text{V}}{110\mu\text{A}}=90\text{k}\Omega$$

$$R_{B2}=\frac{V_{BQ}}{I_{B2}}\approx\frac{V_{BQ}}{I_{B1}}=\frac{2.1\text{V}}{110\mu\text{A}}=19\text{k}\Omega$$

这两个电阻值也都不是常用的，需要从 E24 系数表中重新选择。我们就近选择电阻值，即 $R_{B1}=91\text{k}\Omega$，$R_{B2}=18\text{k}\Omega$（你也可以选择 $R_{B1}=100\text{k}\Omega$，$R_{B2}=20\text{k}\Omega$，这两个值更常用，读者可自行尝试）。

确定耦合电容器的值，因为我们没有特殊的要求，所以选择 10μF 或 47μF 就行了。前面已经提过，耦合电容器 C_1 与放大电路的输入电阻形成了一个高通滤波器，而耦合电容器 C_2 与负载也形成了一个高通滤波器，它们对频率越高的输入信号呈现的阻抗会越低（频率越高越容易通过），所以耦合电容器的容值具体需要多大，取决于放大电路可能输入的信号频率有多低。输入信号的频率越低，则需要的耦合电容器的容值就越大，可以使用下式来确定：

$$f_L=\frac{1}{2\pi RC} \tag{15.4}$$

这个公式大家应该不会陌生，也就是高通滤波器的下限截止频率。例如，你需要频率低至 1Hz 的信号也能够有效地被放大，而放大电路的输入电阻为 10kΩ，那么计算出来的电容值为

$$C=\frac{1}{2\pi Rf_L}=\frac{1}{2\times3.14\times10\text{k}\Omega\times1\text{Hz}}\approx16\mu\text{F}$$

也就是说，耦合电容器 C_1 最小应为 16μF，可以适当提升容量，但不可以减小。

在实际应用中，放大电路也会产生一些噪声，它们会通过电源或地线"入侵"系统中的其他电路，严重的情况下可能会使电路无法正常工作（如振荡），所以我们通常会为放大电路配备一些必要的去耦电容器（Decoupling Capacitor），以避免噪声耦合到系统中的其他电路模块。

在此之前还没有介绍过去耦电容器，因为与放大电路本身是没有关系的，它就是在靠近放大电路的供电电源与公共地之间并联的电容器，如图 15.9 所示的 C_3 与 C_4 就是去耦电容器。

很多人把去耦电容器与电源滤波电容器混淆了，其实两者的作用是不一样的。滤波电容器主要使电源输出电压的纹波更小，而去耦电容器的主要作用是吸收放大电路在工作过程中可能产生的噪声，所以去耦电容器的具体容值需要根据噪声的频率成分来选择，频率成分越高，则需要的去耦电容器的容值就越小。

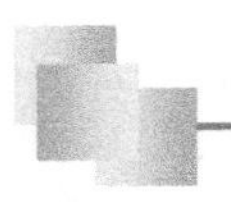

需要特别指出的是：实际的电容器都不是理想的，它的高频等效电路如图 15. 10 所示。

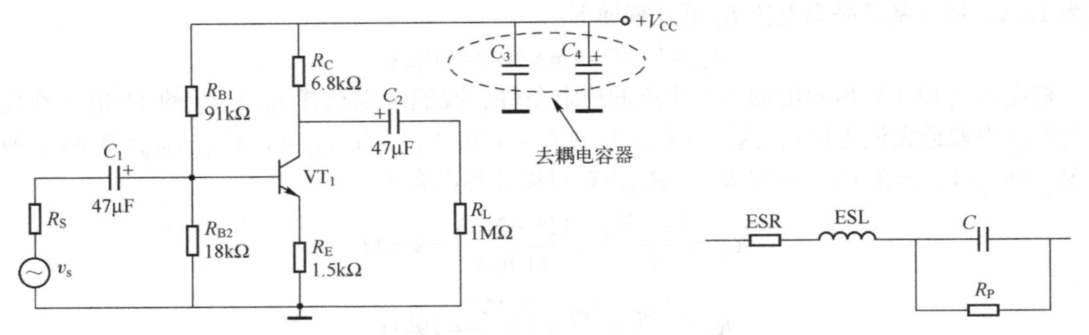

图 15. 9　去耦电容器　　　图 15. 10　电容器实际的高频等效电路

其中，ESL（Equivalent Series Inductance）表示电容器引线与结构的等效串联电感；ESR（Equivalent Series Resistance）表示电容器引线与结构的等效串联电阻；电阻 R_P 表示电容器两个平板之间的绝缘电阻（空气也可以用这个电阻等效），这个值通常非常大，一般至少兆欧姆级以上。

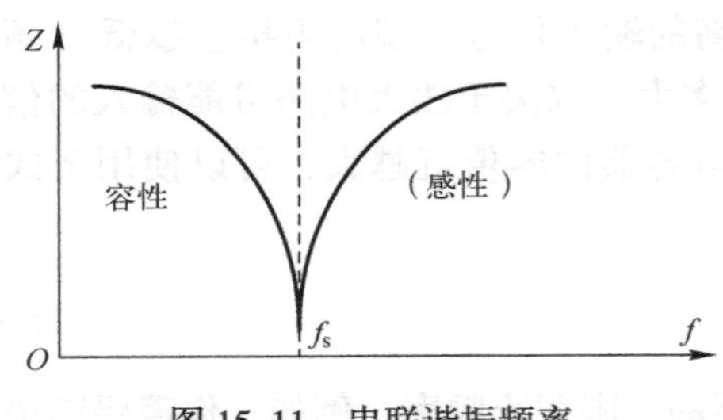

图 15. 11　串联谐振频率

很明显，电容器实际的高频等效电路是一个 RLC 串联电路，它有一定的串联谐振频率，也就是我们所说的自谐振频率（Self-Resonance Frequency，SRF），通常使用符号 f_s 来表示，如图 15. 11 所示。

当通过电容器的频率低于 f_s 时，电容器呈现的是容性，它还算是个电容器；当频率等于 f_s 时，电容器呈现的阻抗是最低的，相当于是一个电阻。理想情况下应该选择自谐振频率恰好等于噪声频率成分的去耦电容器，实际应用中不可能做到这么精准，因为噪声的频率成分通常比较丰富，所以通常保证需要吸收的噪声频率成分在 f_s 附近就可以了。但是，当频率高于 f_s 时，电容器呈现电感器特性，它已经不再是一个电容器，所以也就不可能实现充放电的功能了，在实际应用的过程中一定要注意这一点。

例如，插件电解电容器的自谐振频率比贴片陶瓷电容器要低很多，所以在高频的时候可以优先使用陶瓷电容器。另外，当噪声频率成分比较宽的时候，也可以使用大电容器与小电容器并联的方式，这里我们选择的容值分别为 0. 1μF 与 10μF。还有一点需要特别注意：**在进行 PCB 布局时，容值越小的去耦电容器要越靠近相应的放大电路放置**。

去耦电容器也可以称为旁路电容器，关于这方面的内容实在太多了，其中也涉及高速 PCB 设计及相关的一些计算方法，我们就不细讲了。

好的，放大电路终于已经设计完成了，我们先来仿真一下静态工作点，如图 15. 12 所示。我们在电路中添加了几个电流或电压探针，它们对应的参数会自动添加到直流工作点分析设置对话框中的观察列表当中（见图 6. 20）。从图 15. 12 中可以看到，发射极静态电位 V(6)约为 1. 2V，比我们计算的 1. 5V 小一些，当然，大于 1V 就已经足够了，这还是符合我们的预期的。集电极静态电位 V(2)约为 6. 5V，比我们计算的 5. 2V 要高一些，虽然没有达

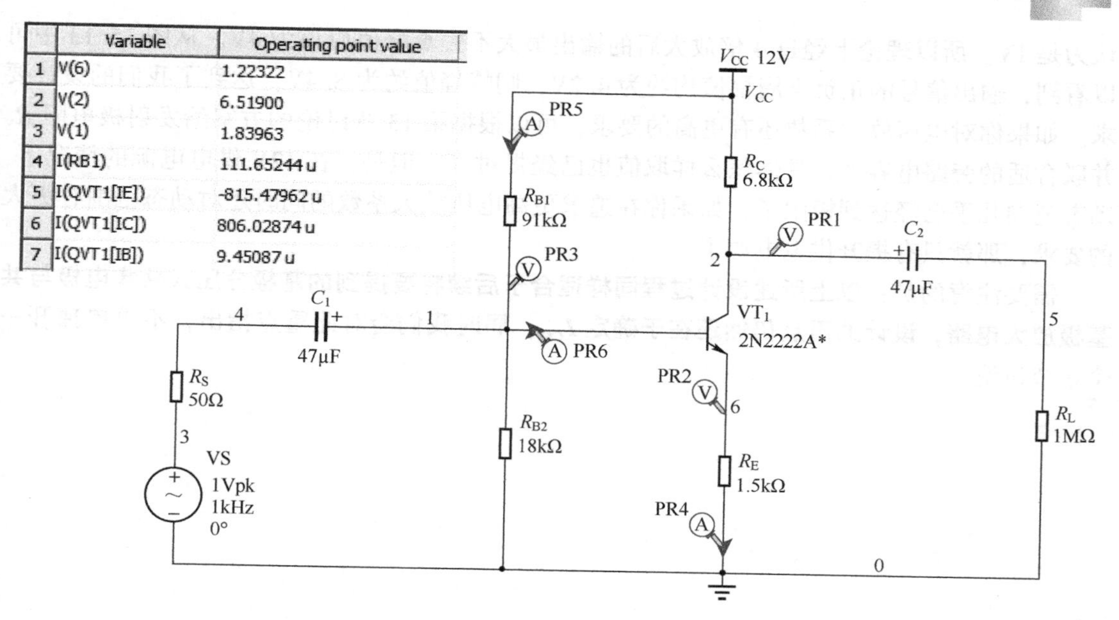

	Variable	Operating point value
1	V(6)	1.22322
2	V(2)	6.51900
3	V(1)	1.83963
4	I(RB1)	111.65244 u
5	I(QVT1[IE])	-815.47962 u
6	I(QVT1[IC])	806.02874 u
7	I(QVT1[IB])	9.45087 u

图 15.12　仿真电路

到理想的 6.75V，但是 $V_{CEQ}=6.5V-1.2V=4.3V$，要获得最大不失真峰峰值为 8V 的输出信号还是足够的。

再来观察一下电压放大系数是否符合我们的需求。注意，我们一直给放大电路连接的是 1MΩ 的大阻值负载，表示不考虑负载效应，因为负载的连接会使放大电路的电压放大系数下降。另外，信号源的峰值为 1V，相应的仿真结果如图 15.13 所示。

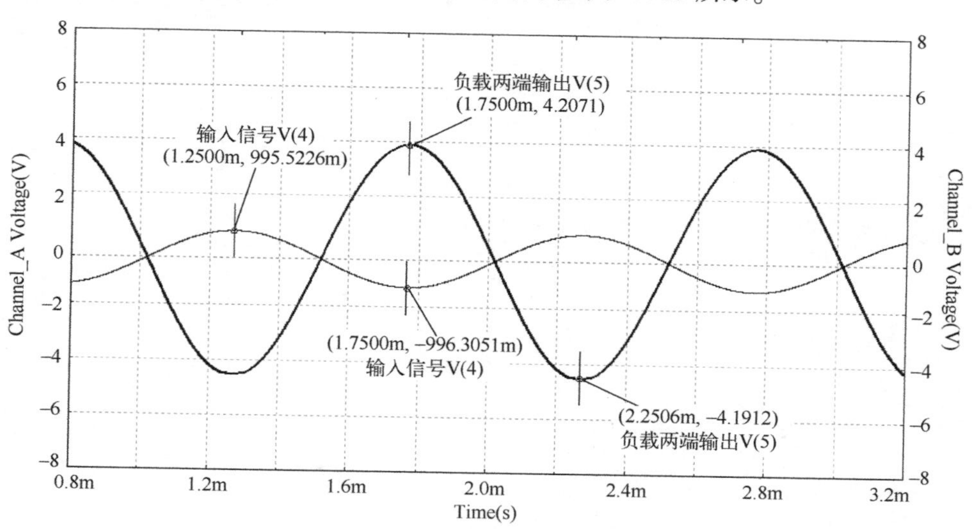

图 15.13　图 15.12 所示电路的仿真结果

我们测量的是放大电路的输入信号 V(4)，不是信号源两端的信号，但是峰值仍然可以

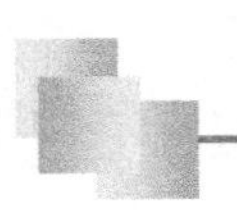

认为是 1V。所以理论上经过 4 倍放大后的输出最大不失真峰值应该为 4V。从图 15. 13 中可以看到，输出信号的正负半周幅值均约为 4. 2V，则峰峰值约为 8. 4V，达到了我们的设计要求。如果你对电压放大系数还有更高的要求，可以根据第 13 章讨论的方案给发射极电阻 R_E 并联合适的旁路电容器，具体怎么样取值也已经提过了。但是，在 12V 供电电源的情况下，动态范围几乎已经达到极限了，如果你在追求更高电压放大系数的同时还对动态范围有更大的要求，那就只有提升供电电源了。

需要注意的是：**以上所述设计过程同样适合于后续将要提到的基极分压式共集电极与共基极放大电路，设计的重点仍然还在于确定 I_{CQ}**，届时我们会对此重点指出，不再单独开一个章节讨论。

第 16 章　再次提升电压增益：殊途同归

尽管前面曾经提到过“放大电路的电压放大系数并不是越小就越差”，但是在很多应用场合中，我们还是希望电压放大系数能够更大一些。对于基极分压式共射放大电路，可以通过在发射极电阻两端并联旁路电容器来逼近这个期望。然而，单独一级的放大电路最终能够获得的电压放大系数仍然可能无法满足我们的需求，所以进一步探讨拥有更大电压放大系数的方案是很有必要的。此时，比较容易想到的就是将多个单独的放大电路级联起来。我们来看看级联的放大仿真电路，如图 16.1 所示。

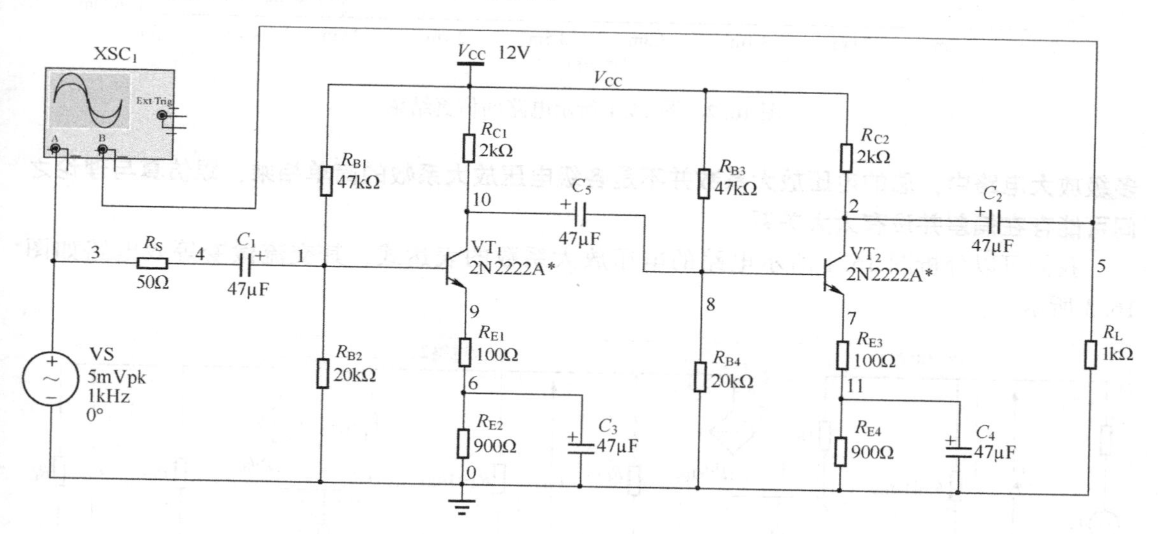

图 16.1　级联的放大仿真电路

从图 16.1 中可以看到，两级放大电路的参数是完全一样的，我们已经仿真过单独一级放大电路的源电压放大系数为-5.9（见图 13.9），那么将两级放大电路级联后，其总的电压放大系数似乎应该是每一级放大电路电压放大系数的乘积，也就约为-5.9×(-5.9)=34.8。为了充分证明我并不是在纸上谈兵，还是来观察一下仿真结果吧，如图 16.2 所示。

故事的发展似乎超出了剧本的规划，我的脸被无情地扇打着。输出与输入信号是同相的，这一点还是很好理解的，因为输入信号经过了两次反相。然而，总的电压放大系数竟然达到了约 354mV/5mV=71 倍。怎么回事？比预计的结果大了一倍！

你的第一个反应可能会归结于“仿真结果与理论计算之间可能存在一定的偏差”这样老生常谈般的解释，然后故作轻松状地安慰自己：没事，正常结果！然后就早早洗洗睡了。但是，当天晚上你却做了一个考试总不及格的怪梦，所以第二天一大早，满腹疑虑地你从实验室找到正在灰头土脸调试放大电路的我重新探讨起了这个话题，然后得到这样的答案：在

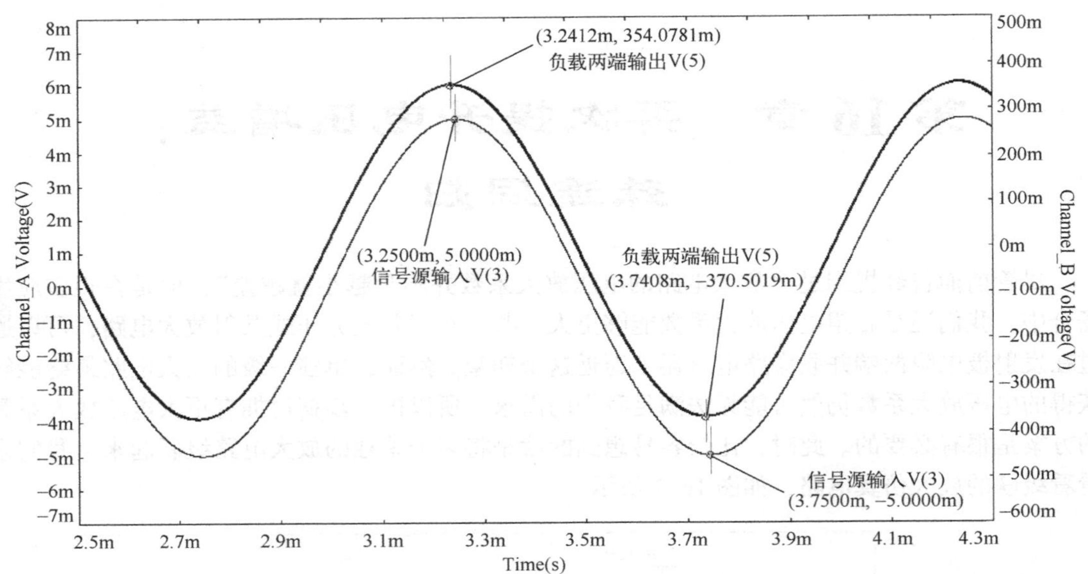

图 16.2　图 16.1 所示电路的仿真结果

多级放大电路中，总的电压放大系数并不是各级电压放大系数的简单相乘，跟仿真与理论之间可能存在偏差并没有太大关系。

我们可以分析图 16.1 所示电路的电压放大系数的表达式，其交流微变等效电路如图 16.3 所示。

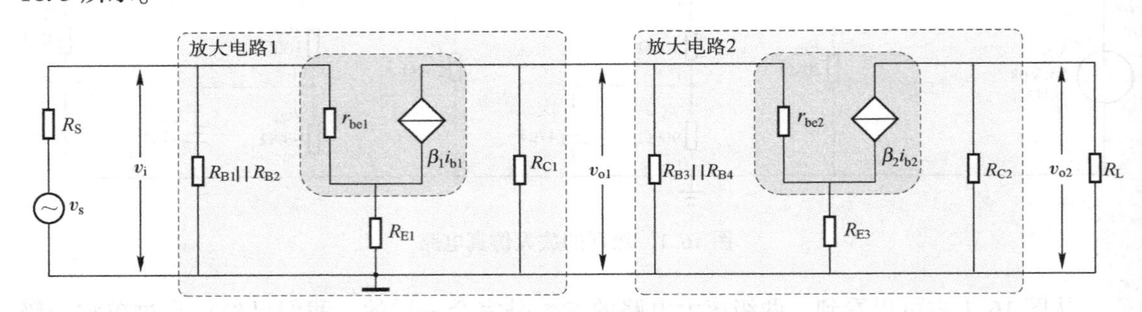

图 16.3　图 16.1 所示电路的交流微变等效电路

奥妙就在第二级放大电路的输入电阻。对于第一级放大电路而言，第二级放大电路就相当于是它的负载，而这个负载的阻值不再是原来的 1kΩ，而是第二级放大电路的输入电阻，前面我们已经计算出其值约为 6.2kΩ，所以第一级放大电路的电压放大系数实际应为

$$A_v=\frac{-\beta\cdot R'_L}{r_{be}+(1+\beta)R_{E1}}\approx\frac{-100\times(8k\Omega\parallel 2k\Omega\parallel 6.2k\Omega)}{11k\Omega}\approx-11.6$$

为了使计算结果更加准确，我们考虑了三极管的交流输出电阻（8kΩ）。第二级放大电路的电压放大系数仍然没有发生变化，还是−5.9，那么它们的乘积为−11.6×(−5.9)≈68，这个数据与仿真结果更接近一些。

还有一种直接耦合的级联放大电路也很常见，实际的仿真电路如图 16.4 所示。

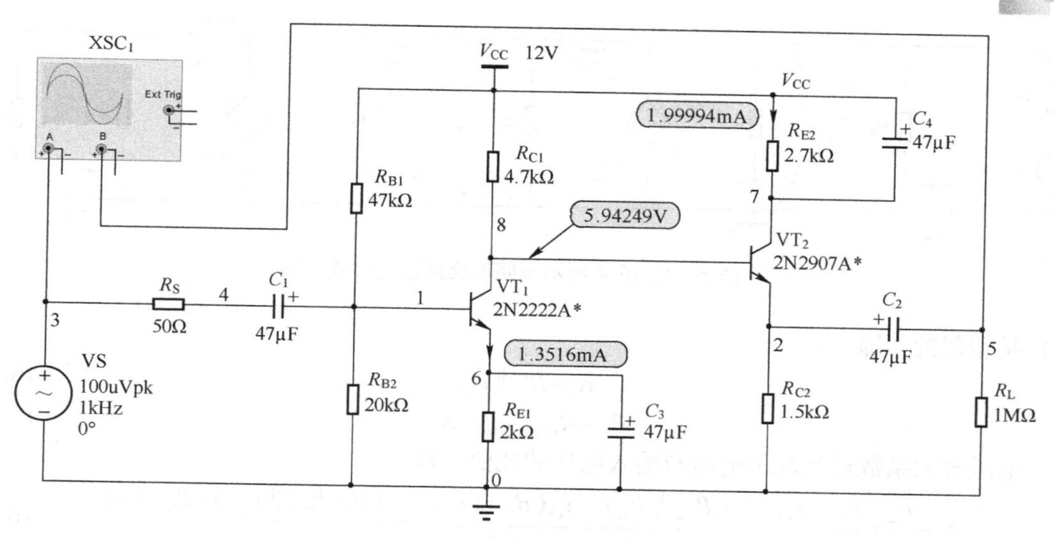

图 16.4　直接耦合的级联型放大电路的仿真电路

这种类型的放大电路的参数配置关键在于：**保证 VT_2 C-E 之间的静态压降 V_{CE2} 足够大**，否则放大电路表现出来的电压放大系数可能比预期的要小得多，甚至将失去电压放大能力。我们先来分析该电路的静态工作点，至于直流通路就不再单独画出了，因为现在你对这些操作应该很熟悉了，直接“看图作业”即可。

首先求出 VT_1 的基极静态电位 V_{B1Q} 与发射极静态电流 I_{E1Q}，即

$$V_{B1Q}=\frac{R_{B2}}{R_{B1}+R_{B2}}V_{CC}=\frac{20\text{k}\Omega}{47\text{k}\Omega+20\text{k}\Omega}\times 12\text{V}=3.58\text{V}$$

$$I_{E1Q}=(V_{B1Q}-V_{BEQ})/R_{E1}=(3.58\text{V}-0.6\text{V})/2\text{k}\Omega=1.49\text{mA}$$

而 VT_1 的集电极静态电流 I_{C1Q} 是流过电阻 R_{C1} 的电流与 VT_2 的基极电流 I_{B2Q} 之和，则有：

$$I_{C1Q}=\frac{V_{CC}-V_{C1Q}}{R_{C1}}+I_{B2Q} \tag{16.1}$$

而 I_{B2Q} 可进一步表达为

$$I_{B2Q}=\frac{I_{E2Q}}{1+\beta}=\frac{V_{CC}-V_{E2Q}}{(1+\beta)R_{E2}}=\frac{V_{CC}-(V_{C1Q}+V_{BE2Q})}{(1+\beta)R_{E2}} \tag{16.2}$$

把式（16.2）代入式（16.1）中，则有：

$$I_{C1Q}=\frac{12\text{V}-V_{C1Q}}{4.7\text{k}\Omega}+\frac{12\text{V}-(V_{C1Q}+0.6\text{V})}{(1+100)\times 2.7\text{k}\Omega}\approx 1.49\text{mA}$$

这样可计算出 $V_{C1Q}\approx 5.1\text{V}$，而实际仿真的结果约为 5.9V，有些误差也是正常的，因为前面已经提过，我们计算出来的 V_{C1Q} 是偏低的。

接下来分析电路的交流参数。我们首先获取对应的交流微变等效电路，毕竟这种级联电路并不如以往那么简单，而且有了刚才“打脸”的丰富经验，还是不要过于自大的好，如图 16.5 所示。

很明显，输入电阻跟输出电阻与分压式共射放大电路（发射极电阻两端并联旁路电容

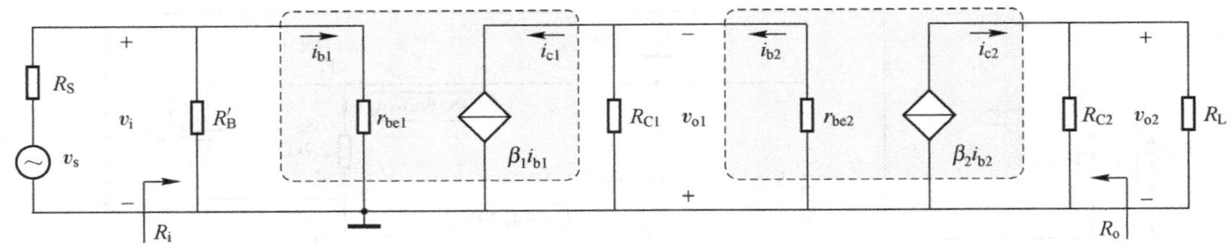

图 16.5　图 16.4 所示电路的交流微变等效电路

器）是相似的，即

$$R_i = R'_B \parallel r_{be1} \tag{16.3}$$

$$R_o = R_{C2} \parallel r_{ce} \approx R_{C2} \tag{16.4}$$

电压放大系数还是输出电压与输入电压的比值，即

$$A_v = \frac{v_{o2}}{v_i} = \frac{v_{o2}}{v_{o1}} \cdot \frac{v_{o1}}{v_i} = \frac{i_{c2}(R_{C2} \parallel R_L)}{i_{b2} r_{be2}} \cdot \frac{i_{c1}(R_{C1} \parallel r_{be2})}{i_{b1} r_{be1}} = \frac{\beta_1 \beta_2 (R_{C1} \parallel r_{be2})(R_{C2} \parallel R_L)}{r_{be1} r_{be2}} \tag{16.5}$$

假设 β_1 与 β_2 均为 100，通过图 16.4 所示电路中标记的各三极管的集电极静态电流可以得到 $r_{be1} \approx 2\text{k}\Omega$，$r_{be2} \approx 1.3\text{k}\Omega$，再结合电路实际的元器件参数，计算出来的电压放大系数为

$$A_v = \frac{100 \times 100 (4.7\text{k}\Omega \parallel 1.3\text{k}\Omega)(1.5\text{k}\Omega \parallel 1\text{M}\Omega)}{2\text{k}\Omega \times 1.3\text{k}\Omega} \approx 5875$$

我们没有分别给出 r_{be1} 与 r_{be2} 的具体计算过程，因为前面已经讨论得很详细了。负载 R_L = 1MΩ 表示不考虑负载效应，这样就不用总是考虑有限的三极管交流输出电阻带来的误差了。

按照惯例，我们还是观察一下仿真结果，如图 16.6 所示。

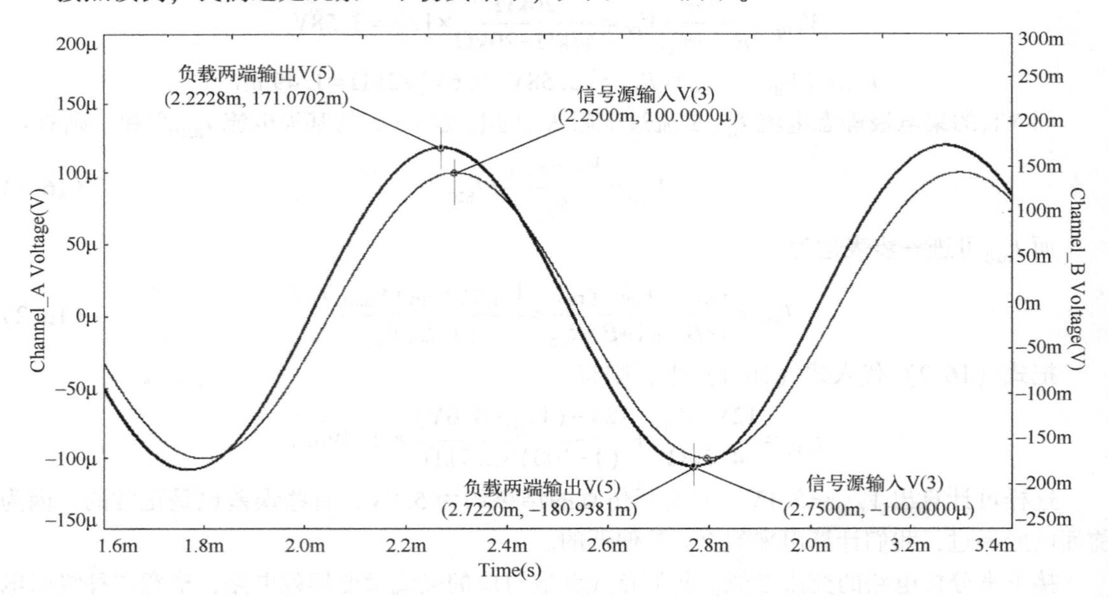

图 16.6　图 16.4 所示电路的仿真结果

从标尺测量的数据可以看到，电压放大系数约为 171.1mV/100μV = 1711，且输出与输

入是同相的，至于与理论计算之间的误差，读者可自行查找原因。

尽管通过多个单独放大电路级联的方式可以获得更大的电压放大系数，但是这个世界还存在一些更为“高级”的方案值得我们花费时间去探讨一下，出发点仍然是电压放大系数的表达式，在此郑重抄写如下：

$$A_v=\frac{-\beta\cdot R_C}{r_{be}+(1+\beta)R_E}\approx-\frac{R_C}{R_E} \tag{16.6}$$

我们已经提过，更改集电极电阻 R_C 与发射极电阻 R_E 就可以调整基极分压式共射放大电路的电压放大系数。所以，理论上，在其他参数保持不变的条件下，如果你需要更大的电压放大系数，那么 R_C 应该是越大越好，而 R_E 应该是越小越好，这一点你肯定不会反对吧。但我们也提过，R_E 过小会对放大电路的交流性能参数不利。例如，输入电阻会下降（当然，还有其他影响因素，此处暂不涉及），所以 R_E 不应该做过多的调整，那只有想办法增大 R_C 了。但是，R_C 过大，其两端的压降就会过高，使三极管很容易进入饱和区，似乎也没有其他办法可以再造另一个传奇了。然而，就在这山穷水尽疑无路之时，或许会柳暗花明又一村呢？

实际上，可以从两方面来看待 R_C：**对于直流通路，R_C 的确不应该（也不需要）过大，因为我们只需要使用它设置合适的静态工作点。但是对于交流通路，我们总是希望 R_C 越大越好，这样才能够使电压放大系数最大化**。所以，最好寻找一种元器件或电路来代替集电极电阻 R_C，它应该有“直流电阻小，交流电阻大”的特点，这样直流电阻就可以用来设置合理的集电极静态电流，而交流电阻就可以用来增大放大电路的电压放大系数了。但问题是：**到底有没有这种神奇的元器件或电路呢？**有！早在第 7 章结尾就已经提过，三极管 C-E 之间的直流电阻小而交流电阻大，并且也提过该特点在提升放大电路的性能方面会很有帮助，今天我们就来兑现这句话，先来观察如图 16.7 所示的仿真电路。

在图 16.7 中，与 VT_1 的集电极直接相连的不再是一个单纯的电阻，而是一个 PNP 型三极管，它与 R_{B3}、R_{B4}、R_{E3} 组成了基极分压式共射放大电路。由于 VT_2 的基极是由两个电阻分压得到的，所以基极电位可以认为是不变的，它与整个放大电路的输入信号是没有关系的。当 VT_2 处于放大状态时，其集电极电流与基极电流是比例放大的关系，所以集电极电流与输入信号也没有关系，这样它就能够输出恒定的电流，所以我们称其为恒流源（Constant Current Source）或电流源电路，又由于该恒流源相当于 VT_1 发射极的负载，所以也可以称为恒流源负载或有源负载（Active Load），因为恒流源电路中包含三极管这个有源元器件。

设计恒流源电路与基极分压式共射放大电路的过程是完全一样的。由于 VT_1 需要的集电极静态电流是已知的（也就是前面仿真过的 2.5mA），所以在设计 VT_2 的偏置电路时，也应该使 VT_2 的集电极静态电流为 2.5mA。VT_2 的发射极电阻 R_{E3} 同样也起到稳定恒流源静态工作点的作用，所以应该给它预留一些压降（一般 1V 以上就可以了），这里为计算方便就设置为 2.5V，所以 R_{E3} 的阻值就约为 1kΩ。而 VT_2 的发射极电位即 12V−2.5V=9.5V，如果仍然假设三极管的发射结正向导通压降 $V_{BEQ}=0.6V$，则 VT_2 的基极电位约为 9.5V−0.6V=8.9V。

VT_2 的电流放大系数同样已经设置为 100，所以它的基极电流约为 25μA，那么按照式（13.6）所示的静态工作点的稳定条件，我们假设流过基极电阻 R_{B3} 的电流为 VT_2 基极电流的 11 倍，即 275μA，这样就可以计算出 R_{B3} 与 R_{B4}：

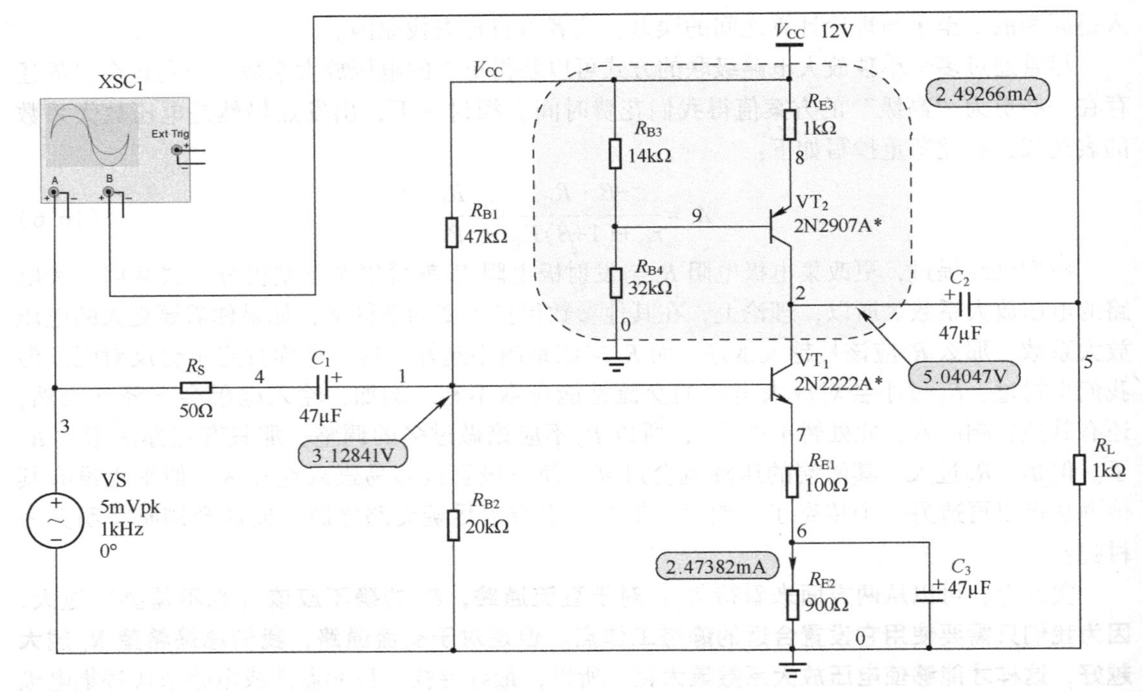

图 16.7　仿真电路（新的方案）

$$R_{B3}=\frac{12V-8.9V}{275\mu A}\approx 11k\Omega,\quad R_{B4}=\frac{8.9V}{275\mu A}\approx 32k\Omega$$

使用这两个阻值仿真出来的集电极静态电流约为 2.1mA，比需要的 2.5mA 要小一些，但是没有关系，我们可以在此基础上微调一下基极电阻 R_{B3}，即 $R_{B3}=14k\Omega$，此时 VT_1 的集电极静态电流为 2.44148mA（与图 13.8 所示电路中 VT_1 的集电极静态电流非常接近，这样可以直接进行数据对比）。先来观察图 16.8 所示的仿真结果。

从标尺测量出来的数据可以看出，电压放大系数约为 $-41.2881mV/5mV\approx-8.3$，比图 13.8所示（使用普通 2kΩ 集电极电阻）放大电路的电压放大系数-5.9（见图 13.9）大不了多少，这未免有些令人沮丧。然而，把 1kΩ 的负载断开之后再测量一下，结果如图 16.9所示。

结果有些令人吃惊，现在的电压放大系数约为 $-560.7427mV/5mV\approx-112$。你可能会尝试测量图 13.8 所示电路的空载电压放大系数，但最终发现仅有-17，这就是恒流源电路带来的惊人效果。在发射极电阻 R_{E1} 不变的条件下，电压放大系数主要取决于 VT_2 的集电极与发射极之间的交流电阻 r_{ce2}，它与 R_{E1} 的比值就是新方案的空载电压放大系数。如果经过精挑细选（或经过电路结构优化）的 VT_2 对应的 r_{ce2} 越大，那么大幅度增大的电压放大系数你也必然值得拥有。

很明显，当前新方案中 VT_2 对应的 r_{ce2} 肯定会大于 1kΩ，那究竟会有多大呢？我们来尝试计算一下，新方案对应的交流微变等效电路如图 16.10 所示。

很明显，由于 R_{E1} 与 R_{E3} 相对于恒流源的内阻比较小，所以整个放大电路的输出电阻近

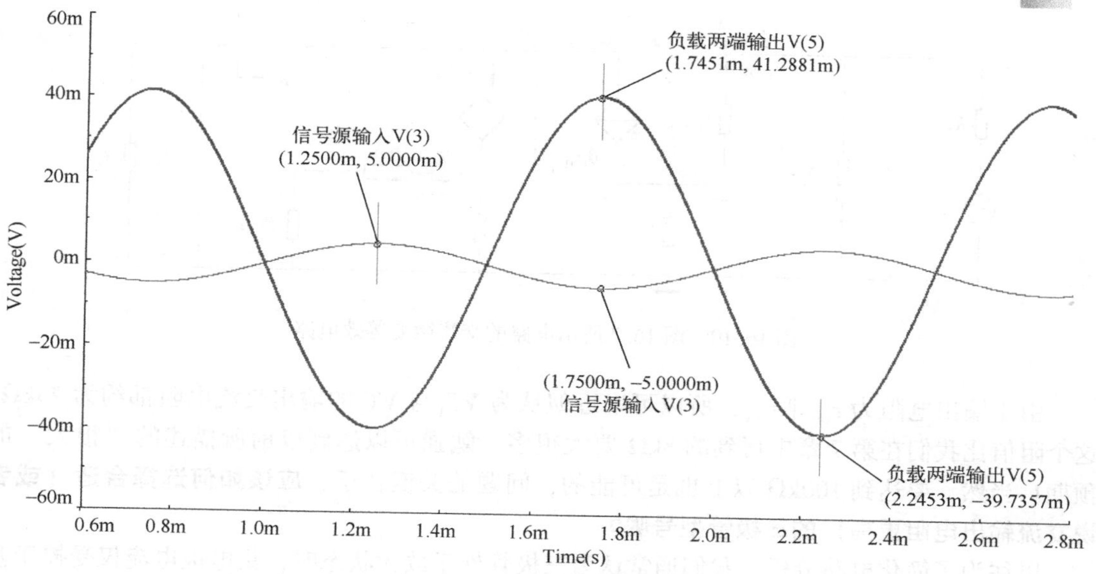

图 16.8　图 16.7 所示电路的仿真结果

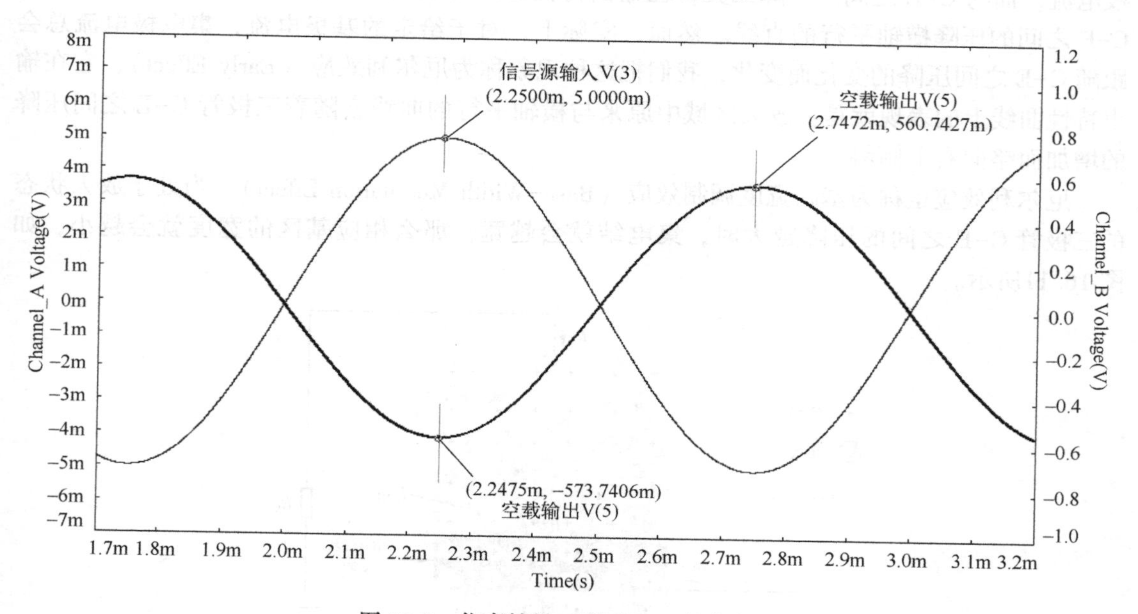

图 16.9　仿真结果（断开 1kΩ 的负载）

似为 $r_{ce1} \parallel r_{ce2}$，我们只需要按照老办法（见图 7.21）测量出放大电路的实际输出电阻即可，这样就不难获得三极管的输出交流电阻了。

前面我们已经测量出新方案对应的空载输出电压约为 560.7427mV，当连接 1kΩ 的负载时，有载输出的电压值约为 41.2881mV，根据式（7.18）计算出来的输出电阻即

$$R_o = \left(\frac{V'_o}{V_o} - 1\right) R_L = \left(\frac{560.7427\text{mV}}{41.2881\text{mV}} - 1\right) \times 1\text{k}\Omega \approx 12.6\text{k}\Omega$$

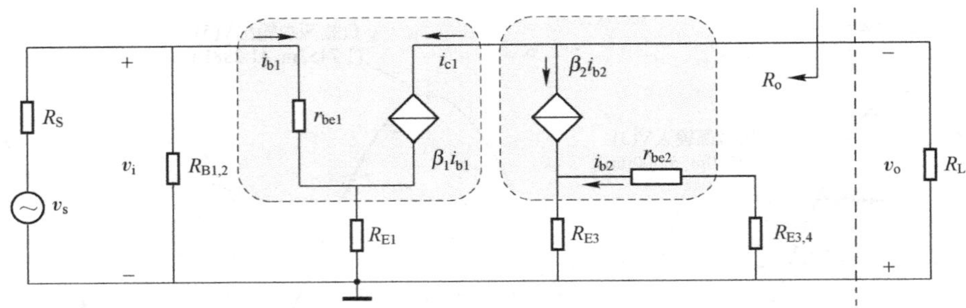

图 16.10　图 16.7 所示电路的交流微变等效电路

由于输出电阻为 $r_{ce1} \parallel r_{ce2}$，所以可以近似认为 VT_1 与 VT_2 的输出交流电阻都约为 25kΩ，这个阻值比我们在第 7 章中得到的 8kΩ 要大很多，勉强可以达到以前所描述的“很大”的预期！当然，要达到 100kΩ 以上也是可能的，问题的关键在于：**应该如何选择合适（或者说交流输出电阻更高）的三极管型号呢？**

以往为了简化电路分析，我们通常认为三极管处于放大状态时，集电极电流仅受控于基极电流，而与 C-E 之间的压降无关，在输出特性曲线的放大区域中的表现也就是一条条与 C-E 之间的压降横轴平行的直线。然而，实际上，对于给定的基极电流，集电极电流总会跟随 C-E 之间压降的变化而变化，我们把这种现象称为厄尔利效应（Early Effect），它在输出特性曲线上的表现就是：放大区域中原来与横轴平行的曲线会随着三极管 C-E 之间压降的增加而略向右上倾斜。

厄尔利效应也称为基区宽度调制效应（Base-Width Modulation Effect），当处于放大状态的三极管 C-E 之间的压降越大时，集电结就会越宽，那么相应基区的宽度就会越小，如图 16.11所示。

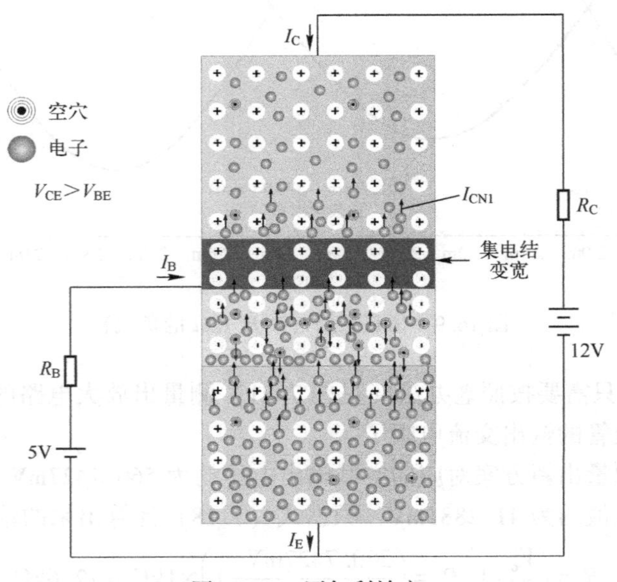

图 16.11　厄尔利效应

如此一来，从发射区注入到基区的电子与基区的空穴（多子）复合的机会就更少了，这样会使式（3.7）中分母的 I_{BN} 减小，从而导致电流放大系数变大。所以，实际的 β 与模型参数中的 BF 是有区别的，因为后者是不考虑厄尔利效应（零偏置状态）而得到的电流放大系数。

三极管输出交流电阻也会受到厄尔利效应的影响（实际上，厄尔利效应在三极管模型中就体现为输出交流电阻 r_{ce}），它的定义是 v_{CE} 变化量与 i_C 变化量的比值，这一点我们已经提过了，即

$$r_{ce}=\frac{\Delta v_{CE}}{\Delta i_C} \tag{16.7}$$

三极管的交流输出电阻在输出特性曲线上可标记为如图 16.12 所示的那样。

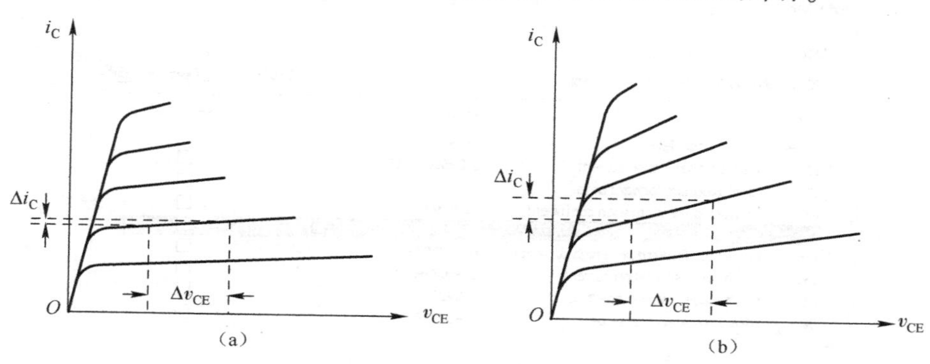

图 16.12　三极管的交流输出电阻

从图 16.12 中可以看到，三极管的输出交流电阻就是放大区对应曲线斜率的倒数。由于图 16.12（b）中的曲线比图 16.12（a）中的曲线更倾斜一些，所以在 v_{CE} 变化相同的条件下，图 16.12（b）中的曲线对应的三极管表现出来的输出交流电阻更小一些。很明显，如果你需要更大的输出交流电阻，则三极管在放大区的输出特性曲线应该越平坦（理想情况下应该与横轴平行，此时三极管的交流输出电阻为无穷大）。为了描述这条曲线的平坦度，我们引入厄尔利电压（Early Voltage），它的定义如图 16.13 所示。

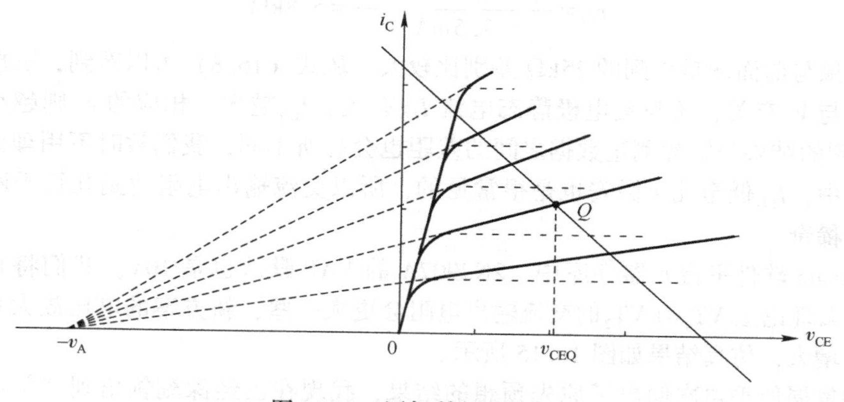

图 16.13　厄尔利电压的定义

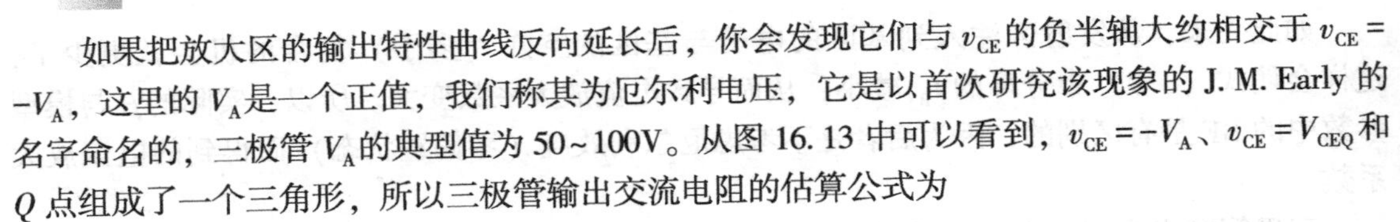

如果把放大区的输出特性曲线反向延长后，你会发现它们与 v_{CE} 的负半轴大约相交于 $v_{CE}=-V_A$，这里的 V_A 是一个正值，我们称其为厄尔利电压，它是以首次研究该现象的 J. M. Early 的名字命名的，三极管 V_A 的典型值为 50~100V。从图 16.13 中可以看到，$v_{CE}=-V_A$、$v_{CE}=V_{CEQ}$ 和 Q 点组成了一个三角形，所以三极管输出交流电阻的估算公式为

$$r_{ce}=\frac{V_A+V_{CEQ}}{I_{CQ}} \tag{16.8}$$

很明显，为了获得更大的交流输出电阻，我们应该选择 V_A 更大的三极管型号。在 Multisim 软件平台的三极管模型中，参数 VAF 就代表厄尔利电压值，2N2222A 对应的 VAF 值如图 16.14 所示。

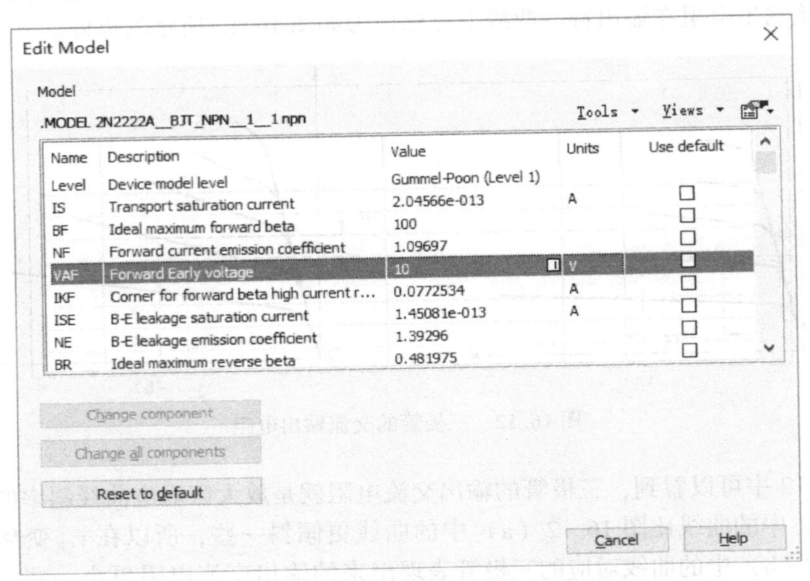

图 16.14　2N2222A 对应的 VAF 值

从图 16.14 中可以看到，VAF = 10V。我们把实际参数代入式（16.8）可得：

$$r_{ce}=\frac{10\text{V}+(7\text{V}-2.5\text{V})}{2.5\text{mA}}=5.8\text{k}\Omega$$

计算结果与前面测量得到的 25kΩ 差别比较大。从式（16.8）可以看到，三极管输出交流电阻不仅与 V_A 有关，还与集电极静态电流 I_{CQ} 有关，I_{CQ} 越大，相应的 r_{ce} 则越小，通过式（16.8）得到的结果与实际测量数据之间的差距也会有所不同，我们暂时不用理会。在模拟集成电路当中，I_{CQ} 低至几个微安也是很常见的，所以交流输出电阻达到几百千欧姆甚至上兆欧姆也不稀奇。

在 Multisim 软件平台元器件库中，2N2907A 的 VAF 默认也是 10V。我们将它们都更改为 50V，那么理论上 VT_1 与 VT_2 的交流输出电阻会更大一些，新方案的电压放大系数也应该会有一定的增大，仿真结果如图 16.15 所示。

故事的发展似乎再次偏离了原先预想的结果，我现在已经深刻领悟到“问题的出现总是不以人的意志为转移的”这句话了，今后必定会“改过自新”且踏踏实实地在实验室里

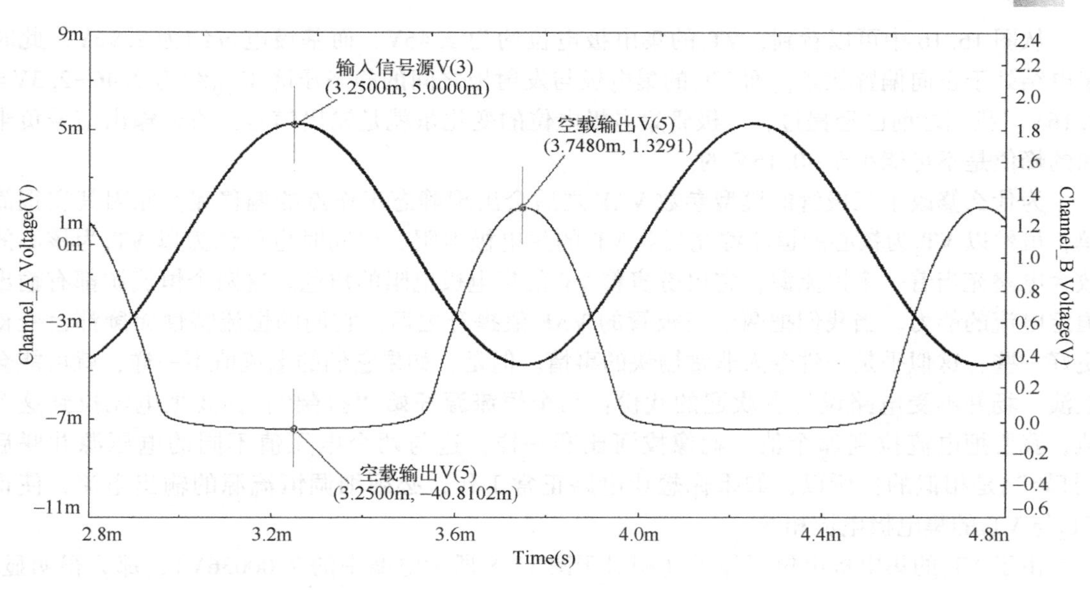

图 16.15　仿真结果

做基础电路的调试工作了，尽量避免抛头露面给大家说教……尽管输出电压的幅值达到了 1.3291V（VAF 未修改之前是 560.7427mV），但输出信号已经出现严重的失真现象了，负半周被完全削掉了，最小值约为 0V，这的确有点耐人寻味。我们观察一下此时放大电路的静态工作点，如图 16.16 所示。

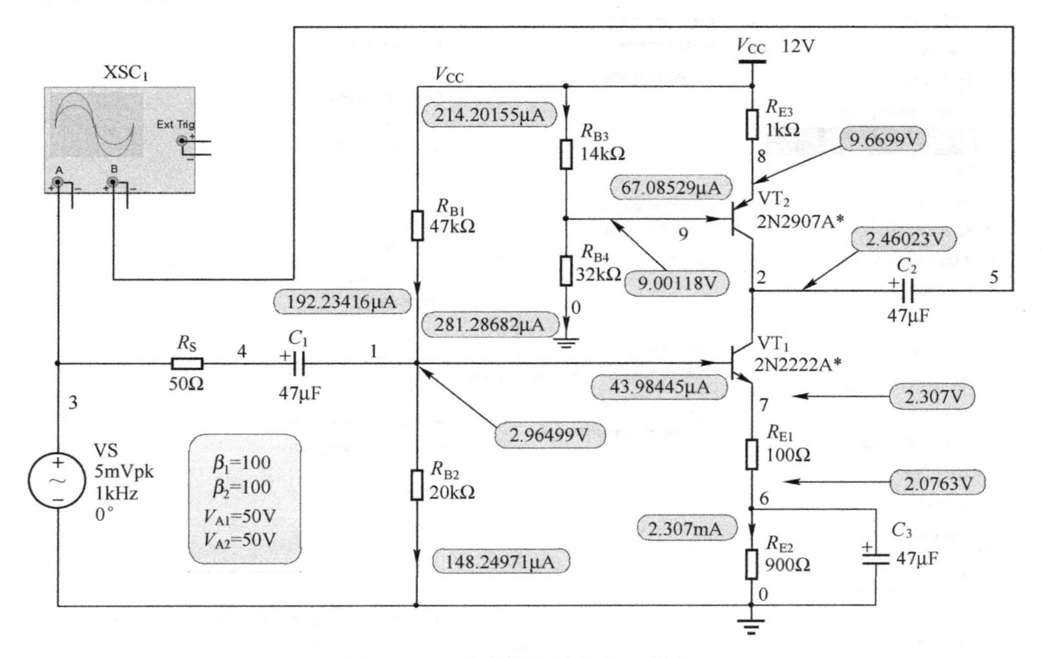

图 16.16　仿真电路的静态工作点

从图 16.16 中可以看到，VT_1的集电极电位约为 2.46V，而基极电位约为 2.96V，此时集电结处于正向偏置状态，而 VT_1的集电极与发射极之间的静态压降 V_{CEQ}约为 2.46−2.3V = 0.16V。我们之前已经提过，三极管集电极电位的变化量就是输出信号，所以输出信号负半周的峰值是不可能小于−0.16V 的。

为什么修改了三极管的模型参数 VAF 之后会出现静态工作点的偏移呢？原因其实很简单，虽然以 VT_2为核心的恒流源充当着 VT_1的集电极电阻，但同时也可认为以 VT_1为核心的放大电路充当着一个恒流源，它也扮演着 VT_2的集电极电阻的角色。这两个恒流源都有输出恒定电流的能力。当我们把两个三极管的 VAF 值提升之后，它们的恒流特性无疑都会变得更好一些，这似乎是一件令人非常愉快的事情。但是，如果它们的电流值不一样，就可能会上演一场并不受电路设计者欢迎的戏份：**两个恒流源开始“打架”**！你要把电流拉到这个值，我要把电流拉到那个值，就像拔河比赛一样，这与两个电压值不同的电压源并联后“打架”是相似的！所以，如果你想让电路正常工作，必须细调恒流源的输出电流，使得 VT_2与 VT_1的集电极电流相等。

由于 VT_1的集电极电位下降了（相对于图 13.8 所示电路中的 7.00036V），那么很明显，肯定是 VT_2集电极输出的电流太小导致的，我们可以通过增大 R_{B3}来提升电流值。为了确定 R_{B3}，我们使用参数扫描的方式微调 R_{B3}来观察 VT_1的集电极电位 V(2)，如图 16.17 所示。

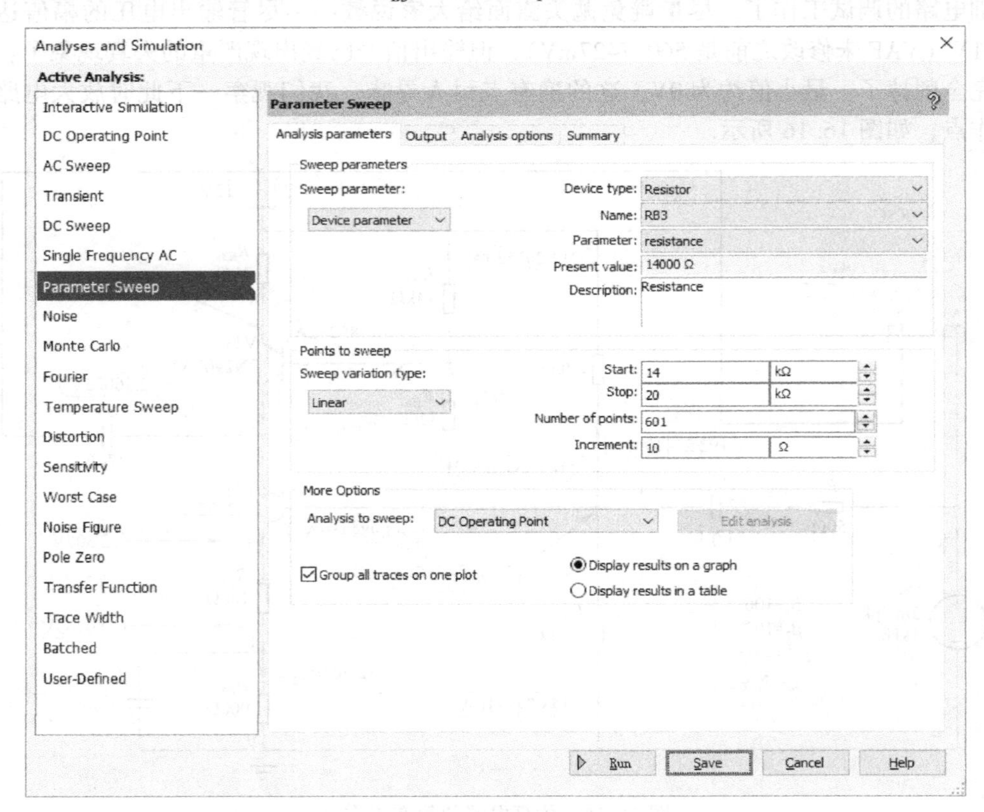

图 16.17　参数扫描仿真

我们设置 R_{B3} 在14~20kΩ范围内以10Ω步长增加的方式扫描，并且选择静态工作点作为观察对象，然后在"Output"标签页中选择V(2)作为观察值，单击"Run"按钮即可得到如图16.18所示的仿真结果。

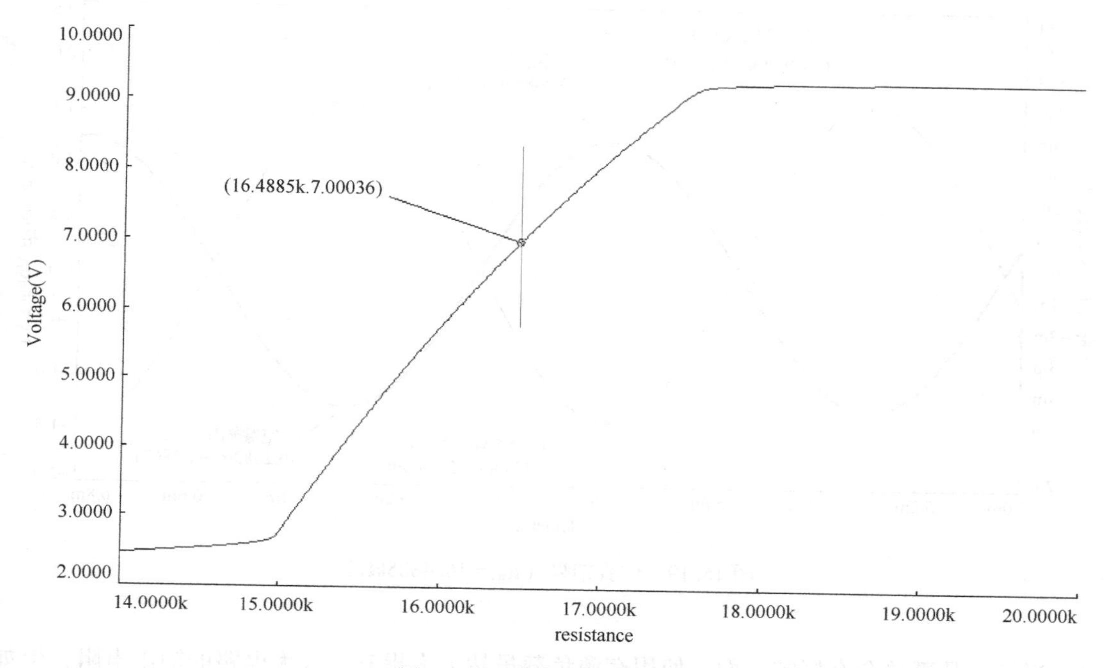

图16.18　参数扫描仿真结果

从图16.18中可以看到，当 R_{B3} 上升至16.4885kΩ时，VT_1 的集电极电位会恢复到原来的7.00036V，这与我们的预想是非常吻合的。一切尽在掌控当中，我们将图16.16中的 R_{B3} 设置为16.4885kΩ，然后再来观察一下仿真的波形，如图16.19所示。

从图16.19中可以看到，输出电压不再出现削波失真的现象，且幅值为1.2335V，空载电压放大系数约为-1.2335V/5mV≈-247，比原来没有修改 V_A 时提升了一倍 。为了获得修改 V_A 后三极管的交流输出电阻，我们按照前述方法给放大电路连接1kΩ的电阻来测量输出电压，峰值约为42.7336mV，根据式（7.18）则有：

$$R_o=\left(\frac{V'_o}{V_o}-1\right)R_L=\left(\frac{1.2423\text{V}}{42.7336\text{mV}}-1\right)\times 1\text{k}\Omega\approx 28\text{k}\Omega$$

那么三极管的交流输出电阻约为56kΩ，这个阻值确实又大了很多。

很明显，有源负载（恒流源）可以大幅度提升放大电路的空载电压放大系数，然则我们也发现了一个非常突出的问题：**连接负载之后的有载电压放大系数的提升量还是非常有限的**。换句话说，放大电路的带负载能力更差了。从负载的角度来看，有源负载所呈现的较大交流输出电阻就相当于信号源的内阻，如果负载的阻值相对而言并不大的话（虽然1kΩ并不算小，但相对于三极管的交流输出电阻却还是太小），负载两端得到的有效电压会非常

小，所以新方案在实际应用时，连接的负载的阻值应该越大越好（通常都会在后面增加隔离缓冲电路，它的特点之一就是输入电阻大，下一章我们会详细讨论）。

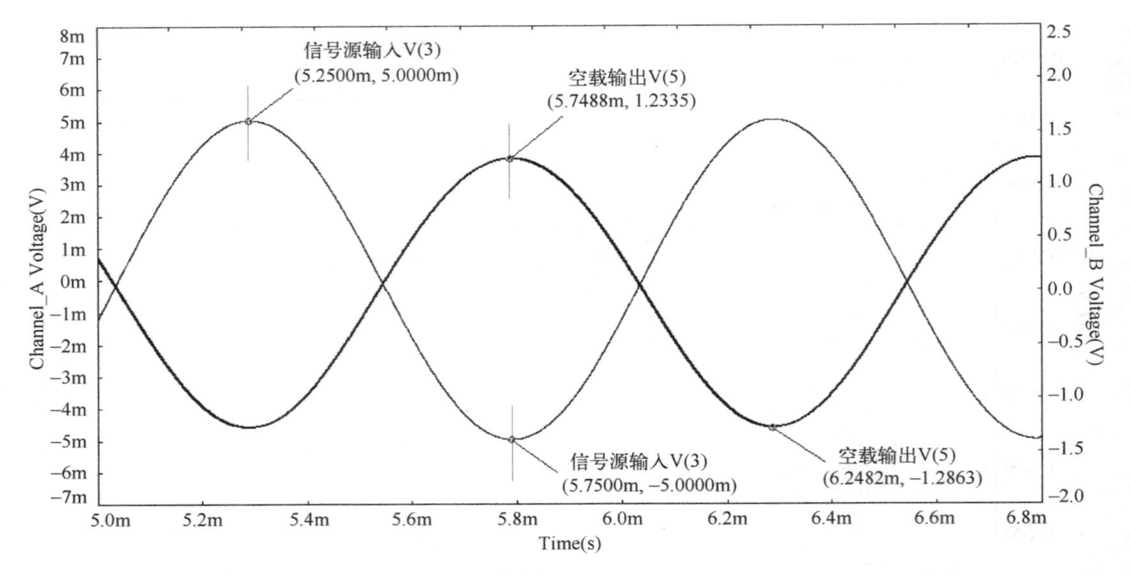

图 16.19　仿真结果（$R_{B3}=16.4885\text{k}\Omega$）

当然，凡事总会有好的一面。使用有源负载虽然大大提升了放大电路的输出电阻，但如果放大电路的输出信号是电流量（而不是电压量），输出电阻越大反而是件好事，因为此时放大电路相当于一个电流源，所以连接的负载的阻值通常不会（也不需要）太大，这样分到的有效输出电流也就越大。例如，跨导放大电路就要求输出电阻越大越好，这与我们前面讨论的“放大电路的输出电阻应该越小越好”的主张恰好相反。而采用电流量的输出方式带来的额外好处是电压的变化量会小很多（相对于电压放大器），这使得承担放大功能的三极管 C-E 之间的压降变化小了很多，也就更进一步削弱了厄尔利效应。

好戏总是会留在最后登场！我们也可以不修改三极管本身的厄尔利电压参数，仅通过优化电路的结构来消除三极管厄尔利效应带来的影响，如图 16.20 所示。

由于 VT_3的发射结电压取自电阻 R_{E3}两端，即

$$I_{C2}\approx I_{RE3}=V_{BE3}/R_{E3} \tag{16.9}$$

式（16.9）说明改进后的恒流源电路的输出电流不再受 VT_2集电极与发射极之间压降的影响，从而削弱了前述电路中三极管的厄尔利效应，所以理论上也能够提升恒流源的内阻，从而也就能够提升电压放大系数。我们来看一下仿真结果，如图 16.21 所示。

从图 16.21 中可以看到，尽管我们并没有修改三极管的 V_A，但空载电压放大系数约为 $-1.5288\text{V}/5\text{mV}\approx-306$，比图 16.16 所示的提升三极管 V_A 的方案更高一些。

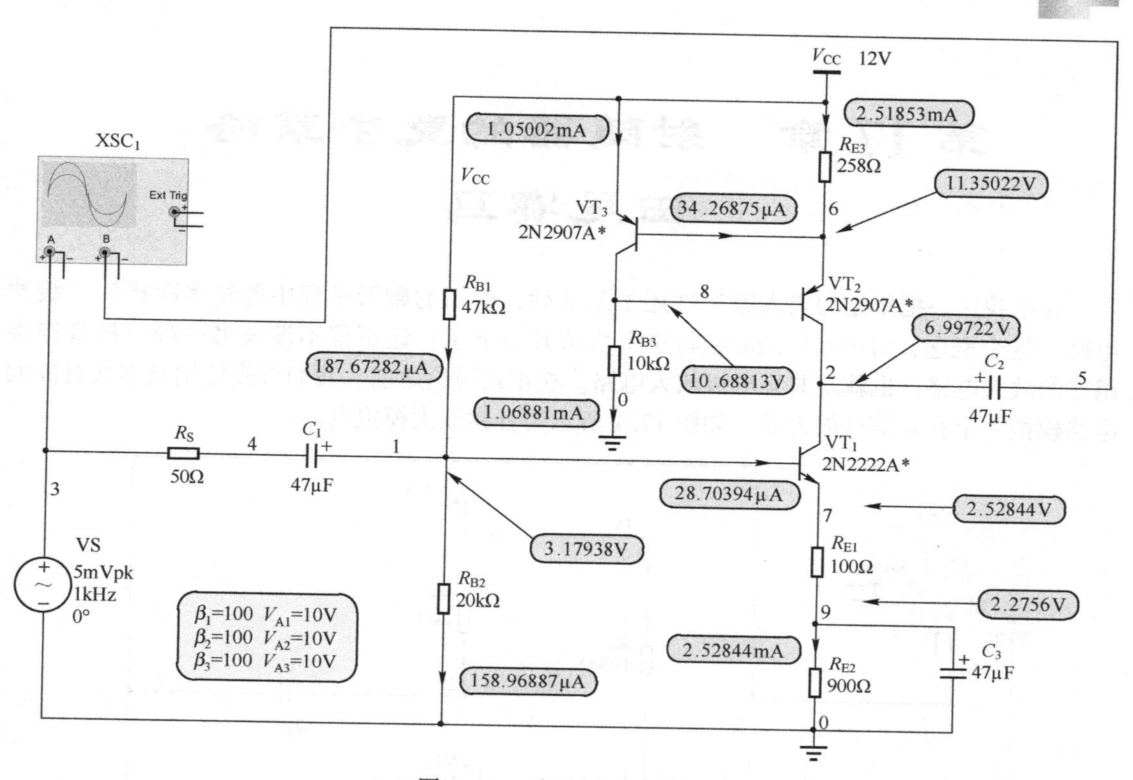

图 16.20 改进后的恒流源

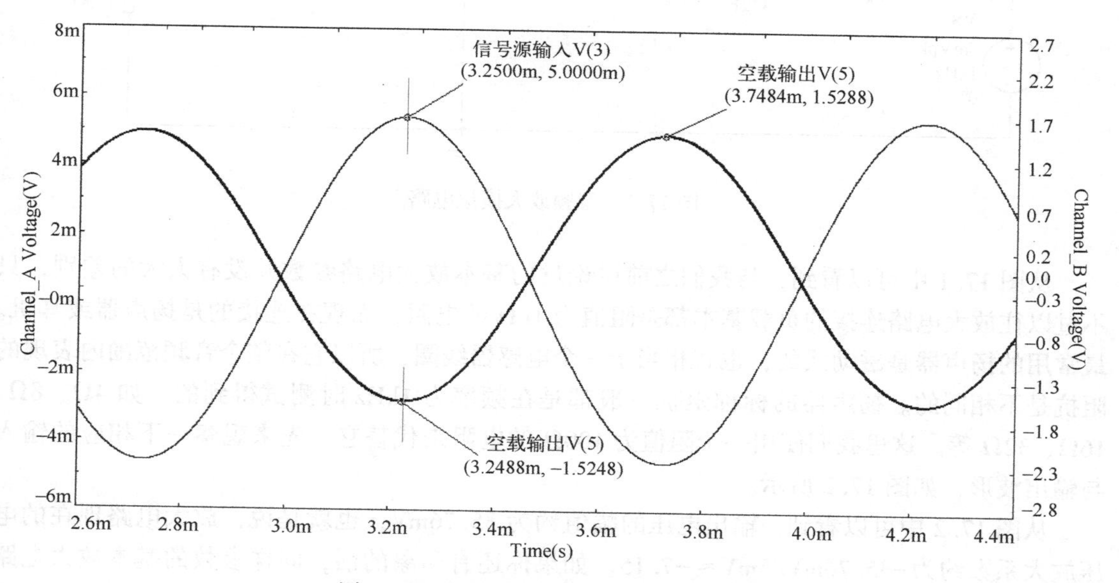

图 16.21 图 16.20 所示电路的仿真结果

第 17 章　射随器的竞争策略：田忌赛马

如果我这一把年纪的老人家记性还不差的话，前面的聊天过程中曾经多次提到“缓冲电路”这个概念，对不对？是时候将这个坑填补一下了！这不得不涉及另一种三极管连接组态的放大电路，也就是共集电极放大电路。在正式讨论之前，我们首先使用基本共射放大电路模拟一个音频信号放大器，如图 17.1 所示为音频放大模拟电路。

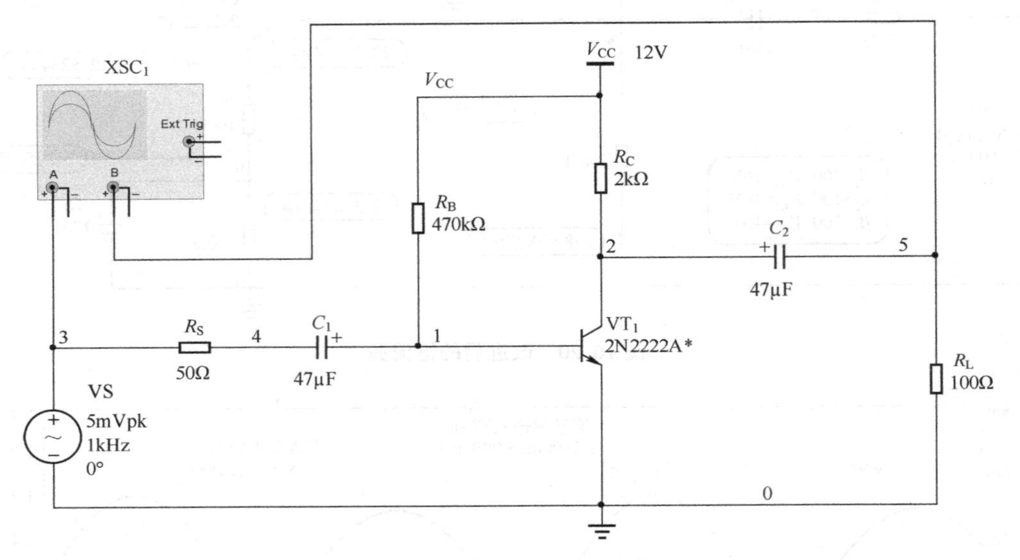

图 17.1　音频放大模拟电路

从图 17.1 中可以看到，与我们之前讨论过的基本放大电路参数并没有太大的差别，只不过以往放大电路连接的负载基本都是阻值为 1kΩ 的电阻，而现在连接的是扬声器或耳机。最常用的扬声器是磁动式的，也就相当于一个电感器线圈，所以它在整个音频范围内表现的阻抗是不相同的。扬声器的标称阻抗一般都是在频率为 1kHz 时测试得到的，如 4Ω、8Ω、16Ω、32Ω 等。这里我们使用一个阻值为 100Ω 的电阻来代替它，先来观察一下相应的输入与输出波形，如图 17.2 所示。

从图 17.2 中可以看到，输出电压的幅值约为 35.76mV，也就是说，放大电路现在的电压放大系数约为−35.76mV/5mV≈−7.15。如果你还有印象的话，同样参数的基本放大电路在连接 1kΩ 的电阻负载时相应的电压放大系数约为−46.6（见图 7.17），现在却下降得这么厉害。为什么会这样呢？原因就在于连接的那个 100Ω 的电阻负载！我们很早就讨论过，基本共射放大电路的电压放大系数与连接的负载是有关系的，负载的阻值越小（或者说负载越重），放大电路表现出来的电压放大系数就会越小。

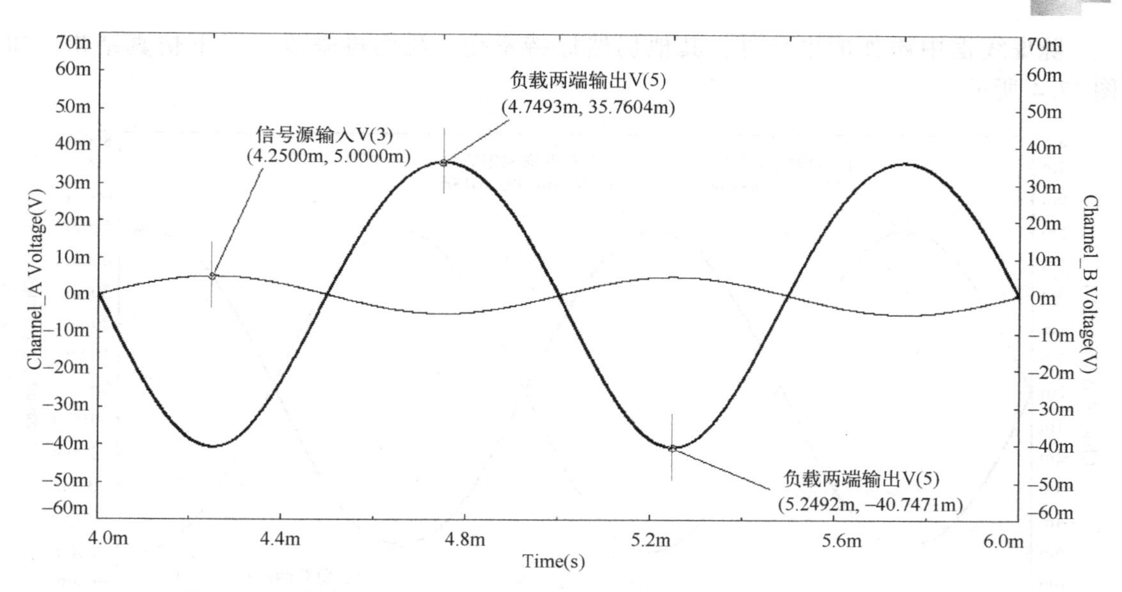

图 17.2　图 17.1 所示电路的输入与输出波形

有人可能会说：没关系，我另外选一个 β 超大的三极管（如 500，或更大），使得基本放大电路的电压放大系数更大，这样它衰减一大半也应该能够达到原来的电压放大系数。

乍一听好像是个思路，但肯定不是最好的。这也就相当于你在设计一辆汽车时，有人反映配套的发动机太耗油了，而你却连眼皮都没抬一下，气定神闲地回复：没关系，我们另外选一个容量更大的油箱就可以了！难道你真心觉得这是一个很好的解决方案吗？

也就是说，共射放大电路本身并不适合驱动比较重的负载，我们现在连接的负载的阻值为 100Ω，它还有那么一点点电压放大系数，如果连接的负载的阻值为 8Ω 或者更小，那么它可能连一点电压放大能力都没有了。换言之，带负载并不是共射放大电路的强项。

我们可以修改一下图 17.1 所示的电路，如图 17.3 所示为修改后的放大电路。

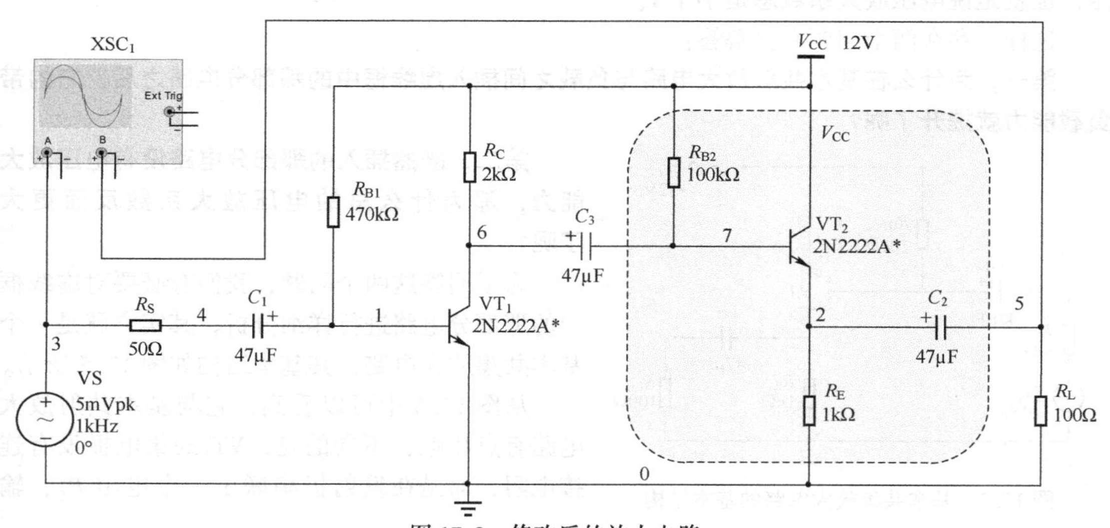

图 17.3　修改后的放大电路

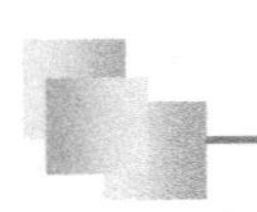

除虚线框中添加的电路外，其他仍然保持不变，我们再来观察一下仿真结果，如图 17.4 所示。

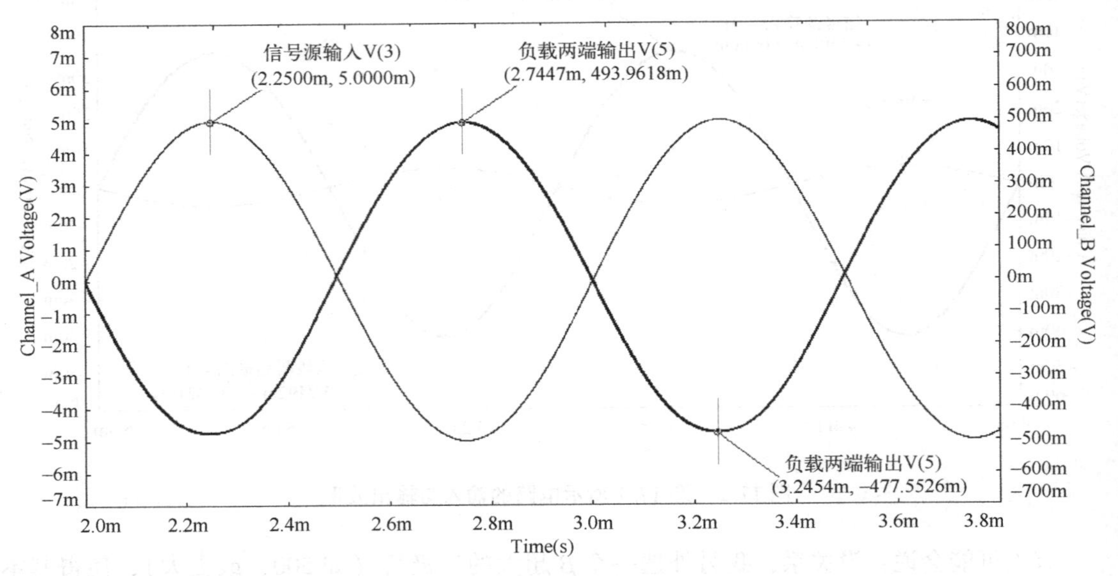

图 17.4　图 17.3 所示电路的仿真结果

从图 17.4 中可以看到，输出电压的幅值约为 494mV，那么总的电压放大系数约为 −494mV/5mV = −98.8，比基本共射放大电路直接驱动 100Ω 或 1kΩ 的电阻负载时大很多。

有人可能会说：我现在还不是很了解后面添加的那部分电路，但它应该是有一定电压放大能力的电路，也就是前面提到的那个思路，把总的电压放大系数提升后再连接负载，是不是？然而，我可以保证：虚线框里的那部分电路不但对电压没有放大能力，反而还会衰减电压，也就是说电压放大系数总是小于 1。

这样，存在两个问题需要解答：

第一，为什么在基本共射放大电路与负载之间插入虚线框中的那部分电路之后，它的带负载能力就提升了呢？

第二，既然插入的那部分电路没有电压放大能力，那为什么总的电压放大系数反而更大了呢？

为了回答这两个问题，我们有必要对虚线框中的那部分电路进行详细分析，其实它就是一个基本共集放大电路，其基本结构如图 17.5 所示。

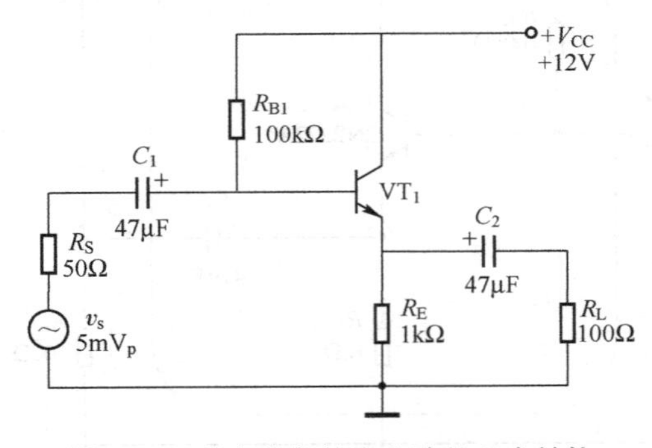

图 17.5　基本共集放大电路的基本结构

从图 17.5 中可以看到，它与基本共射放大电路有点相似，不同的是，VT_1 的集电极没有连接电阻，而是在发射极串联了一个电阻 R_E，输

出信号就是从 R_E 两端取出的。你可以在集电极串联一个电阻，这个电路还是可以工作的，它也还是共集电极放大电路，只不过在集电极串联的电阻对电路的放大性能并没有什么贡献，所以一般情况下可以不用加。

基本共集电极放大电路与基本共射放大电路类似，因为它是三极管共集电极连接组态最基本的结构，所以也可以称为基本共集电极（简称“共集”）放大电路。相应地，也有基极分压式共集放大电路，后面我们会进一步讨论。

有人可能会问：这个电路好像跟基本共射放大电路差不多呀，输入回路使用到了发射极，输出回路也使用到了发射极，怎么就变成了基本共集放大电路呢？这里我先卖个关子，后面再来回答你。

按照以往放大电路分析的惯例，我们先来计算一下基本共集放大电路的静态工作点。首先获取直流通路，将耦合电容器 C_1 与 C_2 开路之后，只剩下三极管 VT_1、基极电阻 R_B、发射极电阻 R_E 和直流电源 V_{CC}，整理一下，如图 17.6 所示。

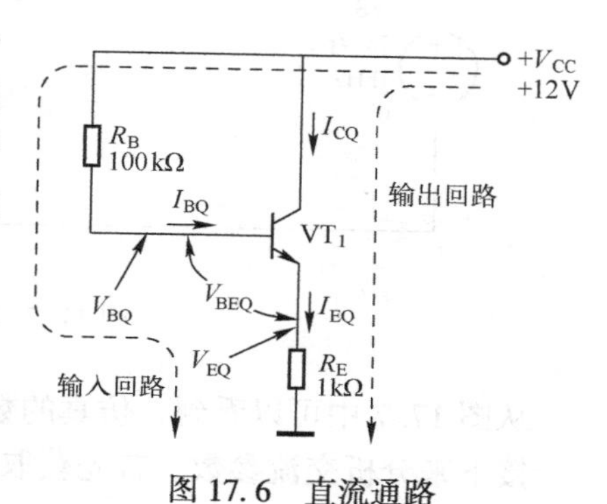

图 17.6　直流通路

图 17.6 中也标记了电路相关的一些参数。同样地，我们需要确定 VT_1 的工作状态。从直流通路中可以看到，集电极静态电位 V_{CQ} 就是供电电源 V_{CC}，所以我们只需要知道发射极静态电位 V_{EQ} 或者基极静态电位 V_{BQ}，求出任意一个都可以，因为这两个电位只相差一个二极管正向压降 V_{BEQ}。

从输入回路列出回路电压方程可得：

$$V_{CC}=I_{BQ}R_B+V_{BEQ}+I_{EQ}R_E$$

又由于：

$$I_{EQ}=(1+\beta)I_{BQ}$$

所以：

$$I_{BQ}=\frac{V_{CC}-V_{BEQ}}{R_B+(1+\beta)R_E} \tag{17.1}$$

$$V_{EQ}=I_{EQ}R_E=(1+\beta)I_{BQ}R_E \tag{17.2}$$

$$V_{BQ}=V_{EQ}+V_{BEQ} \tag{17.3}$$

同样假设 VT_2 的 $\beta=100$，$V_{BEQ}=0.6V$，根据实际参数计算的结果如下：

$$I_{BQ}=\frac{V_{CC}-V_{BEQ}}{R_B+(1+\beta)R_E}=\frac{12V-0.6V}{100k\Omega+(1+100)\times1k\Omega}\approx56.7\mu A$$

$$I_{EQ}=(1+\beta)I_{BQ}=(1+100)\times56\mu A\approx5.7mA$$

$$V_{EQ}=I_{EQ}R_E=5.7mA\times1k\Omega\approx5.7V$$

$$V_{BQ}=V_{EQ}+V_{BEQ}=5.7V+0.6V=6.3V$$

$$V_{CQ}=12V$$

很明显，$V_{CQ}(12V)>V_{BQ}(6.3V)>V_{EQ}(5.7V)$，所以 VT_1 处于放大状态。我们使用 Multisim 软件平台仿真验证一下，如图 17.7 所示。

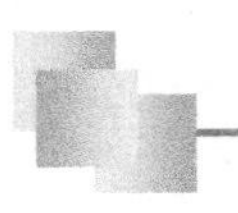

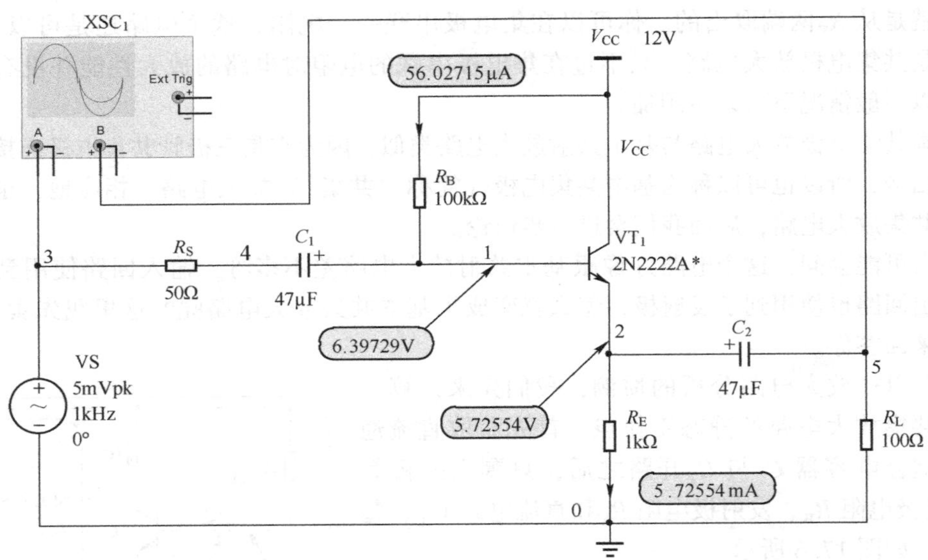

图 17.7　基本共集放大电路的仿真电路

从图 17.7 中可以看到，仿真的数据跟我们计算的结果差不多，有一点点偏差是正常的。

接下来分析交流参数。首先获取它的交流通路，把耦合电容器 C_1 与 C_2 短路，直流电源 V_{CC} 短路，如图 17.8 所示。

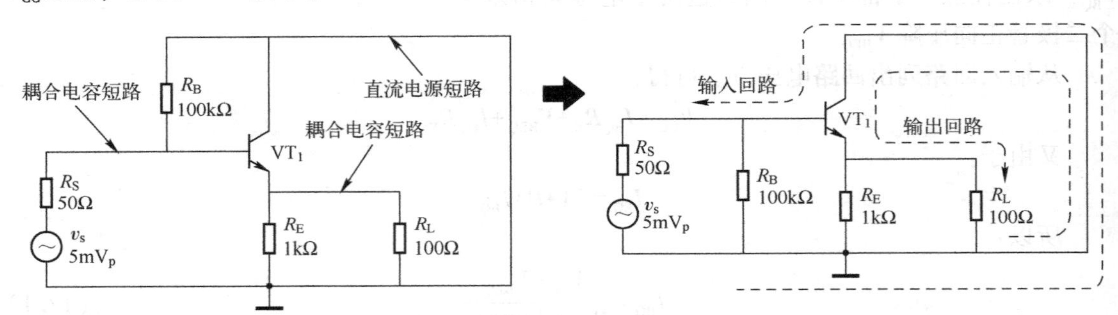

图 17.8　图 17.7 所示电路的交流通路

从交流通路中的输出回路中可以看到，负载 R_L 的下侧与 VT_1 的集电极直接相连，所以 R_L 连接在三极管的发射极与集电极之间。从输入回路的外表来看，输入电压好像是施加在 VT_1 的基极与发射极之间，而实际上却是施加在基极与集电极之间的，因为集电极与公共地是相连的。也就是说，VT_1 的集电极才是输入回路与输出回路共用的电极，所以我们才称其为共集放大电路。

这里需要特别提醒一下：**要判断三极管放大电路共用哪一个电极，需要以它的交流通路为准，而不能只看外表。**

然后我们把三极管的交流等效电路代入到交流通路中，这样就可以得到基本共集放大电路的交流微变等效电路了，如图 17.9 所示。

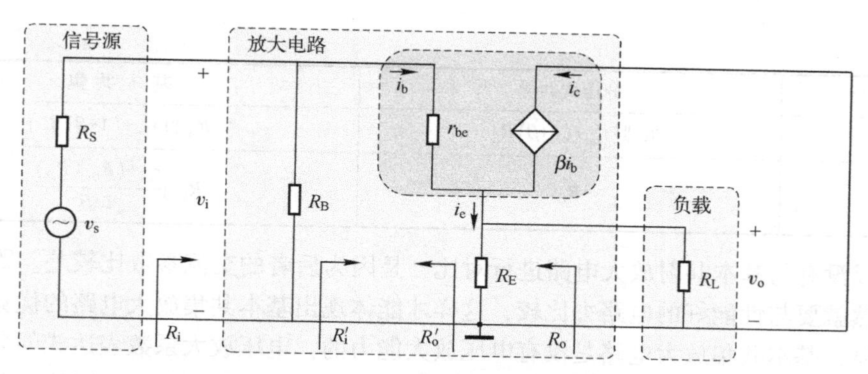

图 17.9　图 17.7 所示电路的交流微变等效电路

先来分析输入电阻。从输入回路可以看到，它是基极电阻 R_{B1} 与支路电阻 R_i' 的并联，我们先来获取 R_i' 的表达式，即输入电压与基极电流的比值。输入电压就是电阻 r_{be} 两端的压降加上 R_E 与 R_L 并联网络两端的压降，即

$$R_i'=\frac{v_i}{i_i}=\frac{i_b\cdot r_{be}+i_e\cdot R_L'}{i_b}=r_{be}+(1+\beta)R_L' \tag{17.4}$$

其中，$R_L'=R_E \parallel R_L$，所以输入电阻的表达式为

$$R_i=R_B \parallel R_i'=R_B \parallel [r_{be}+(1+\beta)R_L'] \tag{17.5}$$

再来分析输出电阻。从输出回路可以看到，它是发射极电阻 R_E 并上支路电阻 R_o'，同样我们先来获得 R_o' 的表达式，即 R_E 两端的电压与发射极电流的比值，即

$$R_o'=\frac{v_o}{i_e}=\frac{i_b\cdot[r_{be}+(R_S \parallel R_B)]}{i_e}=\frac{r_{be}+(R_S \parallel R_B)}{1+\beta} \tag{17.6}$$

所以输出电阻的表达式为

$$R_o=R_E \parallel R_o'=R_E \parallel \frac{r_{be}+(R_S \parallel R_B)}{1+\beta} \tag{17.7}$$

实际上，输出电阻还要并联电流源的内阻，因为这个值通常比较大，所以可以忽略它。

最后分析电压放大系数。输出电压是 R_L' 与发射极电流 i_e 的乘积，而输入电压的表达式刚刚我们已经获取到了，则有：

$$A_v=\frac{v_o}{v_i}=\frac{i_e\cdot R_L'}{i_b\cdot r_{be}+i_e\cdot R_L'}=\frac{(1+\beta)R_L'}{r_{be}+(1+\beta)R_L'} \tag{17.8}$$

需要注意的是，电压放大系数的表达式中不再有负号，这意味着输出与输入信号是同相的。

接下来我们对比一下基本共集放大电路与分压式共射放大电路的交流参数，如表 17.1 所示。

表 17.1　对比基本共集放大电路与分压式共射放大电路的交流参数

交流参数	分压式共射	基 本 共 集
A_v	$\frac{-\beta\cdot R_L'}{r_{be}+(1+\beta)R_E}$	$\frac{(1+\beta)R_L'}{r_{be}+(1+\beta)R_L'}$

续表

交流参数	分压式共射	基 本 共 集
R_i	$R_B \parallel [r_{be}+(1+\beta)R_E]$	$R_B \parallel [r_{be}+(1+\beta)R'_L]$
R_o	R_C	$R_E \parallel \frac{r_{be}+(R_S \parallel R_B)}{1+\beta}$

之所以没有与基本共射放大电路进行对比，是因为后者的交流参数比较差。既然我们要对比，当然就要与性能好的电路去比较，这样才能体现出基本共集放大电路的优势。

很明显，基本共集放大电路是没有电压放大能力的，电压放大系数表达式的分子与分母都包含$(1+\beta)R'_L$这一项，所以不管你怎么样进行电路参数的调整，它的电压放大系数都是小于1的。实际上，就相当于r_{be}与$(1+\beta)R'_L$串联后对输入信号进行分压，如果三极管的β比较大，$(1+\beta)R'_L$也**可能**会非常大，r_{be}相对而言可以忽略不计，我们可以近似认为电压放大系数就是1。从交流通路来看，可以认为发射极与基极电位的**变化量**是一样的，发射极的电位总是跟随基极的电位，所以我们也把基本共集放大电路称为射极跟随放大器（Emitter Follower），或者简称为射随器。而分压式共射放大电路可以通过调整参数或结构获得一定的电压放大系数，所以在电压放大能力方面，基本共集放大电路是没有优势的。

从表17.1中可以看到，输入电阻的表达式是差不多的。实际上，在参数相同的条件下，基本共集放大电路的输入电阻小一些，因为$R'_L=R_E \parallel R_L$，而且在大多数应用场合，基本共集放大电路连接的负载可能会非常小，刚开始我们就已经说过了，可能也就几欧姆，所以输入电阻的差别可能会非常大，但是这并不是一个很大的问题。例如，基本共射与基本共集放大电路的输入电阻分别为20kΩ与10kΩ，虽然后者的输入电阻比前者的小了一半，但是对于内阻为50Ω的信号源来说，你觉得区别会很大吗？对于信号源而言，它们都是输入电阻很大的放大电路，其都可以满足我们的需求，更何况我们还有很多方法来提升基本共集放大电路的输入电阻。

基本共集放大电路的输出电阻相对基本共射放大电路的输出电阻要小很多，在信号源的内阻R_S不大的条件下，$R_S \parallel R_B$会比较小，而r_{be}通常也就是几千欧姆，除上$1+\beta$之后，输出电阻就是欧姆级别的了，所以由此带来的好处就是：放大电路的带负载能力增强了。我们很早就提过，放大电路的输出信号相当于一个信号源，而输出电阻相当于信号源的内阻。输出电阻越小，负载可以获得的有效输出电压就会越大，那么在连接的负载很重时，负载两端的有效输出电压仍然可以很大，这样就回答了我们刚开始的第一个问题：为什么在基本共射放大电路跟负载之间插入共集放大电路之后整个电路带负载的能力提升了。虽然基本共集放大电路本身没有电压放大能力，但是其却可以放大电流，仍然可以对功率进行放大，而且我们也已经提过：电压放大能力并不总是很重要的。

还记得第13章讨论过的两相信号放大电路吗？当时我们说过，从发射极输出的信号可以直接驱动负载是因为它是射随器的输出方式，所以具有带负载能力强的特点。而集电极输出不可以直接驱动负载，因为它是共射极的输出方式，输出电阻比较大，一般还会在其后面连接一级射随器作为信号缓冲，然后再驱动负载，也就类似图17.3所示的放大电路结构。其中，基本共集放大电路的作用就是增强基本共射放大电路的驱动能力，所以整个电路才可

以驱动比较重的负载，这就是输出电阻小带来的好处。

我们说基本共集放大电路的输出电阻很小，那么它究竟有多小呢？这里根据实际参数计算如下：

$$r_{be}=r_{bb'}+(1+\beta)\frac{26\text{mV}}{I_{EQ}}=5\Omega+(1+100)\frac{26\text{mV}}{5.7\text{mA}}\approx 466\Omega$$

$$R_i'=r_{be}+(1+\beta)\cdot(R_E\parallel R_L)=466\Omega+(1+100)\times(1\text{k}\Omega\parallel 100\Omega)\approx 9.7\text{k}\Omega$$

$$R_i=R_B\parallel R_i'=100\text{k}\Omega\parallel 9.7\text{k}\Omega\approx 8.8\text{k}\Omega$$

$$R_o=R_E\parallel R_o'=R_E\parallel\frac{r_{be}+(R_S\parallel R_B)}{1+\beta}=1\text{k}\Omega\parallel\frac{466\Omega+(50\Omega\parallel 100\text{k}\Omega)}{1+100}\approx 9.47\Omega$$

$$A_v=\frac{v_o}{v_i}=\frac{(1+\beta)R_L'}{r_{be}+(1+\beta)R_L'}=\frac{(1+100)\times(1\text{k}\Omega\parallel 100\Omega)}{466\Omega+(1+100)\times(1\text{k}\Omega\parallel 100\Omega)}\approx 0.95$$

我们同样使用 Multisim 软件平台仿真验证一下理论数据，仍然使用图 17.7 所示的电路，测量的是信号源与负载两端的电压，图 17.7 所示电路的仿真结果如图 17.10 所示。

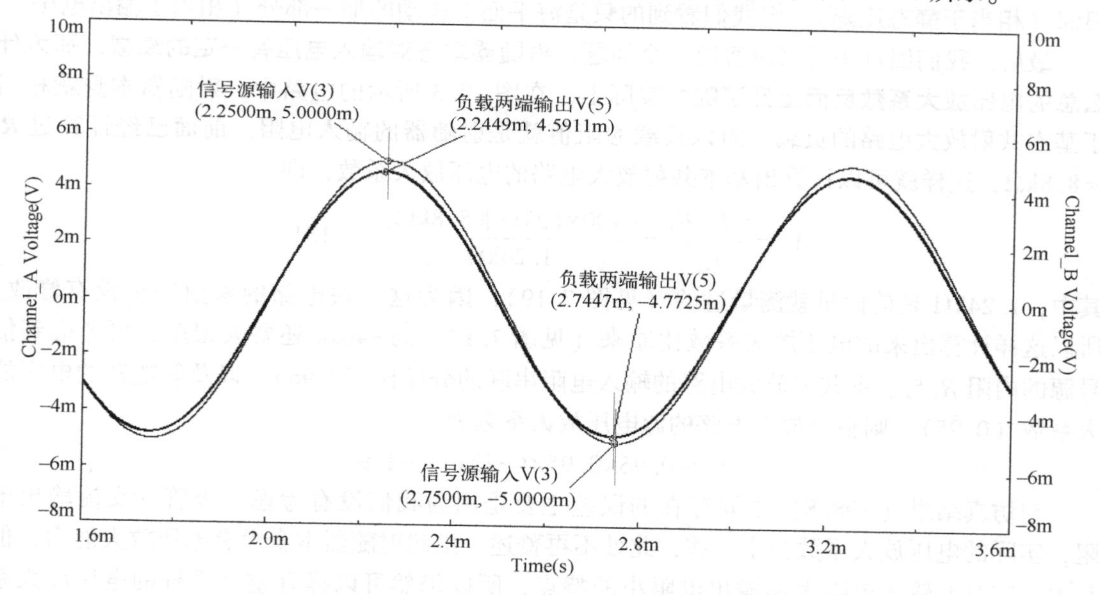

图 17.10　图 17.7 所示电路的仿真结果

从图 17.10 中可以看到，输出电压的峰值约为 4.6mV，比输入信号源要小一点点，因此电压放大系数约为 4.6mV/5mV = 0.92，与我们的计算结果相当接近。

有人可能会说：你这个仿真结果有问题呀，输出电压应该比输入电压小一个二极管的正向导通压降。可能很多新手（甚至有多年工作经验的工程师）都会这么认为。实际上，我们早就提过，对于交流小信号来讲，发射结相当于是不存在的。在交流等效电路当中，三极管的输入就等效为一个电阻 r_{be}，而输出电压究竟比输入电压小多少，只与 r_{be} 相对于 $(1+\beta)R_L'$ 的大小有关，与发射结的正向导通压降没有“一毛钱”关系，如图 17.11 所示。

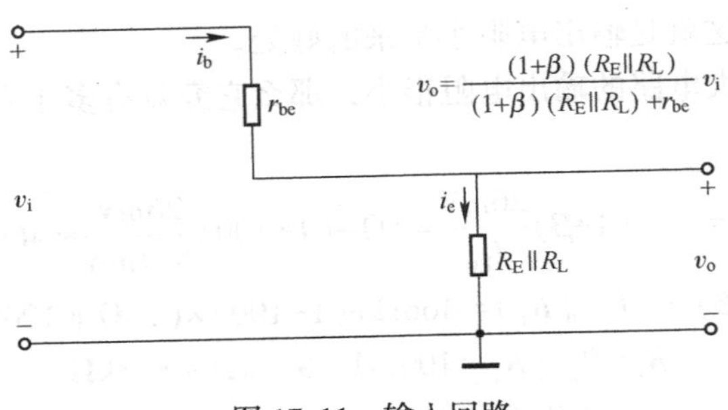

图 17.11　输入回路

也就是说，输出电压只是发射极电位的变化量（不是绝对值）。当放大电路处于静态时，发射极的电位的确比基极的电位要小一个二极管的导通压降，但此时（经耦合电容器隔离后）的输出电压为零，静态电位对输出交流电压没有贡献。只有当输入信号发生变化时才会因 r_{be}与$(1+\beta)R'_L$分压而产生输出交流电压，就像海浪一样，虽然海平面以下可能会很深（相当于静态压降），但我们看到的只是海平面上波动的那一部分（相当于输出电压）。

最后，我们回过头再来解答第二个问题：**射随器本身对输入电压有一定的衰减，那为什么总的电压放大系数反而上升了呢？**实际上，在图 17.3 所示的电路中，射随器本身就相当于基本共射放大电路的负载，而该负载的阻值就是射随器的输入电阻。前面已经计算过 $R_i\approx 8.8\text{k}\Omega$，这样就可以计算出基本共射放大电路的电压放大系数，即

$$A_{v1}=\frac{-\beta\cdot R'_L}{r_{be}}=\frac{-100\times(2\text{k}\Omega\parallel 8.8\text{k}\Omega)}{1.24\text{k}\Omega}\approx -131$$

其中，1.24kΩ 是前面早就测量过的（见图 7.19），因为这一块电路的参数完全没有修改，所以这样计算出来的电压放大系数比原来（见图 7.17）的−46.4 还要大很多，再考虑到信号源的内阻 R_S与基本共射放大电路的输入电阻串联的分压比（0.96），以及射随器的电压放大系数（0.95），则整个放大电路的源电压放大系数为

$$A_{vs}\approx 0.96\times 0.95\times(-131)=-119$$

与仿真结果（−98.8）之间存在的误差主要是因为我们没有考虑三极管的交流输出电阻，实际的电压放大系数会小一些，此处不再赘述。虽然射随器本身没有电压放大能力，但是由于它具有输入电阻大而输出电阻小的特点，所以仍然可以提升整个系统的电压放大系数。实际上，我们已经不是第一次遇见级联放大电路提升总电压放大系数的现象了，在分析级联分压式共射放大电路时就已经讨论过了（见图 16.1），没有多少新的内容。

我们也可以进一步简化图 17.3 所示的电路，如图 17.12 所示。

我们去掉了一个耦合电容器与一个 100kΩ 的基极电阻，图 17.12 所示电路的仿真结果如图 17.13 所示。

从图 17.13 中可以看到，其电压放大系数约为 496mV/(−5mV) = −99.2，与未修改前电路的电压放大系数是差不多的，下降的那一点点源自于修改后 VT_2发射极的静态电流增加了，所以共集放大电路的输入电阻会小一些，从而也就导致电压放大系数下降了。

射随器在放大电路系统中所起的主要作用是作为缓冲器隔离前后级，因为负载直接与基本共射放大电路相连会使电压放大系数下降，也就是我们早就提过的负载效应，而插入射随

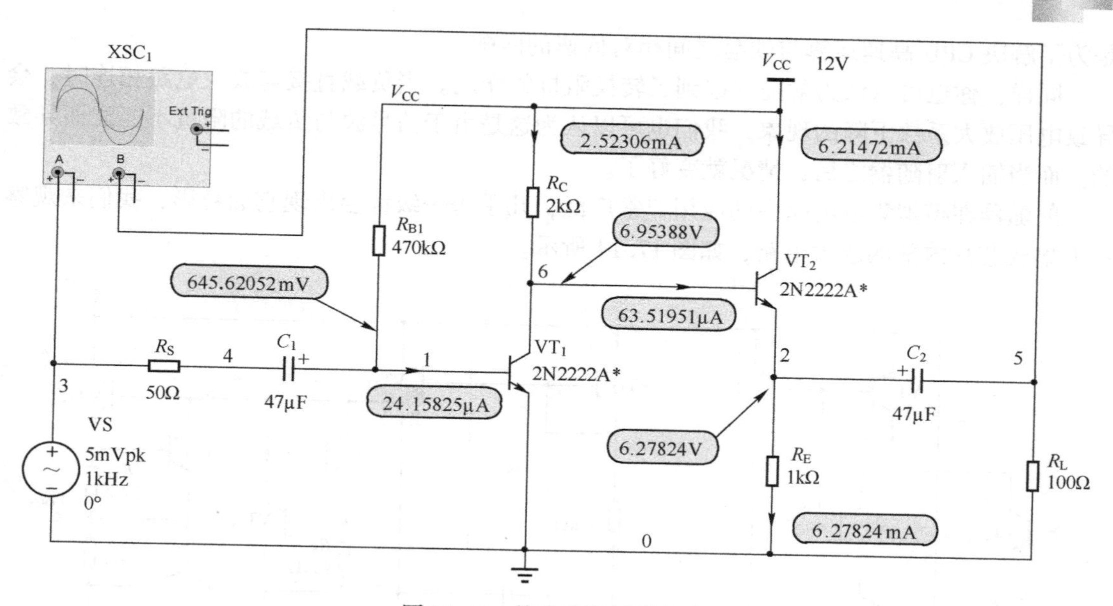

图 17.12　简化后的级联电路

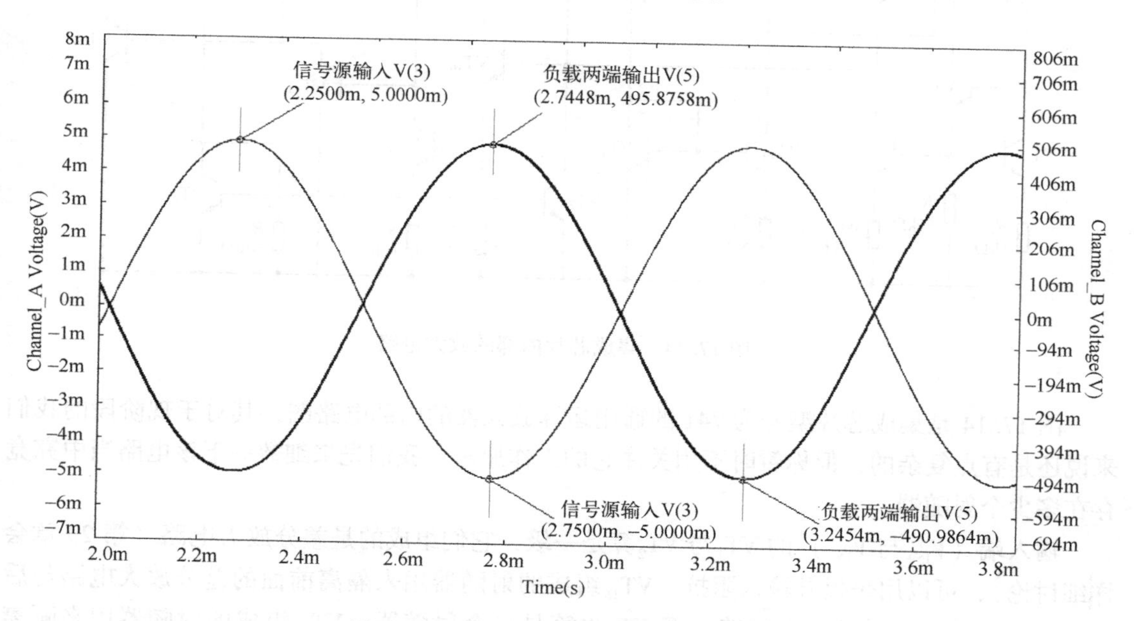

图 17.13　图 17.12 所示电路的仿真结果

器之后，电压放大系数就提升了，从而也就消除了负载效应，这种隔离的用法在多级放大电路当中会经常使用到。

缓冲与隔离之间通常是有所联系的，因为它们是电子电路中很常见的两个概念，它们的目的之一就是为了**匹配**。例如，发电厂通过变电站把电能转换为高压传输，通过输电线送到我们生活的城市后，又通过变电站把高压转换为 220V 的交流电压，所以也可以说是变电站起到了隔离与缓冲的作用。又例如，我们经常听到计算机里的一级缓存和二级缓存，它们都是为了解决 CPU 高速运算与硬盘之间相对低速的匹配。

同样，你也可以认为射随器起到了转换阻抗的作用。当负载直接与放大电路相连时，会导致电压放大系数下降的现象，我们也可以认为这是由于信号源与负载的阻抗不匹配而导致的。而当插入射随器之后，情况就变好了。

射随器在模拟集成电路中的应用非常广泛，几乎每一级都会出现它的身影，我们来观察一下集成芯片内部的放大电路，如图 17.14 所示。

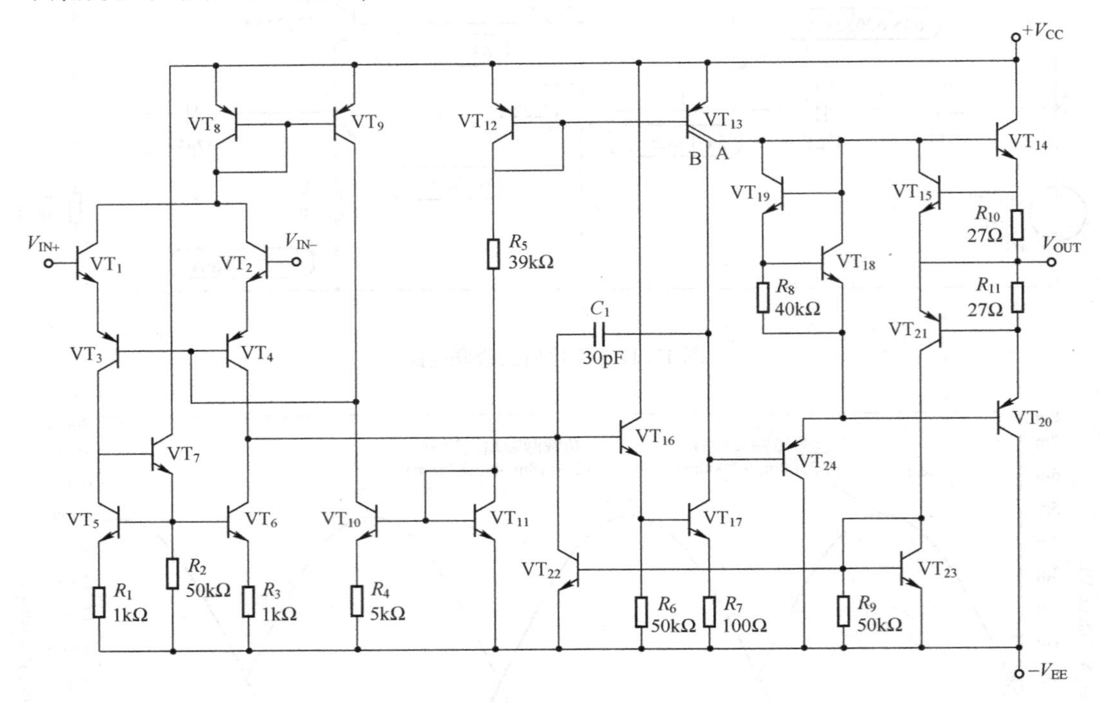

图 17.14　集成芯片内部的放大电路

图 17.14 是集成芯片型号为 741 的通用运算放大器的内部电路图，其对于现阶段的我们来说还是有点复杂的，但你暂时不用关注它的工作原理。我们先来细数一下该电路当中究竟存在多少个射随器。

输入端（V_{IN+}与 V_{IN-}）的 VT_1与 VT_2算是一级，它们组成的是差分放大电路（第 23 章会详细讨论），可以用来提升输入阻抗。VT_{16}组成的射随器用来隔离前面的差分放大电路与后面 VT_{17}组成的共发射极放大电路。而 VT_7也算是一个射随器。VT_{24}组成的射随器用来隔离 VT_{17}与后面的功率放大电路。VT_{14}与 VT_{20}组成了甲乙类推挽输出功率放大电路（下一章会详细讨论），它们也是射随器结构。

看到了没有，这么一个电路当中竟然就有 5 个射随器，而不是你以前认为的：没有电压放大能力的电路就没有用武之地。

实际上，共集放大电路的发射极电阻 R_E 也起到了负反馈的作用，从交流负反馈的角度来看，它牺牲了所有的电压放大系数来提升其他交流参数的性能，就跟田忌赛马一样，主动输掉一场比赛来赢得更多的制胜机会。射随器的输出电阻这么小，而输入电阻又能够这么大，这都是 R_E 交流负反馈的功劳。与分压式共射放大电路有所不同的是，R_E 反馈的不是输出电流，而是输出电压。从直流负反馈的角度来看，它也有一定的稳定静态工作点的能力，我们对图 17.7 所示的基本共集放大电路进行温度扫描分析，相应的仿真结果如图 17.15 所示。

Cursor	V_{BEQ} V(1)-V(2)	V_{EQ} V(2)	I_{BQ} I(QVT1[IB])	I_{EQ} I(QVT1[IE])
x1	0.0000	0.0000	0.0000	0.0000
y1	715.5564m	5.4335	58.5098µ	-5.4335m
x2	160.0000	160.0000	160.0000	160.0000
y2	450.2515m	6.4477	51.0202µ	-6.4477m
dx	160.0000	160.0000	160.0000	160.0000
dy	-265.3048m	1.0143	-7.4896µ	-1.0143m
dy/dx	-1.6582m	6.3391m	-46.8098n	-6.3391µ
1/dx	6.2500m	6.2500m	6.2500m	6.2500m

图 17.15　仿真结果

这里我们观察的是发射极的静态电位 V_{EQ}，因为输出的交流信号就是 V_{EQ} 的变化量。从图 17.15 中可以看到，基极的电流确实下降了，但 V_{EQ} 与 I_{CQ} 仍然上升了不少；V_{EQ} 的变化量已经超过 1V 了，而 I_{CQ} 的变化量已经超过 1mA 了。也就是说，虽然 R_E 有一定的直流负反馈作用，但还是不能有效地自动稳定电路的静态工作点。

有什么办法进行优化呢？我们可以通过使用基极分压的方式把基极电位 V_{BQ} 固定住，基本原理与基极分压式共射放大电路的原理是一样的，如图 17.16 所示为基极分压式共集放大电路。

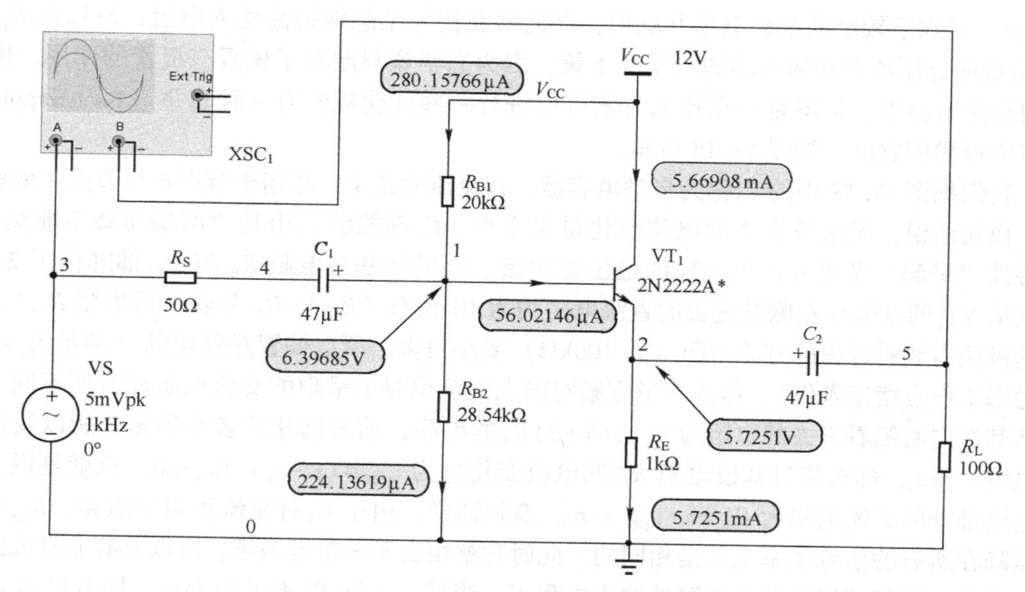

图 17.16　基极分压式共集放大电路

从图 17.16 中可以看到，分压式结构的放大电路只增加了一个基极电阻 R_{B2}，同时把 R_{B1} 修改了一下，这样可以使电路的静态工作点与图 17.7 所示电路的静态工作点基本保持不变。这里我们就不再浪费时间进行该电路的直流分析了，与基本分压式共射放大电的静态工作点一样的，我们直接观察一下图 17.16 所示电路的仿真结果即可，如图 17.17 所示。

Cursor	V_{BEQ} V(1)-V(2)	V_{EQ} V(2)	I_{BQ} I(QVT1[IB])	I_{EQ} I(QVT1[IE])
x1	0.0000	0.0000	0.0000	0.0000
y1	716.8121m	5.6200	61.1243μ	-5.6200m
x2	160.0000	160.0000	160.0000	160.0000
y2	446.4417m	6.0603	46.6740μ	-6.0603m
dx	160.0000	160.0000	160.0000	160.0000
dy	-270.3704m	440.2966m	-14.4503μ	-440.2966μ
dy/dx	-1.6898m	2.7519m	-90.3142n	-2.7519μ
1/dx	6.2500m	6.2500m	6.2500m	6.2500m

图 17.17　图 17.16 所示电路的仿真结果

通过对比图 17.15 与图 17.17 所示的数据可以看到，虽然它们的静态工作点的初始值是差不多的，但分压式结构的放大电路的 V_{EQ} 与 I_{EQ} 的变化量都进一步下降了将近 2/3。

这里顺便提一下基极分压式偏置电路的缺点。我们通过观察图 17.16 可以看到，虽然 R_i'（从三极管的基极往右侧看到的交流电阻）可能会大于 100kΩ（不带负载 R_L 时），这看起来好像很大（也是件好事），然而其一旦与三极管基极偏置电路中两个阻值较小的基极电阻（R_{B1} 与 R_{B2}）并联，总的输入电阻却只是稍大于 10kΩ 而已，与 100kΩ 的差距很大。换句话说，虽然从三极管的基极往右侧看进去的交流电阻确实非常大，但是放大电路输入电阻的"短板"还在于较小的基极电阻并联值，而通常我们总是想保持高输入电阻，所以把 R_{B1} 与 R_{B2} 组成的分压器放在输入端的确不是上策，因为它毕竟只起到了偏置三极管的作用。你可能很自然地会想：是不是存在什么方案可以进行一些优化呢？有一种自举（Bootstrapping）方案值得我们尝试，如图 17.18 所示。

我们把图 17.18 中的 C_3 称为自举电容器。在交流通路中，相当于节点 6 与节点 2 是短路的。换句话说，无论节点 2 的电位变化量是多少，C_3 都能够利用其"两端压降不能突变"的特性"举起"节点 6 产生一样的电位变化量。这里把基极电阻 R_{B1} 与 R_{B2} 都降低了 2 倍，那么从 VT_1 的基极往左侧看进去的直流电阻约为 10.5kΩ（R_{B1} 与 R_{B2} 并联后再串联 R_{B3}），比从基极往右侧看进去的直流电阻（约 100kΩ）要小得多，所以偏置是稳定的（满足 $I_{B1} \gg I_{BQ}$ 的静态工作点稳定条件）。但是自举方案对输入交流信号 v_i 呈现的交流电阻却有所不同。由于从基极向右侧看进去的电阻为 r_{be} 与 $(1+\beta)R_E$ 的串联，前者远比后者小得多，所以发射极的电位 $v_e \approx v_i$，那么流过基极电阻 R_{B3} 的电流变化量为 $i_{RB3}=(v_i-v_e)/R_{B3}\approx 0$。也就是说，偏置电路部分的交流电阻为 $R_B'=v_i/i_{RB3}\approx\infty$。换句话说，由于 C_3 对交流相当于短路，R_{B3} 两端的压降在所有的信号频率上总是相同的，**此时它就相当于一个恒流源**，所以具有非常大的阻抗，从而也就能够提升整个电路的输入电阻了。当然，实际 R_B' 不可能为∞，毕竟电阻 r_{be} 也

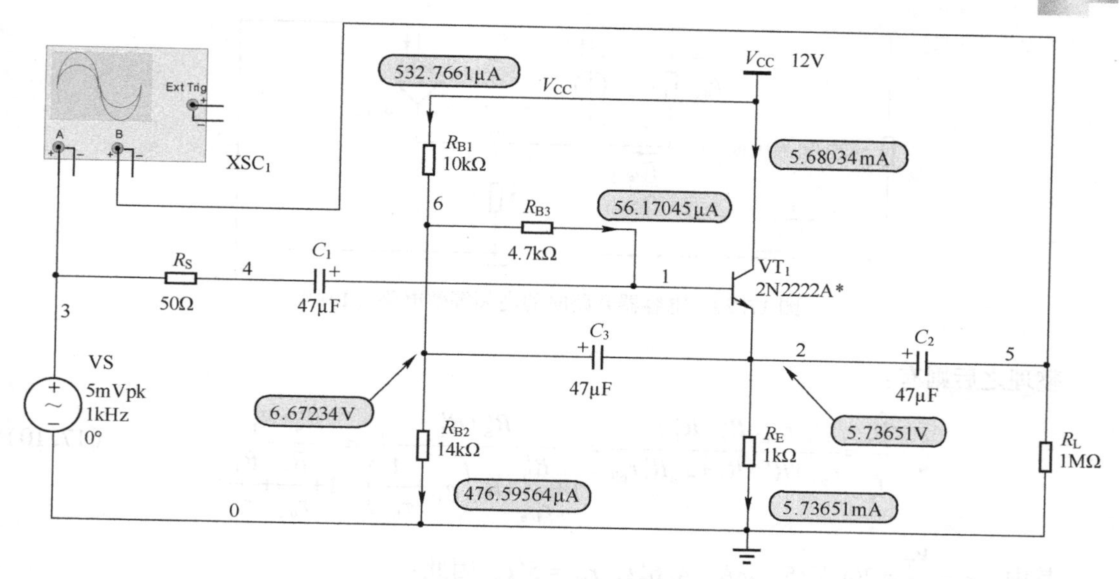

图 17.18　自举方案

有一定的阻值，所以其两端也就会有一些电压变化量，那么 i_{RB3} 也就不会为 0。

如果使用第 7 章讨论过的方式测量自举方案的输入电阻，会发现其值约为 60kΩ，比没有修改前放大电路的输入电阻要大得多。另外，我们把负载改为 1MΩ 是因为射随器的输入电阻与它有关，负载的阻值过小会使得基极的偏置电阻对放大电路输入电阻的影响不是很明显。换句话说，此时从基极往右侧看进去的电阻才是放大电路输入电阻的“短板”。如果你把这种自举方案应用到分压式共射放大电路中，则可以不用考虑负载的影响。

最后我们使用开路时间常数分析基本共集放大电路的频率特性，这里仍然主要关注它的上限截止频率，共集放大电路的高频等效电路如图 17.19 所示。

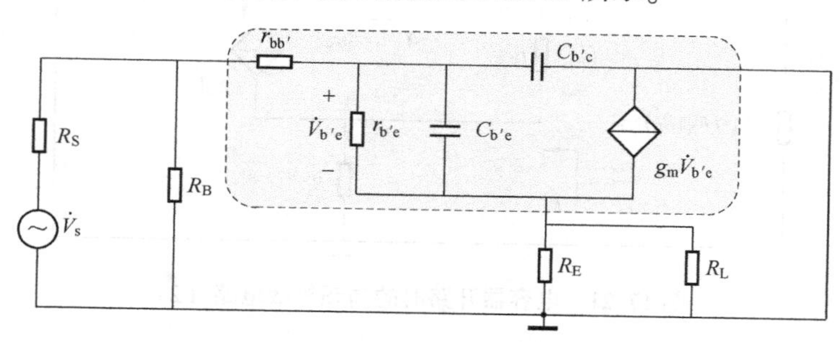

图 17.19　共集放大电路的高频等效电路

首先计算从 $C_{b'e}$ 两端看到的电阻 $R_{b'e}$。假设 $C_{b'c}$ 开路，$R_{b'e}$ 不是很明显，所以需要添加测试电压 $\dot{V}_x$，相应的高频等效电路如图 17.20 所示。

我们在发射极列出节点电流方程，则有：

$$\left[R'_S\left(\dot{I}_x-\frac{\dot{V}_{b'e}}{r_{b'e}}\right)-\dot{V}_x\right]/R'_L+\dot{I}_x=\frac{\dot{V}_x}{r_{b'e}}+g_m\dot{V}_{b'e} \tag{17.9}$$

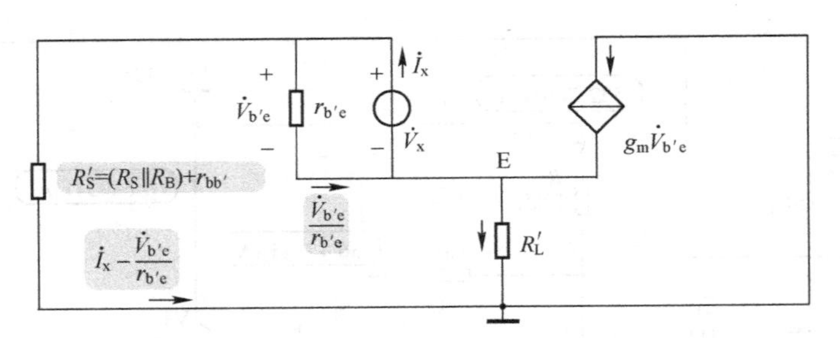

图 17.20 电容器开路时的高频等效电路（1）

整理之后则有：

$$\frac{\dot{V}_x}{\dot{I}_x}=\frac{r_{b'e}(R'_S+R'_L)}{r_{b'e}+R'_S+R'_L+g_mR'_Lr_{b'e}}=\frac{R'_S+R'_L}{1+\frac{R'_S}{r_{b'e}}+R'_L\left(g_m+\frac{1}{r_{b'e}}\right)}=\frac{R'_S+R'_L}{1+\frac{R'_S}{r_{b'e}}+\frac{R'_L}{r_e}} \tag{17.10}$$

其中，$r_e=\frac{V_T}{I_{EQ}}=26\text{mV}/5.7\text{mA}\approx4.6\Omega$，$r_{bb'}=5\Omega$，因此：

$$\frac{\dot{V}_x}{\dot{I}_x}\approx\frac{55\Omega+91\Omega}{1+\frac{55\Omega}{461\Omega}+\frac{91\Omega}{4.6\Omega}}\approx\frac{146}{21}\approx7\Omega$$

$C_{b'e}$约为 72pF（可自行手动计算或仿真，结果都差不多），则相应的开路时间常数为

$$\tau_{b'e}=R_{b'e}C_{b'e}=7\Omega\times72\text{pF}=0.504\text{ns}$$

同样获取从 $C_{b'c}$两端看到的电阻 $R_{b'c}$。假设 $C_{b'c}$开路，相应的高频等效电路如图 17.21 所示。

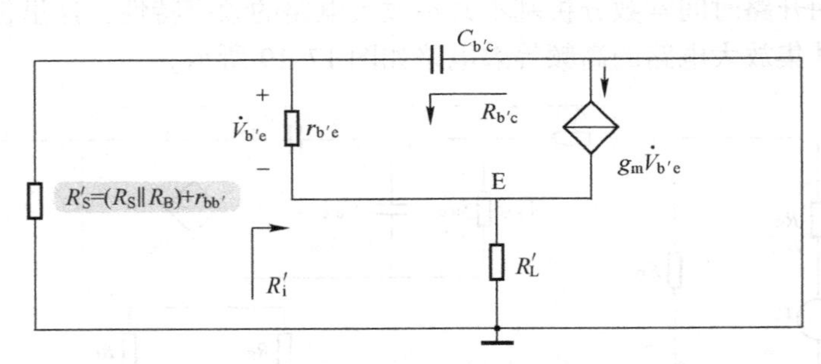

图 17.21 电容器开路时的高频等效电路（2）

从图 17.21 中可以看到，由于 $C_{b'c}$的右侧与公共地连接，它与等效电阻 R'_S是并联的，所以从 $C_{b'c}$看到的电阻就是 R'_S与 R'_i的并联，即

$$R_{b'c}=R'_S \parallel [r_{b'e}+(1+\beta)R'_L]\approx55\Omega \parallel (461\Omega+9.18\text{k}\Omega)\approx54.7\Omega$$

而 $C_{b'c}$约为 2.9pF，则相应的开路时间常数为

$$\tau_{b'c}=R_{b'c}C_{b'c}=54.7\Omega\times2.9\text{pF}\approx0.159\text{ns}$$

所以上限截止频率即

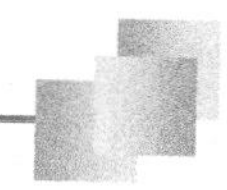

$$f_H=\frac{1}{2\pi(\tau_1+\tau_2)}=\frac{1}{2\pi(0.504\text{ns}+0.159\text{ns})}\approx 240\text{MHz}$$

我们使用 Multisim 软件平台对图 17.7 所示的电路进行交流分析，其仿真结果如图 17.22 所示。

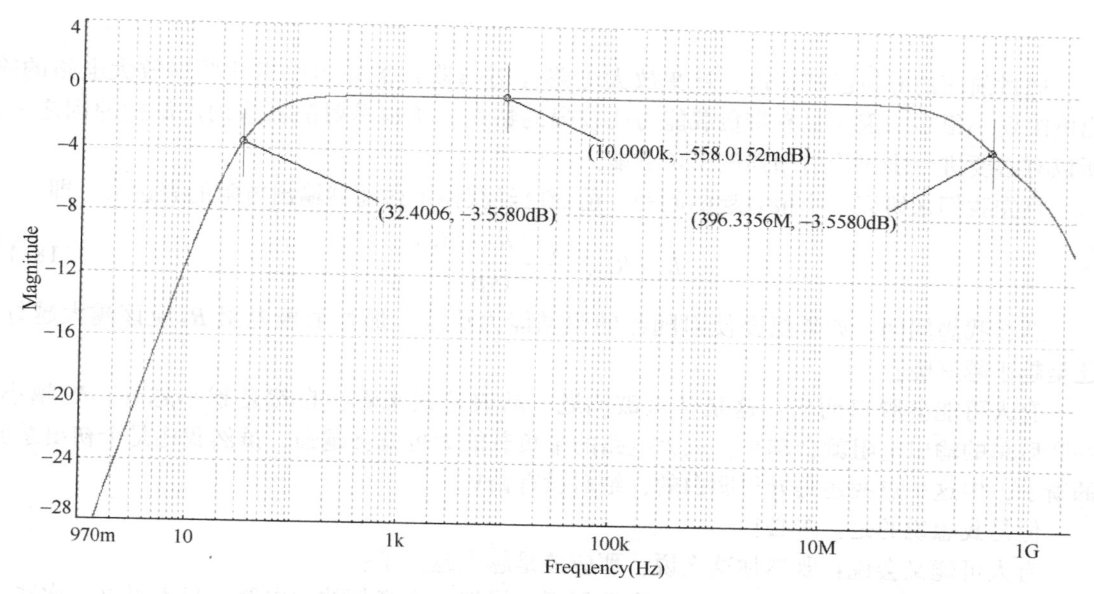

图 17.22　图 17.7 所示电路的仿真结果

从图 17.22 中可以看到，共集放大电路的上限截止频率约为 396MHz，虽然与手动计算结果的差距有点大（我们没有考虑三极管有限的输出交流电阻，而且当涉及的频率越高时，比较小的数据偏差带来的结果误差也会越大），但无论如何，其高频特性比共射放大电路要好很多却是不争的事实。那为什么共集放大电路的频率特性会这么好呢？实际上，这是因为共射放大电路的输入电容包含放大后的 $C_{b'c}$（也就是密勒电容器），而共集放大电路中三极管的集电极是与公共地连接的，$C_{b'c}$并没有被放大（相当于 $C_{b'c}$直接并联在输入端）。从放大电路的输入端来看，RC 低通滤波器中的电容量下降了，相应的上限截止频率也就提升了。

最后给大家提一个问题：在图 17.5 所示的放大电路中，给 VT_1的集电极串联电阻对哪一项指标影响比较大？

第 18 章　再论带负载能力：何去何从

通过前面的分析已经知道，共集放大电路（射随器）的输出电阻比共射放大电路的输出电阻要小很多，因而具有带负载能力比较强的特点，这也是射随器应用广泛的原因之一，所以有必要进一步讨论射随器的带负载能力。

首先我们来研究一个很有趣的问题。前面已经获得了射随器输出电阻的表达式，即

$$R_o = R_E \parallel \frac{r_{be} + (R_S \parallel R_B)}{1+\beta} \tag{18.1}$$

那么我想问问：如果想要使射随器的驱动能力更强，那发射极电阻 R_E 应该越大越好，还是越小越好呢？

有人可能会脱口而出：这是什么破问题，从表达式来看，自然是越小越好，R_E 越小，并联后总的输出电阻就会越小，放大电路的带负载能力也就会越强，虽然我还是个初出茅庐的新手，但这一点我还是弄得明白的，绝对没有错！

但是我想说的是：未必！

有人可能又会说：既然你这么说，那应该是越大越好了！

真相往往并不是这么简单的。首先我们再次模拟一个音频放大电路，只不过这一次决定使用三极管的共集电极组态，如图 18.1 所示为一个音频放大电路。

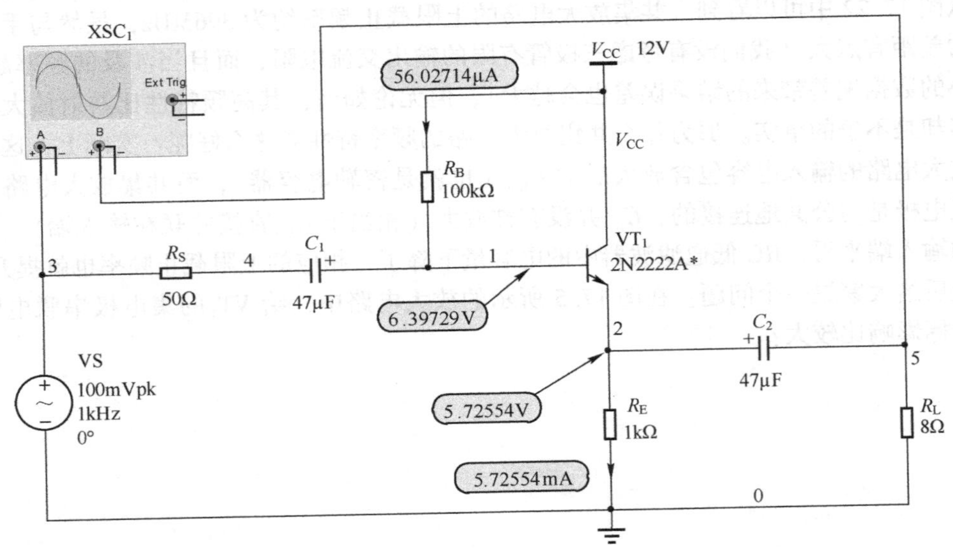

图 18.1　音频放大电路

实在是非常抱歉，这个所谓的音频放大电路与图 17.7 所示的电路相比没有太大的变化，只不过电路现在连接的负载的阻值下降到了 8Ω，已经算是一个重负载了（既然你总吹嘘自

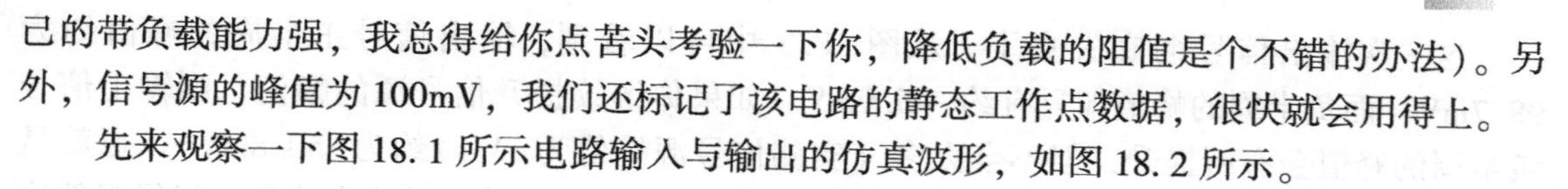

已的带负载能力强，我总得给你点苦头考验一下你，降低负载的阻值是个不错的办法）。另外，信号源的峰值为 100mV，我们还标记了该电路的静态工作点数据，很快就会用得上。

先来观察一下图 18.1 所示电路输入与输出的仿真波形，如图 18.2 所示。

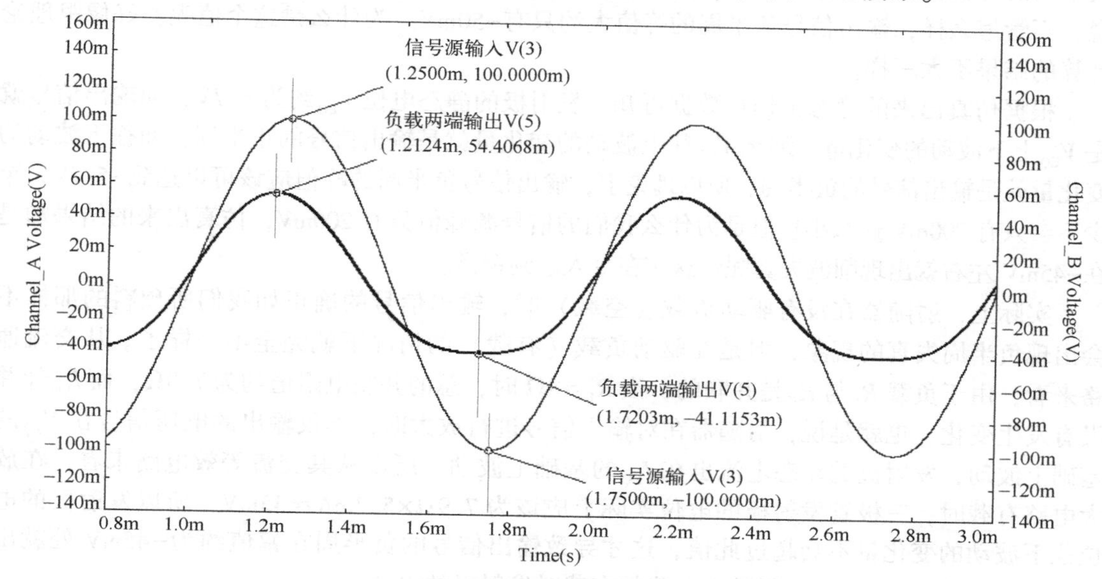

图 18.2　图 18.1 所示电路输入与输出的仿真波形（信号源的峰值为 100mV）

从图 18.2 中可以看到，输出信号已经有点失真了，波谷变得比较平坦了，负载两端输出电压的正半周峰值约为 54mV，而负半周峰值约为-41mV。这个波形的失真还不是很明显，我们把信号源的峰值改为 200mV 再仿真一下，相应的结果如图 18.3 所示。

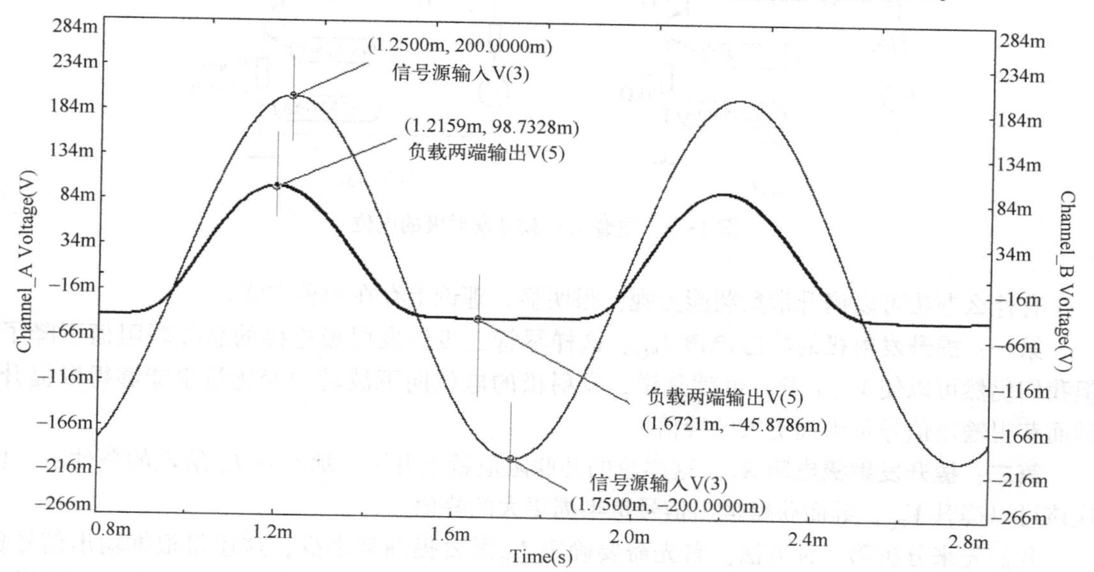

图 18.3　图 18.1 所示电路输入与输出的仿真波形（信号源的峰值为 200mV）

这一次输出信号彻底失真了，从图 18.3 中可以看到，输出信号正半周的峰值约为 98.7mV，而负半周的峰值却只有约-45.9mV。如果你继续提升信号源的幅值，则输出信号负半周的峰值会有所提升，但不会太多（实测信号源峰值为 1V 时约为-50.8mV）。也就是说，不管怎么样，输出信号负半周的峰值大约只有-50mV。为什么是这个值呢？好像跟理论计算的结果不太一样。

根据仿真出来的静态工作点数据可知，发射极的静态电位 V_{EQ}约为 5.7V，而输出信号就是 V_{EQ}上下波动的变化量，那么 V_{EQ}往上波动的变化量就是输出信号的正半周，而往下波动的变化量就是输出信号的负半周，所以理论上，输出信号负半周的峰值应该可以达到-5.7V，至少不会只有 200mV 这么小！但是为什么我们的信号源峰值只有 200mV，仿真出来的结果却是在-45mV 左右就出现削波失真呢？这实在令人感到奇怪。

实际上，射随器在没有驱动负载（空载）时，输出信号的确正如我们所预料的那样不会出现负半周失真的现象，但是在驱动负载（有载）的情况下就完全不一样了。从交流通路来看，由于负载 R_L与 R_E是并联的，当 $R_L=8\Omega$ 时，总的并联电阻值约为 7.9Ω，而 I_{EQ}却并没有发生变化。也就是说，射随器在对输入信号进行放大时，不仅输出的电压信号在 V_{EQ}的基础上波动，发射极的动态电流也在 I_{EQ}的基础上波动，所以从其交流等效电路来看，在放大电路有载时，三极管发射极的电位实际上应该为 7.9Ω×5.7mA≈45mV，所以发射极的电位往下波动的变化量不会超过此值，这才导致输出信号的负半周在幅值约为-45mV 处就出现了削波失真，如图 18.4 所示为空载与有载时发射极的电位。

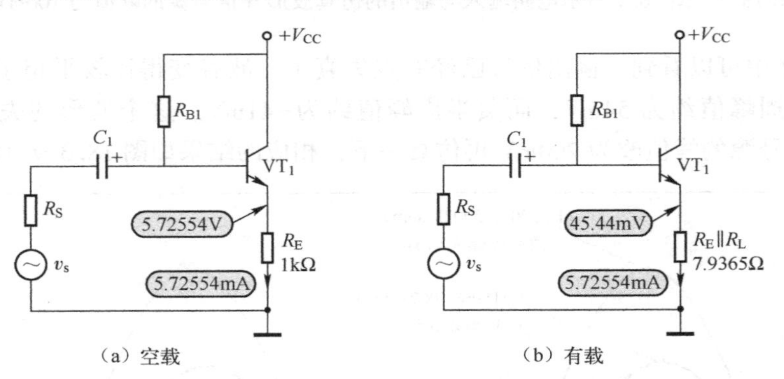

图 18.4 空载与有载时发射极的电位

有什么办法可以提升带负载能力呢？很明显，理论上存在两种方式。

第一：提升发射极的静态电流 I_{EQ}。这样尽管三极管发射极连接的总并联阻值下降了，但我们仍然可以使 V_{EQ}上升。也就是说，发射极的电位向下波动的变化量也能够得以提升，继而获得输出信号负半周更大的峰值。

第二：提升发射极电阻 R_E。这样总的并联阻值就上升了，那么在 I_{EQ}给定的条件下，也应该可以提升 V_{EQ}，继而获得输出信号负半周更大的峰值。

我们先来分析第一种方法。首先需要确定 I_{EQ}需要提高到多少，这还得根据输出信号负半周的峰值来确定。假设信号源的峰值为 100mV，输出信号的峰值也是 100mV（这里没有考虑三极管交流输入电阻带来的输出电压损失，所以会比实际输出的信号高一点点，可以留点设计裕量），那么在并联 8Ω 电阻负载的条件下，可以计算得到 $I_{EQ}=100\text{mV}/7.9\Omega\approx 12.7\text{mA}$。同样，如果信号源的峰值是 200mV，那么 $I_{EQ}=200\text{mV}/7.9\Omega\approx 25.3\text{mA}$，这些值都比原来的 5.7mA 大，如图 18.5 所示。

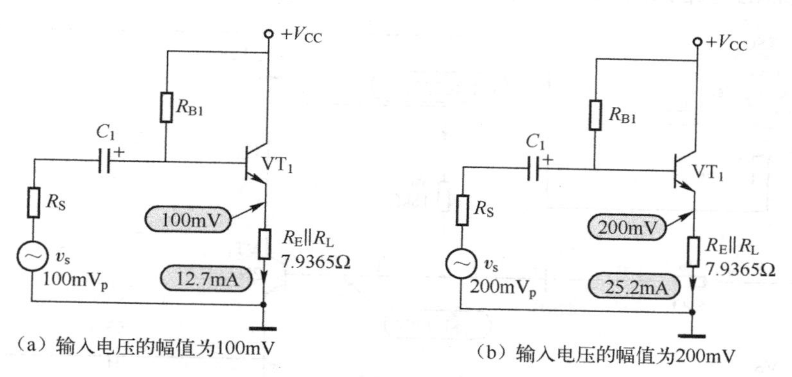

图 18.5　集电极静态电流

很明显，在 R_E 与 R_L 并联值一定的情况下，需要输出的电压幅值越大，我们就需要设置更大的 I_{EQ}。换句话说，如果在现有条件下输出峰值为 200mV 的电压信号，那么 I_{EQ} 必须设置在 25.2mA 以上，按这个思路就可以确定 R_E。

为了能够根据负载需要的电流值 I_o 快速获取 R_E，我们设计了一个计算模型，如图 18.6 所示为有载与空载时的计算模型。

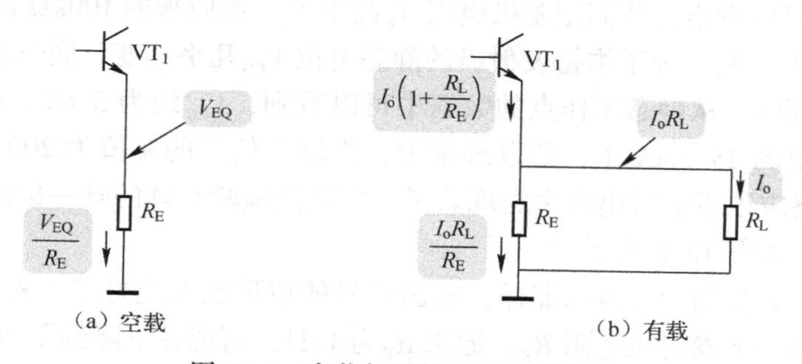

图 18.6　有载与空载时的计算模型

这里假设**空载与有载时发射极的静态电位 V_{EQ} 均保持不变**，我们最终需要求解出：输出信号负半周刚刚不失真时对应的发射极电阻 R_E 的最大值，即

$$\frac{V_{EQ}}{R_{E(max)}}=I_o\left(1+\frac{R_L}{R_{E(max)}}\right)\tag{18.2}$$

那么在 I_o、R_L、V_{EQ} 已知的条件下，可得 R_E 最大值的表达式如下：

$$R_{E(max)}=\frac{V_{EQ}}{I_o}-R_L\tag{18.3}$$

假设射随器的参数如图 18.1 所示，如果要在维持发射极电位不变（即 5.7V）的条件下提升 I_{EQ} 至 25.2mA 以上，那么 R_E 的最大值应为

$$R_{E(max)}=\frac{V_{EQ}}{I_o}-R_L=\frac{5.7V}{200mV/8\Omega}-8\Omega=220\Omega$$

据此修改后的电路如图 18.7 所示。

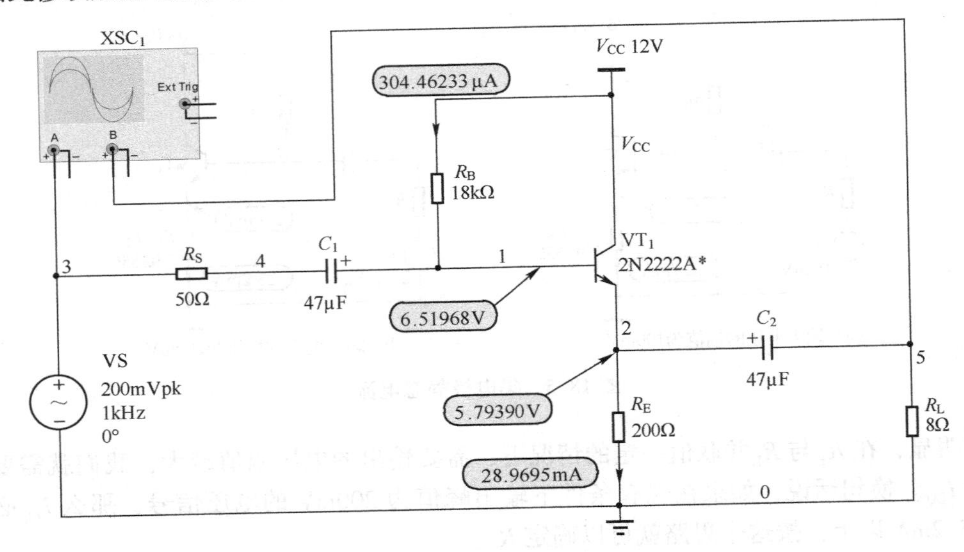

图 18.7　修改后的电路

从图 18.7 中可以看出，我们把基极电阻 R_B 改小了（由原来的 100kΩ 改为 18kΩ），这样相应的 I_{EQ} 就会更大一些。为了维持发射极的静态电位 V_{EQ} 几乎不变，同时把 R_E 降低到 200Ω（留了一些设计裕量）。从静态工作点的数据中可以看到，V_{EQ} 约为 5.8V，而 I_{EQ} 约为 29mA，已经大于我们需要的 25.2mA 了，所以理论上，当输入信号的幅值为 200mV 时，这种参数配置下的放大电路应该不会再出现失真现象了。实践是检验真理的唯一标准，我们还是先观察一下仿真结果，如图 18.8 所示。

故事的发展正如我们所预料的那样，输出信号的波形已经变好了。然而，事情还没完，我们回过头来观察一下发射极电阻 R_E。原来 R_E 为 1kΩ，而现在下降到了 200Ω。因为你要保持 V_{EQ} 不变，同时还要提升 I_{EQ}，所以 R_E 必然要被降低。那么根据刚开始提到的射随器输出电阻的表达式，R_E 减小了，输出电阻 R_o 就会减小，理论上应该是一件好事，但是从交流通路来看，R_E 越小，它与负载 R_L 并联后的阻值会更小。又会回到刚开始的问题：为了保证输出信号的负半周不失真，需要更大的 I_{EQ}。

我们使用式（18.3）计算了不同的负载电流 I_{om}（峰值）对应的 R_E 与 I_{EQ}，如表 18.1 所示。

表 18.1　不同的负载电流 I_{om}（峰值）对应的 R_E 与 I_{EQ}（$R_L=8\Omega$，$V_{EQ}=5.7V$）

负载电流 I_{om}（峰值）	负载电压 V_{om}（峰值）	发射极电阻 R_E	发射极的静态电流 I_{EQ}
1mA	8mV	5.692kΩ	2mA
10mA	80mV	562Ω	20.14mA
100mA	800mV	49Ω	216mA

续表

负载电流 I_{om}（峰值）	负载电压 V_{om}（峰值）	发射极电阻 R_E	发射极的静态电流 I_{EQ}
500mA	4V	3.4Ω	2.176A
687.5mA	5.5V	0.291Ω	20.275A

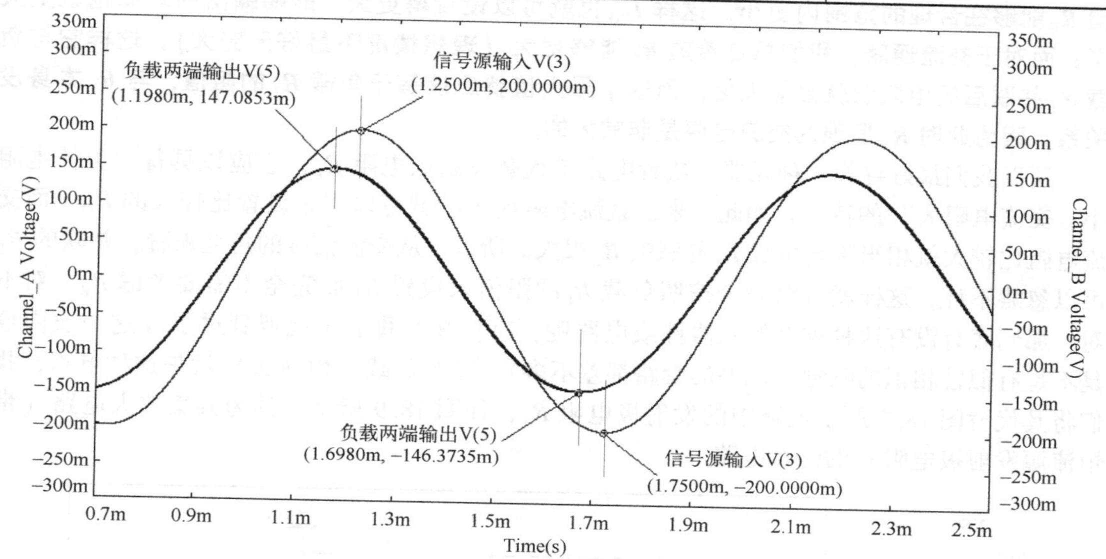

图 18.8　图 18.7 所示电路的仿真结果

当负载电流 I_{om} 比较小时，发射极的静态电流 I_{EQ} 还不是很大。但是，当 I_{om} 比较大时，I_{EQ} 却已经大得非常离谱了。例如，当 I_{om} = 687.5mA 时，我们需要将 I_{EQ} 设置为大于 20.275A。很明显，虽然降低 R_E 提升了发射极的静态电流，但同样也降低了 R_E 与 R_L 的并联电阻值，从而发射极电位的提升并没有预想的那么大，我们需要比原计划更大的发射极的静态电流。这样一来，三极管消耗的静态功率就增加了，所以说 R_E 并不是越小越好！

我们可以从欧姆定律 $V=R\times I$ 来看待流过 R_E 的电流（I_{EQ}）及其两端的压降（V_{EQ}）。由于 R 与 I 的变化方向是相反的（V 是恒定的），所以提升 I_{EQ} 的方式更适合于负载电阻 R_L 比 R_E 小很多的情况。这样不仅能够通过降低 R_E 提升 I_{EQ}，而且对总的并联电阻值的影响也不大。而当 R_L 比 R_E 还要大时（例如，表 18.1 中 $R_E<3.4\Omega$），I_{EQ} 远比负载需要的电流大得多，这一部分多出的电流就形成了放大电路的静态功耗，很明显是不划算的。

当然，如果你只需要输出既定的幅值（而不需要维持发射极原来的静态电位）就比较简单了，只需要将 R_E 设置为与 R_L 一致，然后把 I_{EQ} 设置为稍大于负载所需电流的 2 倍就可以了，这样可以适当留一些设计裕量。

我们再看第二种办法：反过来提升发射极电阻 R_E 行不行呢？好像也可以！虽然提升发射极电阻 R_E 可以提升并联后的电阻值，但是从直流通路来看，R_E 越大，发射极的静态电流 I_{EQ} 必然会下降，从 $V=R\times I$ 来看，由于 R 与 I 的变化方向是相反的，如果负载 R_L 比 R_E 大很多的话，这样尽管提升 R_E 会降低 I_{EQ}，但是由于此时 R_L 非常大，提升 R_E 会显著提升 V_{EQ}，看起来也不失为一种办法。然而，很遗憾，这并不符合功率放大器的要求，提升 V_{EQ} 并不是目的，我们最终还是需要对负载输出一定的功率（也就是输出足够的电流），不具备更强的带负载能力还怎么体现射随器的价值呢？

这样就两难了，好像无论怎么“摆弄”R_E都不是最好的，真是提升也不行，降低也不妥！但是，从前面的分析过程当中我们可以总结出一个关键点：**对于直流通路，我们总是希望R_E能够在合理的范围内更小，这样I_{EQ}也就可以设置得更大，能够输出的功率也就更大了；而对于交流通路，我们总是希望R_E能够更大（理想情况下最好无穷大），这样它与负载R_L并联后的电阻值就会最大化，而这个最大值就应该等于负载R_L的阻值，与R_E本身没关系，因为此时R_E呈现的交流电阻是非常大的。**

所以我们最好寻找一种元器件或者电路来代替发射极电阻R_E，它应该具备“直流电阻小，交流电阻大”的特点。如此一来，直流电阻比较小就可以用来设置比较大的I_{EQ}，而交流电阻比较大就相当于与负载R_L并联的R_E很大。所以，从交流信号的角度来看，并联的R_E可以忽略不计，这样就可以完全按照负载R_L的阻值来设置I_{EQ}而完全不需要考虑R_E，对不对？那到底有没有这种神奇的元器件或电路呢？有！其实我们早就遇到过了（这一段内容是不是有似曾相识的感觉？说书的套路都差不多），有源负载（恒流源）就是这种电路，我们将其代替图 18.7 所示电路中的发射极电阻R_E，如图 18.9 所示，其为共集放大电路（带恒流源发射极电阻）的仿真电路。

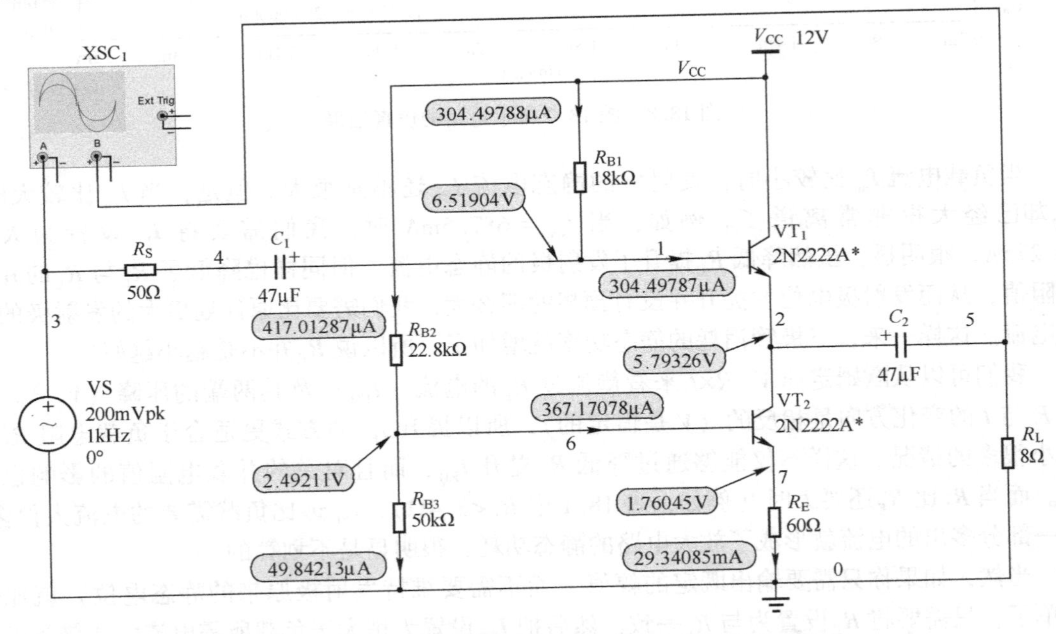

图 18.9　共集放大电路（带恒流源发射极电阻）的仿真电路

图 18.9 所示的电路与图 16.7 所示的电路不同的是：R_{B2}、R_{B3}、R_E与 VT_2组成的恒流源电路是作为 VT_1的有源负载的，实际上也是一个基极分压式共射放大电路。它的设计方法我们已经提过了，VT_1的发射极电流就是 VT_2的集电极电流，对于给定的负载电流，它们都是已知的，然后我们给R_E预留一定的压降（大于 1V 即可），用来稳定静态工作点，最后根据

静态工作点的稳定条件确定基极电阻即可，细节就不再赘述了。

从静态工作点的数据中可以看到，VT_1发射极的静态电位与发射极的静态电流都与图 18.7 所示的电路相比几乎没有发生改变，所以理论上它也不会出现失真现象。如图 18.10 所示，我们来看一下仿真结果。

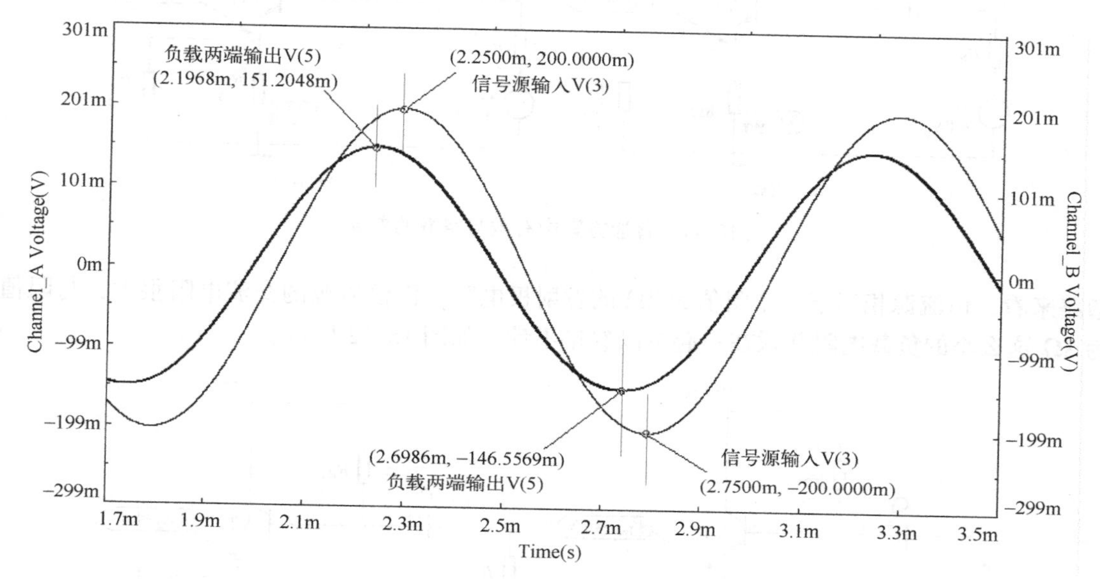

图 18.10　图 18.9 所示电路的仿真结果

从图 18.10 中可以看到，输出信号没有明显的失真，而且输出信号正负半周的峰值数据与图 18.8 所示的差不多。

有人可能会这么想：你这个电路中的有源负载好像没有带来一点点的实际好处，发射极的静态电流还是没有下降，三极管的静态功耗也没有下降，我还不如用前面那个更简单的电路。

好像很有道理。然而，那只不过是因为信号源的峰值比较小，所以负载两端获得的功率很小。虽然有源负载的交流电阻可以使得 R_E与 R_L并联后的阻值最大化，但它的优势还不是很明显，而在输出功率非常大的情况下就不一样了。

例如，假设现在信号的源峰值为 4.8V，并且输出电压与输入电压是一样的，所以流过负载的最大电流就应该为 4.8V/8Ω=0.6A。那么理论上当电路空载的时候，我们要保证 I_{EQ}至少为 0.6A，而发射极的静态电位也应该至少为 4.8V，这样才可以勉强让输出信号的负半周不失真，所以 R_E最大约为 4.8V/0.6A=8Ω。但是，连接了 8Ω 的负载之后，这两个电阻的并联值就更小了，也就是 4Ω。按照前面的计算方式，为了让输出信号负半周的峰值达到 −4.8V，I_{EQ}至少应该需要 4.8V/4Ω=1.2A。也就是说，当需要驱动的负载很重时，它会很明显地提升三极管的静态功耗，原来应该只需要 0.6A，实际却增加了一倍，从而也就导致三极管的静态功耗加倍了，如图 18.11 所示。

如果使用恒流源代替发射极电阻就不一样了。我们早就提过，恒流源具有“直流电阻小，交流电阻大”的特点，这样你只需要使用恒流源把 I_{EQ}设置为 0.6A 就可以了。从直流

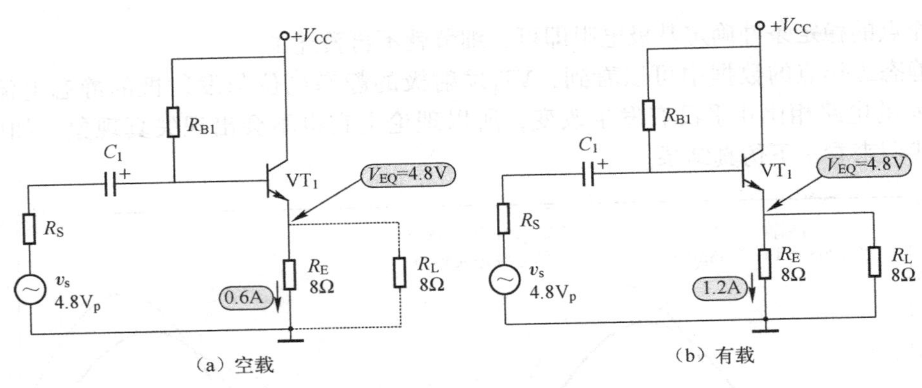

（a）空载　　（b）有载

图 18.11　普通方案中有载与空载的差异

通路来看，恒流源相当于一个阻值为 8Ω 的发射极电阻，而恒流源的交流电阻很大，与阻值为 8Ω 这么小的负载电阻并联在一起可以忽略不计，如图 18.12 所示。

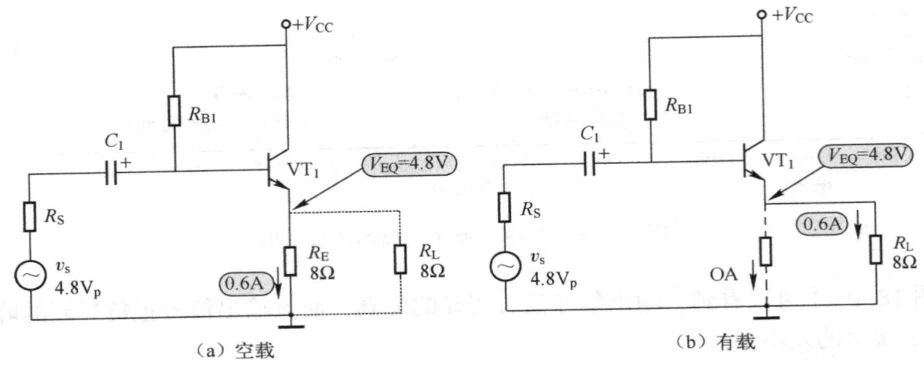

（a）空载　　（b）有载

图 18.12　恒流源方案中空载与有载的差异

也就是说，当我们使用恒流源方案时，三极管的 I_{EQ} 可以完全按照负载所需要的电流来设置而不再需要考虑发射极电阻。

同样，我们给出负载电流 I_{om} 与发射极静态电流 I_{EQ} 的对照表，如表 18.2 所示

表 18.2　负载电流 I_{om} 与发射极静态电流 I_{EQ} 的对照（$R_L=8\Omega$，$V_{EQ}=5.7V$）

负载电流 I_{om}（峰值）	负载电压 V_{om}（峰值）	发射极静态电流 I_{EQ}
1mA	8mV	1mA
10mA	80mV	10mA
100mA	800mV	100mA
500mA	4V	500mA
687.5mA	5.5V	687.5mA

从表 18.2 中可以看到，I_{EQ} 与 I_{om} 都是相等的。当然，实际的恒流源并非是理想的，所以我们只需要在表 18.2 中发射极静态电流数据的基础上预留一些（也就是设置大一些）就可

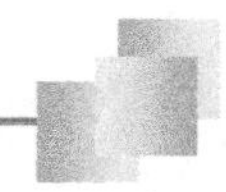

以了。与前面使用减小 R_E 的方案相比，当输出的负载电流比较大时，相应的三极管的发射极静态电流要小得多。

尽管你觉得我说的好像有点道理，但是无论如何，三极管的静态功耗过大始终不是一件好事情，它白白地浪费了大量的电能，从而也就会导致放大电路的效率下降。我们可以简单地推导一下图 18.9 所示电路的转换效率，它的定义如下：

$$\eta=\frac{P_L}{P_S} \tag{18.4}$$

式（18.4）中，P_L 表示负载获得的功率；P_S 表示电源提供的功率。假设输出正弦波电压的峰值为 V_{om}，则负载获得的平均功率为

$$P_L=\frac{(V_{om}/\sqrt{2})^2}{R_L}=\frac{1}{2}\cdot\frac{V_{om}^2}{R_L} \tag{18.5}$$

流过三极管 VT_1 与 VT_2 的平均电流都是 I（静态电流），在不考虑偏置电阻功率消耗的条件下，电源提供的功率为

$$P_S=V_{CC}\times I \tag{18.6}$$

结合式（18.5）和式（18.6）可以得到：

$$\eta=\frac{1}{2}\cdot\frac{V_{om}^2}{I\times R_L\times V_{CC}}=\frac{1}{2}\cdot\frac{V_{om}}{I\times R_L}\cdot\frac{V_{om}}{V_{CC}} \tag{18.7}$$

理想情况下，当 $V_{om}=V_{CC}/2=I\times R_L$ 时，放大电路的最大转换效率为 25%。由于效率非常低，所以此类放大电路几乎不在大于 1W 的功放电路中采用。实际上，为了防止三极管饱和，以及非线性失真（参考第 27 章），输出信号的幅度必须限制为很低，所以实际的转换效率只能达到区区的 10%～20%，这实在是小得有些可怜，所以我们得进一步对其进行优化，于是就有互补对称输出（Complementary Symmetry Output）的推挽解决方案，如图 18.13 所示。

推挽式放大电路与前面使用恒流源替代发射极电阻的放大电路有点类似，基本思路很简单：我们前面已经提过，射随器输出信号的负半周失真是由于三极管发射极的静态电流设置得不够大引起的，尽管如此，输出信号的正半周还是一直没有出现失真现象。那这样好了，现有的 NPN 型三极管你只需要负责放大信号的正半周，而信号负半周的放大工作另外再找一个三极管来负责，也就是图 18.13 所示电路中的 PNP 型三极管 VT_2。

当输入信号的正半周到来的时候，VT_1 导通而 VT_2 截止，从交流通路来看，就相当于 VT_1 的发射极只连接了负载（与 VT_2 的 C-E 呈现阻值为无穷大的电阻并联）。也就是说，负载的阻值也就最大化了，同样具备使用恒流源代替发射极电阻的优点。

而当输入信号的负半周到来时，VT_1 截止而 VT_2 导通，负载电流由 VT_2 吸进来，所以输出信号是上负下正的，全部的电流都只通过负载，如图 18.14 所示。

从图 18.14 中可以看到，上侧的三极管负责把输出电流推上去，下侧的三极管负责把输出电流挽下来，所以才称为推挽输出，而且大家注意两个三极管集电极的静态电流为皮安级别，基本可以忽略不计。也就是说，两个三极管几乎没有静态功耗，是一个不错的方案吧！这种方案的输入（节点 1）与输出（节点 5）电位一般都会调整到 0V，所以不需要输入与输出隔直耦合电容，也称为 OCL（Output CapacitorLess）功率放大电路。

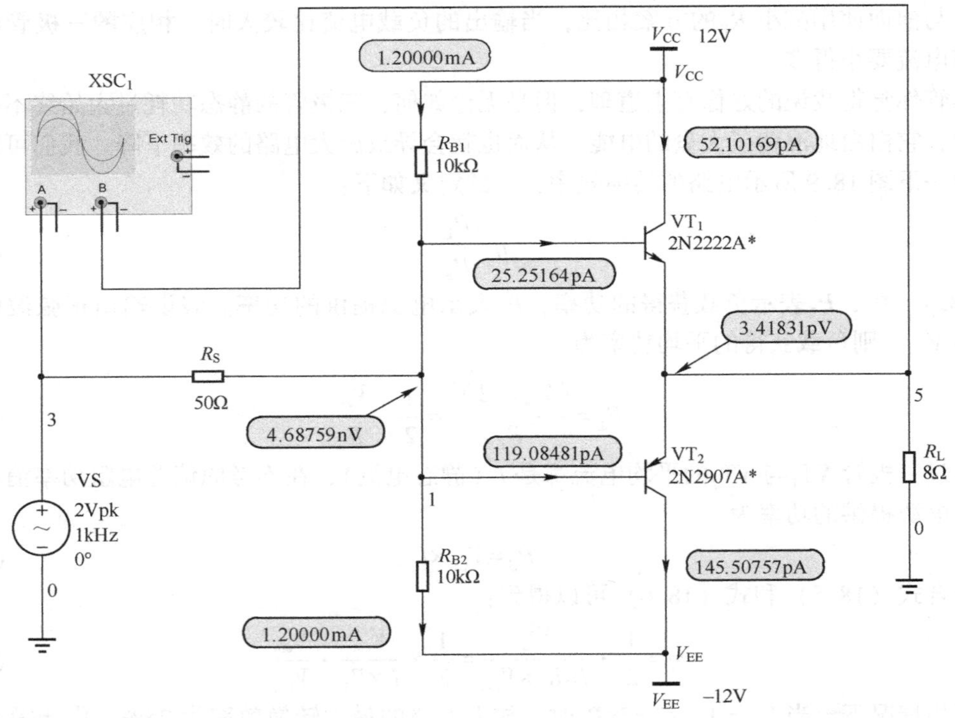

图 18.13　推挽式放大电路

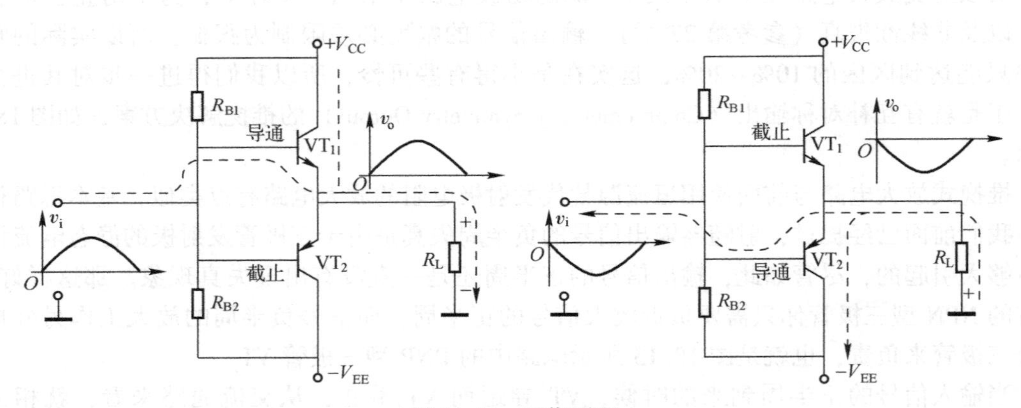

图 18.14　工作原理

这里顺便提一下放大电路的另一种常用分类，如甲类（也称为“A 类”）、乙类（B 类）、甲乙类（AB 类）和丙类（C 类）等。当然，还有其他类型，只不过这几类应用得更多一些，它们按照承担电流放大功能的元器件（如三极管、场效应管等，本书以三极管为例）的导通时间来分类，如图 18.15 所示。

在输入信号的整个周期内，如果放大电路完全导通，则我们称该电路为甲类放大电路，即三极管的导通角等于 360°，如图 18.15（a）所示。本书在介绍推挽式放大电路以前讨论的放大电路都属于甲类，这类放大电路的电源始终不断地输送功率，在没有信号输入时，电

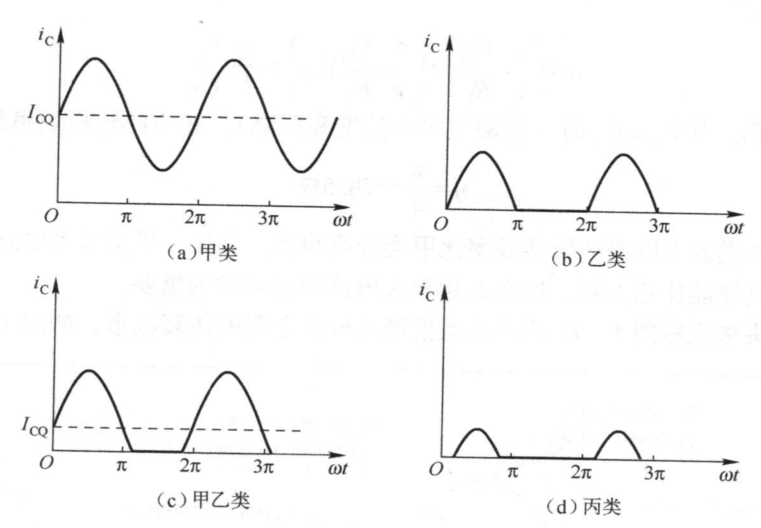

图 18.15　流过集电极的电流波形与放大电路的分类

源的功率全部消耗在三极管或电阻上，以热量的形式耗散出去。而当有信号输入时，其中一部分转化为有用的输出功率，信号越大，则输送给负载的功率也就越多。

在输入信号的整个周期内，如果放大器件只有在半个周期之内导通，则我们称该电路为乙类放大电路，如图 18.15（b）所示。刚刚讨论的推挽式放大电路即属于此类。信号增大时，电源供给的功率也就随之增大，这样电源供给的功率与三极管消耗的功率都会随着输出功率的大小而改变。

如果三极管的偏置电流不为 0，但是仍然远小于输入信号的幅值，则三极管的偏置处于甲类与乙类放大电路之间，我们称为甲乙类放大电路，此时三极管导通的时间要略大于半个周期（我们很快就会见到），如图 18.15（c）所示。

如果三极管如图 18.15（d）所示在小于半个周期的时间内导通，得到的实际输出是一串脉动信号，为了最终得到正弦信号输出，该电流一般会通过一个调谐到输入信号频率的 LC 调谐电路（起到带通滤波器的作用），其输出电压与输入脉动电流经过傅里叶展开后的基波分量的幅度成正比，这种放大器一般在射频功放电路中使用。

在乙类推挽式放大电路（图 18.13）中，三极管的基极静态偏置电流约为 0A，所以其静态功耗也几乎为零，转换效率比甲类放大电路要高得多。我们同样根据式（18.4）的定义可以估算出相应的转换效率。由于负载从每个电源获得的电流都是 V_{om}/R_L 的半个正弦波，因此每个电源提供的平均电流为 $V_{om}/\pi R_L$，而每个电源提供的平均功率相等，即

$$P_{S+}=P_{S-}=\frac{1}{\pi}\cdot\frac{V_{om}}{R_L}V_{CC} \tag{18.8}$$

所以电源提供的总功率为

$$P_S=\frac{2}{\pi}\frac{V_{om}}{R_L}V_{CC} \tag{18.9}$$

根据式（18.4）可得相应的转换效率为

$$\eta = \left(\frac{1}{2}\frac{V_{om}^2}{R_L}\right) \Big/ \left(\frac{2}{\pi}\frac{V_{om}}{R_L}V_{CC}\right) = \frac{\pi}{4}\frac{V_{om}}{V_{CC}} \tag{18.10}$$

理想情况下，当 $V_{om}=V_{CC}$时（忽略三极管的饱和压降），相应的转换效率最大，即

$$\eta = \frac{\pi}{4} \approx 78.5\%$$

很明显，乙类放大电路的转换效率比甲类的高很多。当然，甲类放大电路也不是一无是处的，它的失真性能比乙类好，这在音频放大电路中显得尤为重要。

我们回过头来观察图 18.13 所示乙类推挽式放大电路的仿真波形，如图 18.16 所示：

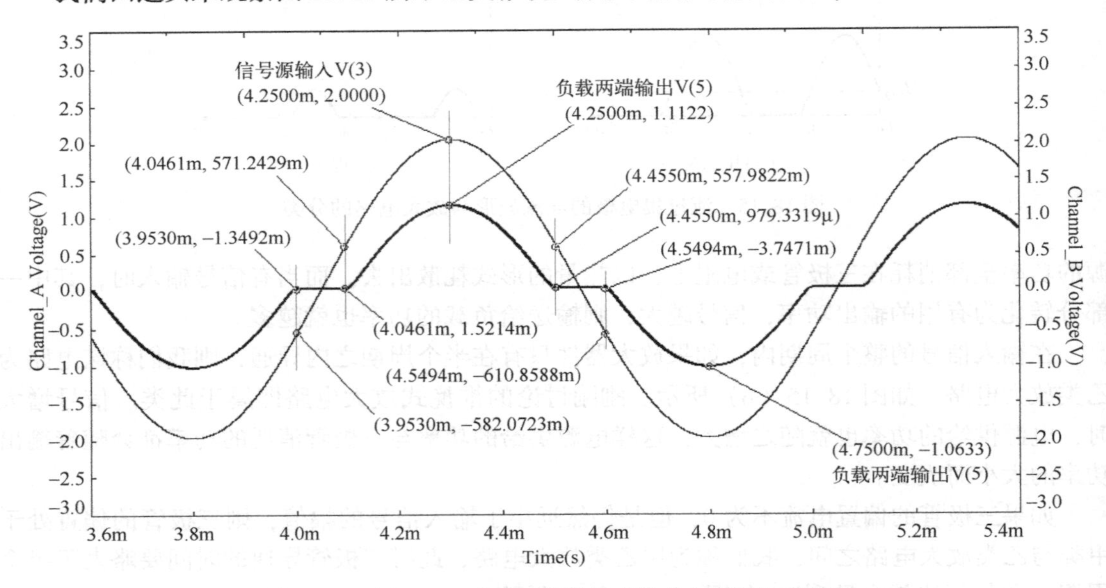

图 18.16　图 18.13 所示乙类推挽式放大电路的仿真波形

从图 18.16 中可以看到，当输入信号的幅度为 0V 左右（图中为−582～571mV）时，放大电路没有输出，我们称为交越失真（Crossover Distortion）或开关失真。在音频功率放大电路中，它会产生令人不舒服的声音，而引起该现象的原因就在于两个三极管基极的偏置电路。由于 VT_1与 VT_2的基极是连接在一起的，所以它们的基极电位相同，相当于两个发射结串联后被短路，它们都不存在静态偏置电压。当输入信号在 0V 附近时，两个三极管的发射结都没有较大的正向压降引起足够的基极驱动电流。也就是说，此时两个三极管都是截止的。我们的仿真电路输入电压的幅值为 2V，所以输出信号还是存在的（尽管已经失真了）。如果输入电压的幅值小到不足以使发射结导通，则将不会有任何输出信号。

为了解决交越失真，我们可以给互补输出三极管提供一个不等于零但却也不大的偏置电流，这时电路就成为甲乙类放大电路。实际的基极偏置方案有很多，如电阻，或二极管，或两者的结合，也可以是三极管。这里我们使用两个串联的二极管，如图 18.17 所示为甲乙类推挽式功放电路（带二极管偏置）。

图 18.17 中的 VD_1与 VD_2用来抵消两个三极管的发射结压降而使其处于微导通状态，由于三极管有了一定的基极偏置电流，所以消耗的静态功率也会大一些，但这样做是值得的。

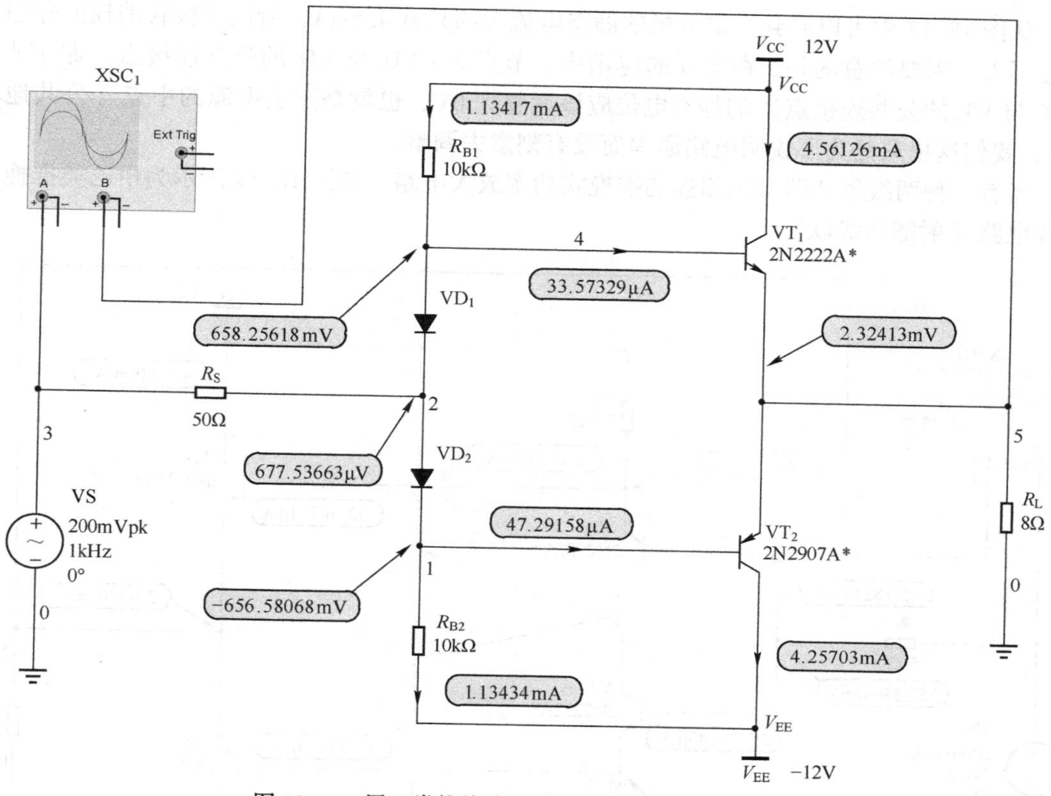

图 18.17　甲乙类推挽式功放电路（带二极管偏置）

我们来观察一下仿真结果，如图 18.18 所示。

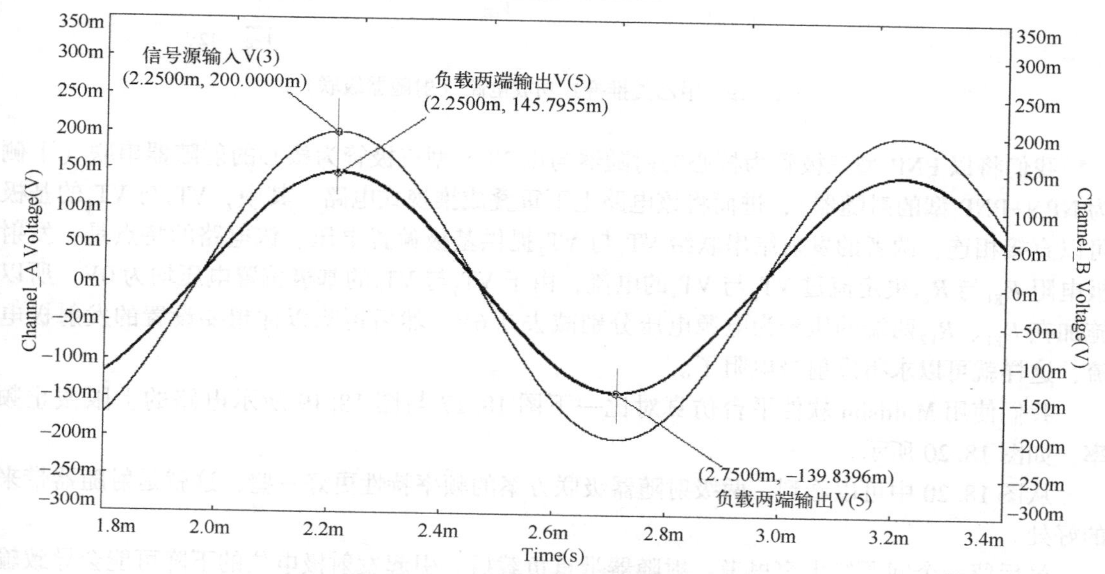

图 18.18　图 18.17 所示电路的仿真结果

从图 18. 17 中可以看到，集电极的静态电流大约只有 4. 5mA，所以三极管消耗的静态功率也不大。需要注意的是，在实际的应用中，节点 2（VD_1与 VD_2的公共连接点）跟节点 5（VT_1与 VT_2的公共连接点）的静态电位应该调整到 0V，也就是正负电源的中点（公共地电位），我们这里只是为了说明电路原理而没有刻意去调整。

还有一种两级射随器直接相连的推挽式功率放大电路，如图 18. 19 所示为甲乙类推挽式功放电路（射随器级联）。

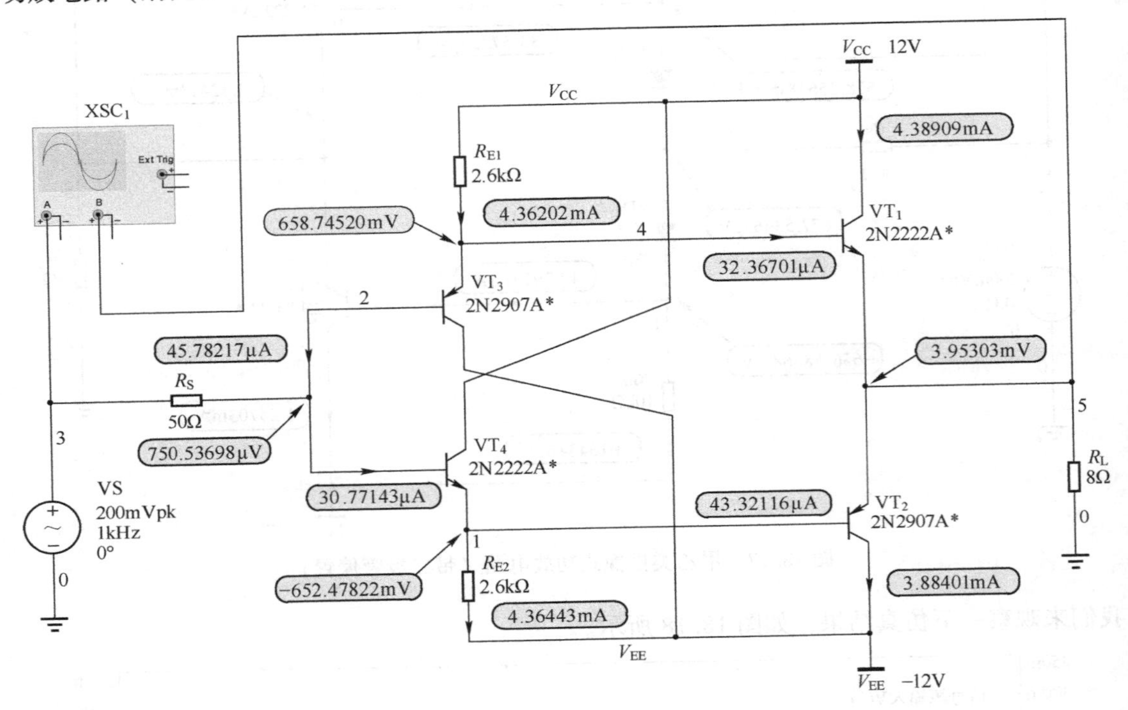

图 18. 19　甲乙类推挽式功放电路（射随器级联）

我们将以 PNP 型三极管为核心的射随器与以 NPN 型三极管为核心的射随器串联（下侧为 NPN+PNP 型的射随器），进而将该电路上下重叠成推挽式电路。其中，VT_3与 VT_4的基极可以直接相连，两者的发射结串联给 VT_1与 VT_2提供基极偏置电压。该电路的特点是：发射极电阻 R_{E1}与 R_{E2}决定流过 VT_3与 VT_4的电流，由于 VT_3与 VT_4的基极偏置电压均为 0V，所以施加在 R_{E1}、R_{E2}两端的压降为电源电压分别减去 0. 6V，然后再除以你想要设置的发射极电流，这样就可以求得发射极电阻了。

我们使用 Multisim 软件平台仿真对比一下图 18. 17 与图 18. 19 所示电路的上限截止频率，如图 18. 20 所示。

从图 18. 20 中可以看到，两级射随器级联方案的频率特性更好一些，这就是射随器带来的好处。

最后留一个问题给大家思考：射随器带重负载后，引起发射极电位的下降可能会导致输出信号的负半周出现削波失真现象，那么共射放大电路带重负载后会不会引起集电极的电位

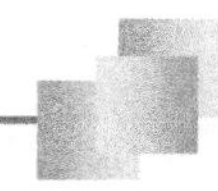

上升而可能导致输出信号的正半周出现削波失真现象呢？

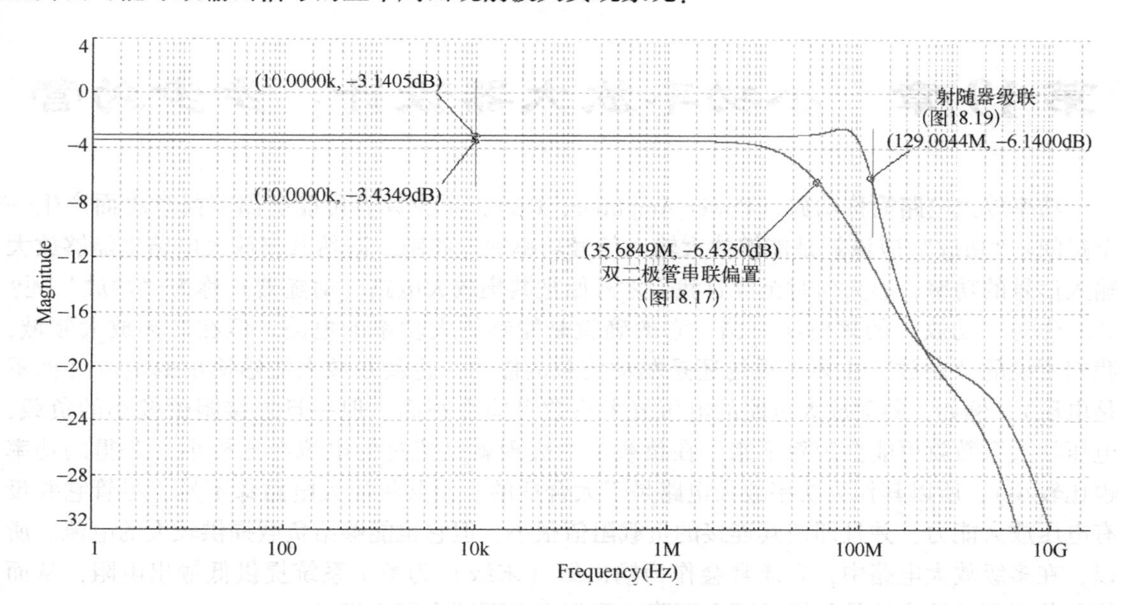

图 18.20　对比图 18.17 与图 18.19 所示电路的上限截止频率

第19章　小功率放大器设计：步步为营

功率放大电路简称功放（Power Amplifier，PA），不少读者可能会因字面意思而产生一个疑问："功放"应该就是能够放大输入信号功率的电路吧。既然共集放大电路也能够放大输入信号的功率，那为何时至今日我们才开始把共集放大电路（射随器）称为"功放"呢？

你对"功放"的理解没有错，它的确就是能够放大功率的电路。但在音频放大领域，我们所说的"功放"主要侧重的还是驱动负载的能力，也就是放大能够输出的电流（而不是电压）。例如，共射放大电路的电压放大系数可能会很高，但一旦连接阻值较小的负载，电压放大系数就可能会滚降下来，在负载上的表现就是流过的电流会比较小（获得的功率也比较小），所以其作为功率放大电路是不太合适的。而共集放大电路却不然，尽管它并没有电压放大能力，并且即使其连接的负载阻值很小，但它也能够给负载提供较大的电流。所以，在多级放大电路中，它通常会作为输出级（末级）为整个系统提供低输出电阻，从而使负载得到的输出信号的增益不会下降。我们有必要再次深入探讨一下。

前面提到的推挽式放大电路看似是一个不错的方案，但它是双电源供电的，并且很多场合都要求使用单电源供电，所以我们一起来设计单电源供电且输出功率为0.5W（负载$R_L=8\Omega$）的功率放大电路，其基本结构如图19.1所示。

图19.1所示的电路也称为输出无变压器（Output TransformerLess，OTL）功率放大电路，它在结构上与图18.17所示电路的主要区别在于：我们添加了一个容量很大的耦合电容器C_3隔离输出信号的直流分量。另外，C_3还起到一个额外的重要作用，即作为VT_2的供电电源放大基极输入的负半周信号。在对电路进行调试时，通常会将C_3左侧（节点2，后续称为**中点电位**）的静态电位设置为供电电源V_{CC}的一半**（理论上）**，所以静态时C_3将通过负载R_L被充电到$V_{CC}/2$。当VT_4的集电极电压信号为正半周时，VT_1导通，VT_2截止。从直流通路来看，此时给VT_1的供电电源为$V_{CC}/2$；而当VT_4的集电极电压信号为负半周时，VT_1截止，VT_2导通，V_{CC}没有给VT_2提供电源的回路，此时被充电到$V_{CC}/2$的C_3将代替V_{CC}为VT_2提供"服务"。很明显，VT_2的供电电源也为$V_{CC}/2$，这样可以使上下两侧互补的放大电路更对称，输出信号的非线性失真也会相对小一些，其直流通路与交流通路如图19.2所示。

大容量电容器C_3（通常是电解电容）的分布电感器会导致电路的高频特性不佳，所以我们还在其两端并联了一个小电容器C_4。此外，为了在输入微弱信号的条件下也能够给负载R_L提供足够的输出功率，我们还添加了一级以VT_4为核心的基极分压式共射放大电路，通常称其为预置（或前置）电压放大级。前面已经提过，射随器是没有电压放大能力的，微弱如毫伏级别的电压小信号虽然可以通过射随器直接驱动重负载，但毕竟输出功率还是比较小的，因此必须预先对小电压信号进行放大，正如之前介绍的在基本共射放大电路后面连接一级射随器的方案（见图17.3）相似。我们决定使用分压式共射放大电路，VT_4的发射极使用两个电阻R_{E1}与R_{E2}，并且在R_{E2}两端并联了一个旁路电容器C_2，这样在获得静态工作点稳

定性的同时也可以保留一定的电压放大能力，调整 R_{E1} 就可以满足设计要求的（如果有的话）电压放大系数，这些我们都已经提过了。

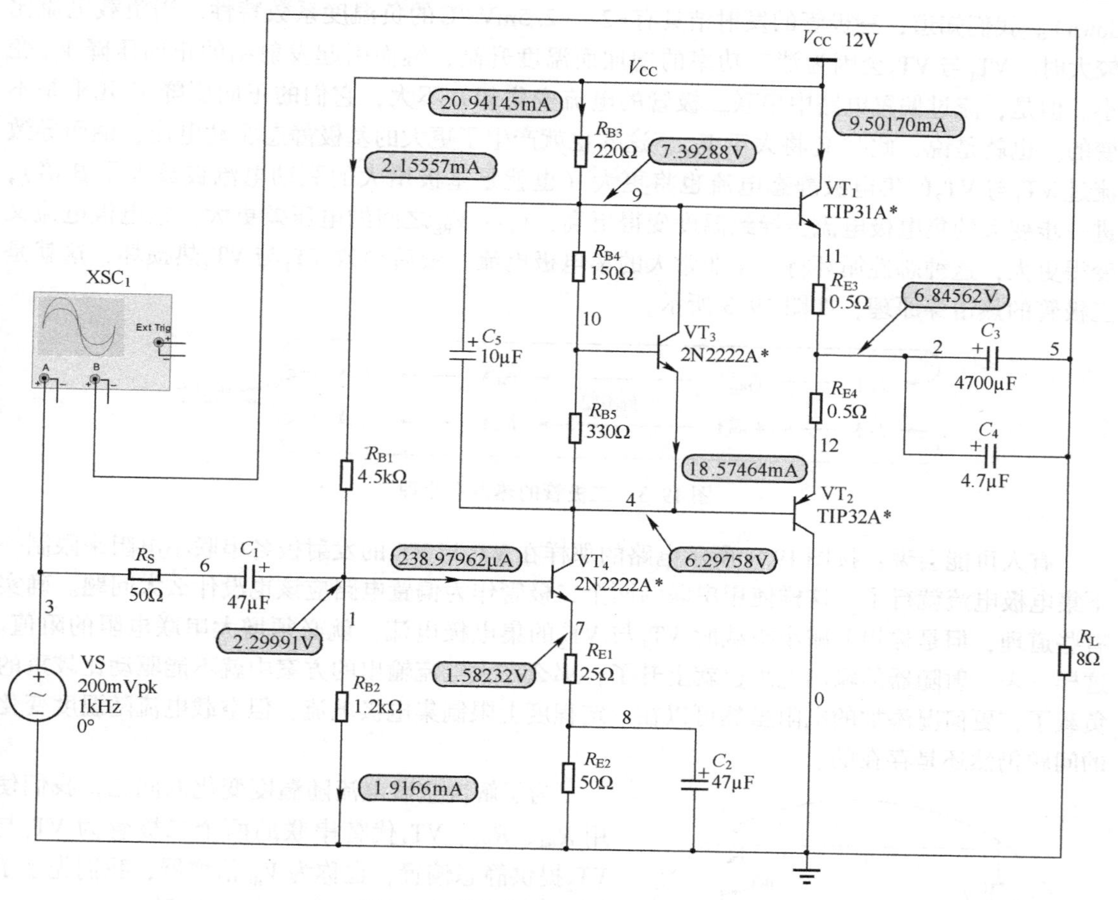

图 19.1　单电源供电的功率放大电路

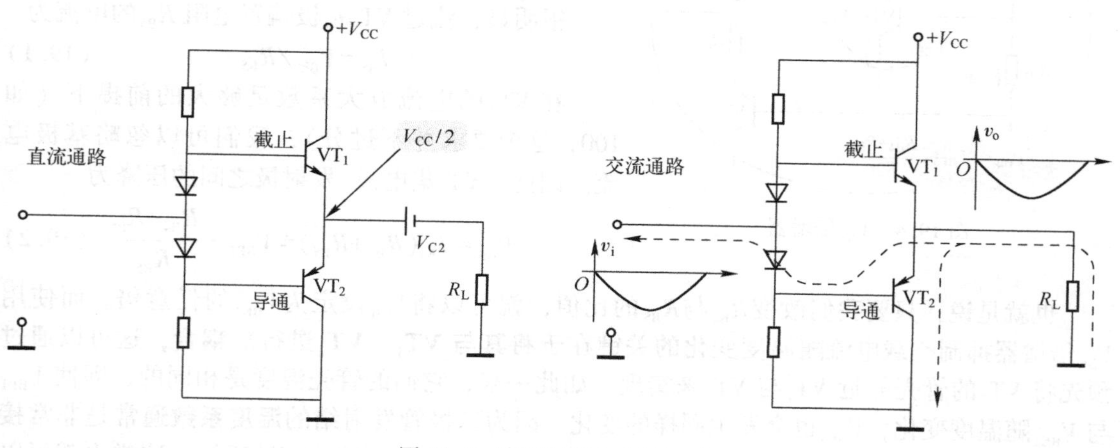

图 19.2　直流通路与交流通路

还有一点需要指出的是，以往我们串联两个简单的二极管为三极管提供静态偏置，但是这有可能会导致出现三极管因热失控而被击穿的现象，通常称为热击穿（Thermal Breakdown）。我们知道，三极管的发射结具有−2～−2.5mV/℃的负温度系数特性。当负载电流比较大时，VT_1与VT_2会因为消耗功率的增加而温度升高，继而引起发射结的正向压降V_{BE}变小。但是，流过偏置电路中串联二极管的电流变化却并不大，它们的正向压降V_F几乎是不变的。也就是说，此时V_F将大于V_{BE}，这样也就产生了更大的基极静态驱动电流，继而导致流过VT_1与VT_2的集电极静态电流也将更大（也就是基极增大的驱动电流被放大了β倍），进一步变大的集电极电流会导致温度变得更高，V_F与V_{BE}之间的电压差更大，集电极电流又变得更大，这种恶性循环将产生非常大的集电极电流，最后导致VT_1与VT_2热损坏，这就是三极管的热击穿原理，如图 19.3 所示。

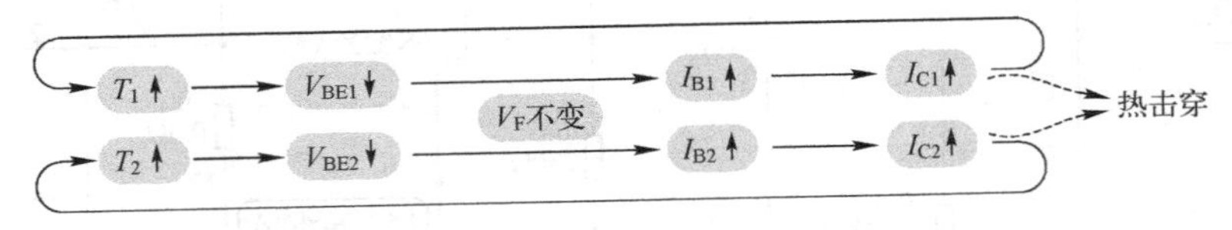

图 19.3　二极管的热击穿原理

有人可能会说：按图 19.1 所示电路的那样在VT_1与VT_2的发射极各串联小电阻来限制一下集电极电流就行了，这样使用串联的两个二极管作为偏置电路应该也没什么大问题。确实有些道理，但是你想要减小空载时VT_1与VT_2的集电极电流，就必须增大串联电阻的阻值。这样一来，射随器的输出电阻也就上升了，那么在大电流输出的方案中就不能驱动比较重的负载了，更何况添加的电阻虽然可以在一定程度上限制集电极电流，但空载电流随温度变化的问题仍然还是存在的。

为了解决空载电流随温度变化的问题，我们使用R_{B4}、R_{B5}、VT_3代替串联的两个二极管为VT_1与VT_2提供静态偏置，也称为V_{BE}倍增器，我们先来了解一下它的工作原理，如图 19.4 所示。

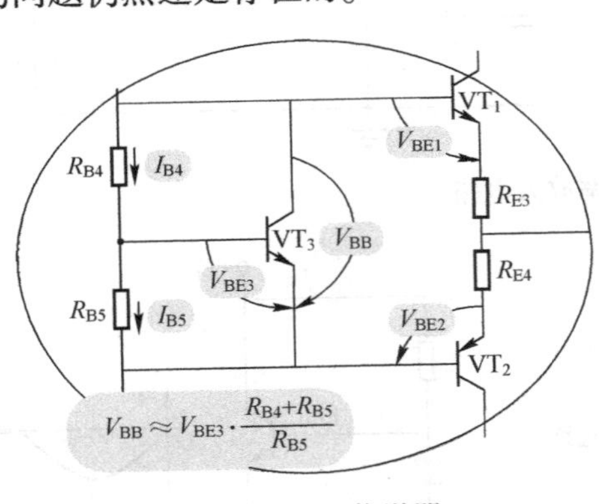

图 19.4　V_{BE}倍增器

很明显，流过VT_3基极偏置电阻R_{B5}的电流为

$$I_{B5}=V_{BE3}/R_{B5} \tag{19.1}$$

在VT_3的电流放大系数足够大的前提下（如 100，这个要求并不过分），我们可以忽略基极电流。因此，VT_3集电极−发射极之间的压降为

$$V_{BB}\approx I_{B5}(R_{B4}+R_{B5})=V_{BE3}\cdot\frac{R_{B4}+R_{B5}}{R_{B5}} \tag{19.2}$$

也就是说，只要我们改变R_{B4}与R_{B5}的比值，就可以将V_{BB}设定为V_{BE3}的任意倍。而使用V_{BE}倍增器抑制空载电流随温度变化的关键在于**将其与VT_1、VT_2进行热耦合**，这可以通过预先将VT_3的管壳靠近VT_1与VT_2来实现。如此一来，它们的管壳温度是相同的，即使V_{BE1}与V_{BE2}随温度变化，V_{BE3}也会发生同样的变化，因为三极管发射结的**温度系数**通常是非常接近的（NPN 与 PNP 型三极管也一样，尽管每个三极管的V_{BE}可能并不相同），这样也就可以一直维持$V_{BB}=2V_{BE1}$，从而解决热击穿的问题。

需要注意的是，在音频功率放大电路当中，如果设置的 V_{BB} 恰好等于 $V_{BE1}+V_{BE2}$，则 VT_1 与 VT_2 仍然会产生一定的开关失真（也就是交越失真，前面已经提到过），所以通常会设定 $V_{BB}>(V_{BE1}+V_{BE2})$，使得 VT_1 与 VT_2 的集电极存在一定的空载电流，这一点我们很快就可以看到。

最后，我们还使用电容器 C_5 对 V_{BE} 倍增器进行了旁路，那么在交流通路中，VT_1 与 VT_2 的基极可以认为是短路的，这样 VT_4 放大输出的电压信号相当于直接施加在 VT_1 与 VT_2 的基极，从而避免了 VT_1 基极输入电压幅度的损失（由于 VT_1 与 VT_2 的基极之间存在一定的交流电阻而产生串联分压）。

电路的基本结构已经介绍完毕，那怎么样根据设计需求的输出功率确定元器件的参数呢？首先我们需要确定供电电源，这可以根据 $P=V^2/R$ 来计算。已知负载 $R_L=8\Omega$，输出功率 $P_O=0.5W$，则有：

$$V_O=\sqrt{P_O \times R_L}=\sqrt{0.5W\times 8}=2V \tag{19.3}$$

这里计算出来的电压为有效值，当输入信号为正弦波时，则输出信号的峰值约为 $2V\times\sqrt{2}\approx 2.83V$。也就是说，中点（节点 2）静态电位的上下波动量（即峰峰值）为 $2.83V\times 2\approx 5.7V$，所以供电电源必须大于此值。当然，我们还要考虑一些设计裕量，毕竟不是所有的电压空间都能用于信号放大，如图 19.5 所示。

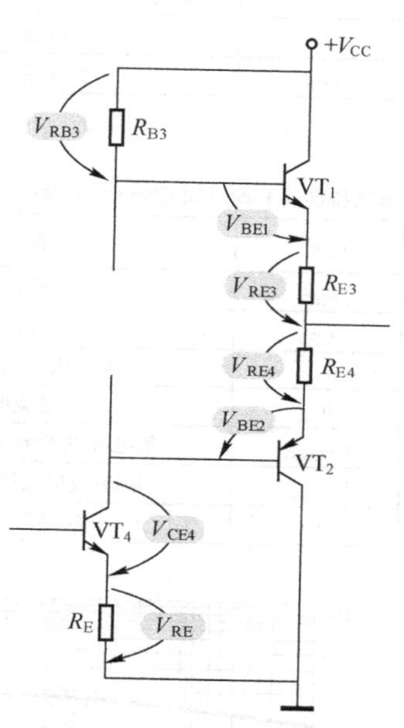

图 19.5　电压损失的来源

输出信号往上的波动量受限于 VT_1 发射极电阻 R_{E3} 两端的压降（最大约为 0.2V，即最大负载电流与 R_{E3} 的乘积）、VT_1 的发射结正向导通压降（约为 0.6V）及电阻 R_{B3} 两端的压降（预留 1V），而输出信号往下的波动量受限于 VT_2 发射极电阻 R_{E4} 两端的压降（最大约为 0.2V）、VT_2 发射结正向导通压降（约为 0.6V）、VT_4 集电极-发射极之间的饱和压降（预留 1V）及 VT_4 发射极电阻 R_E 产生的压降（预留 1.5V），它们的总和为(0.2V+0.6V+1V)+(0.2V+0.6V+1V+1.5V)= 5.1V，所以选择的供电电源电压应该在 5.7V+5.1V=10.8V 以上，我们决定选择 12V。当然，供电电源电压越高，实现既定输出功率也会更容易。同样，你也可以根据供电电源电压计算出甲乙类推挽式功率放大电路能够输出的最大功率。

接下来我们**从负载向信号源**步步为营，依次推导元器件的参数，互补对称三极管 VT_1 与 VT_2 的选型是当务之急。首先考虑的仍然还是三极管的极限参数，即 $V_{(BR)CEO}$、I_{CM}、P_{CM}。当 $R_L=8\Omega$、$P_O=0.5W$ 时，输出电压的峰值约为 2.83V，此时负载电流（也就是 VT_1 或 VT_2 的集电极电流）的峰值为 $2.83V/8\Omega\approx 354mA$。当输出电压达到理想的正负峰值时，$VT_1$ 与 VT_2 的集电极-发射极之间将承受供电电源电压（约 12V）。另外，在甲乙类推挽式功率放大电路中，每一个三极管消耗的最大功率约为最大输出功率的 1/5，即 $P_{CM}=0.5W/5=100mW$，所以 VT_1 与 VT_2 应该选择 $I_{CM}>354mA$、$V_{(BR)CEO}>12V$、$P_{CM}>100mW$ 的三极管。当然，实际选型时需要考虑设计裕量，这里我们使用型号为 TIP31A(NPN) 与 TIP32A(PNP) 互补的对称三极管，型号为 TIP31A 的三极管对应的数据手册如图 19.6 所示（TIP32A 是类似的，为节省篇幅不再给出）。

最大额定值（Absolute Maximum Ratings）　　如非特别说明，T_C=25℃

符号	参数	值	单位
$V_{(BR)CBO}$	集电极-基极电压（I_E=0）	40	V
$V_{(BR)CEO}$	集电极-发射极电压（I_B=0）	40	V
$V_{(BR)EBO}$	发射极-基极电压（I_C=0）	5	V
I_{CM}	集电极电流峰值	3	A
P_{CM}	集电极耗散功率（T_C=25℃）	40	W
	集电极耗散功率（T_A=25℃）	2	W
T_J	结温	150	℃
T_{STG}	储存温度	−65 ～ 150	℃

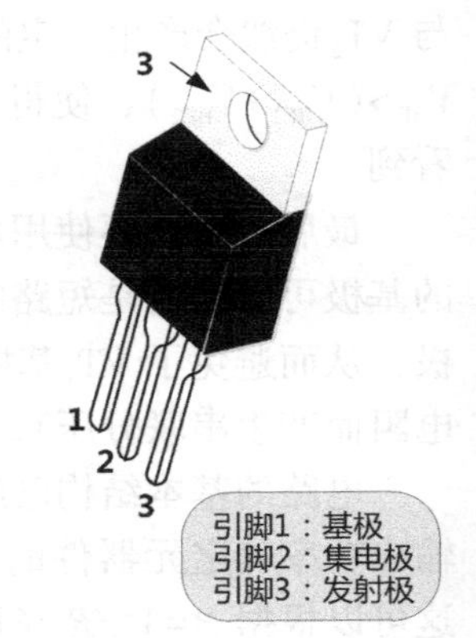

电气特性（Electrical Characteristics）

符号	参数	测试条件	最小值	最大值	单位
I_{CEO}	集电极截止电流	V_{CE}=30V, I_B=0	—	0.3	mA
I_{CES}	集电极截止电流	V_{CE}=40V, V_{EB}=0	—	0.2	mA
I_{EBO}	发射极截止电流	V_{EB}=5V, I_C=0	—	1	mA
h_{FE}	直流电流增益	V_{CE}=4V, I_C=1A	25	—	—
$V_{CE(sat)}$	集电极-发射极饱和电压	I_C=3A, I_B=375mA	—	1.2	V
$V_{BE(sat)}$	基极-发射极饱和电压	V_{CE}= 4V, I_C=3A	—	1.8	V
f_T	特征频率	V_{CE}=10V, I_C=500mA , f=1MHz	3.0	—	MHz

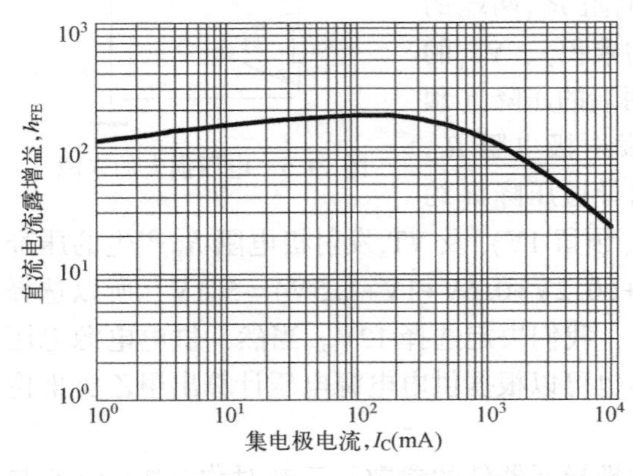

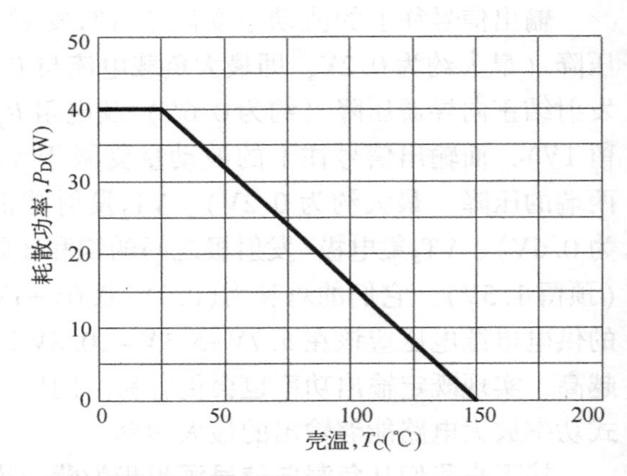

图 19.6　型号为 TIP31A 的三极管的数据手册（部分）

从图 19.6 中可以看到，TIP31A 的极限参数为I_{CM} = 3A、$V_{(BR)CEO}$ = 40V、P_{CM} = 2W，在考虑设计裕量的前提下远大于我们的要求。注意：数据手册中标注的耗散功率 P_{CM} 含有 40W 与 2W 两个不同的数据，它们是分别在 T_C = 25℃ 与 T_A = 25℃ 的条件下测量得到的，其中 T_C 表示元器件管壳的表面温度，T_A表示环境的温度。你可以这样理解这两个数据的区别：40W 对应的耗散功率是在给三极管安装了散热能力为无限大的散热器（这样才能够维持管壳表面温度为 25°C）时测试得到的，而 2W 对应的耗散功率是未加散热片时测量得到的，此时管壳的表面温度比环境的温度大得多。我们的输出功率比较小，在不加散热器的情况下，

2W 的耗散功率也是完全足够的（后续还会详细讨论散热器的问题）。

接下来需要进行预置电压放大电路的设计，仍然需要首先确定 VT_4集电极静态电流的大小，它的值与 VT_1和 VT_2的基极电流有关。通常我们将其设置为比（直接驱动负载的）射随器的基极电流还要大得多的值，因为射随器的驱动电流就是由此获取的。如果驱动电流不够的话，预置放大电路的电压放大系数将会下降（相当于连接了一个比较小的负载），那么从负载的角度来看，就是输出功率下降了（$P=V^2/R$）。

由前面的计算可知，负载电流的峰值约为 354mA，我们假定 VT_1与 VT_2的电流放大系数均为 100（虽然数据手册标记的 h_{FE}的最小值为 25，但这是在集电极电流 I_C比较大的条件下测量得到的最小值，而从 h_{FE}与 I_C的关系曲线中可以看到，$I_C<1A$ 时，相应的 h_{FE}都会大于 100，所以我们设置为 100），那么需要从预置电压放大电路吸取的最大基极电流为 354mA/100≈3.5mA。为了能够充分驱动射随器，我们应该将 VT_4的集电极电流设置为比 3.5mA 还要大得多的数值（如 3.5mA×10=35mA）。这里就先设置为 20mA（实际上并不是太够，但我们暂时就这样设置，挖个坑后面再来填，就这么说定了），而 VT_4 C-E 之间的压降“撑死”也就 12V，这样对应的耗散功率最大为 12V×20mA=240mW。也就是说，VT_4应选择满足$I_{CM}>20mA$、$V_{(BR)CEO}>12V$、$P_{CM}>240mW$ 条件的元器件，这个要求并不太高，型号为 2N2222A 的三极管就满足这些条件。

VT_4的集电极静态电流已经知晓，后面的步骤与分压式共射放大电路的设计过程完全一样。考虑到发射极的电位太高会降低输出电压的动态范围，而过低则可能会影响静态工作点的稳定性，我们决定取 1.5V，那么 R_{E1}与 R_{E2}的总和就可以确定了，即 1.5V/20mA=75Ω。该怎么分呢？这取决于你需要多大的电压放大系数，因为前面已经提过，分压式共射放大电路的电压放大系数大约是 R_C与 R_E的比值（图 19.1 中约为 R_{B3}与 R_{E1}的比值），我们这里就设置$R_{E1}=25\Omega$，$R_{E2}=50\Omega$。

为了使预置电压放大电路的动态范围最大，我们最好将中点（节点 2）电位设置在 VT_4的发射极电位与供电电源的中点（而不是理论上公共地与供电电源的中点），此时的电位分布情况如图 19.7 所示。

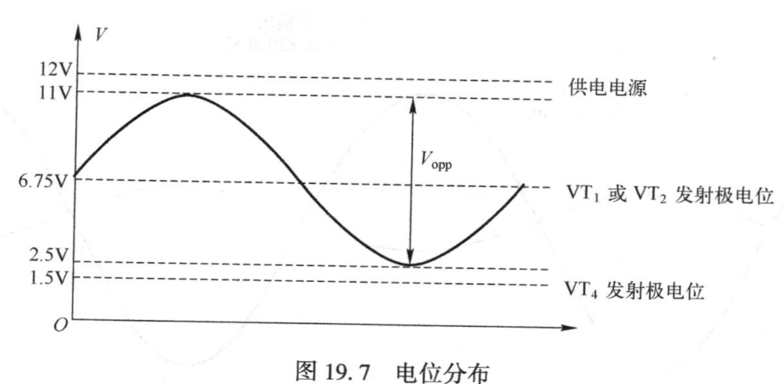

图 19.7　电位分布

这样一来，VT_4的集电极电位约为 6.75V−0.6V=6.15V（有些资料直接设置该电位为 6.75V，它没有考虑 VT_1与 VT_2基极之间大约 1.2V 的偏置电压，在对输出动态范围没有要求的情况下是可以忽略不计的，但这里我们还是要对自己要求更高一些）。然后就可以确定

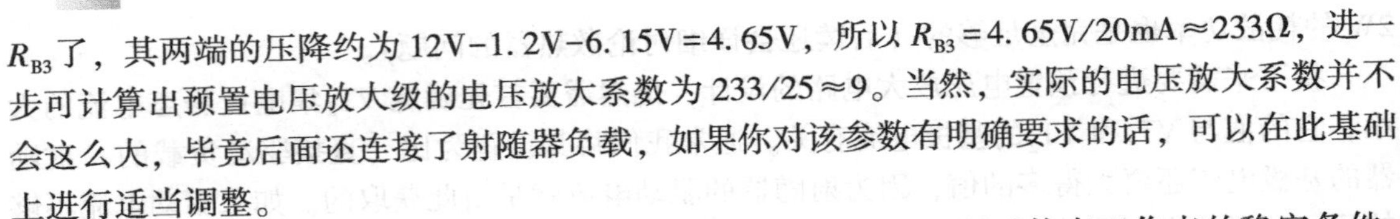

R_{B3}了，其两端的压降约为12V−1.2V−6.15V=4.65V，所以R_{B3}=4.65V/20mA≈233Ω，进一步可计算出预置电压放大级的电压放大系数为233/25≈9。当然，实际的电压放大系数并不会这么大，毕竟后面还连接了射随器负载，如果你对该参数有明确要求的话，可以在此基础上进行适当调整。

VT_4的基极电流约为20mA/100=200μA，根据式（13.6）所示静态工作点的稳定条件，流过R_{B1}的电流应为0.2mA×11=2.2mA，这样就可以计算出R_{B1}=(12V−1.5V−0.6V)/2.2mA=4.5kΩ，R_{B2}≈2.1V/2.2mA≈1kΩ。很明显，这样的阻值配置会导致预置电压放大电路的输入电阻不会超过1kΩ。如果你对输入电阻有具体的需求，则也可以适当地将稳定条件放宽（或修改电路方案，如在输入端再插入一级射随器）。

然后再来看看射随器的基极偏置电路，它主要影响VT_1与VT_2的集电极空载电流，过大会浪费电流，过小则很有可能会出现交越失真。这里对VT_3的选型没有太大的要求，只要满足I_{CM}>20mA、$V_{(BR)CEO}$>1.2V即可（大多数三极管都可以满足），所以我们还是选择型号为2N2222A的三极管。VT_3基极的偏置电阻中流动的电流由R_{B5}决定，其值为V_{BE3}/R_{B5}。应该设置为多大才好呢？由于该偏置电路流过的总电流为20mA，按照分压式共射放大电路的稳定条件，我们同样要求VT_3基极的偏置电阻中流动的电流约为基极电流的11倍（这样就可以忽略基极电流）。我们取VT_3的集电极电流为18mA，则基极电流为18mA/100=180μA，那么流过R_{B4}与R_{B5}的电流就应为180μA×11≈2mA，与18mA的集电极电流加起来恰好为20mA，这样计算出R_{B5}=0.6V/2mA=300Ω。为了使VT_3集电极与发射极之间的压降为VT_1与VT_2的发射结压降之和（1.2V），我们根据式（19.2）计算出的R_{B4}也应为300Ω。然而，如果按照$R_{B4}=R_{B5}$=300Ω的配置，仿真电路的空载电流将会达到180mA，这明显过大。也就是说，我们在对功率放大电路进行调试时，通常会在静态条件下（无输入信号时）使用电位器（对应R_{B4}或R_{B5}）调整空载电流，所以图19.1中的R_{B4}=150Ω与R_{B5}=330Ω是在静态条件下微调空载电流约为10mA时的结果，而不是计算出来的。

如图19.8所示，我们先来观察一下相应的仿真结果。

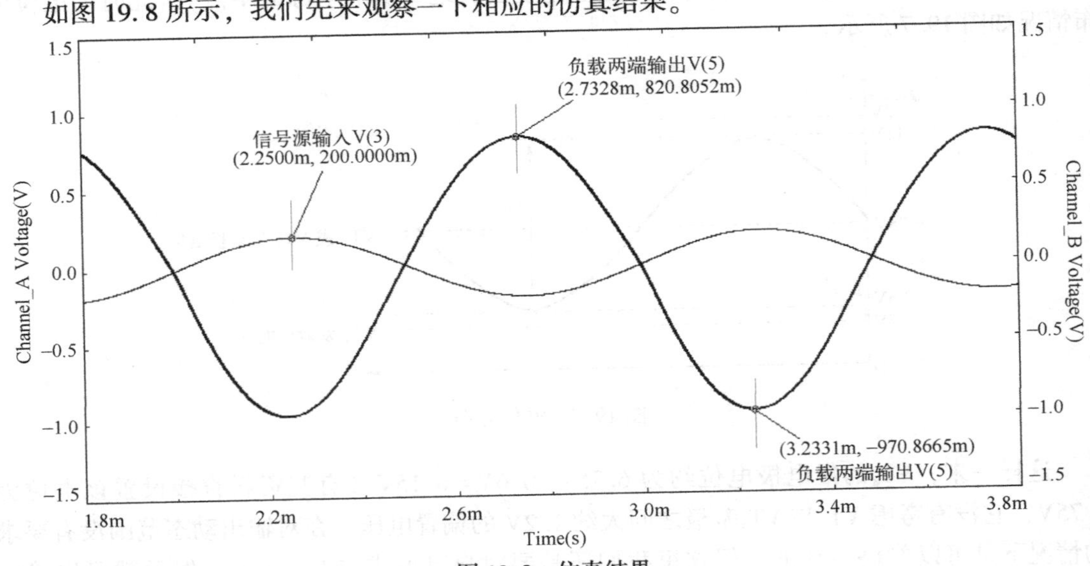

图19.8　仿真结果

从图 19.8 中可以看到，源电压放大系数约为 821mV/200mV≈4.1（比理论计算的 9 要小，在我们的意料之中），而且可以计算出负载两端获得的功率有效值只有约 42mW，还没有达到我们要求的 0.5W 的输出功率。

我们进一步提升输入信号的幅值，并确认输出功率（输出电压）是否会继续提升。当输入信号的幅值提升到 700mV 时，相应的输入与输出信号的波形如图 19.9 所示。

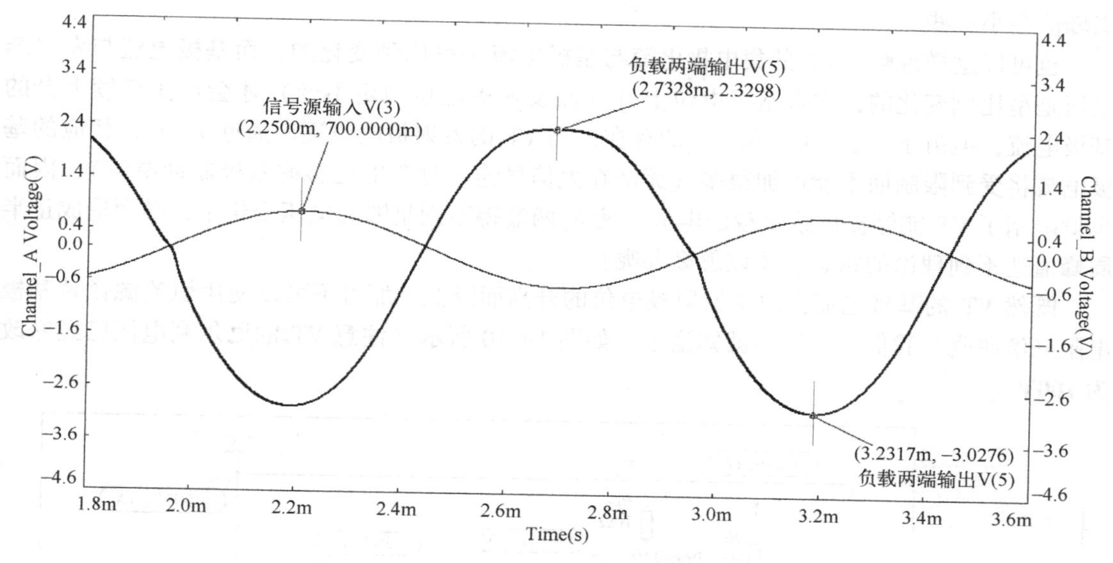

图 19.9　输入与输出信号的波形

此时的源电压放大系数没有原先那么大了，大约为 2.3V/0.7V≈3.3。因为当负载电流更大时，VT_1与 VT_2的基极电流就会上升，相当于 VT_1与 VT_2的输入电阻变小了（它们是预置电压放大电路的负载），所以预置电压放大级的电压放大系数也就减小了。从图 19.9 中可以看到，输出信号的正半周已经失真了，而负半周却暂时没有明显的失真。从输出动态范围的角度来讲，这并不是一件好事。因为如果你设置的静态工作点能够使动态范围最大，那么放大电路在大信号输入时出现的正负半周应该会同时出现削波失真现象。尽管我们通过微调参数可以使正负半周的幅值相等，但动态范围也只有约(**2.3V+3V**)=5.3V，离目标值（5.7V）还差一点。如果你继续提升输入信号的幅值到 1000mV，则动态范围将会达到 5.7V（**2.3V+3.4V**），经过静态工作点的调整，输出功率能够勉强达到设计的要求。

从图 19.1 所示的静态工作点数据中可以看到，VT_4的发射极电位约为 1.6V，假设其集电极-发射极之间的饱和压降为 0.3V，再加上 VT_2的发射结导通压降和 R_{E5}两端约 0.2V 的最大静态压降，那么输出信号的负半周峰值应约为 6.8V−1.6V−0.3V−0.6V−0.2V=4.1V，与输入信号源幅值为 1000mV 时的仿真结果（3.4V）相差不算太大。当 VT_4处于截止状态时（输入信号为最小值时），相应的输出信号应该是最大值，它应该有 12V−6.8V−0.2V−0.6V=4.7V。而输出信号的正半周峰值却只有 2.3V，这与理论值确实差了很多，按道理输出动态范围怎么也应该可以再提升一些。你可能会想到通过进一步提升输入信号的幅值使输出信号的峰值有所增加，但最后会发现效果非常有限。

是什么原因导致正半周的幅值无法增大呢？实际上，当 VT_1 的基极电压信号为正半周时，理论上三极管 VT_1 是处于放大状态的。但是，当正半周信号越来越大时，VT_1 的发射极电位会因为跟随基极电位（差别只有一个二极管正向电压）而越来越接近供电电源 V_{CC}，继而导致 VT_1 集电极与发射极之间的压降减小，VT_1 随之进入饱和区（饱和压降约为 1.2V，见图 19.6 所示的数据手册）。在饱和状态下的三极管是没有放大能力的，因此输出信号的正半周峰值会小一些。

也可以这样理解：VT_1 的集电极电流与基极电流是呈比例变化的，而基极电流与发射结电压是呈比例变化的，本来基极电位上升（而发射极电位稳定不变）才会产生持续上升的基极电流，但由于 V_{RB3}、V_{BE1} 和 V_{RE3} 的存在，当 VT_1 的发射极电位逐渐逼近 V_{CC} 时，相应的基极电流将受到限制而不能增加很多（无法在大信号输入时产生足够的基极驱动电流），因而也就限制了 VT_1 能够提供给负载的电流，使 R_L 两端得不到足够的电压变化量，继而造成正半周峰值达不到理论的状态。那该怎么办呢？

既然 VT_1 的基极电流会由于发射极电位的升高而降低，那可不可以使用恒流源代替基极电阻来解决呢？我们试一下不就知道了，如图 19.10 所示（注意 VT_5 的厄尔利电压已经修改为 **100V**）。

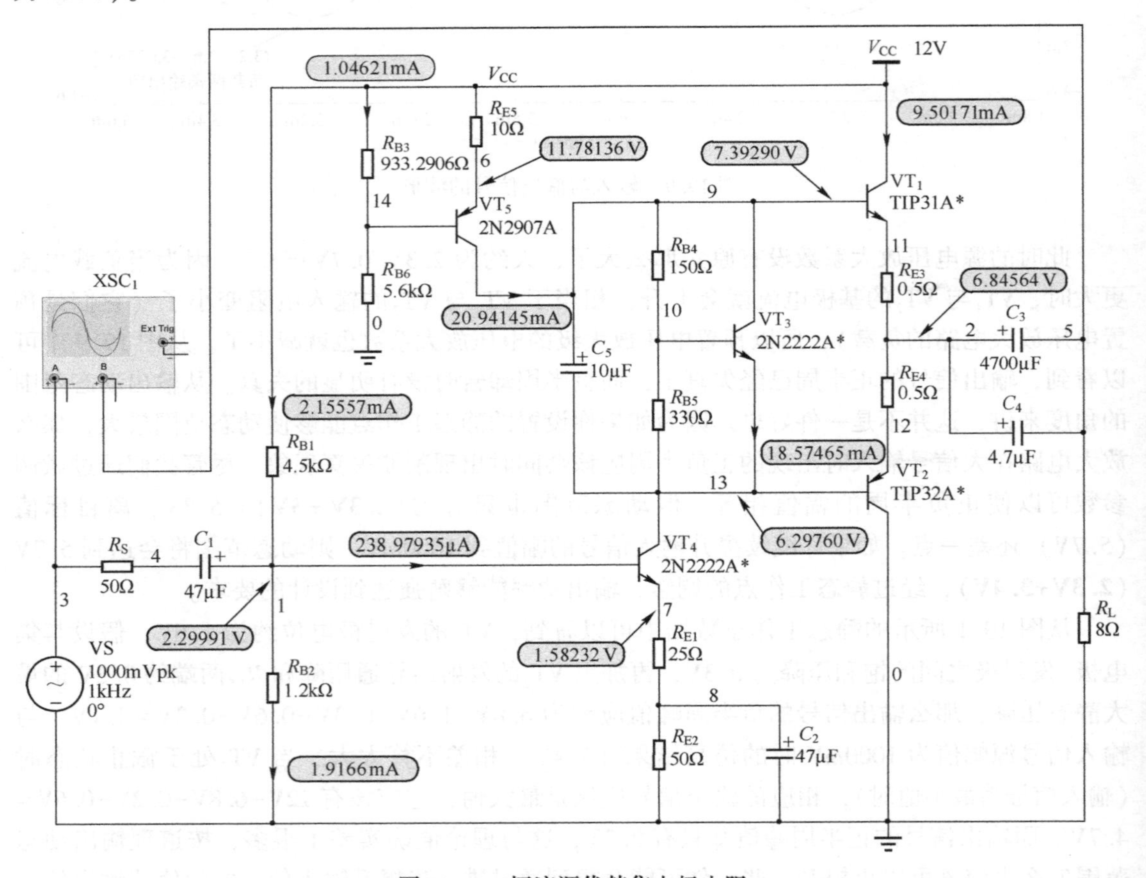

图 19.10　恒流源代替集电极电阻

已经详细讨论过恒流源的设计方案了，我们使用R_{B3}、R_{B6}、R_{E5}与VT_5组成的分压式共射放大电路代替原设计中的集电极电阻，有点“怪”的R_{B3}是我们通过参数扫描的方式确定的，这样可以与图 19.1 所示电路的静态工作点基本保持不变，相应的仿真结果如图 19.11 所示。

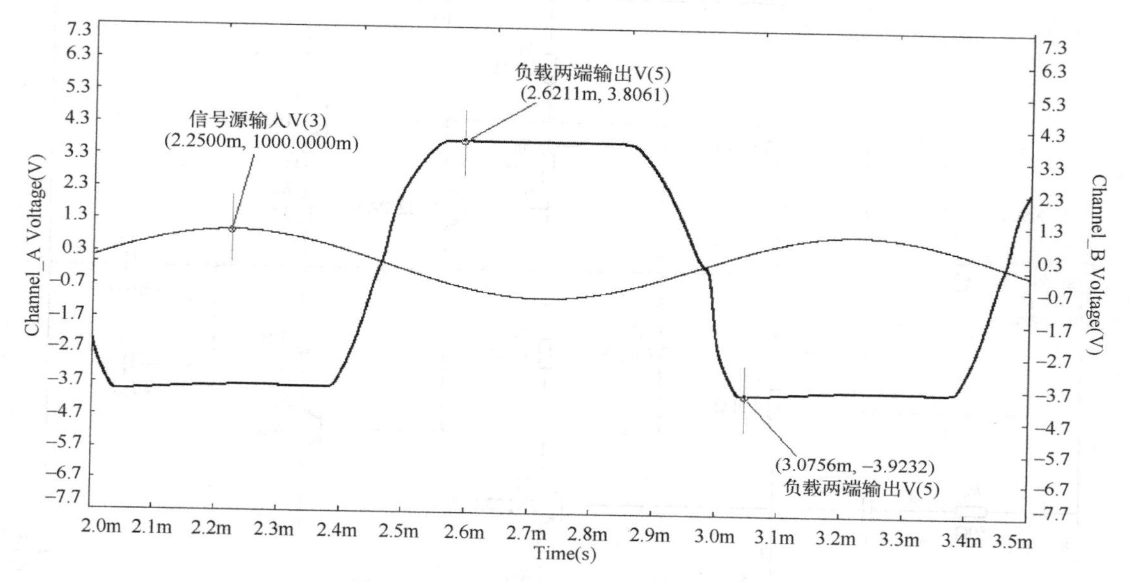

图 19.11　图 19.10 所示电路的仿真结果

从图 19.11 中可以看到，恒流源方案（相对于仅使用基极电阻R_{B3}）带来了两个好处：其一，输出信号的动态范围达到了 7.7V（**3.8V+3.9V**），比我们要求的 5.7V 要大很多，这当然是一件好事；其二，正负半周的峰值几乎是相同的，**符合电路静态工作点设置的预期**。因为从一开始我们就试图让输出信号的动态范围最大化（而图 19.9 所示的波形却很明显不是这样，尽管静态工作点几乎完全相同）。

当然，也有另外一种更常见也更简单的办法，那就是增加自举电路（Bootstrap Circuit），如图 19.12 所示为带自举电路的推挽式功放电路。

我们把 220Ω 的电阻R_{B3}拆成了两个电阻（R_{B3}与R_{B6}），并且在两个电阻的公共连接点（节点 14）与中点（节点 2）电位之间接入一个 470μF 的**自举电容器** C_6。因此，图 19.12 所示电路的静态工作点与图 19.1 所示电路的静态工作点仍然是完全一样的。当电路处于静态时，直流电源V_{CC}经电阻R_{B6}对C_6进行充电，由于节点 2 的电位通常是V_{CC}的一半（$V_{CC}/2$），因此C_6两端的静态压降也约为$V_{CC}/2$（直流电压V_{CC}减去$V_{CC}/2$，再减去R_{B6}两端的压降）。通常我们都倾向于将C_6的放电时间常数设置得比较大（实际应用一般要求$R_{B6}\times C_6>0.1s$，这样才能保证低频大信号也能够正常输出，本例的输入信号为 1kHz 的单音信号，可以适当放宽条件），这样在功率放大电路对交流信号放大的期间，C_6两端的压降基本可以保持不变。电阻R_{B6}起到隔离节点 14 与直流电源V_{CC}的作用，使节点 14 点的电位有超过V_{CC}的可能（如果没有R_{B6}，节点 14 的电位最大值只能是V_{CC}）。另外，VT_4的偏置电压来自中点电位（而不

再是 V_{CC}），在整个电路中可以起到交直流负反馈的作用，可以提升放大电路静态工作点的稳定性与动态性能。

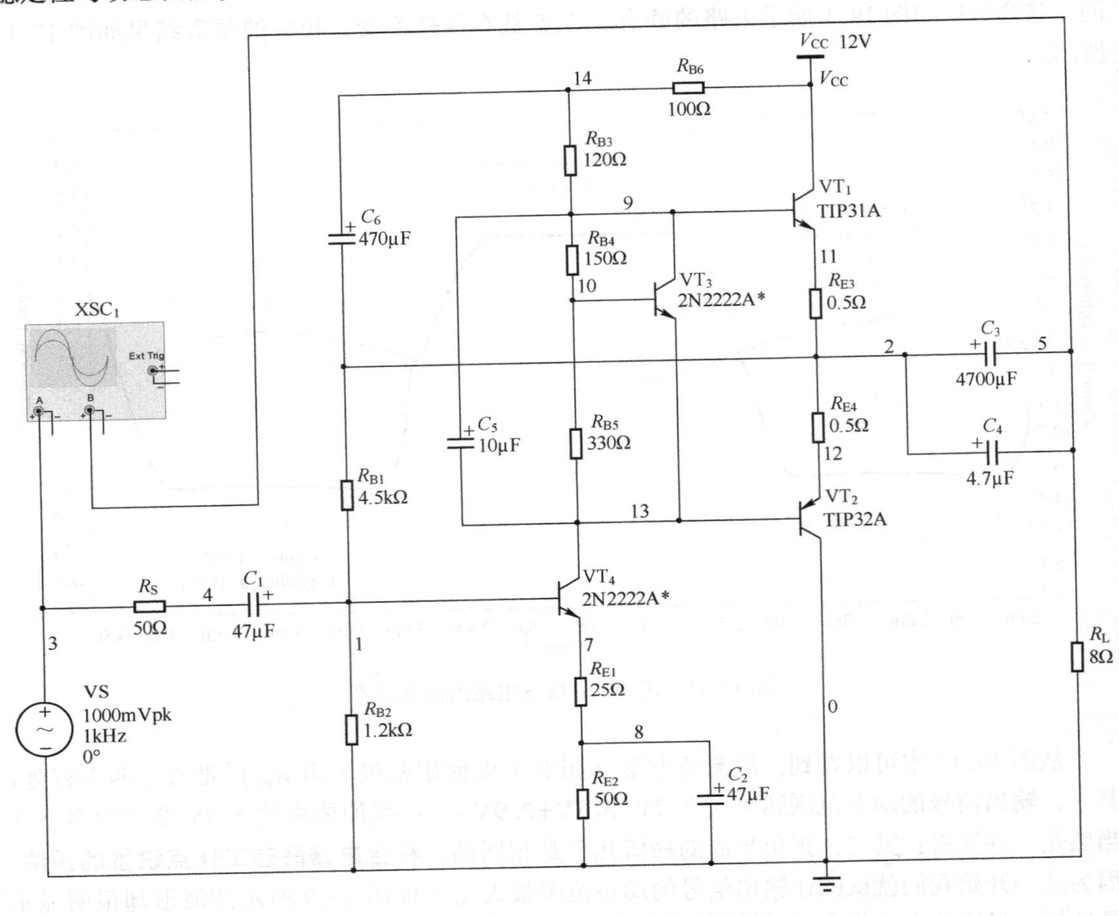

图 19.12　带自举电路的推挽式功放电路

我们来看一下自举电路的工作原理：当 VT_1 基极正半周的大信号到来时，中点电位跟随基极电位的上升而上升，但由于电容器 C_6 两端的压降不能突变，节点 14 的电位总是可以比中点电位高约 $V_{CC}/2$。换句话说，R_{B3} 两端的压降将会随着输入大信号的上升而上升，从而使得 VT_1 基极的电流也可以持续上升，使发射极输出与输入大信号呈比例变化的大电流。

从另外一个角度理解"自举"更有意义：由于自举电容器 C_6 的存在，当输入信号发生变化时，R_{B3} 两端的交流电压总是不变的，**这就使它看起来像一个恒流源**，与图 17.18 所示电路中 R_{B3} 所起的作用一样（也就是说，自举方案本质上与前面使用恒流源的方案完全一致），从而也就提升了预置电压放大电路的电压放大系数，并能在大信号的峰值时保持对 VT_1 提供良好的激励。

我们观察一下图 19.12 所示电路的仿真结果，如图 19.13 所示。

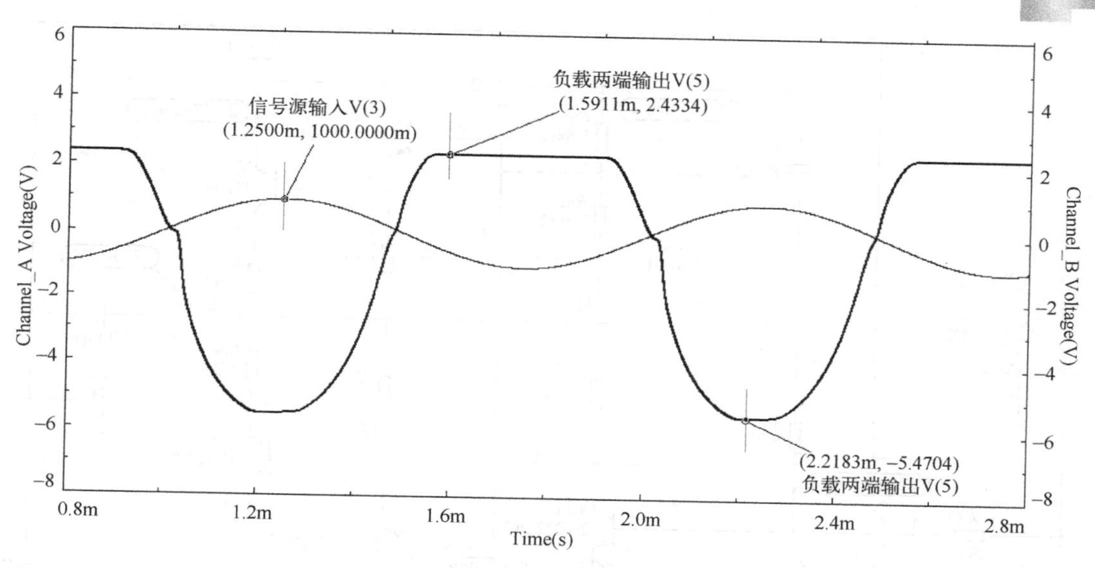

图 19. 13　图 19. 12 所示电路的仿真结果

从图 19. 13 中可以看到，输出信号的动态范围约为 7. 9V(**2. 4V+5. 5V**)，正负半周峰值不相等的问题可以通过调整静态工作点来解决，此处不再赘述。比恒流源方案还要高一些，几乎已经到达极限了。当然，这并不是说自举电路比恒流源的性能好，只不过我们之前选择的有源负载方案并不是最佳的，而且恒流源电路中 10Ω 的发射极电阻还是会占用一定的压降的。在模拟集成电路中通常会使用镜像电流源方案，因为在集成电路中是无法制造大容量电容器的。你也可以尝试在图 17. 14 所示的电路中初步感受一下镜像电流源电路，现阶段你只需要知道：**三极管的 B−C 之间短接是镜像电流源存在的主要特点**。

还有一个问题并没有解决，当输入信号增大时，虽然输出功率也有一定的提升，但是很明显，整个电路的电压放大系数进一步下降了。我们已经提过，当负载电流比较大时，对应的输出功率会相对小一些，这是由于共射放大电路（预置电压放大级）的带负载能力不够引起的，从而也就导致它的电压放大系数下降了。那么我们可以有两种方案解决：其一，进一步增大预置电压放大级的集电极静态电流（如原计划的 35mA），这样就有更大的电流来驱动推挽输出三极管。当然，这也将导致整个电路的静态功耗增加，并不是解决问题的最好办法。其二，在预置电压放大级与推挽互补三极管之间再插入一级射随器，如图 19. 14 所示。

我们在图 19. 12 所示电路的基础上增加了 VT_5、VT_6、R_{E5}、R_{E6}，它们分别与 VT_1、VT_2 组成了两级射随器（通常把 VT_1 与 VT_2 称为输出三极管，而把 VT_5 与 VT_6 称为驱动三极管）。如图 19. 15 所示，先来展示一下图 19. 14 所示电路的仿真结果。

从图 19. 15 中可以看到，改进后的功率放大电路的源电压放大系数约为 3V/40mV = 75，而且输出信号的峰峰值达到了 6V，输出信号的波形也算是比较完美的。当然，6V 并不是动态范围的极限，如果将输入信号源的幅值进一步提升到 200mV，相应输出信号的峰峰值会达到 8. 4V(**3. 7V+4. 7V**)。

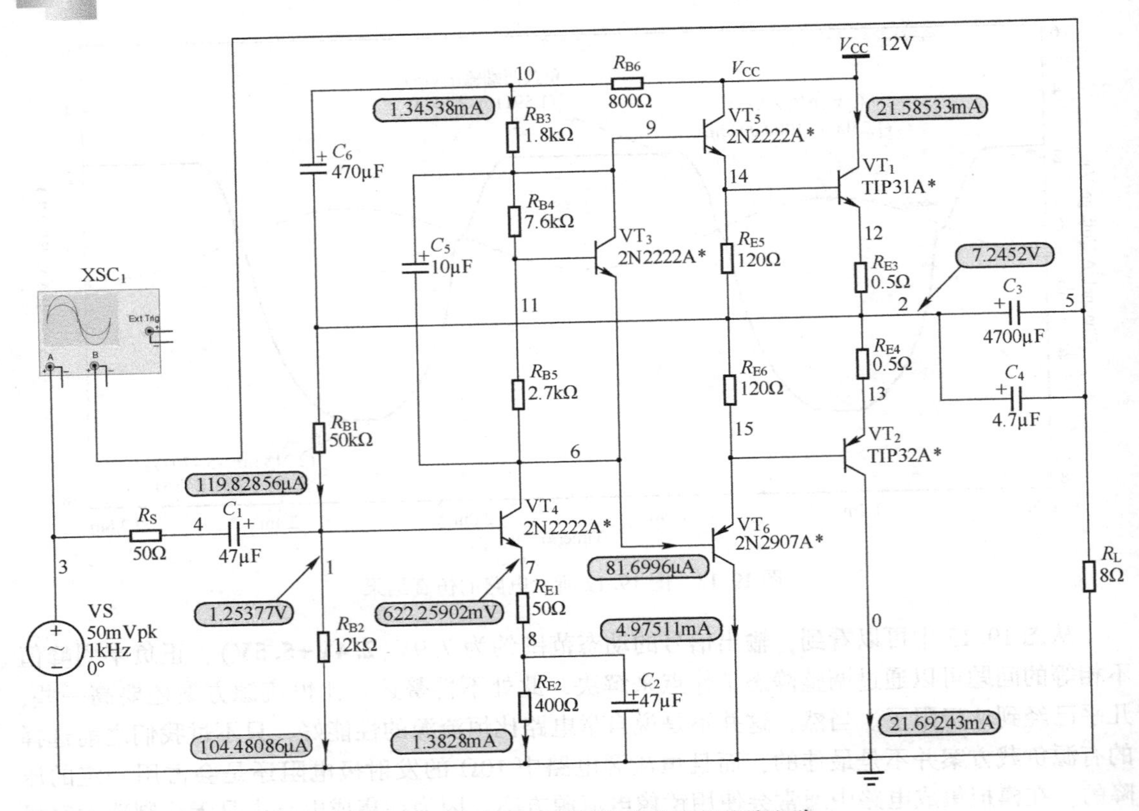

图 19.14 两级射随器结构的推挽式功放电路

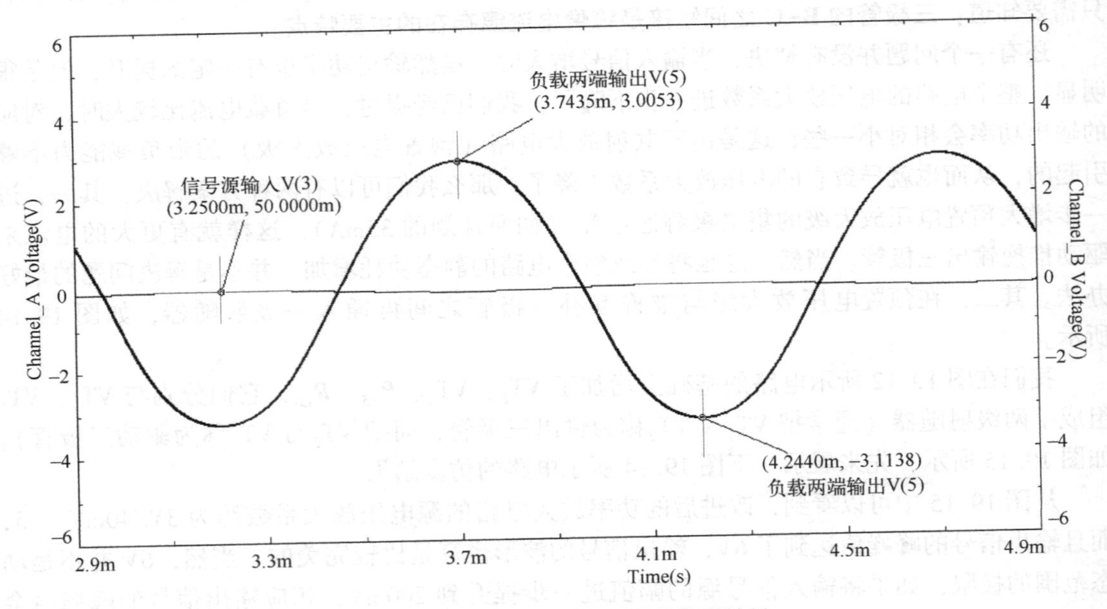

图 19.15 图 19.14 所示电路的仿真结果

虽然我们在 VT_1与 VT_2前都插入了一级射随器，但是设计过程仍然与之前相同。假设 VT_1与 VT_2的空载电流为 20mA（10mA 会产生明显的交越失真，在之前的仿真结果中很容易可以看到），则基极电流约为 200μA。同样，应该将 VT_5与 VT_6的发射极电流设置为负载所需电流的 10 倍以上，即至少为 200μA×10＝2mA，这样 VT_1与 VT_2所需的基极驱动电流才可以被忽略不计（不会因为输入电阻小而引起负载效应）。但考虑到负载电流的最大值约为 354mA，所以 VT_1与 VT_2基极电流的最大值约有 3.54mA。很明显，原计划设置的 2mA 驱动电流是不太够用的，所以我们给 VT_5与 VT_6的发射极电流预留了一些设计裕量，将其设置为 5mA。R_{E5}与 R_{E6}分别为 VT_5与 VT_6静态工作点的调整电阻，由于跟 VT_1与 VT_2的发射结并联，所以$R_{E5}=R_{E6}=0.6V/5mA=120\Omega$，它们在动态工作时的分流作用可以忽略不计。

接下来就可以顺势计算出 VT_5与 VT_6需要的基极静态驱动电流约为 5mA/100＝50μA。当负载电流为最大值时，相应的基极驱动电流约为(3.54mA+5mA)/100≈85μA。也就是说，现在负载（VT_5与 VT_6）从预置电压放大级吸取的电流更小，所以我们只需要把预置电压放大级中 VT_4的集电极电流设置为比 85μA 大得多即可（如 1mA），其他参数的设计过程就不再赘述了。

从前面的分析可以知道，在 R_L已经确定的条件下，如果你想要提升甲乙类推挽式功率放大电路的输出功率，则只有提升供电电源 V_{CC}这一个途径。那是否可以在不提升 V_{CC}的情况下提升功率放大电路的输出功率呢？平衡式无输出变压器就是这样一种方案，也称为桥接式推挽式电路，或 BTL（Balanced Transformer Less）功放电路，其基本结构如图 19.16 所示。

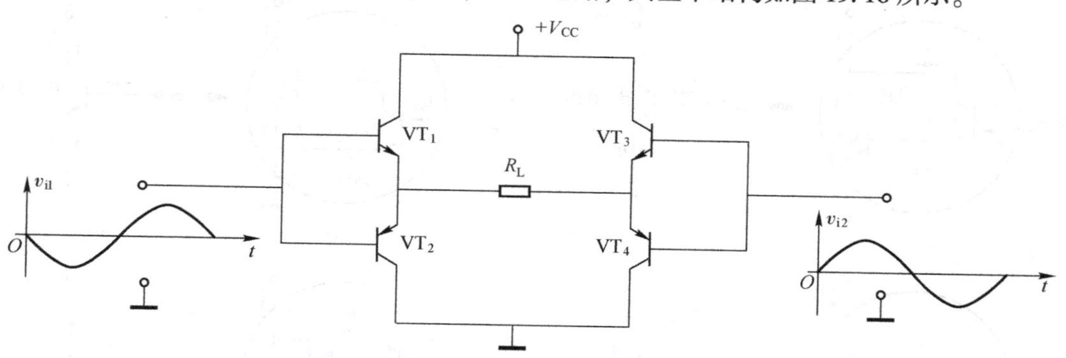

图 19.16　BTL 功放电路的基本结构

可以认为 BTL 功放电路是由两个相同的 OCL 功放电路组成的，由于负载 R_L两侧的电位没有差异，所以不需要输出耦合电容。它的输入是一对幅值相同但相位相反的差分信号 v_{i1}与 v_{i2}（这可以通过将单一信号通过变压器、两相放大电路或后续提到的差分放大电路来获得）。当 v_{i1}正半周、v_{i2}负半周到来时，VT_1、VT_4导通，VT_2、VT_3截止，电流从 V_{CC}经 VT_1、R_L、VT_4到公共地，此时 R_L两端的压降约为 V_{CC}，方向为左正右负。而当 v_{i1}负半周、v_{i2}正半周到来时，VT_1、VT_4截止、VT_2、VT_3导通，电流从 V_{CC}经 VT_3、R_L、VT_2到公共地，此时 R_L两端的压降也约为 V_{CC}，方向为左负右正，这样负载 R_L两端获得了峰峰值约为 $2V_{CC}$的交流电压。在 V_{CC}相同的条件下，BTL 功率放大电路中流过 R_L的电流（比与原来的单个 OCL 功放电路）增加了一倍，最大输出功率为原来的 4 倍，只不过在成本上比 OCL 功率放大电路多一倍。

第 20 章 大功率放大器设计：安全第一

前面我们讨论的功率放大电路的输出功率比较小，在负载较重的情况下能达到几百毫瓦就已经很不错了。但是，超过 1W、10W，甚至高达 1000W 的需求仍然很多。那么很明显，在大功率输出的情况下，流过（直接驱动负载的）互补输出三极管的集电极电流超过数安培是很正常的，相应的基极驱动电流也会非常大，该如何解决呢？

有些读者可能从前面设计功率放大电路的过程中悟出了门道：这并不是个大问题，我们只要按照同样的方法在预置电压放大级与输出三极管之间多插入几级射随器就可以了。说得没错！但与此相关的另一种方案值得我们进一步讨论，那就是使用复合管，它也被称为达林顿管（Darlington Tube）。

复合管的基本思路就是：用小功率的三极管驱动大功率的三极管。有所不同的是，它把两个三极管封装在一起，同样也引出了 3 个引脚。我们把前级的三极管称为驱动管，把后级的三极管称为输出管。

复合管主要存在 4 种连接方式，如图 20.1 所示。

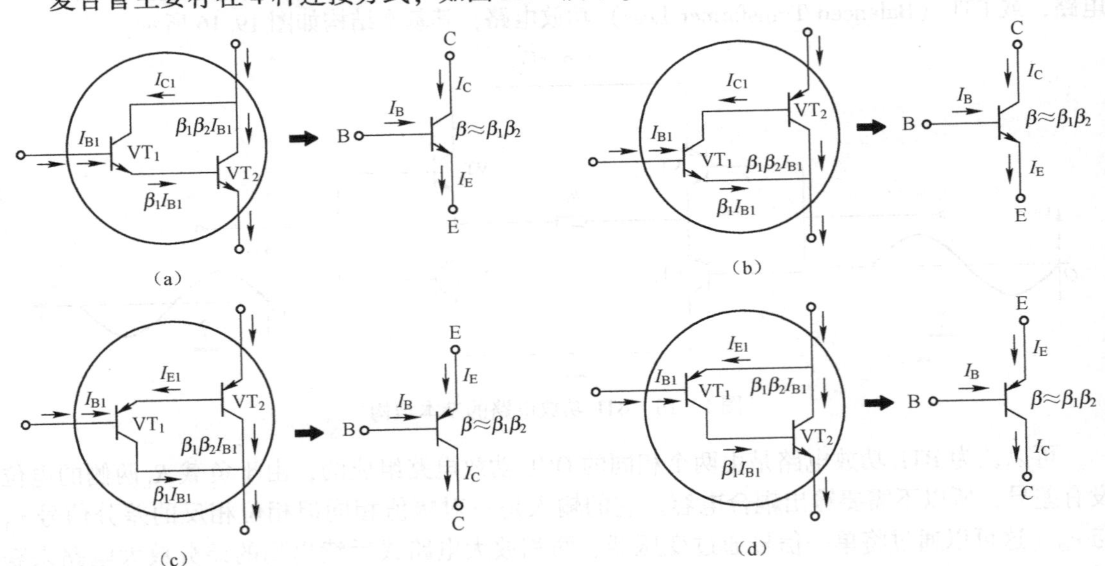

图 20.1 复合管的连接方式

从图 20.1 中可以看到，复合管的电流放大系数约等于两只三极管电流放大系数的乘积，我们以图 20.1（a）所示的连接方式来简单推导一下，即

$$\beta=\frac{I_C}{I_B}=\frac{I_{C1}+I_{C2}}{I_{B1}}=\beta_1+\frac{\beta_2 I_{E1}}{I_{B1}}=\beta_1+\beta_2(1+\beta_1)=\beta_1+\beta_2+\beta_1\beta_2\approx\beta_1\beta_2$$

由于$\beta_1\beta_2$远大于β_1或β_2，所以我们已经将其忽略不计。很明显，复合管的主要特点就是

电流放大系数非常大，达到数万也并不稀奇。在大功率放大电路中，即使负载电流非常大，但复合管本身却只需要比较小的基极电流就可以轻松驱动了，同样也解决了输出管基极驱动电流大与预置电压放大级输出电流小的矛盾。实际上，我们也可以使用复合管来代替图 19.14 所示电路中的 VT_1与 VT_5、VT_2与 VT_6。

从复合管的工作原理可以看到，功率放大部分主要由后级的三极管来承担。需要特别指出的是：**复合管的类型由第一级驱动三极管的类型决定**。例如，由 NPN 型三极管驱动 NPN 或 PNP 型三极管的复合管都是 NPN 型的复合管。

当然，我们也可以使用更多的三极管级联组成复合管，甚至场效应管也能够与三极管进行复合（获得场效应管高输入电阻的特点），如图 20.2 所示。

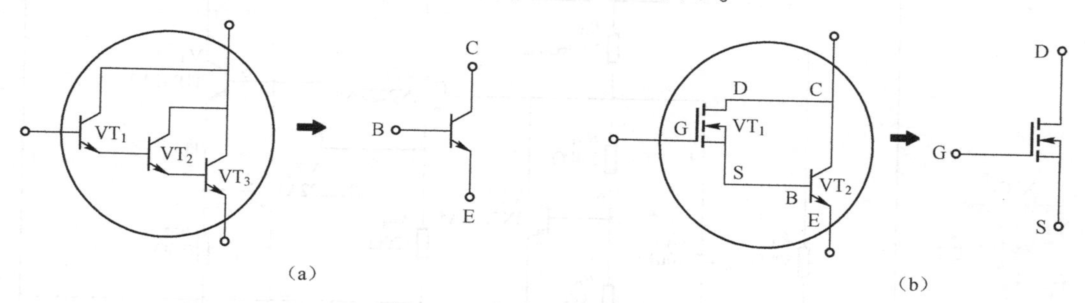

图 20.2　其他形式的复合管

构成复合管时需要依据两条规则，即**同向电流法，顺向电流法**。前者表示用来复合的三极管的发射极（或集电极）电流是同向的，后者表示其中一个三极管的基极电流与另一个三极管的发射极（或集电极）电流是顺向的。

虽然复合管具有电流放大系数很大的优点，但缺点也是存在的。我们很早就提到过，三极管本身存在一定的穿透电流 I_{CEO}，所以驱动三极管的 I_{CEO}将会被输出管放大，由图 20.1 很容易得知复合管的总穿透电流为

$$I_{CEO} \approx I_{CEO2} + \beta_2 I_{CEO1} \qquad (20.1)$$

在严重的情况下，穿透电流达到数百毫安以上也是有可能的，这将会导致复合管的热稳定性变差。而穿透电流与温度是正相关的，这会更进一步使穿透电流增大，进入恶性循环，继而可能引发热击穿现象。

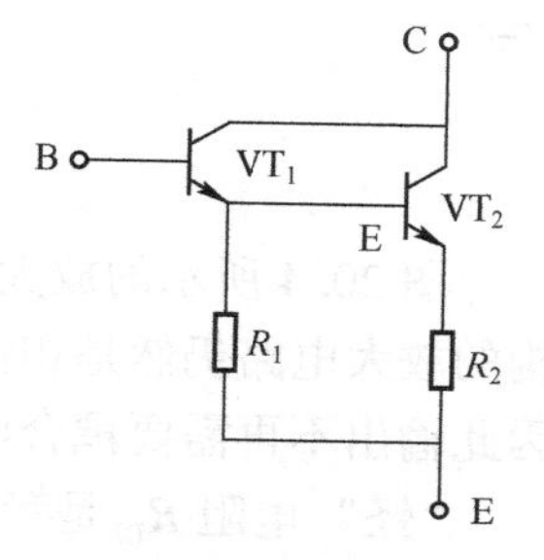

图 20.3　减小复合管的穿透电流

为了避免穿透电流给复合管应用带来热稳定方面的影响，我们通常会在复合管中接入两个电阻，如图 20.3 所示。

减小复合管总穿透电流的关键在于驱动管的穿透电流，因为它会被输出管进一步放大。我们使用 R_1对 VT_1的穿透电流进行一定的分流，那么流入 VT_2的穿透电流也就减小了。这样，复合管的总穿透电流也就减小了，从而也就提高了复合管的热稳定性。当然，为了进一步提高 VT_2的工作稳定性，通常还会在其发射极串联一个阻值很小的反馈电阻，这一部分电路是不是与图 19.14 非常相似？没错！原理上也起到稳定电路的作用。

当然，R_1对 VT_1发射极注入到 VT_2基极的有用信号电流也会有同样的分流作用，这会减

小复合管总的电流放大系数，而且 R_2 的接入会进一步提升 VT_2 的输入电阻，这将使得 R_1 的分流作用更加明显，所以复合管工作稳定性的提升是以降低复合管的电流放大系数为代价换来的。

大功率放大器使用复合管的具体推挽方案有很多，除图 19.14 所示的电路那样使用两种同类型的三极管进行复合（射随器级联）外，另一种准互补推挽的方案可能更为很多资料所津津乐道，如图 20.4 所示为准互补推挽式功放电路（为避免电路过于复杂，我们重点关注输出级，在电路绘制上仍然采用三极管而不是复合管原理图符号的表达方式）。

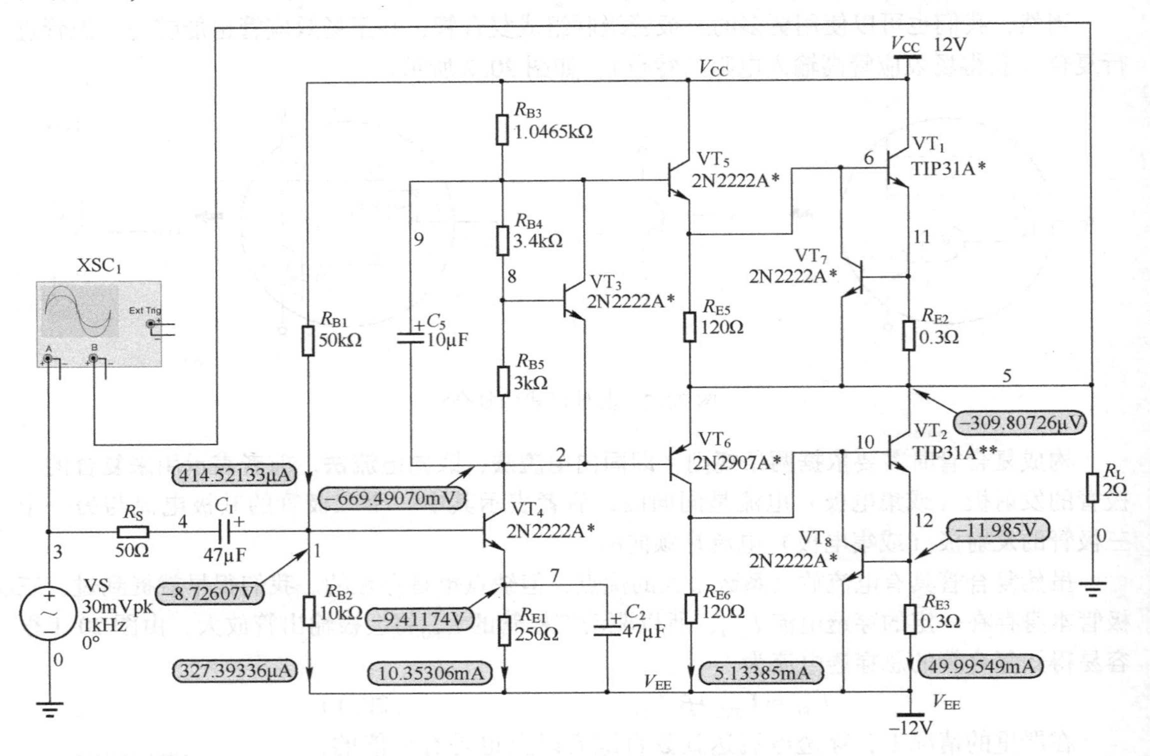

图 20.4　准互补推挽式功放电路

图 20.4 所示的放大电路采用双电源供电的 OCL 结构，但设计方法与前面讨论的 OTL 结构的放大电路仍然是相似的，只不过前者使用正负电源，中点（节点 5）的直流电位为 0V，因此输出不再需要耦合电容进行直流成分的隔离。

“怪”电阻 R_{B3} 是我们通过参数扫描方式确定中点的电位为 0V 而得到的，请大家不要在意这个细节。准互补推挽式功放电路看似与图 19.14 非常相似，但是上下两个复合管的驱动管是互补的，然而输出管却是相同的。使用这种输出结构的理由是：制造互补配对的 NPN 型大功率硅管与 PNP 型大功率锗管很困难，而特性互补的小信号三极管相对更加容易，所以使用一对互补小信号三极管与一对型号相同的 NPN 型大功率硅管能够使上下侧电路的对称性更好。这听起来好像有些道理，但是当初的放大电路是迫不得已才使用准互补输出级的，因为那时候很长时间都不能制作出与 NPN 型大功率硅管接近互补的 PNP 型大功率锗管。

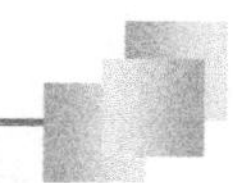

准互补输出级以交越区对称性差而著名（上侧是两个发射结串联，下侧是一个发射结），在负载比较重的情况下表现得更是明显，如图 20.5 所示，我们来看一下仿真结果。

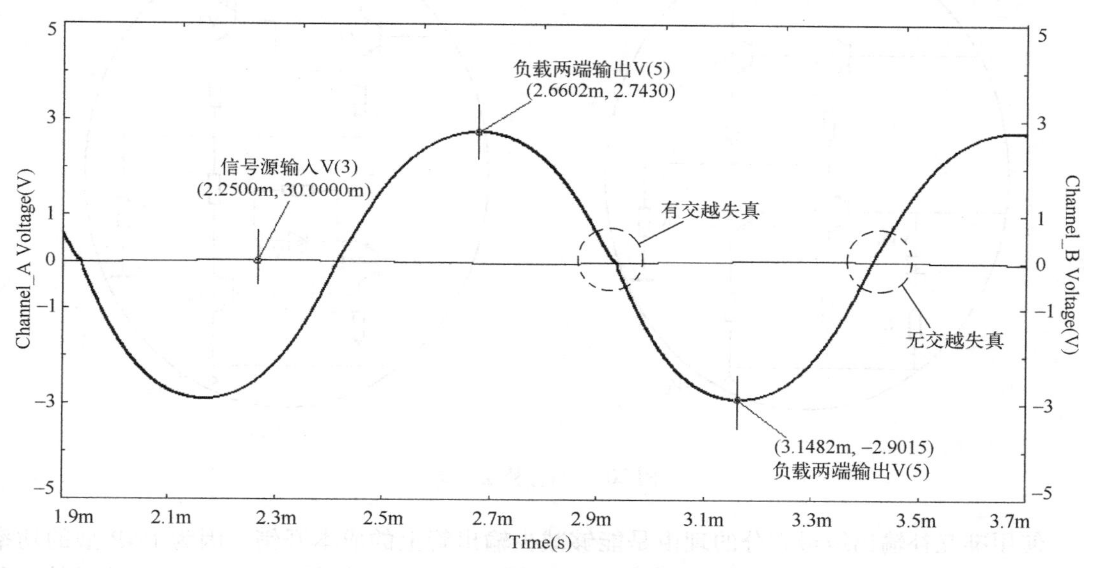

图 20.5　图 20.4 所示电路的仿真结果

尽管我们已经将 VT_1与 VT_2的集电极空载电流调整到了约 50mA，但交越失真还是很明显，而且它还不是典型的**对称**交越失真，所以仅通过单纯地提升空载电流不容易解决。我们可以将图 19.14 所示电路的负载阻值更改为 2Ω，它虽然也会出现对称的交越失真，但进一步提升了输出三极管的空载电流，这通过观察对 R_{B4}进行参数扫描分析得到的输出电压的变化情况很容易看到，如图 20.6 所示。

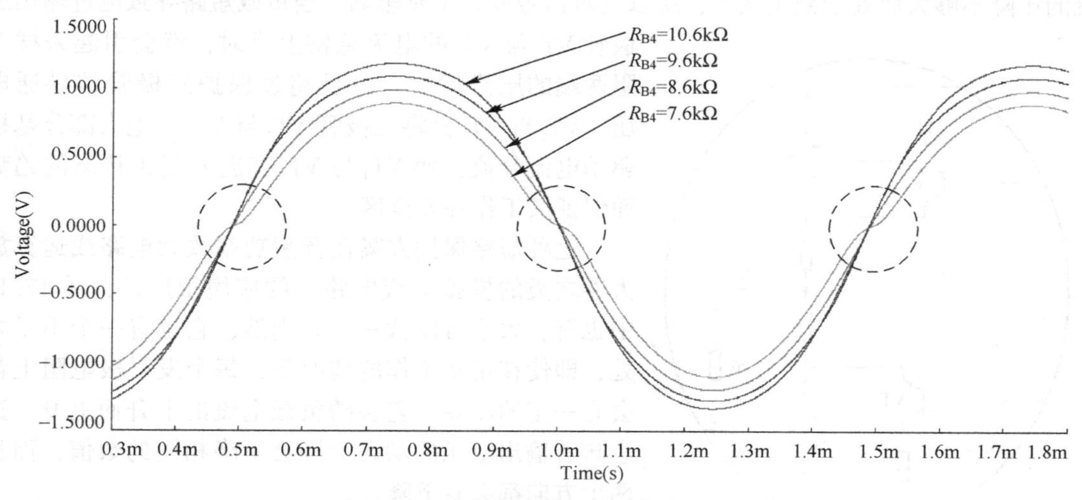

图 20.6　参数扫描分析时的输出电压

所以，对于准互补推挽方案，我们通常还需要对下侧的三极管进行补偿，常用的方案如图 20.7 所示，其中 VD_1与 R_1的作用是平衡上下两侧复合三极管的基极偏压。

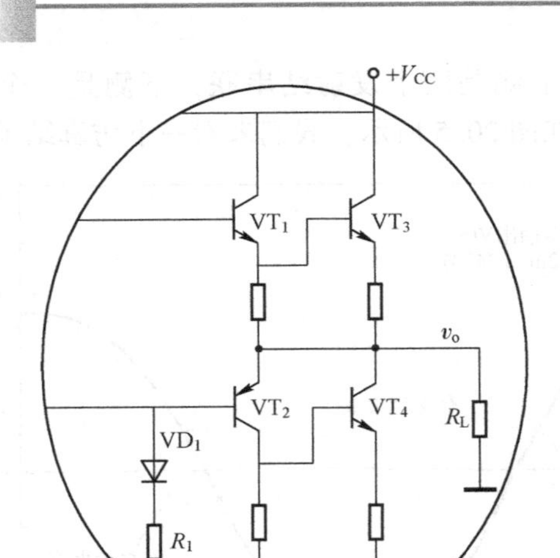

（a）

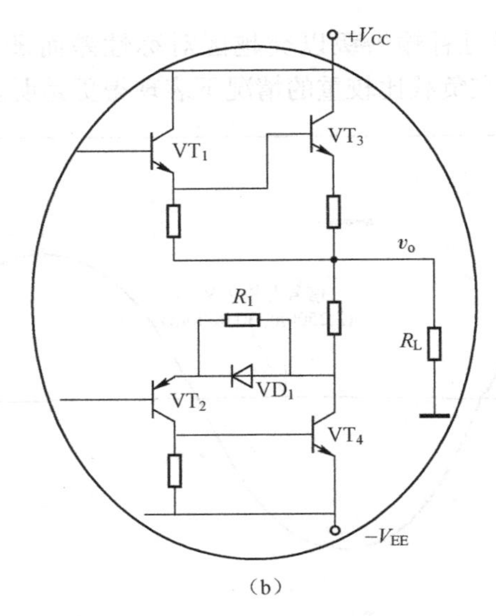

（b）

图 20.7　V_{BE}补偿方案

使用准互补输出级最充分的理由是能够减少输出管上的成本开销，因为 PNP 型的功率管仍在一定程度上贵于 NPN 型的功率管，并且增加一个二极管的成本极小。除此以外，我们已经没有其他使用准互补推挽输出的理由了。

功率放大电路直接驱动的负载一旦短路，流过输出三极管的电流会非常大，如果没有行之有效的方案进行阻止，很有可能会损坏输出三极管，所以一般会增加短路保护电路。在图 20.4 所示的电路中，我们增加了 VT$_7$与 VT$_8$这两个保护三极管，它们的工作原理很简单：R_{E2}、R_{E3}可以看作输出电流的采样电阻，在正常工作的情况下，保护三极管由于采样电阻两端的压降不够大而处于截止状态，所以其对信号放大没有影响。当负载短路导致流过输出三极管 VT$_1$与 VT$_2$的电流急剧上升时，就会引起采样电阻两端的压降增大，一旦超过保护三极管的导通电压，VT$_7$与 VT$_8$会将三极管 VT$_1$与 VT$_2$的绝大部分基极驱动电流分流，使 VT$_1$与 VT$_2$有进入截止状态的趋势而保证其工作在安全区。

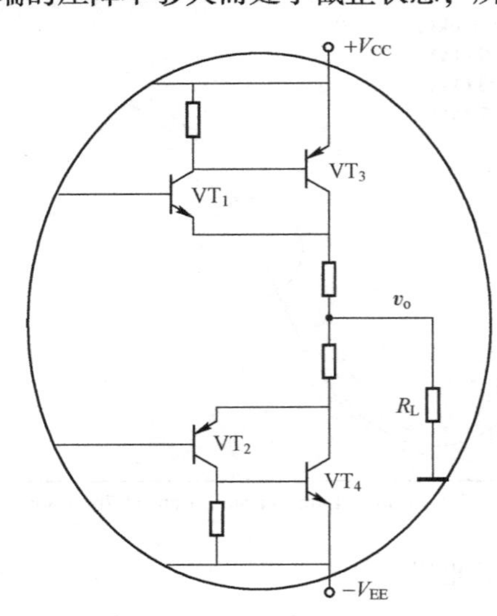

图 20.8　倒置复合管输出级的基本结构

这种短路保护方案在音频功率放大电路或运算放大器之类的模拟集成电路中的应用很广泛，图 17.14 中也有，大家可以找一下。当然，它也有一个不足之处，即使在正常工作的情况下，每个发射极电阻上都会有一定的压降，它会随负载电流的上升而上升，这意味着输出电压的动态范围会下降相同的数值，而且两个方向都会有下降。

还有一种倒置复合管（Complementary－Feedback Pair，CFP，有时也称为 Sziklai）输出级不得不提一下，其结构如图 20.8 所示。

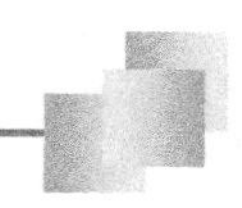

通常认为倒置复合管输出级的热稳定性比图 19.14 所示的射随器级联（复合管）的方案好，因为前者输出三极管的 V_{BE}包含在负反馈环路内，并且只有驱动管的 V_{BE}能够影响其静态工作电流。

如果需要驱动更重的负载（输出更大的功率），该怎么办呢？你可能会如法炮制选择更大额定电流的输出管，然后再插入更多的射随器。然而，输出管消耗的功率将会非常大，发热量也会倍增，所以我们更倾向于使用多个输出三极管并联的方式，而不是仅仅由单个三极管承担全部的集电极损耗，如图 20.9 所示。

多个输出三极管并联方案的关键在于：**使流过各个输出三极管的电流平衡（均流）**。为此我们给每一个输出三极管都增加了基极电阻，如果没有基极电阻，当 VT_1的温度比 VT_2高时，集电极电流 I_{C1}将会变大，VT_1的发热量会增加，继而使基极电流增加，其结果导致集电极电流 I_{C1}进一步增加。由于负载的阻值及其两端所施加的电压是一定的，流过负载的电流也一定，所以根据节点电流法，VT_1电流增加的部分就是 VT_2电流减少的部分，这将导致 VT_1的集电极电流更大，使得电流集中到 VT_1上，发热进一步增加的同时电流也将会再次上升，从而可能会引发热击穿问题，所以这也是输出三极管并联时必须要考虑的电流集中问题。

防止电流集中的一个方法是增加发射极电阻。以 VT_1为例，由于 R_{B6}左侧（节点 11）的电位是一定的，R_{E2}的存在将使得 VT_1的发射极电位（节点 7）随发射极电流的上升而上升，如此一来，VT_1的发射结压降就会减小，发射极电流因此被限制，从而可以有效地防止电流集中（实际就是负反馈）。但是我们也提过，发射极电阻的阻值越大，则其两端的压降就会随之上升，能够输出的最大电压也会下降，所以增加的发射极电阻不能太大，为此我们在每个输出三极管的基极都串入了一个小电阻（如 VT_1的基极电阻 R_{B6}）。当 VT_1的基极电流增加后，R_{B6}将产生一定的压降，由于 R_{B6}左侧的电位是一定的，所以 R_{B6}两端压降的上升量（因基极电流上升而产生的）就是三极管发射结压降的下降量，这样也就抑制了集电极电流的增加。

另外，我们还应该注意一点，大功率放大电路中流过输出三极管的电流通常非常大，发射结会存储大量的载流子。当输入信号在正负半周交替时，如果存储的载流子得不到快速释放，那么其在高频情况下容易产生失真。简单地说，就是三极管的截止速度跟不上高速变化的信号。为了解决此问题，驱动管 VT_5与 VT_6的发射极与输出（节点 5）之间并没有像以往电路那样使用电阻连接，而是将两者的发射极通过电阻 R_{E6}直接相连，这样驱动管就能够使输出三极管的发射结进入反向偏置状态（应该处于关闭状态的），使其中存储的载流子得到快速释放，从而也就能够让输出三极管关断更加迅速，从而减小了高频失真。

进一步阐述 R_{E6}与 C_3并联电路的工作原理很有必要。我们假设负载两端的输出电压开始下降并变为负，那么流过 R_{E2}（R_{E4}）的电流将下降为零，但是流过 R_{E3}（R_{E5}）的电流却在增大，所以会产生一定的压降，从而会导致 VT_2（VT_8）的基极电位变得更负，这个更负的电压通过 R_{E6}耦合到 VT_1（VT_7）的基极使发射结进入反向偏置状态，而电容器 C_3使这个运作过程明显加快，同时也可以避免 R_{E6}限制发射结中载流子的释放速度，如图 20.10（a）所示。而在以往的输出级电路中（见图 19.14），当 R_{E4}的两端具有相同的压降时，由于 VT_5（VT_6）

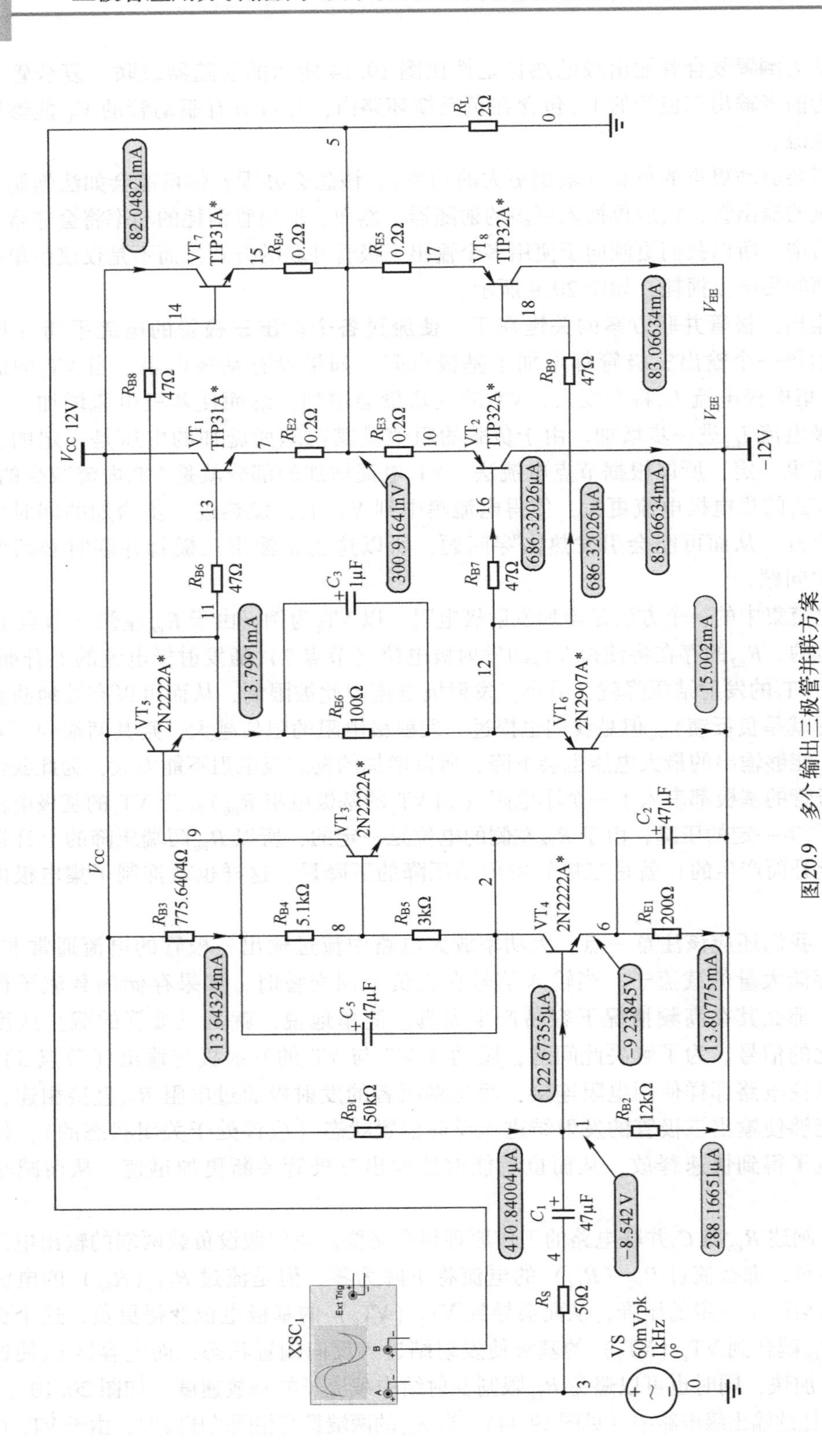

图20.9 多个输出三极管并联方案

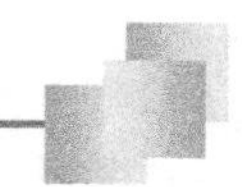

直接通过 R_{E5}（R_{E6}）与输出相连，这阻止了 VT_2 更负的电压传送到 VT_1 的基极，此时驱动管 VT_5 的发射结尽管处于反向偏置状态，但由于驱动管存储的载流子通常不会引起问题（电流比较小），所以反向偏置施加到驱动管得不到原来的好处，如图 20.10（b）所示。

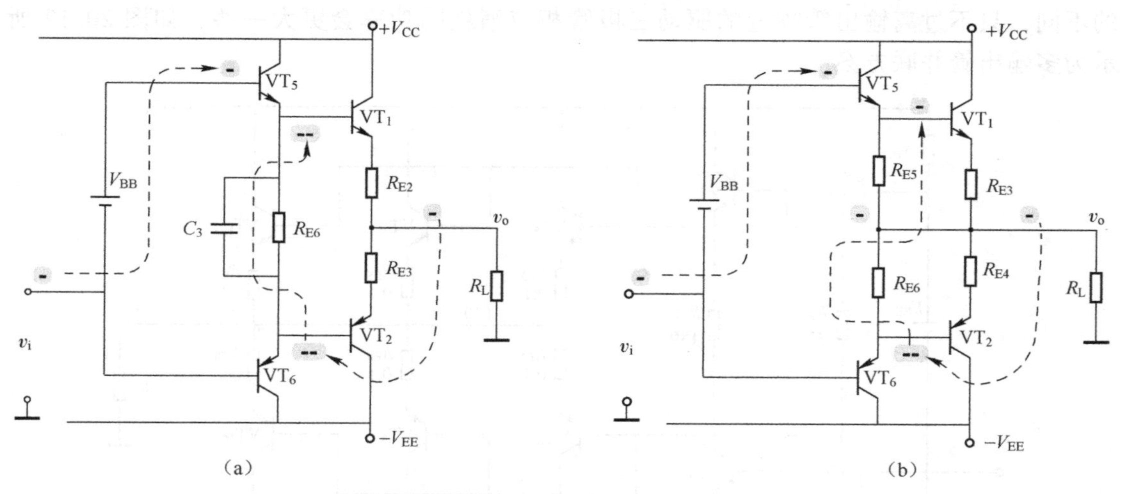

图 20.10　RC 并联电路的工作原理

如图 20.11 所示，我们来观察一下图 20.9 所示电路的仿真结果。

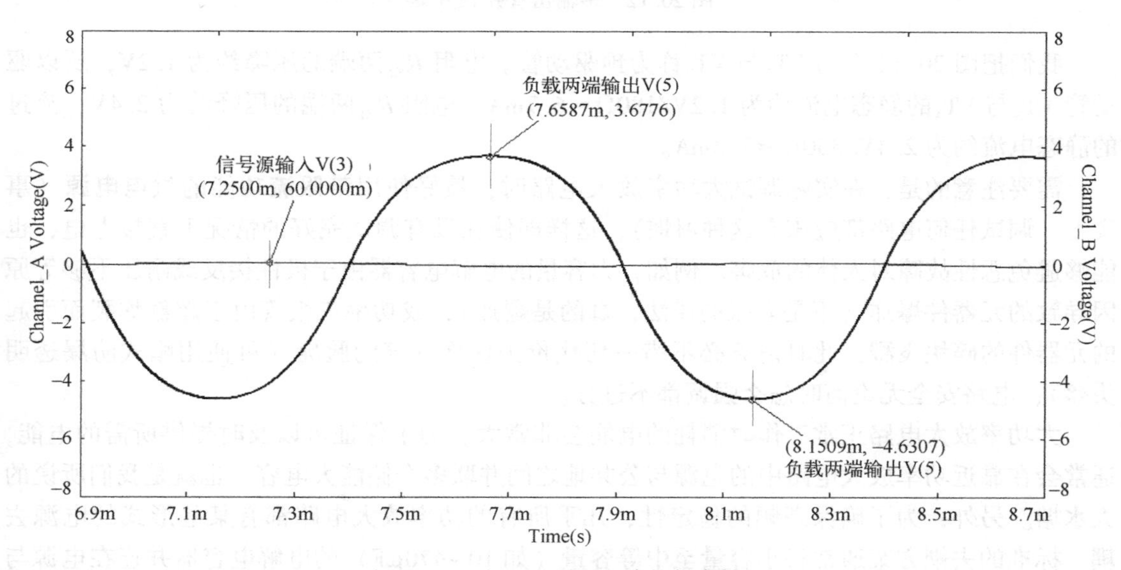

图 20.11　图 20.9 所示电路的仿真结果

从图 20.11 中可以看到，负载两端的电压峰峰值约为 8.3V（**3.7V+4.6V**），正半周的峰值比负半周的峰值小一些的原因已经提过了，你可以选择前面讨论过的方案对电路进行优化（例如，使用恒流源代替电阻 R_{B3}），此处不再赘述。我们可以计算出负载两端获得的有效功率（注意：负载的阻值为 2Ω），即 $[(8.3V/2)/\sqrt{2}]^2/2\Omega \approx 4.3W$。

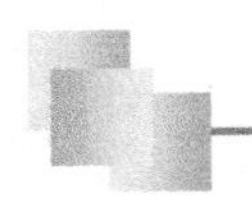

如果两个输出管并联仍然达不到我们的要求，则可以并联更多的大功率输出管。如此一来，大功率输出管的基极总电流可能会超出常用小功率驱动管的能力范围，所以通常会由另一只大功率管充当驱动管，从而使功率处理能力得到保证。设计过程并没有很大的不同，只不过离输出管越近的驱动三极管相应消耗的功率会更大一些，如图 20.12 所示为多输出管并联方案。

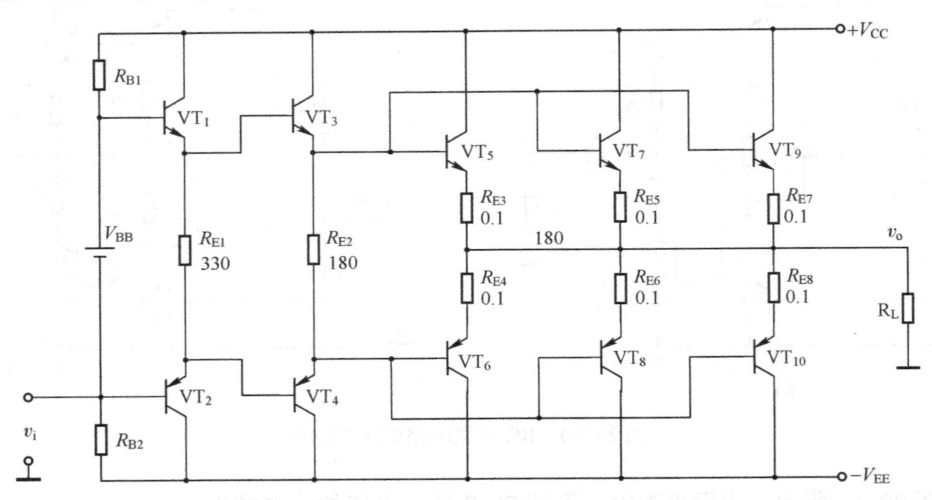

图 20.12　多输出管并联方案

我们把图 20.12 中的 VT_1与 VT_2称为预驱动管。电阻 R_{E2}两端的压降约为 1.2V，所以驱动管 VT_3与 VT_4的静态电流约为 1.2V/180Ω≈6.7mA。电阻 R_{E1}两端的压降约为 2.4V，流过的静态电流约为 2.4V/330Ω≈7.3mA。

需要注意的是，在实际调试大功率放大电路时，最好使用**带限流功能的供电电源**（事实上，调试任何电路都应该有这种习惯），这样即使在没有调试完好的情况下直接上电，也能够避免恶性故障对人体的危害。例如，大容量的电解电容器由于极性接反或耐压不够等原因导致的元器件爆炸（不是夸张的说法，真的是爆炸），或功率三极管由于超额炸裂而引起的元器件的碎块飞溅，此时请务必不惜一切代价护住你帅气的脸庞（可使用帽式防爆透明头盔），电路安全无论何时怎么强调都不过分。

大功率放大电路正常工作时消耗的电能会非常大，为了保证可以及时提供所需的电能，通常会在靠近功率放大电路中的电源与公共地之间并联多个储能大电容，也就是我们所说的大水塘。另外，为了确保高频的稳定性，几乎所有的功率放大电路都有某些形式的电源去耦，标准的去耦方案通常将小容量至中等容量（如 10~470μF）的电解电容器并连在电源与地线之间，我们称为去耦电容器（或旁路电容器），如图 20.13 所示。

当然，从本质上来讲，储能电容器也可以认为是去耦电容器，这一点在系列图书《电容应用分析精粹》中已有详细讨论，此处不再赘述。

大功率放大电路还有一个非常重要的问题需要关注，那就是**散热**。由于功率放大电路在给负载传送功率的同时，输出三极管本身也会消耗一定的功率，多个输出三极管并联的方案只不过把消耗的功率分散开来，但是总的消耗功率还是没有下降，所以在输出功率很大的情况下，输出三极管消耗的功率也不小，有可能直接导致输出三极管的结温升高。结温升高到一定程度（通常硅管为 150~200℃，锗管为 70~100℃，视封装类型也会有所不同，如金属封装的硅三极管的最高结温通常为 200℃，而塑料封装的硅三极管的最高结温通常为 150℃）可能使三极管损坏，因此功率放大电路的输出功率在很大程度上取决于输出三极管允许的最大集电极损耗 P_{CM}。

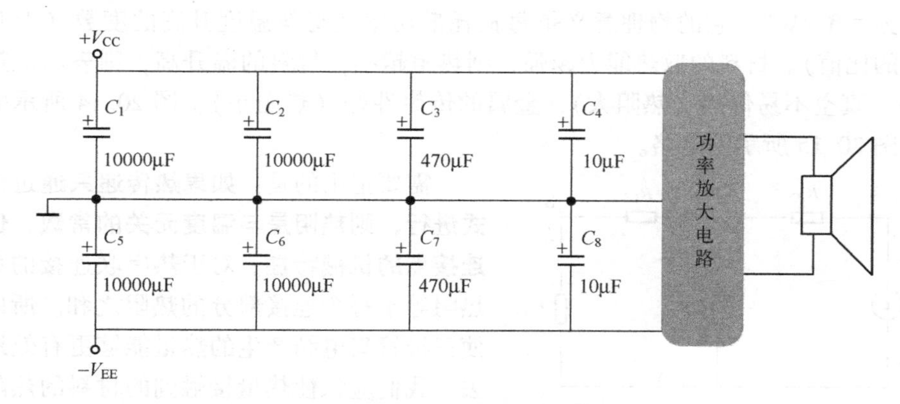

图 20.13　去耦电容器

为了保证功率三极管能够长时间稳定工作，必须及时把热量散发掉，使其工作温度低于最高结温。元器件的散热能力越强，实际的结温就越低，能承受的功耗就越大，相应的输出功率也就越大，这一点我们在前一章已经初步接触过。例如，TIP31A 在不添加散热装置时允许的最大功耗仅为 2W，当加上散热能力为无限大的散热器时，其允许的最大功耗可提升到 40W。

通常在大功率输出的情况下必须给输出三极管增加散热器，有些资料上称为热沉（Heat Sink），然而问题是：我们需要增加多大的散热器呢？很明显，这与输出三极管消耗的功率，以及允许消耗的最大功率有关。换句话说，你需要将多少热量转移出去？你需要控制三极管的最高结温为多少？然而，不同材料或形状的散热器的散热能力并不一样，所以我们应该怎样衡量散热器的实际散热效果呢？

首先观察一下结温产生的热量从集电结散发到自由空间所经过的路径，如图 20.14 所示。

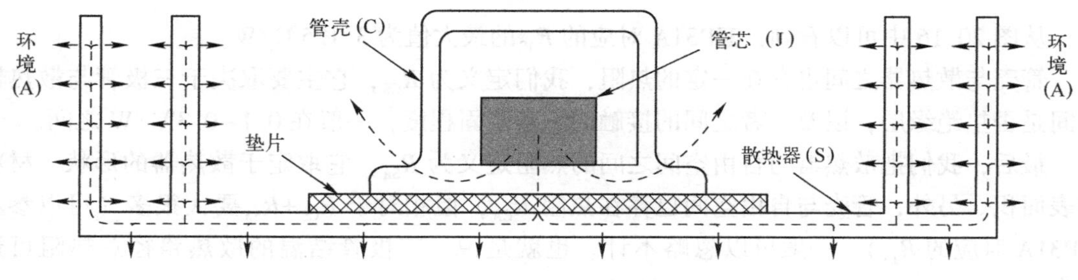

图 20.14　三极管的散热路径

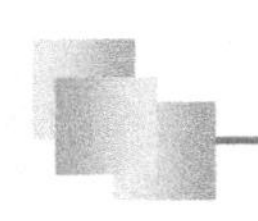

三极管集电结消耗的功率是产生热量的源泉，它使结温升高到T_J（Junction），其中一小部分沿着管壳（Case）直接散发到环境温度为T_A（Ambient）的自由空间。由于管壳很小，所以大部分热量会经管壳、垫片、散热器散发到自由空间。

我们把热的传导路径称为热路。为了定量分析散热的效果，我们引入热阻（Thermal Resistance）的概念，它表示材料阻碍热传导的阻力，这与电阻对电流的阻力是相似的。热阻的单位为“℃/W”，它的物理意义是每瓦耗散功率使材料温度升高的度数（上升温度与传递热量的比值）。材料的散热能力越强，则热阻越小；材料的温升高，则表示散热能力差（热阻大）。真空不易传热（热阻大），金属的传热性好（热阻小），图 20.14 所示的热路可等效为如图 20.15 所示的电路。

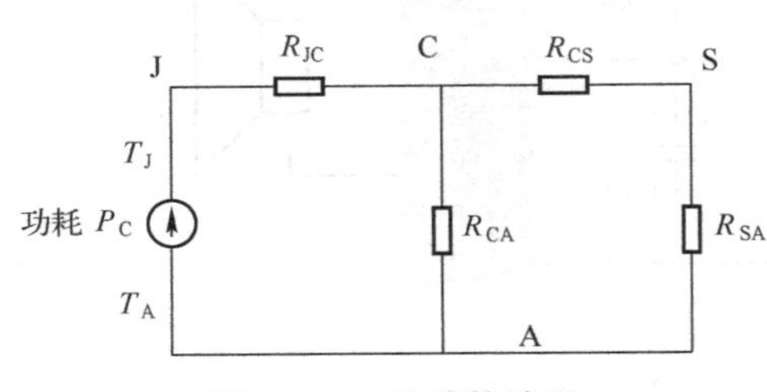

图 20.15　热路等效图

需要指出的是：**如果热传递只通过传导的方式进行，则热阻是与温度无关的常数，仅取决于连接点的机械特性**。对于热串联连接的系统，总热阻等于每个连接部分的热阻之和。所以，为了使三极管集电结产生的热量能够更有效地散发出去，我们应该使热量接触到的材料的热阻越小越好。三极管的集电结结温产生的热量首先接触到管壳，我们将其热阻定义为R_{JC}（有些资料为θ_{JC}），一般大功率（或存在添加散热器可能的）三极管的数据手册中都会标注这个数据。我们来看一下 TIP31A 数据手册中与温度相关的参数，如图 20.16 所示。

最大额定值（Absolute Maximum Ratings）

符　号	参　数	测试条件	值	单　位
T_{STG}	存储温度	—	−65~+150	℃
T_J	结温（Junction Temperature）	—	−65~+150	℃

温度特性（Thermal Characeristics）

符　号	参　数	最 大 值	单　位
$R_{\theta JC}$	结-壳热阻（Junction to case thermal resistance）	3.125	℃/W
$R_{\theta JA}$	结-自由空间热阻（Junction to free air thermal resistance）	62.5	℃/W

图 20.16　TIP31A 数据手册中与温度相关的参数

从图 20.16 中可以看到，TIP31A 对应的R_{JC}的最大值为 3.125℃/W。

管壳与散热器之间也存在一定的热阻，我们定义为R_{CS}，它主要取决于三极管与散热器之间是否垫绝缘层，以及二者之间的接触面积和坚固程度，一般在 0.1~0.3℃/W 之间。

最后，我们把散热器与自由空间之间的热阻定义为R_{SA}，它取定于散热器的形状、材料和表面积。另外，管壳与自由空间也存在热阻R_{CA}，但相对于$R_{CS}+R_{SA}$要大很多（可以参考 TIP31A 对应的R_{JA}），一般可以忽略不计。也就是说，三极管结温的散热路径总热阻可近似为

$$R_T = R_{JC} + R_{CS} + R_{SA} \tag{20.2}$$

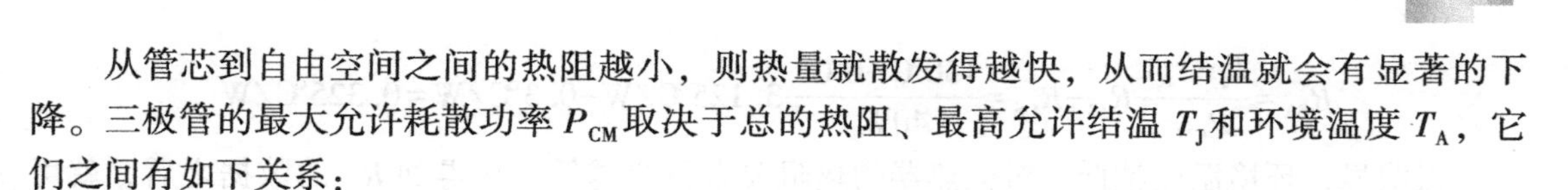

从管芯到自由空间之间的热阻越小，则热量就散发得越快，从而结温就会有显著的下降。三极管的最大允许耗散功率 P_{CM} 取决于总的热阻、最高允许结温 T_J 和环境温度 T_A，它们之间有如下关系：

$$T_J-T_A=R_T\times P_{CM} \tag{20.3}$$

可以这样理解式（20.3）：在 P_{CM} 和 T_A 一定的条件下，如果你想要结温 T_J 不超过某值，那么总热阻不能大于 R_T。换句话说，在 T_A、R_T 和 P_{CM} 已知的条件下，我们可以估算出结温是否超过三极管的极限。

为了有针对性地选择散热器，必须求出所需散热器的最大热阻 R_{SA}，因为它决定了我们额外需要散热器来转移的最小热量。在温升（T_J-T_A）一定的条件下，R_T 越小，就意味着散热能力越强，三极管允许的耗散功率 P_{CM} 就越大。如果 P_{CM} 被进一步限定（也就是已知的），我们就可以进一步求出 R_T 的最大值，而式（20.2）中的 R_{JC} 和 R_{CS} 通常是已知的，所以这样就可以顺势求出 R_{SA}。

我们举一个散热器选择的实例。假设 TIP31A 消耗的功率为 15W，环境最高的温度为 50℃（这个温度对于安装紧凑的电子设备很常见），从结到外壳的热阻 R_{JC}=3.125℃/W（取了图 20.16 所示数据手册中的最大值），外壳与散热器之间的热阻为 0.3℃/W，散热器的热阻为 2.8℃/W，试估算相应的结温。

根据式（20.2）即可计算出散热器到自由空间的总热阻，即

$$R_T=R_{JC}+R_{CS}+R_{SA}=3.125℃/W+0.3℃/W+2.8℃/W=6.225℃/W$$

则计算出来的结温为

$$T_J=R_T\times P_{CM}+T_A=6.225℃/W\times 15W+50℃\approx 143℃$$

计算结果虽然尚未超过 TIP31A 允许的最大结温 150℃，但长时间工作在极限温度附近（或超过极限温度），都会极大地缩短三极管的使用寿命。我们尝试保持结温低于 120℃，这样可以通过降低散热器的热阻入手。

结合式（20.2）与式（20.3）即可求出散热器的最大热阻，即

$$R_{SA}=\frac{T_J-T_A}{P_{CM}}-R_{JC}-R_{CS}=\frac{120℃-50℃}{15W}-3.125℃/W-0.3℃/W\approx 1.24℃/W$$

也就是说，我们应该选择热阻不大于 1.24℃/W 的散热器。前面已经提过，TIP31A 在使用散热能力为无限大散热器时的最大允许功耗为 40W，我们也可以来预测一下厂商的测试条件。假设环境温度 T_A=25℃，壳温也为 T_C=25℃（这是图 19.6 所示数据手册中标注的测试条件），$T_A=T_C$ 隐含了散热器的散热能力为无限大（热阻为 0℃/W），结到外壳之间的热阻 R_{JC} 仍然为 3.125℃/W，那么相应的结温为

$$T_J=R_T\times P_{CM}+T_A=3.125℃/W\times 40W+25℃=150℃$$

这恰好是 TIP31A 允许的最大结温，所以所需散热器的最大热阻应为

$$R_{SA}=\frac{T_J-T_A}{P_{CM}}-R_{JC}-R_{CS}=\frac{150℃-25℃}{40W}-3.125℃/W-0.3℃/W\approx -0.3℃/W$$

计算出来的结果为**负值**，这意味着在环境温度为 25℃时，TIP31A 是不可能达到 40W 的耗散功率的。该怎么办呢？降低外界环境温度是个不错的思路！我们假设环境温度为 0℃，则有：

$$R_{SA}=\frac{T_J-T_A}{P_{CM}}-R_{JC}-R_{CS}=\frac{150℃-0℃}{40W}-3.125℃/W-0.3℃/W=0.325℃/W$$

很明显，环境温度越低，对散热器的热阻要求就会越低。在得到 R_{SA} 的数据之后，就可以开始着手进行散热器的选择了。常用的散热器形状如图 20.17 所示。

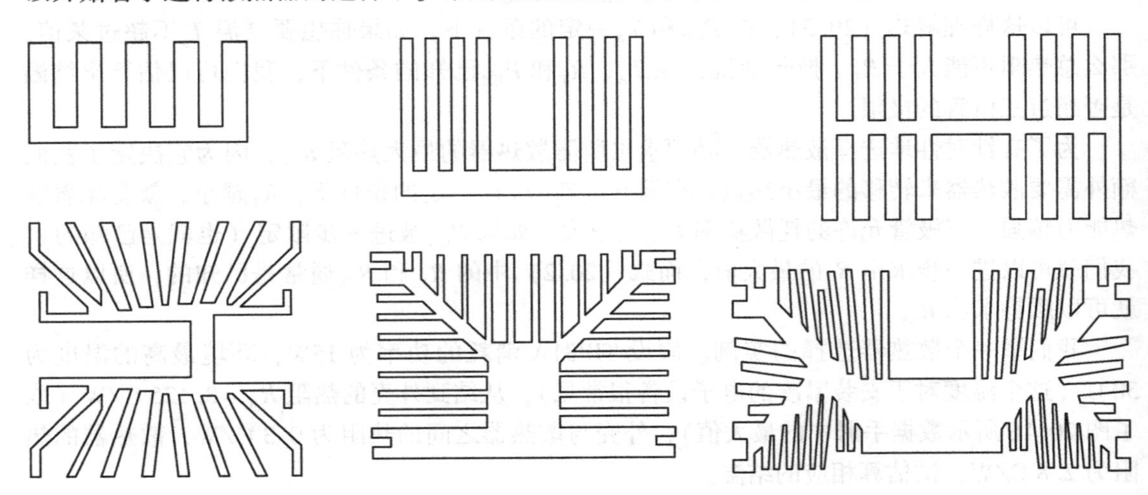

图 20.17 常用的散热器形状

当然，还有形状更复杂的散热器，它们通过进一步增加散热表面积降低热阻。对于超过百瓦的耗散功率，还会使用散热器加风扇的组合设计，这可以将散热器到外界环境的热阻减小到 0.05～0.2℃/W。而我们只要根据散热器对应数据手册中热阻与散热表面积之间的关系曲线选择即可，如图 20.18 所示为不同材料散热器散热表面积与热阻的关系曲线（仅供参考）。

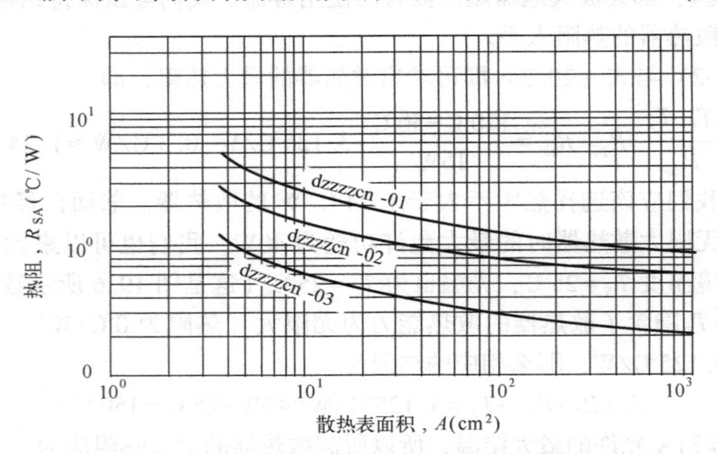

图 20.18 不同材料散热器散热表面积与热阻的关系曲线

多条曲线表示同一系列不同型号散热器的散热表面积与热阻之间的关系，散热器的表面积越大，热阻就越小，二者近似成反比。

当然，制作散热器的材料对热阻也有影响，通常我们使用热传导系数衡量材料的导热性

能，它的定义为每单位长度与单位温度可以传送的热量，单位为 W/mK。其中，W 表示热功率单位，m 表示长度单位米，K 为绝对温度单位。热传导系数越大，意味着材料的导热性能越好。在散热器形状相同的条件下，材料的热传导系数越大，则相应的热阻就越小。常用金属材料的热传导系数如表 20.1 所示（仅供参考）。

表 20.1　常用金属材料的热传导系数

材　　料	热传导系数（W/mK）	材　　料	热传导系数（W/mK）
纯铜	401	铁	80
紫铜	397	不锈钢	17
黄铜	109	锡	67
纯铝	237	铅	34.8
铝合金	130~230	金	317

从表 20.1 中可以看到，在外形完全相同的条件下，铝制散热器的热阻较小一些，相对于铁又不易生锈，所以散热性能更优。紫铜散热器的散热性能更好一些，但相对铝材料而言，其价格更高，密度也更大（不便于加工）。

集成功率放大器通常还会采用温度传感器电路检测芯片的温度，一旦温度超过了预设的安全值，则可使保护三极管进入导通状态，它通常用来吸收输出三极管的基极驱动电流（如同图 20.4 中 VT_7与 VT_8的分流保护作用），这样也就可以使放大电路停止工作。常用的热关断电路如图 20.19 所示。

正常工作情况下，保护三极管 VT_2是截止的，没有影响输出三极管的基极驱动电流。当芯片的温度增加时，正温度系数的稳压二极管 VD_1与负温度系数的发射结压降 V_{BE1}共同作用，从而使 VT_1的发射极电位上升，继而导致 VT_2的基极电位上升，直到 VT_2导通，最后将输出三极管的基极电流分流而使其进入截止状态。

最后留个问题给大家思考一下：图 20.20 所示的两种三极管的连接是不是复合管？

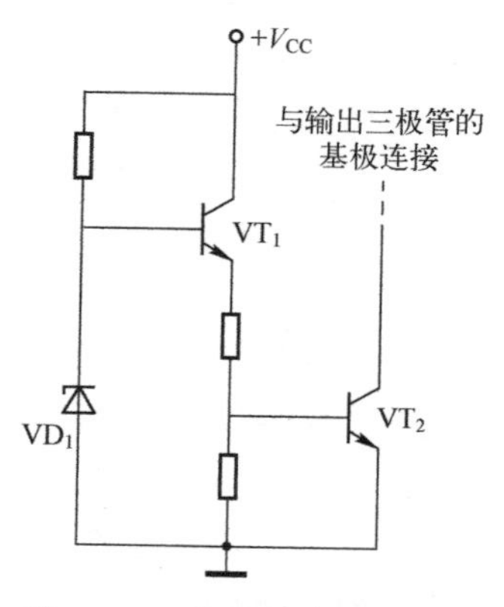

图 20.19　常用的热关断电路

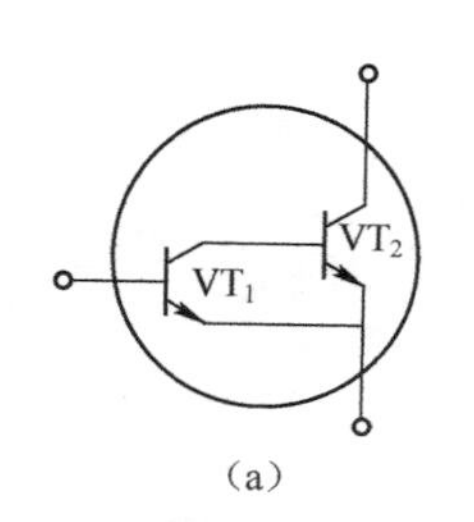

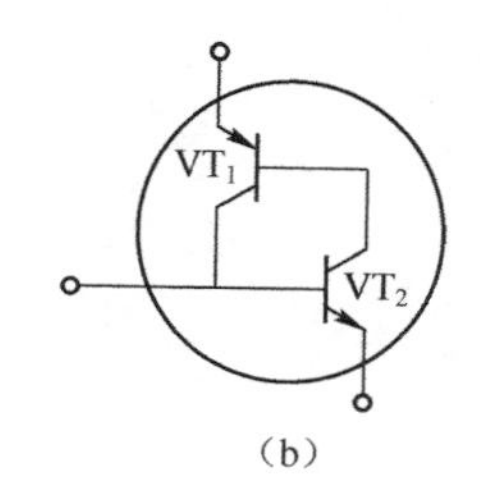

图 20.20　这两种连接是复合管吗？

运气不是一般的差，买的唯一一支股票被套牢了，全部的棺
材本都压在上面了，也不知道能否挨到明天的日出，唉！

不要把所有鸡蛋放在一个篮子里，要学会分散投资
股票有风险，投资需谨慎

第 21 章　串联型稳压电路设计：伯乐不常有

我们在第 2 章曾经讨论过使用电阻与稳压管串联构成的简单稳压电路，它可以从输入直流电源获得比较稳定的降额输出电压，由于这种稳压电路输出连接的负载通常是与稳压管并联的，所以也称为并联型稳压电路（Parallel Type Regulated Power Supply），它的优点是电路结构比较简单，然而缺点也很明显，就是输出直流功率小，稳压性能比较差。所以，在实际的电路设计中，直接使用并联型稳压电路的场合比较少，但它是构成其他稳压电路的基础。例如，我们今天要讨论的串联型稳压电路。

现如今，应用非常广泛的基于串联型结构的稳压电路就是 78 与 79 系列的三端稳压芯片（如芯片的型号为 7805、7812 和 7912 等），其中 78 系列表示正电压输出，79 系列表示负电压输出，后面的数字表示输出的电压值。例如，7812 的输出电压为+12V，三端稳压芯片的典型应用如图 21.1 所示。

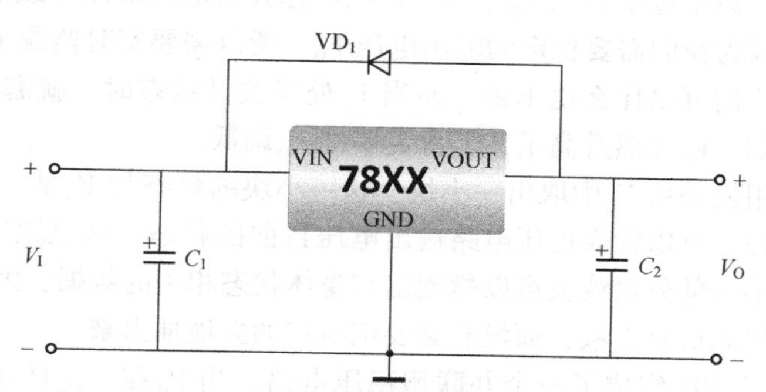

图 21.1　三端稳压芯片的典型应用

稍微有点工作经验的朋友都会很熟悉三端稳压芯片的这种典型应用，其使用起来很简单，只需要在芯片的输入端施加适当的直流电压就可以在输出端获得降额的稳定直流电压。例如，你手中只有一个 18V 的直流电源，但还需要另一个 12V 的电压，那么只要把 18V 的直流电源连接到 7812 芯片的输入引脚，这样就可以在输出引脚获得 12V 的稳定电压。就算输入电源有那么一些波动，也不会影响输出引脚获得的电压，这是由于芯片有一定的稳压能力。为了保证电路工作时的稳定性，设计电路时都会按照对应芯片数据手册中的要求在输入引脚、输出引脚与公共地之间各并联一个合适的电容器，有时还会在输入与输出之间反向并联一个保护二极管，其保护原理我们最后再来讨论。

还有一种同样基于串联型稳压结构的芯片应用得更为广泛，我们通常称其为低压差线性调整性器（Low-Dropout Regulator，LDO），最常用的型号是 LM1117。LDO 芯片在手机、电脑、媒体播放器和数码相机等电子产品中几乎都有一个，甚至还被集成到很多主控芯片当中。

LDO 的基本原理与三端稳压芯片的是相似的，所以它们一般的应用电路也大致相同，只不过在应用场合上稍微有所不同（后面会提到）。本文提到的稳压芯片指的就是串联型稳压电路，它的基本结构如图 21.2 所示。

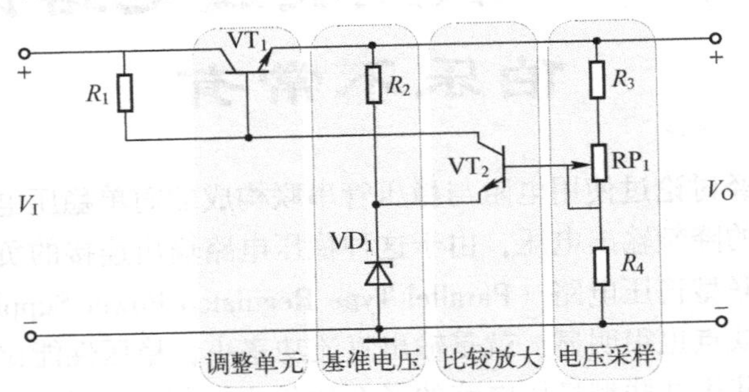

图 21.2　串联型稳压电路的基本结构

从图 21.2 中可以看到，串联型稳压电路主要由电压采样、比较放大、基准电压和调整单元 4 个主要部分组成，我们先简单介绍一下。

R_3、RP_1、R_4组成纯电阻分压器，所以 RP_1调整引脚的输出电压与稳压电路的输出电压V_O的状态是一样的，只不过幅值比 V_O小一些，我们称其为电压采样（或取样）。为什么需要一个电压采样呢？因为我们需要稳定的输出电压 V_O，所以需要实时监测 V_O的状态。当 V_O的状态比较稳定时，我们可以什么也不做；而当 V_O处于波动状态时，就需要根据波动的具体情况进行调整。例如，V_O突然升高了，那肯定要把 V_O调低。

电压采样的作用就是从 V_O中取出一小块，这一小块的状态与 V_O是一样的，只不过比例小了一点而已，但是它可以代表稳压电路输出电压目前的状态。这就跟医院抽血体检一样，我们只需要抽出很小一部分血液就可以检测出与身体状态相关的数据，因为这一小部分血液的检查数据就可以代表所有血液，而没有必要把所有的血液抽出来。

电阻 R_2与稳压管 VD_1组成了一个并联型稳压电路，当 V_O在一定的范围内变化时，VD_1两端的压降基本能够保持不变，我们称其为基准电压（Reference Voltage）。为什么需要一个基准电压呢？前面已经提过，稳压电路是根据 V_O的波动状态进行相应的调整的，所以具体应该怎么样调整肯定有一个参考方向（提升？还是降低?）。这跟抽血体检还是一样的，血液检查完成后会有一张数据表格，通常每项数据后面还会附带一个正常范围，这个范围就相当于基准电压。

我们会观察血液检测出来的数据是否处于正常范围，这就是一个比较的过程。VT_2实现的作用也是比较（放大），可以称为误差放大电路，它把采样回来的输出电压与基准电压进行比较。

如果血液检测出来的数据不在正常范围，我们就得进一步咨询医生，该打针就打针，该吃药就吃药。总之，你得把血液的检测数据重新拉回到正常范围。同样的道理，如果 VT_2将采样出来的电压与基准电压比较后发现 V_O不正常（过高或过低），则其会控制调整单元达到稳定 V_O的目的，而 VT_1就相当于医治病人的药物，通常称其为调整单元。另外，电阻 R_1同时为 VT_1与 VT_2提供偏置电压。

串联型稳压电路的基本结构可以用图 21.3 所示的方框图表示。

我们简单回顾一下：电压采样电路获取 V_O 的一小部分后，将其与基准电压进行比较放大，然后根据比较放大的结果控制调整单元的工作状态，继而达到稳定 V_O 的目的。实际的串联型稳压芯片要复杂得多，这些之后再进行详细讨论。正所谓“万丈高楼平地起”，我们先来了解一下串联型稳压电路的基本工作原理。

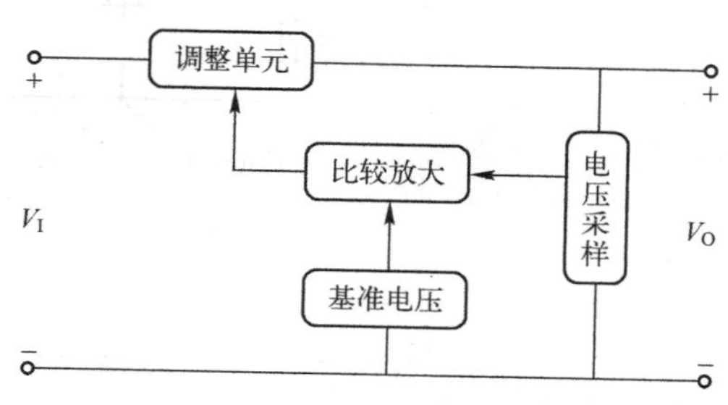

图 21.3　串联型稳压电路的方框图

当串联型稳压电路刚刚上电时，VT_2 还没有（来不及）开始正常工作而处于截止状态，由于 VT_1 的基极通过 R_1 与输入电压连接，而发射极通过 R_2、VD_1 及 R_3、RP_1、R_4 两条并联支路连接到公共地，所以只要参数的取值合适，则可以把 VT_1 设置在放大区，此时电路的状态如图 21.4 所示。

如果把并联支路看作一个整体且等效为一个电阻 R，那么图 21.4 所示的电路可等效为如图 21.5 所示的电路。

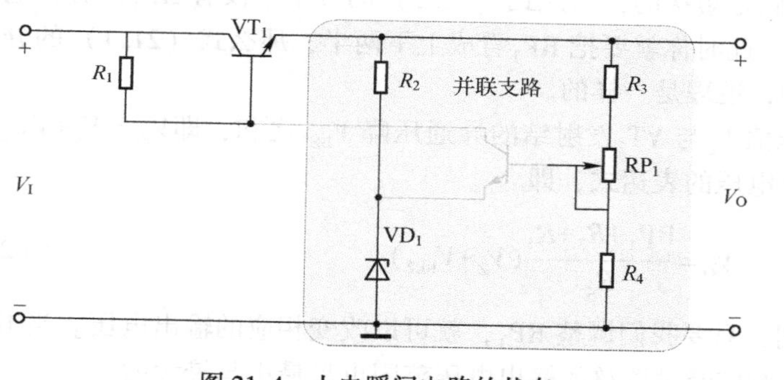

图 21.4　上电瞬间电路的状态

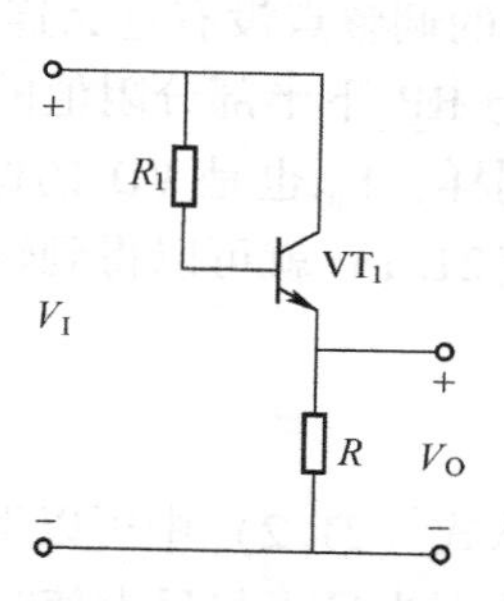

图 21.5　等效电路

从图 21.5 中可以看到，输出电压从 VT_1 的发射极电阻 R 两端获取，大家对这个电路有没有印象？没错，它就是共集电极放大电路（射随器），串联型稳压电路就是利用这种组态带负载能力强的特点制作而成的。很明显，V_I 相当于放大电路的供电电源，所以 V_O 是不可能大于 V_I 的，也正因为如此，串联型稳压电路只能用来降低输入电压而不能升高输入电压。此时 VT_1 处于放大状态，V_O 也有一定的值。但是，很明显，电路现在还没有稳定输出电压的能力。当电路上电完成而进入正常工作状态后，VT_2 的基极获得 R_3、RP_1、R_4 支路采集到的 V_O 样本（直流电压）而处于放大状态，它组成的是共射放大电路，所以相对于 VT_2 没有进入放大状态之前（截止状态）VT_1 的基极电位 V_{B1}（也就是 VT_2 的集电极电位 V_{C2}）总会被 VT_2 拉下一点点。换句话说，相对于没有 VT_2 之前，稳压电路的 V_O 会小一些（因为 V_o 跟随 V_{B1}），如图 21.6 所示。

实际上，V_O 之所以在正常的工作状态下小一些，就是因为电路的内部形成了负反馈。也正因为负反馈，才使得电路具有一定的稳压能力。此时，电路的输出虽然还没有连接负载，但放大电路的回路已经形成，所以必然会存在一定的回路电流，我们称之为**静态电流**（**Quiescent Current**），此值自然是越小越好。

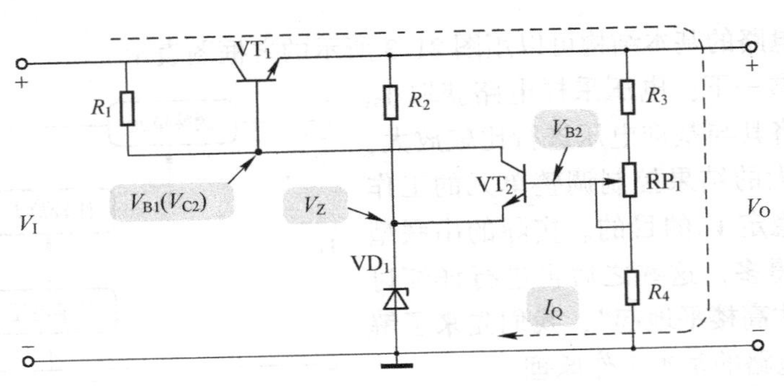

图 21.6 正常的工作状态

我们也可以通过计算得到电路稳定之后的输出电压。VT_2的基极电位 V_{B2} 由电阻 R_3、RP_1、R_4分压获取，即有：

$$V_{B2}=\frac{R_4}{RP_1+R_3+R_4}V_O \tag{21.1}$$

由于 RP_1的调整引脚与下侧是短接的，因此式（21.1）的分子中没有 RP_1，有些电路图中 RP_1的调整点没有这么连接，此时你就要把 RP_1看成上下两半，那么式（21.1）的分子就是 R_4与 RP_1下半部分阻值的和，道理是一样的。

同样，V_{B2}也是 VD_1的稳压值 V_Z与 VT_2发射结的导通压降 V_{BE2}之和，即$V_{B2}=V_Z+V_{BE2}$，结合式（21.1）就可以得到输出电压的表达式，即

$$V_O=\frac{RP_1+R_3+R_4}{R_4}(V_Z+V_{BE2}) \tag{21.2}$$

从式（21.2）中可以看到，只要我们调整 RP_1，就可以改变相应的输出电压。当 RP_1的阻值分别为最小与最大值时，对应经过调整的输出电压范围也是最小与最大的。

串联型稳压电路是如何稳定输出电压的呢？假设我们在稳压电路的输出端连接一个负载(如电灯泡)，那么 V_O会在负载连接的一瞬间下降。为什么呢？因为负载肯定会有一定的电阻值（没有连接负载时可以认为连接了阻值为无穷大的负载），相当于负载与射随器的输出电阻并联，而并联后总的阻值自然就下降了，此时回路电流还没有来得及变化，所以根据欧姆定律，V_O必然会下降。

然后 R_3、RP_1、R_4对 V_O进行电阻分压式采集，VT_2的基极电位 V_{B2}相应也会下降，而它的发射极则由 R_2与 VD_1提供了比较稳定的参考电位 V_Z，这样就会导致 VT_2发射结的正向压降 V_{BE2}、基极电流 I_{B2}、集电极电流 I_{C2}相继下降，而集电极电位 V_{C2}反而上升。由于 VT_1是共集电极组态，且其基极与 VT_2的集电极相连，因此 V_O将随 V_{B1}（V_{C2}）的上升而上升，负载接入后的稳压过程如图 21.7 所示。

以上所述的稳压过程也可以使用图 21.8 所示的来描述，其中包含了更多的调整细节，读者可自行分析。

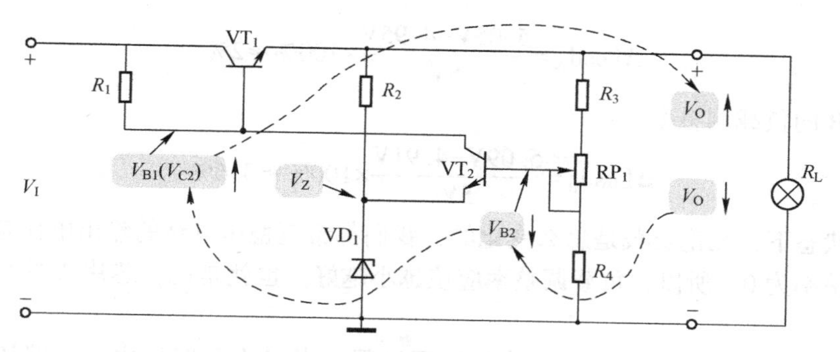

图 21.7　负载接入后的稳压过程

$V_O\downarrow$ → $V_{B2}\downarrow$ → $V_{BE2}\downarrow$ —(V_Z恒定)→ $I_{B2}\downarrow$ → $I_{C2}\downarrow$ → $V_{C2}\uparrow$ → $V_O\downarrow$ → $V_{BE1}\uparrow$ → $I_{B1}\uparrow$ → $I_{C1}\uparrow$ → $V_{CE1}\downarrow$ —(V_I恒定)→ $V_O\uparrow$

图 21.8　稳压过程

从图 21.8 中可以看到，V_O在稳压电路刚刚接入负载的一瞬间确实是有所下降的，但是经过一系列比较放大反馈调整之后又上升了。由于上升量抵消了下降量，所以 V_O仍然维持在没有连接负载时的电压值。也就是说，无论稳压电路是否连接了负载，输出电压总是可以稳定到同一个数值的。

我们说稳压电路可以对负载变化引起输出电压的波动进行稳压调整，那么应该使用什么参数去量化这个调整能力呢？现如今，市面上的稳压电路芯片的型号多种多样，读者以后成为电子工程师之后，经常会有厂商送来的电源芯片样品需要测试。那我们怎么样才能确定样品的稳压性能是否满足项目的要求呢？又如何才能从多个同类芯片中选择其中稳压性能最好的呢？

通常我们使用负载调整率（Load Regulation）来衡量稳压电路在负载变化时的稳压能力，并使用符号 ΔLoad 来表示，即

$$\Delta\text{Load}=\frac{\Delta V_O}{V_O}\times 100\%=\frac{\text{满负载电压}-\text{半负载电压}}{\text{额定输出电压}}\times 100\% \tag{21.3}$$

式（21.3）中的分母表示稳压电路的额定输出电压，而分子 ΔV_O表示当测试连接的负载阻值在一定范围内变化时对应的输出电压的变化量。例如，我们可以选择满负载与半负载，对应的输出电压就是满负载电压与半负载电压。那什么是满负载与半负载呢？

任何一款电源芯片的带负载能力总是有限的，它是芯片长时间稳定工作时能够允许输出的最大电流，这个参数通常会标注在芯片数据手册中，也就是我们所说的额定输出电流。假设电源芯片的额定输出电压是 5V，额定输出电流是 1A，那么满负载连接时的阻值就是 5V/1A＝5Ω，而半负载时的阻值就是 10Ω。

例如，现在有两款 5V、1A 的稳压电路芯片样品，经过测试后，芯片 A 输出电压的变化范围是 4.95～5.05V，而芯片 B 输出电压的变化范围是 4.91～5.09V，这样我们就可以计算出芯片 A 的负载调整率为

$$\Delta \text{Load}_A = \frac{5.05\text{V} - 4.95\text{V}}{5\text{V}} \times 100\% \approx 2\%$$

而芯片 B 的负载调整率为：

$$\Delta \text{Load}_B = \frac{5.09\text{V} - 4.91\text{V}}{5\text{V}} \times 100\% \approx 3.6\%$$

在理想状态下，无论负载是怎么变化的，我们都希望稳压电路的输出电压是恒定的，也就是负载调整率为 0。所以，负载调整率应该越小越好。也就是说，芯片 A 的负载调整率更好一些。

我们再来看看输入电压变化时电路的稳压过程。当 V_I上升时，由于电路还没来得及调整，所以 V_O也必然会随之上升。同样经过电压采样后，V_{B2}、I_{B2}、I_{C2}会相继上升，而 V_{C2}与 V_O会相继下降，V_O的下降量抵消了刚开始的上升量，这样仍然可以将稳压电路的输出稳定在 V_I没有上升前的状态。整个稳压过程可以使用图 21.9 所示的那样来描述。

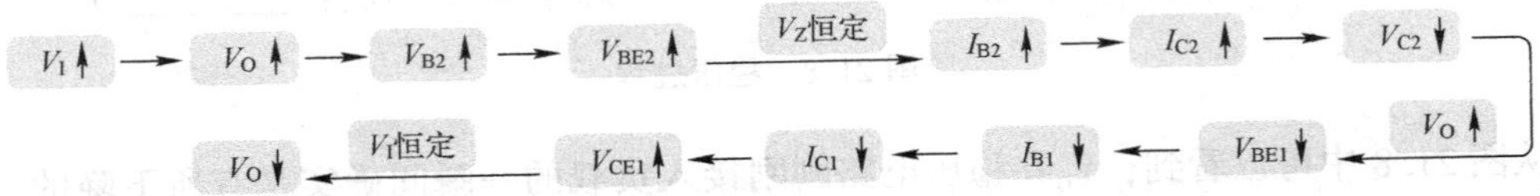

$V_I\uparrow \rightarrow V_O\uparrow \rightarrow V_{B2}\uparrow \rightarrow V_{BE2}\uparrow \xrightarrow{V_Z恒定} I_{B2}\uparrow \rightarrow I_{C2}\uparrow \rightarrow V_{C2}\downarrow \rightarrow V_O\uparrow \rightarrow V_{BE1}\downarrow \rightarrow I_{B1}\downarrow \rightarrow I_{C1}\downarrow \rightarrow V_{CE1}\uparrow \xrightarrow{V_I恒定} V_O\downarrow$

图 21.9　稳压过程

与负载调整率类似，我们使用线性调整率（Line Regulation）来衡量输入电压在一定范围内变化时稳压电路的稳压能力，并使用符号 ΔLine 表示，即

$$\Delta \text{Line} = \frac{\Delta V_O}{V_O} \times 100\% \tag{21.4}$$

式（21.4）中的 V_O还是额定输出电压，而 ΔV_O表示输入电压在一定范围内变化时引起的输出电压的变化量。当然，线性调整率也有另一个表达式，即

$$\Delta \text{Line} = \left[\left(\frac{\Delta V_O}{V_O} \right) / V_I \right] \times 100\% \tag{21.5}$$

这样得到的线性调整率就是当输入电压每变化 1V 时输出电压相对变化值的百分数，大家了解一下就可以了。

通常测试线性调整率的时候，电路输出连接的负载是固定的。例如，额定输出电压同样为 5V 的两款芯片，在输入电压变化相同的条件下，芯片 A 输出电压的变化范围是 4.95～5.05V，而芯片 B 输出电压的变化范围是 4.91～5.09V，那么芯片 A 的电压调整率是：

$$\Delta \text{Line}_A = \frac{5.05\text{V} - 4.95\text{V}}{5\text{V}} \times 100\% \approx 2\%$$

而芯片 B 的电压调整率是：

$$\Delta \text{Line}_B = \frac{5.09\text{V} - 4.91\text{V}}{5\text{V}} \times 100\% \approx 3.6\%$$

在理想状态下，无论输入电压是怎么变化的，我们都希望稳压电路的输出是恒定的，也就是线性调整率为 0。所以，线性调整率也应该越小越好。也就是说，芯片 A 的线性调整率更好一些。

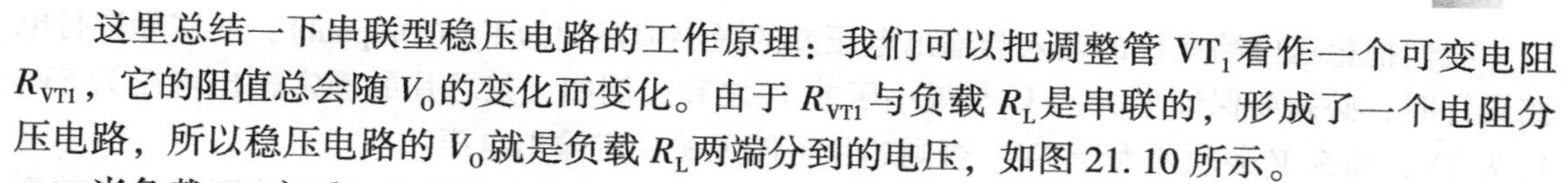

这里总结一下串联型稳压电路的工作原理：我们可以把调整管 VT_1看作一个可变电阻 R_{VT1}，它的阻值总会随 V_O的变化而变化。由于 R_{VT1}与负载 R_L是串联的，形成了一个电阻分压电路，所以稳压电路的 V_O就是负载 R_L两端分到的电压，如图 21.10 所示。

当负载 R_L变重（R_L的阻值变小）时，根据电阻分压原理，R_L两端的压降 V_O就下降了。为了维持与负载变化前相同的 V_O，我们可以把可变电阻 R_{VT1}的阻值调小一些，那么按照电阻分压的原理，V_O就会因 R_{VT1}两端的压降变小而上升（V_I是不变的），使得 V_O的上升量抵消原来的下降量，所以 V_O才能够保持不变。当 R_L变轻时也是同样的道理。也就是说，无论 R_L的阻值怎么变化，我们都会实时改变 R_{VT1}的阻值，使得两个电阻的比值是不变的，这样从 V_I分到的电压就是一样的，只不过输入电流 I 的大小不同而已。

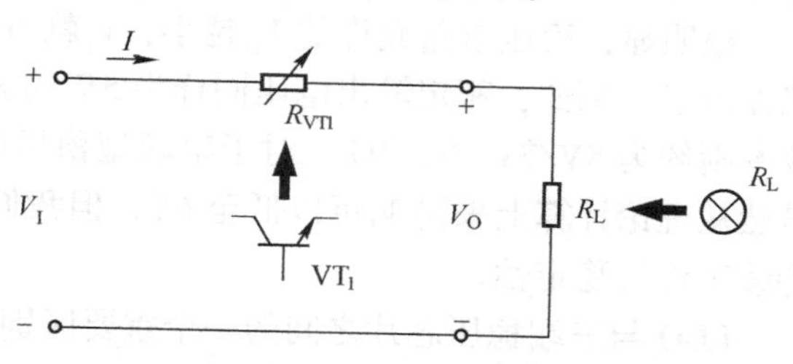

图 21.10　稳压过程的等效电路

当输入电压 V_I上升时，理论上 V_O也会随之上升，但我们可以提升 R_{VT1}的阻值，这样 V_I的上升量就消耗在 R_{VT1}上了，这样 V_O仍然是不变的。当 V_I下降时也是同样的道理。也就是说，无论 V_I是怎么变化的，我们总会实时修改 R_{VT1}的阻值，使得最后 R_L两端的分压总是不变的。

简单地说，**串联型稳压电路是一种线性稳压器，它通过内部负反馈自动控制调整管在线性放大区域所占用的压降，从稳定或不稳定的输入电压中获取稳定的降额输出电压，实现不同电压值之间的转换**。

既然串联型稳压电路可以实现不同电压的转换，那么它的转换效率有多高呢？换句话说，稳压电路本身消耗了多少能量呢？我们可以分别计算稳压电路的输出功率与输入功率，它们的比值就是转换效率，使用符号 η 来表示，如下式：

$$\eta=\frac{V_O \times I_O}{V_I \times I_I} \tag{21.6}$$

一般情况下，串联型稳压电路的静态电流 I_Q会比较小，输入电流 I_I与输出电流 I_O可以认为是近似相等的，所以 V_O与 V_I的比值就可以近似作为转换效率。例如，对于同样的额定输出电压 5V，当 $V_I=8V$ 时，η 为 62.5%，而当 $V_I=15V$ 时，η 就下降到约 33.3%了。

由于 V_O是恒定的，所以 V_I与 V_O的压差就施加到调整管两端，不为零的负载电流会使调整管消耗一定的功率，继而可能产生发热现象。压差与负载电流越大，则调整管消耗的功率就越大，发热量也就越大，也就意味着转换效率越低，这在低功耗电子产品电路设计中是不允许的。

很明显，提升转换效率的关键在于降低 V_I。虽然我们前面提过，当 V_I波动时，稳压电路总能获得比较稳定的 V_O，然而实际上，V_I的允许波动范围是有限的，也就是有允许的最大值与最小值。如果 V_I超过最大值，稳压电路可能会工作不正常甚至会被永久性损坏，这一点还是比较好理解的。当然，V_I过小也是不允许的。我们从串联型稳压电路的工作原理可以看出，调整管应该总是处于线性放大状态的，V_I过小会导致内部调整管脱离放大区，自然也就失去稳定 V_O的能力。

我们把稳压电路允许的输入与输出电压差的最小值标记为 V_D（Dropout），在实际进行电路设计时，必须要保证 V_I大于 V_O与最小压差 V_D之和。例如，某芯片的额定输出电压为 5V，V_D为 2V，那么 V_I必须要大于 7V，否则芯片可能无法稳定输出电压。

很明显，稳压电路允许的 V_D越小，V_I就可以更低，那么在相同的 V_O条件下，转换效率就提升了。例如，额定输出电压同样为 5V 的另一款芯片，其 V_D为 1V，如果 $V_I=7V$，转换效率则约为 5V/7V=71.4%。对于串联型稳压电路而言，达到这样的转换效率还是不错的。虽然从理论计算上来讲 V_I可以低至 6V，但我们总要留一些设计裕量，这样才可以保证芯片持续工作的稳定性。

LDO 与三端稳压芯片之间的一个重要区别就是：最小压差 V_D不一样。大多数 LDO 芯片的 V_D一般小于 1V，LM1117 这样通用的 LDO 的 V_D约为 1.1V，有些 LDO 只有不到 100mV 的超低压差，这样在电池供电的低功耗电子产品上就会有优势。而通用三端稳压芯片（如 7805）的 V_D一般在 2V 左右，最小允许压差 V_D的不同决定了它们不一样的应用场合。

当然，前面讨论的只是串联型稳压电路的基本结构，实际应用中的具体电路又会是怎么样的呢？我们来分析一下黑白电视机中的一款串联型稳压电路，它通常连接在全桥整流电路之后，输入电压通常为 18V 左右，输出电压通常为 12V 左右，如图 21.11 所示。

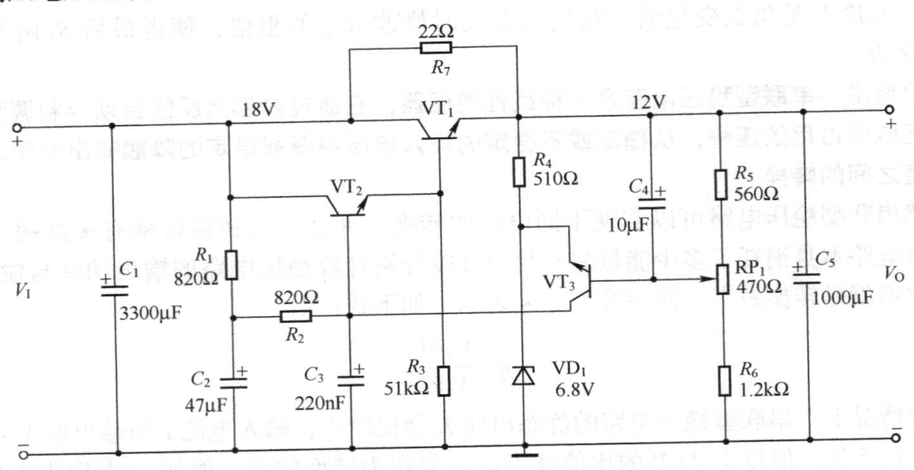

图 21.11　串联型稳压电路实例

首先确定它的基本结构。R_5、RP_1、R_6组成电压采样单元，VT_3为比较放大三极管，R_4与 VD_1给 VT_3的发射极提供基准电压，VT_1与 VT_2为调整单元。从图 21.11 中可以看到，最基本的结构还是有的，但是增加了很多元器件提升稳压电路的动态性能。

我们先来看一下调整单元，它是由 VT_1与 VT_2组成的复合管。黑白电视机中串联型稳压电路的总负载电流约 1A，最大可能会有 1.2A，所以 VT_1一般会选择大功率三极管，它的主要选型参数是 C-E 之间最大的击穿电压 $V_{(BR)CEO}$与最大的集电极电流 I_{CM}。稳压电路的输入标称电压虽然为 18V，但这只是正常工作的时候，实际上交流电网也会有些波动，如果按 20%的波动来计算，V_I的变化范围为 14.4~21.6V。假设输出是短路的（如刚上电瞬间或负载出现意外），按照极限条件来计算，你应该选择 $V_{(BR)CEO}$大于 21.6V 的调整管 VT_1，而 I_{CM}则可以取负载电流最大值的 1.5 倍，即 1.2A×1.5=1.8A。也就是说，VT_1的 I_{CM}不能低于

1.8A。我们也可以计算出极限工作条件下 VT_1 消耗的功率，即 1.2A×(21.6V−10V)≈14W（假设输出最低为10V）。

不好意思，算错了！刚才没有注意到 VT_1 的 C−E 之间并联了一个 22Ω 的电阻，它是用来给 VT_1 分流的（也可以认为是扩展输出电流的），这样可以减轻调整管消耗的功率，如果电源电路正常工作时的负载电流总是不小于某个值时是可以这么做的，黑白电视机消耗的电流正是这样。我们按正常工作条件下计算流过 R_7 的电流（如果按极限工作条件，R_7 的分流比较大，这样计算出来的 VT_1 集电极电流会小很多，而实际正常工作时 R_7 的分流并没有那么大，VT_1 的负担会大很多），即(18V−12V)/22Ω≈273mA，所以 VT_1 的集电极电流为(1.2A−273mA)=927mA，所以选型时 I_{CM} 不应该小于 927mA×1.5≈1.4A，而相应消耗的最大功率为 927mA×(21.6V−10V)≈11W，比原来不接分流电阻时消耗的功率要小很多。当然，R_7 应该选择耗散功率大点的电阻，即 $(18V-12V)^2/22\Omega \approx 1.6W$，留一点裕量，可以选择2W以上的电阻。

同时，当输入电压为最小值14.4V时，串联型稳压电路的输入与输出之间的压差约为2.4V，为了保证 VT_1 能够一直处于放大状态，我们预留1V设计裕量，所以应该选择 $V_{CE(sat)}$ 不大于1.4V的三极管。

尽管连接了分流电阻，11W的功耗还是比较大，所以一般情况下都会给调整管 VT_1 添加散热器，很多黑白电视机中的 VT_1 使用金属外壳的TO−3封装，TO−3封装3DD207相应的数据手册如图21.12所示。

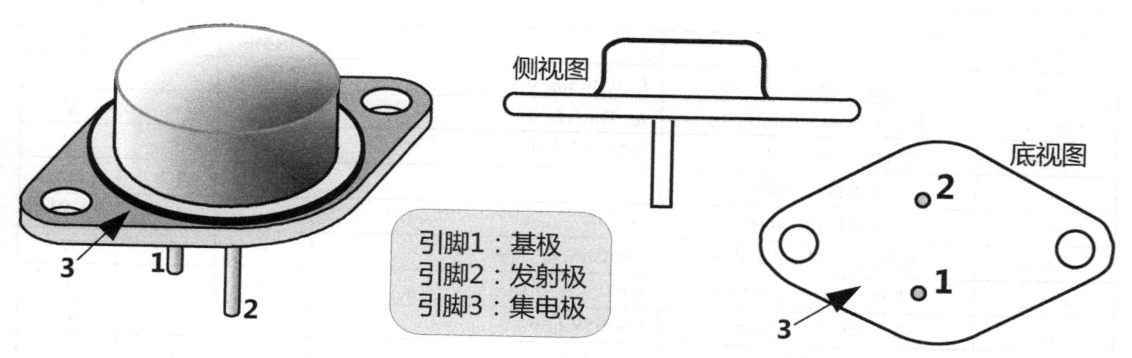

电气特性(Electrical Characteristics)

如非特别说明，T_J=25℃

符号	参数	测试条件	最小值	最大值	单位
$V_{(BR)CBO}$	集电极−基极电压(I_E=0)	I_C=1.0mA,I_E=0	60	—	V
$V_{(BR)CEO}$	集电极−发射极电压(I_B=0)	I_C=50mA,I_B=0	60	—	V
$V_{(BR)EBO}$	发射极−基极电压(I_C=0)	I_E=1.0mA,I_C=0	6	—	V
I_{CM}	集电极电流峰值	—	—	5	A
P_{CM}	集电极耗散功率	T_C=75℃	—	50	W
$V_{CE(sat)}$	集电极−发射极饱和电压	I_C=3.0A,I_B=0.3A	—	1.0	V
$V_{BE(sat)}$	基极−发射极饱和电压	I_C=3.0A,I_B=0.3A	6	—	V
I_{CBO}	集电极截止电流(I_E=0)	V_{CB}=60V,I_E=0	—	0.5	mA
h_{FE}	直流电流增益	I_C=2.0A,V_{CE}=5V	40	250	—

图21.12　TO−3封装3DD207相应的数据手册（部分）

TO-3 封装只有基极与发射极两个引脚，金属外壳就是集电极，所以通常还会引出一根线连接到 PCB 的焊盘上，外壳上的两个孔可以用来安装螺母固定在散热器上。从图 21.12 中可以看到，3DD207 的 $V_{(BR)CEO}=60V$，$I_{CM}=5A$，远大于实际电路的需求。我们假设直流放大系数为 50（表格中 h_{FE} 的测试条件为 $I_C=2.0A$，实际的工作电流并没这么大，所以电流放大系数也就没有这么小）。然后可以计算出 VT_1 的最大基极电流，即 1.2A/50=24mA，这也大约是 VT_2 的集电极电流，而 VT_2 的 V_{CE} 仅比 VT_1 小一个发射结压降，所以其 $V_{(BR)CEO}$ 也最好不要小于 21.6V，而计算出来的最大功耗约为 24mA×(21.6V-10V-0.6V)=264mW。我们看一下 TO-92 封装 2SC536 相应的数据手册，如图 21.13 所示。

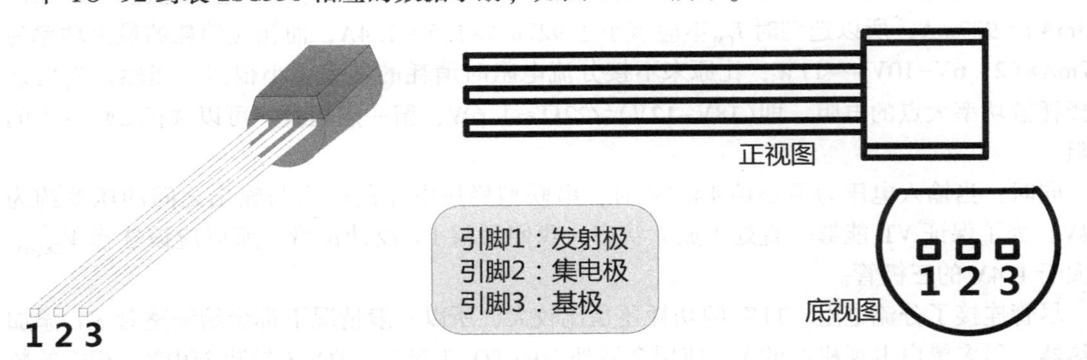

电气特性(Electrical Characteristics)　　　　如非特别说明，T_J=25℃

符号	参数	测试条件	最小值	最大值	单位
$V_{(BR)CBO}$	集电极–基极电压(I_E=0)	I_C=0.1mA,I_E=0	40	—	V
$V_{(BR)CEO}$	集电极–发射极电压(I_B=0)	I_C=51mA,I_B=0	30	—	V
$V_{(BR)EBO}$	发射极–基极电压(I_C=0)	I_E=0.1mA,I_C=0	5	—	V
I_{CM}	集电极电流峰值	—	—	100	mA
P_{CM}	集电极耗散功率	T_A=25℃	—	400	mW
$V_{CE(sat)}$	集电极–发射极饱和电压	I_C=50mA, I_B=5mA	—	0.5	V
$V_{BE(sat)}$	基极–发射极饱和电压	I_C=3.0A,I_B=0.3A	6	—	V
I_{CBO}	集电极截止电流(I_E=0)	V_{CB}=35V,I_E=0	—	1	μA
h_{FE}	直流电流增益	I_C=1mA, V_{CE}=6V	60	960	—

图 21.13　TO-92 封装 2SC536 相应的数据手册（部分）

TO-92 封装的三极管是塑封晶体管，在黑白电视机上使用得比较多，它们的引脚是统一的，从左至右依次为 E、C、B。数据手册中也有一个直流放大系数，同样选择最小值可以计算出 VT_2 的基极电流，即 24mA/60=0.4mA。这个电流是由 R_1 与 R_2 提供的（它们与 VT_3 组成共发射极放大电路，而复合管组成的射随器就相当于负载），所以在实际设计时，基极电阻(R_1+R_2)不能太大，否则无法给 VT_2 提供足够的基极驱动电流。当然，太小也没必要，节约用电环保也是要考虑的（电流浪费了）。一般将流过 R_1 与 R_2 的电流设置为 VT_2 基极电流的 5~10 倍（2~4mA）就够用了。对于我们的实际案例，VT_2 正常工作时的基极电位为 $12V+V_{BE1}+V_{BE2}=13.2V$，流过 R_1 与 R_2 的电流约为(18V-13.2V)/(820Ω+820Ω)≈3mA，这个电流值能够满足需求。

注意，VT_2的发射极与公共地之间连接了一个 51kΩ 的电阻，它主要用来降低复合管的总穿透电流，这一点我们已经提过了。穿透电流过大可能会出现这种现象：当稳压电路没有连接负载的时候，它的输出电压会偏高，而接上负载后才能把电压调下来，这就是因为穿透电流过大使得复合管已经不受控制而导通了。

有时候你会发现稳压电路的输出是正常的，一旦连接负载，VT_2就会被烧毁，大家想一下这可能是什么情况？很有可能调整管 VT_1没有连接好，这样小功率三极管 VT_2通过，充当了调整管，在没有连接负载的时候输出电压还算是正常的，一旦接了负载，电流一旦提升起来，VT_2就会因承担不了这么大的电流而被烧毁。

另外，在串联型稳压电路的基本结构中，调整管的基极电阻是一个电阻，而实例中却分成了两半，然后连接了两个电容器组成两级 RC 低通滤波器，它们与 VT_1、VT_2组成了一个有源滤波器。把参数相同的两级 RC 滤波器连接到输入（VT_2的基极）获得的滤波效果比连接到输出（VT_1的发射极）要好$(1+\beta)$倍，我们可以简单证明一下，如图 21.14 所示。

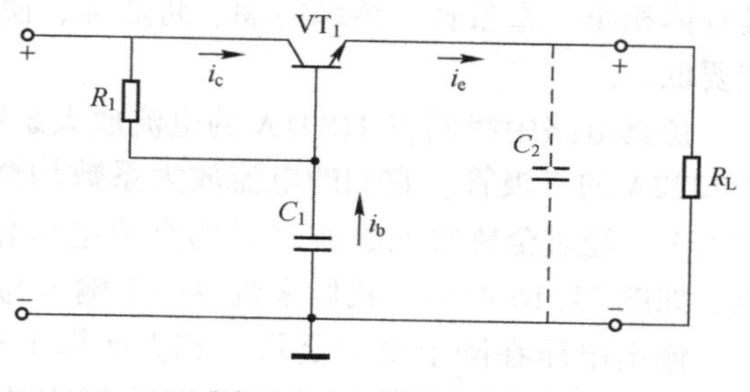

图 21.14　有源滤波器

假设流过电容器 C_1的交流电流为 i_b，则其两端的交流压降为 $i_b/\omega C_1$。如果我们把 C_1连接到 VT_1的发射极与公共地之间（标记为 C_2），则其两端的交流压降为 $i_e/\omega C_2$，由于射随器的发射极电位跟随基极电位，则有：

$$i_b/\omega C_1 \approx i_e/\omega C_2$$

又由于 $i_e=(1+\beta)i_b$，移项整理一下可得：

$$C_2=(1+\beta)C_1 \qquad (21.7)$$

你也可以这么直观地理解：经 VT_1放大后的发射极交流电流的波动量是基极交流电流的$(1+\beta)$倍，如果在发射极连接同样参数的滤波器，它面对的电流波动是基极的$(1+\beta)$倍，总的滤波效果自然就比与连接在基极时的差$(1+\beta)$倍。

VT_3的集电极电流就比较小了，我们假设稳压二极管 VD_1的标称稳压值为 6.8V，那么极限条件下 C-E 之间的压降只有 21.6V−6.8−1.2V＝13.6V，所以选择与 VT_2型号相同的三极管即可。

RP_1是用来改变反馈到比较放大三极管 VT_3的基极电压的电位器。继而达到调整输出电压的作用。其值过大则不能给 VT_3提供足够的基极电流，过小则无用电流变大。我们可以计算出该电路的输出电压范围，即

$$V_{Omin}=\frac{560\Omega+470\Omega+1200\Omega}{470\Omega+1200\Omega}\times(6.8V+0.6V)\approx 9.9V$$

$$V_{Omax}=\frac{560\Omega+470\Omega+1200\Omega}{1200\Omega}\times(6.8V+0.6V)\approx 13.8V$$

VT_3的基极与输出之间还连接了一个电容器 C_4，它可以降低反馈电压的交流阻抗。我们前面提过，串联型稳压电路是通过采集输出电压跟基准电压比较之后控制调整单元来稳定输出电压的。当输出电压有波动的时候，变化的电压首先会经过 R_5、RP_1、R_6分压后

再送到 VT_3进行比较放大。但是，很明显，变化的电压经过分压之后变小了。也就是说，最终的控制量也变小了。实际上，电压的波动量相当于交流成分，当我们添加了C_4后，对于交流成分来讲，电压采样上半部分的电阻相当于是短路的。也就是说，交流成分能够直接施加到 VT_3的基极，间接提升了 VT_3的电压放大系数，从而也就提升了串联型稳压电路的稳压性能。需要指出的是，C_4的容值只需要数微法就足够了，使用过大的容量没有更多的好处。

我们也可以用运放来代替比较放大三极管 VT_3。运放的电压放大系数一般非常大，这样输出电压更小的波动也可以被检测到，从而提升稳压电路的稳压性能。

我们同样使用 Multisim 软件平台仿真图 21.11 所示的电路，虽然其中涉及的三极管并不存在于元器件库中，然而老话说得好：千里马常有，而伯乐不常有。只要我们理解了元器件选型的依据，重新从众多新元器件中选择合适的三极管也绝不是难事，相应的仿真电路如图 21.15 所示。

我们使用的调整管的型号仍然为 TIP31A，它是 TO-220 封装的塑封管，这种封装方式具有体积小、重量轻、绝缘防潮、防盐雾、便于设计与安装的优点，而且成本比同类金属封装要低。

仿真电路中我们将 TIP31A 的电流放大系数修改为 50，而另外两个三极管均使用型号为 2N2222A 的三极管，它们的电流放大系数均修改为 60。输入电压为正弦交流电压，其幅值为 15V，经过全桥整流滤波之后的直流电压作为稳压电路的输入，最终输出 12V 的直流电压。如图 21.16 所示，我们来观察一下输入与输出电压的波形。

输出电压在刚上电时是从小到大缓慢上升的，你可以理解为大容量电源滤波电容器在慢慢充电，降低它们的容量可以缩减相应的上升时间。从图 21.16 中可以看到，稳压电路的输入直流还是有一些波动的，约为 $19.3606V-16.5018V \approx 2.86V$，稳压之后的 12V 输出电压的波动比较小，其值约为 $12.0601V-11.9558V \approx 104mV$，比稳压电路输入电压的波动要小得多。

随着集成电路工艺的发展，三端集成稳压芯片已经被广泛用于电子电路中，78XX 系列就是基于串联型稳压结构的典型芯片，我们一起来阅读 7805 芯片的部分数据手册，如图 21.17 所示。

图 21.17 中的 P_D 和 $V_{IN(max)}$ 是极限参数，在实际使用时不应该超出范围，否则稳压芯片有可能会被损坏。P_D为稳压芯片的最大功耗，实际工作中的芯片功耗可以使用公式 $P=V \times I$ 来计算。其中，V 表示稳压芯片输入端与输出端之间的压差，I 表示输入或输出电流。

我们看一下线性调整率 $V_{R(LINE)}$ 与负载调整率 $V_{(RLOAD)}$，它们的单位都是毫伏，而我们之前的计算结果是百分数，是没有单位的。其实原理是一样的，只不过数据手册中标记的是输出电压的变化量，只要把这个值除以额定输出电压再乘以 100%即可，这样就与前面讨论的内容一致了。

还有一个输出电阻（Output Resistance），它指的是稳压电路的动态内阻，相当于集电极放大电路的输出电阻，它是指输出电流在某一范围变化时输出电压的变化量与电流变化量的比值。很明显，输出电阻越小，芯片的稳压性能越好。

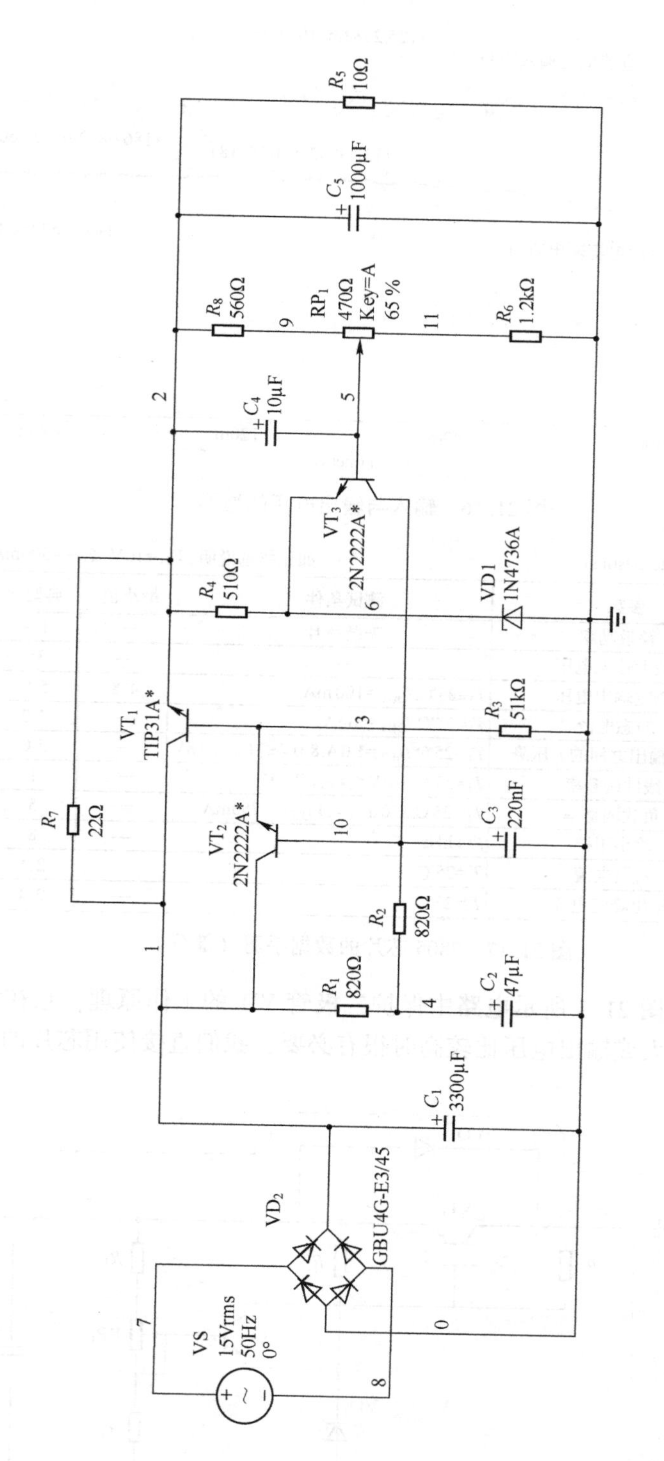

图21.15　黑白电视机串联型稳压仿真电路

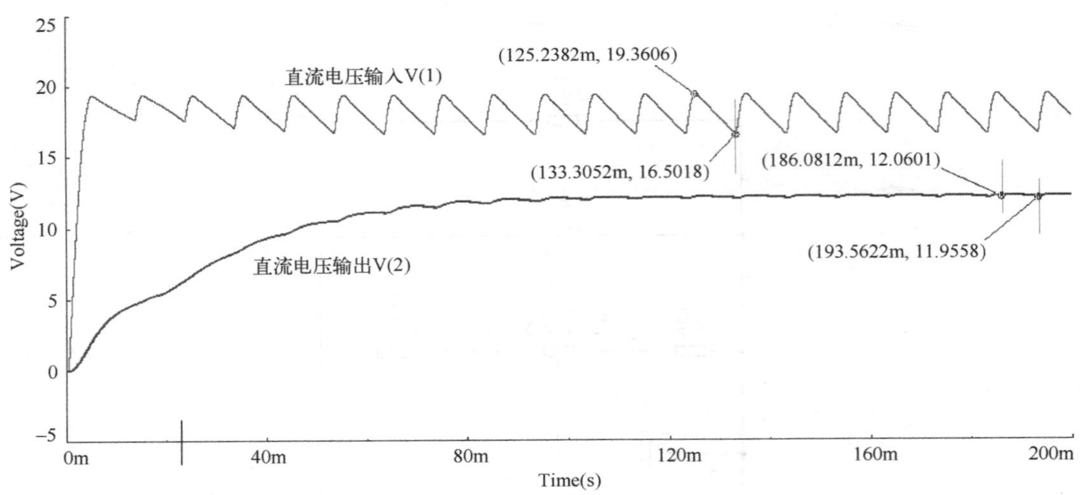

图 21.16 输入与输出电压的波形

电气特性（Electrical Characteristics） 如无特别说明，V_{IN}=10V, I_{OUT}=500mA, 0℃≤T_J≤125℃

符号	参数	测试条件	最小值	典型值	最大值	单位
P_D	耗散功率	无散热片	—	1.9	—	W
$V_{IN(max)}$	最大输入电压	—	—	35	—	V
V_{OUT}	额定输出电压	T_J=25℃, I_{OUT}=100mA	4.8	5.0	5.2	V
I_Q	静态电流	T_J=25℃, I_{OUT}=5mA	—	4.2	8.0	mA
V_D	（输入与输出之间的）压降	T_J=25℃, I_{OUT}=1.0A, 8.0V≤V_{IN}≤18V	—	2.0	—	V
$V_{R(LINE)}$	线性调整率	T_J=25℃, 8.0V≤V_{IN}≤12V	—	1	50	mV
$V_{R(LOAD)}$	负载调整率	T_J=25℃, 250mA≤V_{OUT}≤750mA	—	5	50	mV
R_O	输出阻抗	f=1kHz	—	8	—	mΩ
I_{SC}	短路电流	T_J=25℃	—	2.1	—	A
I_{PK}	输出峰值电流	T_J=25℃	—	2.4	—	A

图 21.17 7805 芯片的数据手册（部分）

回过头再来分析图 21.1 所示电路中保护二极管 VD_1的工作原理，它在稳压芯片输出并联电容器的容量比较大或输出电压比较高时很有必要，我们直接使用芯片的内部电路替换一下，如图 21.18 所示。

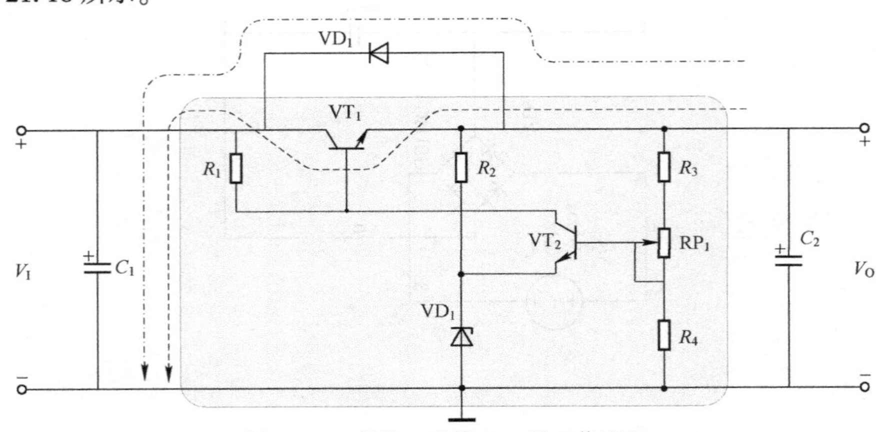

图 21.18 保护二极管 VD_1 的工作原理

虽然芯片内部实际的电路比较复杂，但是调整单元的基本结构通常是差不多的。当电路的输出电压比输入电压大很多时（例如，断电后 C_1 的放电速度比 C_2 快得多），如果没有 VD_1，则 C_2 两端的电压将反向施加在 VT_1 的发射结两端（集电结是正向偏置的）。我们早就提过，三极管发射结的反向击穿电压 $V_{BR(EBO)}$ 比较小，一般只有 6V 左右，一旦反向偏置电压施加过来，首当其冲的就是这个发射结，这样很容易把 VT_1 的发射结击穿而导致芯片损坏。

当我们在输入与输出之间反向并联了一个保护二极管之后，就可以保证 VT_1 的 C-E 之间的最大反向偏压不会大于 1V，而集电结相当于跟 VD_1 是同向并联的，这样 VT_1 发射结两端的反向偏置电压可以忽略不计。

最后给大家留一个问题：如果把图 21.15 所示电路连接的 10Ω 电阻（R_1）断开，输出电压将会上升到 17V，为什么呢？难道这个稳压电路的稳压性能很差？

第22章 共基放大电路的逆袭：天生我材

今天我们讨论共基极连接组态的三极管放大电路。提到共基放大电路，可以这么说，大多数人对共射或共集放大电路的了解程度远比它要多得多，如果说你在学习模拟电子相关课程的时候没有仿真、计算或亲手搭建过共基放大电路，我信！但是，如果说你没有仿真、计算或搭建过共射放大电路，我还就真不信了！因为在实际工作中，共基放大电路的应用相对少一些。为什么呢？难道它有什么缺陷吗？如果答案是肯定的，那为什么还存在这种组态的放大电路呢？为了回答这些问题，我们首先来观察一下分压式共基放大电路，如图22.1所示。

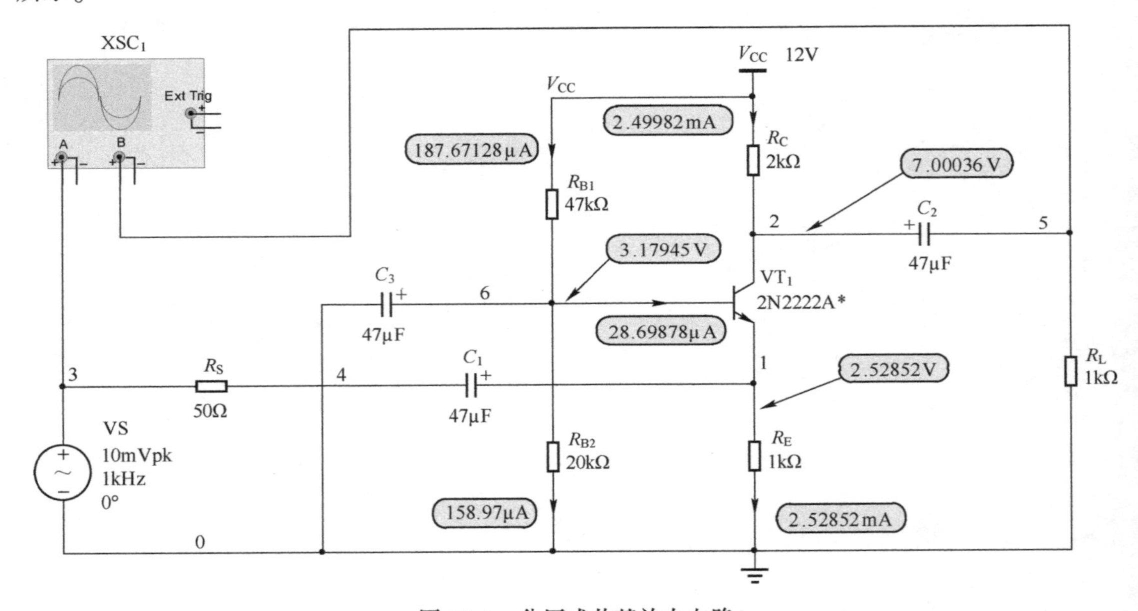

图22.1 分压式共基放大电路

从图22.1中可以看到，相对于图12.14所示的基极分压式偏置的共射放大电路，位号相同的元器件参数是完全一样的，它只多增加了一个元器件，也就是电容器C_3，我们也把它称为旁路电容器，VT_1的基极通过它连接到公共地。另外，网络连接方面还有一点不同的是：共基放大电路的输入信号是从三极管的发射极接入的，不再是基极。

有些人可能又有疑问了：怎么这就变成了共基放大电路呢？我马上就会回答你！首先还是获取相应的直流通路进行一番"套路般的"静态工作点分析。把电容器C_1、C_2、C_3断开之后，调整得到的直流通路如图22.2所示。

有些读者可能会觉得这个直流通路很眼熟，其实它与分压式共射放大电路的直流通路是

完全一样的，我也不瞒大家，图 22. 2 直接复制于图 12. 16，所以两者的静态工作点计算过程与结果完全一样，此处不再赘述。

接下来重点分析分压式共基放大电路的交流参数，它的交流通路虽然与分压式共射放大电路存在很大的不同，但分析方法并没有什么不一样。我们把电容器 C_1、C_2、C_3短接，然后将直流电源 V_{CC}短接，整理一下即可得到如图 22. 3 所示的交流通路。

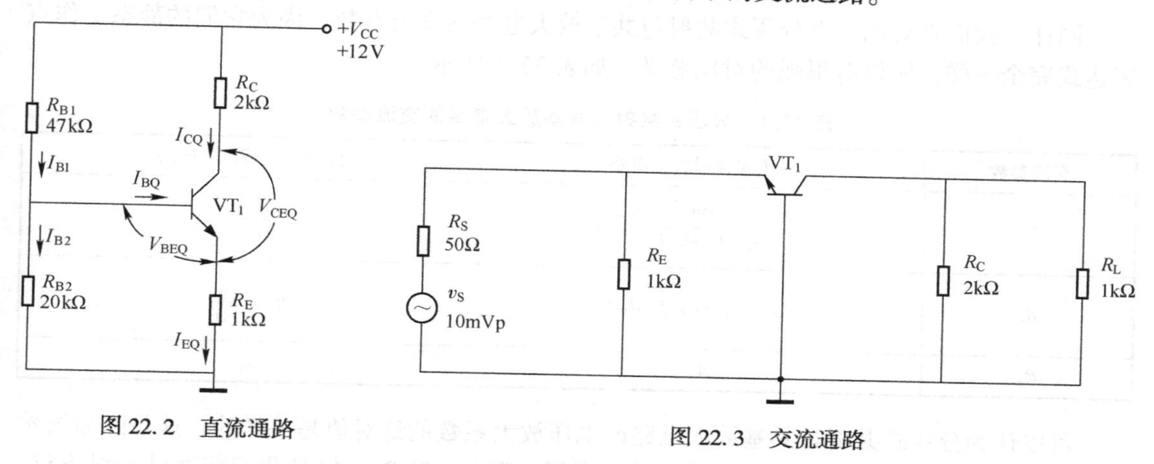

图 22. 2　直流通路　　　　图 22. 3　交流通路

很明显，VT_1的基极是输入回路与输出回路共用的电极，所以我们才称其为共基放大电路。把三极管的交流等效电路代入图 22. 3 即可得到如图 22. 4 所示的交流微变等效电路。

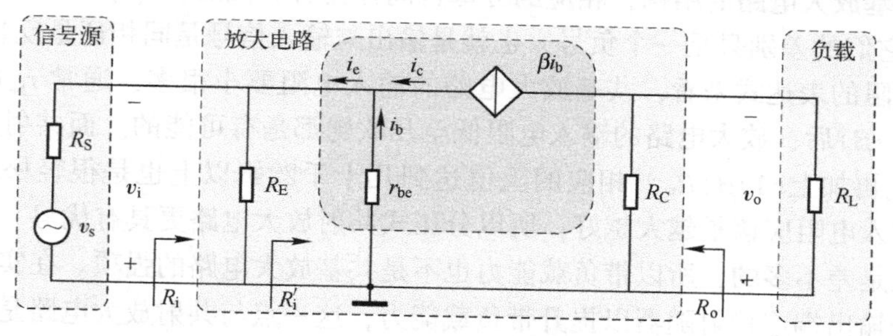

图 22. 4　交流微变等效电路

根据以往讨论的分析方法，其相应的电压放大系数为

$$A_v=\frac{v_o}{v_i}=\frac{-\beta i_b \cdot R'_L}{-i_b \cdot r_{be}}=\frac{\beta R'_L}{r_{be}} \tag{22. 1}$$

其中，R'_L仍然是 R_C与 R_L的并联值。需要注意的是，式（22. 1）的分子与分母原来都有一个负号，因为从输出回路来看，流过 R'_L的电流方向是从下往上的，由此产生的电压极性是上负下正的。从输入回路来看，流过 r_{be}的电流方向也是从下往上的，而输入电压就是 r_{be} 两端的电压，它的极性也是上负下正的，所以共基放大电路的输出与输入信号是同相的。

我们把从三极管的发射极往放大电路看到的电阻标记为 R'_i，则有：

$$R'_i=\frac{v_i}{i_i}=\frac{-i_b \cdot r_{be}}{-i_e}=\frac{-i_b \cdot r_{be}}{-(1+\beta)\,i_b}=\frac{r_{be}}{1+\beta} \tag{22. 2}$$

放大电路的输入电阻为发射极电阻 R_E 与 R_i' 的并联值，即

$$R_i = R_E \parallel R_i' = R_E \parallel \frac{r_{be}}{1+\beta} \tag{22.3}$$

输出电阻就比较简单了，与共射放大电路类似，即

$$R_o \approx R_C \tag{22.4}$$

同样，我们来对比一下分压式共射与共基放大电路的交流参数，因为它们的静态工作点表达式完全一样，所以有很强的对比意义，如表 22.1 所示。

表 22.1　分压式共射与共基放大电路的交流参数

交流参数	分压式共射放大电路	分压式共基放大电路
A_V	$\frac{-\beta R_L'}{r_{be}+(1+\beta)R_E}$	$\frac{\beta R_L'}{r_{be}}$
R_i	$R_B \parallel [r_{be}+(1+\beta)R_E]$	$R_E \parallel \frac{r_{be}}{1+\beta}$
R_o	R_c	R_c

可以认为分压式共射与共基放大电路的电压放大系数的绝对值是一样的，这是因为虽然分压式共射放大电路对应的表达式的分母中多了一项$(1+\beta)R_E$，但是我们前面已经讨论过，如果在发射极电阻 R_E 两端并联一个旁路电容器，那么$(1+\beta)R_E$就没有了（实际上，如果稍微更改一下共基放大电路的结构，相应的分母也同样会有类似的$(1+\beta)R_E$项，我们很快就会看到），此时它们的差别只是一个负号，也就是输出与输入信号是同相还是反相的。

从输入电阻的表达式来看，共基放大电路的输入电阻要小很多，通常 r_{be} 的阻值不会很大，其除以$(1+\beta)$后，放大电路的输入电阻低至几欧姆都是有可能的。而共射放大电路的输入电阻却是 r_{be} 再加上$(1+\beta)R_E$，相应的阻值达到几十千欧姆以上也是很轻松的。而我们也早就提过，输入电阻应该是越大越好，所以分压式共射放大电路更具有优势。

输出电阻是差不多的，所以带负载能力也不是共基放大电路的强项。在实际应用中，通常也会在信号输出端连接射随器以提升带负载能力，这一点与共射放大电路是一样的。

从交流参数的对比结果中可以看到，共基放大电路都不具备优势。当然，最主要还是输入电阻太小了，所以在我们学习的低频放大电路中是很难使用的。换句话说，如果你的电路系统需要电压放大系数，那么你没有什么理由抛弃输入电阻大的共射放大电路而选择输入电阻小的共基放大电路。也正是因为这个原因，大多数人对共基放大电路的了解程度并不如其他两种组态的三极管放大电路。

我们说共基放大电路的输入电阻很小，那么它究竟有多小呢？我们根据实际的元器件参数计算如下：

$$r_{be} = r_{bb'} + (1+\beta)\frac{26\text{mV}}{I_{EQ}} = 5\Omega + (1+100)\frac{26\text{mV}}{2.98\text{mA}} \approx 886\Omega$$

$$R_i = R_E \parallel \frac{r_{be}}{1+\beta} = 1\text{k}\Omega \parallel \frac{886\Omega}{1+100} \approx 8.7\Omega$$

$$R_o \approx R_C \approx 2\text{k}\Omega$$

$$A_v=\frac{\beta R'_L}{r_{be}}=\frac{100\times(2k\Omega \parallel 1k\Omega)}{886\Omega}\approx 75.2$$

$$A_{vs}=\frac{R_i}{R_i+R_S}A_v=\frac{8.7\Omega}{8.7\Omega+50\Omega}\times 75.2\approx 11$$

上述计算过程中的已知条件与分压式共射放大电路是完全一样的，所以 r_{be} 也没有发生变化，计算出来的输入电阻约为 8.7Ω，这个电阻值小的有点“变态”了，比信号源内阻 R_S 还要小很多，很明显不是一件好事。有载电压放大系数约为 75.2，看起来还是挺高的，但是源电压放大系数却只有约 11，下降了一大半。原因就在于放大电路的输入电阻太小了，它与 R_S 串联对信号源进行分压，所以放大电路的有效输入电压下降了一大半，从而也就削弱了整个放大电路的电压放大能力。

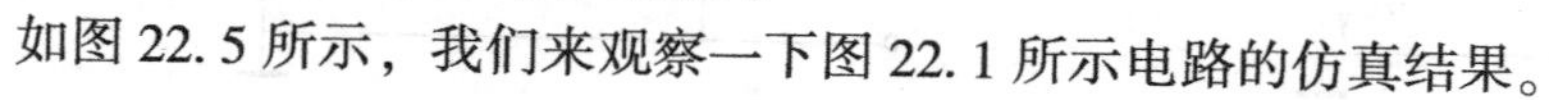

如图 22.5 所示，我们来观察一下图 22.1 所示电路的仿真结果。

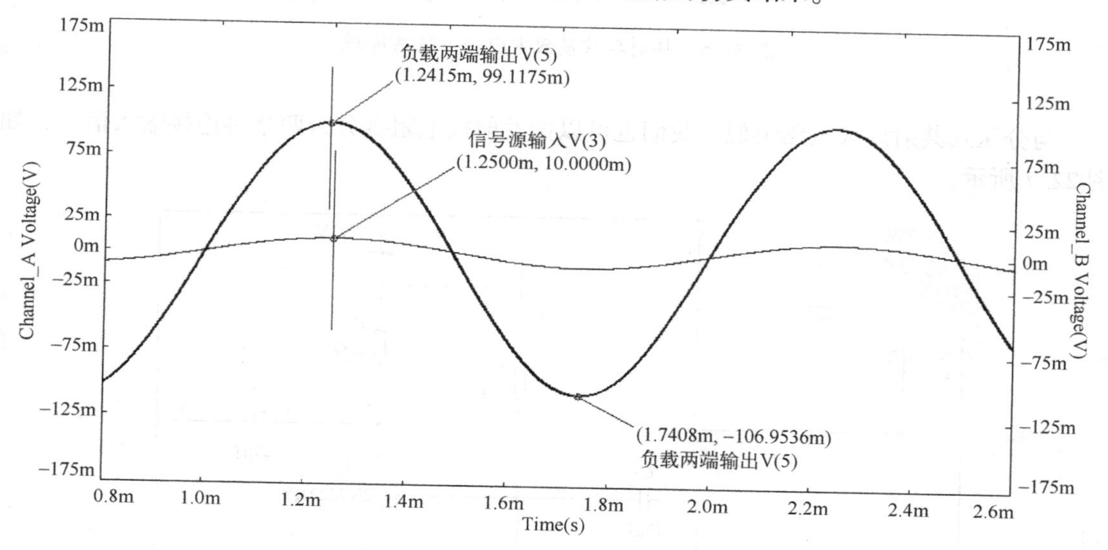

图 22.5　图 22.1 所示电路的仿真结果

从图 22.5 中可以看到，输出电压的幅值约为 100mV，所以相应的源电压放大系数约为 10，与我们的计算结果差不多。同样可以看到，输出与输入信号是同相的（有一点点差别是由于基极旁路电容器引起的）。我们也可以从交流通路理解这个同相关系，共射放大电路是固定发射极电位，把输入信号施加到三极管的基极，然后控制基极与发射极之间的压降来产生基极电流再进行放大。而共基放大电路却是相反的，它是固定基极电位（也就是公共地电位），然后把输入信号施加在发射极，当发射极电位上升的时候，发射结的正向压降、基极电流、集电极电流都是下降的，而集电极电位却是上升的，与发射极电位的变化趋势是一样的，所以输出与输入信号是同相的，如图 22.6 所示为共射与共基放大电路的放大原理。

很明显，这两种电路的基本原理是一致的，都是通过改变发射结的压降来控制基极与集电极电流的，继而达到电压放大的目的。我们也可以从另一个角度来定义三极管的连接组态：**共射放大电路是以发射极电位为基准而进行放大工作的电路，而共基放大电路则是以基极电位为基准进行放大工作的电路。**

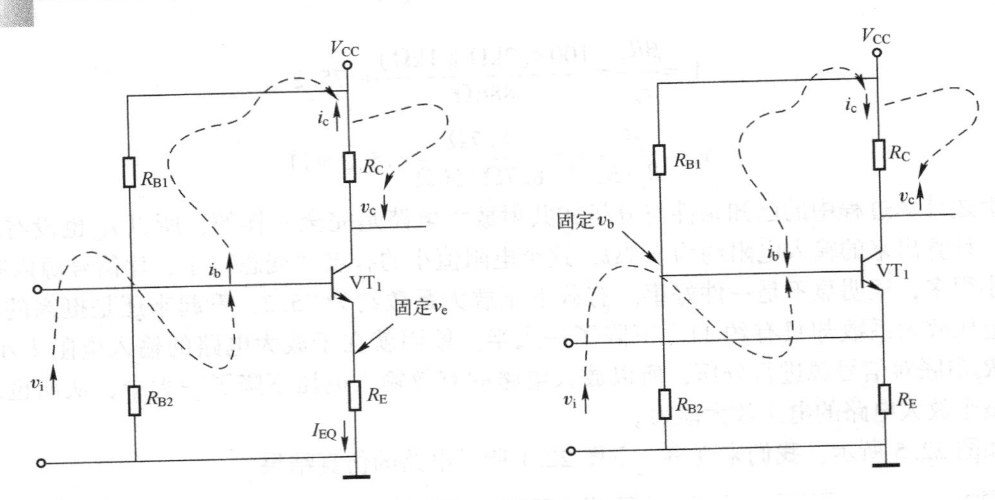

图 22.6 共射与共基放大电路的放大原理

与分压式共射放大电路类似，我们也可以把发射极电阻拆分为两半再连接输入信号，如图 22.7 所示。

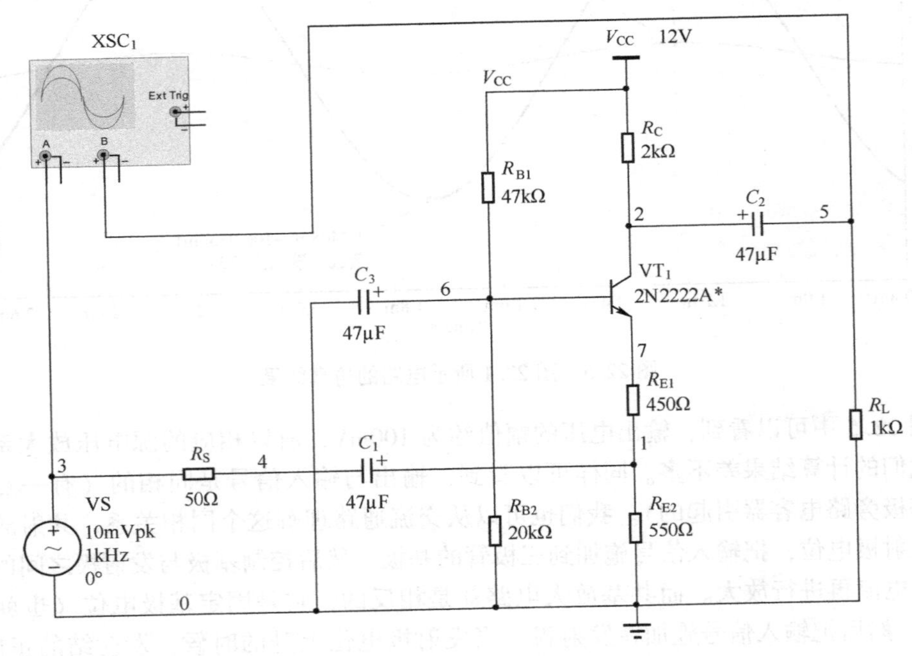

图 22.7 共基放大电路（双发射极电阻）

从图 22.7 中可以看出，我们把 1kΩ 的发射极电阻拆成了两个电阻，阻值分别为 450Ω 与 550Ω，所以静态工作点的稳定性并没有发生变化，而输入信号则从这两个电阻的公共连接点（节点 1）引入，相应的交流微变等效电路如图 22.8 所示。

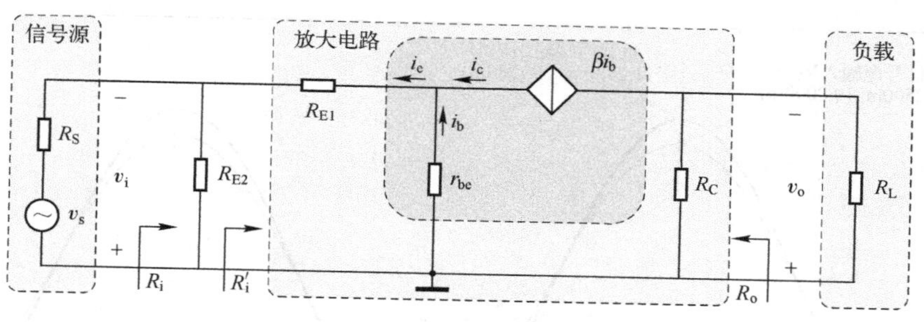

图 22.8　交流微变等效电路

我们根据实际参数计算的交流参数如下：

$$r_{be}=r_{bb'}+(1+\beta)\frac{26\text{mV}}{I_{EQ}}=5\Omega+(1+100)\frac{26\text{mV}}{2.98\text{mA}}\approx 886\Omega$$

$$R_i=R_{E2}\parallel\frac{r_{be}+(1+\beta)R_{E1}}{1+\beta}=550\Omega\parallel\left(\frac{1\text{k}\Omega+(1+100)\times 450\Omega}{1+100}\right)\approx 250\Omega$$

$$R_o\approx R_C=2\text{k}\Omega$$

$$A_v=\frac{\beta R_L'}{r_{be}+(1+\beta)R_{E1}}=\frac{100\times(2\text{k}\Omega\parallel 1\text{k}\Omega)}{1\text{k}\Omega+(1+100)\times 450\Omega}\approx 1.4$$

$$A_{vs}=\frac{R_i}{R_i+R_S}A_v=\frac{250\Omega}{250\Omega+50\Omega}\times 1.4\approx 1.17$$

由于静态工作点没有发生变化，r_{be}仍然不变，所以计算出来的输入电阻约为 250Ω（相应的表达式咱们就不再慢慢地分析了，因为各种基本放大电路的交直流分析过程都已经详细讨论过了，你应该对这些步骤很熟悉），相对于图 22.1 所示电路的输入电阻（8.7Ω）提升了将近 29 倍，这的确令人有些兴奋。

实际上，输入电阻的表达式也可变换为

$$R_i=R_{E2}\parallel\frac{r_{be}+(1+\beta)R_{E1}}{1+\beta}=R_{E2}\parallel(r_e+R_{E1})\approx R_{E2}\parallel R_{E1} \tag{22.5}$$

式（22.5）中的 r_e为发射极动态电阻，其定义见式（7.1），一般为几欧姆到几十欧姆，所以你也可以近似认为输入电阻就是 R_{E1}与 R_{E2}的并联，这样计算出来的结果约为 248Ω，与咱们“正儿八经”计算出来的结果差不了多少，在粗略估算的情况下可以这么做。

另外，我们稍微关注一下电压放大系数表达式的结构，它与分压式共射放大电路是非常相似的，所以在三极管电流放大系数比较大的前提下，共基放大电路的空载电压放大系数也近似等于 R_C与 R_{E1}的比值。**在进行相应的电路设计时**，一旦确定发射极静态电流，就先给发射极电阻（$R_{E1}+R_{E2}$）预留一定的压降，稳定电路的静态工作点，这样就可以计算出 $R_{E1}+R_{E2}$的总阻值。由于 R_C与 R_{E1}的比值是已知的（是在设计需求中确定的），所以通过适当调整 R_{E1}与 R_{E2}就可以实现一定的电压放大系数，此处不再赘述。

如图 22.9 所示，我们同样来观察一下仿真结果。

从图 22.9 中可以看到，输出电压的幅值约为 11.7mV，所以相应的源电压放大系数约为 1.17，跟我们计算的结果差不多。

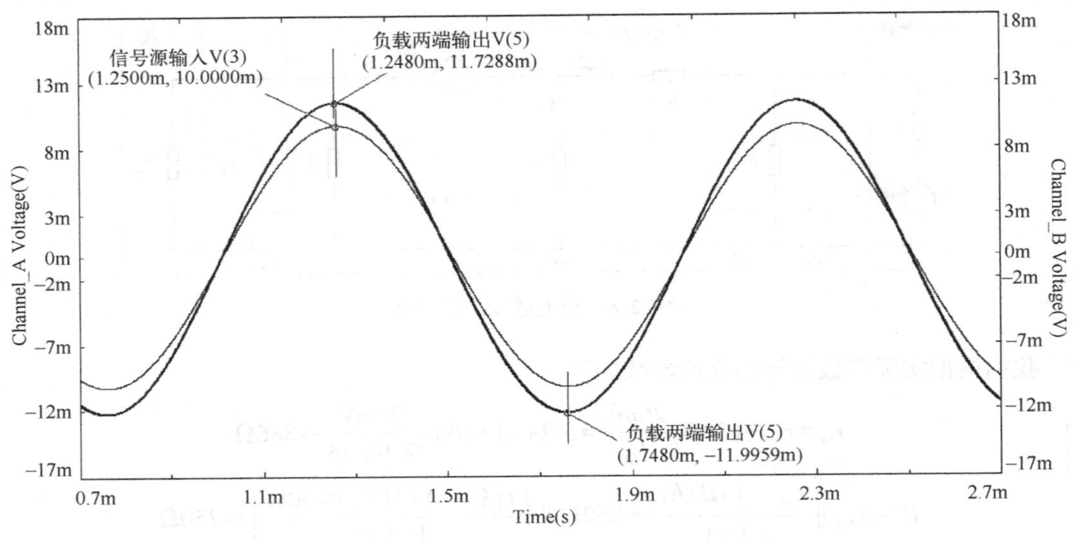

图 22.9　仿真结果

把发射极电阻拆成两半后为什么电压放大系数就下降了呢？原因在于发射极电阻 R_{E1} 引入了交流负反馈。有人可能会说：不对吧，R_{E1} 与输出回路没有关系呀，也就相当于输出信号没有反馈到输入回路，怎么会存在负反馈呢？我们先来测量图 22.7 所示放大电路的输入电位 V(1) 与三极管发射极电位 V(7) 的波形，如图 22.10 所示。

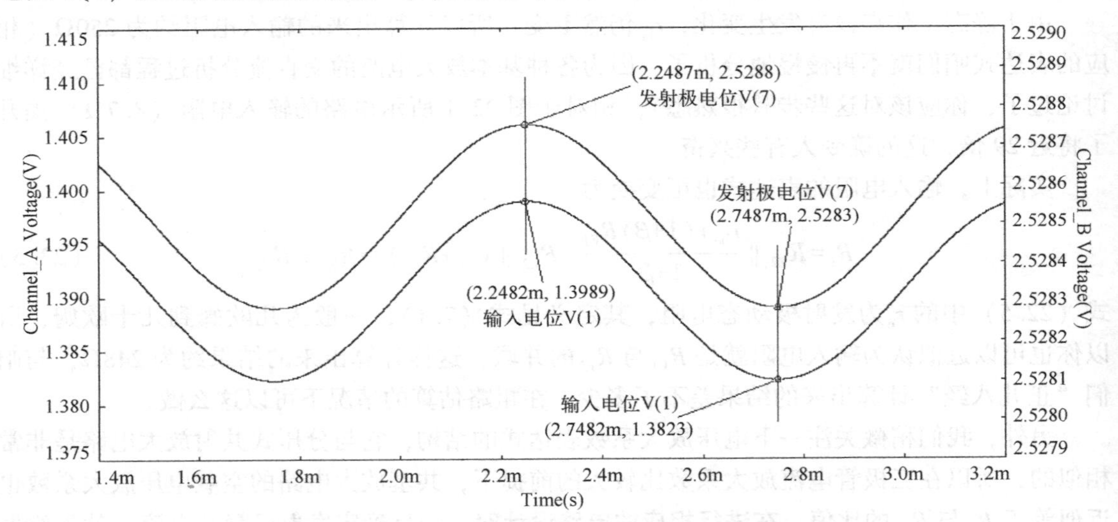

图 22.10　输入电位 V(1) 与三极管发射极电位 V(7) 的波形

注意：图 22.10 中两边的刻度是不一样的，而且两个波形都是有直流分量的，所以我们要求出电压的幅值，可以用最大值减去最小值再除以 2 来得到其，这样输入电压的幅值就约为(1.3989V−1.3823V)/2＝8.3mV，而发射极电压的幅值约为(2.5288V−2.5283V)/2＝0.25mV，这个值非常小。为什么呢？实际上，VT_1 发射结的压降相当于发射极电阻 R_{E1} 与 VT_1 输入交流电阻串联对输入电压 v_i 进行分压，而从 VT_1 的基极往右侧看到的电阻是 $r_{be}/(1+\beta)$，这是一

种电阻等效折算的方法，很早就讲过了。也就是说，发射极电压交流成分的峰值可以通过分压公式计算出来，即

$$v_{e(pp)}=v_{i(pp)}\cdot\frac{r_{be}/(1+\beta)}{R_{E1}+r_{be}/(1+\beta)}=8\text{mV}\times\frac{886\Omega/(1+100)}{450\Omega+886\Omega/(1+100)}\approx0.15\text{mV}$$

跟仿真出来的结果差不多，这说明了什么呢？对于交流通路而言，可以认为三极管的发射极对公共地是短路的（当然，实际上并没有短接，还是有几个欧姆的，可以认为是“虚短”的概念），相当于输入电压在 R_{E1} 电阻上产生的发射极电流直接输出了，而发射极电流与集电极输出电流又是相关的，所以当输出电流上升的时候，R_{E1} 两端的压降就上升了，从而也就使三极管发射结两端的净输入电压下降了。

我们可以把共集放大电路拿出来对比一下。前面已经讨论过，共集放大电路的输入电压施加在基极与集电极，而输出电压则取自发射极与集电极。也就是说，集电极才是输入回路与输出回路共用的电极，那么理论上发射极电阻 R_E 并不是输入回路与输出回路共用的，所以也应该没有反馈。然而，实际上，射随器的输出电压全部反馈到了输入回路，它起到削弱输入信号的作用，当输出电压上升时，施加到三极管发射结的净输入电压也就下降了，所以是一种负反馈，如图 22.11 所示。

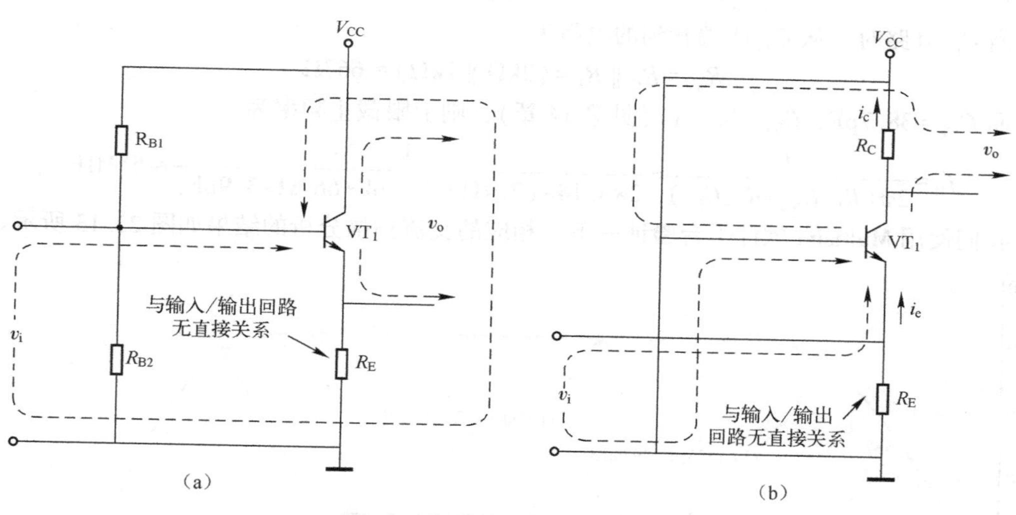

图 22.11　共集与共基的负反馈

由于射随器的输出电压跟随输入电压的变化，所以我们也把它称为电压跟随器。共基放大电路也是同样的道理，只不过它把全部的输出电流反馈到了输入回路，所以我们也称其为电流跟随器。

还有一个问题没有明确，既然共基放大电路相对于共射放大电路的交流参数都没有优势，那为什么我们还要花费那么多篇幅去分析它呢？难道就是为了考试得分？非也非也！正所谓：天生我材必有用！在低频应用场合中，虽然共基放大电路与共射放大电路竞争时共基放大电路总是处于下风，然而它仍然具备一些共射放大电路没有的优势，那就是其频率特性更好一些。我们来看一下如图 22.12 所示的高频等效电路（忽略了基区体电阻 $r_{b'e}$）。

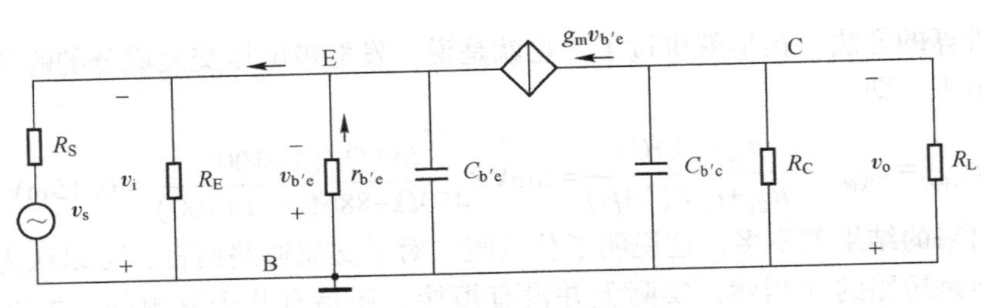

图 22.12　高频等效电路

在共射放大电路中，$C_{b'c}$跨接在输入与输出之间，由此产生的密勒效应引起上限截止频有很大的下降。而在共基放大电路中，$C_{b'c}$连接在内基极与输出之间，由于高频三极管的$r_{bb'}$一般非常小，可以认为是对地短路的，所以相当于$C_{b'c}$连接在输出与公共地（而不是输入与输出）之间，这样就消除了密勒效应，也就进一步提升了高频特性。

我们使用开路时间常数法来估算一下相应的上限截止频率。当$C_{b'c}$开路时，从$C_{b'e}$两端看到的电阻为

$$R_{b'e}=\left(\frac{r_{b'e}}{1+\beta}\right)\parallel(R_S\parallel R_E)\approx\frac{886\Omega}{101}\parallel(50\Omega\parallel 1k\Omega)\approx 7.4\Omega$$

当$C_{b'e}$开路时，从$C_{b'c}$两端看到的电阻为

$$R_{b'c}=R_C\parallel R_L=(2k\Omega\parallel 1k\Omega)\approx 667\Omega$$

而$C_{b'e}=38.7\text{pF}$，$C_{b'c}=3.9\text{pF}$（见第 14 章），则上限截止频率为

$$f_H=\frac{1}{2\pi(R_{b'e}C_{b'e}+R_{b'c}C_{b'c})}=\frac{1}{2\times3.14\times(7.4\Omega\times38.7\text{pF}+667\Omega\times3.9\text{pF})}\approx 55\text{MHz}$$

我们使用 Multisim 软件平台验证一下，相应的交流扫描分析的结果如图 22.13 所示。

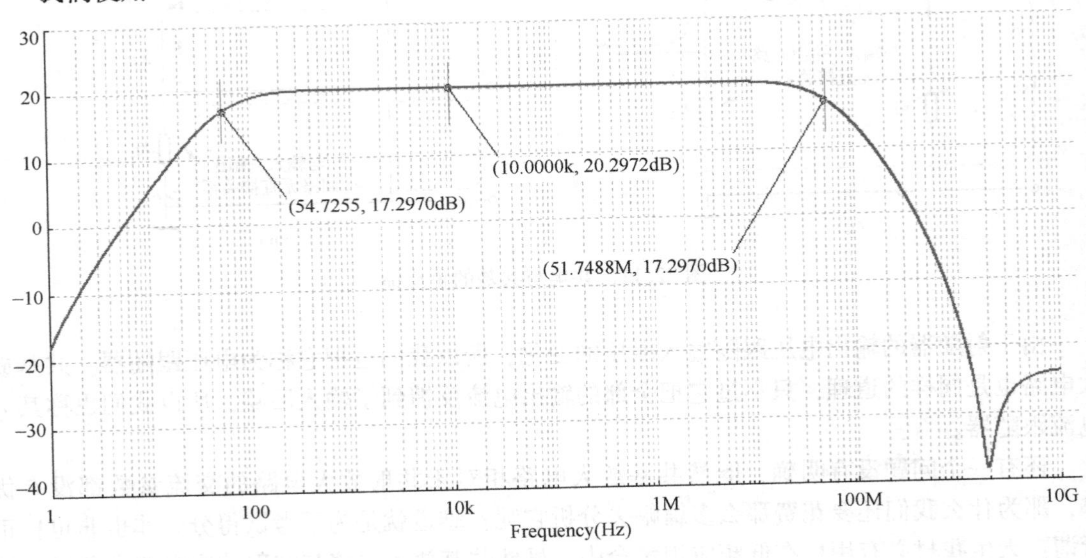

图 22.13　交流扫描分析的结果

从图 22.13 中可以看到，手动估算的结果与交流扫描分析的结果差不多。尽管电压放大

系数比图14.16所示电路的还要高，但共基放大电路的上限截止频率却达到了约52MHz，提升了将近20MHz。

有人可能会说：共基放大电路的上限截止频率也不怎么样，至少比共集放大电路差远了。但是不能这样对比，因为后者是没有电压放大能力的。

总之，你现在可以这样认为：共基放大电路的频率特性好，常用作高频宽带放大电路，虽然它的输入电阻并不高，但是当输入信号为电流（而非电压）时，这反而不是一个问题。我们来分析一个共射与共基组态结合的放大电路，简称共射-共基（CE-CB）放大电路，它也被称为沃尔曼（Cascode，是Cascade与triode组合成的词，原意指将三极真空管串联）放大电路，如图22.14所示。

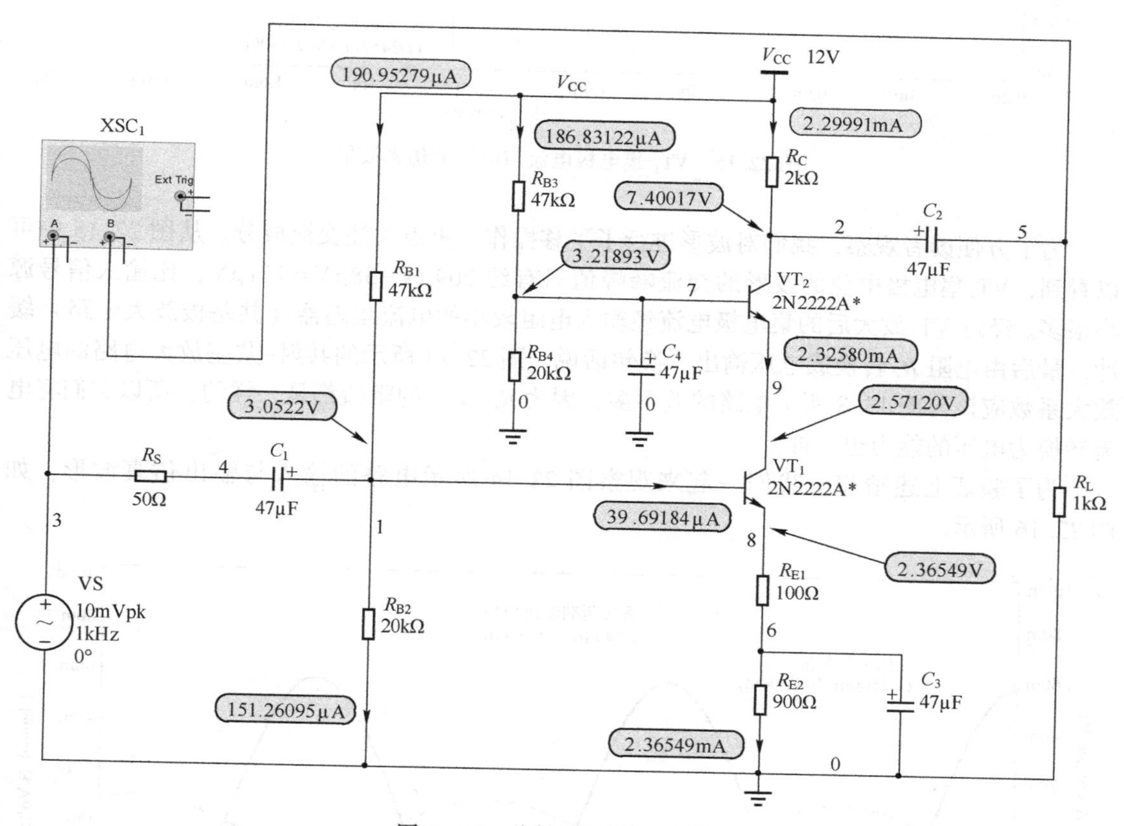

图22.14　共射-共基放大电路

乍看一下，这个所谓的共射-共基放大电路好像跟图16.7所示（使用有源负载代替分压式共射放大电路中的集电极电阻）电路的结构非常相似，但是有一点请注意，VT_1的集电极与VT_2的发射极（而不是集电极）连接，并且VT_2是共基组态的（基极通过旁路电容器C_4连接到地）。由于共基放大电路的输入电阻比较小，它是以VT_1为核心的共射放大电路的负载，所以后者本身没有电压放大能力，只有放大输入电流的能力。

如图22.15所示，我们先观察一下VT_1集电极电流与电位的仿真波形。

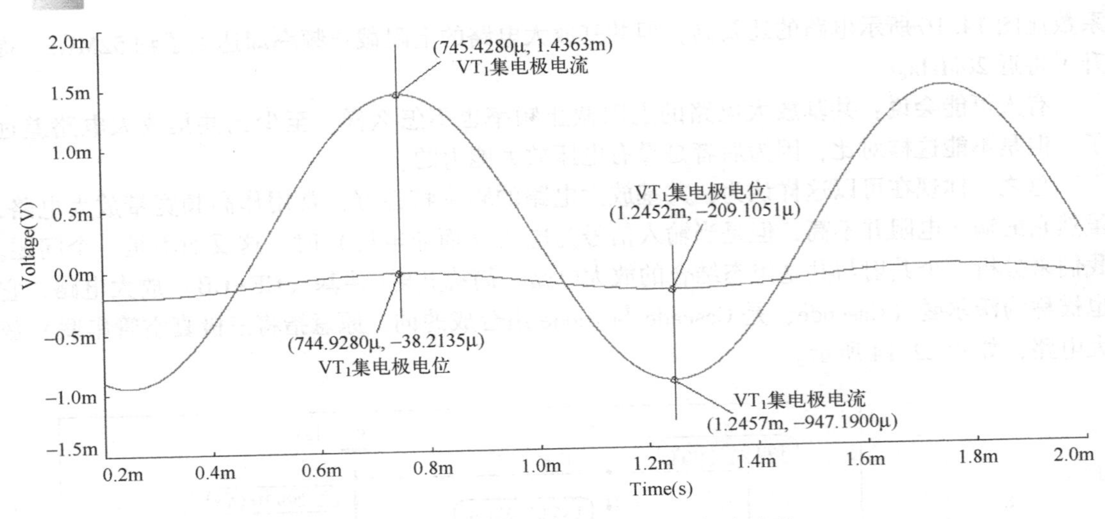

图 22.15　VT_1 集电极电流与电位的仿真波形

为了方便读者观察，我们对波形进行了平移操作，重点关注交流成分。从图 22.15 中可以看到，VT_1集电极电位的波形的交流峰峰值只有约 209μV−38μV＝171μV，比输入信号源小很多。经过 VT_1放大后的集电极电流经输入电阻较小的电流跟随器（共基极放大电路）缓冲，最后由电阻 R_C转换成电压输出。换句话说，图 22.14 所示的共射−共基放大电路的电压放大系数应该与图 13.8 所示电路的差不多，因为 R_C与 R_L的阻值都是一样的，所以它们将电流转换为电压的能力也一样。

为了验证上述猜想，我们一起来观察图 22.14 所示电路的输入与输出仿真波形，如图 22.16 所示。

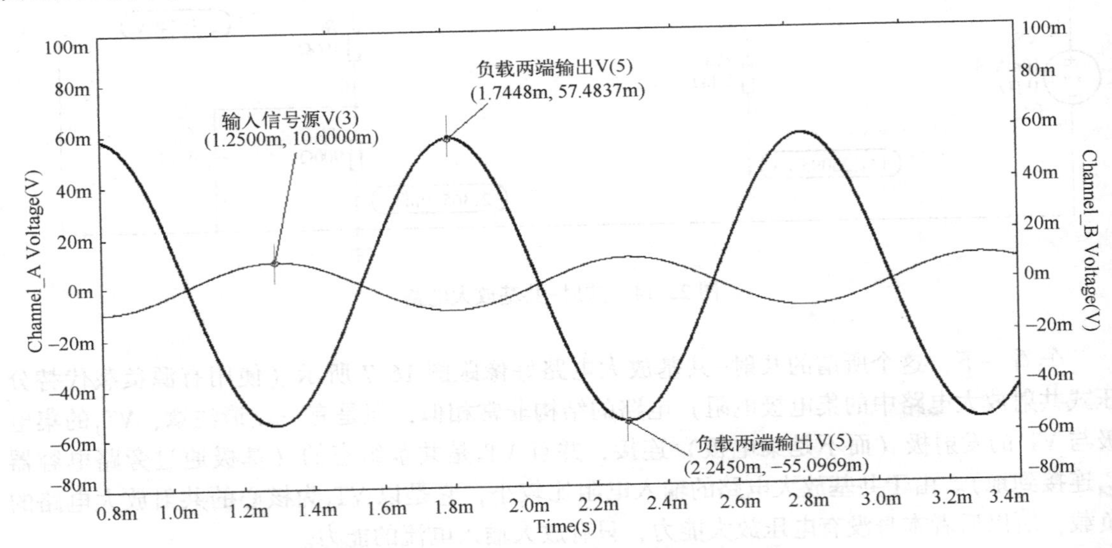

图 22.16　图 22.14 所示电路的输入与输出仿真波形

从图 22.16 中可以看到，它的源电压放大系数约为 57mV/10mV = 5.7，与图 13.8 所示电路的确实差不多（见图 13.9），这不禁让我对自己的电路分析能力充满了前所未有的自信，以至于很快自食眼高手低的苦果，此处暂且按下不表。

对于执意要推导出电压放大系数表达式的读者，可以先获取相应的交流通路，如图 22.17 所示。

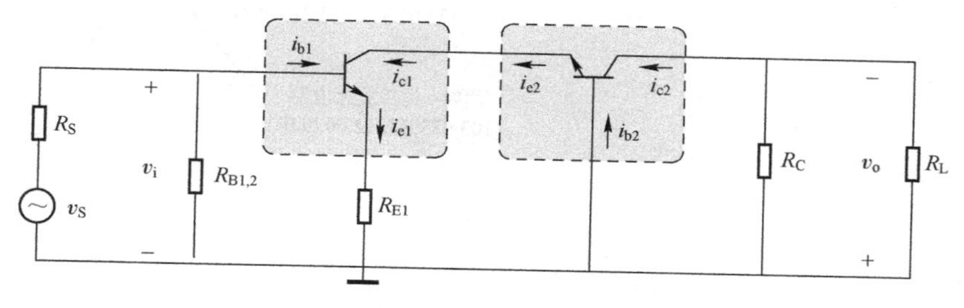

图 22.17　交流通路

通过观察可得：

$$A_v=\frac{v_o}{v_i}=\frac{i_{c1}}{v_i}\cdot\frac{v_o}{i_{e2}}=\frac{\beta_1\cdot i_{b1}}{[r_{be1}+(1+\beta_1)R_{E1}]\cdot i_{b1}}\cdot\frac{-i_{c2}(R_C\parallel R_L)}{(1+\beta_2)i_{b2}} \tag{22.6}$$

我们仍然假设$\beta_1=\beta_2=100$，由于 $i_{c2}/i_{b2}=\beta_2\approx(1+\beta_1)$，式（22.6）可化简为

$$A_v=\frac{\beta_1(R_C\parallel R_L)}{r_{be1}+(1+\beta_1)R_{E1}} \tag{22.7}$$

很明显，共射-共基放大电路的电压放大系数的表达式与分压式共射放大电路的是完全一样的。我们将实际参数代入，可以得到电压放大系数为

$$A_v=\frac{100\times(2\text{k}\Omega\parallel 1\text{k}\Omega)}{886\Omega+(1+100)\times 100\Omega}\approx 6.1$$

考虑到 VT_2有限的输出交流电阻，理论计算的结果与仿真结果是相符合的。

一个问题冒出来了：**既然使用两个三极管得到的电压放大系数可以通过一个三极管获得，凭什么我还要多浪费一个三极管呢？**莫非钱多了没处花？这个疑问提得好，使用两个三极管带来的好处之一就是通过 VT_1共射放大电路的缓冲作用解决了共基放大电路输入电阻小的缺陷。由于共射放大电路的输入电阻比信号源的内阻大得多，所以也就间接地提升了整个电路的电压放大系数，这样更容易在低频场合中使用。当然，更重要的一点是高频特性变得更好了。我们来对比一下相同电压放大系数的分压共射（图 13.8）与共射-共基放大电路（图 22.14）的交流扫描仿真结果，如图 22.18 所示。

从图 22.18 中可以看到，虽然两个电路的电压放大系数是相近的，但是共射-共基放大电路的上限截止频率约为 104MHz，约是共射放大电路上限截止频率（35MHz）的 3 倍，这就是共基放大电路的高频特性带来的好处。

细心的读者可能会发现：VT_1的集电结是正向偏置的（约 0.48V），所以应该处于饱和状态，那怎么 VT_1 还会有放大能力呢？虽然以往我们描述三极管处于放大区时认为集电结的反向偏置电压应该大于零，但是当你保证发射极电流 I_E 不变时，改变 v_{CB} 即可得到图 22.19 所示的曲线。

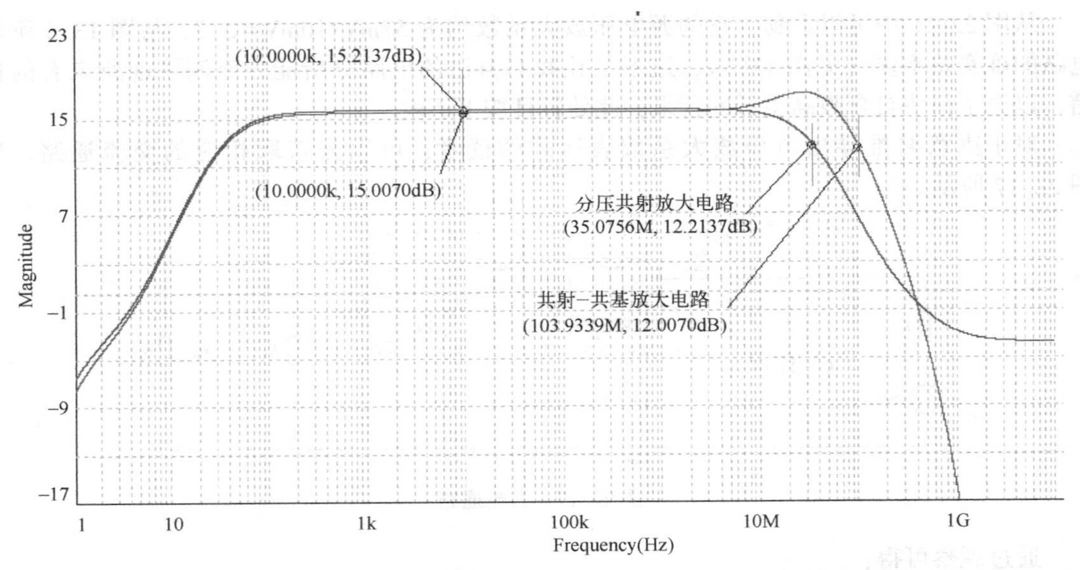

图 22.18　对比相同电压放大系数的分压共射与共射-共基放大电路的交流扫描仿真结果

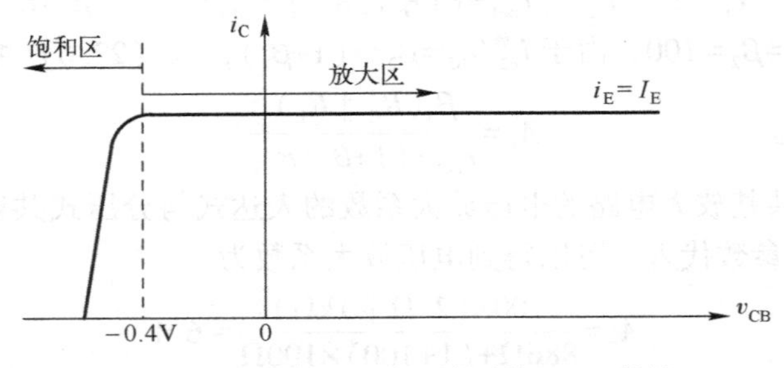

图 22.19　发射极电流不变时的 i_c-v_{CB}特性

也就是说，只有 PN 结两端的正向电压超过死区电压（约 0.5V）时才称为有效的正向偏置，所以当 v_{CB}下降到约-0.48V 时，NPN 型三极管仍然可以保持在放大状态。

前面我们提到过，VT_1的集电结处于正向偏置状态，那么理论上集电结电容应该比反向偏置状态下的更大（事实上也正是如此），那么为了进一步提升高频特性，调整参数提升VT_1集电结的反向偏置电压理所应当可以获得更高的上限截止频率。我们调整参数后的电路如图 22.20 所示。

从图 22.20 中可以看到，我们把 VT_1的集电极电位提升到了约 5.3V，这样它的集电结电容应该更小一些，也就意味着整个放大电路的上限截止频率理应会有所突破，你就坐在沙发上翘起二郎腿等着看完美的交流扫描结果吧，如图 22.21 所示。

晴天霹雳！仿真的数据并不如之前想象得那么美妙，上限截止频率不但没有上升，反而滚降到了约 24MHz，比分压式共射放大电路还要差很多，这实在是超出了我能够承受打击的范围，差点就沦落到怀疑人生的地步，脑子里响起的一片片嗡嗡声就是最好的证明。闷头苦脑地思索数天后的我仍然百思不得其解，找不到一丁点头绪。

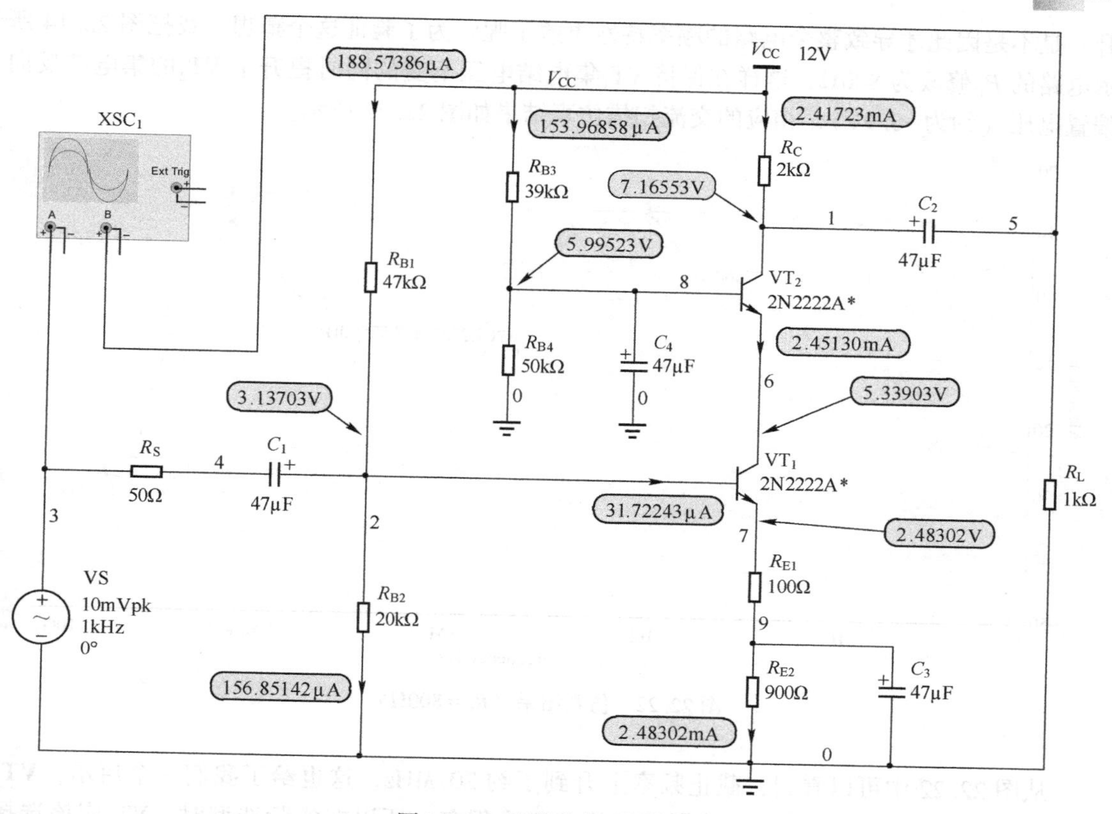

图22.20　调整参数后的电路

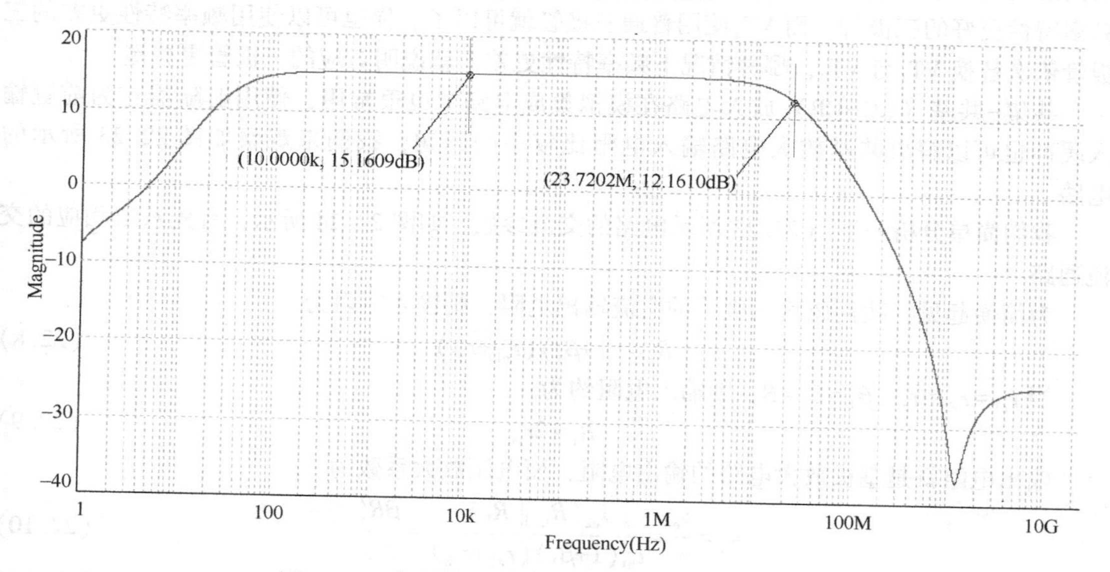

图22.21　仿真结果（VT_1的集电极电位约为5.3V）

某日清晨，忽然间一片清明，虽然我通过提升VT_2的基极电位达到了降低VT_1集电结电容的目的，但是VT_2的集电结反向偏置电压却下降了，这样也就引起了VT_2集电结电容上升，是不是因此才导致整个电路的频率特性更差了呢？为了验证这个猜想，我把图 22.14 所示电路的 R_C 修改为 800Ω，这样在保持 VT_1 集电结电压不变的同时提升了 VT_2 的集电结反向偏置电压（约为-6.9V），相应的交流扫描仿真结果如图 22.22 所示。

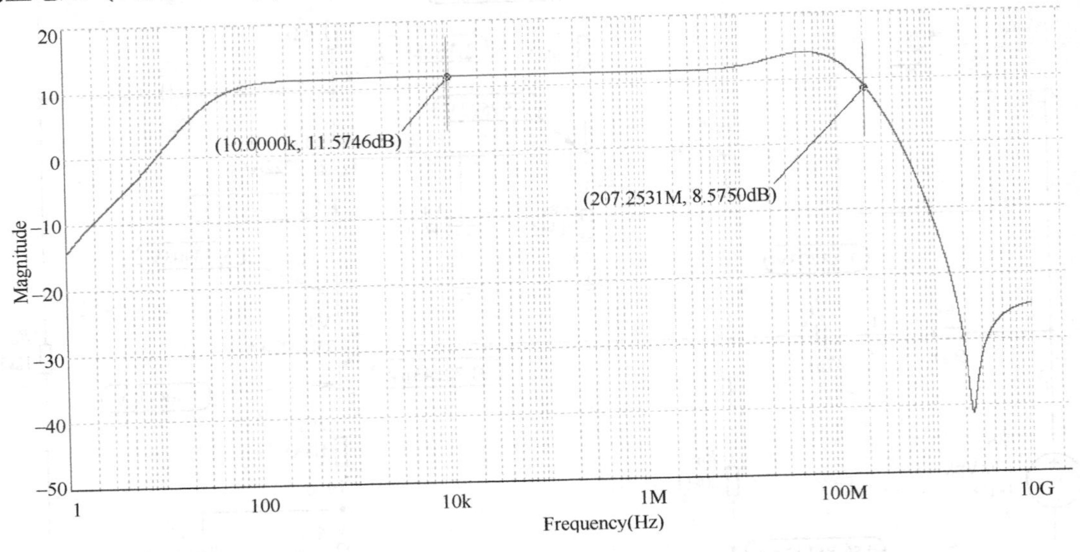

图 22.22　仿真结果（$R_C=800\Omega$）

从图 22.22 中可以看到，截止频率上升到了约 207MHz，这也给了我们一个启示：**VT_2 对共射-共基放大电路高频特性的影响远比 VT_1 大很多**。所以在实际选型时，VT_2 应该选择频率特性更好的三极管，而 VT_1 使用普通三极管就可以了。你也可以使用频率特性更差的三极管依次替换 VT_1 与 VT_2，哪种情况下频率特性更差，就说明对应的三极管更关键。

共集-共基（CC-CB）放大电路在模拟集成电路中也很常用，使用射随器作为前置输入缓冲也可以解决共基放大电路输入电阻比较小的问题，我们来观察如图 22.23 所示的电路。

我们简单分析一下图 22.23 所示电路的交流参数。如图 22.24 所示，首先获取相应的交流通路。

为简便起见，我们忽略三极管的交流输出电阻，则输入电阻为

$$R_i=(1+\beta_1)(r_{e1}+r_{e2}) \tag{22.8}$$

当 $r_{e1}=r_{e2}=r_e$，$\beta_1=\beta_2=\beta$，则输入电阻约为

$$R_i=2r_{be} \tag{22.9}$$

输出电阻就是基极放大电路的输出电阻，而电压放大系数为

$$A_v=\frac{v_o}{v_i}=\frac{i_{c2}(R_C \parallel R_L)}{i_{b1}(1+\beta_1)(r_{e1}+r_{e2})}\approx\frac{\beta R'_L}{2r_{be}} \tag{22.10}$$

共基极放大电路输入电阻小的问题在高频应用中不再是问题，因为高频应用更讲究**阻抗匹配**，而且整体的电路阻抗都比较低（就算放大电路的输入电阻很高，也要把它拉下来），我们后续有机会再详细讨论。

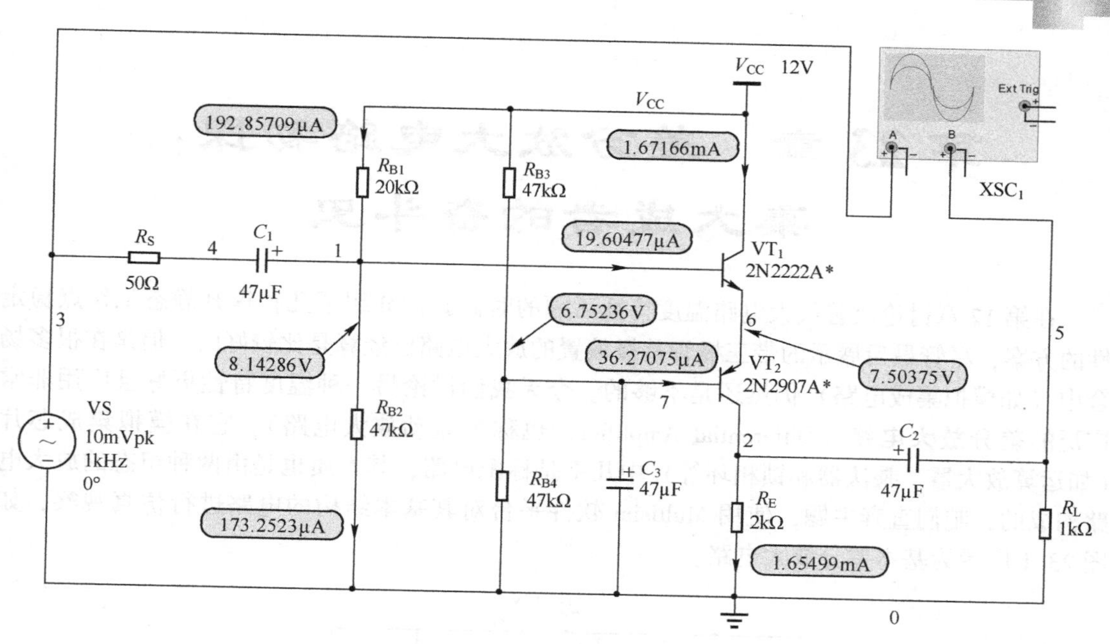

图 22.23　共集-共基放大电路

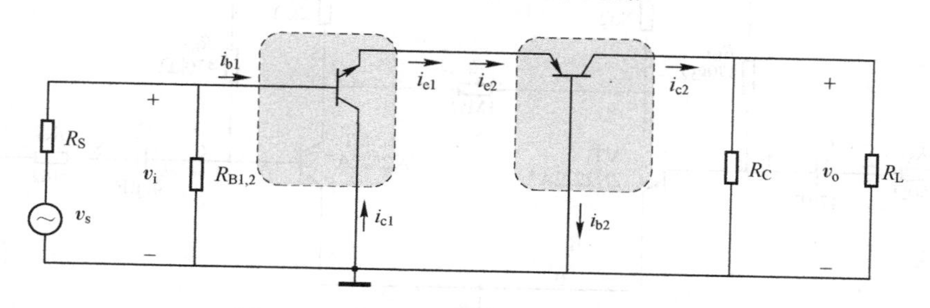

图 22.24　图 22.23 所示电路的交流通路

第 23 章　差分放大电路初探：集大成者的奋斗史

在第 12 章讨论改善放大电路温度特性话题的时候我们介绍了几种提升静态工作点稳定性的方案，尽管最后展示的带三极管基极偏置的放大电路已经算是比较好的，但是在很多场合中（如模拟集成电路）仍然还是不够的。今天我们讨论另一种温度特性更好且应用非常广泛的**差分放大电路**（Differential Amplifier，也称为差动放大电路），它在模拟集成芯片（如运算放大器、乘法器和锁相环等）中几乎是标配电路，其本质也是由两种组态的放大电路构成的，咱们直奔主题，使用 Multisim 软件平台对其基本结构的电路进行仿真观察，如图 23.1 所示为基本差分放大电路。

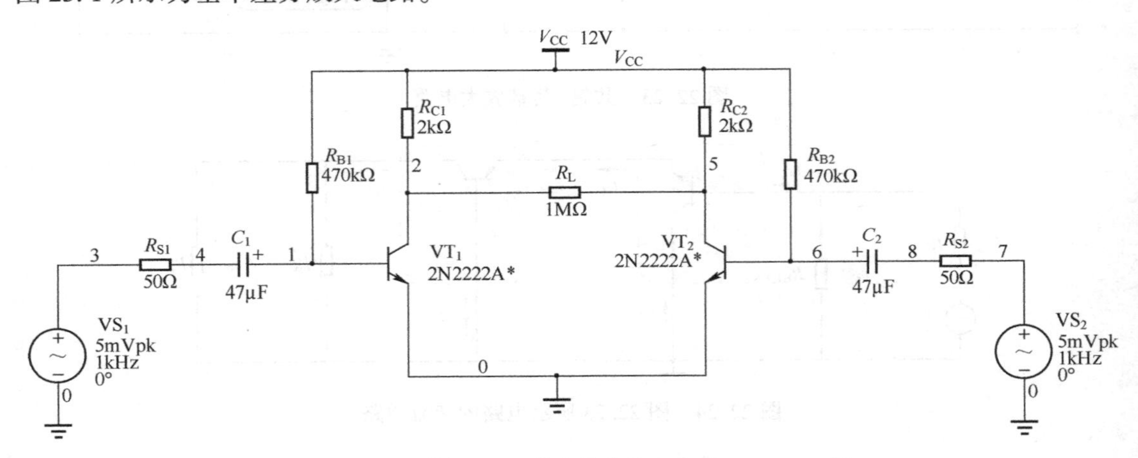

图 23.1　基本差分放大电路

从图 23.1 中可以看到，基本差分放大电路可以分为**完全对称**的左右两半，它们各自都是一个基本共射组态的放大电路，所以它们的静态工作点分析过程也是完全一样的，此处不再赘述。由于 VT_1 和 VT_2 集电极的静态电位是相同的，所以连接在 VT_1 与 VT_2 集电极之间的负载 R_L 不需要耦合电容器进行直流隔离。而 1MΩ 的大阻值表示分析时不考虑负载效应，因为负载阻值过小会明显影响静态工作点，这也符合实际应用情况。因为我们已经提过，共射放大电路通常都会连接高输入电阻的射随器。基本差分放大电路需要两路输入信号（v_{S1} 与 v_{S2}），而输出信号取自两个独立放大电路的集电极（不是集电极与公共地之间取出信号的单端输出方式），我们称这种方式为“双端输入、双端输出”或“差分输入、差分输出”（Differential-In，Differential-Out）。

理想情况下，基本差分放大电路的温度特性非常好，只要左右两半放大电路的参数完全匹配且 VT_1 与 VT_2 处于热耦合状态，那么无论环境温度怎么变化，VT_1 与 VT_2 的集电极电位总是会同步上升或下降的，即 ΔV_{C1} 与 ΔV_{C2} 是相等的。也就是说，左右单个放大电路的静态工

作点可能会因温度而发生一些变化，我们称该现象为温度漂移（Temperature Drift）或零点漂移（Zero Drift），简称温漂或零漂（温漂就是零漂，但反过来却不一定，这跟“爸爸与光头”的关系相似。**零点**就是无输入信号时放大电路的静态工作点，所以零漂在直接耦合的多级放大电路中影响更大，因为它会被逐级放大而最终影响有用的信号），但是作为输出信号的最终接收者（负载R_L）却完全感觉不到，我们可以认为这种结构的电路已经将温度产生的影响完全消除了。

如果将由于温度变化而引起单个放大电路的集电极电位变化量折合到各自的输入端，那么也就相当于（在恒温条件下）两个基本放大电路各自存在一个参数完全相同的信号源，它们的峰峰值就应该是集电极电位变化量与单个放大电路电压放大系数的比值。换句话说，如果使用两个完全相同的信号源驱动基本差分放大电路，那么通过观察负载R_L两端的电压变化情况也可以在一定程度上了解其温度特性（当然，使用温度扫描的方式也是可以的），图23.1所示的两个信号源就是完全一样的，其相应的输入与输出波形如图23.2所示。

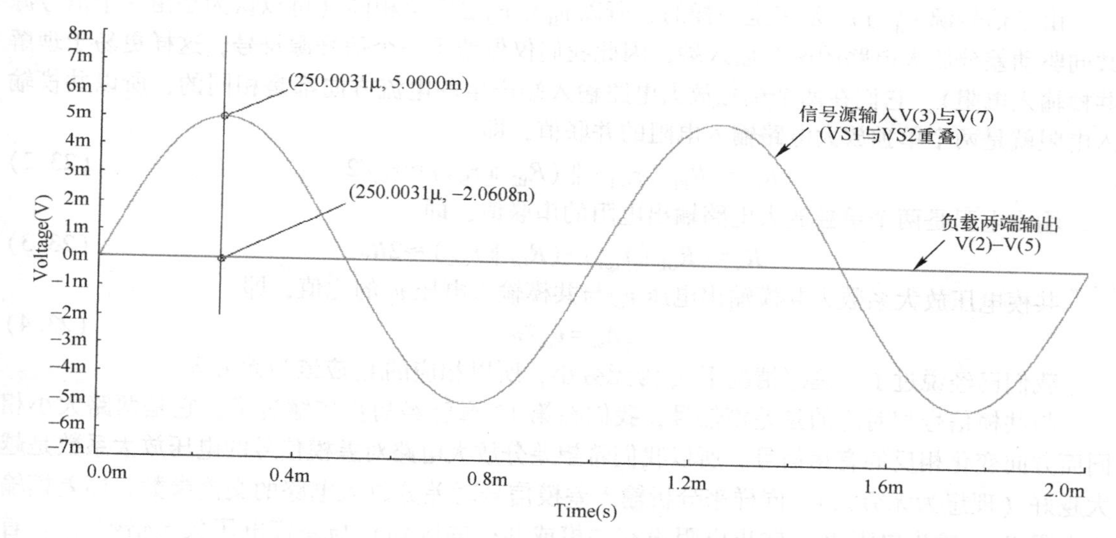

图23.2　图23.1所示电路的输入与输出波形

从图23.2中可以看到，负载R_L两端的电压几乎为零，符合我们的预期。我们把大小相同且方向变化相同的两路信号称为**共模信号**（Common Mode Signal），它通常对电路系统无用，甚至有害。例如，由温度（或供电电源）变动、噪声或干扰等不稳定因素而引起的**每个**放大电路静态工作点的变化量（折合到输入端后）都是共模信号。很明显，我们希望差分放大电路对有害的共模信号是完全没有电压放大系数的（最好将其衰减到无穷小）。

为了进一步理解差分放大电路的动态性能，接下来我们分析输入共模信号时差分放大电路的交流参数，即共模输入电阻R_{ic}、输出电阻R_o与共模电压放大系数A_{vc}。首先还是得按照惯例获取相应的交流通路，如图23.3所示为输入共模信号时的交流通路。

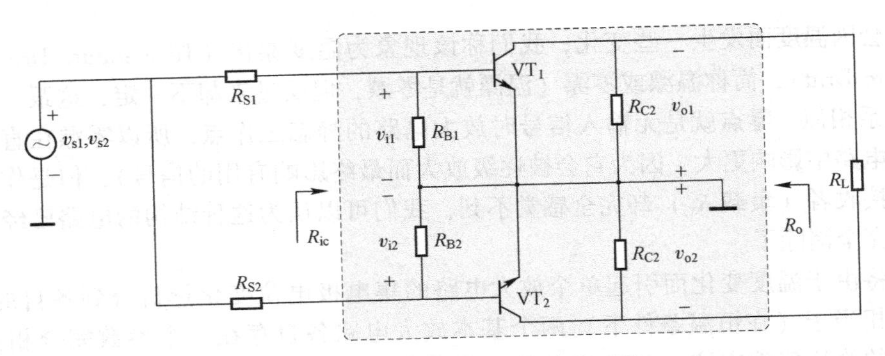

图 23.3　输入共模信号时的交流通路

对于差分放大电路本身而言，共模输入信号是两路输入信号（不是信号源）的算术平均值，即

$$v_{ic}=(v_{i1}+v_{i2})/2 \tag{23.1}$$

由于信号源 v_{S1} 与 v_{S2} 是完全一样的，所以 v_{i1} 与 v_{i2} 也完全相同（可以认为是由一个信号源共同驱动差分放大电路的两个输入端，因此我们仅保留了一个信号源符号，这样更易于理解共模输入电阻），它们在两个单独放大电路输入端产生的电流方向都是相同的，所以共模输入电阻就是两个单独放大电路输入电阻的并联值，即

$$R_{ic}=(R_{B1}\parallel r_{be1})\parallel(R_{B2}\parallel r_{be2})\approx r_{be}/2 \tag{23.2}$$

输出电阻是两个单独放大电路输出电阻的串联值，即

$$R_o=(R_{C1}\parallel r_{ce1})+(R_{C2}\parallel r_{ce2})\approx 2R_C \tag{23.3}$$

共模电压放大系数为共模输出电压 v_{oc} 与共模输入电压 v_{ic} 的比值，即

$$A_{vc}=v_{oc}/v_{ic} \tag{23.4}$$

我们已经说过了，理想情况下 v_{oc} 为无穷小，所以相应的 A_{vc} **应该**为无穷大。

与共模信号相对应的是差模信号，我们在第 13 章已经初步接触过了，它是两路大小相同而方向变化相反的**有用**信号，所以我们希望差分放大电路对差模信号的电压放大系数是越大越好（理想为无穷大）。同样来分析输入差模信号时差分放大电路的交流参数，即差模输入电阻 R_{id}、输出电阻 R_o（输出电阻没有差模或共模的区别）与差模电压放大倍数 A_{vd}。首先获取相应的交流通路，如图 23.4 所示为输入差模信号时的交流通路。

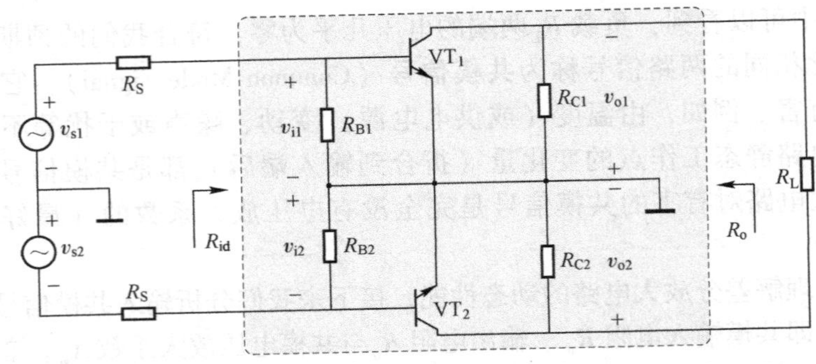

图 23.4　输入差模信号时的交流通路

对于差分放大电路本身而言，差模输入信号为两路输入信号的差，即

$$v_{id}=v_{i1}-v_{i2} \tag{23.5}$$

由于 v_{S1} 与 v_{S2} 是反相的，当其中一个信号源产生的电流从输入端流向公共地时，另一个信号源产生的电流将从公共地流向输入端，所以差模输入电阻为两个单独放大电路输入电阻的串联值，即

$$R_{id}=(R_{B1}\parallel r_{be1})+(R_{B2}\parallel r_{be2})\approx 2r_{be} \tag{23.6}$$

输出电阻与共模信号输入时是一样的，即

$$R_o=2R_C \tag{23.7}$$

差模电压放大系数是差模输出电压 v_{od} 与差模输出电压 v_{id} 的比值，即

$$A_{vd}=\frac{v_{od}}{v_{id}}=\frac{v_{od}/2}{2(v_{id}/2)}-\frac{-v_{od}/2}{2(v_{id}/2)}=\frac{1}{2}A_{v1}-\left(-\frac{1}{2}A_{v2}\right)=A_v=-\frac{\beta R_C}{r_{be}} \tag{23.8}$$

式（23.8）中的 $v_{id}/2$ 与 $v_{od}/2$ 分别表示两个单独放大电路的电压放大系数，它们的差就是差模电压放大系数。同样，我们来仿真一下，只需要修改图 23.1 所示仿真电路中任意一个信号源的初始相位为 180°即可。这里我们以修改 VS_2 为 180°度为例，双击信号源 VS_2 后，在弹出的属性对话框中将“Phase”一栏改为“180”即可，如图 23.5 所示。

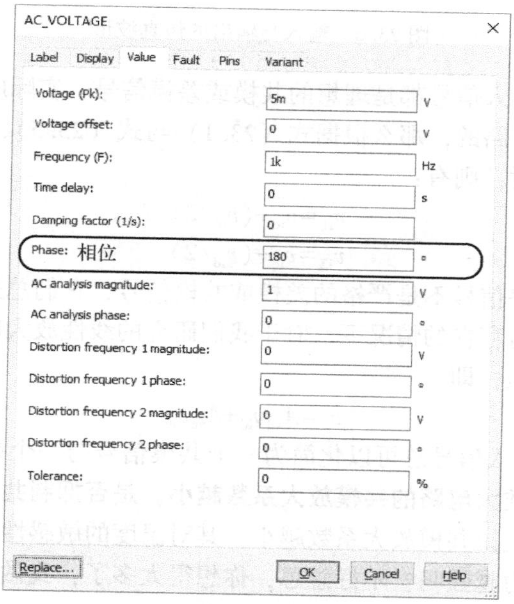

图 23.5　属性对话框

相应的输入与输出的仿真波形如图 23.6 所示。

为了方便读者观察，我们将输出信号的幅度缩小了 50 倍，该电路的空载源电压放大系数为（24.9711mV/10mV）×50≈125，与第 7 章获得的数据是相似的（可根据图 7.21 所示的空载输出电压数据自行计算）。很明显，基本差分放大电路的电压放大系数与基本共射放大电路的是一样的，额外使用的那个三极管并没有提升电压放大系数（事实上，我们也很少会因为需要电压放大系数而使用差分放大电路，它的优势并不在这里），它主要起到抑制温漂的作用。这样可以看到，基本差分放大电路的特点是：**对于差模信号具有一定的放大能力，而对共模信号则没有放大能力。通俗地说，差分放大电路仅对两个输入信号的差进行放大。**

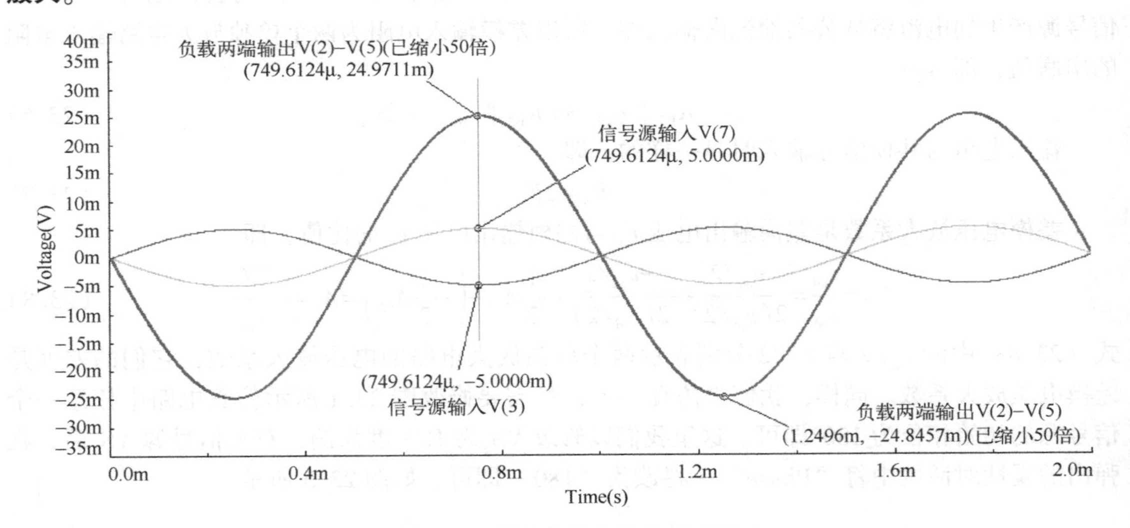

图 23.6　输入与输出的仿真波形

当然，前述仿真的输入信号都是理想的共模或差模信号，实际应用中，这两种信号通常是同时输入到差分放大电路的，那么根据式（23.1）与式（23.5），当我们使用共模与差模信号表示两个输入电压时，则有：

$$v_{i1}=v_{ic}+(v_{id}/2) \tag{23.9}$$

$$v_{i2}=v_{ic}-(v_{id}/2) \tag{23.10}$$

换句话说，只要两路信号不是严格的差模或共模信号，它们总是可以分解成为差模与共模信号，所以在两者同时存在的情况下，对于我们研究的线性放大电路来说，总可以利用叠加定理求出总的输出电压，即

$$v_o=A_{vd}v_{id}+A_{vc}v_{ic} \tag{23.11}$$

式（23.11）说明输入信号总可以化简为一个共模信号与一个差模信号的输入，那么第一个问题出来了：**差分放大电路的共模放大系数越小，是否抑制共模信号的能力越强呢？**

有人说：你刚才不是说共模放大系数越小，其对温度的敏感性就越小，这不就等于是在暗示抑制共模信号的能力越强吗？不好意思，你想得太多了，我做人光明磊落，从不干这种“偷鸡摸狗”的事。

假设有 A、B 两个基本差分放大电路，差模电压放大系数分别为 $A_{vd}(A)=100$ 与 $A_{vd}(B)=1000$，共模电压放大系数分别为 $A_{vc}(A)=1$ 与 $A_{vc}(B)=2$，那么哪个电路抑制共模信号的能力更强呢？看起来好像是电路 A，因为它的共模电压放大系数小一些，真的是这样吗？

我们给两个差分放大电路分别输入相同大小的信号，如差模输入电压为 $v_{id}=0.005V$，共模输入电压为 $v_{ic}=0.5V$，那么根据式（23.11），只要将两个输入信号分别乘上相应的电压放大系数就能够很容易地获得输出电压，即电路 A 的输出电压 $v_{od}=0.5V$，$v_{oc}=0.5V$，电路 B 的输出电压为 $v_{od}=5V$，$v_{oc}=1V$。很明显，虽然电路 A 的共模电压放大系数小一

些，但是输入共模信号引起的输出电压与输入差模信号引起的输出电压是相同的，这是由于输出端的电压是差模与共模成分之和，很难区别输出电压的变化是由差模信号（有用的）还是共模信号（无用的）引起的。而电路 B 的共模输出电压虽然比电路 A 的大，但相对于差模信号而言还是比较小的，我们更容易区分一些。换句话说，电路 B 的输出电压比电路 A 的输出电压更接近输出电压中的差模成分（也就是共模信号干扰的影响更小），我们在测量电路 B 的输出电压时，得到的精度将会比电路 A 高，所以抑制输入共模信号对输出信号干扰的能力自然更强一些。

也就是说，仅仅根据共模电压放大系数的大小来判断放大电路抑制共模信号的能力是不全面的。虽然共模电压放大系数大一些并不是好事，但是如果差模电压放大系数更大，共模输出信号相对而言仍然是微不足道的。所以，确切传达共模信号抑制能力越好的描述应该是：**差模电压放大系数越大的同时共模电压放大系数越小。**

我们把差模与共模电压放大系数的比值称为共模抑制比，用符号 K_{CMR}（Common Mode Rejection Ratio）来表示，即

$$K_{\mathrm{CMR}} = \left|\frac{A_{\mathrm{vd}}}{A_{\mathrm{vc}}}\right| \tag{23.12}$$

与电压放大系数类似，通常我们也会使用分贝来表示共模抑制比，即

$$K_{\mathrm{CMR}} = 20\lg\left|\frac{A_{\mathrm{vd}}}{A_{\mathrm{vc}}}\right|\mathrm{dB} \tag{23.13}$$

前面我们已经讨论过，基本差分放大电路的共模电压放大系数可以认为是无穷小的，所以它的共模抑制比看似非常大。然而，这只是在理想的情况下。实际上，它反而会因为共模抑制比很小几乎不被采用。从基本差分放大电路的工作原理可以看到，它主要利用**电路的对称性**将两个单独放大电路的温漂在输出端互相抵消。然而，要实现电路的完全对称（特性、参数和随温度变化的规律完全一致）是很困难的，即使集成工艺可以大大提升三极管与电路的对称性，但要做到完全匹配也是非常困难的。另外一个更大的问题是：单独的放大电路本身对零漂**没有任何抑制作用**。虽然负载 R_L 表面上感受不到温度变化对静态工作点的影响，但是当零漂非常严重或输入的共模信号比较大时，会使得两边的三极管进入饱和或截止状态，继而使放大电路不能正常工作。你可以实际仿真测量一下，当输入共模信号的幅值为 30mV 时，三极管集电极电位的波形就已经出现明显的失真了，然而负载 R_L 两端的电位差却仍然表现得“无动于衷”，这可绝对不是一件好事。就好比某个人穿得很光鲜，皮鞋也擦得锃亮，但是却还在为下一顿伙食苦苦挣扎着，或许刚刚还在考虑是否应该把皮鞋拿到当铺里当掉。

另外，正如我们前述章节讨论过的，在实际的工程应用中，经常要求输出信号有一端接地（从三极管的集电极与公共地之间获取信号），此时另一个三极管的补偿作用并没有被利用，那么输出端的温漂就等于单个放大电路的温漂，也就相当于温漂没有被抑制，所以基本差分放大电路是不能从单端输出信号的。

为了解决这些问题，我们必须采用更有效的措施减小单独的放大电路本身的零漂，带公共发射极电阻的差分放大电路就是在这种指导思想下产生的，其相应的仿真电路如图 23.7 所示。

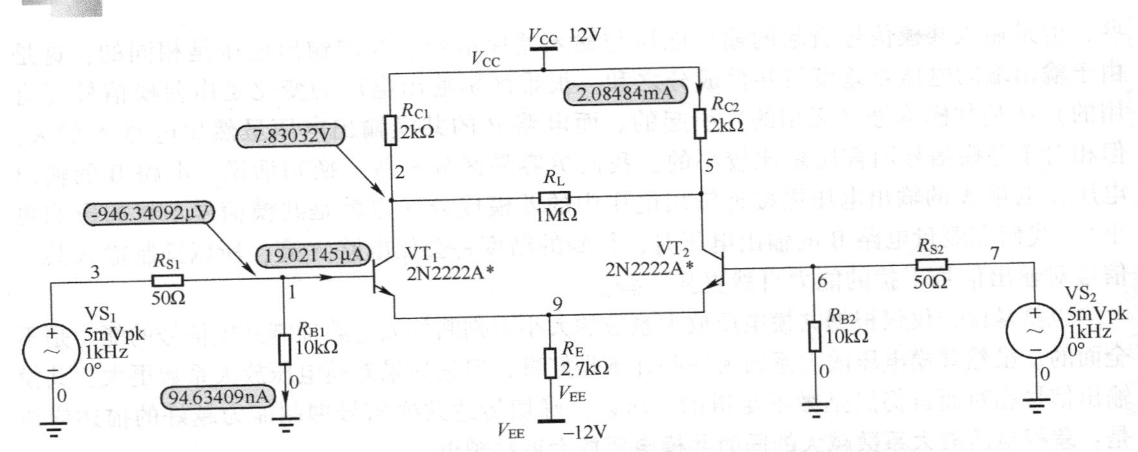

图 23.7　带公共发射极电阻的差分放大电路相应的仿真电路

图 23.7 所示的电路是双电源供电的，这样可以简化偏置电路与分析过程，但并不是说其无法使用单电源供电。由于 VT_1 与 VT_2 的基极电位下拉到地，所以可以省略输入耦合电容器，这使得差分放大电路非常适合集成电路制造，因为集成工艺不可能经济地制造出大容量的电容器。

与图 23.1 存在的另一点不同是：它有一个公共发射极电阻 R_E。我们先来分析它的共模交流参数。如图 23.8 所示当给电路的两个输入端施加共模信号时，由于 VT_1 发射极电流的大小与变化方向与 VT_2 的相同，即 $\Delta i_{E1}=\Delta i_{E2}$，且此时流过 R_E 的电流为单个三极管发射极电流的两倍，所以对于输入共模信号而言，其就相当于两个带阻值为 $2R_E$ 发射极电阻的分压式共射放大电路。

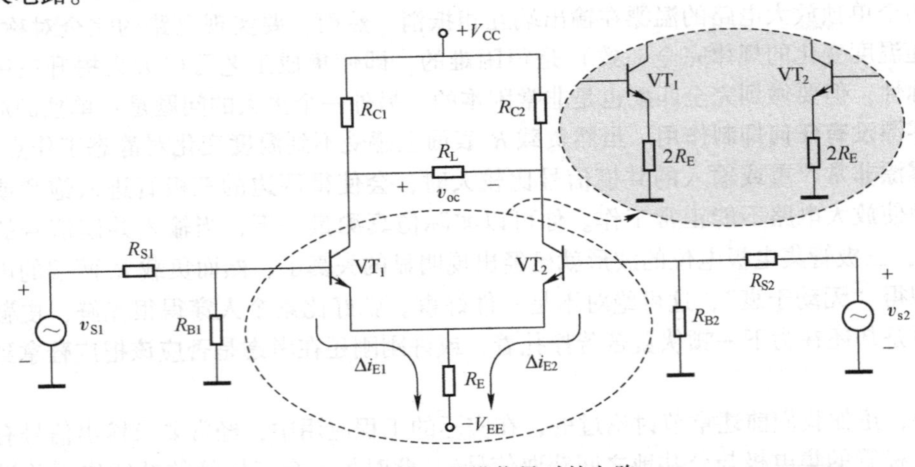

图 23.8　输入共模信号时的电路

实际上，R_E 所起的作用就是负反馈。我们在讨论分压式共射放大电路的交流参数时提过，发射极电阻把输出回路的电流转换成电压（以抵消净输入信号的方式）施加在输入回路，而在图 23.7 所示的电路中，在两侧放大电路静态工作点相同的情况下，流过 R_E 的电流为参数相同的分压式共射放大电路中发射极电流的两倍。也就是说，负反馈到各自输入回路

的信号也加倍了。所以，在输入共模信号的情况下，单个放大电路的电压放大系数会比（发射极连接电阻 R_E）分压式共射放大电路的小一倍，这样集电极电位的变化量就下降了，从而也就削弱了共模信号对输出电压的影响。换句话说，相对于基本共射放大电路，在同样的最大允许输出动态范围的条件下，带发射极电阻的分压式共射放大电路允许输入的信号幅值增大了，因为电压放大系数已经大幅度下降了。

我们来观察一下图 23.7 所示电路的仿真结果（注意：输入为共模信号）。

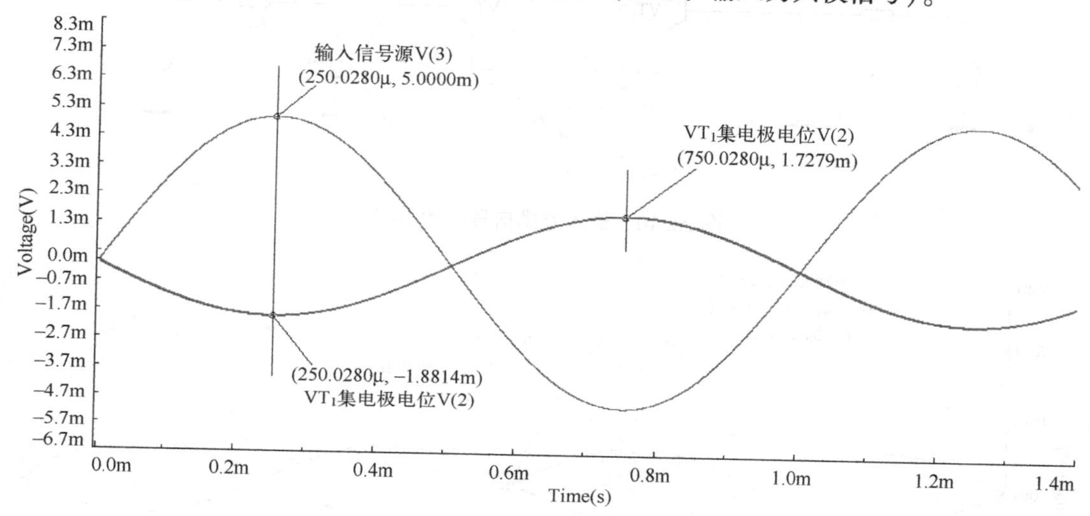

图 23.9　图 23.7 所示电路的仿真结果

我们这里观察单独放大电路的集电极电位，它本来是带有直流成分的，我们平移调整了一下，只需要关注交流成分即可。从图 23.9 中可以看到，集电极电位变化量的峰值为 (1.7279mV+1.8814mV)/2≈1.8mV。如果你观察图 23.1 所示电路集电极电位的变化量，你会发现它的峰值将会达到 624mV（输入信号与单个放大电路电压放大系数的乘积）。也就是说，在基本差分放大电路中加入公共发射极电阻 R_E之后，单独放大电路对零漂有了很好的抑制作用。

当我们给电路输入差模信号时，VT_1发射极电流的变化极性与 VT_2的恰好是相反的，即 $\Delta i_{E1}=-\Delta i_{E2}$，所以两个发射极电流的总和是一定的。也就是说，$R_E$两端电压的变化量为 0。从交流通路的角度来讲，$VT_1$与 VT_2的发射极相当于是接地的，如图 23.10 所示。

很明显，在输入差模信号的情况下，带发射极电阻的差分放大电路的交流通路与基本差分放大电路是完全一样的，所以两者的交流参数也应该一样。如图 23.11 所示我们观察一下其仿真结果（输入为差模信号）。

读者可以将图 23.11 所示的仿真结果与图 23.6 所示的进行对比，在输入相同差模信号的条件下，前者的源电压放大系数稍微小一些，但是由于共模电压放大系数大大降低了，所以也就改善了共模抑制比。

图 23.7 所示电路的静态工作点分析过程与分压式共射放大电路的是一样的，只需要将 VS_1与 VS_2置 0（短路）即可，这样三极管的基极电位约为 0V，所以流过公共发射极电阻的静态电流为

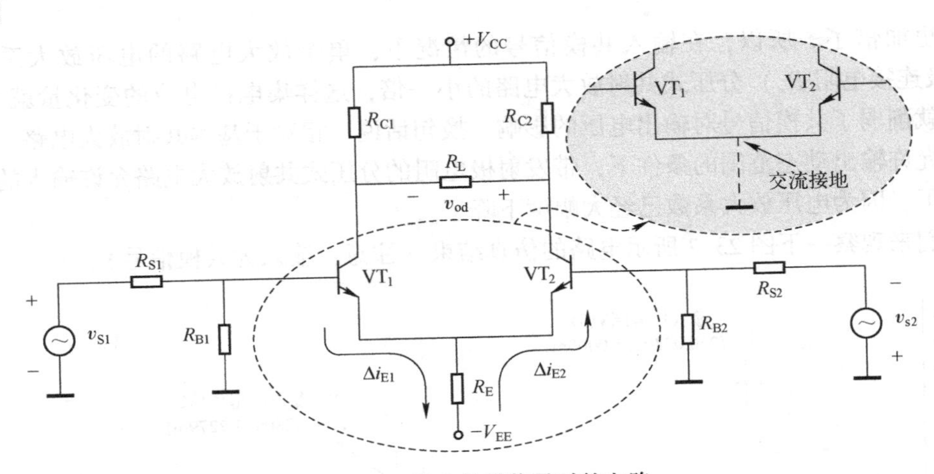

图 23.10　输入差模信号时的电路

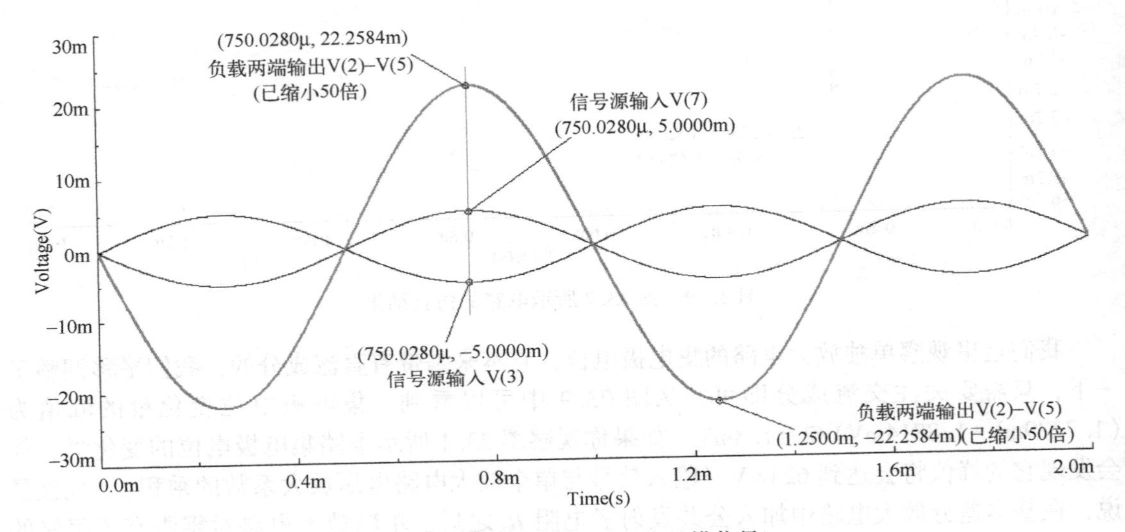

图 23.11　仿真结果（输入为差模信号）

$$I_{RE}=\frac{V_{BQ}-V_{BEQ1}-(-V_{EE})}{R_E}=\frac{0V-0.6V-(-12V)}{2.7k\Omega}\approx 4.2mA$$

我们也将I_{RE}称为差分放大电路的尾电流（Tail Current）。由于流过发射极电阻R_E中的电流为VT_1与VT_2发射极静态电流之和，所以有：

$$I_{CQ1}=I_{CQ2}\approx\frac{I_{RE}}{2}=\frac{4.2mA}{2}=2.1mA$$

后面的求解过程就很简单了，此处不再赘述。

当然，以上我们忽略了基极电流I_B的影响，在进行静态工作点的估算时是没有问题的。但是，在考虑输入电压时，I_B还是有一定影响的。因为两个三极管基极的实际电位$V_{BQ}=I_{BQ}\times(R_S\parallel R_B)$，如果两个信号源的内阻$R_S$不一样，则$VT_1$与$VT_2$三极管基极的电位也会不一样，也就相当于输入端存在差模信号。换句话说，当两路输入信号为零时，输出电压的差却不会

是零，而且会随 R_S 的变化而变化，因此通常都会要求两个输入端的输入电阻是相等的，也就是我们所说的平衡。可以通过选择比 R_S 大得多的 R_B 来获得，从而使输入端电阻几乎相等，从而能够减小信号源内阻 R_S 对电路带来的影响。

在工程上，我们把 I_{B1} 与 I_{B2} 的算术平均值称为输入偏置电流（Input Bias Current），通常使用符号 I_{IB} 来表示，即

$$I_{IB}=(I_{B1}+I_{B2})/2 \tag{23.14}$$

输入偏置电流越小，信号源内阻的影响也就越小。当然，实际上要做到三极管完全匹配是不太可能的，三极管的电流放大系数不一样也会导致各基极电流不相等，所以即使信号源的内阻 R_S 平衡，也会存在差模电压，在静态时，放大电路两端输出的电压差也不可能为零。

我们把不为零的输出电压折算到输入端的电压称为输入失调电压（Input Offset Voltage），通常使用符号 V_{OS} 或 V_{IO} 来表示。

为了有效地削弱失调电压，我们通常会在电路中设置调零电位器，以电路形式上的不平衡来克服参数的不对称。常用的集电极调零或发射极调零方案如图 23.12 所示。

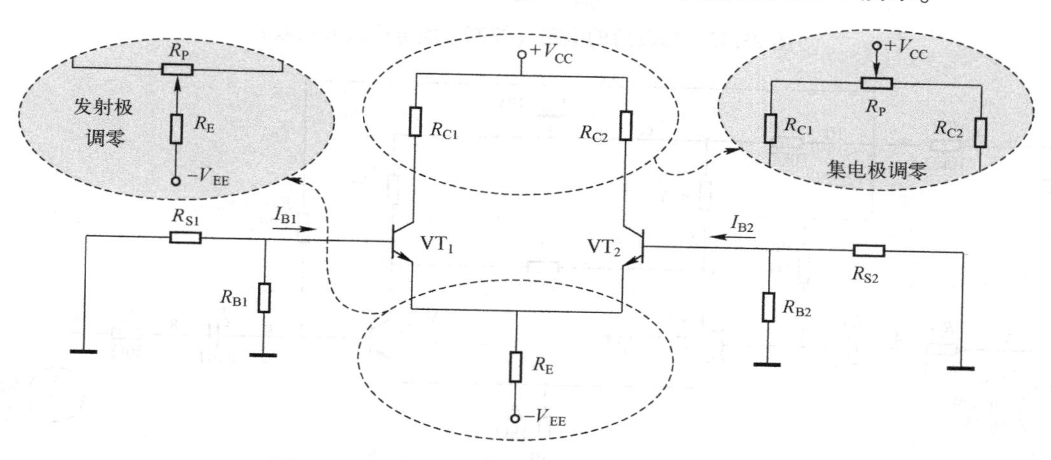

图 23.12　常用的发射极调零与集电极调零方案

紧接着，我们还把 I_{B1} 与 I_{B2} 的差的绝对值称为输入失调电流（Input Offset Current），通常用符号 I_{OS} 或 I_{IO} 来表示，即

$$I_{OS}=|I_{B1}-I_{B2}| \tag{23.15}$$

它是反映差分放大电路不对称程度的技术指标，其值是越小越好。

与分压式共射放大电路一样，如果你想控制差分放大电路的电压放大系数，可以在三极管的发射极串入两个等值的电阻，修改后的电路如图 23.13 所示。

对于执意要使用单电源供电的读者，也可以使用图 23.14 所示的单电源供电的差分放大电路。

从图 23.13 和图 23.14 中可以看到，我们在图 23.13 中只不过额外地使用了两个 10kΩ 的电阻给两个三极管的基极设置了中点电位。如果不这么做，三极管 C-E 之间的静态压降就会减小，从而就会容易使三极管进入饱和状态。此时三极管的输入不再是 0V，所以我们还必须在信号的输入端连接耦合电容器，以避免信号源内阻的分流作用影响三极管基极的静

态电流而使电路无法工作。很明显，单电源供电的差分放大电路无法**放大直流信号**，而这一点却正是直接耦合差分放大电路的最大优势，我们决不能抛弃它。

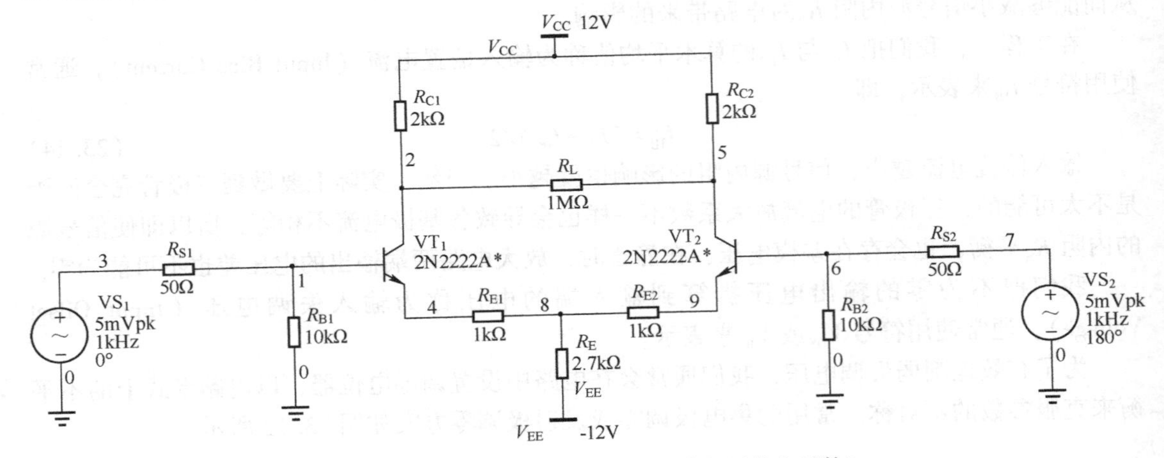

图 23.13　修改后的电路（控制差模电压放大系数）

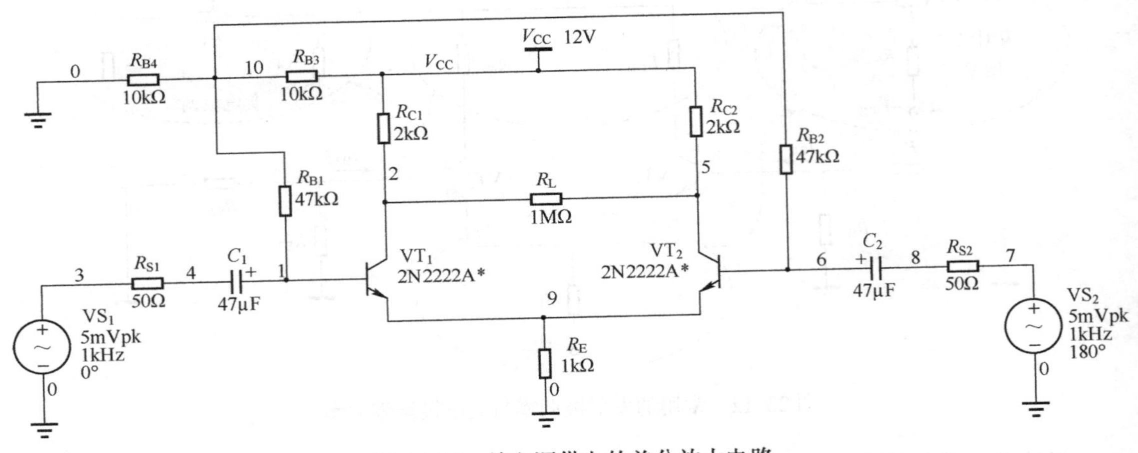

图 23.14　单电源供电的差分放大电路

理论上，差分放大电路中公共的发射极电阻 R_E 越大，则抑制共模信号的能力也就越强。但是，R_E 的增大不可能是无限的。因为当负电源选定之后，R_E 过大会导致集电极电流下降过多，这样就会使放大电路的跨导也会过小（因为在大多数场合下，我们会将差分放大电路作为电流放大，而不是电压放大，即一个跨导放大电路），而且在集成电路当中也不容易制作大阻值的电阻，所以我们迫切需要一种能够在维持发射极电流不变的前提下提升交流反馈电阻的方案。恒流源再一次展现出了其令人无比赞叹的潜能，带电流源的差分放大电路如图 23.15 所示。

图 23.15 所示的电路使用以 VT_3 为核心的分压式共射放大电路的电流源代替了公共的发射极电阻。由于电流源的交流内阻非常大，所以输入共模信号时的电压放大系数会非常小，从而也就提升了共模抑制比。当然，你也可以这样理解：当输入共模信号时，虽然流过电流源的总电流会有上升的趋势，但是由于恒流源能够提供恒定的电流，而这样可以抑制总电流

上升的趋势，从而也就可以抑制共模信号。其实是一个意思，因为电流源的交流内阻越大，也就意味着其恒流能力越强。

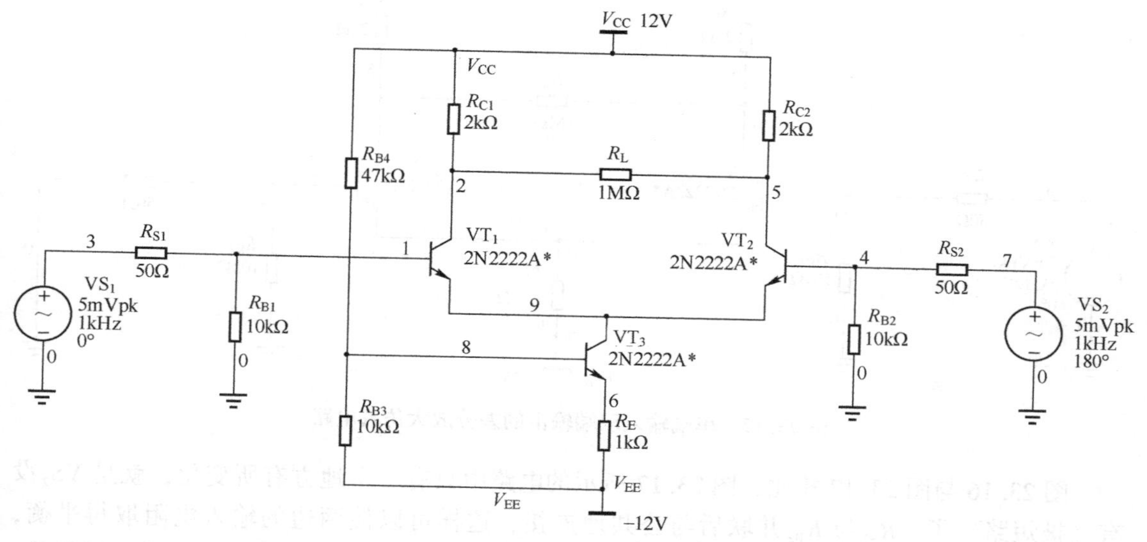

图 23.15　带电流源的差分放大电路（电流源代替发射极电阻）

当然，使用 PNP 型三极管也可以构成差分放大电路，这一点毋庸置疑，如图 23.16 所示为 PNP 型三极管构成的差分放大电路，其输入与输出波形与图 23.15 所示电路的基本相同。

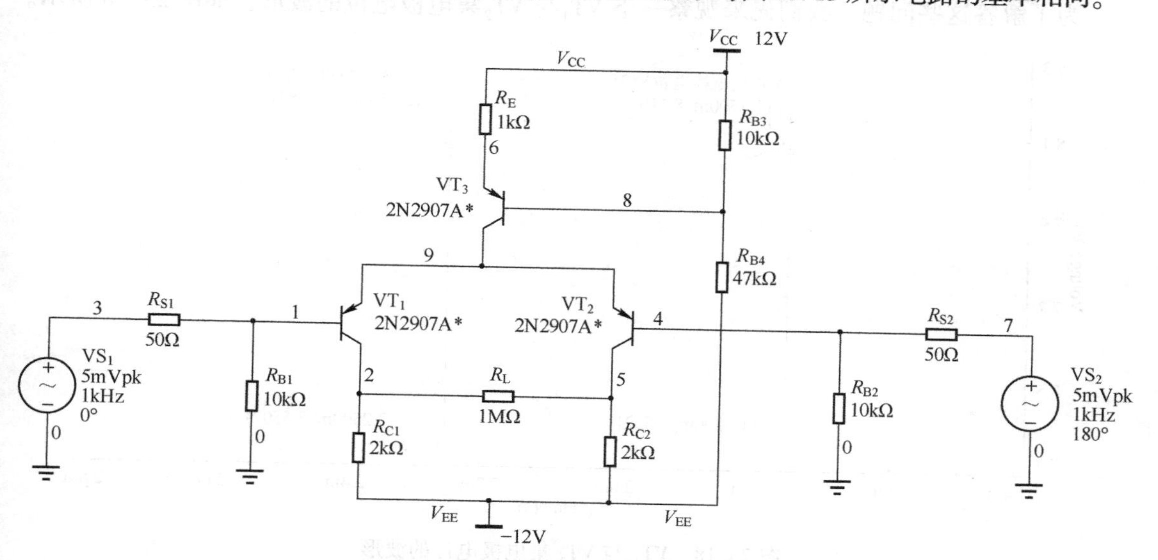

图 23.16　PNP 型三极管构成的差分放大电路

虽然双端输入双端输出的差分放大电路似乎是针对共模抑制比要求比较高的理想方案（事实上也是如此），但正如本书前面介绍过的，更多的放大电路都是单端输入的。不要太担心，差分放大电路也可以做到这一点，如图 23.17 所示为单端输入双端输出的差分放大仿真电路。

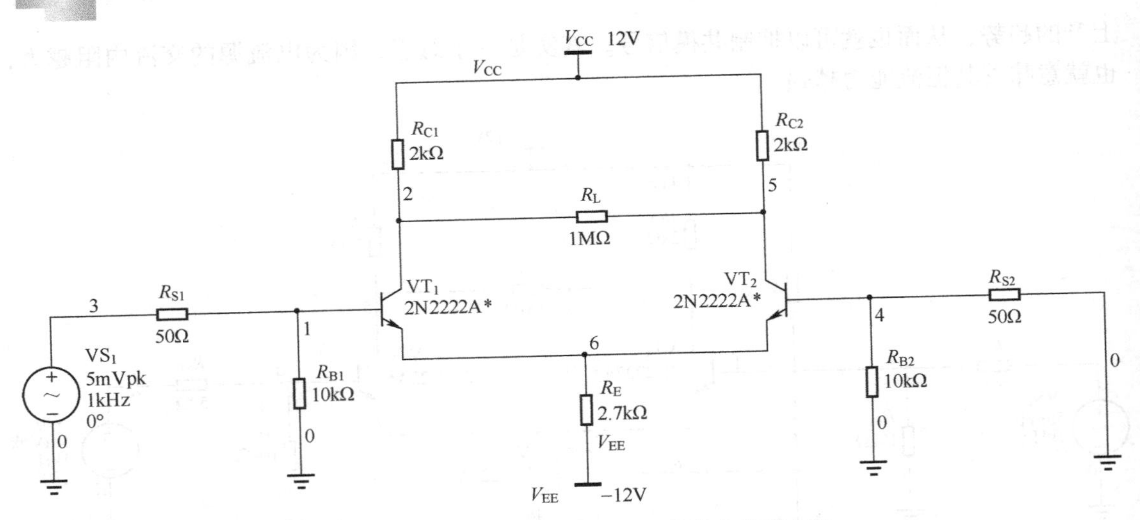

图 23. 17　单端输入双端输出的差分放大仿真电路

图 23. 16 与图 23. 17 相比，图 23. 17 所示的电路中只有一个地方有所变化，就是 VS_2 没有（被短路）了。R_{S2} 与 R_{B2} 并联后与公共地连接，这样可以使两边的输入电阻取得平衡，是不可以省略的（不可以将 VT_2 的基极直接与公共地相连）。现在摆在我们面前的问题是：**单端输入双端输出的差分放大电路对共模信号还有抑制能力吗？如果有，这个电路只有一个输入端，那么差模信号是什么呢？共模信号又是什么呢？**

为了解答这些问题，我们先来观察一下 VT_1 与 VT_2 集电极电位的波形，如图 23. 18 所示。

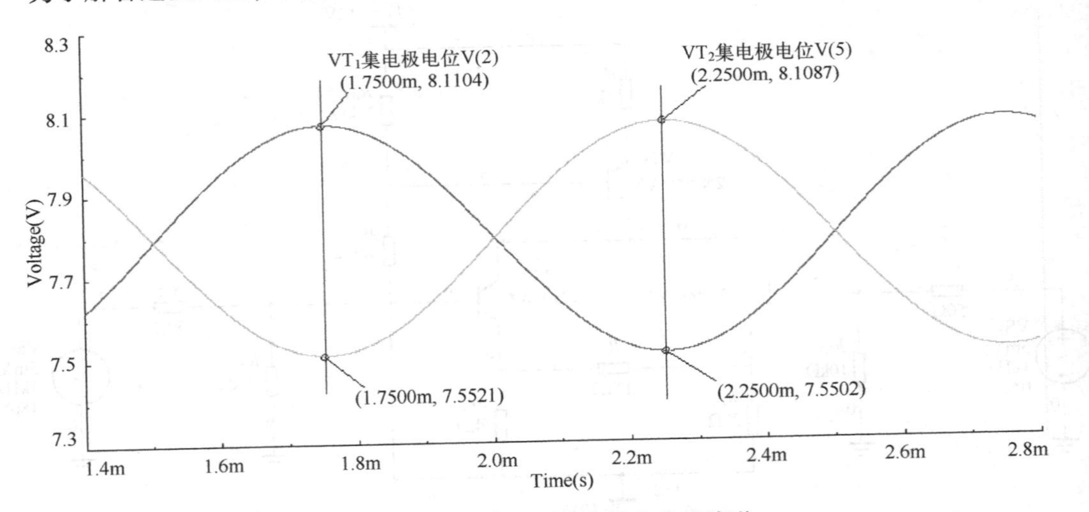

图 23. 18　VT_1 与 VT_2 集电极电位的波形

从图 23. 18 中我们可以看到一个有趣的现象：尽管并没有对 VT_2 的基极施加输入信号源，但是 VT_2 集电极电位的变化量几乎与 VT_1 的相同。既然 VT_2 的集电极电位有了这么大的输出电压，那么 VT_2 的基极也应该有一个与 VT_1 基极相似的输入电压波形。我们来求证一下，如图 23. 19 所示为 VT_1 与 VT_2 基极电位的波形。

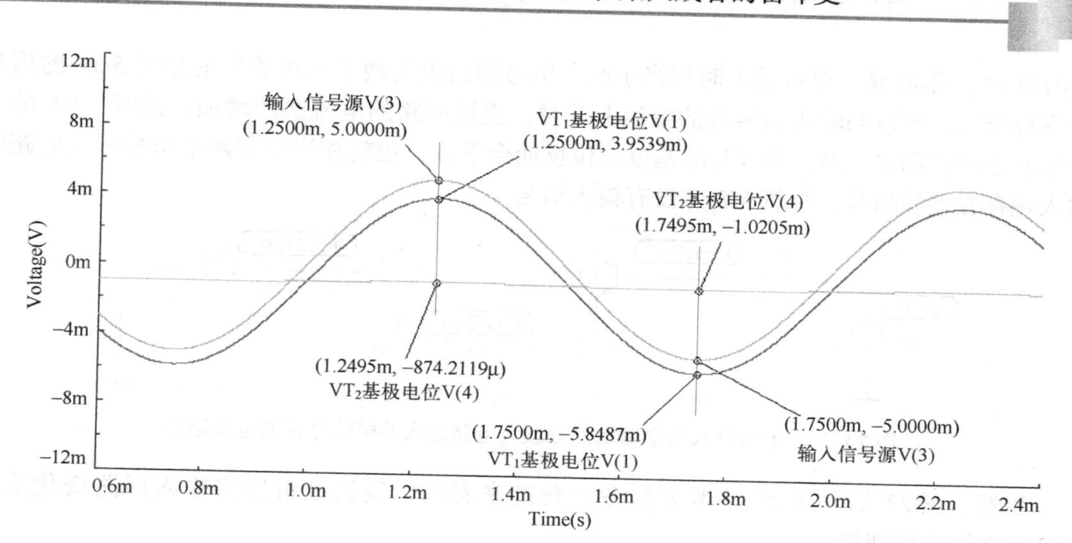

图 23.19　VT_1 与 VT_2 基极电位的波形

从图 23.19 中可以看到，VT_1与 VT_2基极电位的波形相差非常大，这并不符合我们的猜想，但我们来观察一下 VT_1与 VT_2发射结电压的波形，如图 23.20 所示。

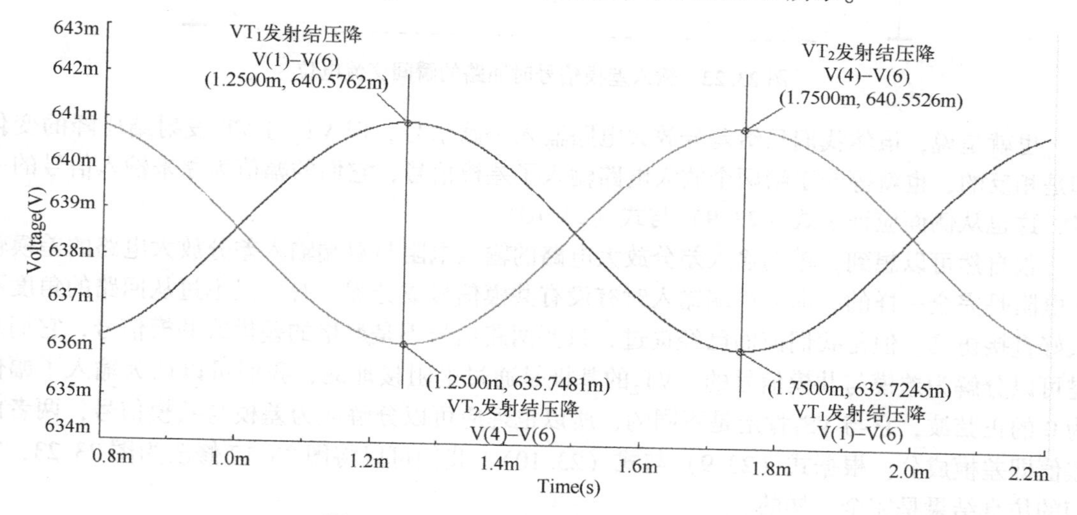

图 23.20　VT_1 与 VT_2 发射结电压的波形

从图 23.20 中可以看到，VT_1发射结电压的波形与 VT_2的恰好是反相的，但幅值几乎完全一样。也就是说，虽然单端输入的差分放大电路只有一个信号源，但却仍然与从两个独立放大电路输入差模信号时拥有一样的效果。

为了理解单端输入双端输出差分放大电路中差模信号的来源，我们来观察一下输入差模信号时的电流路径，如图 23.21 所示。

为了简化示意图，我们没有画出两个三极管基极与公共地连接的电阻，因为根据戴维南定理，它总可以等效为一个串联电阻。VT_1与 VT_2的基极交流电位是从图 23.19 所示的数据中计算出来的，即（3.9539mV+5.8487mV）/2＝4.9013mV 与（1.0205mV－874.2119μV）/2≈

0.0731mV。很明显，单端输入时相当于两个信号源内阻与两个三极管发射结对5mV的信号源进行分压，所以当输入信号源的幅值上升时，流过回路的电流必然增加。此时，VT_2的基极电位必然会随之上升，而VT_1的基极电位反而会下降，也就相当于在两个单独放大电路的输入端存在差模信号，尽管VT_2并没有输入信号。

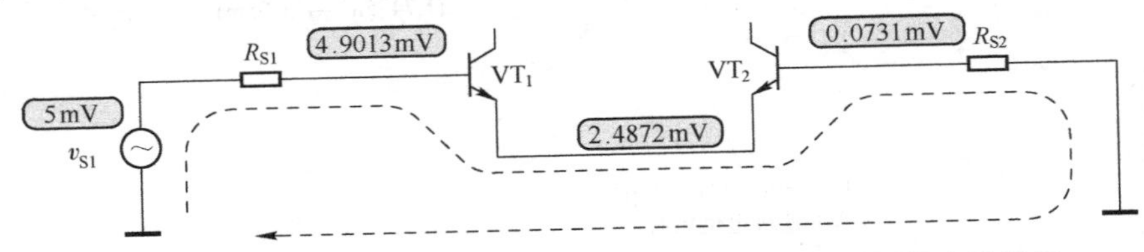

图 23.21　单端输入双端输出差分放大电路输入差模信号时的电流路径

当然，图23.21是以公共地为参考的角度来看的，我们也可以将输入回路变化成如图23.22所示的那样。

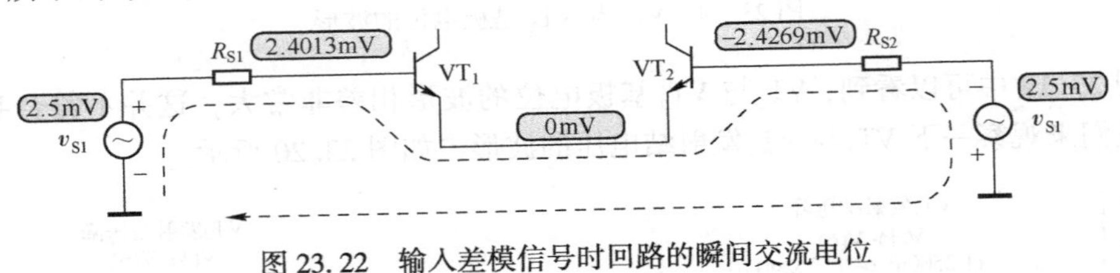

图 23.22　输入差模信号时回路的瞬间交流电位

也就是说，虽然我们只给差分放大电路输入一路信号，但VT_1与VT_2发射结压降的变化却是相反的，也就等同于给两个放大电路输入了差模信号，它们的幅值为原来输入信号的一半，这也从侧面应证了式（23.9）与式（23.10）。

很自然可以想到，单端输入差分放大电路的输入电阻与双端输入差分放大电路的差模输入电阻是完全一样的。那么单端输入时有没有共模信号成分呢？有！只不过从回路的角度不太好直接仿真。但是我们前面已经提过，只要两路信号不是严格的差模或共模信号，它们总是可以分解为差模与共模信号的。VT_2的基极是通过电阻接地的，我们可以认为输入了幅值为0的正弦波，它与VS_1肯定是不同的，所以也理应可以分解成为差模与共模信号，两者的差值即差模成分。根据式（23.9）与式（23.10），我们可以将图23.17修改为图23.23，它们的仿真结果是完全一样的。

当然，我们前面也已经提过，实际的共模信号并不一定是从信号的输入端进来的，由温度、供电电源、元器件老化等因素引起两个单独放大电路静态工作点的变化都可以等效为共模信号的输入，这与差分放大电路是单端输入还是双端输入的形式并没有关系。

更进一步，还有单端输入单端输出的差分放大电路，如图23.24所示。输出信号由其中一个三极管的集电极输出，似乎差分放大电路由于电路对称带来的对温漂的抑制优势将不复存在。但是，由于每个放大电路本身也有对零漂的抑制作用，所以在使用恒流源代替公共发射极电阻的情况下，它的共模抑制比也可以做得非常大（尽管比双端输出方式的共模抑制比小）。由于VT_1是共集电极组态的，而VT_2是共基组态的，所以它们组成了一个共集-共基放大电路。

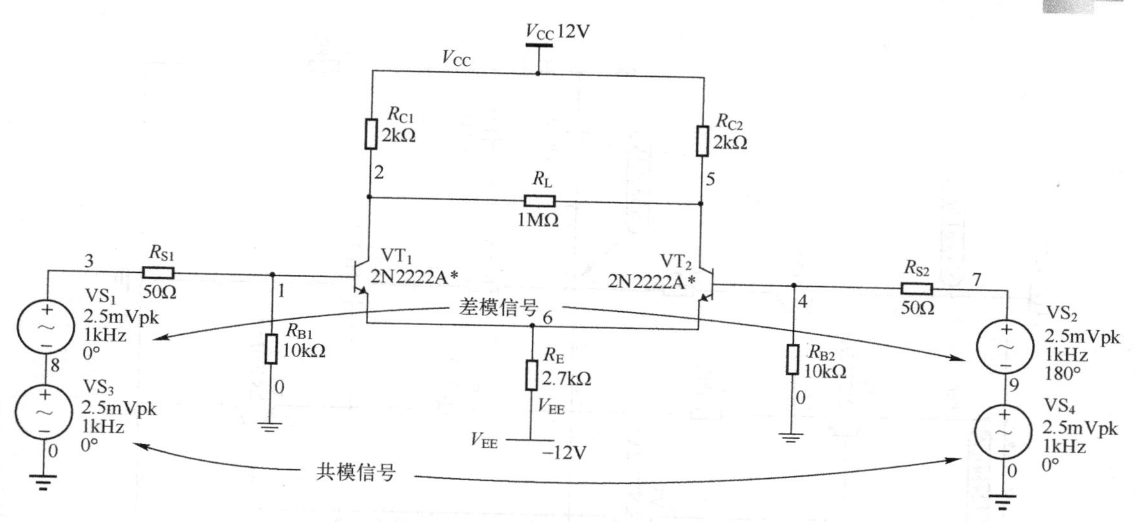

图 23.23　单端输入分解为双端输入

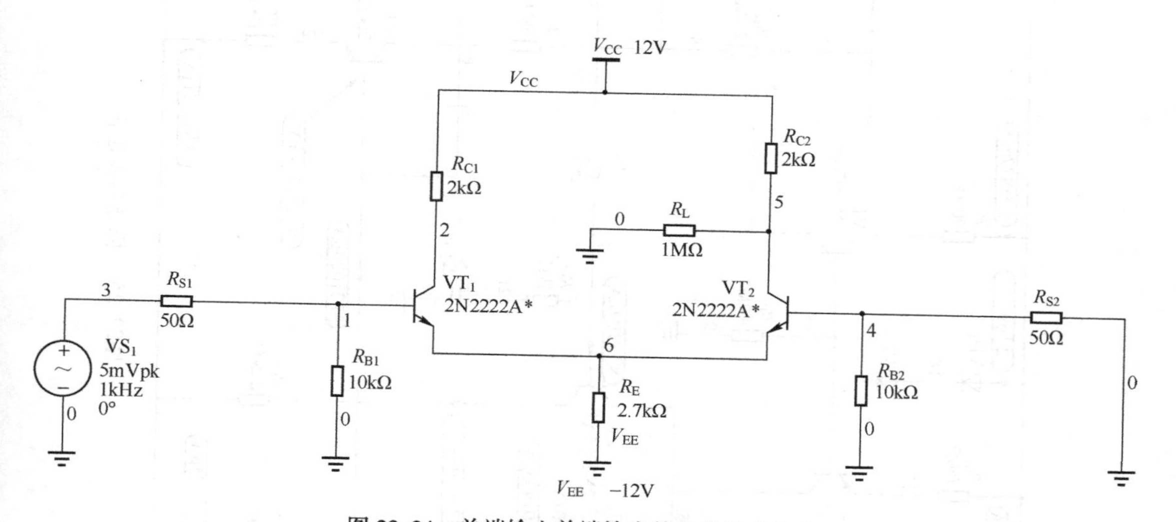

图 23.24　单端输入单端输出的差分放大电路

顺便提一下，在从 VT_2的集电极获取输出信号的情况下，我们可以不需要 R_{C1}（将其短路），它对差分放大电路的平衡贡献不大。另外，双端输入单端输出的差分放大电路主要用来将双端信号转换为单端信号，我们在此就不再赘述了。

最后我们再来分析一个十分传统且具有广泛代表性的功率放大电路，可以算是标准功率放大电路，如图 23.25 所示。

这里主要关注输入级的差分放大电路，因为其他部分已经讨论过了。VT_1与 VT_2组成的差分放大电路输入级没有电压放大能力，是一个将输入电压转换为输出电流的跨导放大电路，它的尾电流由以 VT_7为核心的恒流源提供，VD_1、VD_2、R_{B6}给 VT_7（与 VT_{10}）提供基极偏置，调整 R_{E1}即可设置需要的尾电流。以 VT_4为核心的共射放大电路将输入电流转换为输出电压，所以是一个跨阻放大电路，以 VT_{10}为核心的恒流源作为它的有源负载。由于跨阻放

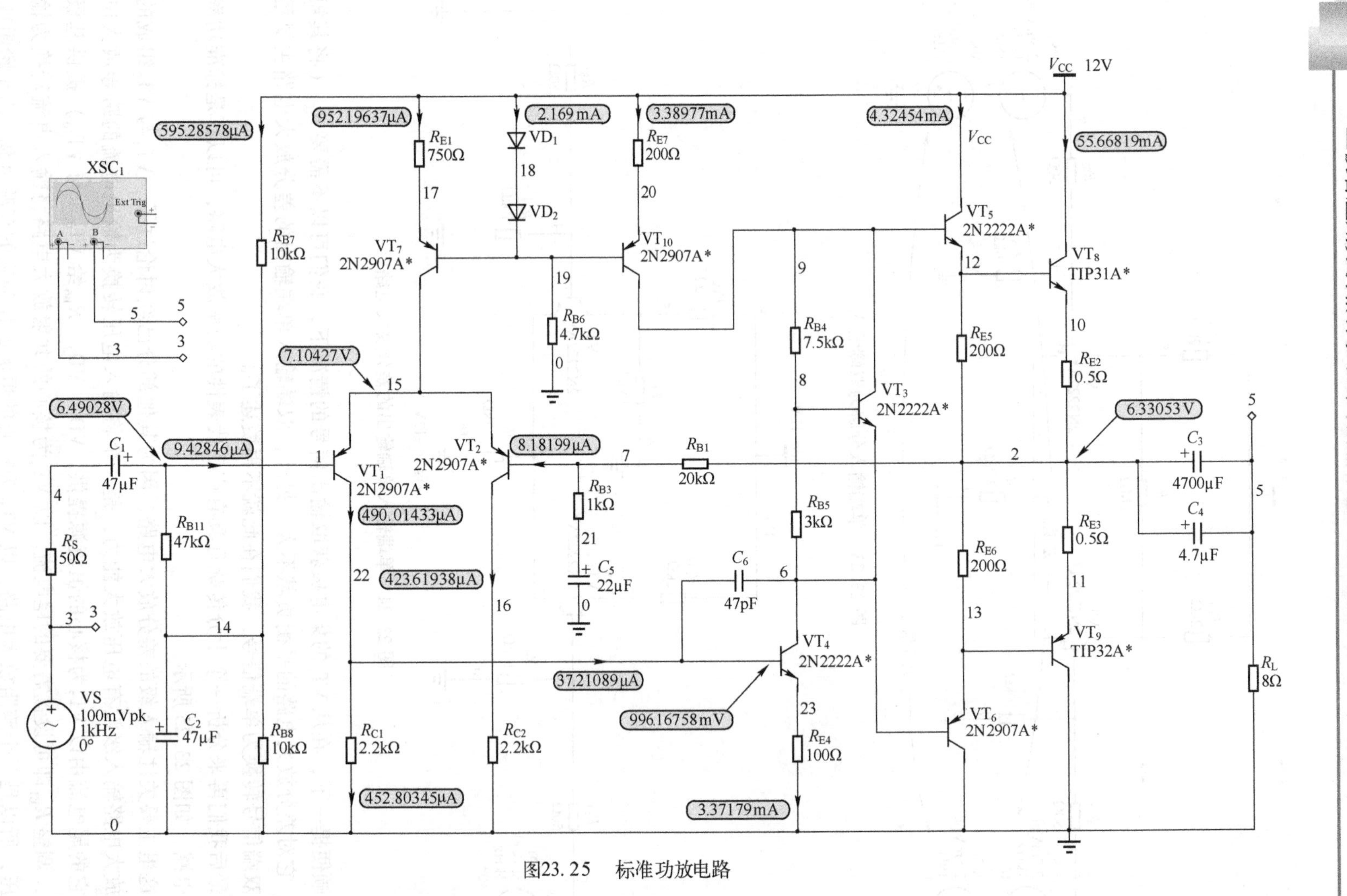

图23.25　标准功放电路

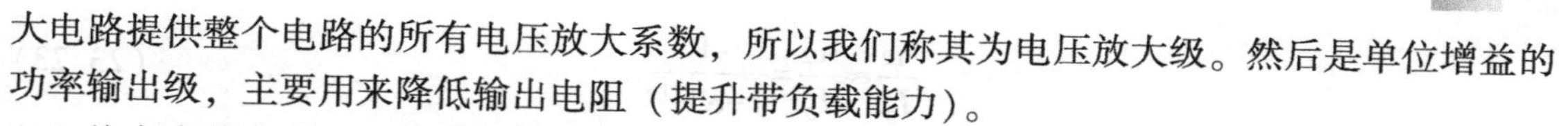

大电路提供整个电路的所有电压放大系数，所以我们称其为电压放大级。然后是单位增益的功率输出级，主要用来降低输出电阻（提升带负载能力）。

绝大多数功率放大电路都使用这样的三级结构，它能够使级与级之间的相互干扰降低至可以忽略不计的程度。当然，它还有其他的一些优点。例如，由于第一级差分对为电流输出，所以相应的输出电压的变化量很小，这使得输入级三极管因密勒效应带来的相移或可能存在的厄尔利效应减至最小，这些我们早就已经提过了。

起初使用差分对作为功率放大电路输入级是因为其直流失调比较小，而它的关键职责是从输入信号中减去负反馈信号，从而产生误差信号来驱动输出，它几乎总是做成跨导电路的形式，使输入差分电压时产生的输出电流基本上对输出端的电压不敏感。由于输入级跨导是设定高频开环增益的两个重要参数之一，所以其对放大器的稳定性、瞬态特性和失真性能的影响很大，这一点我们将在之后详细讨论。

相对于使用单管放大电路，差分对还是不需要调整就能够可靠地降低失真的少数电路的形式之一，原因就在于它的跨导由三极管的工作性质决定，而不依赖于如 β 等不可预期参数的匹配，我们可以来简单推导一下。

前面已经提过，三极管发射结两端的压降与集电极电流之间的关系遵循式（3.16），将两边取自然对数再整理之后，则有：

$$v_{\mathrm{BE}}=V_{\mathrm{T}}\ln\left(\frac{i_{\mathrm{C}}}{I_{\mathrm{S}}}\right) \tag{23.16}$$

式（23.16）告诉我们，三极管的 i_{c} 与 v_{BE} 之间存在精确的对数关系。换句话说，它们并不是线性关系，这就有可能导致输出信号产生非线性失真（详情参考第27章内容）。

同样分析一下差分放大电路的 i_{c} 与 v_{id} 之间的关系。假设公共发射极电位为 v_{E}，尾电流为 I_0，根据式（3.15）则有：

$$i_{\mathrm{E1}}=\frac{I_{\mathrm{S}}}{\alpha}\mathrm{e}^{(v_{\mathrm{B1}}-v_{\mathrm{E}})/V_{\mathrm{T}}} \tag{23.17}$$

$$i_{\mathrm{E2}}=\frac{I_{\mathrm{S}}}{\alpha}\mathrm{e}^{(v_{\mathrm{B2}}-v_{\mathrm{E}})/V_{\mathrm{T}}} \tag{23.18}$$

所以有：

$$\frac{i_{\mathrm{E1}}}{i_{\mathrm{E2}}}=\mathrm{e}^{(v_{\mathrm{B1}}-v_{\mathrm{B2}})/V_{\mathrm{T}}} \tag{23.19}$$

式（23.19）可改写为

$$\frac{i_{\mathrm{E1}}}{i_{\mathrm{E1}}+i_{\mathrm{E2}}}=\frac{1}{1+\mathrm{e}^{(v_{\mathrm{B2}}-v_{\mathrm{B1}})/V_{\mathrm{T}}}} \tag{23.20}$$

$$\frac{i_{\mathrm{E2}}}{i_{\mathrm{E1}}+i_{\mathrm{E2}}}=\frac{1}{1+\mathrm{e}^{(v_{\mathrm{B1}}-v_{\mathrm{B2}})/V_{\mathrm{T}}}} \tag{23.21}$$

由于 $i_{\mathrm{E1}}+i_{\mathrm{E2}}=I_0$，且 $\alpha\approx1$，所以有：

$$\frac{i_{\mathrm{E1}}}{I_0}\approx\frac{i_{\mathrm{C1}}}{I_0}=\frac{1}{1+\mathrm{e}^{-v_{\mathrm{id}}/V_{\mathrm{T}}}} \tag{23.22}$$

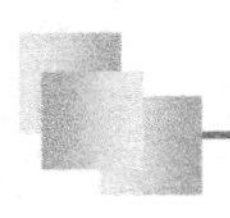

$$\frac{i_{E2}}{I_0} \approx \frac{i_{C2}}{I_0} = \frac{1}{1+e^{v_{id}/V_T}} \tag{23.23}$$

式（23.22）与式（23.23）所示的 i_{C1}/I_0、i_{C2}/I_0 与 v_{id}/V_T 之间的关系就是差分对的传输特性，如图 23.26 所示。

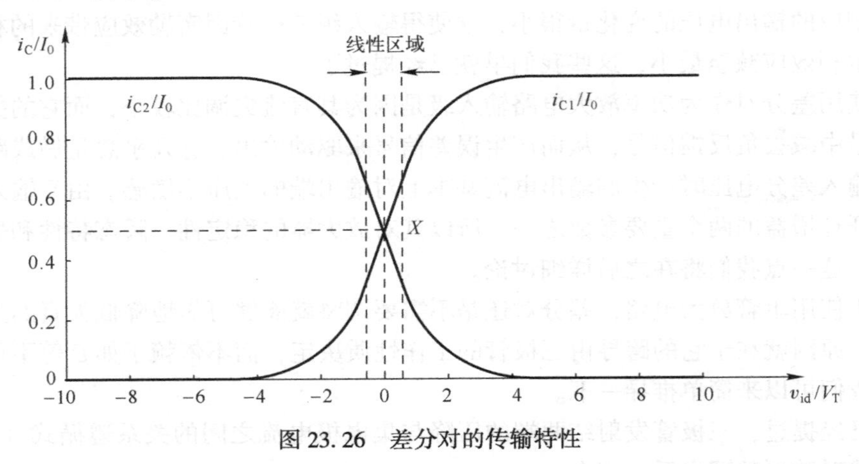

图 23.26　差分对的传输特性

从图 23.26 中可以看到，当 v_{id} 大于约 $4V_T$（室温下约为 104mV）时，差分对中的所有电流将只流向某一只三极管，另一只三极管将截止。如果我们将 v_{id} 限制为小于 $V_T/2$（v_{id} 保持在±13mV 以内）时，差分放大电路就会工作在中点 X 附近的线性区域（与 i_C-v_{BE} 之间的非线性关系无关），从而也就能够有效地降低失真。换句话说，差分对结构将指数规律的 i_C-v_{BE} 曲线拉直了，从而也就矫正了三极管的传输特性。

另外，按图 23.13 所示，在每个三极管的发射极串联电阻 R_E 的方式也经常被用来扩展线性区域，相应的传输特性如图 23.27 所示。

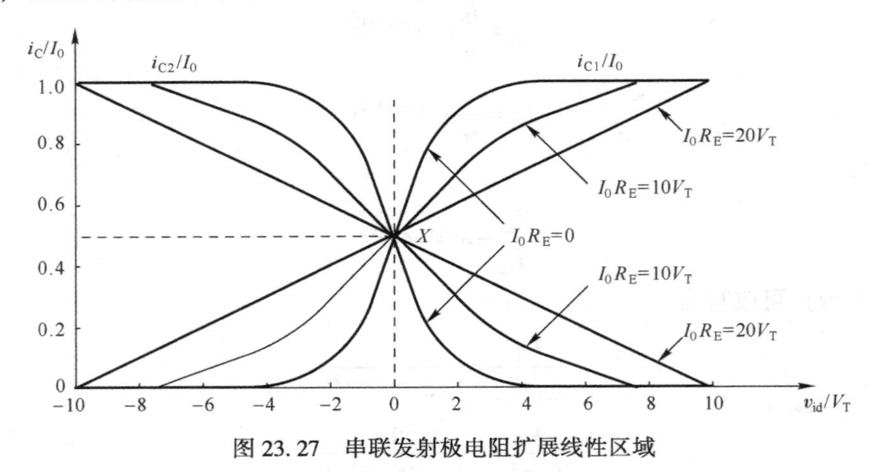

图 23.27　串联发射极电阻扩展线性区域

很明显，扩展线性区域的代价就是 g_m（也就是传输特性曲线 $v_{id}=0$ 处的斜率）的减少，由此也将导致增益的下降。

第 24 章　高频传输线理论：不走寻常路

“高频”其实是一个笼统的概念，并没有严格的定义，在不同的场合下，其意义也会有所不同。例如，我们在讨论放大电路的频率特性时，将整个频段划分为低频、中频与高频三个频段，那里的“高频”是相对于“中频”与“低频”而言的，所以对于有些放大电路，频率为数兆赫兹就算是“高频”了。有些资料把 300MHz~3GHz 的频率范围视为高频段，而将处理这种频带内信号的电路定义为高频电路，但是正如你将要看到的，很多时候超过 1MHz 时就应该将其作为高频信号来谨慎处理了。

在高频放大电路应用中有一个非常重要的概念，那就是**阻抗匹配**（Impedance Matching），其实在讲解共集放大电路的分析中已经提到过。仍然回顾到图 17.3 所示的电路，当时我们是这么说的：以 VT_2为核心的射随器可以认为其实现了阻抗转换的功能，因为阻值较小的负载直接与共射放大电路的输出连接会使电压放大系数下降，而插入射随器之后，问题就解决了，所以此时信号源与负载的阻抗是匹配的。很明显，要实现我们需要的阻抗匹配，射随器的输入电阻应该越大越好，而输出电阻应该越小越好，这样负载两端获得的有效输出电压才会越大。然而，这只是**低频**放大电路应用中阻抗匹配的要求。在**高频**放大电路中，匹配就是**相等**的意思，阻抗匹配就是**阻抗相等**。

要讨论阻抗匹配，不得不提到传输线与特性阻抗的概念。在此之前，我们首先应该对低频与高频信号在实际传输时的区别有所了解。如图 24.1 所示，假设有一个放大电路给负载发送低频信号。

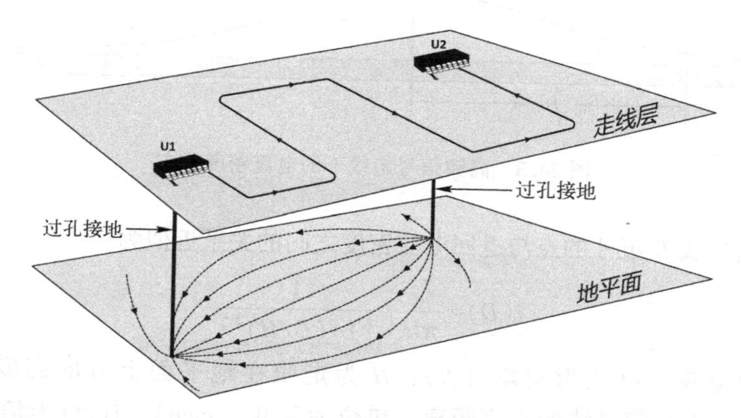

图 24.1　一个放大电路给负载发送低频信号（低频信号的电流路径）

我们使用两个芯片表示级联放大电路，并且抽取多层 PCB 中的走线层与地平面。从图 24.1 中可以看到，电流在走线层从 U1 传输到 U2，然后在地平面经展开的弧线路径返回到 U2，每条弧线上的电流密度与该路径上的电导相对应。换句话说，在低频电路中，电流沿着电阻最小的路径前进。

放大电路发出高频信号时电流的路径又是怎么样的呢？随着信号频率的提升，地平面呈现的感抗将随之增加，其值比低频时的大得多，电流相应的路径如图 24.2 所示。

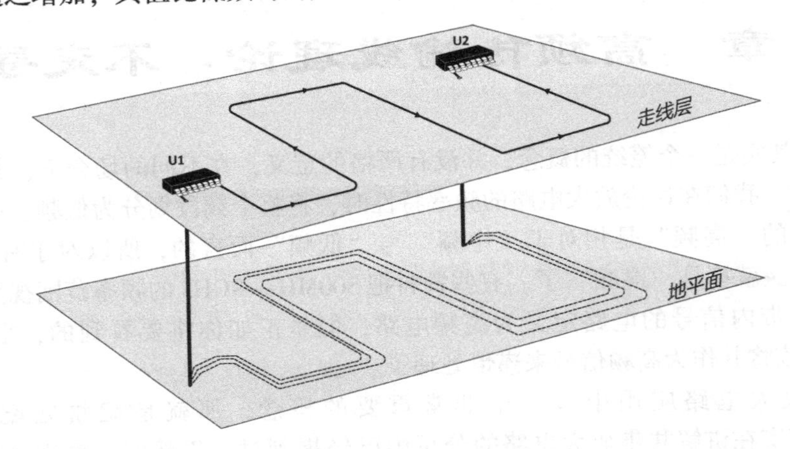

图 24.2　高频信号的电流返回路径

在**高频电路中，电流沿着电感器最小的路径前进，而不是沿着电阻最小的路径前进**（本质上并没有冲突，概括来讲，电流沿着回路**阻抗**最小的路径前进），沿着电感器最小的返回路径就紧贴在信号导体下面，这样能够使信号路径与返回路径之间的回路面积最小化，从而减小回路电感器（因为电感器与环路面积成比正）。

高频信号走线下的电流密度分布如图 24.3 所示。

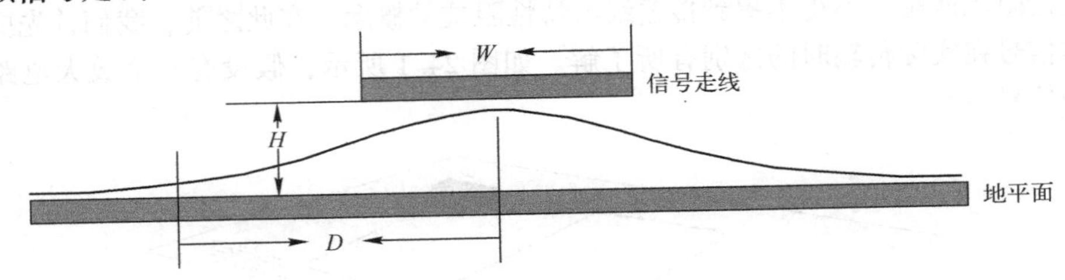

图 24.3　高频信号走线下的电流密度分布

一个距离信号线 D 英寸的点与返回电流密度之间的关系近似为

$$i(D)=\frac{I_0}{\pi H}\cdot\frac{1}{[1+(D/H)^2]} \tag{24.1}$$

其中，I_0为总的电流，单位为安培（A）；H 为走线在地平面上方的高度，单位为英寸（inch）；D 为地平面与信号线的垂直距离，单位为英寸（inch）；$i(D)$为信号的电流密度，单位为安培每英寸（Alinch）。很明显，最大的电流密度就在走线的正下方，而走线两侧的电流密度则会显著地下降。如果返回电流距离信号走线越远，则输出信号与返回信号路径之间的总回路面积就会越大，从而使环路电感器增加，使得电流密度更小。

另外，返回路径紧贴在导体下面也可以加强信号路径与返回路径之间的互感，从而进一步降低环路电感器。为了说明互感在环路电感器中起的作用，我们假设两个回路的信号路径

与返回路径包含的面积是相等的，只是距离不相同，它们各自的自感分别为 L_a 与 L_b，如图 24.4 所示。

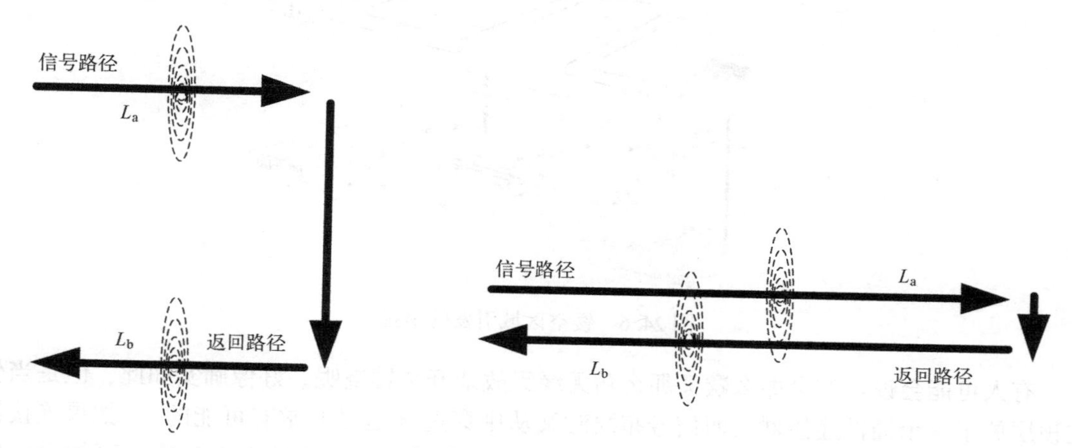

图 24.4 互感影响环路的总电感

当两条路径分隔得比较远时，环路的总电感器为 L_a+L_b；当两条路径靠得比较近时，由于流过支路中的电流方向是相反的，所以产生的磁场方向也相反并且会相交，它们起到相互削弱的作用。简单地说，此时支路之间存在互感 M，相应环路的总电感器为L_a+L_b-2M。

如果信号走线对应的地平面存在镂空的位置（如开了个槽）会发生什么情况呢？如图 24.5 所示为镂空位置附近的回流路径。

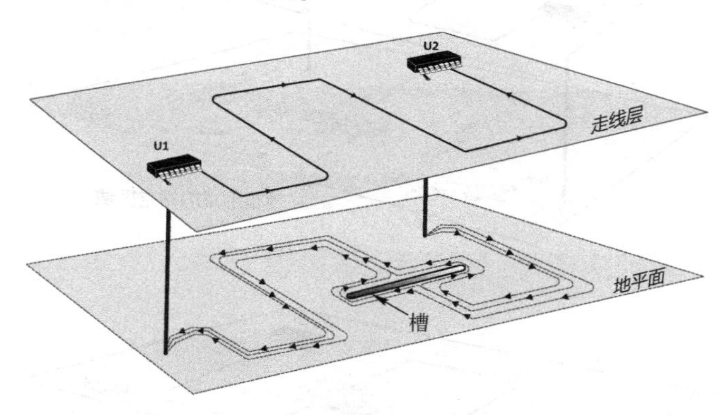

图 24.5 镂空位置附近的回流路径

由于镂空的位置处无法通过电流，所以返回电流就绕着镂空的位置返回。很明显，此时环路的面积增加了，从而也就使得整个信号回路的环路电感器增加了，这容易引起很多问题。例如，信号反射、串扰和电磁辐射等。信号反射方面的内容我们将在下一章详细讨论，这里简单介绍一下信号串扰。假设有两条信号线，如图 24.6 所示为镂空区域引发的串扰。

虽然我们在进行 PCB 布线时已经下意识地将两条信号线拉开了距离，理论上它们不会相互干扰，但是从地平面的返回电流可以看到，它们已经混在一起了，形成了信号之间的相互干扰。

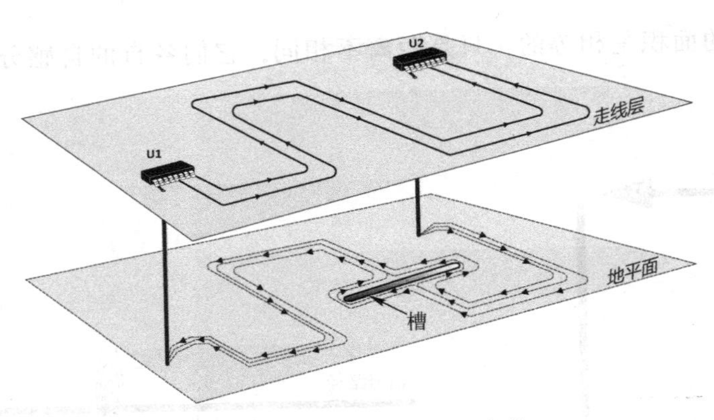

图 24.6　镂空区域引发的串扰

有人可能会说：谁会那么蠢又那么巧无缘无故地开个镂空呢。好像确实如此，但是当你在顶层放了一个插件连接器，而信号布线时又从中穿过（这是非常有可能的），如果连接器引脚间的间隙太小，那么当在地平面铺铜时，连接器下方对应的地平面就很有可能形成镂空，如图 24.7（a）所示。再例如，你在地平面布置了一条与顶层信号线相互垂直且比较长的走线，那么地平面的这一条信号线也与开槽产生的效果是类似的，如图 24.7（b）所示。

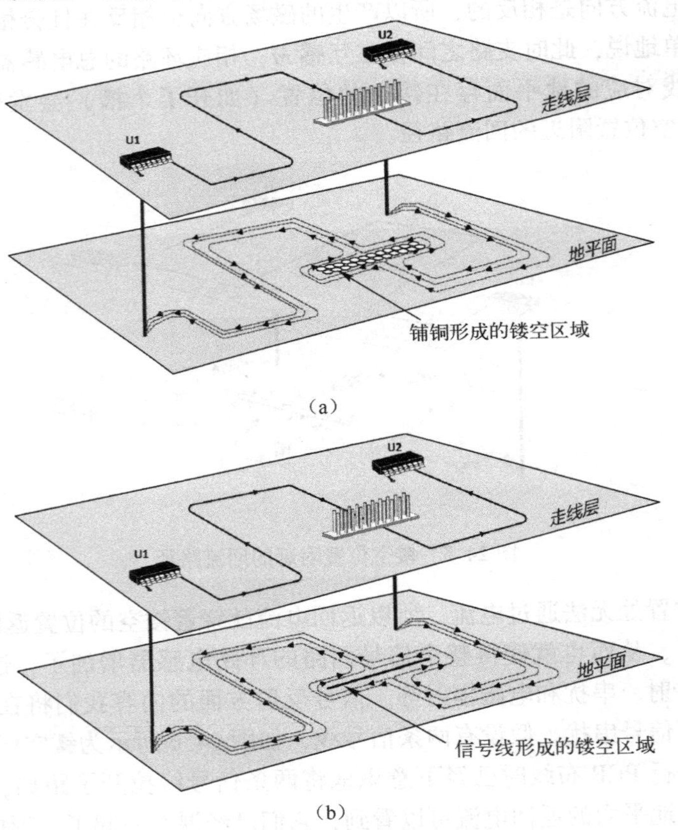

（a）

（b）

图 24.7　镂空区域的形成

也就是说，虽然从电路网络连接的角度来讲两个放大电路的地引脚的确是连接在一起的，但是由于信号的频率越高时，返回路径呈现的感抗比较大（信号路径同样如此），此时两个芯片的地引脚并不像我们想象的那样是有效地连接在一起的，所以可以将其看作由很多小电容器（PCB 走线与地平面之间的分布电容）与电感器（及互感）网络组成，如图 24.8 所示。

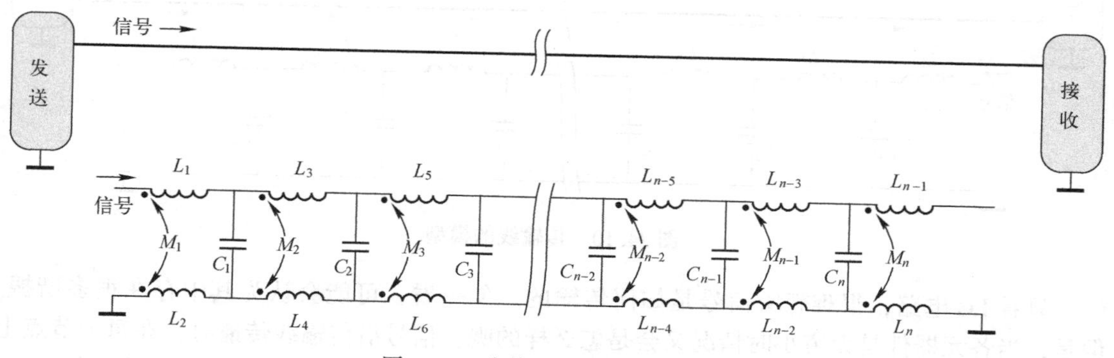

图 24.8　公共地不是有效的短接

当我们把地平面的返回路径当作公共地时，通常认为它是所有电流的汇合点，返回电流从公共地的某一点流入，然后再流到另一处有公共地节点的地方。然而，在高频应用场合下，这种观点很明显不成立，因为返回电流是紧靠着信号电流的。

所以，在高频应用场合下通常不使用公共地的概念，取而代之的是传输线(Transmission Line)，它是由任意两条具有一定长度的导线组成的，其中一条标记为信号路径，另一条为返回路径。我们来看一下信号在传输线上的传播方式，如图 24.9 所示。

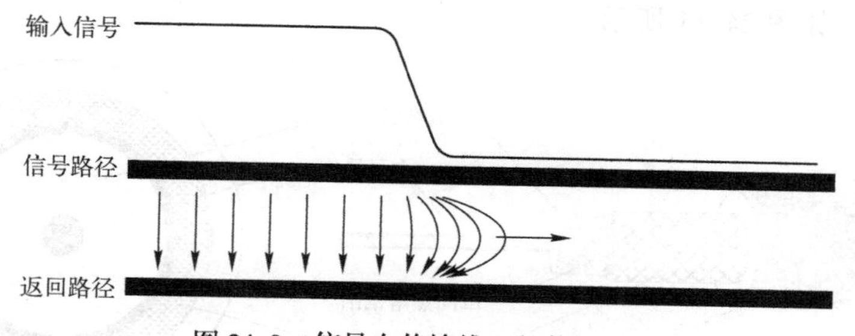

图 24.9　信号在传输线上的传播方法

当信号从驱动源输出时，构成信号的电流与电压将传输线当作一个阻抗网络，它会在两条线之间产生电压。同时，电流在信号路径与返回路径之间流动，两导线带上电荷并产生电压差建立电场，而两导线之间的电流回路产生了磁场。我们通过把电池的两端分别与信号路径与返回路径连接，能够把信号施加到传输线上。突变的电压产生突变的电场和磁场，这种场在传输线周围的介质材料中以电磁场变化的速度传播。换句话说，信号在线缆中的传输过程其实就是电磁场的建立过程。

虽然信号路径与返回路径的每一小段都有相应的局部自感（互感）与电容，**但对于信号来说，当它在传输线上传播时，实际传播的是从信号路径到返回路径的电流回路**，从这种意义上讲，所有的信号电流都经过一个回路电感器，它是由信号路径和返回路径构成的，所

以当我们把理想的分布传输线近似简化为一系列 LC 电路时，其中的电感器就是回路电感器，如图 24.10 所示。

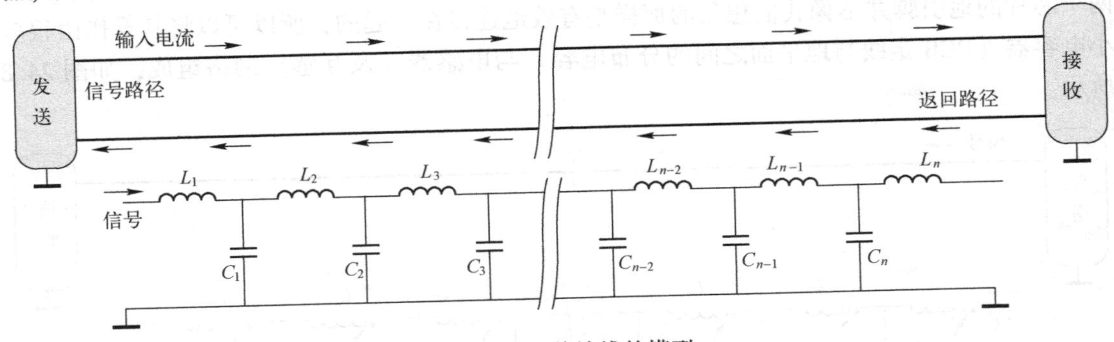

图 24.10　传输线的模型

只看 LC 电路，很难想象信号是如何传输的。乍一看，可能会认为其中存在很多谐振。但是，当各元器件是无穷小时情况又会是怎么样的呢？信号沿传输线传播时，在每个节点上都会受到一定的阻抗，我们称为瞬态阻抗（Instantaneous Impedance），可由下式来计算：

$$Z_n = \sqrt{L_n / C_n} \tag{24.2}$$

其中，L_n 与 C_n 分别表示信号每一跨度的单位电感器与单位电容。如果每个节点的瞬态阻抗都一样，我们就称传输线具有一定的特性阻抗（Characteristic Impedance），这是传输线的特点之一，其值与瞬态阻抗相同。同轴电缆就是一种传输线。例如，家里电视机接收的视频信号就是高频信号，通常使用特性阻抗为 75Ω 的同轴电缆来传输，它是由两根同心圆柱导体组成且中间填充介质材料的互连线，通常把中心的内层导体称为信号路径，而把外层网状导体称为返回路径，如图 24.11 所示。

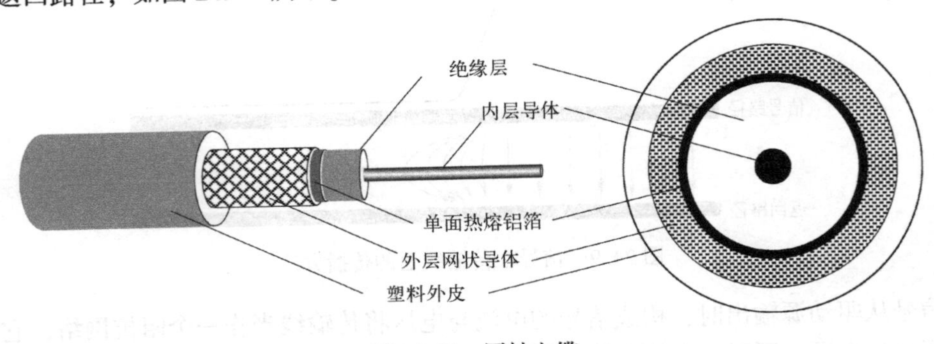

图 24.11　同轴电缆

当然也有其他特性阻抗的电缆，如 300Ω 的电视天线和 100~130Ω 的双绞线。PCB 走线也有特性阻抗，通常为 50~100Ω；自由空间也有约为 377Ω 的特性阻抗（其值与自由空间的磁导率及介电常数有关）。

有些读者可能还不太理解传输线的特性阻抗与瞬态阻抗，那你可以考虑这样一个问题：如果按照图 24.12 所示的使用欧姆表测量一段（特性阻抗为 75Ω）同轴电缆的输入阻抗，得到的读数会是多少呢？

图 24.12　使用欧姆表测量电缆的输入阻抗

有人可能会十分肯定地说：由于电缆线是开路的，所以读出的阻抗为无穷大。

然而，我不得不再次打击你一下：未必！

我们考虑一种极端情况，假设电缆线的长度非常长，电信号从注入到电缆到传输至最远端需要花费的时间为 10s。如果采用同样方式测量输入阻抗你就会发现欧姆表前 20s 内的读数就是 75Ω，即传输线的特性阻抗，20s 过后阻抗又会回到无穷大。为什么会这样呢？

欧姆表测量电阻的方法是：给被测元器件施加电压，然后再测量电压与电流的比值。当欧姆表刚刚进行测量时，相当于给电缆注入了一个电信号，这个电信号每向前行一步都会建立起电场与磁场，也就会感受到一定的瞬态阻抗，其值就等于传输线的特性阻抗。换句话说，电信号每行走一步都会通过信号路径经局部电感器与局部电容器回到返回路径（而不是从一开始就通过信号路径到达电缆线最远端然后再通过返回路径返回），这个时候行走在电缆线上的电信号并不知道最远端是开路的还是短路的，如图 24.13 所示。

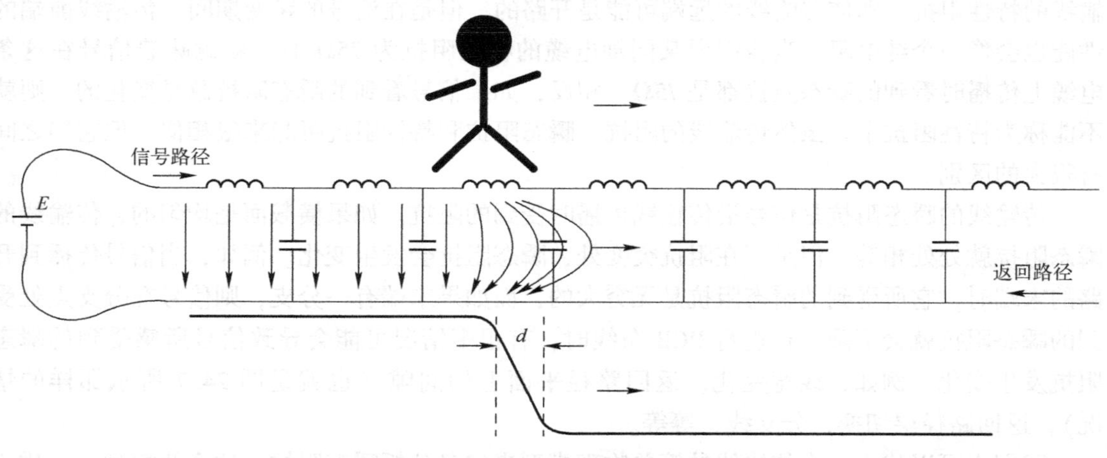

图 24.13　信号在电缆上行走

每个信号都有一个上升时间 t_r，当它在传输线上传输时，前沿就会在传输线上拓展开来而呈现出在空间上的延伸，我们使用符号 d 表示空间延伸的程度，它取决于信号的传播速度与上升时间，即

$$d=t_r\times v \tag{24.3}$$

简单地说，信号的空间延伸就是在上升时间内信号的传输距离。假设信号的速度为 6inch/ns，上升时间为 1ns，则前沿延伸为 1ns×6inch/ns = 6inch。当前沿在电路板上传输时，实际上就是一个长度为 6inch 的上升电压在电路板上传播，如果上升时间为 0.1ns，则空间延伸就为 0.6inch。

很明显，电信号在 10s 后将抵达最远端，此时电缆上的局部电容器都已经充电完毕，此时，电信号看到的阻抗才是无穷大。但是，欧姆表这个“傻货”现在还并不知道，只有当电信号再花费 10s 沿返回路径返回欧姆表才告一段落。也就是说，20s 后从欧姆表读到的电阻才会是无穷大（开路），那么电缆线的阻抗到底是多少呢？答案是：**电缆线的阻抗没有一个固定值，取决于测量时间相对于信号往返时间的长短**。在信号的往返时间内，传输线前端的阻抗就是传输线的特性阻抗，在信号的往返时间过后，根据传输线末端负载的不同，阻抗可在零到无穷大之间变化，如图 24. 14 所示（此例为负载开路）。

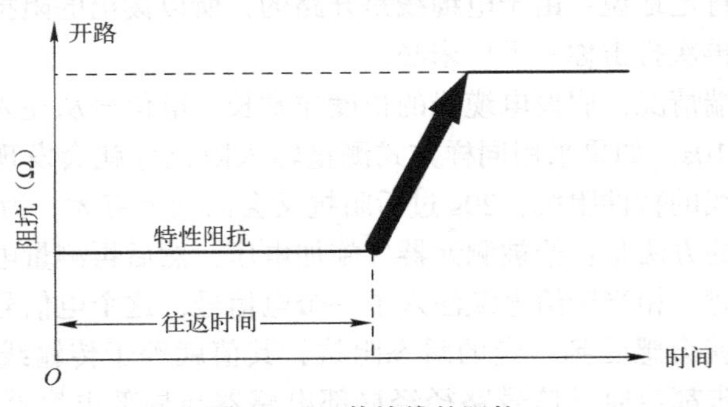

图 24. 14　传输线的阻抗

当上升时间比传输线的往返时间更短时，信号就把传输线看作一个电阻，其阻值等于传输线的特性阻抗。即使传输线的远端可能是开路的，但是在信号的跳变期间，传输线前端的性能也会像一个纯电阻。当我们说某同轴电缆的特性阻抗为 75Ω 时，就意味着信号在这条电缆上传播时看到的瞬态阻抗都是 75Ω。相反，如果信号看到的瞬态阻抗总是变化的，则就不能称为特性阻抗了。虽然传输线的阻抗、瞬态阻抗和特性阻抗听起来很相似，但它们之间有很大的区别。

传输线的瞬态阻抗是信号沿传输线传播时受到的阻抗。如果横截面是均匀的，传输线的瞬态阻抗就处处相等。但是，在阻抗突变处，瞬态阻抗会发生变化。例如，当信号传播到开路的末端时，它所受到的瞬态阻抗是无穷大的，而如果末端有一分支，则信号在分支点处受到的瞬态阻抗就会下降。在进行 PCB 布线时，有很多情况可能会导致信号所感受到的瞬态阻抗发生变化。例如，线宽变化，返回路径平面上的间隙（也就是图 24. 7 所示那样的情况），返回路径层切换，分支线，等等。

我们也可以建立一个传输线的简单物理模型来定量分析瞬态阻抗，这个线模型由一排小电容器组成，其值等于传输线每一跨度的电容量，一跨度就是我们（信号）每步的间隔，这个用于工程理解的最简单的模型称为传输线的零阶模型，如图 24. 15 所示。

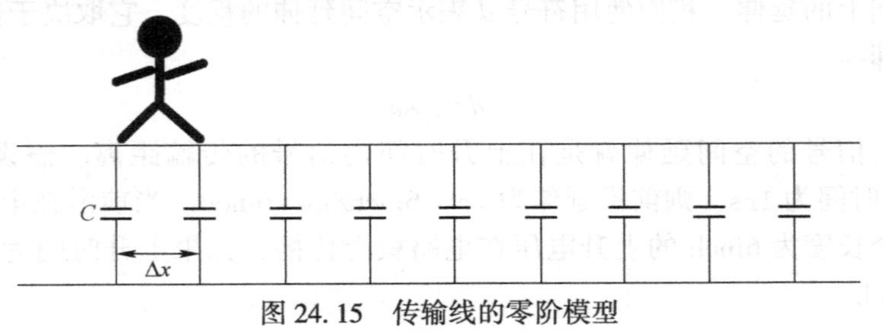

图 24. 15　传输线的零阶模型

在图24.15中，步长为Δx，每个小电容器的大小就是传输线单位长度的电容量C_L与步长的乘积，即

$$C=C_L\times\Delta x \tag{24.4}$$

我们可以使用这个模型来计算从脚底流出的电流I，其值为每步时间间隔内从脚底流出并注入到每个电容器上的电量，注入电容器的电荷量Q等于电容乘上其两端的电压V，每行走一步，就有电荷量Q注入到导线上。每步之间的时间间隔Δt等于步长Δx与信号速度v的比值。当然，传输实际信号时，步长非常小，时间间隔也非常小。也就是说，信号在导线上传播时的电流（每个时间间隔内需要的电荷量）是一个常量，即

$$I=\frac{Q}{\Delta t}=\frac{C\cdot V}{\Delta x/v}=\frac{C_L\cdot\Delta x\cdot v\cdot V}{\Delta x}=C_L\cdot v\cdot V \tag{24.5}$$

其中，I表示信号电流；Q表示每步注入的电荷量；C表示每步的电容量；Δt表示从一个电容器跨到另一个电容器的时间；C_L表示传输线单位长度的电容量；Δx表示电容器间的跨度或步长；V表示信号电压；v表示信号的传播速度。

式（24.5）表示从我们脚底流出并注入到导线上的电流仅与单位长度的电容量、信号的传播速度和信号的电压有关，也说明传输线上任何一处的瞬时电流与电压成正比。如果施加的电压加倍，则流入传输线的电流也加倍，这与电阻的特性完全一致。所以，在传输线上每前进一步，信号所受到的阻抗与电阻性负载一样。

我们可以进一步计算出信号沿传输线传播时受到的瞬态阻抗，也就是施加的电压与流过的电流的比值，即

$$Z=\frac{V}{I}=\frac{V}{C_L\cdot v\cdot V}=\frac{1}{C_L\cdot v} \tag{24.6}$$

其中，Z表示传输线的瞬态阻抗，单位为欧姆（Ω）；C_L表示单位长度的电容量，单位为pF/inch（皮法每英寸，1inch＝2.54cm）。很明显，瞬态阻抗取决于单位长度电容量与信号的传播速度，只要传输线的横截面是均匀的，单位长度的电容量就会保持不变，而信号的传播速度则与材料特性相关（我们很快就会看到）。也就是说，信号受到的瞬态阻抗仅由传输线的两个固有参数决定，即由传输线的横截面和材料特性共同决定（与传输线的长度无关）。只要这两个参数保持不变，信号受到的瞬态阻抗就是一个常数。与其他阻抗一样，用来度量传输线瞬态阻抗的单位仍然是欧姆。

为了突出传输线所固有的特性阻抗，通常使用符号Z_0来表示。我们可以按传输线的两个几何特征对其加以分类，其一为**导线沿线横截面的均匀程度**。如果导线上任何一处的横截面都是相同的，则称为均匀传输线（Uniform Transmission Line），如图24.16所示给出了常见的均匀传输线。

如果整条导线中的几何结构或材料属性发生了变化，则传输线就是不均匀的。例如，间距变化的两条导线，PCB上没有返回路径的走线。

另一个影响传输线的几何参数就是**两条导线的相似程度**。如果两导线的形状和大小都一样（它们是对称的），我们就称这种传输线为平衡传输线（Balanced Transmission Line）。例如，双绞线的每条导线看起来是一样的，所以其是对称的平衡传输线。共面线是在同一层并列的两条窄带线，这也是一种平衡传输线。同轴电缆是一种非平衡传输线，因为它的中心导

线比外层导线小。微带线与带状线也是一种非平衡传输线，因为其两条导线的宽度不一样。当然，无论传输线均匀或平衡与否，它都只有一个作用，在可接受的失真度下，把信号从一端传输到另一端。

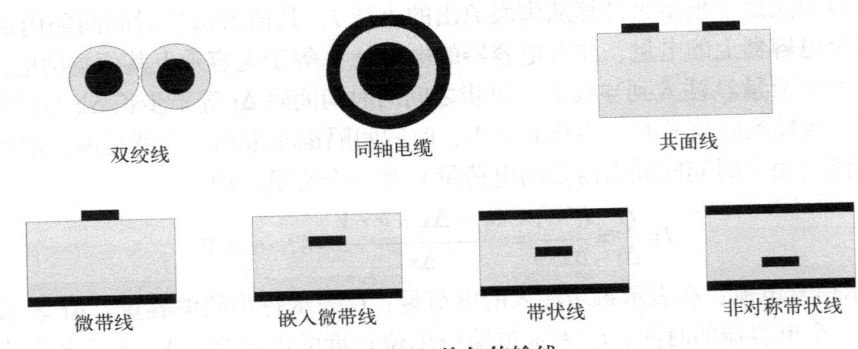

图 24.16　均匀传输线

式（24.6）中存在一个信号传播速度 v，它到底是多少呢？这就要涉及传输线的另一个特性，即具有一定的延时（Time Delay）。很明显，传输线的延时取决于信号在传输线上传播的速度，你可能会认为信号的传播速度取决于导体中电子的速度，如果事实真的是这样，那么减小互连线的电阻不就可以提升信号的传播速度了吗？实际上，常见铜导线的电子速度比信号的传播速度低约 100 亿倍。

我们前面已经提过，信号在线缆中传输的过程就是电磁场建立的过程。也就是说，电场和磁场建立的快慢决定了信号的传播速度，它取决于一些常量与材料的特性。电磁场的变化速度可由下式计算：

$$v=1/\sqrt{\varepsilon_0\varepsilon_r\mu_0\mu_r} \tag{24.7}$$

其中，ε_0表示自由空间的介电常数，其值为 8.85×10^{-12}F/m；ε_r表示材料的相对介电常数；μ_0表示自由空间的磁导率，其值约为 $4\pi\times10^{-7}$H/m；μ_r表示材料的相对磁导率。将实际数据代入式（24.7）可得：

$$v=2.99\times10^8/\sqrt{\varepsilon_r\mu_r}\ \mathrm{m/s}=12/\sqrt{\varepsilon_r\mu_r}\ \mathrm{inch/ns} \tag{24.8}$$

空气的相对介电常数与相对磁导率均为 1，所以光的速度约为 3×10^8m/s（30 万公里每秒）。实际上，几乎所有互连材料的相对磁导率都为 1，所有不含铁磁材料的聚合物的相对磁导率都为 1，因此可以忽略这一项。与材料的磁导率相比，除了空气，其他材料的介电常数总是会大于 1，换句话说，互连系统中信号的传播速度总是小于光速，即

$$v=2.99\times10^8/\sqrt{\varepsilon_r}\ \mathrm{m/s}=12/\sqrt{\varepsilon_r}\ \mathrm{inch/ns} \tag{24.9}$$

介电常数是一个非常重要的参数，它描述了绝缘体的一些电气特征，绝大多数聚合物的相对介电常数约为 4，玻璃的约为 6，陶瓷的约为 10，某些材料的介电常数可能会随频率的变化而变化，即材料中的光速可能与频率有关。一般而言，随着频率的升高，介电常数会减小，从而材料中的光速就会提升。

在大多数常见材料中（如 FR4），当频率从 500MHz 变化到 10GHz 时，介电常数的变化很小。根据环氧树脂与玻璃纤维比率的不同，FR4 的相对介电常数变化范围为 4.0~4.5。大

多数互连叠层材料的相对介电常数约为 4，也就是说，绝大多数互连线中信号的传播速度即

$$v=12\text{inch}/\sqrt{4}\ \text{m/s}=6\text{inch/ns}$$

延时与互连线长度的关系如下式：

$$\text{TD}=L/v \tag{24.10}$$

其中，TD 表示延时，单位为纳秒（ns）；L 表示互连线的长度，单位为英寸（inch）；v 表示信号的传播速度，单位为英寸每纳秒（inch/ns）。例如，当信号在材料为 FR4、长为 6inch 的互连线中传输时，延时约为 1ns。如果传输线的长度为 12inch，则延时为 2ns。

根据式（24.6），信号沿传输线传播时受到的瞬态阻抗即

$$Z=\frac{1}{C_{\text{L}}\cdot v}=\frac{83}{C_{\text{L}}}\sqrt{\varepsilon_{\text{r}}} \tag{24.11}$$

假设相对介电常数为 4，单位长度的电容量为 3.3pF/inch，则传输线的瞬态阻抗为

$$Z=\frac{83}{C_{\text{L}}}\sqrt{\varepsilon_{\text{r}}}=\frac{83}{3.3}\sqrt{4}\approx 50\Omega$$

讨论了这么多关于传输线与特性阻抗的内容，也已经知道常用线缆的特性阻抗确实不大，但为什么在高频应用场合下，就算放大电路的输入阻抗非常大也要把它拉下来呢？什么又是阻抗匹配呢？且待下回分解！

第25章 高频放大电路：匹配最重要

我们都知道，光是一种电磁波。不均匀变化的电场在邻近的空间会引起变化的磁场，而这个变化的磁场又会在较远的空间引起变化的新电场，接着又在更远的空间引起变化的新磁场，而变化的电场与磁场并不局限于空间某个区域，其要由近及远地向周围空间传播开去，所以电磁场就这样由近及远地传播而形成了电磁波。

正弦变化的电场或磁场所引起的电磁波在空间以一定的速度传播，如图25.1所示。

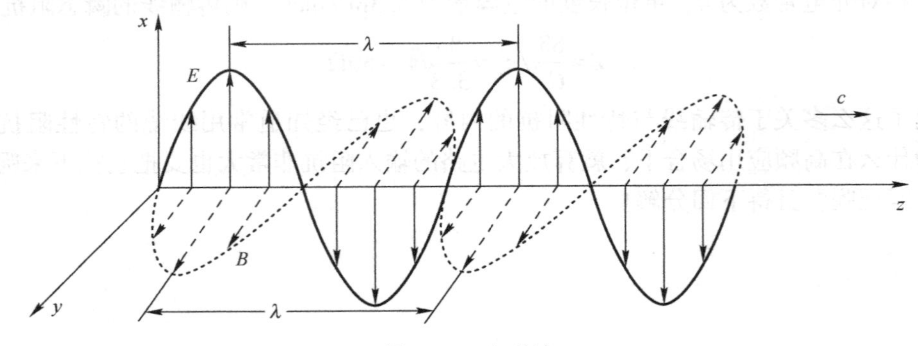

图25.1　电磁波

图25.1中的电场强度 E 与磁感应强度 B 都做正弦振动变化，E 的振动方向平行于 x 轴，B 的振动方向平行于 y 轴，它们彼此垂直，而且都与电磁波的传播方向（z 轴）垂直，所以电磁波是横波。当然，我们最主要关心的还是电磁波的传播方向，而波长则是电磁波在一个振动周期内传播的距离，也就是在波的传播方向上相邻两个振动相位相差 2π 的点之间的距离，我们用符号 λ 来表示。例如，正弦波相邻两个波峰之间的时间差就是一个 2π 周期，同样两个波谷之间的时间差也是一个 2π 周期，它们是相等的。

电磁波的传播速度 c、频率 f 和波长 λ 之间的关系如下式：

$$c=f\times\lambda \tag{25.1}$$

电磁波在真空中的传播速度就是光在真空中的传播速度，约为 3×10^8m/s（前已述）。很明显，频率越高，波长就会越短，因为在电磁波传播速度一定的条件下，频率越高，相应的周期就会越小，这样传播的距离也就越小。

式（25.1）所示的波长与频率之间的关系同样也适用于传输线上的交流正弦波电信号，**因为传输线上传播的也是光**，信号路径与返回路径收集并引导电磁波。如果没有导线的引导，光就会以电磁波的形式在自由空间中传播并受到约为377Ω的自由空间特性阻抗。换句话说，如果电信号在传输过程中看到的瞬态阻抗大于377Ω，则电磁波就有可能辐射到自由空间，这就是电磁辐射的基本原理。所以，在进行高速或高频PCB设计时，我们总会为信号层配置相应的平面层作为完整返回路径来控制阻抗。

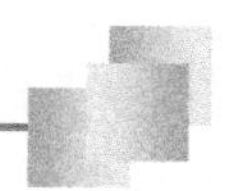

为什么要提到这些呢？因为当不同波长的电信号在相同线缆上传播的时候，它受到的影响是完全不一样的。我们知道，电信号的传输总会有发送方、接收方和传播介质，而这个介质可以是真空、电缆或 PCB 走线。假设在长度为 1m 的线缆上传播频率为 1kHz 的低频信号，那么根据式（25.1）我们可以计算出相应的波长为 3×10^5m（这里近似认为电信号在线缆上的传播速度也是光速。当然，实际上会慢一点，但我们没有必要把问题复杂化）。当此低频信号从发送方往接收方传播的时候，某一瞬间大概的波形应如图 25.2 所示。

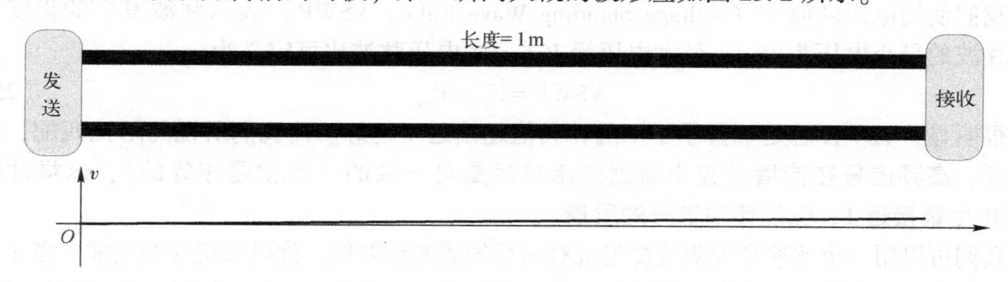

图 25.2　低频信号在线缆上传播

由于低频信号的波长很长，当它从发送方传输到接收方时，电压与相位的变化非常小（图中还是夸张了一点，只是为了方便读者观察，实际上是可以忽略这种变化量的），所以我们可以认为发送方与接收方是一个节点，可以忽略线缆走线长度对信号的影响，也就是把线缆当成一个集总参数系统（Lumped Parameter System）。

如果同样的互连系统发送频率为 500MHz 的高频信号呢？同样我们可以计算出相应的波长为 0.6m。当此高频信号从发送方往接收方传播的时候，某一瞬间大概的波形如图 25.3 所示。

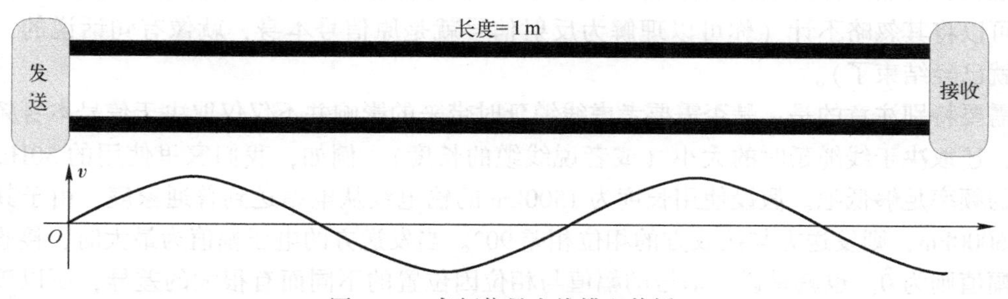

图 25.3　高频信号在线缆上传播

很明显，在同一时刻，这条线缆上各点电压的幅值与相位都是不一样的，所以发送方与接收方不能看作一个节点，我们不能够忽略线缆对高频信号带来的影响，需要把线缆当作分布参数系统（Distributed Parameter System）。

如果高频信号（进行波）在传输线上传播的过程当中遇到了阻抗的变化（阻抗突变），一部分信号将继续向前传播，而另一部分信号（反射波）则将朝着与原信号（进行波）相反的方向前进，它们相互之间的干扰在传播路径上产生固定不动的信号（驻波），这很有可能会破坏原来的信号，使得传播的信号失真（或者说，信号的完整性已经被破坏了），如图 25.4 所示。

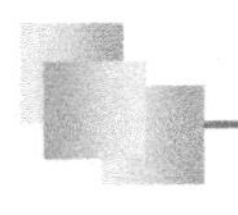

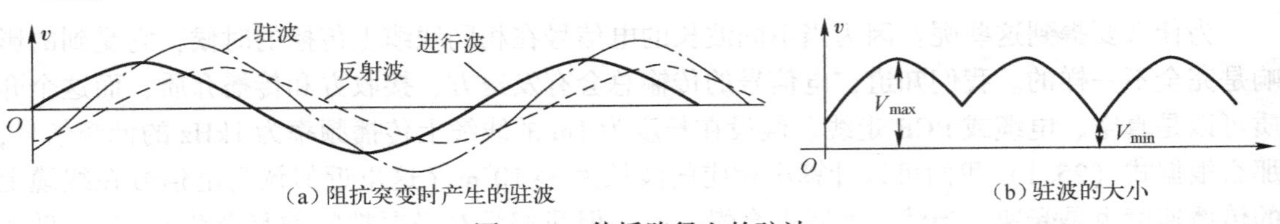

图 25.4　传播路径上的驻波

我们使用电压驻波比（Voltage Standing Wave Ratio，VSWR）表示驻波发生的程度，假设某驻波的最小电压为 V_{min}，最大电压为 V_{max}，则电压驻波比可定义为

$$\mathrm{VSWR}=V_{max}/V_{min} \tag{25.2}$$

很明显，VSWR 总是不会小于 1 的，其值越接近 1 越好。而我们所说的阻抗匹配，就是要保证：**高频信号在传播过程中看到的阻抗尽量是一致的（也就是相等的），这样才能使 VSWR 尽量接近 1，保证传输信号的质量。**

我们可以用一个比喻来说明线缆阻抗对信号传播的重要性：你可以把线缆当成一条 1 公里的跑道，如果这条线缆的阻抗一直是不变的，则相当于跑道是平整的；如果线缆的阻抗发生了变化，则相当于跑道是坑坑洼洼的。低频信号的波长很长，相当于一个巨人，它一步跨过的距离远远大于 1 公里，就算这条道路有多么坑坑洼洼，对这个巨人来讲其也是没有多大影响的，而高频信号就相当于我们的正常人，道路是平整的还是坑坑洼洼的会严重影响我们前进。

有人可能会问：阻抗不匹配的时候只有高频信号会反射吗？低频信号就不会吗？实际上，其都是电信号，所以低频信号也会反射。只不过由于高频信号的波长很短，它在线缆上传播一个周期需要跑一段时间才能到达接收方，所以一旦有信号反射回来，其就会叠加在原来的信号上面，因为高频信号还在线缆上跑，这就是由于传输线延时引起的。而低频信号的波长很长，虽然同样是 1m 的距离，但它传播一个周期的时间相对线缆的延时大得多，所以我们可以将其忽略不计（你可以理解为反射信号就是原信号本身，就像有句话说的，还没开始就已经结束了）。

需要特别注意的是：是否需要考虑线缆延时带来的影响并不仅仅取决于信号本身频率的高低，还取决于线缆延时的大小（或者说线缆的长度）。例如，我们家里使用的 50Hz 的交流电的频率足够低吧。假设使用长度为 1500km 的输电线从电站送到普通家庭，由于其波长约为 6000km，则发送方与接收方的相位相差 90°。当发送方的电压幅值为最大时，接收方的电压幅值则为 0。也就是说，信号的幅值与相位因位置的不同而有很大的差异，所以该输电线对于 50Hz 的信号而言也是分布参数系统，如图 25.5 所示。

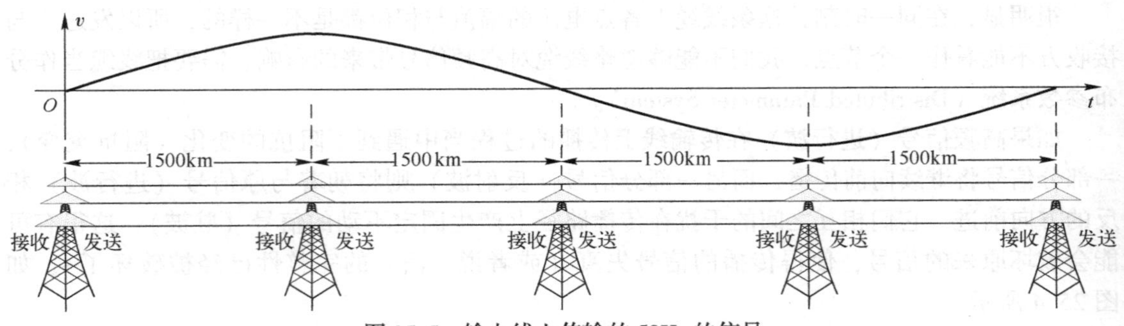

图 25.5　输电线上传输的 50Hz 的信号

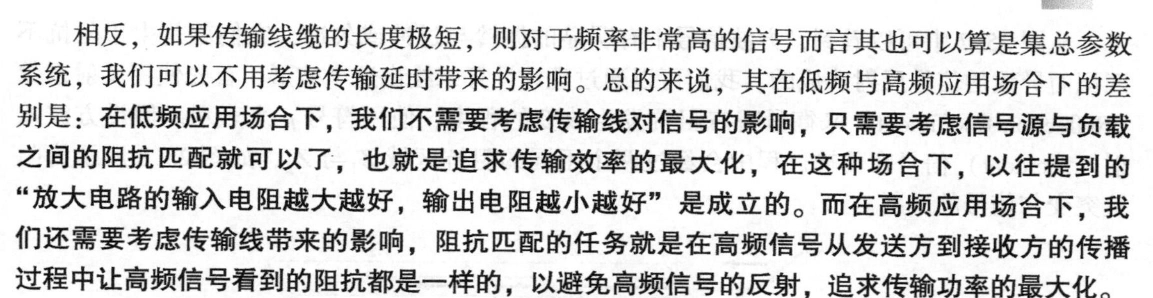

相反，如果传输线缆的长度极短，则对于频率非常高的信号而言其也可以算是集总参数系统，我们可以不用考虑传输延时带来的影响。总的来说，其在低频与高频应用场合下的差别是：**在低频应用场合下，我们不需要考虑传输线对信号的影响，只需要考虑信号源与负载之间的阻抗匹配就可以了，也就是追求传输效率的最大化，在这种场合下，以往提到的“放大电路的输入电阻越大越好，输出电阻越小越好”是成立的。而在高频应用场合下，我们还需要考虑传输线带来的影响，阻抗匹配的任务就是在高频信号从发送方到接收方的传播过程中让高频信号看到的阻抗都是一样的，以避免高频信号的反射，追求传输功率的最大化。**

我们都知道，要使信号源传送到负载的功率最大化，信号源阻抗 Z_S 必须等于负载的共轭阻抗 Z_L^*，即

$$R_S+jX_S=R_L-jX_L \tag{25.3}$$

对应的等效图如图 25.6 所示。

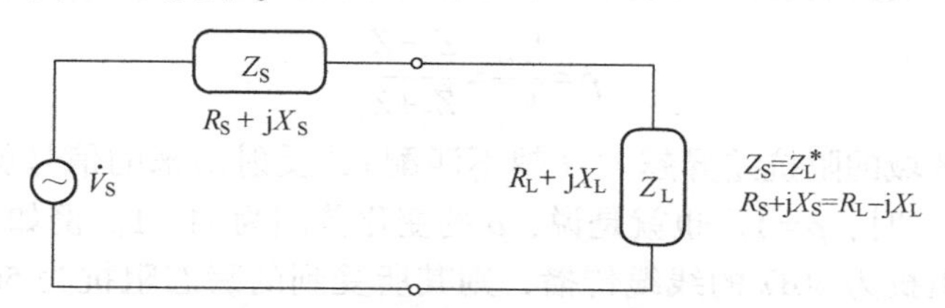

图 25.6　传输功率最大化的条件

从物理意义上来讲，所谓的“共轭”，就是特性相反的阻抗。容性的共轭就是感性（对应复阻抗中的虚部，正为感性，负为容性，虚部为零的阻抗的共轭就是本身）。例如，$Z=3+j5$ 的共轭阻抗是 $Z^*=3-j5\Omega$，$Z=10\Omega$ 的共轭阻抗是 $Z^*=10\Omega$。两个共轭复阻抗串联后，不为零的虚部将会抵消，从信号源看到的就是一个纯电阻。很明显，如果负载为一个纯电阻（复阻抗的虚部为 0），则实现功率最大化的条件就是信号源的内阻 R_S 等于负载电阻 R_L，这也同样是信号反射最小的时候。换句话说，在高频应用中，功率最大化与反射最小化是阻抗匹配表现出来的同一个问题。

为了更直观地理解反射对信号产生的影响，我们来观察高速 PCB 设计中你很有可能遇到的一种方波信号，如图 25.7 所示。

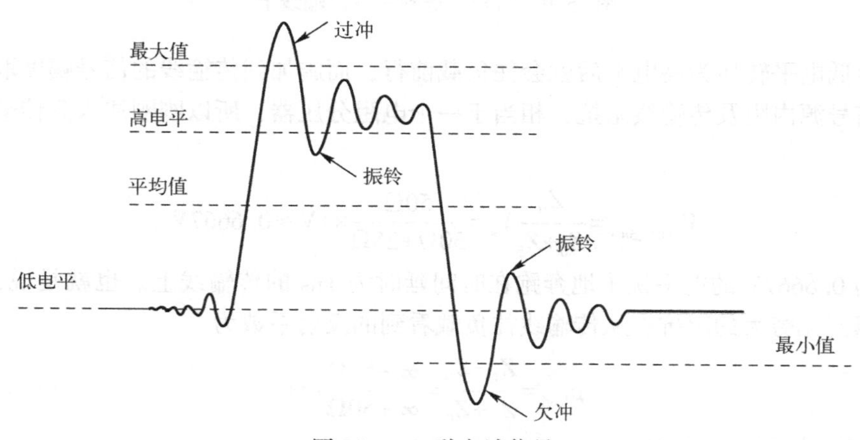

图 25.7　一种方波信号

从图 25.7 中可以看到，方波信号中有明显的振铃与过冲或欠冲，它们就是由于阻抗不匹配而导致的信号反射造成的。我们可以通过理论计算来绘出这个波形，首先使用反射系数（Reflection Coefficient）来衡量瞬态阻抗发生改变的程度，使用符号 ρ 来表示。假设方波入射（Incident）信号在传输过程中会经过两个不同的阻抗区域 Z_1 与 Z_2，如图 25.8 所示为阻抗突变与信号的反射。

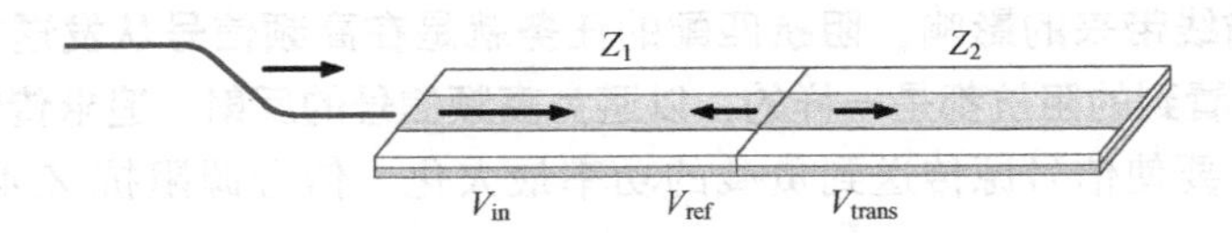

图 25.8　阻抗突变与信号的反射

我们定义反射系数为反射回来的信号与发送信号幅值的比值，如下式：

$$\rho=\frac{V_{ref}}{V_{in}}=\frac{Z_2-Z_1}{Z_2+Z_1} \tag{25.4}$$

很明显，两个区域的阻抗差异越大（越不匹配），反射回来的信号就会越大。当 $Z_2=0$ 时，$\rho=-1$；当 $Z_2=\infty$ 时，$\rho=1$。也就是说，ρ 的变化范围为 $-1\sim1$。例如，电压的幅值为 1V 的方波信号沿特性阻抗为 50Ω 的线缆传播，则其所受到的瞬态阻抗为 50Ω。如果它突然进入特性阻抗为 75Ω 的线缆时，反射系数为 $(75\Omega-50\Omega)/(75\Omega+50\Omega)=20\%$，反射回来的电压量为 $20\%\times1\text{V}=0.2\text{V}$，那么你在输入端可以测量到幅值为 $1\text{V}+0.2\text{V}=1.2\text{V}$ 的电压。

为了进一步详细描述反射对传播信号的影响，我们假设信号源的阻抗为 25Ω，传输线的阻抗为 50Ω（延时为 1ns），且没有接负载（阻抗为无穷大），并且方波信号源的幅值仍然为 1V，如图 25.9 所示。

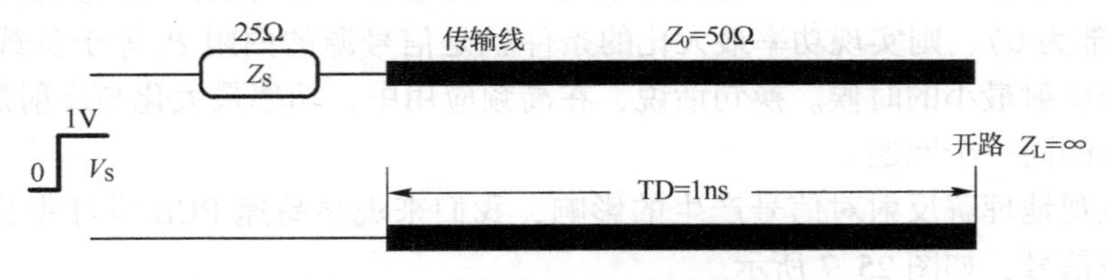

图 25.9　信号发送到一段传输线上

方波由低电平转换为高电平后就会往负载前行，而施加到传输线的信号幅度取决于信号源电压、信号源内阻及传输线阻抗，相当于一个电阻分压器，所以刚刚注入到传输线的电压幅值为

$$V_{source\_0ns}=\frac{Z_0}{Z_0+Z_S}V_s=\frac{50\Omega}{50\Omega+25\Omega}\times1\text{V}\approx0.6667\text{V}$$

幅值为 0.6667V 的电平快乐地奔跑在时间延时为 1ns 的传输线上。也就是说，1ns 时间过后它会遇到无穷大的阻抗。从传输线往负载看到的反射系数为

$$\rho_{load}=\frac{Z_L-Z_0}{Z_L+Z_0}=\frac{\infty-50\Omega}{\infty+50\Omega}\approx1$$

所以引起的反射电压量为：

$$V_{ref\_1ns}=\rho_{load}\times V_{0ns}=1\times0.6667V=0.6667V$$

也就是说，入射的所有能量都被反射回来了，其幅值为 0.6667V。换句话说，在 0~1ns 时间内，负载两端还没有电压（0V），1ns 后电压变为

$$V_{load\_1ns}=V_{source\_0ns}+V_{ref\_1ns}=0.6667V+0.6667V=1.3333V$$

这个电压值比信号源的还要高，从而也就形成了图 25.7 所示波形中的过冲。被负载反射回来的信号经过短暂的痛苦后，0.6667V 的反射信号将往信号源回跑，同样在 1ns 时间后（也就是 2ns 时刻）就会遇到信号源内阻 Z_S，此时从传输线输入端看到的电压幅值**理应**为 1.3333V。但由于 Z_S与 Z_0是不匹配的，所以也会产生信号反射。从传输线往信号源看到的反射系数为

$$\rho_{source}=\frac{Z_S-Z_0}{Z_S+Z_0}=\frac{25\Omega-50\Omega}{25\Omega+50\Omega}\approx-0.3333$$

而引起的反射电压量为

$$V_{ref\_2ns}=\rho_{source}\times V_{ref\_1ns}=-0.3333\times0.6667V\approx-0.2222V$$

也就是说，在 1~2ns 时间内，从负载两端看到的电压幅值仍然为 1.3333V，而在 2ns 时刻后，从传输线输入端看到的电压将会变为

$$V_{source\_2ns}=V_{source\_0ns}+V_{load\_1ns}+V_{ref\_2ns}=0.6667V+0.6667V-0.2222V=1.1112V$$

注意： 不是前面理所应当的 1.3333V。这个再次反射回来的电压同样又会朝负载疯狂地奔跑，在 3ns 时刻会赶到负载处并再次反射回来，相应的反射电压量计算如下：

$$V_{ref\_3ns}=\rho_{load}\times V_{ref\_2ns}=1\times(-0.2222V)=-0.2222V$$

那么 4ns 时刻又会遇到信号源阻抗反射回来，即

$$V_{ref\_4ns}=\rho_{source}\times V_{ref\_3ns}=(-0.3333)\times(-0.2222V)\approx0.074V$$

后面的反射电压以此类推，即

$$V_{ref\_5ns}=\rho_{load}\times V_{ref\_4ns}=1\times(0.074V)=0.074V$$

$$V_{ref\_6ns}=\rho_{source}\times V_{ref\_5ns}=(-0.3333)\times(0.074V)\approx-0.0494V$$

$$V_{ref\_7ns}=\rho_{load}\times V_{ref\_6ns}=1\times(-0.0494V)=-0.0494V$$

图 25.10 所示的格形图可以表示前述信号的整个反射过程。

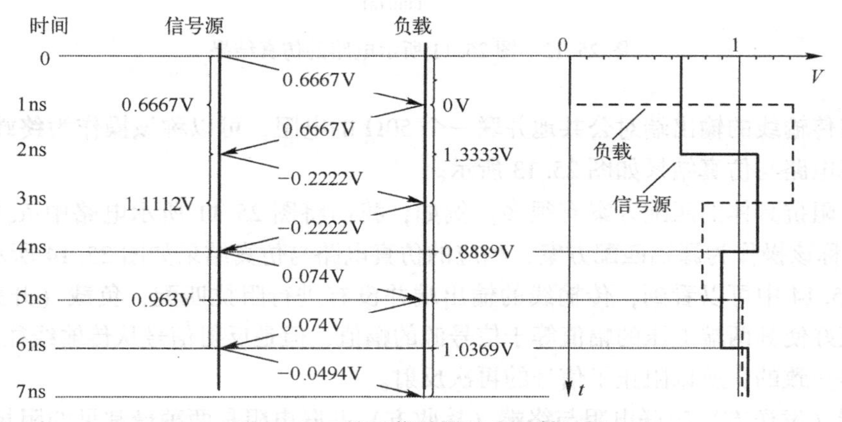

图 25.10　前述信号的整个反射过程

我们使用 Multisim 软件平台验证一下，仿真电路如图 25.11 所示。

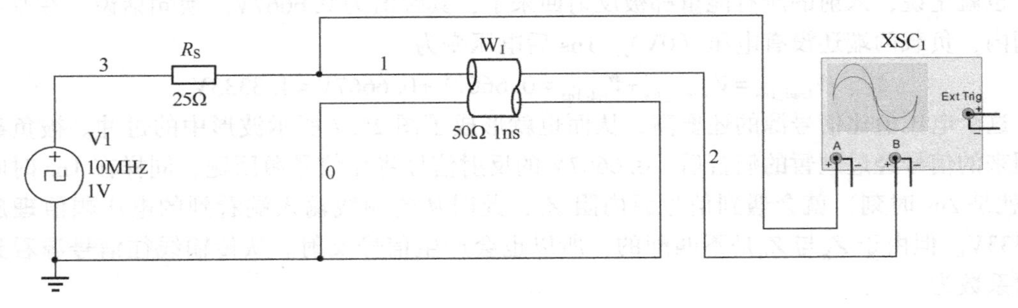

图 25.11 仿真电路

图 25.11 中的 W_1 表示传输线，其特性阻抗为 50Ω，传播延时为 1ns。图 25.11 所示电路的仿真结果如图 25.12 所示，读者可自行将其与理论计算的结果进行对比。

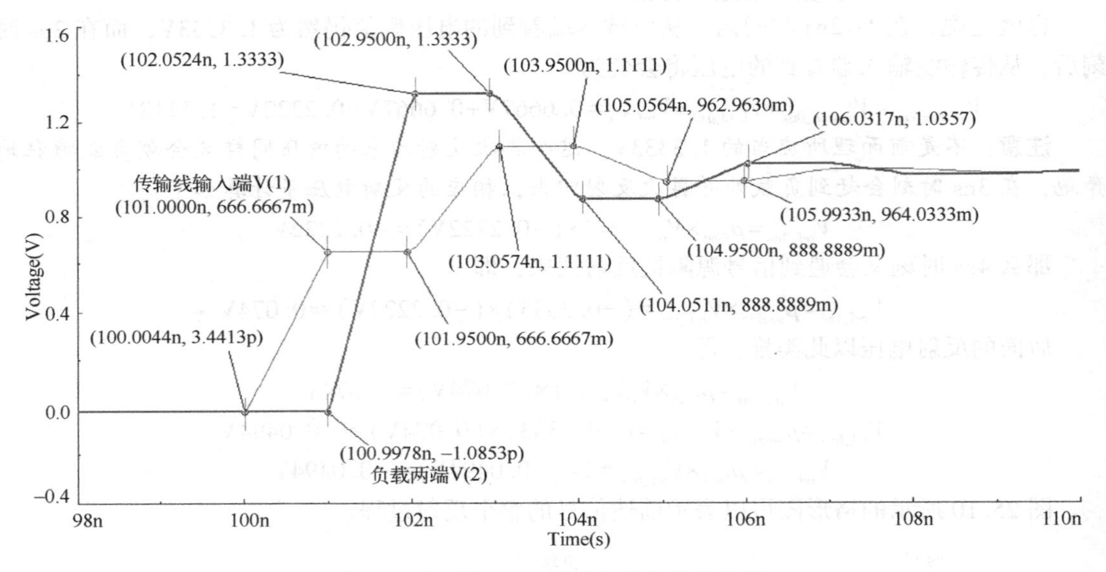

图 25.12 图 25.11 所示电路的仿真结果

我们在传输线的输出端对公共地并联一个 50Ω 的电阻，可以称该操作为**终端匹配**方案，相应的仿真电路与仿真结果如图 25.13 所示。

当然，阻抗具体的匹配方案有很多。例如，我们将图 25.11 所示电路中 R_S 的阻值改为 50Ω，可以称该操作为**源端匹配**方案，相应的仿真电路与仿真结果如图 25.14 所示。

从图 25.14 中可以看到，传输线的输出端并没有进行阻抗匹配，负载（开路）的一次信号反射正好使其两端电压的幅值等于信号源的幅值，但是反射信号从传输线往信号源看到的阻抗却是一致的，所以阻止了信号的再次反射。

在源端（发送方）串联电阻与终端（接收方）并联电阻是两种最常见的阻抗匹配方式，掌握好这“两板斧”，可以解决很多电路系统中与信号反射相关的问题。

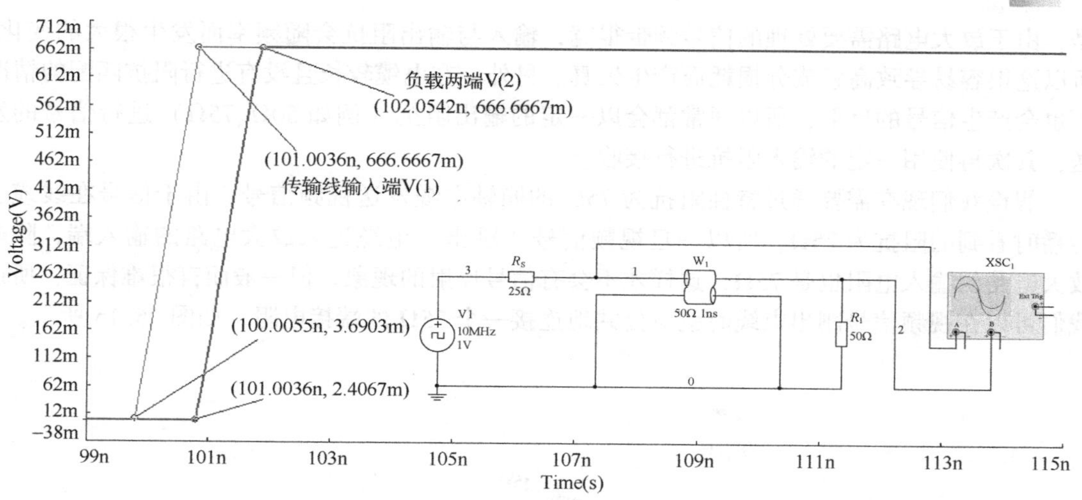

图 25.13　仿真电路与仿真结果（在传输线的输出端对公共地并联一个 50Ω 的电阻）

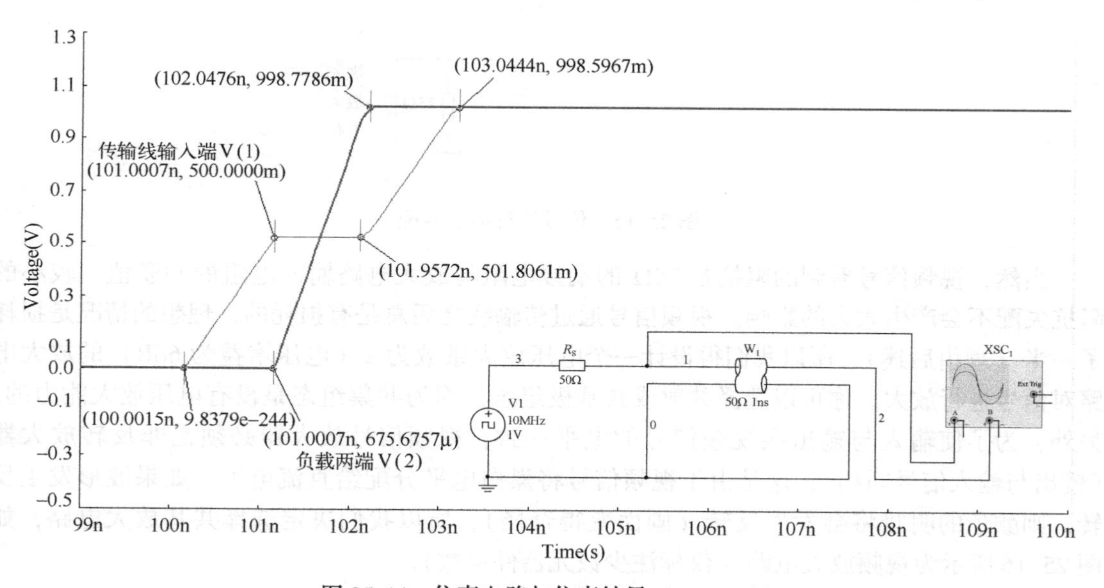

图 25.14　仿真电路与仿真结果（$R_S = 50\Omega$）

有人可能又会说：我们讨论的是高频应用，也就是模拟信号，你怎么扯到高速数字信号传输上面去了？实际上两者的本质是一样的，所以关于反射的概念都是相通的。因为大家更容易亲眼见到类似图 25.7 所示的方波信号，有更多的感性认识，所以从这个角度去理解反射会更容易一些。相反，如果从电磁波相关图书摘录一大堆数学推导公式，你很有可能根本就看不懂其是什么东西了。

我们再来简单看一个用来处理彩色电视信号的视频放大电路。常见的彩色电视信号制式为 PAL 与 NTSC（国内采用前者，美国、日本和加拿大等国采用后者），这种信号由直流至数兆赫兹（PAL 约为 6.5MHz，NTSC 约为 4.5MHz）的正弦波叠加而成，最高的频率成分不超过十兆，似乎可以按低频（相对于 300MHz~3GHz 的频段）放大电路来进行设计考虑。但

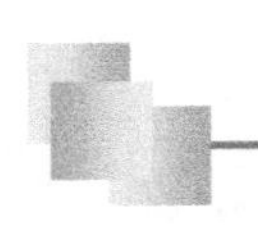

是，由于放大电路需要处理的信号频带很宽，输入与输出阻抗会随频率而发生很大的变化，所以这很容易导致高频成分损耗而产生失真。另外，在电缆较长且没有进行阻抗匹配的情况下也会产生信号的反射，所以通常都会以一定的输出阻抗（例如50Ω、75Ω）进行信号的发送，其次再使用一定的输入阻抗进行接收。

假设我们现在需要通过特性阻抗为75Ω的同轴电缆发送视频信号，由于信号在线缆上传播时看到的阻抗为75Ω，所以一旦视频信号“跳出”电缆进入放大电路的输入端，除非放大电路的输入电阻也是75Ω，这样才不会有信号反射的现象。但一般而言很难保证，所以我们可以在视频信号刚出电缆时就对公共地连接一个75Ω的端接电阻，如图25.15所示。

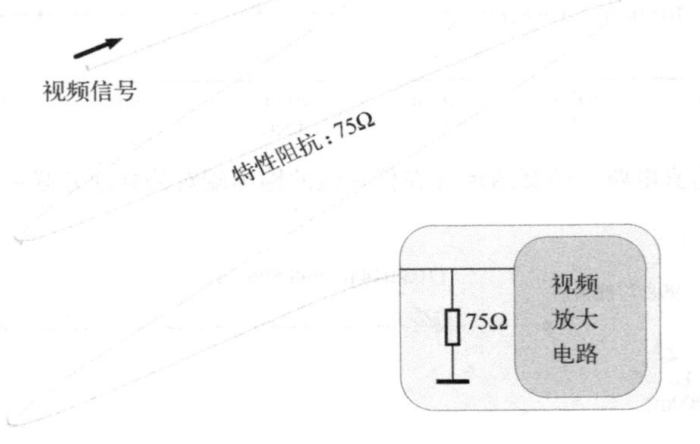

图25.15　信号进行端接匹配

当然，视频信号看到的阻抗是75Ω的端接电阻与放大电路输入电阻的并联值，较小的阻抗失配不会产生太大的影响。视频信号通过传输线之后总是有损耗的，理想的情况是损耗了一半（理由后述），所以我们得设计一个电压放大系数为2（电压增益为6dB）的放大电路对信号进行放大。你可以选择共射或共基极组态，因为共集组态是没有电压放大能力的。另外，为了使输入与输出端视频信号的电平一致，视频信号放大器必须是非反转放大器（输出与输入信号同相），这是由于视频信号将黑白电平分配给直流电平，如果波形发生反转，则颜色的明暗将会发生反转（画面变得奇怪），所以我们决定选择共基放大电路，如图25.16所示为视频放大电路（仅标注少数元器件参数）。

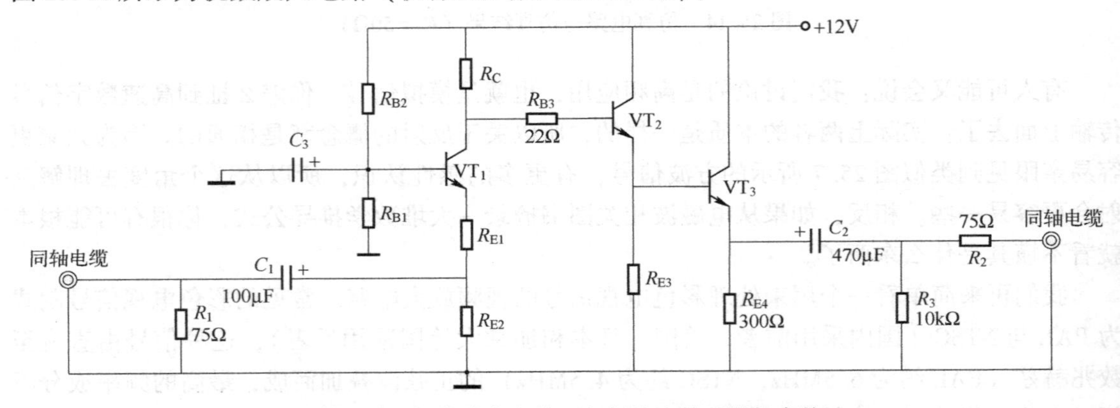

图25.16　视频放大电路（仅标注少数元器件参数）

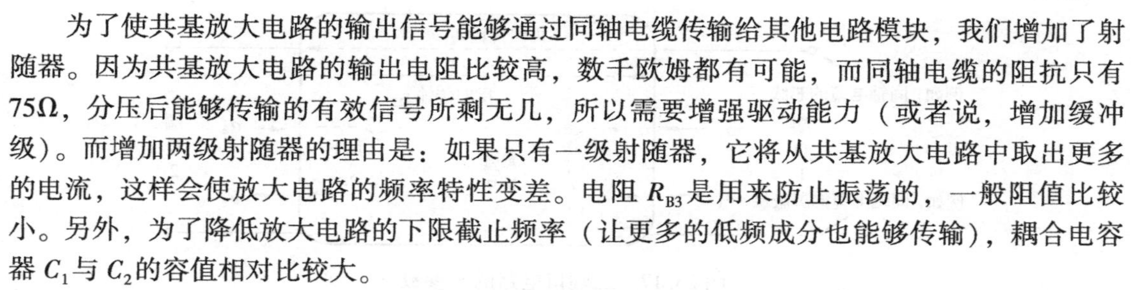

为了使共基放大电路的输出信号能够通过同轴电缆传输给其他电路模块，我们增加了射随器。因为共基放大电路的输出电阻比较高，数千欧姆都有可能，而同轴电缆的阻抗只有75Ω，分压后能够传输的有效信号所剩无几，所以需要增强驱动能力（或者说，增加缓冲级）。而增加两级射随器的理由是：如果只有一级射随器，它将从共基放大电路中取出更多的电流，这样会使放大电路的频率特性变差。电阻 R_{B3} 是用来防止振荡的，一般阻值比较小。另外，为了降低放大电路的下限截止频率（让更多的低频成分也能够传输），耦合电容器 C_1 与 C_2 的容值相对比较大。

很明显，这个视频放大电路的输出电阻是很低的，只有几欧姆也是有可能的，传输线的阻抗为 75Ω，理论上这是一件好事。因为放大电路的输出电阻越小，有效输出电压就会越大，所以把同轴电缆直接连接到射随器的输出应该就可以了。

但是为了使放大电路以一定的阻抗发出信号，我们仍然会在射随器的输出串联 75Ω 的电阻后再连接同轴电缆。现在从放大电路的输出往同轴电缆的方向看，它驱动的负载为150Ω；而从同轴电缆往放大电路的输出方向看，它的输出阻抗约为 75Ω（射随器本身的输出电阻很小）。视频放大电路从同轴电缆接收到峰峰值约为 1V 的高频信号，经放大后的输出峰峰值约为 2V。换句话说，射随器注入到同轴电缆的电流约为 2V/150Ω≈13. 3mA。假设 VT_3 的发射极静态电位为供电电源的一半（6V），根据式（18. 3）确定的 R_{E4} 最大阻值应约为 301Ω，其他参数的设计过程在此就不再赘述了。

另外，电阻 R_3 给电容器 C_2 提供放电回路，一般几千至几十千欧姆都可以。如果没有 R_3，接上线缆时，电容器 C_2 就会通过电缆放电，瞬间会有很大的电流。

有人可能又会说：同轴电缆的特性阻抗为 75Ω，现在你还在输出端串联了一个 75Ω 的电阻，那接收方的信号不就衰减了一半了吗？你太有才了，说得没错！所以才会在传输电缆另一端的接收方设计一个具有一定电压放大系数（如 2 倍）的放大电路进行信号补偿，就像图 25. 16 所示的视频放大电路一样。

模拟放大电路与数字逻辑电路中的阻抗匹配方式是相似的，无论需要传播的信号波形是怎样的形状，只要遇到阻抗突变的分界面，波形的各个成分都会有部分被反射回去。使用“各个成分”这个词语是有考量的，因为所有时域（也就是肉眼看到的）波形在频域都可以分解为正弦波，所有波形都可以认为是由多个正弦波叠加而成的。数字信号一般会有一个快速上升的边沿，上升时间越小，则包含的正弦波（谐波）成分就越多（我们将会在第 27 章中详细讨论），这样每一个正弦波都将被反射，而反射波的幅度与相位信息都可以计算出来。在高频应用中，这些信息使用散射矩阵（Scattering Matrix）来描述，简称 S 矩阵，其中的各要素称为 S 参数，出入电路网络的功率就由这些波的幅度与相位决定，如图 25. 17 所示。

在图 25. 17 中，a_1 与 a_2 表示输入波，b_1 与 b_2 表示反射波，S 矩阵就定义了输入波与反射波之间的关系，可使用下式表达：

$$b_1 = s_{11} \cdot a_1 + s_{12} \cdot a_2 \tag{25.5}$$

$$b_2 = s_{21} \cdot a_1 + s_{22} \cdot a_2 \tag{25.6}$$

那么同样按照前面（第 8 章）的定义，即有：

$$s_{11} = \frac{b_1}{a_1}\bigg|_{a_2=0} \qquad s_{21} = \frac{b_2}{a_1}\bigg|_{a_2=0} \tag{25.7}$$

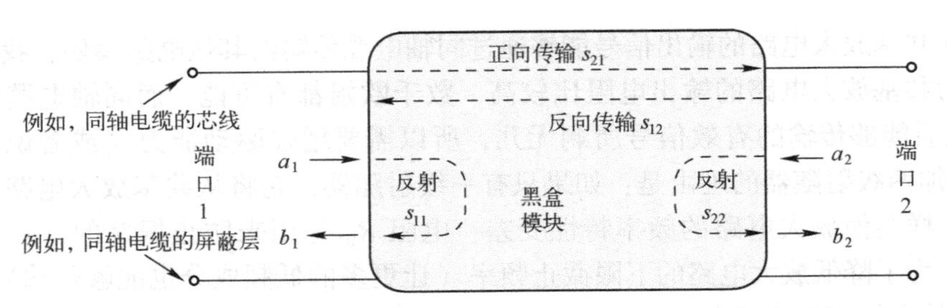

图 25.17　二端口电路的 S 参数

$$s_{12}=\frac{b_1}{a_2}\bigg|_{a_1=0}\qquad s_{22}=\frac{b_2}{a_2}\bigg|_{a_1=0}\tag{25.8}$$

其中，s_{11}表示端口 1 的反射损失（Return Loss），主要观测发送端看到多大的信号被反射回来，它就是我们前面提到的输入反射系数；s_{22}表示端口 2 的反射损失。s_{11}和s_{22}这两个参数是越小越好。s_{21}表示信号从端口 1 传递到端口 2 的过程中的馈入损失（Insertion Loss），主要观测接收端的信号剩多少，其值越接近 1（0dB），表示传递过程中的损失就越小（越好），也称为正向传输系数（Forward Transmission Coefficient）。

之所以使用 S 参数（而不是 Y 参数、Z 参数、H 参数），是因为在高频应用中几乎不能像低频那样测量电压与电流。例如，为了测量电压，若将探头等接触到 PCB 走线上，则该探头就相当于一根短线而使电路结构发生变化。即使不接触而只是靠近 PCB 走线，也会影响电路周围的电磁场，电路原来的特性也会随之改变，你可以理解这是寄生参数带来的影响。因此，必须使用其他量进行电路的测量。

在高频领域能够稳定而正确测量的量是功率。如果只是研究电路输入功率与输出功率之间的关系，则可将电路网络作为黑盒子进行处理。在高频电路中，使用电流或电压时几乎不能表示电路特性，最多只是在处理直流偏置时会使用到而已。

当然，我们最关心的还是反射系数，为了将其控制在一定的范围内，需要首先测量出电路在没有进行阻抗匹配时的反射系数。可以通过网络分析仪来获取反射系数，网络分析仪是一种用来分析二端口网络的仪器，可以测量电路的 S 参数（以及 Y、Z、H 参数），是高频电路设计中最常用的仪器之一。我们使用它来分析基本共射放大电路的反射系数，仿真电路如图 25.18 所示（VT_1的模型参数均保持默认）。

以高频低噪声三极管（型号为 MRF927T1）为核心的共射放大电路的应用中心频率为 1GHz，其信号源与负载的阻抗均为 50Ω。我们在“交互模式”下对电路进行仿真后双击 XNA_1，即可弹出如图 25.19 所示的对话框。

在仿真的过程中，网络分析仪将以一种特定的激励信号作用于被测电路的输入与输出端，然后接收电路的响应信号并进行仿真运算，这包含两次交流分析过程，第 1 次用来测量输入端的参数 s_{11}、s_{21}，第 2 次用来测量输出端的参数 s_{22}、s_{12}，确定 S 参数后再根据需要进行其他参数的运算，如功率增益、电压增益和输入输出阻抗等。

这里涉及的交流分析参数与我们以往讨论的完全一致，我们单击图 25.19 所示对话框中的“Simulation set…”按钮，即可弹出如图 25.20 所示对话框。

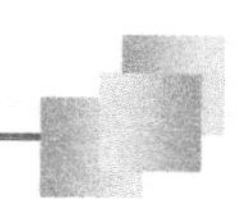

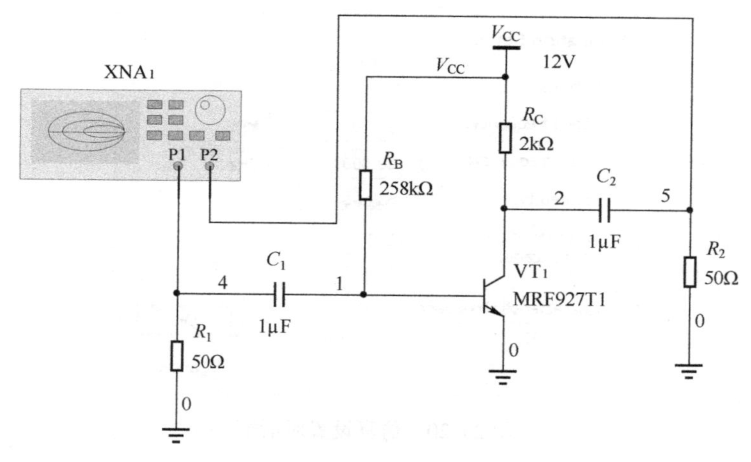

图 25.18　仿真电路

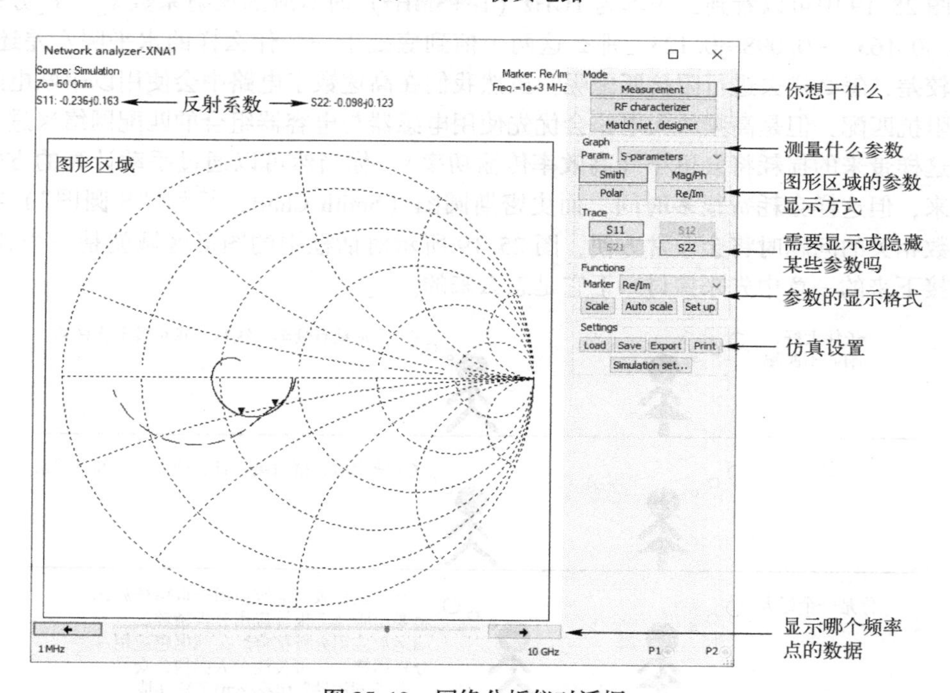

图 25.19　网络分析仪对话框

在图 25.20 中，对话框上半部分的参数我们已经很熟悉了，默认的分析范围是 1MHz～10GHz，默认的扫描点数为 25 个（如果你只需要 1GHz 附近的数据，也可以缩小频率扫描范围）。这里我们将扫描点数改为最大值 200 即可，网络分析仪会在设置的频率范围内分析 200 个频率点的反射系数。另外，还有一个 50Ω 的特性阻抗，你可以理解为一个输出阻抗为 50Ω 的信号源对放大电路发出测试信号。50Ω 是一个常用值，修改它会影响反射系数的仿真结果，除特殊场合外，网络分析仪的输入与输出端的特性阻抗都为此值，这里我们就不需要进行修改了。

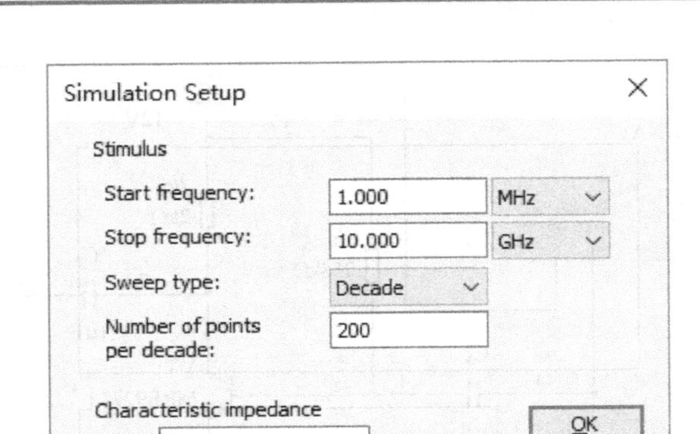

图 25.20 仿真设置对话框

从图 25.19 中可以看到，频率为 1GHz（1e+3MHz）时对应的反射系数 s_{11}、s_{22}分别约为 -0.236-j0.163、-0.098-j0.123，那么这两个值到底处于一个什么样的水平呢？差还是好？如果比较差，怎么样去进行阻抗匹配呢？虽然我们在高速数字电路中会使用以串联电阻的方式进行阻抗匹配，但是高频放大电路会优先使用电感器与电容器组合的匹配网络来进行阻抗匹配，这样带来的损耗将会更小（高效率传输功率）。你当然可以通过手动计算的方式逐步推导出来，但这样会耗费很多时间，而史密斯圆图（Smith Chart，简称“S 圆图”）在解决反射系数相关的问题时将会非常方便，图 25.19 所示对话框中的图形区域就是一个 S 圆图，我们在接下来的一章中先来探讨一下它是怎么来的。

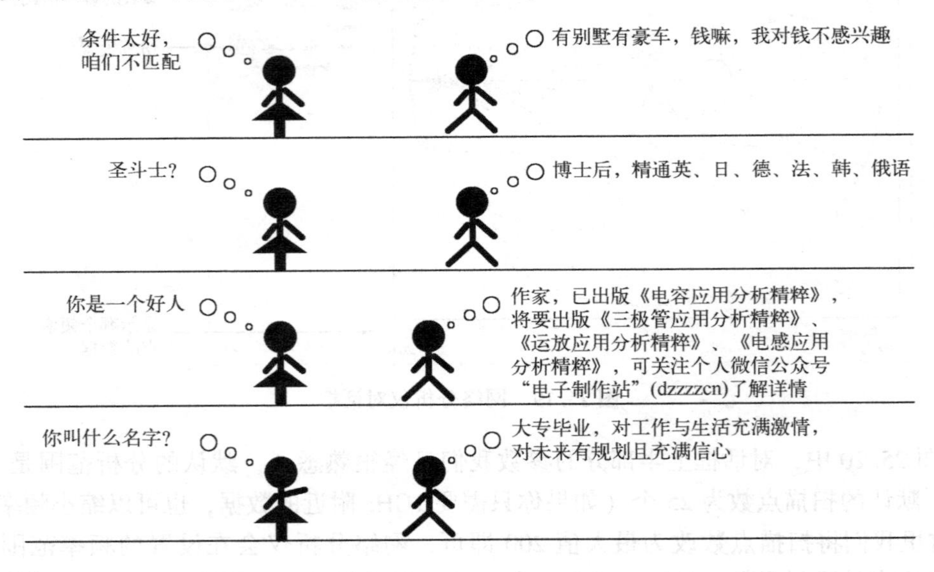

第 26 章　史密斯圆图：利其器再善其事

假设某黑盒模块的输入复阻抗为 $Z_{in}=R+jX$（对于信号源，也可称其为负载阻抗），信号源的输出阻抗为 Z_0（有时也称为系统阻抗），如图 26.1 所示。

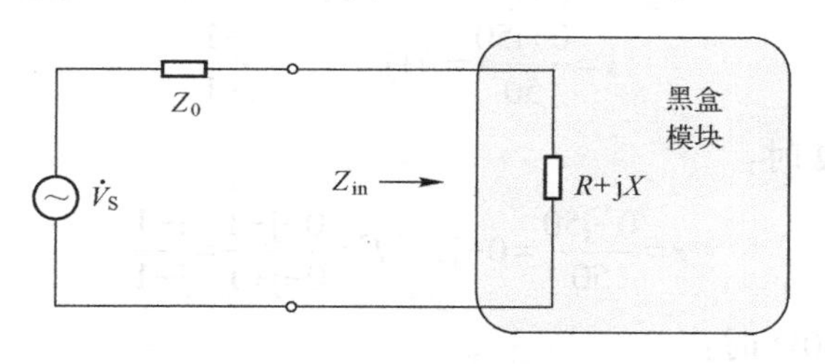

图 26.1　反射系数测量

很明显，反射系数会随信号源输出阻抗 Z_0的不同而不同，为了更方便地使用反射系数，我们定义一个归一化输入阻抗，即

$$z=\frac{Z_{in}}{Z_0}=\frac{R+jX}{Z_0}=r+jx \tag{26.1}$$

所谓“归一化”，就是在多个同类数据中，以其中某个数据作为基准并将其定为 1，其他数据按比值缩小来表示的过程。这里以信号源的输出阻抗 Z_0作为基准，根据式（25.4），则反射系数如下：

$$\Gamma=\Gamma_r+j\Gamma_m=\frac{Z_{in}-Z_0}{Z_{in}+Z_0}=\frac{(Z_{in}-Z_0)/Z_0}{(Z_{in}+Z_0)/Z_0}=\frac{z-1}{z+1} \tag{26.2}$$

反射系数 Γ 是复阻抗经过一定算术运算获得的，其结果必然还是复数，它与 ρ 都表示反射系数，定义也是一样的，只不过后者在数字电路中使用得多，你可以将 ρ 理解为 Γ 的模值，即 $\rho=|\Gamma|$，它是一个不含相位信息的标量，因为数字电路中对反射波的相位并不太关心。

为了减少式（26.2）中的未知数，我们将 Z_0定义为一个经常使用的值，也就是使用一个已知数固化它（如 50Ω、75Ω 和 100Ω 等都可以）。由于 50Ω 是测试仪器最常见的输出特性阻抗，所以我们就将 Z_0固定为 50Ω，然后在复平面上标记几种 Z_{in}对应的归一化阻抗 z 及其相应的反射系数 Γ，即

（1）当 $Z_{in}=0$ 时：

$$z=\frac{0+j0}{50}=0+j0,\quad \Gamma=\frac{0+j0-1}{0+j0+1}=-1$$

（2）当 $Z_{in}=50\Omega$ 时：

$$z=\frac{50+j0}{50}=1+j0,\quad \Gamma=\frac{1+j0-1}{1+j0+1}=0$$

（3）当 $Z_{in}=100\Omega$ 时：

$$z=\frac{100+j0}{50}=2+j0,\quad \Gamma=\frac{2+j0-1}{2+j0+1}=1/3$$

（4）当 $Z_{in}=\infty$ 时：

$$z=\frac{\infty+j0}{50}=\infty+j0,\quad \Gamma=\frac{\infty+j0-1}{\infty+j0+1}=1$$

（5）当 $Z_{in}=j50\Omega$ 时：

$$z=\frac{0+j50}{50}=0+j,\quad \Gamma=\frac{j-1}{j+1}$$

（6）当 $Z_{in}=-j50\Omega$ 时：

$$z=\frac{0-j50}{50}=0-j,\quad \Gamma=\frac{0-j-1}{0-j+1}=\frac{j+1}{j-1}$$

（7）当 $Z_{in}=50+j50\Omega$ 时：

$$z=\frac{50+j50}{50}=1+j,\quad \Gamma=\frac{1+j-1}{1+j+1}=\frac{j}{2+j}$$

以上几个阻抗点对应的归一化阻抗与反射系数在复平面上的标记如图 26.2 所示。

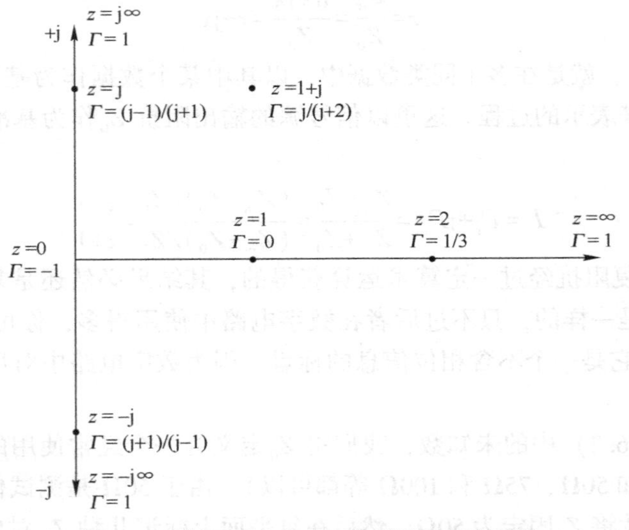

图 26.2　复平面上的归一化阻抗及反射系数

接下来我们开始绘制史密斯圆图。电阻总是大于 0 的，所以只需要复平面的右半边就可以了。由于我们只关注反射系数，所以首先把 3 个反射系数为 1 的点合并，如图 26.3 所示。其次再将曲线拉成圆形，这样史密斯圆图的原型就出来了，如图 26.4 所示。

按照同样的方法，我们把复平面中的其他归一化阻抗与反射系数也变换到史密斯圆图中。例如，当 $z=1$ 或 $z=2$ 时，如图 26.5 所示。

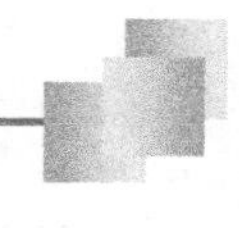

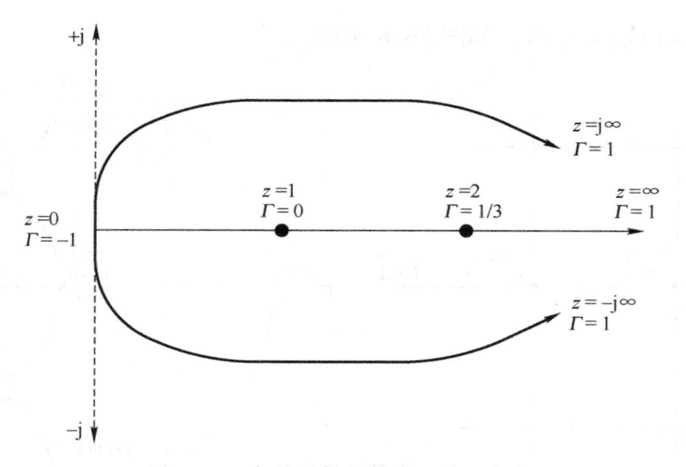

图 26.3　合并反射系数为 1 的 3 个点

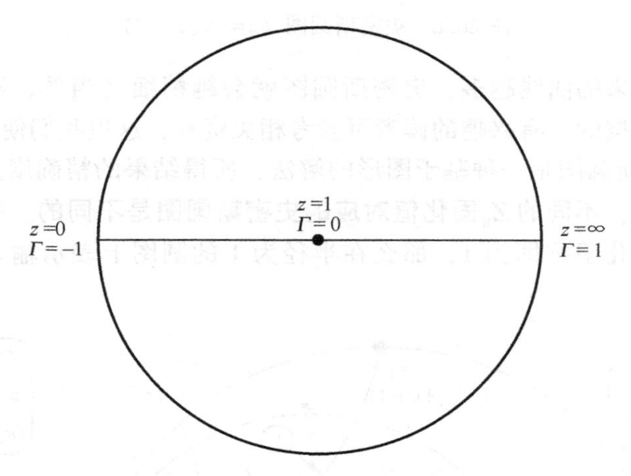

图 26.4　史密斯圆图的原型

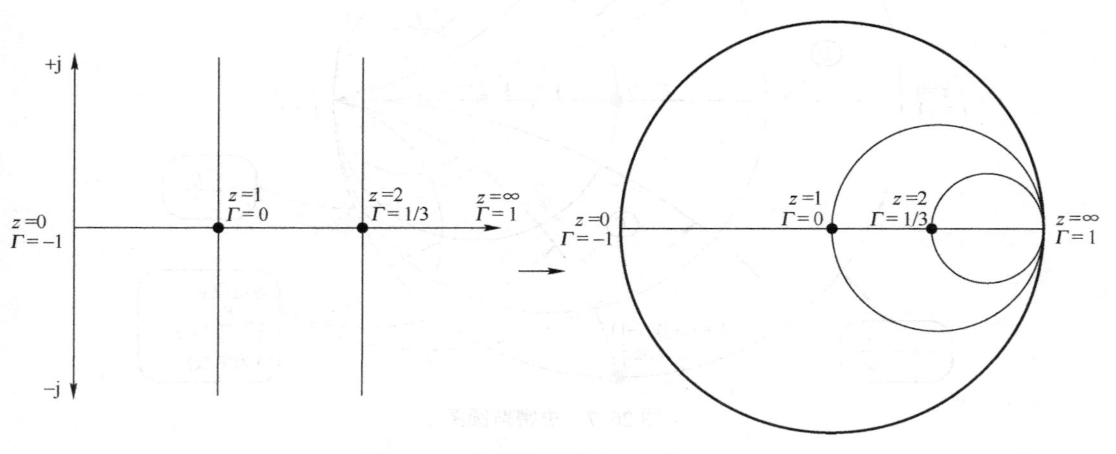

图 26.5　史密斯圆图（$z=1$ 或 $z=2$）

再例如，当 $z=\mathrm{j}$ 或 $z=-\mathrm{j}$ 时，如图 26.6 所示。

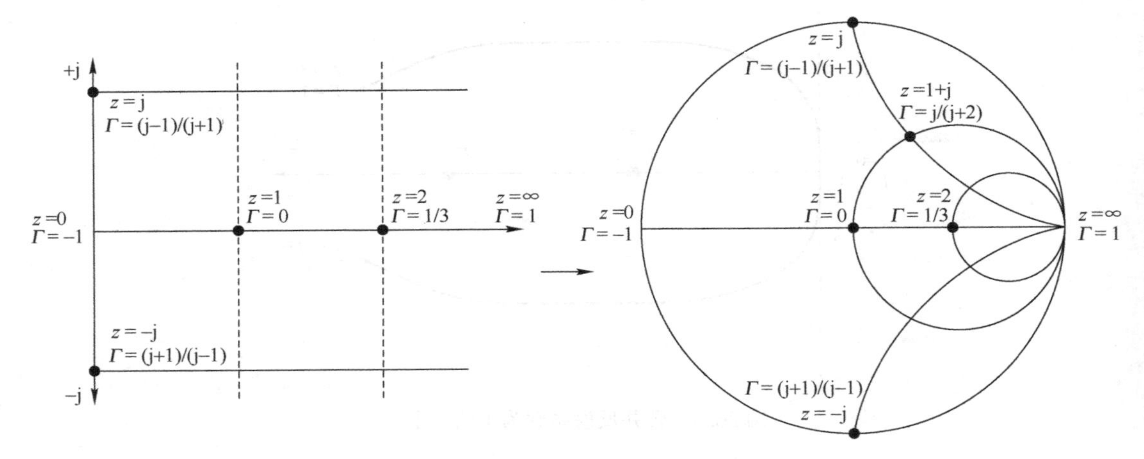

图 26.6　史密斯圆图（$z=\mathrm{j}$ 或 $z=-\mathrm{j}$）

从复平面变换过来的曲线越多，史密斯圆图就会越精细（当然，实际上史密斯圆图的推导过程是有数学依据的，有兴趣的读者可参考相关资料，这里我们使用一种更形象且便于理解的方式）。史密斯圆图是一种基于图形的解法，所得结果的精确度直接依赖于图形的精度，但需要注意的是：**不同的 Z_0 固化值对应的史密斯圆图是不同的**。我们这里使用的特性阻抗为 50Ω，其归一化阻抗即为 1，那么在半径为 1 的圆图上表示输入阻抗的所有情况如图 26.7 所示。

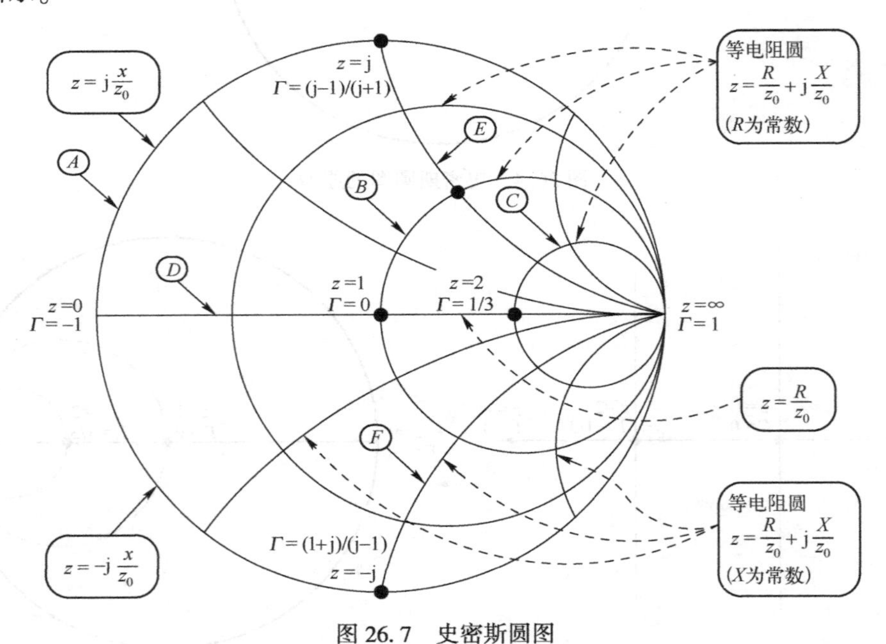

图 26.7　史密斯圆图

由于史密斯圆图上标记的都是阻抗信息，所以也称其为阻抗圆图。各归一化阻抗点从复平面变换到史密斯圆图后特性不变。图 26.7 中，圆圈 A 上的阻抗实部均为 0（电阻值为 0），也是以原点（$\Gamma=0$）为中心的最大圆圈，其上半部分为感性区域，对应的虚部为正值，下半部分为容性区域，对应的虚部为负值；圆圈 B 上的阻抗实部均为 1（电阻值为 50Ω），换句话说，圆圈 B 以内区域的阻抗实部均大于 1，以外区域的阻抗实部均小于 1；圆圈 C 上的阻抗实部均为 2（电阻值为 100Ω），也就是说相同圆圈上的电阻是相等的，也称为**等电阻圆**；水平轴 D 上的阻抗虚部均为 0；弧线 E（其实是大圆圈的一部分）上的阻抗虚部均为 1（也就是 j），换句话说，弧线 E 右上方区域的虚部大于 1，左下方区域的虚部小于 1，如果弧线 E 处于圆圈 B 以外，表示相应的实部小于 1，反之则大于 1；弧线 F 上的阻抗虚部均为 −1，相同弧线上的电抗是相等的，也称为**等电抗圆**。**还有一点需要特别注意：如果在阻抗圆图上以原点为圆心做一个圆圈，则该圆圈上的阻抗点对应的反射系数的模值均相等，该圆圈也称为等反射系数圆**。

那么史密斯圆图有什么用呢？很明显，史密斯圆图把输入阻抗与反射系数结合在一起了，可以说是反射系数的极坐标图，在 Z_0为定值的情况下（通常是已知的），只要获得输入阻抗，就可以从史密斯圆图中读出相应的反射系数。具体可以这么做：将原点与输入阻抗对应的点连接起来，它与横轴之间的夹角 θ 就是复反射系数的辐角，复反射系数的模值不能直接读取，需要进行简单的运算，即

$$|\Gamma|=\frac{r-1}{r+1} \tag{26.3}$$

式（26.3）中使用归一化阻抗进行反射系数的模值运算，也就是假设式（26.2）中有 $z=r$，而之所以结果为复反射系数的模值，是因为以原点为圆心的圆圈上的所有阻抗点对应的反射系数的模值是一样的（刚刚提到的等反射系数圆），你可以理解为将等反射系数圆旋转直到归一化阻抗点与水平轴相交，相交点代表的归一化阻抗就是 r（水平轴对应的虚部为 0），如图 26.8 所示。

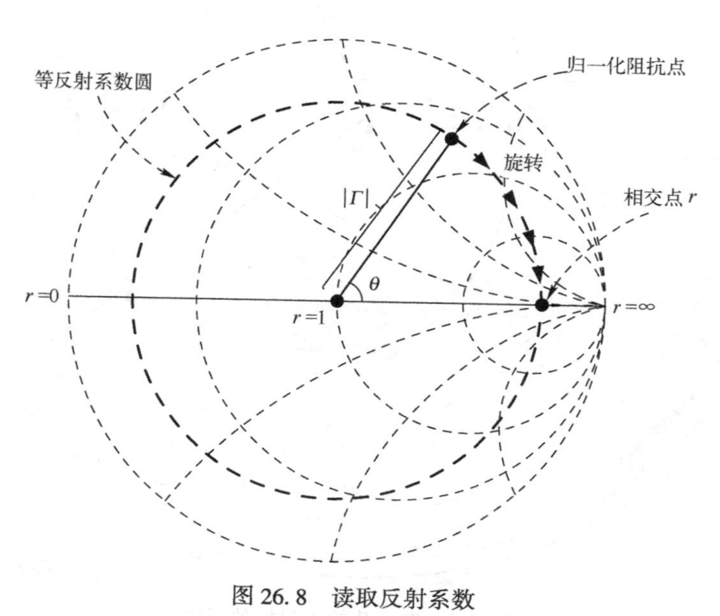

图 26.8　读取反射系数

所以最终得到的复反射系数即

$$\Gamma=|\Gamma|\angle\theta=|\Gamma|(\cos\theta+\mathrm{j}\sin\theta)=\frac{r-1}{r+1}(\cos\theta+\mathrm{j}\sin\theta) \tag{26.4}$$

如果你愿意，你也可以计算出电压驻波比 VSWR，它与 Γ 之间存在如下关系：

$$\mathrm{VSWR}=\frac{1+|\Gamma|}{1-|\Gamma|} \tag{26.5}$$

信息量是不是有点大？我们举几个例子，假设现在有如下几个输入阻抗：

$$Z_{\mathrm{in1}}=50+\mathrm{j}50\Omega,\quad Z_{\mathrm{in2}}=75-\mathrm{j}100\Omega,\quad Z_{\mathrm{in3}}=\mathrm{j}200\Omega,\quad Z_{\mathrm{in4}}=150\Omega,\quad Z_{\mathrm{in5}}=\infty,$$
$$Z_{\mathrm{in6}}=0,\quad Z_{\mathrm{in7}}=50\Omega,\quad Z_{\mathrm{in8}}=184-\mathrm{j}900\Omega$$

首先对这些阻抗进行归一化，即

$$z_{\mathrm{in1}}=1+\mathrm{j},\quad z_{\mathrm{in2}}=1.5-\mathrm{j}2,\quad z_{\mathrm{in3}}=\mathrm{j}4,\quad z_{\mathrm{in4}}=3,\quad z_{\mathrm{in5}}=\infty,\quad z_{\mathrm{in6}}=0,$$
$$z_{\mathrm{in7}}=1,\quad z_{\mathrm{in8}}=3.68-\mathrm{j}18$$

其次将归一化阻抗标注在史密斯圆图中，如图 26.9 所示。

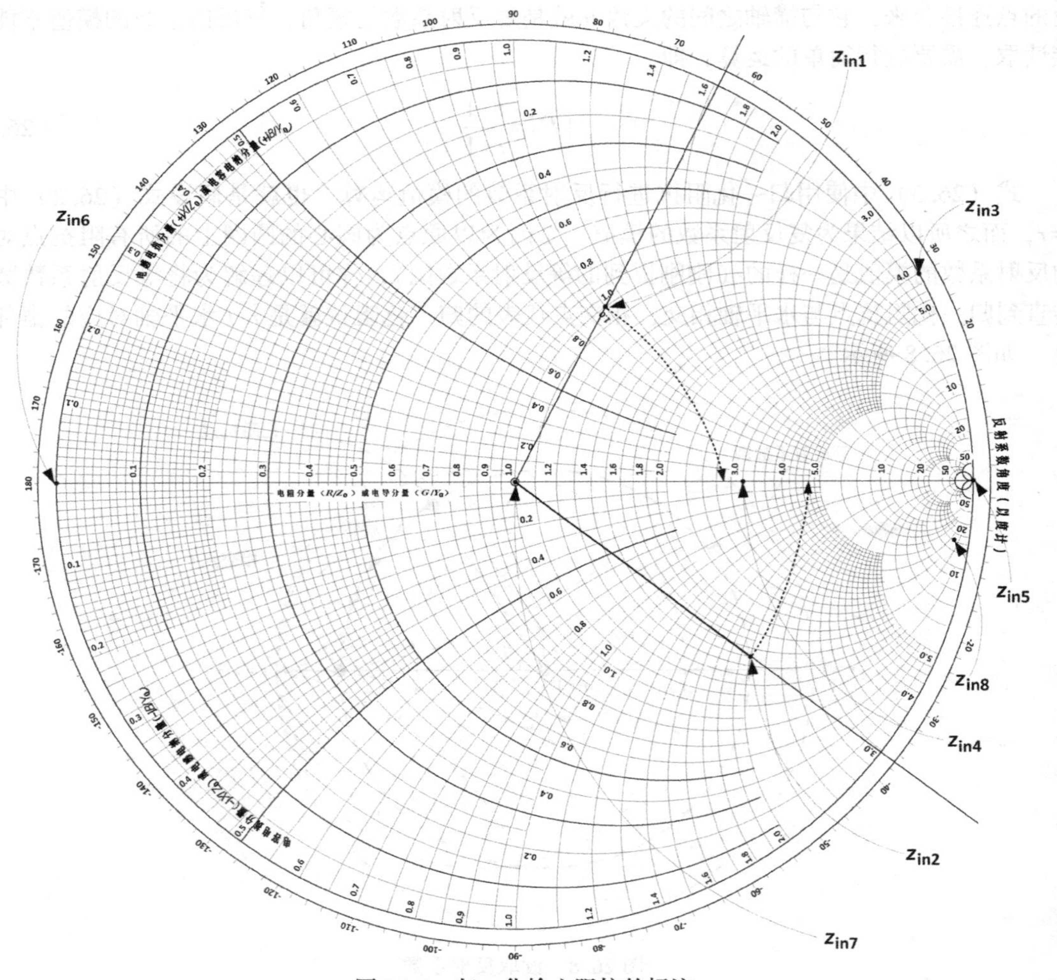

图 26.9　归一化输入阻抗的标注

标注的时候可以先确定实部对应的等电阻圆，然后再确定虚部对应的等电抗圆，它们的交点就是归一化输入阻抗。例如，$z_{\text{in1}}=1+\text{j}$，我们首先从通过原点的水平轴找到 $r=1.0$ 对应的圆圈，由于虚部是正值，所以我们再沿等电抗圆顺时针找到 $x=1.0$ 即可。

我们可以在图中求解出反射系数。以 z_{in1} 为例，连接原点与 z_{in1} 对应的阻抗点并延长，标准史密斯圆图的外围都有反映复反射系数辐角（以度计，也就是延长线与水平轴之间的夹角 θ）的圆，从它与延长线的交点就可以确定其角度约为 63.8°，将线段绕原点顺时针旋转直到与水平轴重合（用圆规很容易操作），读出对应的归一化阻抗 $r=2.6$，然后再根据式（26.3）求出复反射系数的模值，即

$$|\Gamma|=\frac{r-1}{r+1}=\frac{1.6}{3.6}\approx 0.44$$

因此，z_{in1} 对应的复反射系数即为

$$\Gamma_1=0.44(\cos 63.8°+\text{j}\sin 63.8°)\approx 0.44(0.44-\text{j}0.9)\approx 0.2-\text{j}0.4$$

特别提醒一下：Γ 的模值不是 z_{in1} 的模值 $\sqrt{2}$，Γ 的辐角也不是 z_{in1} 的辐角 45°，一个是反射系数，一个是阻抗，千万不要混淆了。

我们再以 $z_{\text{in2}}=1.5-\text{j}2$ 为例。连接原点与 z_{in2} 对应的阻抗点并延长，从复反射系数辐角圆可读出角度约为−37°，将线段绕原点逆时针旋转到与水平轴重合，可读出对应的归一化阻抗 $r=4.6$，所以复反射系数的模值为

$$|\Gamma|=\frac{r-1}{r+1}=\frac{3.6}{5.6}\approx 0.64$$

因此，z_{in2} 对应的复反射系数即为

$$\Gamma_2=|\Gamma|(\cos\theta+\text{j}\sin\theta)\approx 0.64(0.8-\text{j}0.6)\approx 0.51-\text{j}0.4$$

读者可按照同样的方式求出其他阻抗点对应的复反射系数，即

$$\Gamma_1=0.2+\text{j}0.4,\quad \Gamma_2=0.51-\text{j}0.4,\quad \Gamma_3=0.875+0.48\text{j},\quad \Gamma_4=0.5,\quad \Gamma_5=1,$$
$$\Gamma_6=-1,\quad \Gamma_7=0,\quad \Gamma_8=0.96-\text{j}0.1$$

接下来该做什么呢？不要忘了，我们最初的目的是设计阻抗匹配网络使反射系数越小越好（最好为理想的0），但是通常情况下，信号的频率总会有一定的范围（不可能使它们的反射系数都为0），所以一般要求在信号频率范围内复反射系数的模值不大于1/3，即图26.10所示的填充圆圈以内。

例如，z_{in2}、z_{in3}、z_{in4}、z_{in5}、z_{in6}、z_{in8} 都不在这个区域，所以需要进行阻抗匹配将它们移到填充的圆圈区域内，可以通过电阻、电容器、电感器等元器件的串并联网络完成，我们先来观察一下单个基本元器件与输入阻抗串联时的总阻抗会发生什么变化。

如果已知归一化阻抗为 $z_{\text{in}}=r+\text{j}x$，假设与其串联一个电阻，则归一化阻抗点移动的轨迹如图26.11所示。从复平面的角度也不难理解，因为串联电阻之后，总的阻抗在复平面相当于向右平移，但是电抗却是不变的，也就是在等电抗圆上向电阻增加的方向移动。

串联电容器或电感器时总阻抗的移动轨迹如图26.12所示。

如果与 z_{in} 并联元器件时又该如何呢？并联场合使用导纳图来分析会更方便，同样假设 $Y_{\text{in}}=G+\text{j}B$，我们使用 $Y_0=1/Z_0$ 进行归一化，则有：

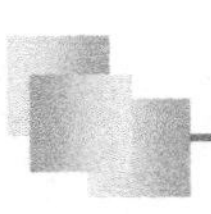

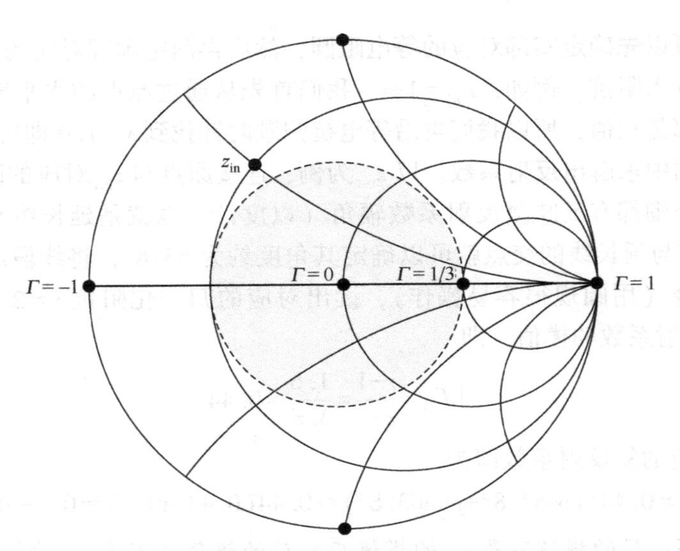

图 26.10　期望的反射系数

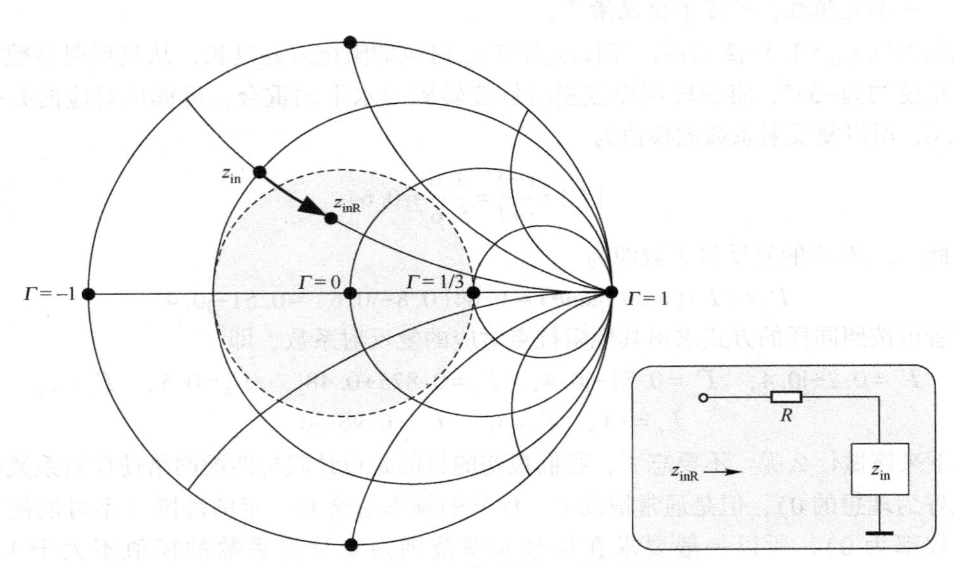

图 26.11　与 z_{in} 串联电阻 R 时的总阻抗

$$y=\frac{Y_{\text{in}}}{Y_0}=\frac{G+\text{j}B}{Y_0}=g+\text{j}b \tag{26.6}$$

所以：

$$\Gamma=\Gamma_{\text{r}}+\text{j}\Gamma_{\text{m}}=\frac{Z_{\text{L}}-Z_0}{Z_{\text{L}}+Z_0}=\frac{1/Y_{\text{L}}-1/Y_0}{1/Y_{\text{L}}+1/Y_0}=\frac{Y_0-Y_{\text{L}}}{Y_0+Y_{\text{L}}}=\frac{1-y}{1+y} \tag{26.7}$$

我们也可以在复平面上标记几种 Y_{in} 对应的归一化电导 y 及其相应的反射系数 Γ。

（1）当 $Y_{\text{in}}=\infty$ 时，

$$y=\frac{\infty}{0.02}=\infty,\quad \Gamma=\frac{1-\infty}{1+\infty}=-1$$

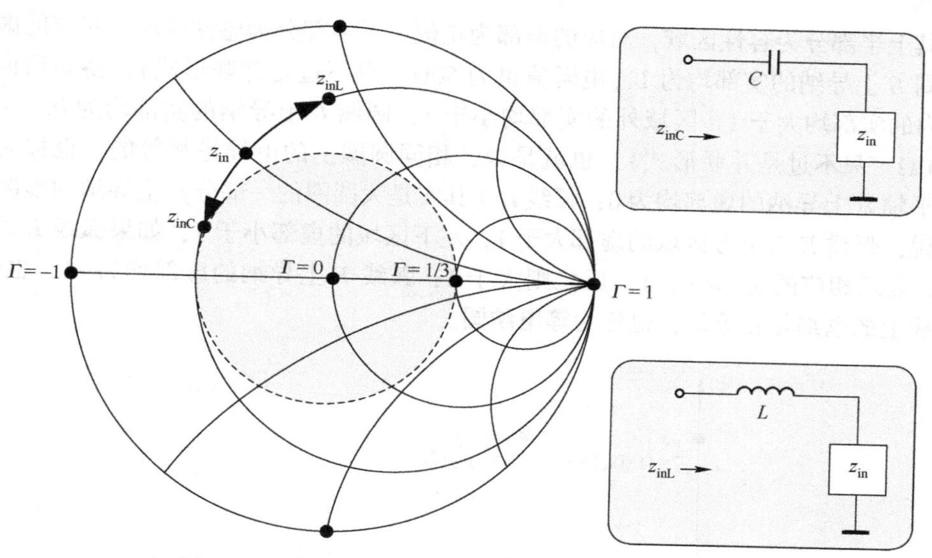

图 26.12　与 z_{in} 串联电容器 C 或电感器 L 时的总阻抗

（2）当 $Y_{in}=0.02$ 时，

$$y=\frac{0.02+j0}{0.02}=1+j0,\quad \Gamma=\frac{1-1-j0}{1+1+j0}=0$$

（3）当 $Y_{in}=0.01$ 时，

$$y=\frac{0.01+j0}{0.02}=0.5+j0,\quad \Gamma=\frac{1-0.5-j0}{1+0.5+j0}=\frac{1}{3}$$

（4）当 $Y_{in}=0$ 时，

$$y=\frac{0+j0}{0.02}=0,\quad \Gamma=\frac{1-0}{1+0}=1$$

（5）当 $Y_{in}=-j0.02$ 时，

$$y=\frac{0-j0.02}{0.02}=0-j,\quad \Gamma=\frac{1-0+j}{1+0-j}=\frac{1+j}{1-j}$$

（6）当 $Y_{in}=j0.02$ 时，

$$y=\frac{0+j0.02}{0.02}=0+j,\quad \Gamma=\frac{1-0-j}{1+0+j}=\frac{1-j}{1+j}$$

（7）当 $Y_{in}=(0.02-j0.02)$ 时，

$$y=\frac{0.02-j0.02}{0.02}=1-j,\quad \Gamma=\frac{1-1+j}{1+1-j}=\frac{j}{2-j}$$

以上几个导纳点对应的归一化导纳与反射系数在复平面上的标记如图 26.13 所示。

按照同样的方法将反射系数为−1 的 3 个点合并，然后将更多的导纳点从复平面转换到史密斯圆图，如图 26.14 所示。这张新的史密斯圆图上标记的都是导纳信息，所以也称为导纳圆图。后面发生的故事与阻抗圆图是完全一样的，从复平面变换到导纳圆图后特性仍然不变。例如，圆圈 A 上导纳的实部均为 0（电阻值为∞），也是以原点（$\Gamma=0$）为中心的最大

圆圈，其上半部分为容性区域，对应的虚部为正值，下半部分为感性区域，对应的虚部为负值；圆圈 B 上导纳的实部均为 1（电阻值也为 50Ω，只不过是并联形式），换句话说，圆圈 B 区域内的实部均大于 1，区域外的实部均小于 1；圆圈 C 上导纳的实部均为 0.5（电阻值也为 100Ω，只不过是并联形式），也就是说，相同圆圈上的电导是相等的，也称为**等电导圆**；水平轴 D 上导纳的虚部均为 0；弧线 E（其实是大圆圈的一部分）上导纳的虚部均为 1，换句话说，弧线 E 右上方区域的虚部大于 1，左下区域的虚部小于 1，如果弧线 E 处于圆圈 B 之外，表示相应的实部小于 1，反之则大于 1；弧线 F 上导纳的虚部均为 -1，也就是说，相同弧线上的电纳是相等的，也称为**等电纳圆**。

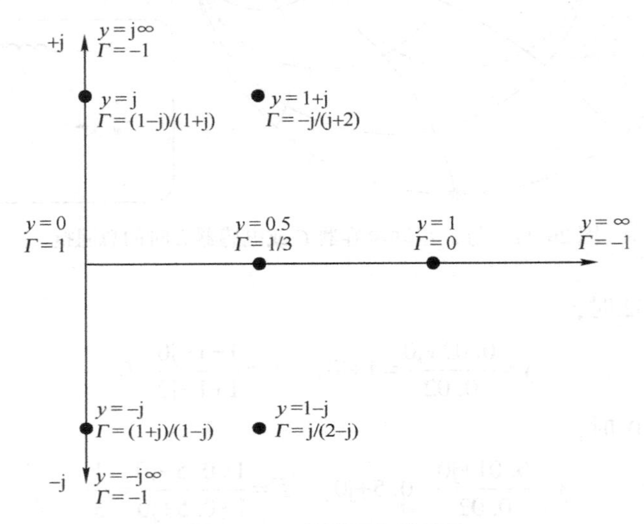

图 26.13　复平面上的导纳

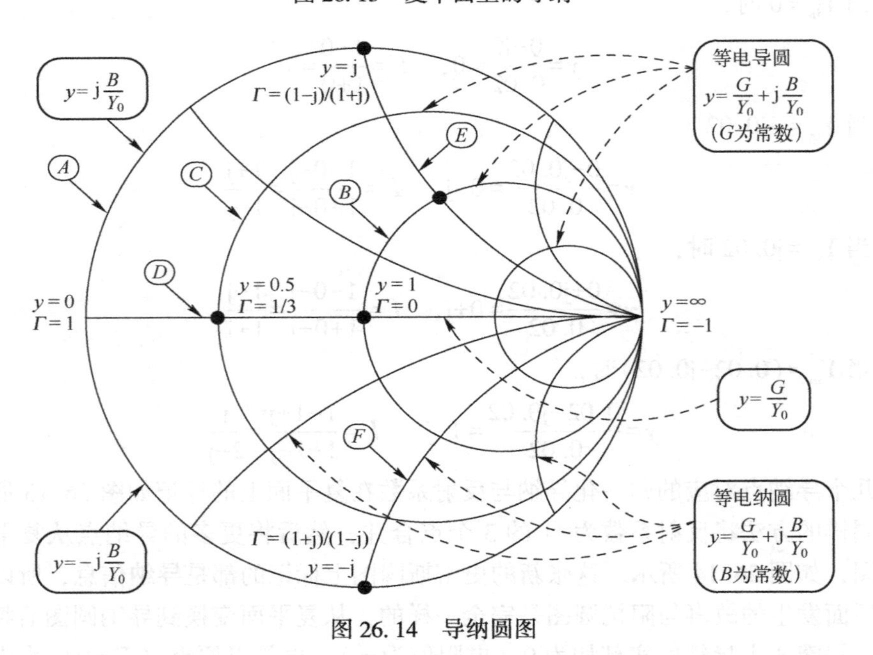

图 26.14　导纳圆图

虽然又多了一张新图，但是如果你将其与图 26.7 对比，会发现 y 与 z 是反过来的，而反射系数恰好相差一个负号，这一点从式（26.2）与式（26.7）也可以看出来。例如，导纳圆中 $y=\infty$ 时 $\Gamma=-1$，对应阻抗圆中 $z=\infty$ 时 $\Gamma=1$；导纳圆中 $y=-\mathrm{j}$ 时 $\Gamma=(1+\mathrm{j})/(1-\mathrm{j})$，对应阻抗圆中 $z=-\mathrm{j}$ 时 $\Gamma=(1+\mathrm{j})/(\mathrm{j}-1)$。换句话说，阻抗圆图上的每一个点都可通过以原点为中心旋转 180°后得到与之对应的导纳点。为了应用的方便，我们将导纳圆旋转 180°与阻抗圆重合形成导抗圆，如图 26.15 所示。

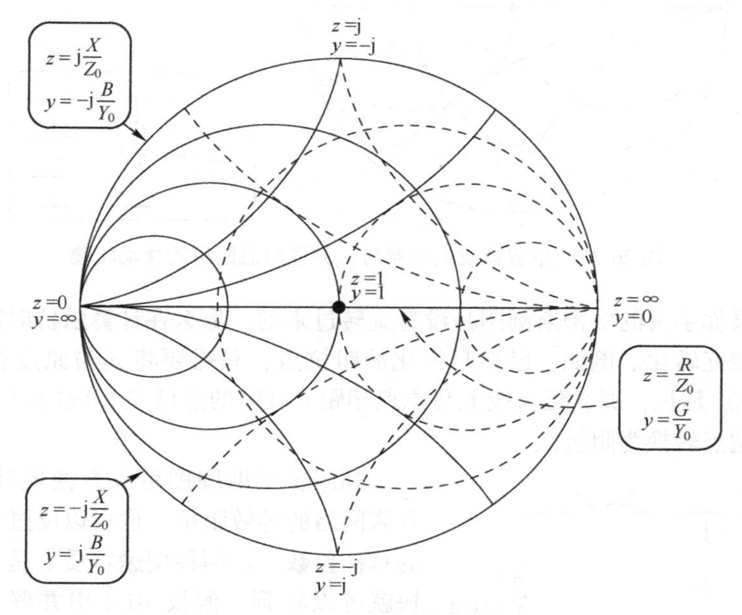

图 26.15　导抗圆

当电阻与 z_{in} 并联时，总阻抗点在等电导圆上移动，如图 26.16 所示。

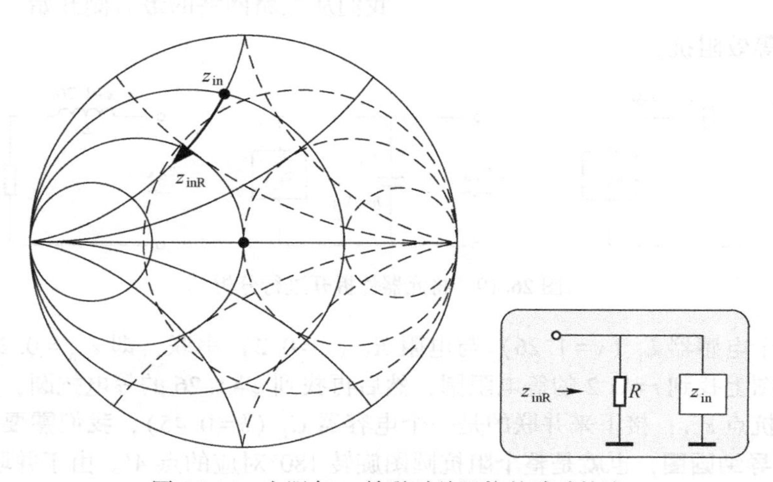

图 26.16　电阻与 z_{in} 并联时总阻抗的移动轨迹

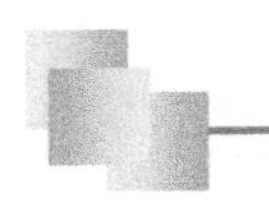

当电容器或电感器与 z_{in} 并联时，总阻抗点在等电纳圆上移动，如图 26.17 所示。

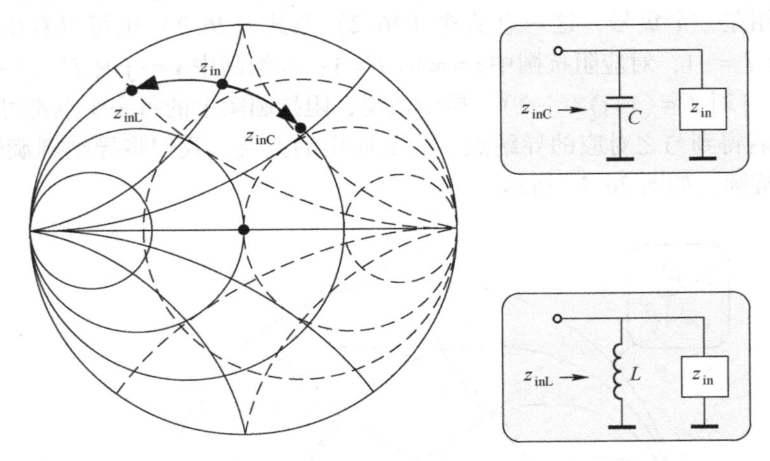

图 26.17　电容器或电感器与 z_{in} 并联时总阻抗的移动轨迹

当然，如果你手头的史密斯圆图是没有旋转过来的，那么在计算阻抗时需要你自行旋转将导纳与阻抗相互转化。例如，已知归一化的阻抗点，只需要将其与原点相连（假设它们之间的距离为 r）延长，那么延长线上与原点相距 r 对应的点就是相应的归一化导纳点，反之也可以将导纳点转换为阻抗点。

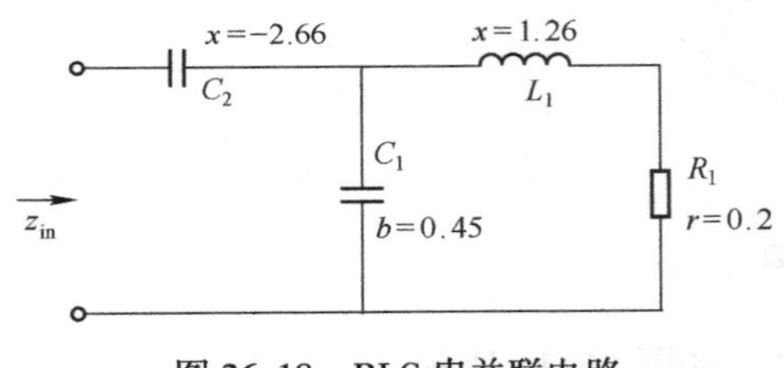

图 26.18　RLC 串并联电路

利用史密斯圆图可以方便地计算复杂 RLC 串并联网络的等效阻抗，也可以反过来确定匹配网络的具体参数，这两种用途本质上是一样的，我们很快就可以看到。假设 RLC 串并联电路如图 26.18 所示，标注的元器件参数都是以 50Ω 进行归一化后的阻抗，试求解其输入总阻抗。

我们从电路网络的最右侧开始，按图 26.19 所示，逐步计算等效阻抗。

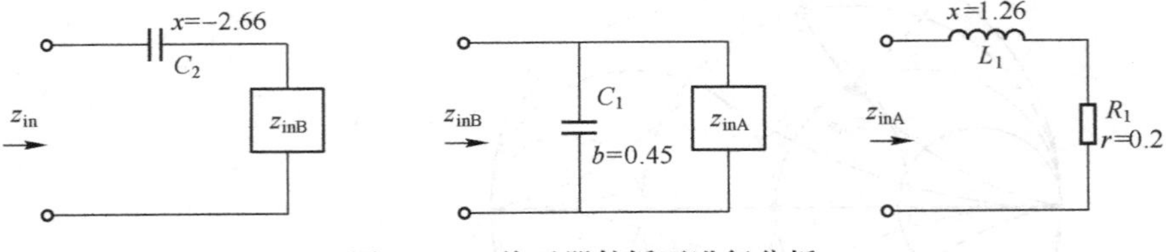

图 26.19　将元器件拆开进行分析

首先是一个电感器 L_1（$x=1.26$）与电阻 R_1（$r=0.2$）串联，即 $z_{inA}=0.2+j1.26$，我们首先在阻抗圆图上找到 $r=0.2$ 的等电阻圆，然后再找到 $x=1.26$ 的等电抗圆，它们的交点即为串联等效阻抗点 z_{inA}；接下来并联的是一个电容器 C_1（$b=0.45$），**我们需要进入导纳模式将 A 点转换到导纳圆图**，也就是整个阻抗圆图旋转 180°对应的点 A'。由于并联的是电容器，电导是不变的，所以我们沿等电导圆顺时针方向移动 0.45，这样就得到了并联等效导纳点 B；然后又是串联电容器 C_2，**我们使用同样的方法将圆图旋转 180°回到阻抗模式**，由 B 点得

到 B'点对应的等效阻抗点 z_{inB}，最后沿着等电阻圆周逆时针移动 2.66 得到总等效阻抗 z_{in}（图 26.20 中为原点），整个过程如图 26.20 所示（图 26.20 中其他点的移动轨迹后续用得到）。

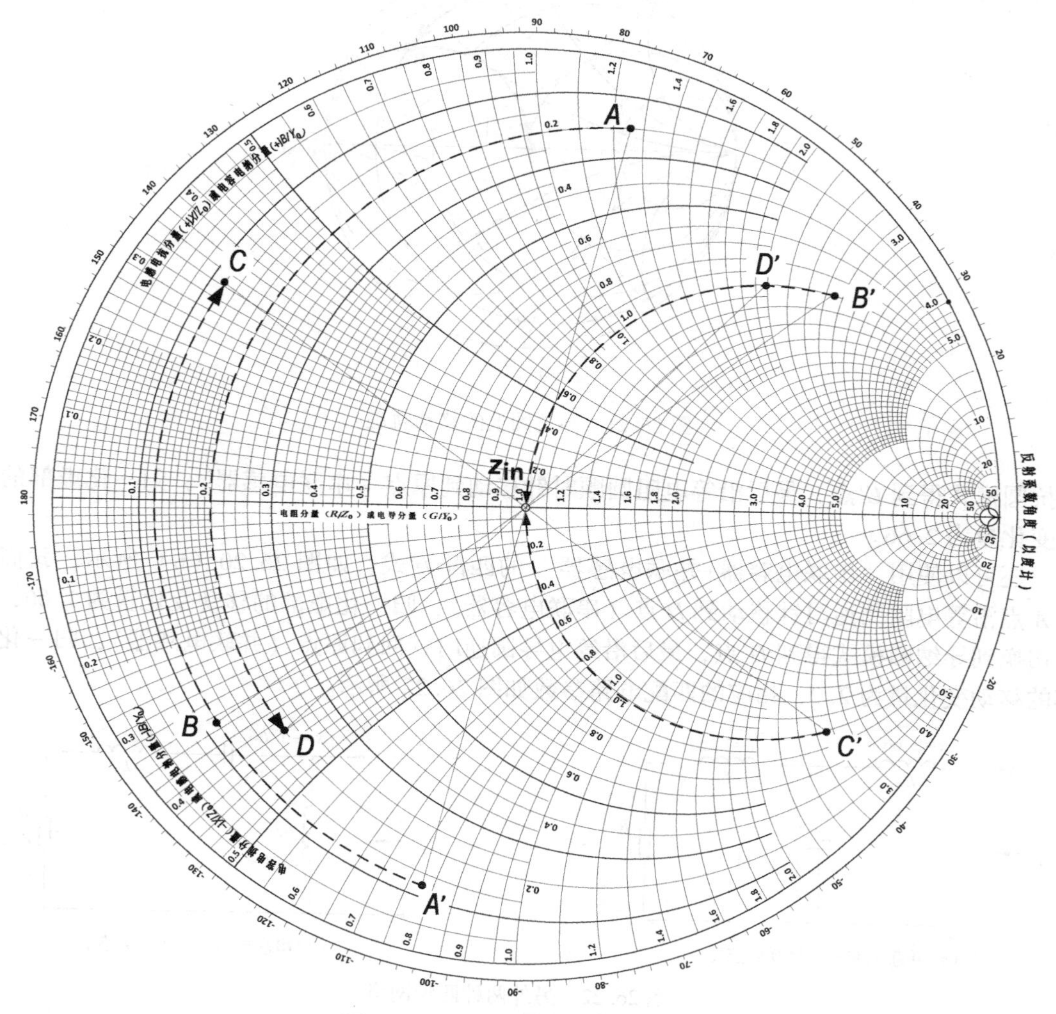

图 26.20　史密斯圆图求解总阻抗

当然，如果你使用的是导抗图，由于它已经对导纳圆进行了 180°旋转，也就省略了手动操作，相对更简单一些，对应的移动轨迹如图 26.21 所示，结果是一样的。

如果 RLC 串并联网络更复杂，分析的方法还是一样的。这个例子也揭示了匹配网络的设计方法，假设我们的系统阻抗为 50Ω，输入阻抗仍然为 $z_{inA}=0.2+j1.26$，那怎么样设计合适的匹配网络让总阻抗等于 50Ω 呢？这其实就是寻找从 $z_{inA}=0.2+j1.26$ 到 $z=1$ 路径的过程，也就是找到一个连接输入阻抗点与原点的路径。很明显，能够找到的路径可以说是无数条，我们刚刚就介绍了“并联电容器+串联电容器”的匹配方式，也可以使用“并联电容器+串联电感器”的匹配方式，如图 26.20（a）所示。我们先将 A 点切换到导纳圆模式得到 A'点，然后沿等电导圆顺时针移动到 C 点（并联电容器），归一化虚部的移动变化量为 1.11，切回

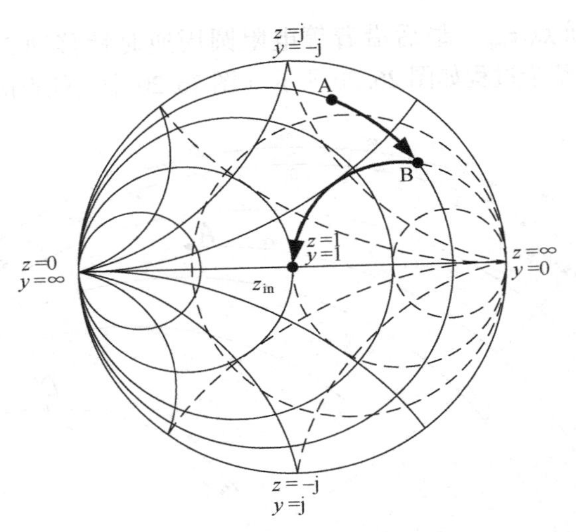

图 26.21　导抗圆上的移动轨迹

阻抗圆模式得到 C' 点，最后沿等电阻圆顺时针移动到原点（串联电感器），归一化虚部的移动变化量为 2.66。

还可以使用“串联电容器+并联电感器”的匹配方式，如图 26.20（b）所示，我们先将 A 点沿等电阻圆逆时针移动到 D 点（串联电容器），归一化虚部的移动变化量为 1.66，然后切换到导纳圆模式得到 D'点，最后沿等电导圆逆时针回到原点（并联电感器），归一化虚部的移动变化量为 2.0，相应的匹配电路参数如图 26.22 所示。

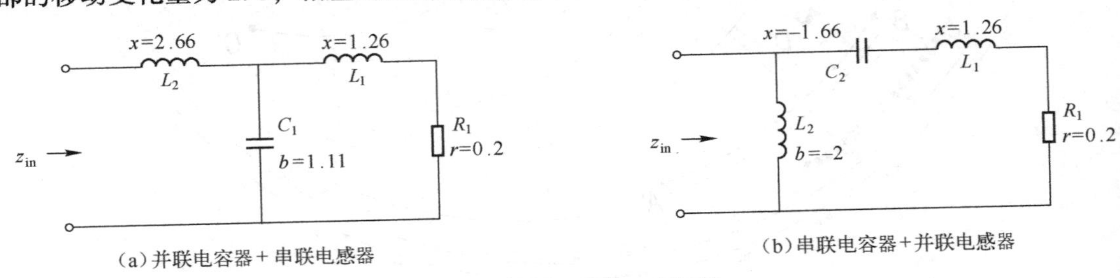

图 26.22　另外两种匹配网络

当然还有其他匹配方式，如“串联 50Ω 的传输线+串联电容器”，或“串联 50Ω 的传输线+串联电感器”，这里我们就不再细讲了。匹配网络中元器件的归一化阻抗计算出来后，确定元器件的具体参数就非常容易了。以“并联电容器+串联电容器”的匹配方式为例，假设信号的中心频率为 1GHz，并联电容器 C_1 的归一化导纳为 0.45，转换为实际的阻抗为 50Ω/0.45≈111Ω，则有：

$$C_1=\frac{1}{111\Omega\times2\pi\times10^9\text{Hz}}\approx1.43\text{pF}$$

串联电容器 C_2 的归一化阻抗为 2.66，转换为实际的阻抗为 50Ω×2.66≈133Ω，则有：

$$C_2=\frac{1}{133\Omega\times2\pi\times10^9\text{Hz}}\approx1.2\text{pF}$$

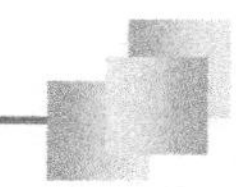

电感器 L_1 的归一化阻抗为 1.26，转换为实际的阻抗为 50Ω×1.26=63Ω，则有：

$$L_1=\frac{63\Omega}{2\pi\times10^9\text{Hz}}\approx10\text{nH}$$

读者可按照同样的计算方法确定另外两种匹配方案的具体参数，3 种匹配网络的元器件参数如图 26.23 所示。

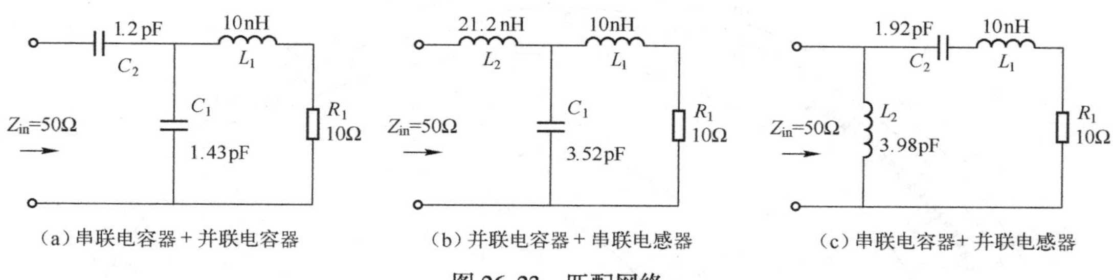

图 26.23　匹配网络

当然，以上我们并没有考虑现实中是否存在相应准确参数的元器件。例如，不存在标称电容量为如 1.43pF、3.52pF 和 3.98pF 的标准固定电容器，也不存在标称电感器量为如 3.98nH 和 21.2nH 的标准固定电感，这很容易从表 15.1 所示的数系表中看到。换句话说，当不得不与现实妥协而使用参数值不连续的标准元器件时，我们将可能无法通过简单的两个元器件来构成完整的匹配电路，在史密斯圆图上也找不到那么简洁的路径，这时我们需要多个标准元器件的串并联组合网络才能最终达到匹配的要求，一种实际的匹配电路如图 26.24 所示。

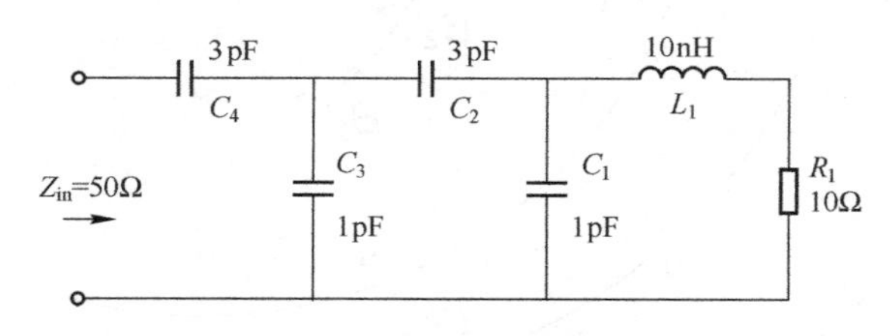

图 26.24　一种实际的匹配电路

虽然实际的匹配电路中的元器件数量有所增加，但只要牢记史密斯圆图上阻抗点的移动情况就用不着担心，读者可自行验证。

讨论的内容已经足够多了，我们回过头为图 25.18 所示的电路设计相应的匹配网络。由于复反射系数是已知的，即 $s_{11}=-0.236-\text{j}0.163$ 与 $s_{22}=-0.098-\text{j}0.123$，我们经过简单的运算就可以在史密斯圆图上进行标记。s_{11} 的模值 $|\Gamma|$ 约为 0.287，辐角 θ 约为 −145°（这两个参数可以通过手动计算出来，也可以在图 25.19 所示的对话框中将参数的显示格式由“Re/Im”修改为“Mag/Ph(Deg)”后直接读取）。有了复反射系数的模值，就可以根据式(26.3) 计算出等反射系数圆与水平轴相交点对应的 r，即

$$0.287=\frac{r-1}{r+1}\rightarrow r\approx1.8$$

然后在等反射系数圆上找到复反射系数的辐角 θ 为 −145°的点即可。

s_{22}的模值$|\Gamma|$约为0.157，辐角θ约为−128°，则等反射系数圆与水平轴相交点对应的$r\approx1.37$，同样在等反射系数圆上找到复反射系数的辐角θ为−128°的点即可。

接下来就是找到这两个阻抗点回到原点的路径，我们使用“串联电感器+并联电容器”的匹配方式，史密斯圆图上对应阻抗点的移动轨迹如图26.25所示。

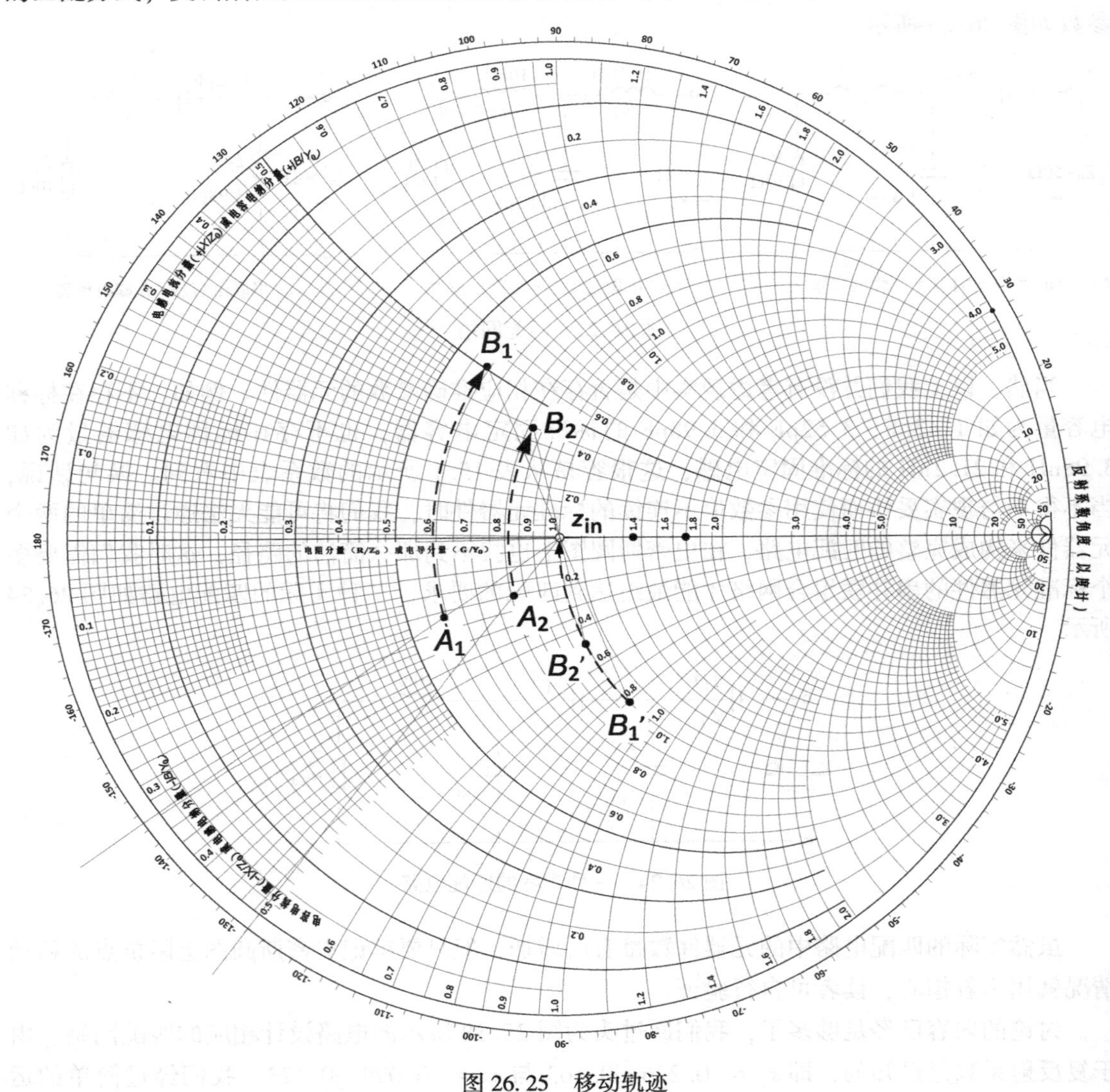

图26.25　移动轨迹

A_1点为s_{11}对应的阻抗点，首先沿等电阻圆顺时针方向移动到B_1点，归一化虚部的变化量约为0.8（串联电感器），其次再切换到导纳圆模式得到B_1'点，最后沿等电导圆回到原点（并联电容器），归一化虚部的变化量约为0.8。当信号的中心频率为1GHz时，串联的电感器值为

$$L_1=\frac{0.8\times50\Omega}{2\pi f}\approx6.37\text{nH}$$

并联的电容值为

$$C_1=\frac{0.8}{50\Omega\times 2\pi f}\approx 2.55\text{pF}$$

s_{22}对应的阻抗点为A_2，移动的方向与A_1相似，串联电感器的归一化阻抗约为 0.7，并联电容器的归一化电纳约为 0.5。当信号的中心频率为 1GHz 时，串联的电感器值为

$$L_2=\frac{0.7\times 50\Omega}{2\pi f}\approx 5.6\text{nH}$$

并联的电容值为

$$C_2=\frac{0.5}{50\Omega\times 2\pi f}\approx 1.6\text{pF}$$

这个过程好像还是有点复杂，Multisim 软件平台当然不会只提供半套解决方案，自带的网络分析仪有自动阻抗匹配的功能。我们单击图 25.19 所示对话框中的“Match net. designer”按钮，在弹出的对话框中选择“Impedance matching”标签，如图 26.26 所示。

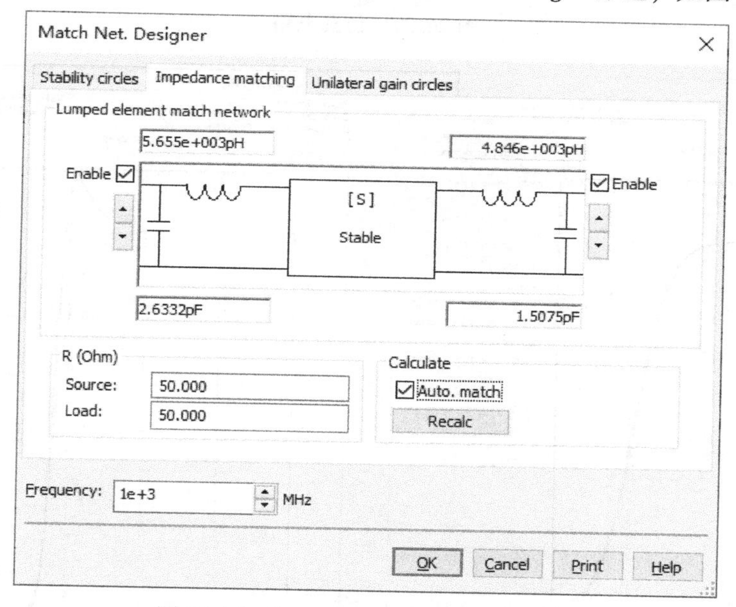

图 26.26 “Impedance matching”标签页

在“Lumped element match network”组合框中，勾选左右两侧的“Enable”复选框，表示我们需要为电路的输入与输出设计匹配网络，然后单击左右两侧的上下拉按钮，调整匹配网络的结构。我们选择“串联电感器+并联电容器”的结构，“R(Ohm)”组合框中的“Source”与“Load”分别对应图 25.18 所示电路中的R_1与R_2，然后把“Frequency”调整到 1GHz。一切准备就绪，我们勾选“Calculate”组合框中的“Auto. match”，自动计算出匹配元器件的参数。

我们使用自动匹配后的参数验证一下，相应的仿真电路如图 26.27 所示。

前面已经提过，高频应用中阻抗匹配的目的就是追求功率传输的最大化，我们可以对比匹配前后的功率增益（Power Gain，PG），它是传输到负载的功率与从输入到匹配网络的平均功率的比值。我们对仿真电路进行仿真后双击 XNA_1，在弹出的网络分析仪对话框中选择“RF characterizer”，阻抗匹配前后的功率增益如图 26.28 所示。

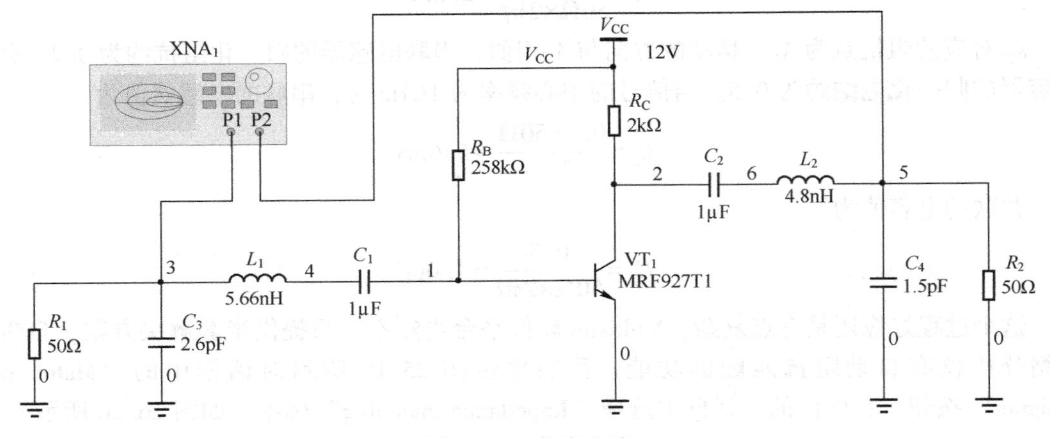

图 26.27　仿真电路

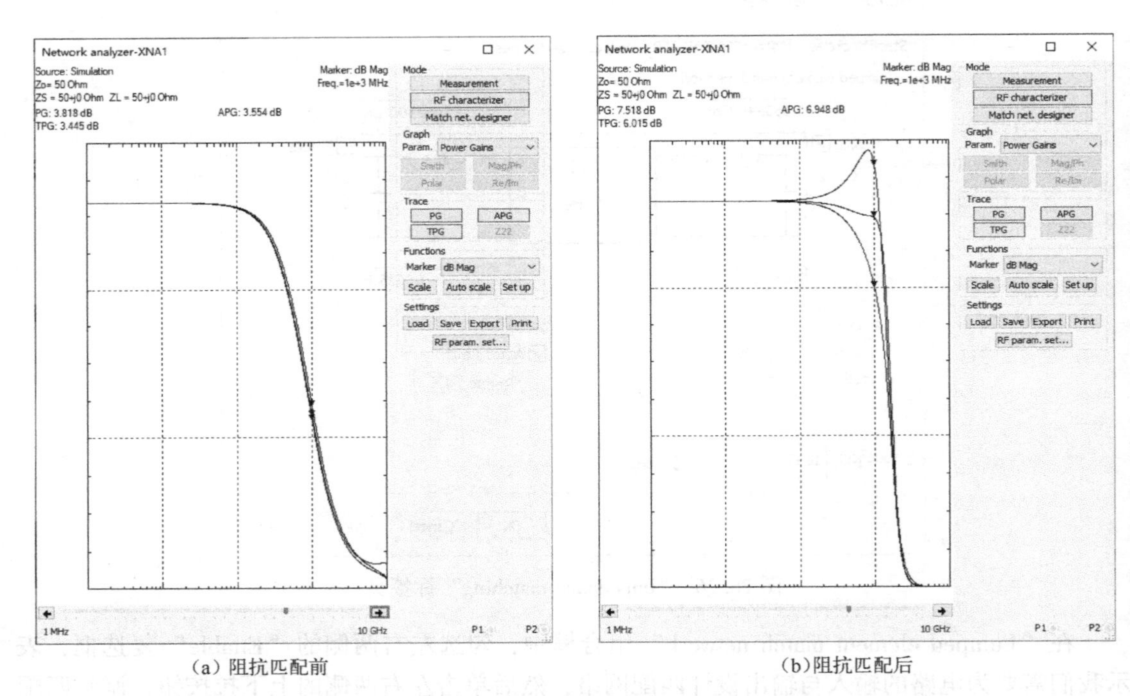

（a）阻抗匹配前　　（b）阻抗匹配后

图 26.28　相应的对比结果阻抗匹配前后的功率增益

从图 26.28 中可以看到，放大电路在没有增加阻抗匹配网络前的功率增益为 3.818dB，而增加匹配网络后的功率增益达到 7.518dB，增益提升超过了一倍。

有关 Multisim 软件平台中网络分析仪应用的讨论就到此为止，实际上还包含其他一些与高频应用相关的内容，现阶段的我们无须理会，读者可自行参考帮助文档研究，有机会我们还会进一步讨论。

第27章 看不见的非线性失真：都是不速之客惹的祸

（某展会）

客户：我想请问一下，你们新上市的这款功放在失真方面如何？

留意了一下，客户是从斜对面竞争对手的小格子拐过来的。看这人的派头，一定是个大客户，运气不是一般的好，一定要让他为我的专业折服而下单，内心给自己加了一下油。

作为刚刚进入电子工程师岗位且承担技术支持工作的你：在同类产品中，这款功放在失真方面可以排到前三，您不需要有任何的疑虑，另外……

客户点了点头：哦，那给我看一下指标。

看到客户提出预料中的问题而不由得心中一喜的你：好的，您稍等一下！

早有准备的你熟练地打开示波器，利索潇洒且专业地将探头连接到样机的输出信号，然后自信满满地说：所谓失真，就是输出信号没有按输入信号进行比例放大的成分。您仔细看，这个波形是1kHz的输入正弦波信号，而这个波形是输出的功放信号，很明显，输出信号是看不到失真的，所以它在失真方面的非常好。

正当我在为自己的专业操作与流利的讲解而感到无比自豪时，忽然间瞥见一脸黑线的客户，不妙！难道某个环节出了没有察觉到的问题？不对呀！这一波操作我已经练习了不下一百次，甚至于半夜醒来都可以马上完成，台词也是精心准备的，说出来的时候还挺抑扬顿挫的，没理由客户不满意呀？

客户好像有点尴尬地说：我的意思是给我看一下指标。

这个客户可能是新手，不太理解失真的含义，但是没有关系，幸好早就准备好更容易理解的台词。

重新整理了思路的你：没错，您看这个输出信号是完美的正弦波，说明输入的正弦波信号没有失真地放大了，而且这里……

客户有点不耐烦，但仍然很有礼貌地说：不好意思，我是想看一下指标。

客户虐我千百遍，我待客户如初恋，看来是想进一步考查我的专业与服务态度，这一单已是囊中之物，职业生涯的伟大转折点将从此刻开始。

你：哦，这样吧，我再拿一个更高档的示波器来演示一下，您稍等……

客户打断了我的演讲，严肃地说一声“再见”，然后就离开了，留下我一个人在正完美显示着正弦波的示波器前凌乱……

什么情况？瞬间有点怀疑人生的你立马拔通了我的电话求助，从而引出了失真方面的话题探讨，今天我就把这方面的话题分享一下，想听的自己搬张板凳。

对于任何一个放大电路，我们总是希望经过放大后的输出信号不存在任何失真，不然怎么能叫作放大呢。到目前为止，我们已经接触过几种失真了，如讨论射随器带负载能力时出现的输出信号负半周的削波失真，讨论无基极偏置的推挽式功放电路时由于输入信号过小引

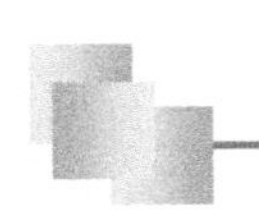

起的交越失真，讨论推挽式功放电路时由于输入信号正半周过大引起的波峰失真等，实际上这些失真都是由于三极管没有工作在放大区而引起的，它们可以分为饱和失真或截止失真，本质上都属于非线性失真（Nonlinear Distortion），也就是由于不同工作区域的电流放大系数不完全相同而引起的。

我们使用肉眼可以观察到比较明显的截止失真或饱和失真，然而更多的失真是肉眼无法觉察到的，即使三极管一直都处于放大区域。例如，你能够观察到图 7. 17 所示负载两端的输出波形是否存在失真吗？正负半周的峰值确实不太一样，这应该算是失真的一种表现形式。好吧，我承认！那图 15. 13 所示负载两端的输出波形存在失真吗？如果忽略正负半周峰值的微小误差，大多数人可能会认为没有失真。然而，实际上，只要是经过三极管放大电路处理过的信号，多多少少总会有那么点失真。所以问题的关键在于：**怎样才能发现这些很难用肉眼觉察到的失真呢？是否存在有效的途径统一衡量这些非线性失真呢？**换句话说，如果两个放大电路的输出信号都没有明显的失真，怎么样判断哪个放大电路的失真更小呢？为了回答这些问题，我们首先需要弄明白：出现非线性失真后的输出波形发生了什么改变。嗯！先从输入信号讲起吧！

我们在示波器上看到的正弦波信号属于时域（Time Domain）波形，它的瞬时幅值与相位是随时间的变化而变化的。时域波形的优点是所见即所得，但缺点也很明显，很多细微的变化是无法直接用肉眼观察出来的，所以很多时候我们会从频域（Frequency Domain）的角度来描述同一个正弦波。我们都知道，正弦波的三要素是振幅、频率（角）和相位，确定了这 3 个参数就可以确定一个正弦波。所以，从频域的角度描述正弦波也应该包含这 3 个参数，也就是我们所说的频谱。1kHz 单音信号的幅度频谱如图 27. 1 所示。

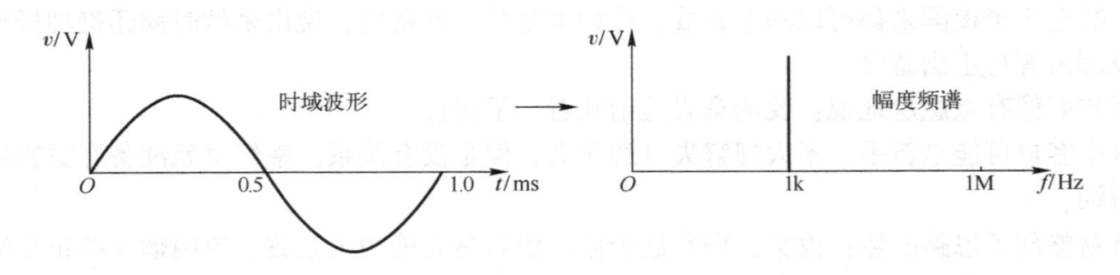

图 27. 1　1kHz 单音信号的幅度频谱

幅度频谱中的横轴表示频率，而纵轴表示电压。频谱中每条竖线代表某一频率分量的电压幅度，我们称其为谱线。需要注意的是：纵轴的电压单位也可以使用分贝数，如 dBV、dBμV。尽管分贝数通常用于规定两信号的比值，但也可以作为对数值的绝对衡量，它先假设某一参考信号量为 0dB，其次再来表示任何其他信号量相对于参考信号量的分贝数。例如，我们定义 1V 为参考幅度，即 0dBV，那么 2V 可表示为 20lg(2)dBV≈6dBV，10V 可表示为 20lg(10)dBV=20dBV，其他以此类推，相应的功率、场强和声压等参数也可以使用分贝数表示，大家了解一下即可。

实际上还应该有相位频谱，但我们暂时不需要关注它。第 10 章已经提过，音频信号是由丰富的正弦波叠加而形成的，所以它的幅度频谱应该类似如图 27. 2 所示的那样。

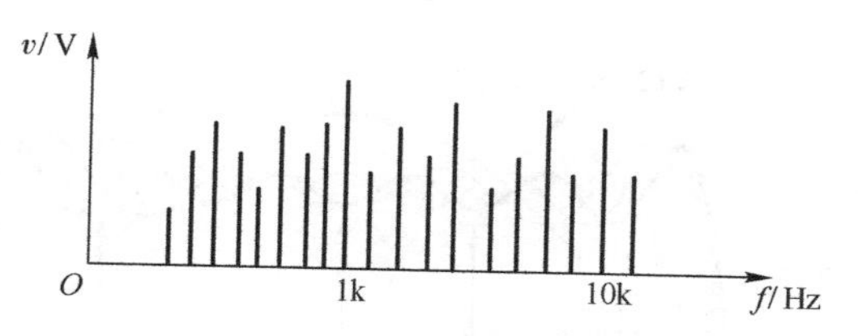

图 27.2　音频信号的幅度频谱

没有什么新内容，只不过出现了更多代表不同频率成分的幅度谱线而已。在频域中处理信号的好处在于能够简化时域中比较困难的分析过程。我们举个最简单的例子，你现在手动绘制 $y=\cos(3x)+\cos(5x)+\cos(7x)$ 对应的曲线，虽然有点困难，但是通过逐点相加的方式还是可以做到的。但是，如果已经存在一个 $y=\cos(3x)+\cos(5x)+\cos(7x)$ 的曲线（不是告诉你具体的函数），让你把 $\cos(5x)$ 从曲线中单独拿出去看看剩下的曲线是什么，这是不容易做到的。但是在频域中却很简单，无非就是几条竖线而已（这种从频谱中去除特定频率成分的过程在工程上称为滤波，是信号处理中最重要的概念之一），那么为了弄清楚信号在产生非线性失真后到底发生了什么，我们先考虑一个极端情况，假设 1kHz 的正弦波信号经过放大电路后变成了失真非常严重的 1kHz 的方波，如图 27.3 所示。

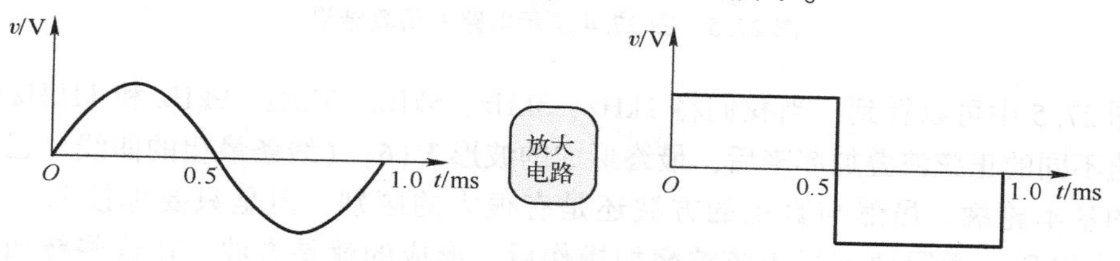

图 27.3　失真非常严重的波形

那么方波的频谱又是怎么样的呢？这似乎不太容易简单地绘制出来！实际上，周期性的方波也可以看作由多个正弦波叠加而成。实践是检验真理的有效手段，我们可以使用 Multisim 软件平台来验证一下，相应的仿真电路如图 27.4 所示。

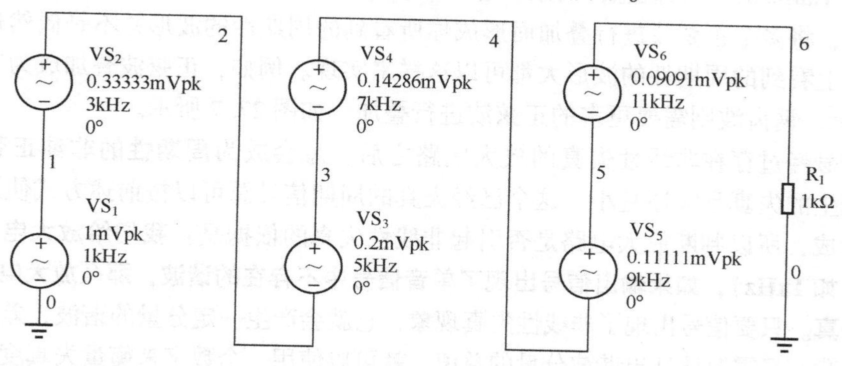

图 27.4　仿真电路

图 27.4 所示的仿真电路非常简单，就是将多个正弦波信号源进行串联叠加，所有正弦波的初始相位均为 0，但幅度与频率都是不相同的，这一点我们很快会进一步讨论。首先来观察一下仿真结果，如图 27.5 所示。

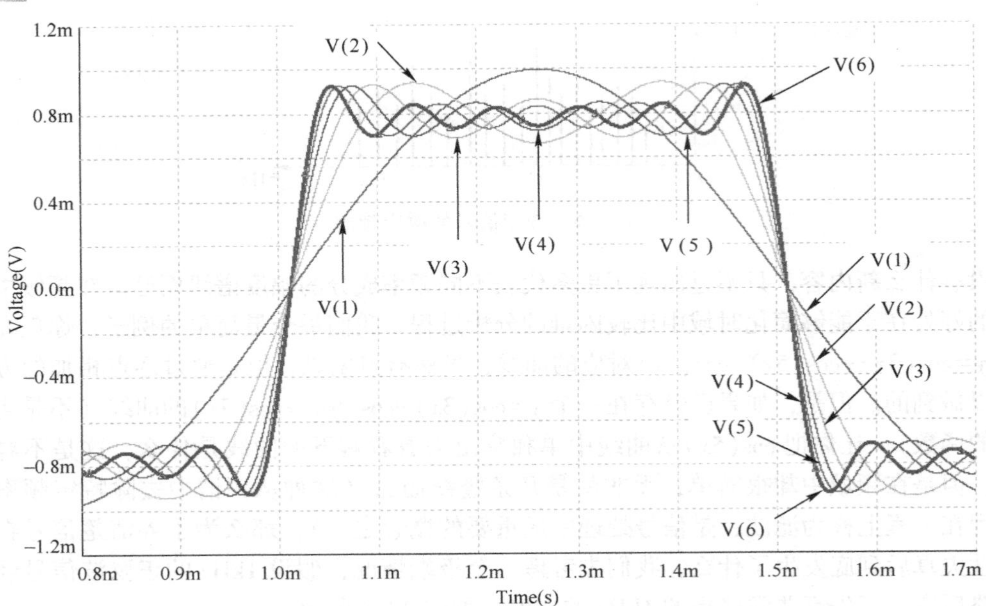

图 27.5　图 27.4 所示电路的仿真结果

从图 27.5 中可以看到，当我们将 1kHz、3kHz、5kHz、7kHz、9kHz 和 11kHz 等多个频率与幅值不同的正弦波叠加起来后，最终形成的波形 **V(6)**（线条最粗的曲线）已经大概有了方波的基本轮廓。虽然与真正的方波还是有很大的区别，但是只要你按照一定的方法（很快就会提到）无限地进行正弦波叠加操作后，形成的就是方波。在这些叠加的正弦波中，我们把与方波频率相同的 1kHz 的正弦波称为基波（Fundamental Wave），而将其他频率更高的正弦波称为谐波（Harmonic Wave）。例如，3kHz 的正弦波为三次谐波、5kHz 的正弦波为五次谐波，其他以此类推，这些可以称为奇次谐波（Odd Harmonic）。当然，也有偶次谐波（Even Harmonic）的概念，大家了解一下就可以了。

事实上，将多个正弦波进行叠加而形成你所看到的周期性的波形并不是偶然现象，任何你在示波器上看到的周期性的波形大都可以这样来实现。例如，正弦波叠加成为三角波，如图 27.6 所示。锯齿波则需要更多的正弦波进行叠加，如图 27.7 所示。

单音信号经过存在非线性失真的放大电路之后，总会成为**周期性的非纯正弦**的输出信号，无论产生的失真是大还是小，这个已经失真的周期信号总可以按前述方式使用多个正弦波叠加而形成，所以判断放大电路是否引起非线性失真的依据是：**我们给放大电路输入一个单音信号（如 1kHz），如果输出信号出现了单音信号中不存在的谐波，那么放大电路就一定存在非线性失真**。只要信号出现了非线性失真现象，它就会产生一定分量的谐波，差别只是大小而已，所以我们只需要统计出谐波分量的总值，就可以使用一个数字来衡量失真度的大小，它就是总谐波失真（Total Harmonic Distortion，THD）系数，那么一个关键问题出现了：**怎样将时域波形变换到频域中去呢？**这个问题的通俗描述就是：虽然我现在知道周期信号可以由正弦波叠加而成，但具体是由哪些参数（幅度、频率、相位）确定正弦波的叠加呢？只有知道具体参数，我们才能计算失真度！**傅里叶变换**就是联系时域与频域的纽带，它是从傅里叶级数正交

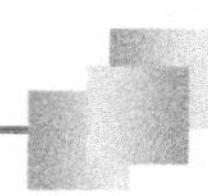

函数展开的基础上发展起来的，这方面问题的分析也称为傅里叶分析（Fourier Analysis）。

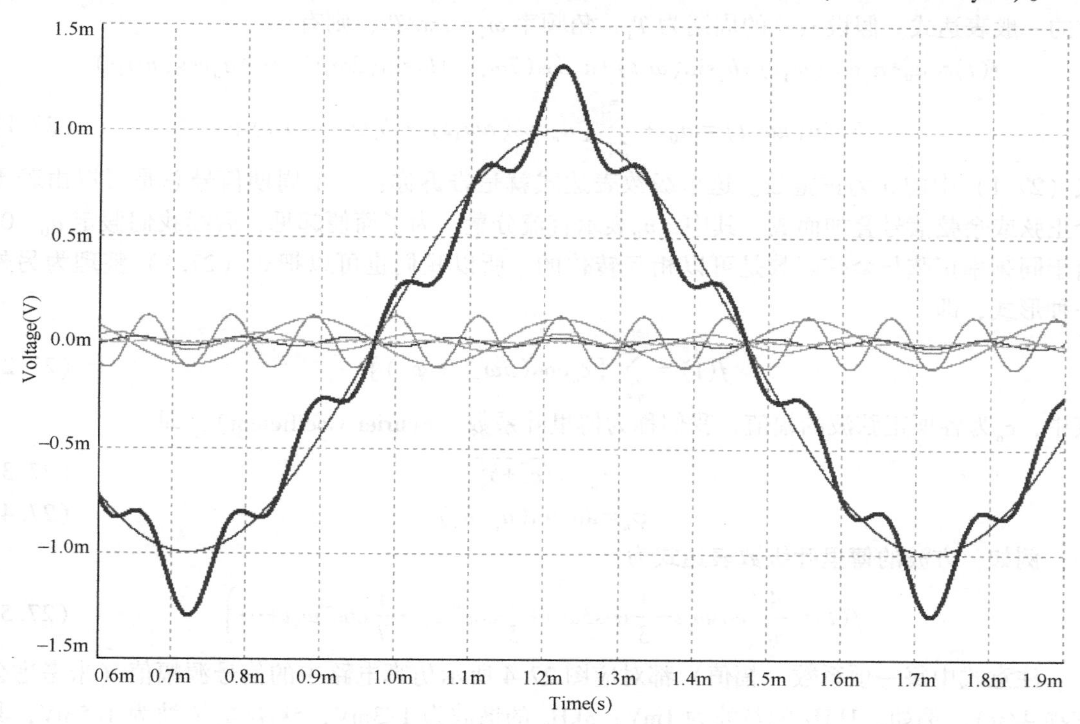

图 27.6　正弦波叠加成为三角波

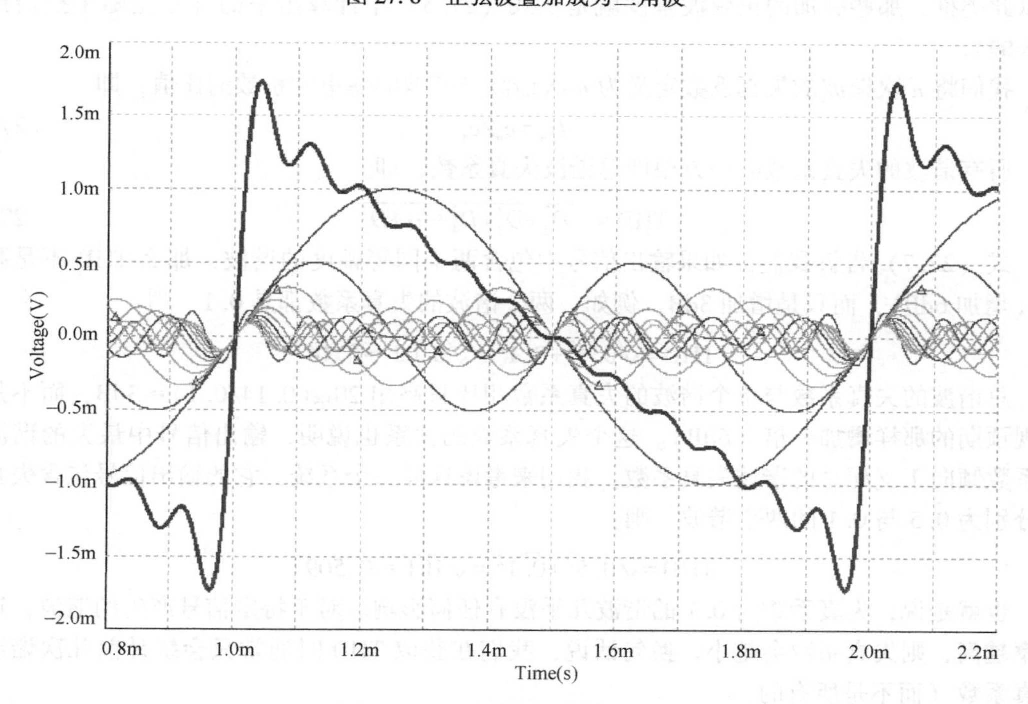

图 27.7　正弦波叠加成为锯齿波

我们不准备对理论部分做过多的讨论，首先来看一下周期信号三角函数形式的傅里叶级数的一般表达式。假设$f(t)$的周期为T_1，角频率$\omega_1=2\pi/T_1$，则有：

$$f(t)=a_0+a_1\cos(\omega_1 t)+b_1\sin(\omega_1 t)+a_2\cos(2\omega_1 t)+b_2\sin(2\omega_1 t)+\cdots+a_n\cos(n\omega_1 t)$$

$$b_n\sin(n\omega_1 t)=a_0+\sum_{n=1}^{\infty}[a_n\cos(n\omega_1 t)+b_n\sin(n\omega_1 t)] \tag{27.1}$$

式（27.1）中的n为正整数。这个级数表达式就是告诉你：一个周期信号总是可以由若干个正弦或余弦信号叠加而成。其中，a_0表示直流分量，为了简便起见，后续我们假定$a_0=0$。由于同频率正弦与余弦函数是可以相互转化的，所以我们也可以把式（27.1）整理为另外一种形式，即

$$f(t)=\sum_{n=1}^{\infty}[c_n\cos(n\omega_n t+\varphi_n)] \tag{27.2}$$

其中，c_n为各项正弦波的幅值，我们称为傅里叶系数（Fourier Coefficient），即

$$c_n=\sqrt{a_n^2+b_n^2} \tag{27.3}$$

$$\varphi_n=\arctan(a_n/b_n) \tag{27.4}$$

例如，方波的傅里叶级数表达式为

$$f(t)=\frac{4}{\pi}\left(\cos\omega_1 t+\frac{1}{3}\cos 3\omega_1 t+\frac{1}{5}\cos 5\omega_1 t+\frac{1}{7}\cos 7\omega_1 t+\cdots\right) \tag{27.5}$$

注意式中每一项系数（幅值）都对应图27.4所示仿真电路中的信号源幅值（未考虑公共项4/π）。例如，1kHz的基波为1mV，3kHz的谐波为1/3mV，5kHz的谐波为1/5mV，其他以此类推，那些叠加的正弦波幅度就是从式（27.5）中计算出来的（不是随手掐指预测出来的）。

我们将n次谐波的失真系数定义为n次谐波与基波的傅里叶系数的比值，即

$$D_n=c_n/c_1 \tag{27.6}$$

所有谐波的失真系数的均方根即总谐波失真系数，即

$$\mathrm{THD}=\sqrt{D_2^2+D_3^2+D_4^2+\cdots+D_n^2} \tag{27.7}$$

式（27.7）告诉我们，如果输出信号中包含两个同等幅度的谐波，那么THD不是翻一番（增加6dB），而只是增加3dB。例如，两个谐波的失真系数都是0.1，则：

$$\mathrm{THD}=\sqrt{0.1^2+0.1^2}=\sqrt{0.02}\approx 0.14$$

总谐波的失真系数与单个谐波的失真系数相比只高出20lg(0.14/0.1)≈3dB，而不是像直观预期的那样增加一倍（6dB）。这个失真系数的关系也说明，输出信号中最大的谐波失真系数倾向于支配总的谐波失真系数。我们来考虑这样一个系统，它的输出信号包含失真系数分别为0.5与0.1的两个谐波，则：

$$\mathrm{THD}=\sqrt{0.5^2+0.1^2}=\sqrt{101}\approx 0.509$$

也就是说，失真系数为0.1的谐波几乎没有任何影响。对于特定信号产生的谐波，通常频率越高，则失真系数会越小。换句话说，我们在获取THD时通常只会统计前几次谐波的失真系数（而不是所有的）。

接下来我们根据式（27.7）计算一下方波的THD，如表27.1所示。

表 27.1　方波的总谐波失真系数

谐　　波	失真系数	THD（百分数）
1 次谐波（基波）	1	42.879%
3 次谐波	0.33333	
5 次谐波	0.2	
7 次谐波	0.14286	
9 次谐波	0.11111	

手动计算 THD 还是有点烦琐的，幸运地是，Multisim 软件平台已经内置了傅里叶分析方法，我们借此机会来验证一下，相应的仿真电路如图 27.8 所示。

我们添加了一个失真系数计，对仿真电路进行交互式仿真后双击失真系数计即可在弹出的对话框中获取相应的结果，如图 27.9 所示。

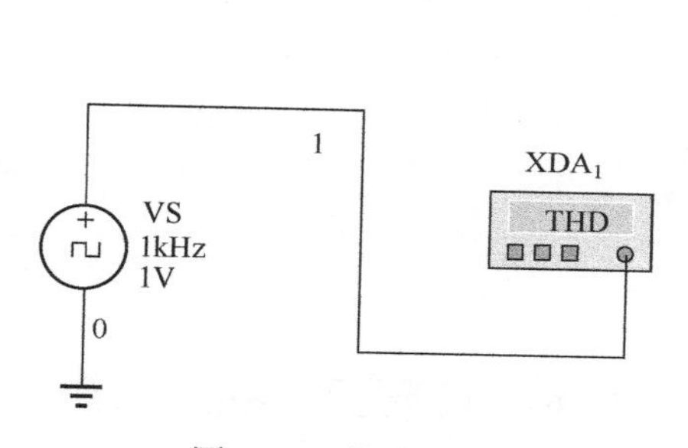

图 27.8　仿真电路

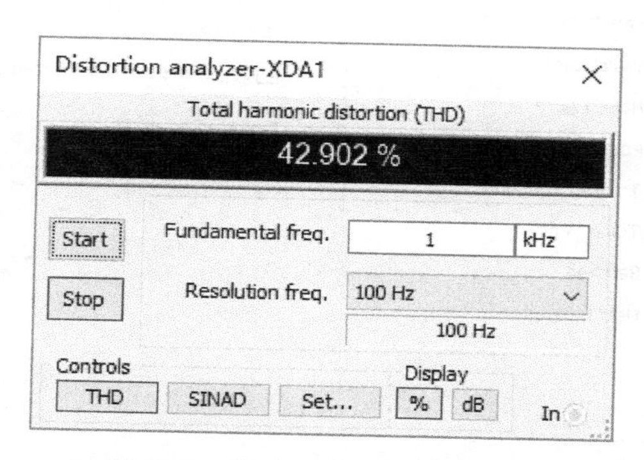

图 27.9　失真系数计的仿真结果

从图 27.9 中可以看到，仿真的数据与手动计算的结果相差无几。实际上，失真系数计测量的结果就是傅里叶分析的结果，所以我们也可以使用傅里叶分析来获得相同的数据。首先进入图 27.10 所示的分析与仿真参数设置对话框。

在图 27.10 中，“Sampling options” 中的 “Frequency resolution（fundamental frequency）” 表示仿真电路中交流源的频率（基波频率 f_1）。如果存在多个交流源，则应设置为各信号源频率的最小公因子。例如，电路中存在 1kHz 与 2kHz 的两个信号源，则应该设置为 1kHz，你也可以单击 “Estimate” 按钮自动设置。由于我们的电路中只有一个 1kHz 的信号源，所以保持默认即可。“Number of harmonics” 表示你需要分析多少次谐波，默认为 9，一般足够用了，因为谐波次数越高，相应的分量会越小，对总的 THD 的影响也比较小。

“Stop time for sampling（TSTOP）” 表示采样的停止时间，它也是瞬态分析的停止时间，因为 Multisim 软件平台在进行傅里叶分析前会进行瞬态分析。对于软件平台而言，傅里叶系数是计算出来的（而不是像我们这样在图中用标尺测量出来的），它对 a_n、b_n 的定义如下：

$$a_n = \frac{2}{T}\int_t^{t+T} f(t)\cos(n\omega_1 t)\,dt$$

$$b_n = \frac{2}{T}\int_t^{t+T} f(t)\sin(n\omega_1 t)\,dt$$

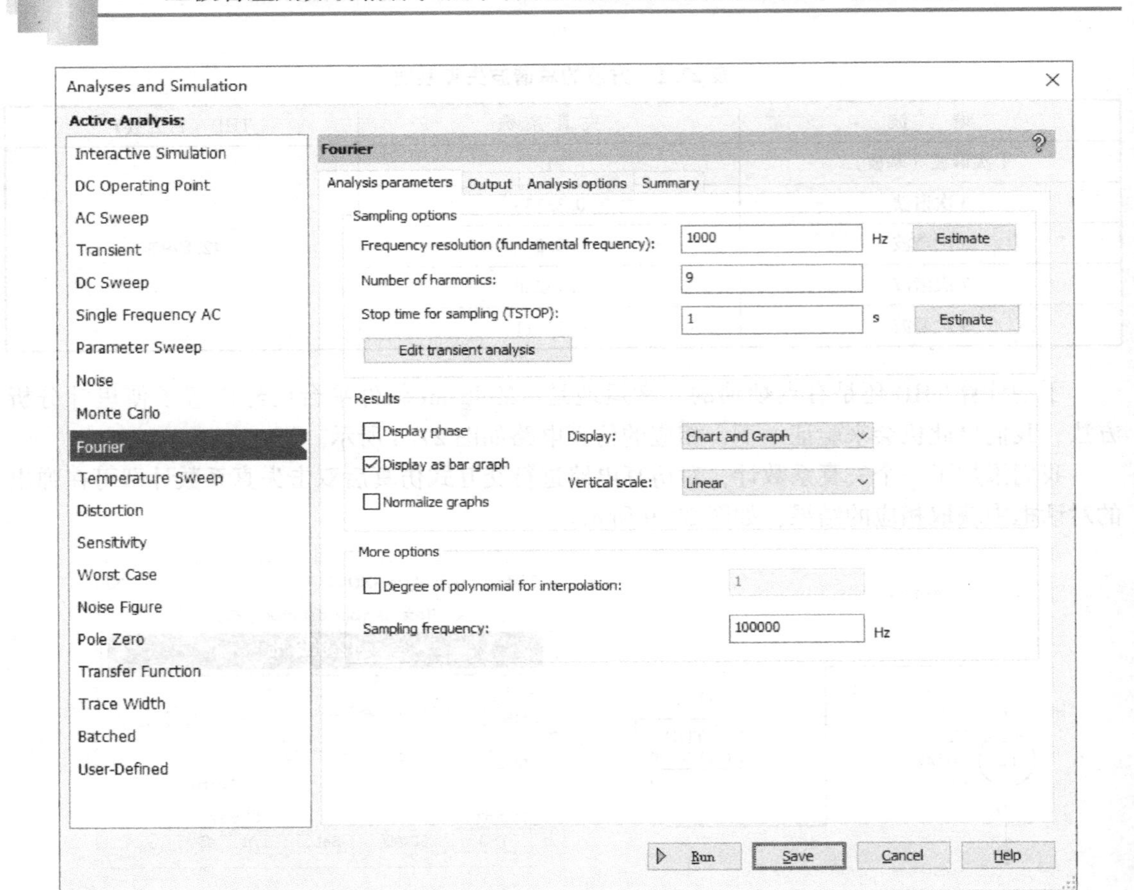

图 27.10　分析与仿真参数设置对话框

我们把时间 t 到 $t+T$ 称为积分窗口（Integration Window），其中，t=TSTOP$-2/f_1$=TSTOP$-2T_1$，$t+T$ 就是 TSTOP。也就是说，Multisim 软件平台会在基波最后的两个周期中提取傅里叶系数。我们将 TSTOP 设置为 1s，这样可以确保在瞬态仿真波形稳定之后再进行采样。虽然对图 27.8 所示的周期信号源并没有什么影响，但有些电路输出信号的前几个周期是会有波动的。

“Results”组合框中的选项用来控制怎么样显示数据，可以是图表、数据表或两者兼而有之，默认是图表与数据表。“Sampling frequency”一般至少设置为前述频率分辨率的 10 倍（10kHz，使用“Estimate”按钮自动填充的值为需要分析的最高谐波频率的 2 倍，即 18kHz）。默认为 100kHz，我们可以不做修改。

最后在“Output”标签页中选择需要分析的信号节点，也就是图 27.8 中节点 1 的电压 V(1)。一切已经准备就绪，进行仿真即可，先来看看表格中的数据，如图 27.11 所示。

这里对图 27.11 中的数据做一些简要说明。

“DC component”表示直流分量，其值为方波峰值的一半，傅里叶分析出来的 THD = 42.9018%，与失真系数计测量出来的结果相差无几。虽然数据中存在偶次谐波分量，但由于非常小，所以可以忽略不计，你可以认为它们是振幅为 0 的正弦波。

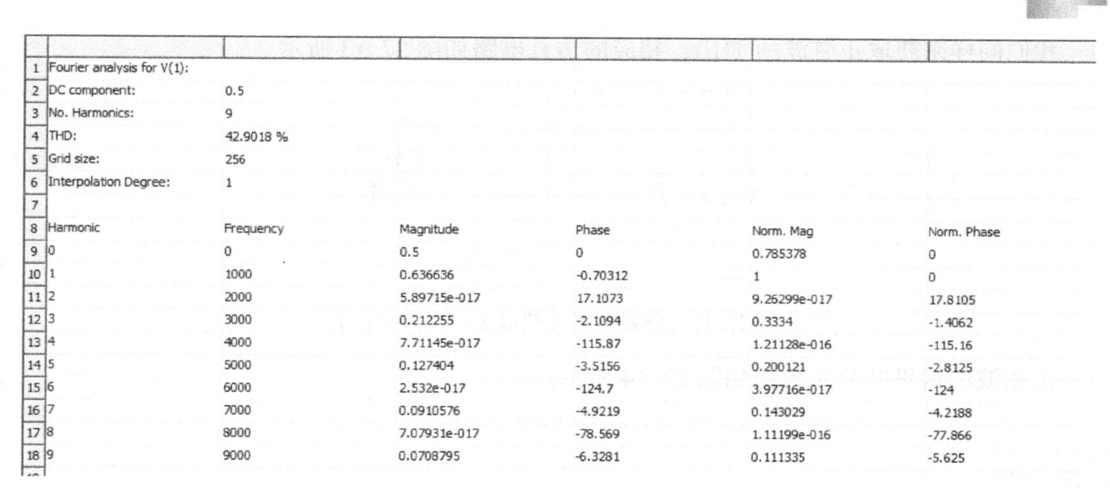

1	Fourier analysis for V(1):					
2	DC component:	0.5				
3	No. Harmonics:	9				
4	THD:	42.9018 %				
5	Grid size:	256				
6	Interpolation Degree:	1				
7						
8	Harmonic	Frequency	Magnitude	Phase	Norm. Mag	Norm. Phase
9	0	0	0.5	0	0.785378	0
10	1	1000	0.636636	-0.70312	1	0
11	2	2000	5.89715e-017	17.1073	9.26299e-017	17.8105
12	3	3000	0.212255	-2.1094	0.3334	-1.4062
13	4	4000	7.71145e-017	-115.87	1.21128e-016	-115.16
14	5	5000	0.127404	-3.5156	0.200121	-2.8125
15	6	6000	2.532e-017	-124.7	3.97716e-017	-124
16	7	7000	0.0910576	-4.9219	0.143029	-4.2188
17	8	8000	7.07931e-017	-78.569	1.11199e-016	-77.866
18	9	9000	0.0708795	-6.3281	0.111335	-5.625

图 27.11　表格数据

“Harmonic”表示谐波的次数，“Frequency”表示谐波的频率，“Magnitude”表示各谐波的单侧峰值振幅（也就是傅里叶系数，仿真结果包含了 $4/\pi$ 公共项）。例如，基波的幅值为 $\pi/4\approx1.27$，它的一半约为 0.6366。“Phase”表示各谐波的相位，“Norm. May”表示用基波进行归一化后各谐波的振幅，也就是我们所说的谐波失真系数。简单地说，就是把基波的振幅定为 1，而其他各谐波的振幅按比例进行处理。例如，基波的振幅为 0.636636V，3 次谐波的振幅为 0.212255V，那么归一化后的 3 次谐波的失真系数为 0.212255V/0.636636V ≈ 0.3334，其他以此类推，表 27.1 就是归一化后的计算结果。

“Norm. Phase”表示归一化后与基波的相位差。很明显，相位也是有一定的数据的（而不都是 0）。实际上，傅里叶分析的结果是包含相位信息的，只不过我们将其忽略了而已，你可以把仿真结果中的那些相位信息添加到图 27.4 所示的仿真电路中，它仍然还是一个方波，差别很细微。

图 27.12 为方波对应的频谱，与前述表格中的数据是相对应的，读者可自行对照分析。

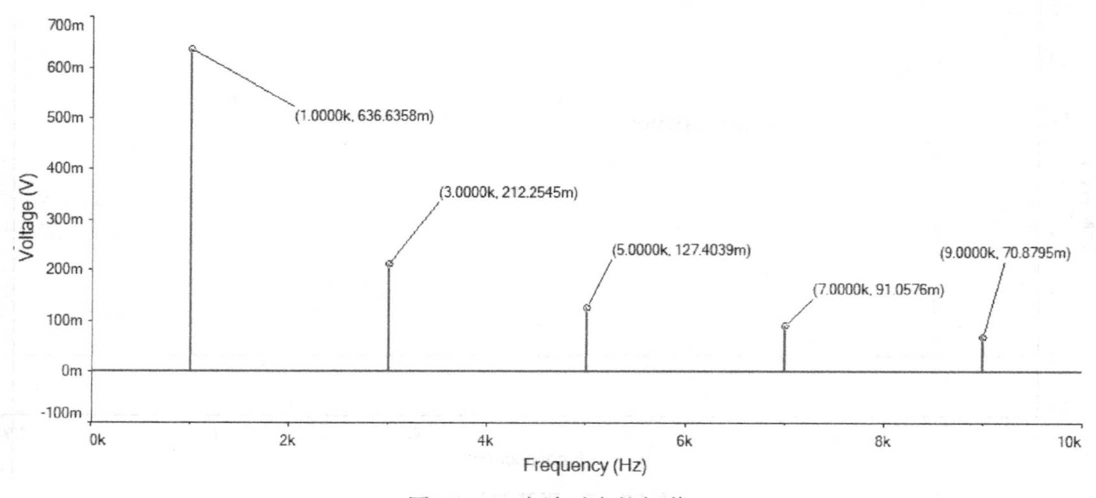

图 27.12　方波对应的频谱

我们同样来获取正弦波的 THD，相应的仿真电路如图 27.13 所示。

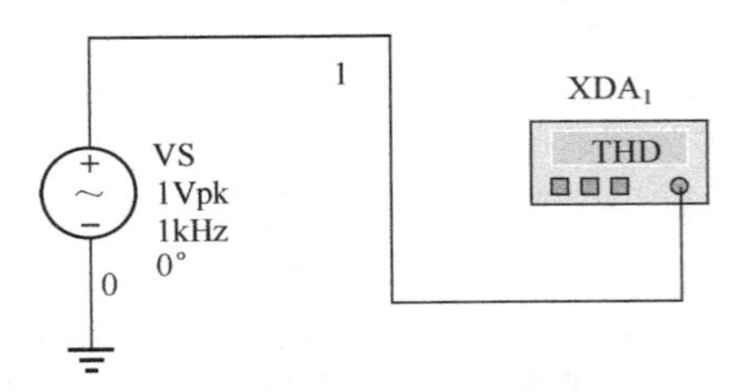

图 27.13　仿真电路（获取正弦波的 THD）

正弦波的傅里叶分析数据如图 27.14 所示。

1	Fourier analysis for V(1):					
2	DC component:	6.55235e-009				
3	No. Harmonics:	9				
4	THD:	6.33646e-005 %				
5	Grid size:	256				
6	Interpolation Degree:	1				
7						
8	Harmonic	Frequency	Magnitude	Phase	Norm. Mag	Norm. Phase
9	0	0	6.55235e-009	0	6.55451e-009	0
10	1	1000	0.999671	-7.5144e-007	1	0
11	2	2000	1.31047e-008	-87.188	1.3109e-008	-87.188
12	3	3000	2.61398e-007	-18.021	2.61484e-007	-18.021
13	4	4000	1.31048e-008	-84.375	1.31091e-008	-84.375
14	5	5000	2.52307e-007	167.426	2.5239e-007	167.426
15	6	6000	1.31047e-008	-81.563	1.31091e-008	-81.563
16	7	7000	3.60424e-007	164.314	3.60542e-007	164.314
17	8	8000	1.31047e-008	-78.75	1.3109e-008	-78.75
18	9	9000	3.72375e-007	-19.289	3.72497e-007	-19.289

图 27.14　正弦波的傅里叶分析数据

从图 27.14 中可以看到，谐波的失真系数都很小，虽然理论上理想的正弦波是不存在谐波的，但实际上是无法做到的。我们同样来看一下正弦波的频谱，如图 27.15 所示。

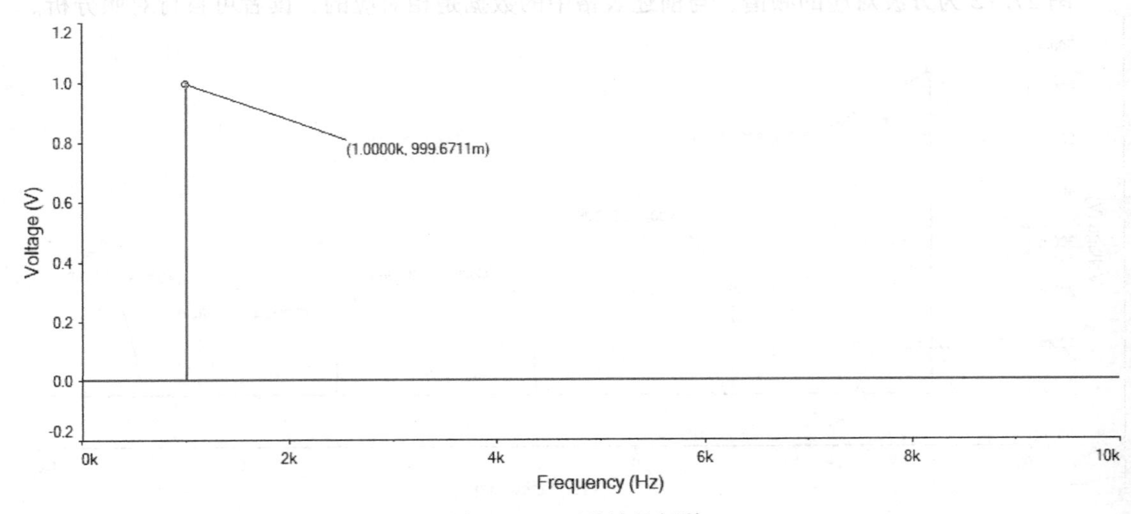

图 27.15　正弦波的频谱

到目前为止，我们已经初步掌握了确定放大电路失真度的基本方法。那么图 7.14 所示的基本共射放大电路到底会不会引起非线性失真呢？我们对负载两端的输出波形进行傅里叶分析之后的结果如图 27.16 所示。

1	Fourier analysis for V(5):					
2	DC component:	2.58476e-006				
3	No. Harmonics:	9				
4	THD:	3.0968 %				
5	Grid size:	256				
6	Interpolation Degree:	1				
7						
8	Harmonic	Frequency	Magnitude	Phase	Norm. Mag	Norm. Phase
9	0	0	2.58476e-006	0	1.05302e-005	0
10	1	1000	0.245461	-179.78	1	0
11	2	2000	0.00760098	90.4285	0.0309662	270.211
12	3	3000	8.24141e-005	1.16408	0.000335752	180.946
13	4	4000	2.0919e-006	89.9936	8.52233e-006	269.776
14	5	5000	1.48196e-007	11.6122	6.03745e-007	191.394
15	6	6000	4.72401e-008	94.8934	1.92455e-007	274.676
16	7	7000	8.06153e-008	12.3355	3.28424e-007	192.118
17	8	8000	4.5009e-008	100.293	1.83365e-007	280.075
18	9	9000	1.15453e-007	143.223	4.70352e-007	323.005

图 27.16　对负载两端的输出波形进行傅里叶分析之后的结果

从图 27.16 中可以看到，THD＝3.0968%。那么这个指标到底是好还是差呢？我们比较一下各种组态放大电路的非线性失真度，相应的 THD 如表 27.2 所示（傅里叶分析的设置同图 27.10 所示，输入信号源的幅值均为 5mV，负载 R_L 均为 1kΩ）。

表 27.2　各放大电路的 THD

图　　号	图　　名	THD
7.14	基本共射放大电路的仿真电路	3.0968%
12.14	基极分压式共射放大电路	8.64112×10^{-5}%
13.3	分压式共射放大电路（发射极电阻并联旁路电容器）	2.76389%
13.8	分压式共射放大电路（部分发射极电阻并联旁路电容器）	0.0395864%
17.7	基本共集放大电路	3.85512×10^{-4}%
18.9	共集放大电路（带恒流源发射极电阻）	7.84617×10^{-5}%
18.17	甲乙类推挽式功放电路（带二极管偏置）	6.49611×10^{-5}%
18.19	甲乙类推挽式功放电路（射随器级联）	6.50544×10^{-5}%
19.12	带自举电路的推挽式功放电路	0.184065%
19.14	两级射随器结构的推挽式功放电路	1.50266%
22.1	分压式共基放大电路	0.138595%
22.7	共基放大电路（双发射极电阻）	0.00168986%
22.14	共射-共基放大电路	0.00554637%
22.23	共集-共基放大电路	1.79931%
23.24	单端输入单端输出的差分放大电路	0.446269%
23.25	标准功放电路	0.00248892%

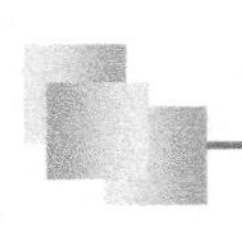

傅里叶分析的结果与输入信号源的幅值及负载的阻值有很大的关系。对于同一个电路，通常信号源的幅值越大（或负载越重），则相应的失真系数会越大。从表 27.2 中可以看到，共集放大电路总体的非线性失真度都比较小（尽管有些地方是不公平的，以后我们再来讨论），这就是交流负反馈带来的好处之一。当然，我们并没有回避几种失真度相对较大的（包含射随器的）放大电路（图 19.12、图 19.14 和图 23.25）。通常放大电路的结构越复杂，可能引起失真的地方会更多，失真度也就相应会更大一些。如果客户需要表征产品非线性失真的指标，你把 THD 给他就可以了。

虽然我们仿真 THD 时使用的是 1kHz 的单音正弦波，但实际在测量包含功放单元的音频接口的 THD 指标时也是这样做的（通常 1kHz 附近的 THD 最小）。也就是说，我们测量的仅仅是单一频点的总谐波失真度，但是大多数场合下，放大电路输入信号的频率成分是很丰富的，有时候我们很想了解一下放大电路在某个频率范围内所有的谐波失真情况，Multisim 软件平台有一种失真分析可以做到这一点，它也可以用于研究时域波形中肉眼不容易观察到的小失真。

我们同样使用图 7.14 所示的电路进行失真分析的讨论，但是在进行正式仿真之前，我们**必须**先设置一下交流信号源中与失真度测试信号相关的参数（否则失真分析的结果总会为 0，这一点务必要记住），如图 27.17 所示为失真频率幅度的设置。

图 27.17 失真频率幅度的设置

图 27.17 中，“Distortion frequency 1 magnitude”为谐波频率的幅度，我们将其设置为 5mV，可以理解它为一个用来测试谐波失真的正弦波信号发生器。如图 27.18 所示，进入失真分析设置对话框设置该信号发生器的扫描参数。

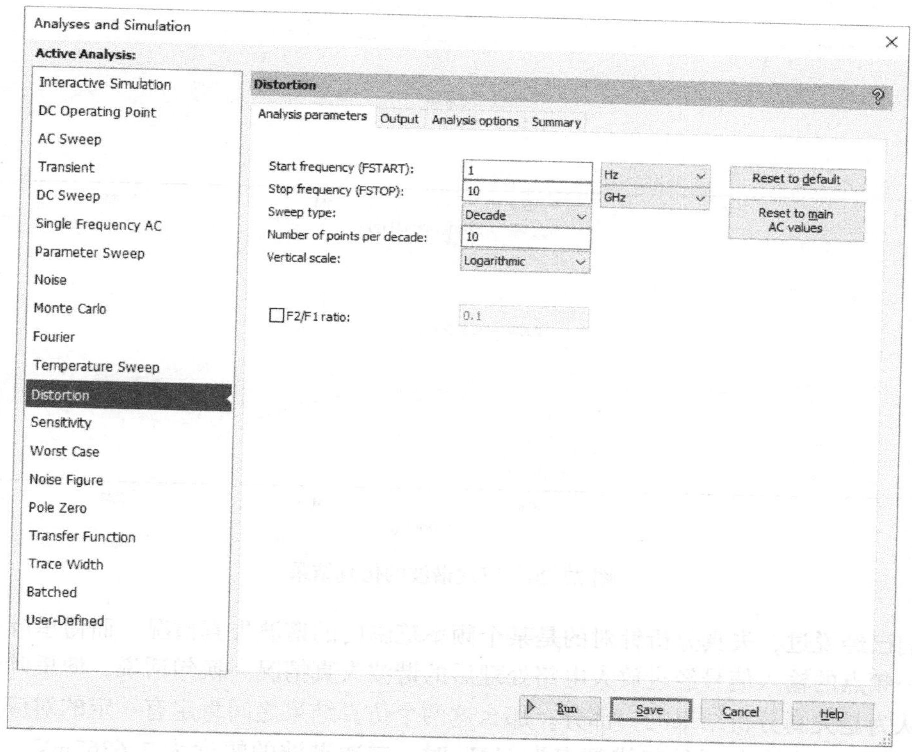

图 27.18　失真分析设置对话框

默认的参数与交流分析时所设置的参数基本相同，我们可以均不做修改。进入“Output”标签页选择 V(5)作为观察节点进行仿真即可，它将在你设置的频率范围内进行二次谐波与三次谐波的仿真，因为这两个谐波的频率是最低的，对失真度性能的影响通常也是最大的。相应的仿真结果如图 27.19 与图 27.20 所示。

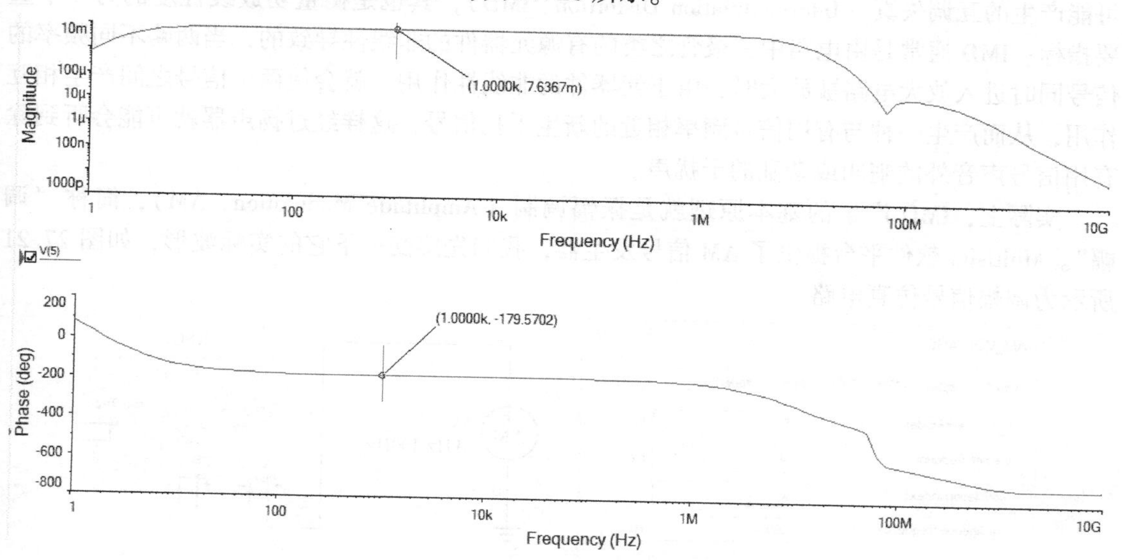

图 27.19　二次谐波的仿真结果

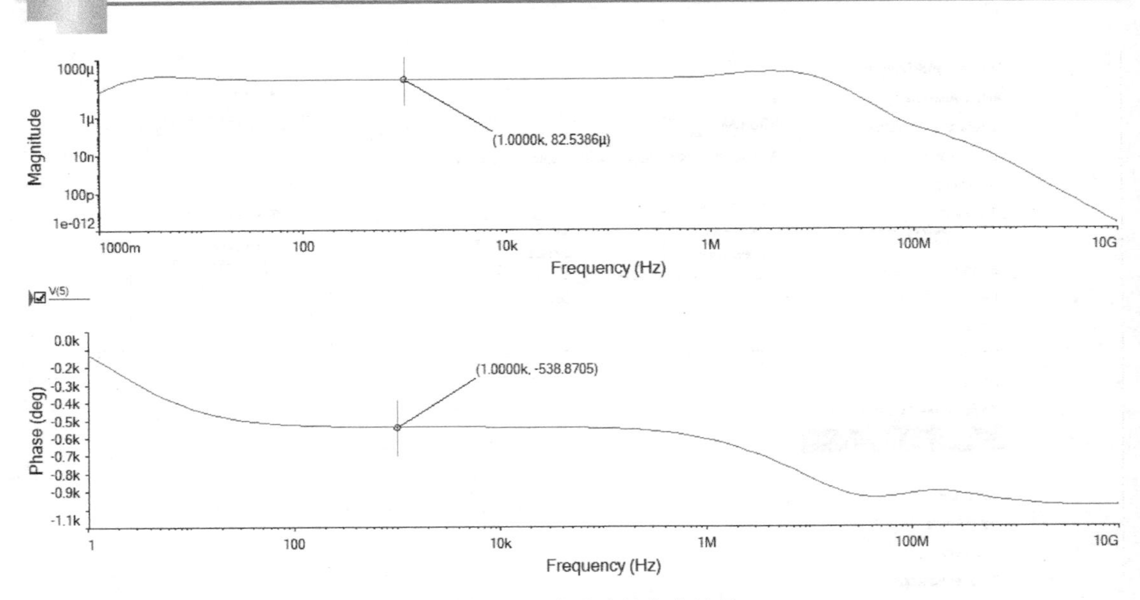

图 27.20　三次谐波的仿真结果

我们已经说过，失真分析针对的是某个频率范围内的谐波失真情况，而傅里叶分析针对的是单一频点的输入信号经过放大电路处理后的谐波失真情况。换句话说，傅里叶分析的结果可以认为是失真分析结果的一部分。那么这两个仿真结果之间肯定有一定的对应关系，没错吧。例如，当失真分析的扫描频率为 1kHz 时，二次谐波的幅度为 7.6367mV，三次谐波的幅度为 82.5386μV。由于仿真电路输入信号的幅值完全一样（5mV），那么在图 27.16 所示的傅里叶分析的结果中肯定也有相应的数据，即分别为 0.00760098V = 7.60098mV 与 8.24141×10^{-5}V = 82.4141μV，两者的数据非常接近。

需要注意的是，图 27.18 所示的对话框中还有一项“F2/F1（ratio）”，它用于仿真电路可能产生的互调失真（Intermodulation Distortion，IMD），其也是衡量功放线性度的另一个重要指标。IMD 通常是由电路中三极管之类的有源元器件的非线性导致的，当两路不同频率的信号同时进入放大电路被放大时，由于元器件的非线性作用，就会使两个信号之间产生相互作用，从而产生一种与有用信号频率相近的新生干扰信号，这样经过扬声器就可能会听到除有用信号声音外的哨叫或杂乱的干扰声。

实际上，IMD 产生的基本原理就是振幅调制（Amplitude Modulation，AM），简称“调幅”。Multisim 软件平台提供了 AM 信号发生器，我们先感受一下它的实际波形，如图 27.21 所示为调幅信号仿真电路。

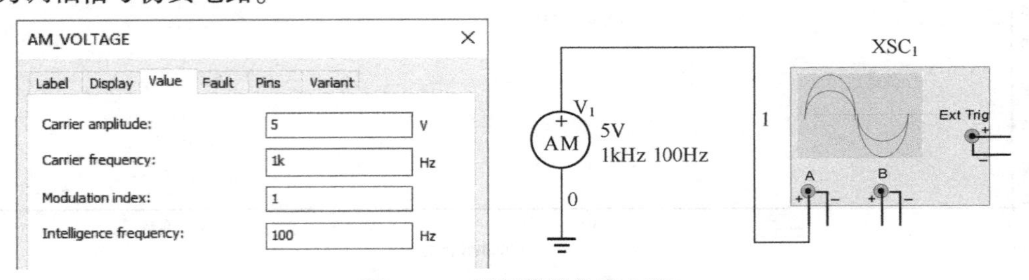

图 27.21　调幅信号仿真电路

产生调幅信号时需要两个输入信号，其中之一是载波（Carrier）信号，它是承载另一个信号的高频波，我们定义为 $v_c(t)=V_{cm}\cos\omega_c t=V_{cm}\cos 2\pi f_c t$，仿真电路中载波的幅值 $V_{cm}=5V$，频率 $f_c=1kHz$；另一个是需要进行调制的输入信号，我们定义为 $v_i(t)=V_{im}\cos\omega_i t=V_{im}\cos 2\pi f_i t$，需要发送的信息就包含在这里面。Multisim 软件平台对它的翻译很有意思，即"Intelligence frequency（情报频率）"，没错！谍战片里传递的有用情报就在调制信号里面，而且载波的频率一般会远大于调制信号的频率，即 $f_c \gg f_i$。

我们来观察一下对应的仿真波形，如图 27.22 所示。

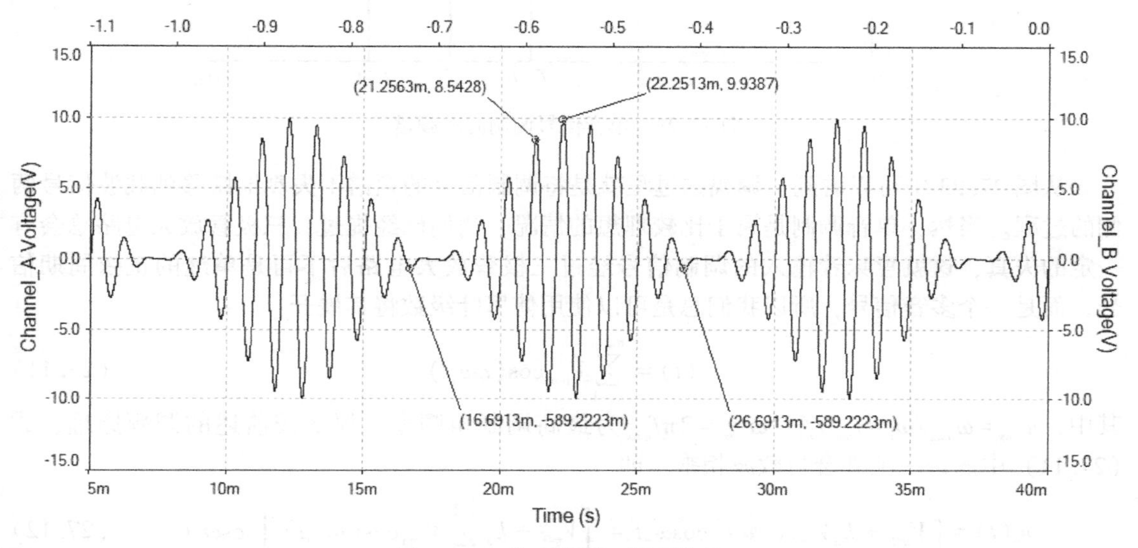

图 27.22　仿真波形（调幅信号）

调幅的本质就是两个信号相乘，它的一般表达式如下：

$$v_o(t)=[V_{m0}+k_a V_{im}\cos\omega_i t]\cos\omega_c t \tag{27.8}$$

其中，$V_{m0}=kV_{cm}$，是未经调制的输出载波电压振幅；k 与 k_a 是取决于调幅电路的比例常数，简单地说，其就是分别用来调节载波与调制信号的幅度的。为保证输出的调幅信号不失真，通常要求 $|k_a V_{im}\cos\omega_i t|<V_{m0}$，这样才可以使与 $\cos\omega_c t$ 相乘的（中括号内）那部分都是正值。

我们可以进一步整理式（27.8），即

$$v_o(t)=V_{m0}[1+M_a\cos\omega_i t]\cos\omega_c t \tag{27.9}$$

Multisim 软件平台中的 AM 发生器没有定义调制信号的幅度，但是有一个叫调幅系数（Amplitude Modulation Index）的参数，我们简称为"调幅度"，对应式中的 $M_a=k_a V_{m2}/V_{m0}$，其值必须不大于 1，否则将会出现过调幅失真现象。$V_{m0}[1+M_a\cos\omega_i t]$ 是 $v_o(t)$ 的振幅，它反映调制信号的变化，我们将其称为调幅信号的包络。当然，我们没必要对此过于深究，有兴趣的读者可以阅读高频电子电路相关资料，这里主要关心使用三角函数将式（27.9）展开后的表达式，即

$$\begin{aligned}v_o(t)&=V_{m0}\cos\omega_c t+M_a V_{m0}\cos\omega_i t\cos\omega_c t=V_{m0}\cos\omega_c t\\&+\frac{1}{2}M_a V_{m0}\cos(\omega_c+\omega_i)t+\frac{1}{2}M_a V_{m0}\cos(\omega_c-\omega_i)t\end{aligned} \tag{27.10}$$

也就是说，调制单音信号时输出的调幅信号的频谱由3个频率成分组成，即角频率为ω_c的载波成分，以及角频率分别为$(\omega_c+\omega_i)$与$(\omega_c-\omega_i)$的上、下边频成分，相应的频谱如图27.23所示。

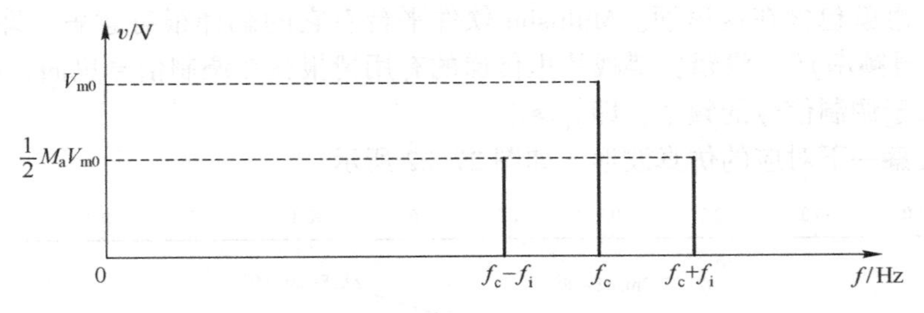

图27.23　单音信号调制时的频谱

从图27.23中可以看到，调幅的过程就是将调制信号的频谱不失真地搬移到载波信号两侧的过程。当然，单音调制是属于比较理想的情况，我们已经提过，三极管放大电路总会有一定的失真，这就意味着输入的调制信号经过三极管放大电路后不再是单纯的正弦周期信号，而是一个多音信号，所以我们总是可以使用傅里叶级数将其展开：

$$v_i(t)=\sum_{n=1}^{n_{max}}V_{imn}\cos(n\omega_i t)\tag{27.11}$$

其中，$n_{max}=\omega_{max}/\omega_i=f_{max}/f_i$，$\omega_{max}=2\pi f_{max}$为最高调制角频率。那么按前述的调幅原理，式(27.11)中的每一项都会与载波相乘，即

$$v_o(t)=[V_{m0}+k_aV_{im}\cos\omega_i t]\cos\omega_c t=\left[V_{m0}+k_a\sum_{n=1}^{n_{max}}V_{imn}\cos(n\omega_i t)\right]\cos\omega_c t\tag{27.12}$$

其中，$k_a\sum_{n=1}^{n_{max}}V_{imn}\cos(n\omega_i t)\cos\omega_c t=\frac{k_a}{2}\sum_{n=1}^{n_{max}}V_{imn}[\cos(\omega_c+n\omega_i)t+[\cos(\omega_c+n\omega_i)t]$

也就是说，在$v_o(t)$的频谱结构中，除角频率为ω的载波分量外，还产生了角频率为$\omega_c\pm\omega_i$、$\omega_c\pm2\omega_i$、$\omega_c\pm3\omega_i$、…、$\omega_c\pm n\omega_i$的上、下边频分量，相应的频谱如图27.24所示。

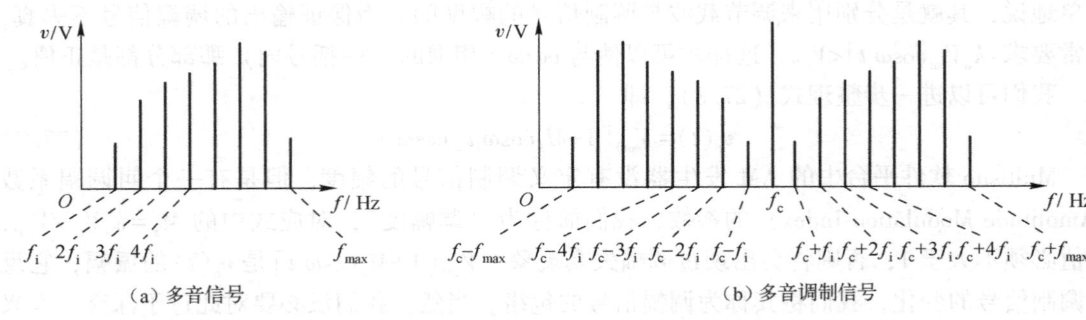

（a）多音信号　　（b）多音调制信号

图27.24　多音信号调制时的频谱

相应地，载波信号经过非线性放大电路后也会成为多音信号。也就是说，当任意两个频率分别为f_1和f_2的正弦信号作用于非线性元器件时，会产生无数个互调失真项频点，可以使用$mf_1\pm nf_2$表示，其中，m、n为任意正整数。例如，f_1-f_2、f_1+f_2、$2f_1-f_2$、f_1-2f_2、$2f_1+f_2$、

$3f_1-f_2$、$3f_1+2f_2$等，而 IMD 就定义为这些互调失真项频点对应的调幅值与高频载波调幅值之比的百分数。

互调失真的测量技术中使用的激励信号不只是单个简单的正弦信号，在专业音响、广播和消费类音响等领域，通常使用两个正弦波作为激励信号来进行互调失真项，所以进行 IMD 仿真分析前得额外再设置一个测试谐波失真的信号发生器。我们以图 18.17 所示的电路为例进行 IMD 仿真分析，首先双击信号源 VS，在弹出如图 27.17 所示的对话框中将“Distortion frequency 1 magnitude”与“Distortion frequency 2 magnitude”均设置为 1V 即可（信号源的幅值可不予理会，它不会影响失真分析的结果）。

接下来进入图 27.25 所示的失真分析对话框。

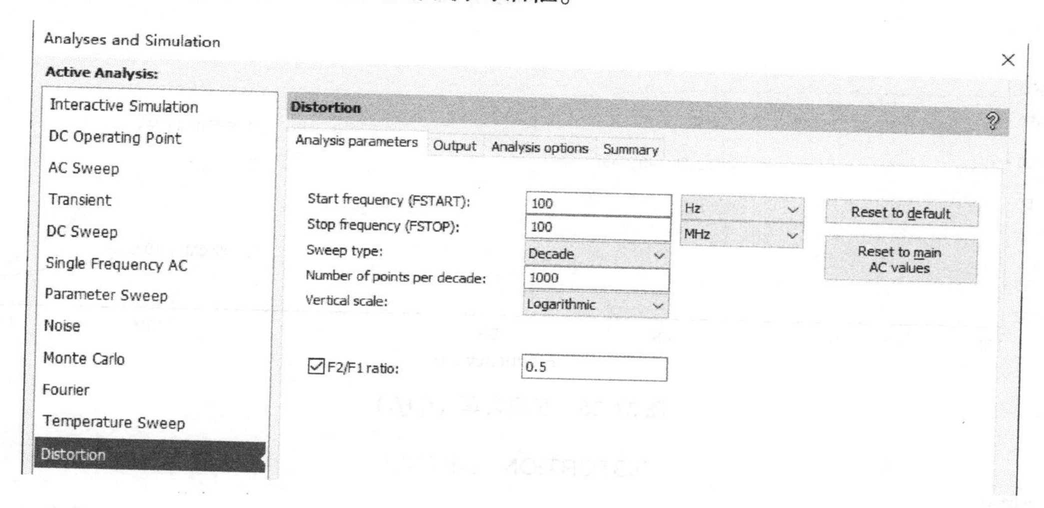

图 27.25　失真分析对话框

为了进行 IMD 分析，我们首先需要勾选“F2/F1 ratio”项，其次再设置两路测试 IMD 的正弦波信号参数，其中一路为高频信号，常用频点有 3kHz、5kHz、7kHz、10kHz、15kHz 和 20kHz 等，另一路为低频信号，常用频点有 50Hz、60Hz、70Hz、100Hz、200Hz 和 300Hz 等。Multisim 软件平台定义f_1为高频，f_2为低频，当你勾选“F2/F1 ratio”项后，图 27.25 所示对话框中的扫描参数就是针对f_1的，而f_2就是f_1的初始值（FSTART）乘上你设置的“F2/F1 ratio”（必须大于 0 且小于 1），此例中$f_2=0.5\times100\text{Hz}=50\text{Hz}$。最后在“Output”标签页中添加负载两端的电压 V(5)作为观察对象即可。

进行仿真，Multisim 软件平台将分析 3 个特定频率点的 IMD，它们分别为两个频率之和（f_1+f_2）、两个频率之差（f_1-f_2）和较高频率的两倍与较低频率之差（$2f_1-f_2$）。相应的仿真结果如图 27.26~图 27.28 所示。

从图 27.26~图 27.28 中可以看到，当f_1从 100kHz 上升至 100MHz 时，（f_1+f_2）与（f_1-f_2）的谐波成分会急剧上升，这也就意味着在这个频率范围内我们可能有必要使用滤波器进行谐波的处理。而（$2f_1-f_2$）的谐波成分比前两者高很多，滤除这一分量可能也是必要的（即使该谐波成分并不高）。由于 $m+n=3$，也将其称为三阶互调失真。

你可能还会遇到“THD+N”这一指标，它其实就是把噪声也统计到总谐波失真系数里，

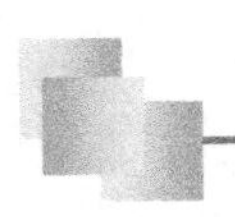

下一章我们就来仔细地讨论一下噪声。

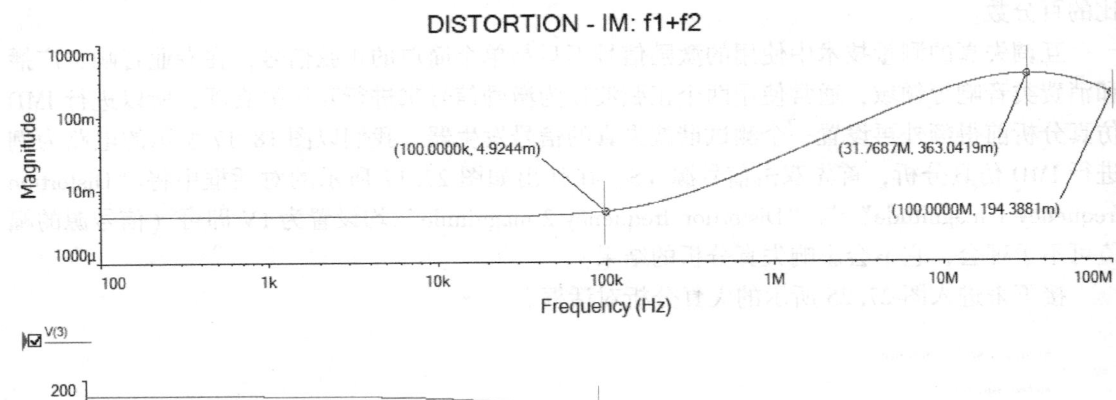

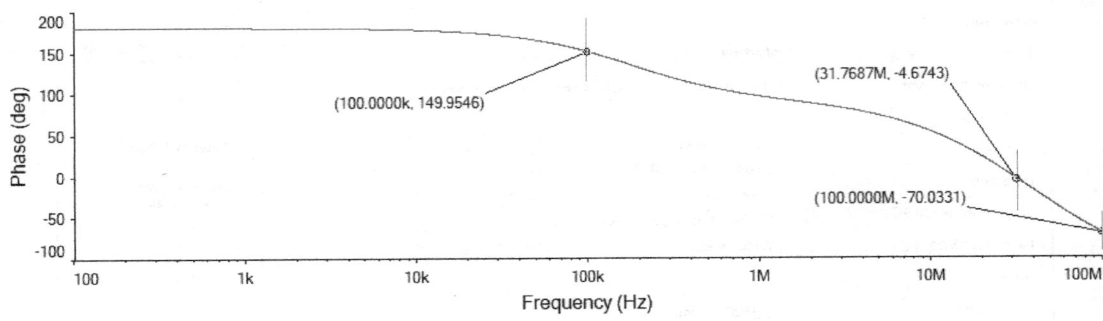

图 27.26　互调失真（f_1+f_2）

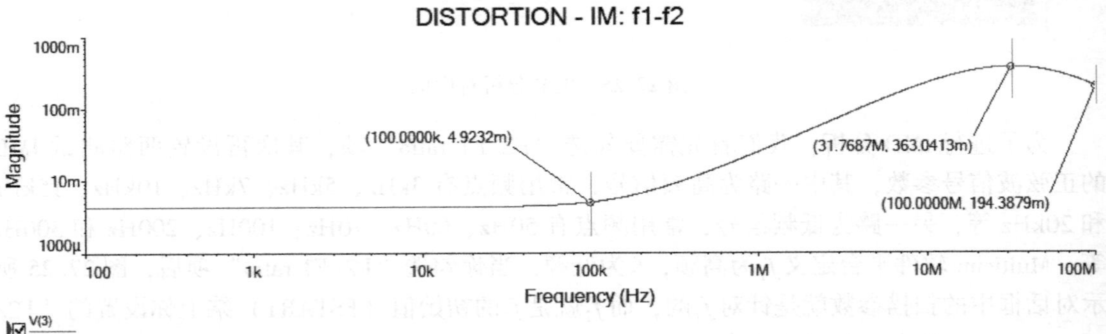

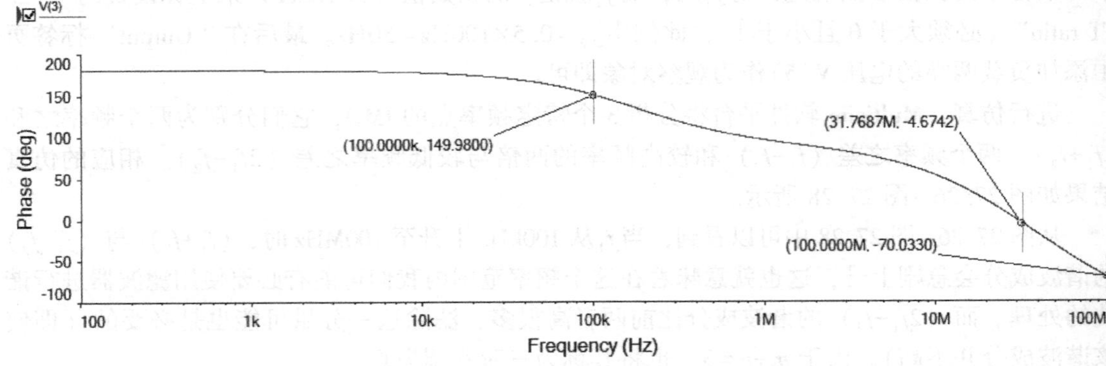

图 27.27　互调失真（f_1-f_2）

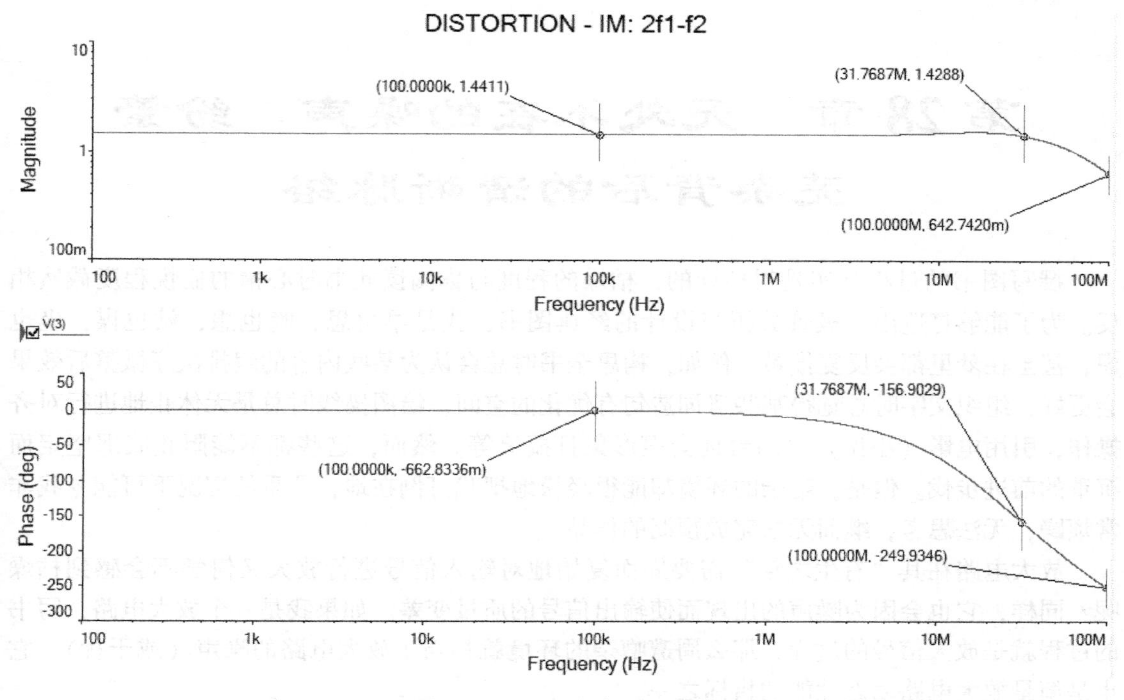

图 27.28　互调失真（$2f_1-f_2$）

第 28 章　无处不在的噪声：纷繁芜杂背后的清晰脉络

撰写图书的过程其实是很枯燥的，枯燥的程度与你阅读此书时心情的愉悦程度截然相反。为了能够打造出三极管分析与设计的经典图书，我是早也思，晚也想，站也谋，坐也虑，甚至在梦里都会反复推敲。例如，构思全书时总会认为某些内容的编排次序微整后效果会更好，组织文字时总觉得某些遣词造句有优化的空间，绘图描线时总是无休止地进行对齐操作，引用电影（小说）里的台词会很形象且搞笑等。然而，这些都不能阻止我那坚定而沉重的前进步伐。但是，嘈杂的环境却能很轻松地把我打倒在地，严重的情况下可能令我非常烦躁，无法思考，继而无法完成预期的作品。

放大电路在其“有生之年”需要周而复始地对输入信号进行放大又何尝不会感到枯燥呢？同样，它也会因为噪声的出现而使输出信号的质量变差。如果我是一个放大电路，写书的过程就是放大信号的过程，那么周遭嘈杂的环境就相当于放大电路的噪声（或干扰），它也是衡量放大电路动态性能的指标之一。

在几乎所有的测量领域，探测微弱信号的最终限制都取决于噪声（淹没了有用信号的无用信号），即使需要测量的信号并非很弱，噪声的存在也会降低测量精度。对包含音频输出接口的产品（如功放、MP3、媒体播放器和手机等）有一定了解的读者肯定会熟悉信噪比（Signal Noise Ratio，SNR）这一指标，你可以理解其为有用信号电压的有效值与无用噪声电压的有效值的比值，通常使用分贝数来表示，其定义如下：

$$\mathrm{SNR}=10\lg\left(\frac{V_{\mathrm{S}}^{2}}{V_{\mathrm{N}}^{2}}\right)\mathrm{dB}=20\lg\left(\frac{V_{\mathrm{S}}}{V_{\mathrm{N}}}\right)\mathrm{dB} \tag{28.1}$$

当然，也可以使用功率来定义信噪比，即

$$\mathrm{SNR}=10\lg\left(\frac{P_{\mathrm{S}}}{P_{\mathrm{N}}}\right)\mathrm{dB} \tag{28.2}$$

其实式（28.2）与式（28.1）表达的意思是相同的，因为我们总是会在同一个节点测量噪声与信号，它们看到的阻抗是一样的，所以按照式 $P=V^2/R$ 就可以相互转换。实际测量产品的 SNR 指标通常可以这样做：首先输入 1kHz 的标准单音信号，调整音量使其达到最大不失真输出（完全不失真是不可能的，主要根据厂家自己的标准，如 10%），此时测量得到输出信号，其次再把音量调到最小（撤掉输入信号），并测量信号输出端的噪声电压，对两者的比值取分贝数即可。一般噪声特性较好的功放的 SNR 能达到 90dB 以上。

之所以使用信号与噪声的比值来衡量放大电路的噪声特性，是因为噪声对有用信号的干扰程度不是由噪声的绝对大小来决定的，而是取决于放大电路输出端信号与噪声的比值。SNR 越大，噪声的影响就越小。如果 SNR 太小，则输出端的信号与噪声将难于区别（能否**区别**这一点很重要，绝对值的大小却不能体现这一点，这与共模抑制比衡量差分放大电路抑

制共模信号的能力非常相似)，就好比假设我的写作水平比铃木雅臣要差一点（相当于输出信号的功率小一些)，但是由于处在一个更幽静且能激发更多灵感的写作环境中（相当于噪声更小)，所以我撰写出来的图书相对于铃木雅臣也不遑多让，因此可以说我的“信噪比”指标更好一些。

获取输出端有用信号有效值的过程一般比较简单（至少单音信号的有效值可以直接计算出来)，而噪声却不太一样，它通常是一种完全随机的变化电压 v_n 或电流 i_n，其波形在任何时刻的瞬时幅值（简称“瞬时值”）与相位都是不可预测的（杂乱无章的)，并且瞬时值可以为正或为负。当使用曲线表示噪声时，这些瞬时值构成一个以零为中心值的随机波形，如图 28.1 所示。

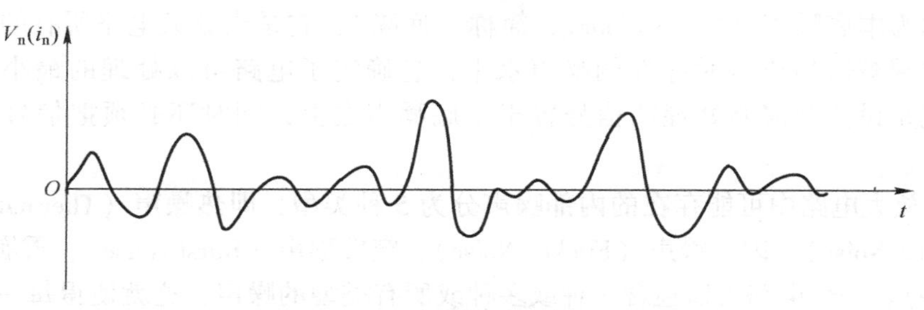

图 28.1　噪声电压或电流的波形

由于噪声电压（或电流）的瞬时值有无穷多个且随机变化，所以它为任一指定幅值的概率可以认为是 0（1 与无穷大的比值)。在这种情况下，我们通常不会对某一特定幅值出现的概率感兴趣，而是更关注幅值在某个范围内出现的概率（这与工厂进行元器件检测的过程是相似的，我们不会对误差 $\varepsilon=0.03\text{mm}$、寿命 $T=1621.8\text{h}$ 的某个概率感兴趣，而是关注误差在某个范围内或寿命大于规定值的概率)，它可以用概率密度函数来描述。

最常见的概率密度函数是高斯分布（也称为正态分布)，它有一个幅度的平均值（也是最可能出现的幅度)，噪声瞬时值大于或小于这个平均值出现的概率是依照一条钟形曲线向两侧下降的，如图 28.2 所示。

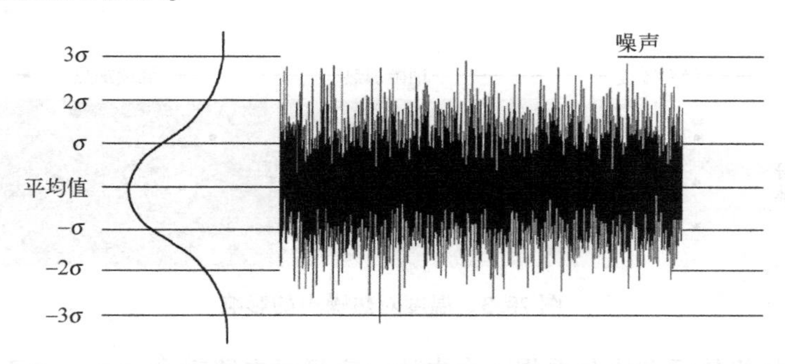

图 28.2　噪声能量的高斯分布

图 28.2 中的符号 σ 是高斯分布的标准偏差，它的物理意义即噪声电压（或电流）的有效值（也称为均方根值，Root Mean Square，RMS)。虽然从理论上讲噪声的瞬时值可以趋于无穷大，但随着幅度的增加，相应出现的概率将会迅速下降。出现在 $\pm\sigma$ 区间内的概率约为

68%，出现在±2σ 区间内的概率约为 95.4%，出现在±3σ 区间内的概率约为 99.7%，而出现在±3.3σ 区间内的概率约为 99.9%。换句话说，你能用肉眼看到的噪声幅度的最大值与最小值一般不超过±3.3σ。也就是说，噪声的有效值 V_n 与最大值 v_{n_p} 之间约为 3.3 倍的关系，即

$$v_{n\_p}=3.3V_n \tag{28.3}$$

噪声可能来源于放大电路的内部与外部，它可以是放大电路内部产生的，也可以是由相关无源元器件产生的，或者是由外部的噪声源叠加到电路上的。我们在进行分压式共射放大电路设计时提到过，使用旁路电容可以削弱放大电路工作过程中可能产生的噪声。但是，很明显，在测量信噪比中的噪声成分时，放大电路是没有进行信号放大工作的，相应测量得到的噪声称为本底噪声（Noise Floor），简称“底噪”，它是当放大电路所有的输入源被切断并且输出端被恰当连接时存在的噪声水平，它确定了电路可以处理的最小信号。设计者的目标就是设法把需要处理的信号置于本底噪声之上，同时还必须把信号置于被削波的电平以下。

三极管放大电路中可能存在的内部噪声分为 5 种类型，即热噪声（Thermal Noise）、散射噪声（Shot Noise）、闪烁噪声（Flicker Noise）、突发噪声（Burst Noise）、雪崩噪声（Avalanche Noise）。一个电路可以包含一种或多种或所有类型的噪声，这就使得每一个系统都有自己独特的噪声谱。在大多数情况下，我们无法对不同类型的噪声进行分离，但对噪声一般性原理的了解将有助于优化我们的电路设计，使得将某个特别关注的频带内的噪声降到最小成为可能。

任何电阻（导体）即使把它放在桌子上（悬空），也会在其两端产生一定的噪声电压，我们将其称为**热噪声或约翰逊噪声**（一个叫作约翰逊的人发现的），它来源于导体中构成传导电流的自由电子随机的热运动。电子总是处于运动当中，永不停歇，但是不同温度下的运动情况有所不同。在绝对零度的条件下，任何时刻通过导体每个截面的电子数量都应该是相等的，此时不存在热噪声。当我们对导体进行加热后，产生的电子热运动扰乱了电子在电场作用下的运动，使电子的运动增加了一个随机成分，温度越高，随机成分就越大，如图 28.3 所示。

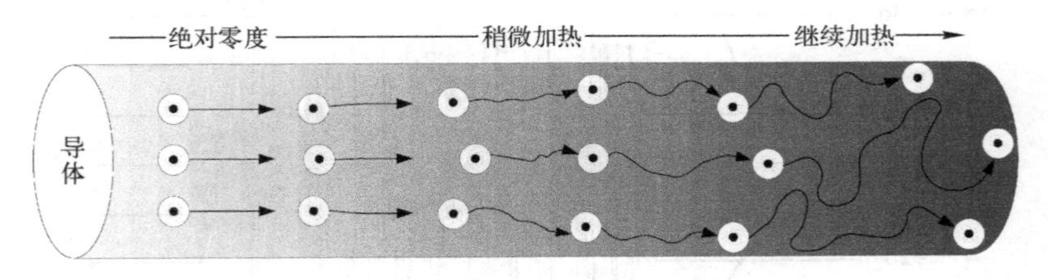

图 28.3　温度对热噪声的影响

可以把这个随机热运动成分看作一个电流，它经过电路就会产生一个正比于电阻的热噪声电压。一般来说，热噪声电压的幅度在任何情况下都是不可预见的，但是它遵循高斯分布。理论和实践都证明，当温度为 T 时，阻值为 $R(\Omega)$ 的电阻未接入电路时产生的实际开路热噪声电压的有效值 V_n 可由下式计算：

$$V_n=\sqrt{4kTRB} \tag{28.4}$$

其中，k 为玻尔兹曼常数；T 为以开尔文为单位的热力学温度，这两个参数我们已经接触过了（见第 1 章）。B 是以赫兹为单位的带宽，R 为阻值。如果使用一个电阻在温度 T 时产生的电压来驱动一个完全没有噪声的带通滤波器（带宽为 B），那么 V_n 就是输出端测量到的有效值。理想的电容或电感器不存在电阻，所以它们不产生热噪声。

有用信号可能是正弦波或者是经过调制的波形，甚至本身就是一个类似噪声的信号。而热噪声本身是非周期变化的时间函数，它的频谱是很宽广的，所以 V_n 将随频带 B 的增加而增加。测量的带宽越宽，我们就能看到更多变化更快的噪声，因为变化更快的噪声包含的频率成分会越高。如果有用信号的频谱带宽很窄，那么对带宽的规定是很重要的。如果规定的带宽超过了信号的带宽，则 SNR 就会随着带宽的增加而下降。因为信号的功率总是保持不变的，而放大电路的噪声功率却一直在持续增加，所以宽频带放大电路受噪声的影响比窄频带的要大，这也是限制宽频带放大电路增益的主要因素。

式（28.4）也可改写为功率的形式，如果使用 P_n 表示热噪声功率，即

$$P_n = \frac{V_n^2}{R} = 4kTB \tag{28.5}$$

则有：

$$\frac{P_n}{B} = 4kT \tag{28.6}$$

我们把 P_n/B 称为热噪声的功率频谱密度，它表示在有限的带宽范围（如高至 10^{13} Hz）内**每一赫兹具有的相同噪声功率**。热噪声具有均匀的功率频谱，所以也称为白噪声，其在恒定带宽内的噪声功率总是恒定的，不会随中心频率的变化而变化。

式（28.4）也可改写为

$$v_n = V_n/\sqrt{B} = \sqrt{4kTR} \tag{28.7}$$

我们把 $V_n/\sqrt{B}$ 称为热噪声电压密度，本文使用符号 v_n（带小写下标的小写符号，将要出现的 e_n 与 i_n 也是如此）来表示，其单位为每平方根赫兹的均方根电压（$V/\sqrt{Hz}$）或电流（$A/\sqrt{Hz}$）。这些单位看起来有点古怪，你可以理解为**每平方根赫兹具有的相同噪声电压**。因为当利用这些单位计算出实际噪声水平的时候，我们还需要一个带宽 B，这也符合行业的习惯。当然，你可能更习惯使用电压或电流的有效值来表达，事实上也并无不可，这两种表达方式存在于不同厂家的三极管数据手册中。

在室温下，将已知数据代入式（28.7），则有：

$$\sqrt{4kTR} = 1.27\times10^{-10}\sqrt{R}\,(V/\sqrt{Hz}) \tag{28.8}$$

热噪声电压密度与源内阻的关系如图 28.4 所示。

例如，使用带宽为 10kHz 的滤波器来测量一个 10kΩ 的电阻在室温下产生的开路热噪声电压，其有效值约为 1.3μV，这个噪声电压的源内阻就是 10kΩ。我们可以使用 Multisim 软件平台自带的噪声分析方法来验证一下，电阻的热噪声仿真电路如图 28.5 所示。

Multisim 14.0 提供了热噪声、散射噪声与闪烁噪声 3 种不同类型的噪声模型，电阻就有一个热噪声生成器。由于热噪声分析需要一个参考交流源，所以我们添加了一个信号源 VS，它的实际参数并不影响分析的结果。

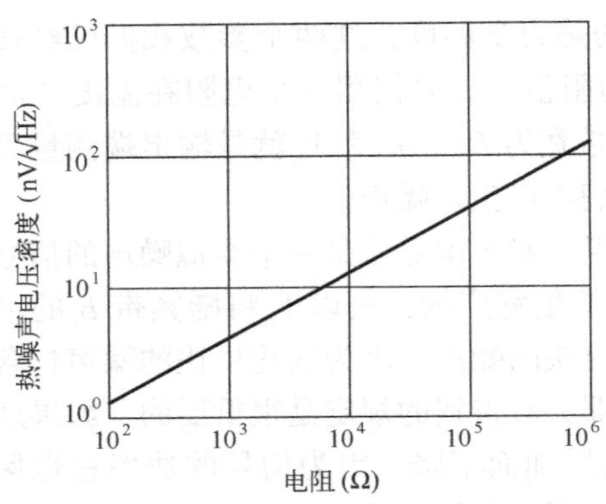

图 28.4　热噪声电压密度与源内阻的关系

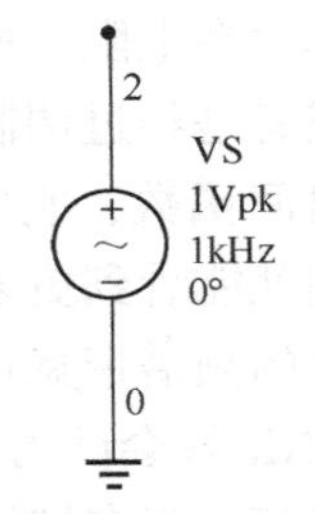

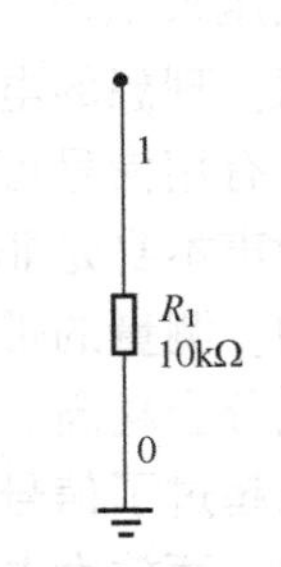

图 28.5　电阻的热噪声仿真电路

我们需要分析的是节点 1 的热噪声，如图 28.6 所示，首先进入噪声分析设置对话框。

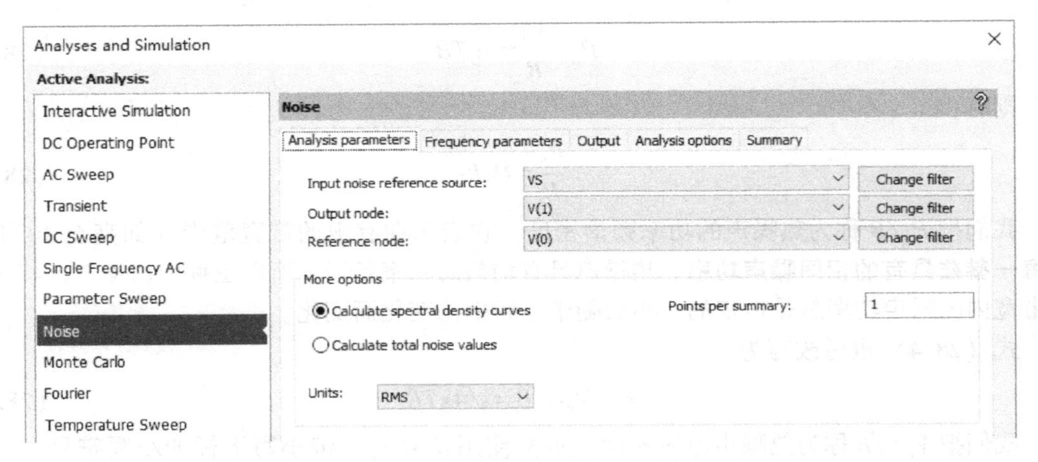

图 28.6　噪声分析设置对话框

在图 28.6 中，“Input noise reference source”用来设置噪声从哪个交流信号源加入；“Output node”用来设置噪声的测量节点，仿真软件在此节点将所有噪声求和；“Reference node”用来设置参考节点，通常以接地端为参考，即 V(0)。在“More options”中，你可以选择“Calculate spectral density curves”或“Calculate total noise values”，两者本质上是一样的，只不过前者的结果是噪声密度（单位为 $V/\sqrt{Hz}$ 或 $A/\sqrt{Hz}$），它与带宽是没有关系的。而后者计算的结果是噪声有效值（单位为 V 或 A），它与带宽密切相关，带宽越大，则结果就越大（其实前面我们已经提过了，简单地说，就是你习惯使用频谱密度还是有效值来表达噪声水平的问题），而带宽可以在“Frequency parameters”标签页中选择，其中的设置项与交流分析是完全一样的，此处不再赘述，我们保持默认即可。

然后在“Output”标签页中选择“onoise_rr1”作为观察对象即可，如图 28.7 所示。

进行仿真后的结果如图 28.8 所示。仿真后的结果是热噪声电压密度，即 $12.8747\text{nV}/\sqrt{\text{Hz}}$。如果 $B=10\text{kHz}$，那么根据式（28.4）转换出来的有效值为 $(12.8747\text{nV}/\sqrt{\text{Hz}})\times\sqrt{10\times10^3\text{Hz}}\approx1.3\mu\text{V}$，与我们的计算结果是非常吻合的。虽然我们标注的是频率为 10kHz

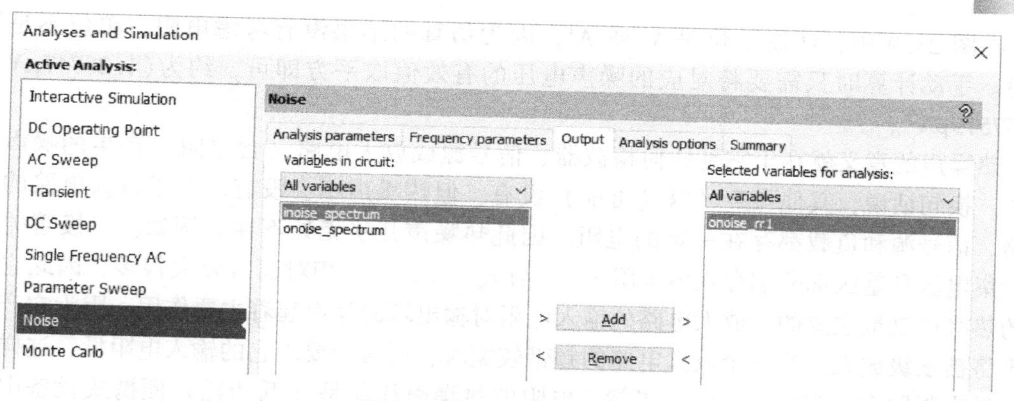

图 28.7　“Output”标签页

对应的热噪声电压密度，但正如你所看到的，它是一条直线，因为根据式（28.7）的定义，每平方根赫兹具有的噪声电压是相同的。

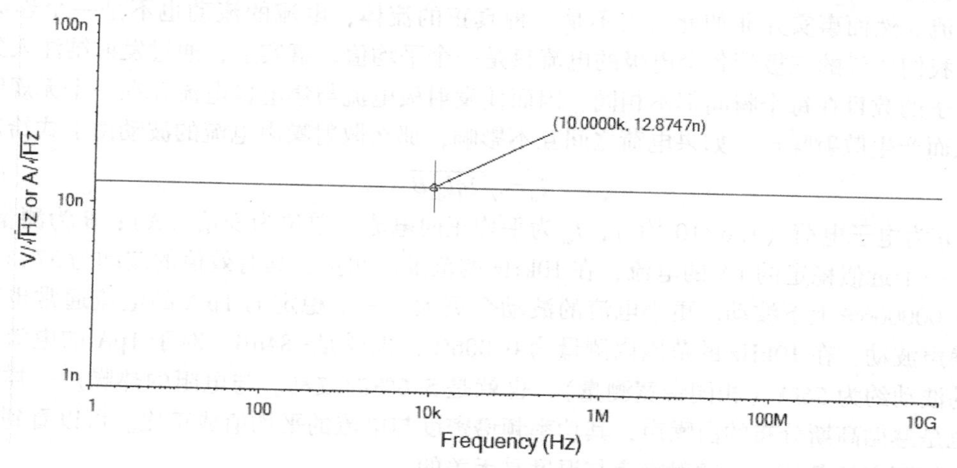

图 28.8　进行仿真后的结果（热噪声电压密度）

如果你在图 28.6 所示的对话框中选择的单位（Units）是“功率（power）”，那就意味着你可以获得噪声功率（单位为 V^2 或 A^2）或功率频谱密度（单位为 V^2/Hz 或 A^2/Hz），本质上你拿到手的数据都是一样的。因为前面你自己也看到了，这些数据都是可以相互转换的。假设你选择计算总噪声值，并确定 onoise_total_rr1 为观察对象，则仿真结果如图 28.9 所示。

Noise Analysis

	Variable	Integrated noise (V^2 or A^2)
1	onoise_total_rr1	1.65758 u

图 28.9　仿真结果（总噪声值）

在图 28.9 中，注意单位是 V^2 或 A^2，因为仿真的结果没有考虑电阻，单位不是瓦特（W）。手动计算时只需要将对应的噪声电压的有效值取平方即可，约为$(1.28747\mu V)^2 \approx 1.657579\mu V^2$。

热噪声的意义就在于它是任何检波器、信号源或放大电路（含电阻）产生的噪声电压下限。换句话说，其他噪声可以（可能）没有，但热噪声不会没有。由于放大电路的偏置电路、信号源和负载都存在一定的电阻，因此热噪声几乎无处不在。例如，三极管的发射区、集电区和基区都分别存在体电阻 r_e、r_c 与 $r_{bb'}$，由于 $r_{bb'}$ 相对而言要大很多，因此它所产生的热噪声是最主要的。放大电路的输入电阻对输出端的噪声起着主要作用，因为它产生的噪声将被逐级放大。当一个放大电路的频带较宽时，通常会要求它的输入电阻低，这样才能使热噪声限制在一定的范围内。当然，电阻的热噪声往往是（低功耗）便携式设备中的一个问题，因为这些设备为了降低功耗而把电阻按比例增大了。

散射噪声是肖特基（Schottky）噪声的简称，有时也叫量子噪声，它是由导体内部带电粒子运动的随机起伏而产生的噪声。通常我们认为电流是一股连续的电荷流，所以才呈现连续的电流。然而事实并非如此，它不是一种真正的流体，电流的流动也不是一个连续的效应，而我们所说的三极管各个电极的电流只是一个平均值。事实上，通过发射结注入到基区的载流子的数目在每个瞬间都不相同，因而使发射极电流与集电极电流存在一个无规则的波动，从而产生散射噪声。如果电荷之间互不影响，那么散射噪声电流的波动由下式给定：

$$I_n = \sqrt{2qI_{dc}B} \tag{28.9}$$

其中，q 为电子电荷（1.6×10^{-19}C）；I_{dc}为平均正向电流。单位为安培（A）；B 为测量带宽。例如，一个近似稳定的 1A 的电流，在 10kHz 的范围内测量，其有效值的波动为 57nA，也就是在 0.000006%上下波动。更小电流的波动会更大，一个稳定的 1μA 的电流通常也有均方电流噪声波动，在 10kHz 的范围内测量为 0.006%，也就是−84dB。对于 1pA 的电流，均方电流的波动约为 56fA（相同带宽测量），也就是 5.6%的波动。与电阻的热噪声一样，散射噪声也是遵循高斯分布的白噪声，其功率频谱密度与电流的平均值成正比。可以看到，在电流平均值不变的条件下，散射噪声与温度是无关的。

式（28.9）给出的散射噪声公式是假设电流中的载流子互不影响而得出的，当电荷通过一个势垒时，这种假设确实是存在的，但是对于最常见的金属导体来说就不是这样了，其载流子之间有着很密切的联系，因此，一个纯电阻电路的电流产生的噪声其实远远低于公式所预测的值。

闪烁噪声也称为 **1/f 噪声**，它与热噪声都是由于物理特性而产生的不可还原的噪声，存在于所有有源元器件和许多无源元器件中，它与半导体晶体结构中的不完美性有关，因而良好的工艺可以降低闪烁噪声。而之所以称为 1/f 噪声，是因为它会随频率的上升而下降。

碳质合成的电阻中就存在闪变噪声，也经常被叫作过量噪声（Excess Noise）。一个最昂贵且制作精良的电阻与一个最便宜的碳膜电阻所产生的热噪声是完全一样的，但闪烁噪声却并非如此。实际的电阻都存在阻值的波动，其结果是产生一个附加的噪声（与永远存在的热噪声加在一起），其值与流经它的直流电流成正比。这种噪声和很多与电阻构造相关的因素相关，其中包括电阻的材料，特别是封装技术，表 28.1 为各种电阻产生的典型闪烁噪声值的清单，以电阻两端每 1V 电压所产生的有效微伏值给出（在十倍频范围内测量）。

表 28.1 不同材质电阻产生的闪烁噪声

类　型	闪烁噪声
纯炭阻	0.10~3.0μV
碳膜电阻	0.05~03μV
金属膜电阻	0.02~0.2μV
绕线电阻	0.01~0.2μV

突发噪声也称为**爆裂噪声**（Popcorn Noise），它与半导体材料中的缺陷和重离子的注入有关，以离散的高频脉冲为特征。脉冲的速率是可以变化的，但幅度总保持恒定，一般为热噪声幅度的数倍。当使用扬声器放音时，突发噪声会发出速率低于 100Hz 的爆裂声，以其声音像爆米花时的爆裂声而得名。通过使用清洁的器件加工工艺可以获得很低的突发噪声，它不是我们这些电路设计者可以控制的，所以大家了解一下即可。

雪崩噪声是当 PN 结工作在反向击穿时产生的，在 PN 结耗尽区内很强的反向电场的作用下，电子可以获得足够的动能，当这些电子撞击晶格处的原子时，可以产生出新的电子空穴对，这种碰撞是纯随机的，因而就产生了与散射噪声相似但强度大很多的随机电流脉冲。

当处于反向偏置 PN 结耗尽区内的电子和空穴获得足够的能量引起雪崩效应时，会产生一连串很大的随机噪声尖峰，它的幅度是难以预测的，因为它与 PN 结的材料有关。由于 PN 结中的齐纳击穿会引起雪崩噪声，所以在使用齐纳（稳压）二极管的放大电路中就会出现这样的问题，而避免雪崩噪声最好的方法是重新设计一个不使用齐纳二极管的电路。

当电路中存在多个噪声源时（这也是大多数实际的情况），总合成噪声的有效值等于各个噪声源有效值的均方根，即

$$V_{\text{total}}=\sqrt{V_1^2+V_2^2+\cdots+V_n^2} \tag{28.10}$$

如果把带宽 B 考虑进去，总合成的噪声电压密度也有相似的表达式，即

$$v_{\text{total}}=\sqrt{v_1^2+v_2^2+\cdots+v_n^2} \tag{28.11}$$

我们将本书分析过的一些重点电路进行噪声的分析。为了方便对比，负载 R_L 均为 1kΩ（输入的交流信号源的参数无须统一，因为噪声测量的本身与输入信号无关），并且将信号源的内阻 R_S 分 50Ω、1kΩ 和 10kΩ 三种情况，如表 28.2 所示（噪声分析设置对话框中选择测量“总噪声电压有效值”，频率参数均保持默认，观察对象均为 onoise_total）。

表 28.2 各种放大电路的总噪声电压

图号	图　名	总噪声电压有效值（μV）		
		$R_S=50\Omega$	$R_S=1\text{k}\Omega$	$R_S=10\text{k}\Omega$
7.14	基本共射放大电路	253.13282	240.69583	218.28215
12.14	基极分压式共射放大电路	113.57569	221.13893	253.41298
13.3	分压式共射放大电路（发射极电阻并联旁路电容器）	207.23024	195.89593	179.5422
13.9	分压式共射放大电路（部分发射极电阻并联旁路电容器）	121.04291	152.35346	170.78699

续表

图号	图　　名	总噪声电压有效值（μV）		
		$R_S=50\Omega$	$R_S=1k\Omega$	$R_S=10k\Omega$
17.7	基本共集放大电路	78.32125	122.45284	152.07820
18.9	共集放大电路（带恒流源发射极电阻）	142.2989	227.70249	269.56633
18.17	甲乙类推挽式功放电路（带二极管偏置）	67.64596	98.66533	112.23805
18.19	甲乙类推挽式功放电路（射随器级联）	61.71751	85.18516	118.05670
19.12	带自举电路的推挽式功放电路	21.38398	31.6374	36.29967
19.14	两级射随器结构的推挽式功放电路	238.64897	206.87085	153.08443
22.1	分压式共基放大电路	116.29535	82.26764	79.65314
22.7	共基放大电路（双发射极电阻）	82.31497	80.07781	79.44152
22.14	共射-共基放大电路	122.96527	112.16346	117.68884
22.23	共集-共基放大电路	127.26572	239.40227	283.78209
23.24	单端输入单端输出的差分放大电路	132.65288	217.17236	261.92281
23.25	标准功放电路	130.57454	163.39866	324.50187

从表28.2中我们可以看到，共集放大电路的噪声相对都比较小，你可以理解为这是由于负反馈引起的电压增益小（没有把噪声放大）而带来的好处。

总的说来，SNR衡量的是整个系统表现在音频输出接口的信号与噪声的比值，它包括信号源内阻和各种元器件本身产生的噪声，甚至可能包括整个系统中与放大电路无关的附加噪声。如果是这样，那就有可能会出现这样一种情况，放大电路本身产生的噪声是比较低的，但是与放大电路无关的输入噪声却比较大，此时测量得到的SNR可能比另一个本身产生了更高噪声的放大电路的信噪比还要低。也就是说，有时候SNR对放大电路本身的噪声评价是不公平的。就好比有一个篮球运动员，他的综合水平非常高，但是由于其所在团队的整体水平比较差，导致其在每个赛季都得不到较好的成绩（尽管他都有上佳的表现），可以说是被团队拖累了，但是他以前获得的最有价值球员（Most Valuable Player，MVP）的奖项却可以更多地体现其个人本身的水平，尽管他对现有团队的整体水平并不起决定性作用。

类似地，有时我们还是想单独地衡量放大电路本身的噪声性能，既然输出端的信噪比不能达到这个目的，那我们就把输入端的信噪比也测量一下，这样两者的比值就可以忽略信号源带来的噪声影响，它体现的仅仅是放大电路本身的噪声水平，也就是噪声系数（Noise Figure，NF），其定义如下：

$$\mathrm{NF}=\frac{\text{输入端信噪比}}{\text{输出端信噪比}}=\frac{P_{si}/P_{ni}}{P_{so}/P_{no}} \tag{28.12}$$

其中，P_{si}、P_{so}分别表示输入端和输出端的信号功率；P_{ni}表示信号源输入端的噪声功率，也就是信号源内阻R_S产生的热噪声电压（功率）；P_{no}表示输出端的总噪声功率。

NF也可以使用分贝表示，即

$$\mathrm{NF(dB)}=10\lg\left(\frac{P_{si}/P_{ni}}{P_{so}/P_{no}}\right)=10\lg\left(\frac{P_{no}}{A_p/P_{ni}}\right)(\mathrm{dB}) \tag{28.13}$$

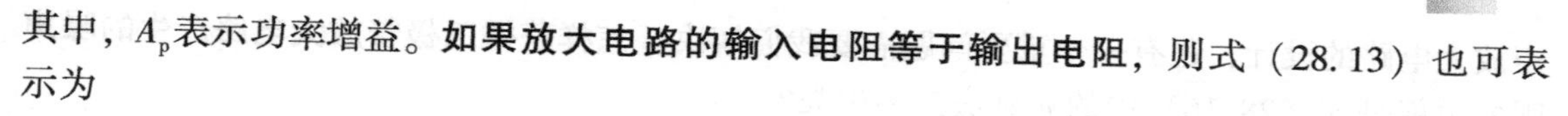

其中，A_p表示功率增益。**如果放大电路的输入电阻等于输出电阻**，则式（28.13）也可表示为

$$NF(dB)=20\lg\left(\frac{V_{si}/V_{ni}}{V_{so}/V_{no}}\right)=20\lg\left(\frac{V_{si}}{V_{ni}}\right)-20\lg\left(\frac{V_{so}}{V_{no}}\right)(dB) \quad (28.14)$$

由于放大电路不仅把输入端的噪声进行放大，而且其本身也存在噪声，所以输出端的信噪比必然小于输入端的信噪比。放大电路本身的噪声越大，其输出端的信噪比就越小于输入端的信噪比，NF也就越大（也就是噪声性能越差）。简单地说，NF衡量电路网络输入与输出SNR指标的下降程度。一个低噪声放大电路的NF应小于3dB，一个完全无噪声放大电路的NF为0dB，因为输入与输出的信噪比是一样的，比值为1（0dB）。

为了更深入地理解噪声系数，我们把式（28.14）改写为

$$NF(dB)=20\lg\left(\frac{V_{si}/V_{ni}}{V_{so}/V_{no}}\right)=20\lg\left(\frac{V_{si}}{V_{so}}\frac{V_{no}}{V_{ni}}\right)=20\lg\left(\frac{V_{no}}{A_v V_{ni}}\right)(dB) \quad (28.15)$$

其中，A_v为放大电路的电压增益。很明显，NF与输入的有用信号是没有关系的。如果把$A_v V_{ni}$看作输入噪声经过完全无噪声放大电路后的输出噪声，那么NF就是放大电路实际的输出噪声（V_{no}）与假设完全没有噪声且增益相同的放大电路的输出噪声（$A_v V_{ni}$）之比，两种情况都是把放大电路的输入端用一个阻值为R_S的电阻连接起来。也就是说，此时的输入信号为R_S的热噪声，如图28.10所示。

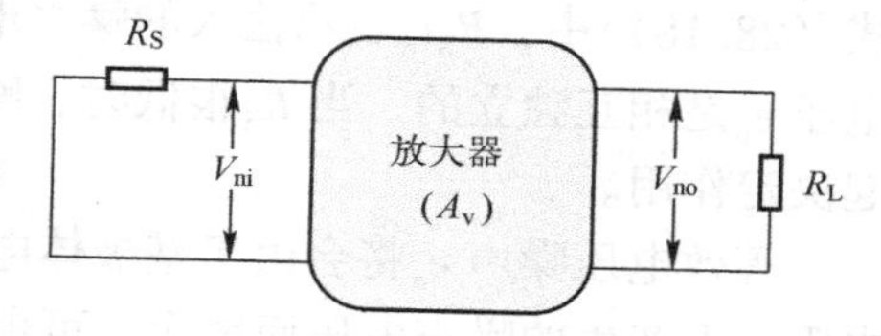

图28.10　噪声系数

为了方便后续分析三极管的噪声系数，我们把放大电路输出端的噪声折算到输入端，其值就等于V_{no}/A_v，那么式（28.15）可改为

$$NF(dB)=20\lg\left(\frac{V_{no}/A_v}{V_{ni}}\right)=20\lg\left(\frac{4kTR_S+v_n^2}{4kTR_S}\right)^{1/2}=10\lg\left(1+\frac{v_n^2}{4kTR_S}\right)dB \quad (28.16)$$

其中，v_n^2是假设有一个无热噪声的电阻R_S连接到放大电路输入端时的噪声。简单地说，它代表放大电路本身产生的输出噪声（不包含R_S产生的热噪声）折合到输入端的噪声水平。需要指出的是，v_n^2与$4kTR_S$的单位是每赫兹的均方噪声电压（也就是噪声密度的平方）。

当我们已经有了内阻R_S给定的信号源时，想比较一下放大电路的优劣，NF无疑是一个方便而又明确的标准，它一般随频率与信号源内阻的不同而不同，而且通常给出的都是一系列固定NF值对应的频率和R_S的关系曲线（很快就可以看到）。当然，也可能分别将NF与频率或R_S的关系曲线给出来，它们的每一条曲线都对应着一个集电极电流。需要指出的是，式（28.16）假设放大电路的输入阻抗Z_{in}远远大于信号源内阻R_S，但是在某些高频放大电路的特例中，一般会有$R_S=Z_{in}=50\Omega$（阻抗匹配），那么相应的NF就不是前面那样定义了，此时只需要把式（28.16）中的系数“4”去掉就可以了。

不要试图通过串联一个电阻到信号源改进NF（原意是串联电阻与源内阻对源噪声进行分压），这是很荒谬的，这样做可能会增加源噪声（也就相当于增加了源内阻）而使放大电路噪声相比之下**似乎**要好一点，NF看起来也似乎是改进了，但其实完全是表面现象。还有一点也很具有欺骗性，三极管（或场效应管）数据手册中标注的NF通常都是对于最适宜的R_S和集电极电流I_C组合来说的，在实际应用中根本不能说明问题，所以对于实际三极管低噪

声放大电路的设计，还有一个重要问题需要我们解决：**怎样获得三极管放大电路产生的噪声呢？**也就是式（28.16）中的v_n^2到底是多少呢？

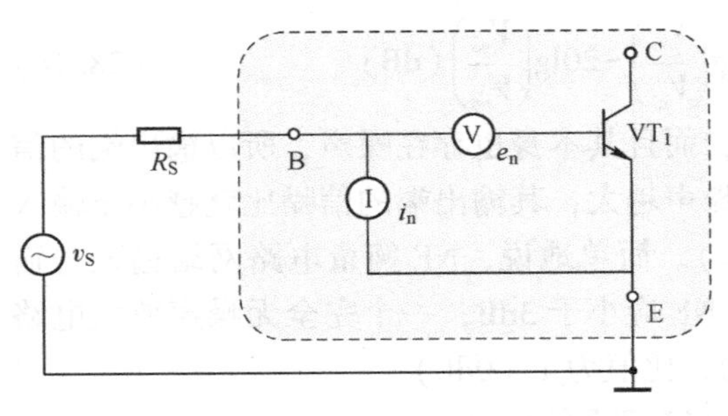

图 28.11　三极管的噪声模型

我们先来看一下可以精确描述三极管噪声的简单模型，如图 28.11 所示。

噪声模型中无噪声信号源v_s由于源内阻R_S的热噪声的存在而产生了一个无法消除的噪声电压，即

$$v_R^2 = 4kTR_S(V^2/Hz) \tag{28.17}$$

另外，e_n代表串联到三极管基极的等效噪声电压；i_n代表输入的噪声电流，它们都是折合到输入端的等效噪声。所以放大电路产生的噪声电压即

$$v_n^2 = e_n^2 + (R_S i_n)^2 (V^2/Hz) \tag{28.18}$$

式（28.18）中，$R_S i_n$表示输入的噪声电流在R_S中产生的噪声电压，它通常与输入端的噪声电压e_n是相互独立的。当R_S很低时，噪声电压e_n占主导地位；而当R_S很高时，噪声电流i_n起决定作用。

等效电压噪声e_n将会由于基极体电阻$r_{bb'}$的热噪声和集电极电流的散射噪声在发射区体电阻r_e上产生的噪声电压而增大，可由下式给出：

$$e_n^2 = 4kTr_{bb'} + 2qI_C r_e^2 = 4kTr_{bb'}B + 2(kT)^2/qI_C (V^2/Hz) \tag{28.19}$$

式（28.19）中的两项都是高斯白噪声。另外，还有一些由基极电流经$r_{bb'}$产生的闪烁噪声，它只有当基极电流（集电极电流）很高时才有意义。因此，集电极电流在很大范围内发生变化时e_n将会保持不变。只有当电流很低（此时r_e不断增大会产生明显的散射噪声）或电流相当高（基极电流经$r_{bb'}$产生闪烁噪声）时，e_n才会升高，后一种情况的升高只有在低频时才会出现（由于闪烁噪声的 1/f 特性）。

噪声电流i_n通过输入信号源内阻产生一个附加噪声电压，它的主要来源是稳定的基极电流的散射噪声波动加上由于$r_{bb'}$的闪烁噪声导致的波动，而散射噪声是一种与I_B（或I_C）成比例的噪声电流，与频率关系不大。相比之下，闪烁噪声随I_C增长得比较快，并且一般现出$1/f$的频率相关性。

有些三极管的数据手册中会给出$e_n(i_n)$与I_C和f的关系曲线，这对于我们设计最小噪声的放大电路是非常有帮助的，但是很遗憾，2N2222A 是没有的，所以我们找到了 2N5087 的数据手册，相应的曲线如图 28.12 所示。

例如，当$f=10kHz$，$I_C=10\mu A$时，$e_n \approx 3.3nV/\sqrt{Hz}$，$i_n \approx 0.25pA/\sqrt{Hz}$；当$I_C=100\mu A$时，$e_n \approx 2.4nV/\sqrt{Hz}$，$i_n \approx 0.7pA/\sqrt{Hz}$，这样通过式（28.18）就可以计算出$v_n^2$，那么式（28.16）中就不存在未知数了。

从图 28.12 所示的曲线中还可以观察到，随着I_C的增加，e_n会降低，而i_n会升高。这一事实给我们提供了三极管工作电流最优化的简单方法，从而可以实现对于给定电源使噪声达到最低。做法很简单：**只需要在信号的频率范围内选择一个合适的I_C使$e_n^2+(R_S i_n)^2$达到最**

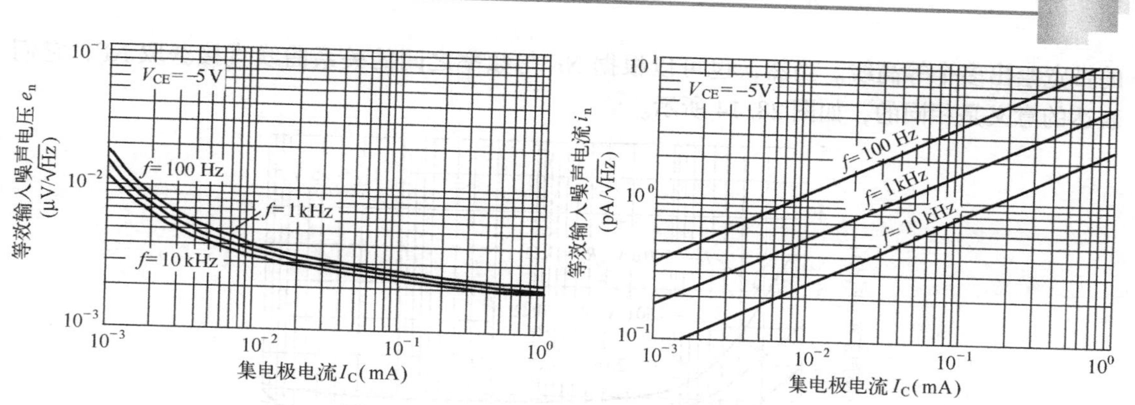

图 28.12　e_n和i_n与I_C及f之间的关系曲线

小即可，这样 NF 才有可能是最优的。当然，我们没有必要根据图 28.12 分别手动计算来找到最小值，只要有 NF 与I_C和R_S的等高关系曲线就会非常方便。如图 28.13 所示为 2N5087 对应的 NF 等高线。

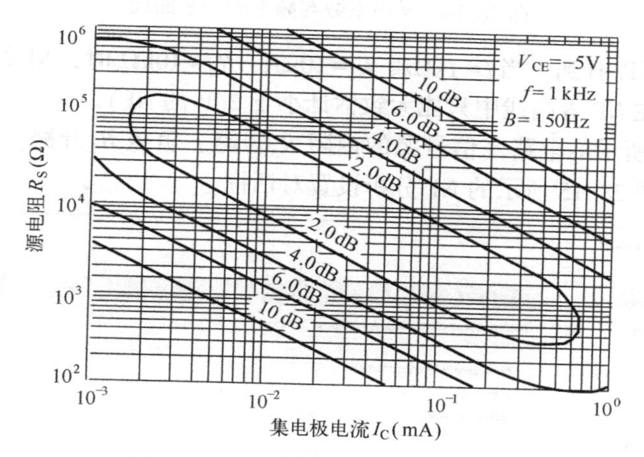

图 28.13　2N5087 对应的 NF 等高线

假设现在有一个小信号在 1kHz 区域内，源内阻为 10kΩ，我们需要使用 2N5087A 构成一个放大电路。从图 28.13 中可以看到，当集电极电流I_C为 10~20μA 时，电压和电流噪声的总和（它代表着 NF）是最小的。因为当I_C降低时，电流噪声的下降比电压噪声的升高快，实际可以将I_C设置得稍微小一些（尤其在放大电路预计工作在低频的情况下，i_n随着频率的减小而迅速上升），这里就设置$I_C=10\mu A$。

根据I_C，从图 28.12 找到对应的e_n与i_n数据，即可根据式（28.16）计算出相应的 NF。例如，当 $f=1kHz$、$I_C=10\mu A$ 时，$e_n\approx 3.8nV/\sqrt{Hz}$，$i_n\approx 0.53pA/\sqrt{Hz}$，最后根据式（28.16）则有：

$$NF=10\lg\left(1+\frac{(3.8nV/\sqrt{Hz})^2+(0.53pA/\sqrt{Hz}\times 10^4\Omega)^2}{(1.27\times 10^{-10}\sqrt{10^4\Omega}\,V/\sqrt{H_z})^2}\right)dB\approx 1.02dB$$

需要注意的是：NF 等高线与带宽（B）是有关系的，所以数据手册中通常会根据不同

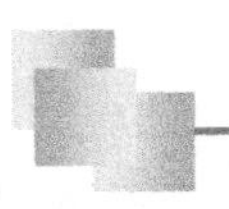

的带宽绘出多个等高线。当然，也可以根据 NF 与频率之间的关系曲线直接获取 NF，它们表达的意义是相同的，如图 28.14 所示。

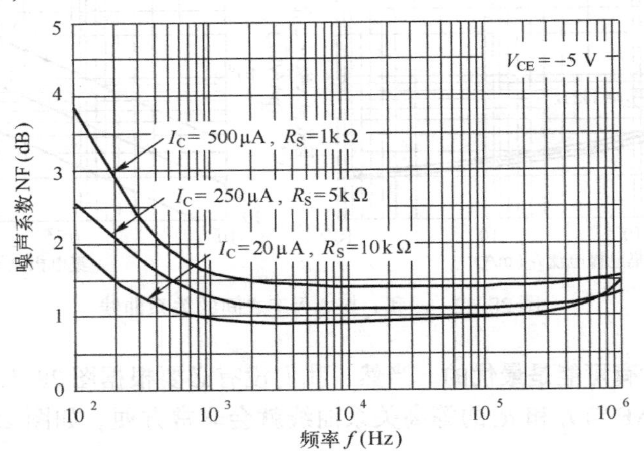

图 28.14　噪声系数与频率的关系曲线

从图 28.14 中可以看到，当 $f=1\text{kHz}$、$I_C=10\mu A$、$R_S=10k\Omega$ 时，NF 约为 1dB，与我们计算的结果差不多（在 NF 等高线中只能大致估计小于 2dB 的 NF）。

我们以图 7.14 所示的电路（信号源的内阻 R_S 短路，负载 R_L 开路）为例进行噪声系数的仿真，首先进入图 28.15 所示的 NF 分析设置对话框。

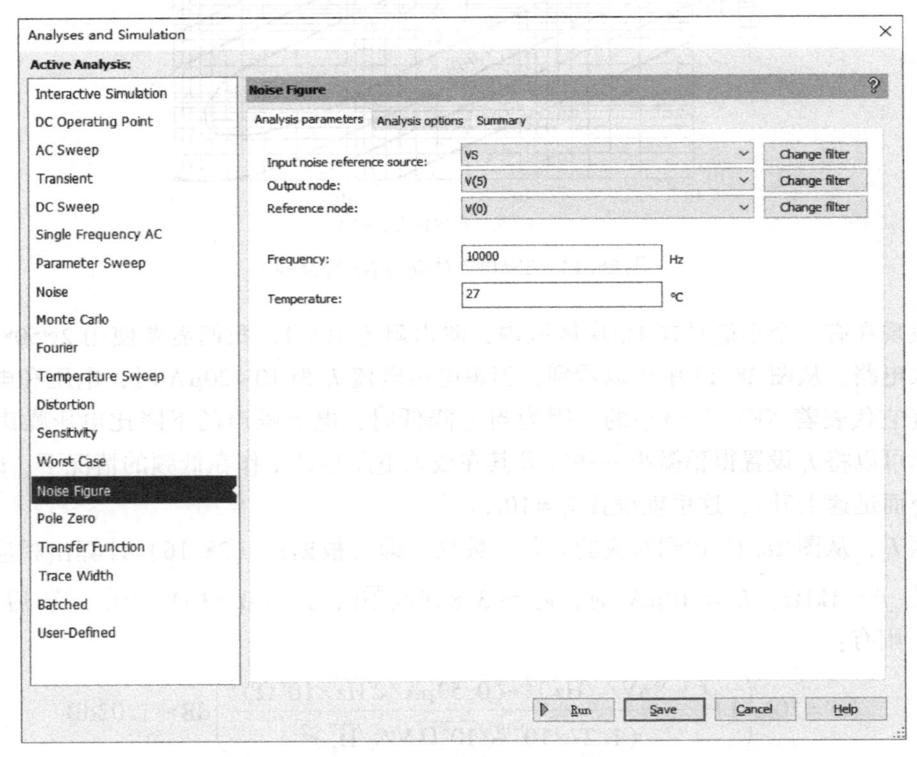

图 28.15　NF 分析设置对话框

我们同样需要设置“Input noise reference source”，这里仍然选择“VS”，表示输入端的信噪比就从这里测试，而输出端的信噪比就从 V(5) 测试。另外，我们还要确定需要分析哪个频点的 NF，这里设置为 10kHz。设置完成后进行仿真即可，相应的仿真结果如图 28.16 所示。

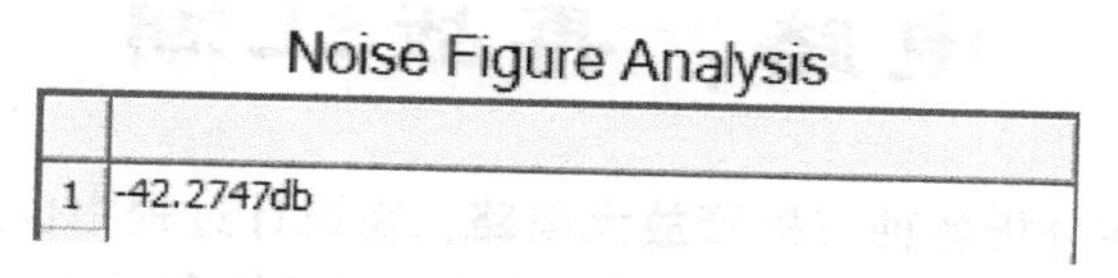

图 28.16　仿真结果

下面我们对一些基本放大电路进行同样的仿真。为方便数据对比，信号源的内阻 R_S 均短路，负载 R_L 均开路，分析设置的参数与图 28.15 所示的相同，相应的结果如表 28.3 所示。

表 28.3　各种放大电路的噪声系数

图号	图　名	NF(dB)
7.14	基本共射放大电路	-42.2747
12.14	基极分压式共射放大电路	-5.72147
13.3	分压式共射放大电路（发射极电阻并联旁路电容器）	-41.9278
17.7	基本共集放大电路	0.0625266
18.9	共集放大电路（带恒流源发射极电阻）	0.0375003
18.17	甲乙类推挽式功放电路（带二极管偏置）	0.0341932
18.19	甲乙类推挽式功放电路（射随器级联）	0.0477492
22.1	共基放大电路	-41.9462
22.7	共基放大电路（双发射极电阻）	-12.5298

从表 28.3 中可以看到，共集放大电路的噪声系数还是比较小的，看起来应该是件好事，但是我们也发现表格中还出现了一些负值的噪声系数。怎么回事？这说明放大电路的输出信噪比大于输入信噪比吗？根据式（28.13）的定义，噪声系数是输入信噪比与输出信噪比的差值，由于放大电路本身总会产生一些噪声，按道理输出信噪比无论如何也不会比输入信噪比大，所以噪声系数不可能出现负值。何解？原因很简单，因为式（28.13）成立的前提是假设“放大电路的输入电阻等于输出电阻”，这在高频放大电路中通常是成立的，但是在低频放大电路中，大多数放大电路都不满足该条件，因而该式也就不能直接照搬过来使用了。

第29章 数字逻辑芯片中的开关电路：再战江湖

前面我们一直都在分析各种三极管**放大电路**，在设计过程中也总是竭尽参数调整之能事，务必确保三极管处于放大区，而对三极管的截止区或饱和区却似乎唯恐避之不及，但是这两个看似“瘟神”一样的工作状态在**开关电路**的应用中却能够大显身手，一展所长。

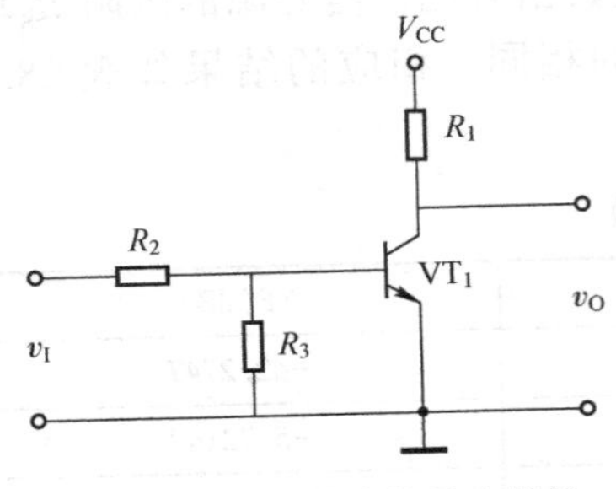

图 29.1　开关电路的基本结构

开关电路，顾名思义，就是能够控制回路是闭合状态还是断开状态的电路，其基本结构如图 29.1 所示。

图 29.1 所示的电路是一个共射组态的开关电路。其中，集电极电阻 R_1 为上拉电阻（Pull-Up Resistor），当三极管 VT_1 截止时，将输出电压 v_O 上拉至电源 V_{CC}（高电平）；基极串联电阻 R_2 为限流电阻，防止输入电压 v_I 的幅值过高而引起基极电流超额而损坏 VT_1；下拉电阻（Pull-Down Resistor）R_3 用来确保无输入信号（悬空）时 VT_1 处于截止状态。

从图 29.1 中可以看到，其与放大电路不同的是，开关电路中 VT_1 发射结两端的静态压降默认为零，所以在没有输入信号的情况下，VT_1 是处于截止状态的。又由于它的输入与输出信号只有低电平“L”或高电平“H”两个稳定的直流电压状态，因此不需要隔直耦合电容器。

开关电路的基本原理非常简单，当 v_I 为低电平“L”时，VT_1 处于截止状态，v_O 由 R_1 上拉为高电平“H”，此时 VT_1 相当于一个处于断开状态的开关，如图 29.2 所示。

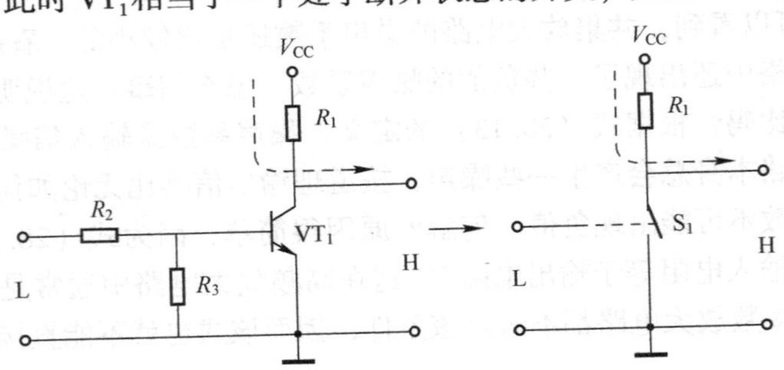

图 29.2　三极管处于截止状态

当 v_I 为高电平“H”时，VT_1 处于饱和状态，v_O 为三极管饱和压降（低电平），此时 VT_1 相当于一个处于闭合状态的开关，如图 29.3 所示。

基本开关电路的应用场合主要有两种：其一是通过输入微弱的小信号来控制（可以是比较重的）负载的用电与否，只需要将 R_1 替换为实际的负载对象（如电灯泡、继电器和马达等）即可；其二便是在数字逻辑系统中的应用，这也是本文重点关注的内容。

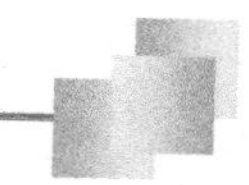

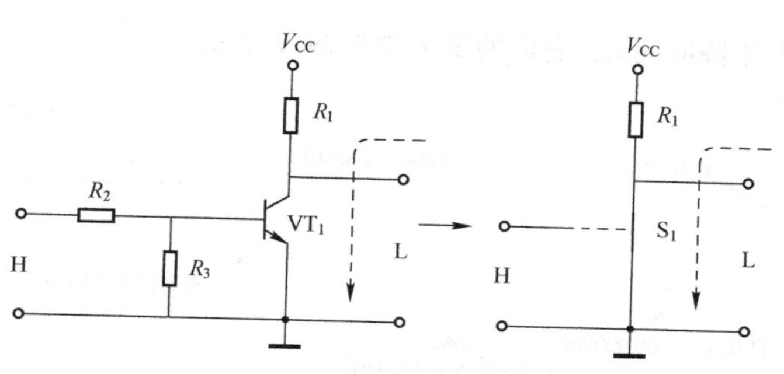

图 29.3　三极管处于饱和状态

实际上，图 29.1 所示的由电阻与三极管组成的基本开关电路就是早期的**电阻-三极管逻辑**（Resistor-Transistor Logic，RTL）反相（非门）电路。当输入 A 为低电平时，输出 Y 为高电平；而输入 A 为高电平时，输出 Y 则为低电平，如图 29.4 所示。

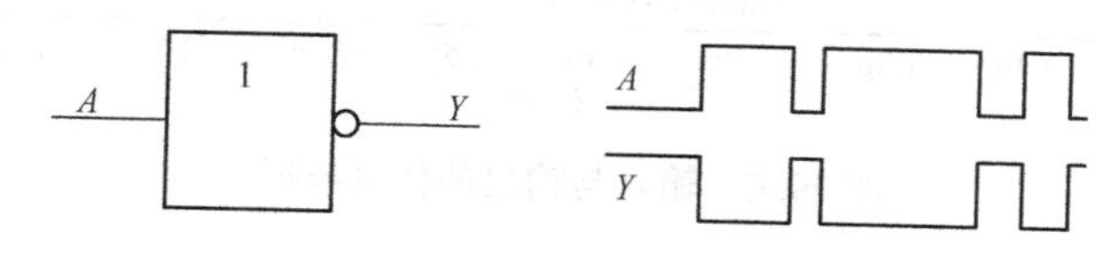

图 29.4　非门逻辑

理想的开关应该能够实时响应输入信号（开关的速度足够快），我们使用图 29.5 所示的三极管开关仿真电路仿真一下。

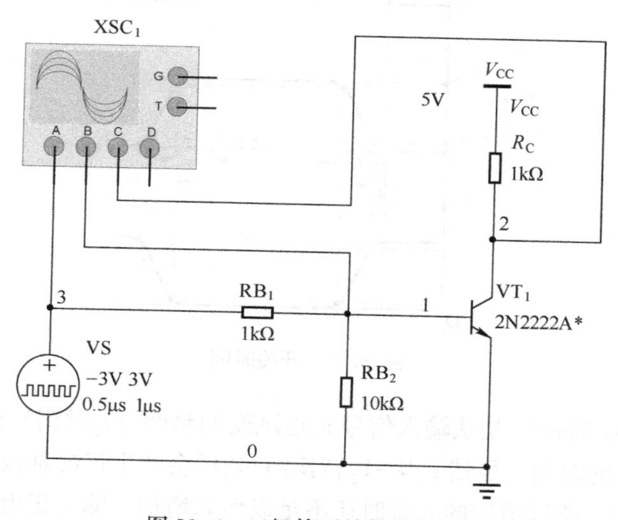

图 29.5　三极管开关仿真电路

由于给开关电路（RTL 反相器）输入的是**正**峰值为+3V、**负**峰值为-3V 的方波，那么理论上 VT_1的集电极输出的也应该是方波，只不过两者是反相关系而已。实际的输入与输出的仿真波形如图 29.6 所示。

从图 29.6 中可以看到，集电极的输出电压已经不再是方波了，而且脉冲宽度比输入的方波信号要窄很多，这是由于三极管的开关时间参数引起的，具体包含延迟时间 t_d、上升时

间 t_r、存储时间 t_s 与下降时间 t_f，它们的定义如图 29.7 所示。

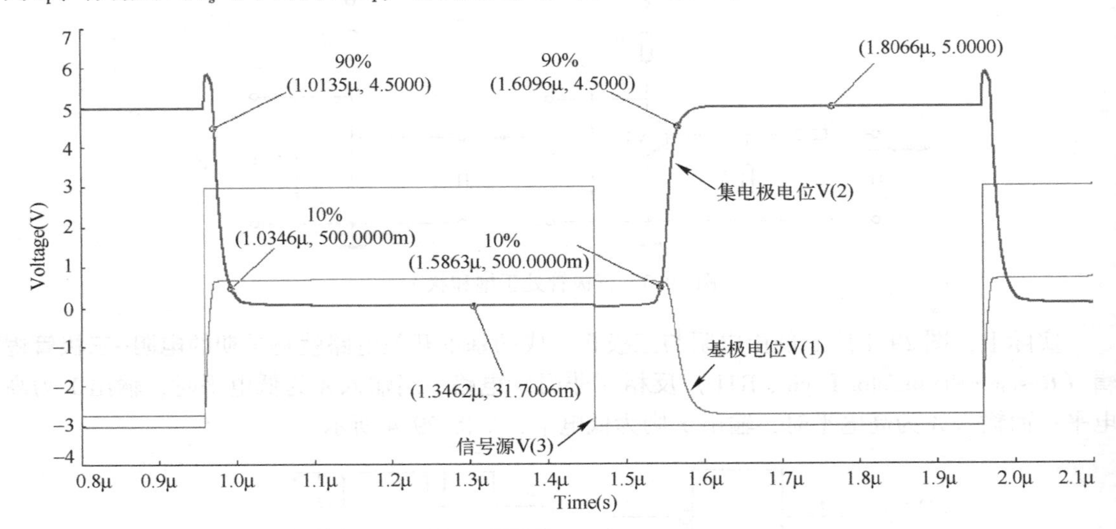

图 29.6 输入与输出的仿真波形

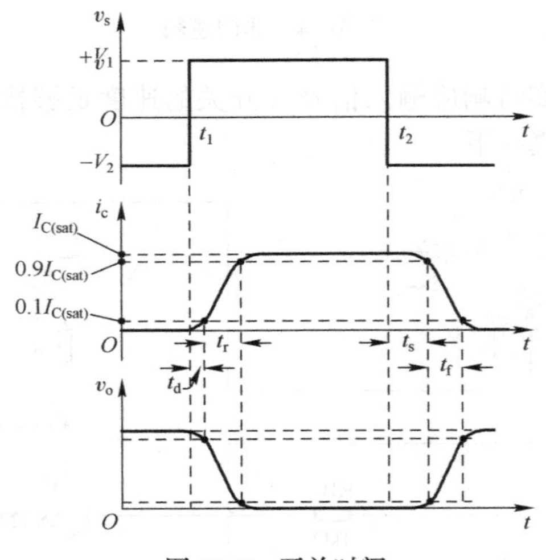

图 29.7 开关时间

延迟时间（Delay Time）是从输入信号 v_S 正跳变的瞬间（t_1 时刻）到集电极电流 i_C 上升至 $0.1I_{C(sat)}$ 时所需要的时间。虽然 v_S 从 $-V_2$ 转换到 $+V_1$ 后会产生正向基极电流 i_B，但此时发射结仍然处于反偏状态，所以增加的 i_B 暂时还不足以使 i_C 增加。输入正电压使多数载流子进入空间电荷区并与部分正负离子中和（相当于对 PN 结电容进行充电）而使空间电荷区逐渐变窄，发射结开始转变为正偏状态的同时 v_{BE} 逐渐上升，只有当 v_{BE}>0.5V 时，发射区注入到基区的电子才会明显地增加并漂移到集电区而形成集电极电流 i_C。

上升时间（Rise Time）是 i_C 从 $0.1I_{C(sat)}$ 上升至 $0.9I_{C(sat)}$ 时所需要的时间，它来源于发射区高浓度电子注入到基区累积而建立的电子浓度差（靠近发射结一侧的浓度大，远离发射结一侧的浓度小），电子浓度差越大，可以扩散到集电结的电子越多，漂移到集电区而形成

的集电极电流也就越大，最终才能达到稳定值 $I_{C(sat)}$。

存储时间（Storage Time）是从 v_S 负跳变的瞬间（t_2时刻）到 i_C 下降至 $0.9I_{C(sat)}$ 时所需要的时间。开关电路中处于导通状态的三极管一般处于深度饱和状态，由于偏置电路的限制，发射区注入到基区的电子虽然多，但到达集电结被集电区收集的电子却少，而过多的电子在基区形成了超量电荷的存储。三极管的饱和深度越深，超量存储电荷也就越多。当 v_S 从 t_2 时刻负跳变到 $-V_2$ 时，基区积累的超量存储电荷不能立刻消散，所以 i_C 不能马上减小，只有经过一段**存储时间**使基区的超量存储电荷消散后，三极管才开始退出饱和状态，相应的 i_C 才会有明显下降。所以存储时间是三极管从饱和转化为临界饱和所需的时间，也就是超量电荷消散的时间。

下降时间（Fall Time）是 i_C 从 $0.9I_{C(sat)}$ 下降至 $0.1I_{C(sat)}$ 时所需要的时间。因为超量电荷消散后基区剩下的存储电荷消散也需要一定的时间。

三极管的这几个时间参数一般会标注在数据手册中，图 4.23 所示的型号为 2N2222A 的三极管的数据手册中也可以看到。注意测试条件中 $I_{Boff}=-15mA$，这说明测试信号是有正有负的（实际可能只是添加了一个负电压偏置），不同厂家的开关时间参数测试电路也会不一样，但定义还是大体相同的。我们把三极管从“截止”到“导通”所需要的时间称为开启时间，用符号 t_{on} 来表示，其值定义为延迟时间 t_d 与上升时间 t_r 的和；而把三极管从“导通”到“截止”所需要的时间称为关断时间，用符号 t_{off} 来表示，其值定义为存储时间 t_s 与下降时间 t_f 的和。通常 $t_{off}>t_{on}$，而 t_{off} 中起主要作用的是 t_s，所以缩短 t_s 对于提升三极管的开关速度是十分重要的，这一点我们很快可以看到。

当然，数字逻辑芯片（基于三极管的）对应的数据手册中体现的主要参数是传输延迟时间（Propagation Delay Time），它们的定义如图 29.8 所示。

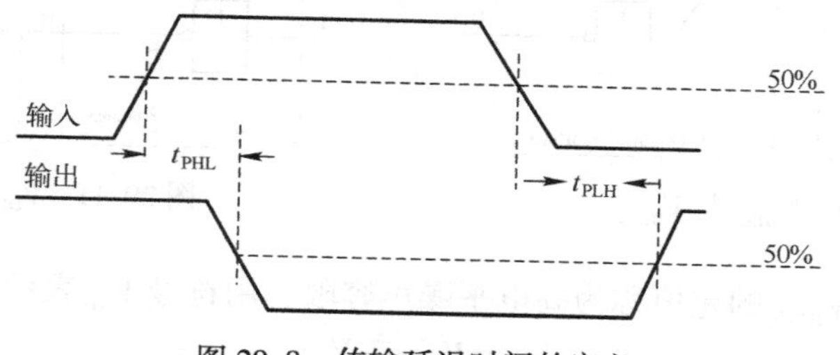

图 29.8　传输延迟时间的定义

从输入波形上升沿的中点到输出波形下降沿的中点所经历的时间为导通延迟时间 t_{PHL}，而从输入波形下降沿的中点到输出波形上升沿的中点所经历的时间为截止延迟时间 t_{PLH}，这两个延迟时间的平均值则为逻辑门的平均传输延迟时间 t_{PD}，即

$$t_{PD}=(t_{PHL}+t_{PLH})/2 \tag{29.1}$$

为了提高开关的反应速度，我们可以使用加速电容器或共集电极组态开关电路的方案，此处不再赘述，稍后会讨论其他更多提升速度的方案。在这之前需要解决一个问题：我们总是在说“低电平”与“高电平”，那么到底多大的电压算高电平？多小的电压才算低电平呢？这就要涉及数字逻辑系统中一个非常重要的概念：**噪声容限**（Noise Margin）。通俗地说，就是数字系统在传输逻辑电平时容许叠加在有用电平的噪声最大限制，它衡量数字逻辑

系统的抗干扰能力，如图 29.9 所示。

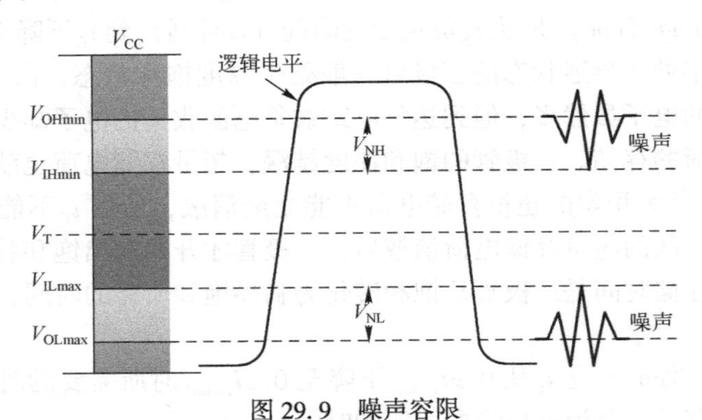

图 29.9　噪声容限

其中，V_{IH}（High-Level input voltage）表示输入高电平，而 V_{OH}（High-Level output voltage）表示输出高电平。V_T表示数字电路勉强完成翻转动作时的阈值电平，它是一个介于 V_{IL}与 V_{IH}之间的电压值。要保证数字逻辑认为外部给它输入的电平为“高”，则输入电平（也就是前级的高电平输出）的最小值 V_{OHmin}必须大于输入电平要求的最小值 V_{IHmin}，如图 29.10 所示。

同样，V_{IL}（Low-Level input voltage）表示输入低电平，而 V_{OL}（Low-Level output voltage）表示输出低电平。要保证数字逻辑认为外部给它输入的电平为“低”，则输入电平（也就是前级的低电平输出）的最大值 V_{OLmax}必须小于输入电平的最小值 V_{ILmax}，如图 29.11 所示。

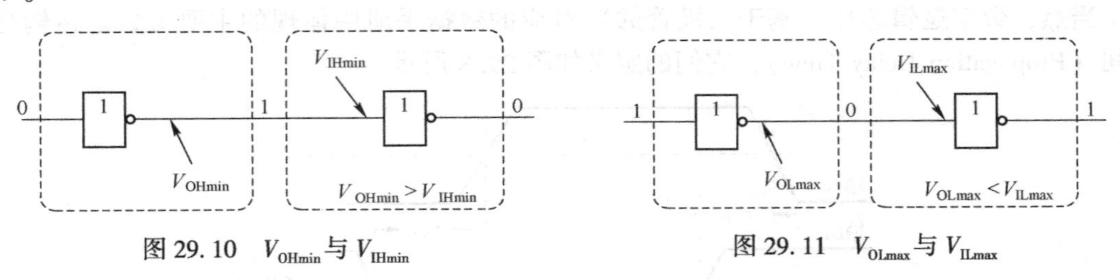

图 29.10　V_{OHmin}与 V_{IHmin}　　　　图 29.11　V_{OLmax}与 V_{ILmax}

我们把 V_{OHmin}与 V_{IHmin}的差值称为高电平噪声容限，用符号 V_{NH}表示，即

$$V_{NH} = V_{OHmin} - V_{IHmin} \tag{29.2}$$

把 V_{ILmax}与 V_{OLmax}的差值称为低电平噪声容限，用符号 V_{NL}表示，即

$$V_{NL} = V_{ILmax} - V_{OLmax} \tag{29.3}$$

噪声容限越大，在有用的逻辑电平上也就容许叠加更大的噪声，也就是抗干扰能力越强。例如，当前一级的输出为高电平时，它的最小值应该是 V_{OHmin}，那么即使被幅值不超过 V_{NH}的噪声干扰（叠加），后一级输入的电平仍然不会小于 V_{IHmin}，这样也就能够保证电平传输后不会被后一级误判为低电平。

然而，RTL 电路现如今已经不再使用，因为输入电压越高，三极管 C-E 之间的导通就越充分，从而输出电压就会越低。也就是说，逻辑输出电压会受输入电压的影响，v_I必须保证三极管能够充分截止或饱和，这样才能保证下一级的逻辑电路能够正常判断，这是我们不愿意看到的。另外，RTL 电路的输入电压 V_{IH}（约 0.6V）与 V_{IL}之间相差不大，这对于电路

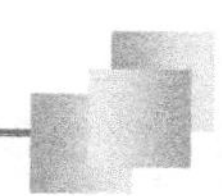

的抗干扰能力是非常不利的，所以就发展出**二极管-三极管逻辑**（Diode-Transistor Logic，DTL）电路，相应的与非门逻辑电路（只有一个输入端，其就是非门）如图29.12所示。

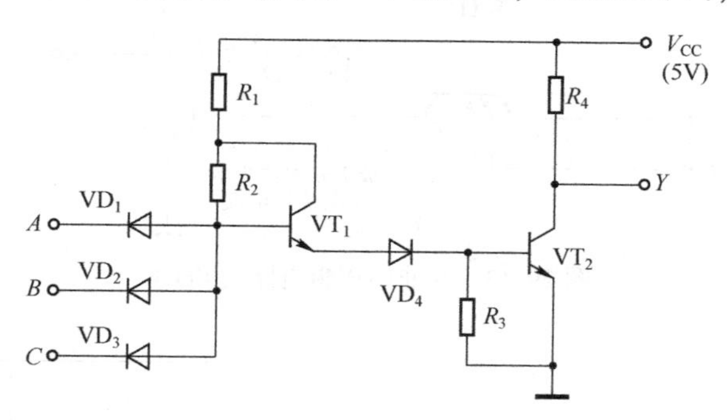

图29.12　与非门逻辑电路（DTL）

图29.12中的二极管VD_1、VD_2、VD_3与电阻R_1、R_2组成**与**逻辑，VT_1与VD_4利用二极管具有一定正向导通电压的特性提升输入高电平V_{IH}（也就是我们所说的电平移位），这样可以提升输入低电平时的抗干扰能力，而且当输入为高电平时，VT_1的电流放大作用可以给VT_2的基极注入更多的电流，有利于减小VT_2的开启时间。VT_2与R_4组成**非**逻辑，R_3为基极回路释放电阻，当VT_2从饱和状态切换到截止状态时，其给基区存储电荷提供一个释放回路，可以加快基区存储电荷的释放速度，有利于减小VT_2的关断时间。

当输入A、B、C任意一个为低电平（如0.3V）时，VT_1的基极电位将被钳位至约0.9V，由于VT_1的基极与地之间存在二极管VD_4与VT_1、VT_2的发射结，0.9V的电压不足以使它们都导通，所以输出电压为高电平（空载的情况下为5V）。

当输入A、B、C均为高电平（如5V）时，VD_1、VD_2、VD_3因反偏而截止，VT_1、VD_4、VT_2均处于导通状态，VT_1的基极电位为3个PN结的正向压降之和（约1.8V），此时VT_1处于放大状态，VT_2处于饱和状态，输出为低电平（约0.3V）。

虽然DTL电路的结构对开关速度有一定的提升，但提升的还是远远不够的。在VT_2从饱和状态转换到截止状态的过程中，由于VT_2原来处于饱和状态，基区存在的超量存储电荷只能通过电阻R_3释放，只有当超量电荷释放完毕后，VT_2才开始退出饱和状态并过渡到放大状态，直到进入截止状态后，输出才能从低电平转变到高电平。由于处于饱和状态的VT_2的存储时间大，所以限制了DTL逻辑的开关速度。虽然可以通过减小R_3的阻值使存储电荷更快地释放，但这样会使得VT_1提供给VT_2的正向基极驱动电流下降，提升开启时间，甚至会使VT_1不完全饱和而使低电平过高。

为了进一步提升电路的工作速度，推出了基本**晶体管-晶体管逻辑**（Transistor-Transistor Logic，TTL）电路，相应的与非门逻辑电路如图29.13所示。

基本TTL电路采用多发射极三极管VT_1代替DTL电路中的VD_1、VD_2、VD_3，它在功能上相当于3个三极管，只不过它们的基极和集电极分别并联在一起，而发射极分别作为电路的输入端，如图29.14所示。

在基本TTL与非门电路中，当输入A、B、C均为高电平时，处于**倒置**放大状态的VT_1产生的集电极电流给VT_2提供正向基极驱动电流，VT_2饱和后输出为低电平（约0.3V）。当

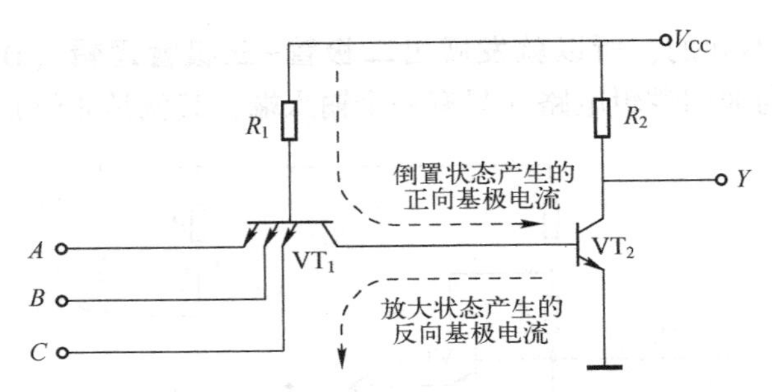

图 29.13　与非门逻辑电路（TTL）

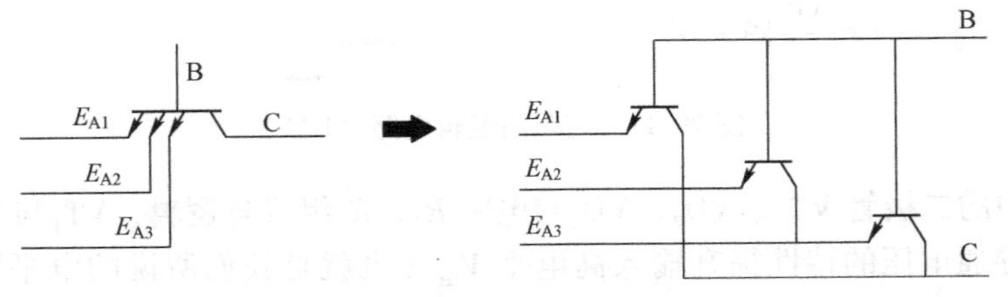

图 29.14　多发射极三极管

输入 *A*、*B*、*C* 中的任意一个为低电平时，VT_1连接低电平的发射结处于正向偏置状态，电源V_{CC}通过 R_1与 VT_1正向偏置的发射结向低电平的信号端注入电流，VT_1的集电极电流因流向发射极而成为 VT_2的反向基极电流，使得 VT_2从饱和状态转变到截止状态时，基区存储的超量电荷很快被反向基极电流拉走，从而加快了 VT_2基区存储电荷的消散并使其迅速截止，这样也就提高了逻辑电路的开关速度。

虽然基本 TTL 电路的开关速度有了一定的提升，但是在实际应用时，逻辑电路的输出总是会驱动一个或（并联）多个负载。如果驱动的负载超出了逻辑电路的能力范围，则输出电平将无法保持在允许的范围内，这就是逻辑电路的带负载能力，它主要包含灌电流（Sink Current）能力与拉电流（Source Current）能力。

当反相器输出低电平时，负载电流 i_{RL}将从负载流入反相器，此时三极管的集电极电流 $i_C=i_{R2}+i_{RL}$，如图 29.15 所示。

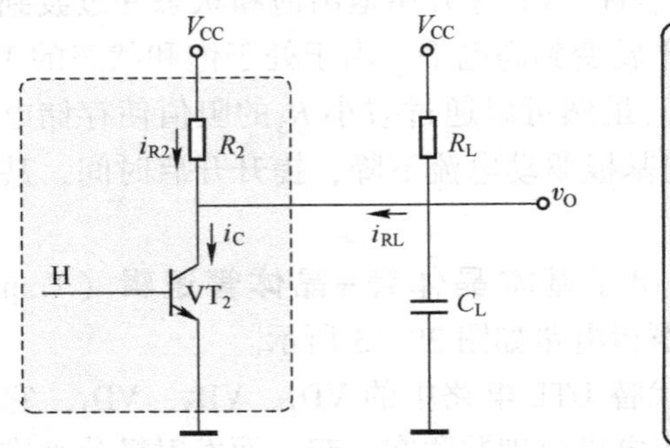

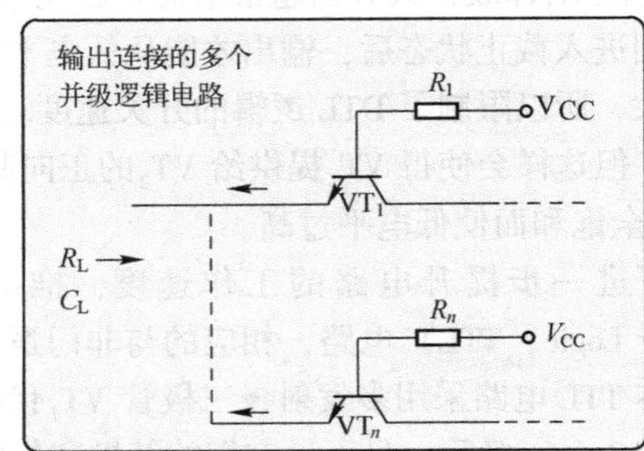

图 29.15　灌电流负载

图 29.15 中，R_L表示后级并联负载的等效电阻，它可以是输出连接的一个或多个并联的逻辑电路，而 C_L表示线路上分布电容器与（连接的逻辑电路输入端呈现的）负载电容器的

总和，此时逻辑电路输出的低电平如下式：

$$V_{OL}=V_{CC}-(I_{R2}+I_{RL})\times(R_2\parallel R_L)=V_{CC}-i_C\times(R_2\parallel R_L)\tag{29.4}$$

当反相器并联的负载越来越多时，等效负载电阻 R_L就会越来越小，集电极电位将会越来越高。当后级并联的电路足够多时，三极管将退出饱和状态而进入放大状态，此时逻辑电路输出的低电压 V_{OL}将大于后级电路允许的 V_{ILmax}，后级电路可能无法正确判断该电平。也就是说，输出连接的负载过重而破坏了逻辑电路输出的低电平，而我们把逻辑电路能够连接同类型逻辑电路（例如 TTL 驱动 TTL，DTL 驱动 DTL）的个数称为负载能力，也称为扇出（Fanout）系数。

同样，当输出为高电平时，负载电流 i_{RL}由反相器流向负载，此时集电极电流 $i_C=i_{R2}-i_{RL}$，如图 29.16 所示。

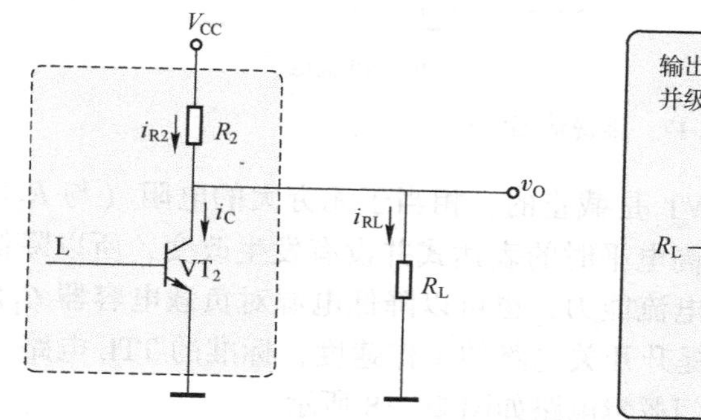

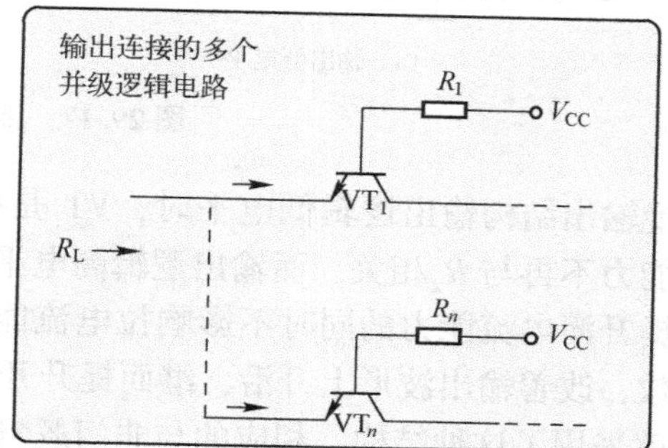

图 29.16　拉电流负载

逻辑电路输出的高电平如下式：

$$V_{OH}=V_{CC}\times\frac{R_L}{R_L+R_2}\tag{29.5}$$

同样，当后级电路的并联数量越来越多时，R_L等效电阻就会越来越小，集电极电位会越来越低。当后级并联的电路足够多时，输出高电平将会小于后级电路允许的 V_{IHmin}，后级电路同样可能无法正确判断该电平。

很多读者分不清“拉电流”与“灌电流”，其实很简单，如果一个电路向某个节点提供正电流（可以理解为流入该节点），即为**拉**，反之则为**灌**。对于反相器而言，灌电流负载的电流方向从负载流向反相器，拉电流负载的则恰好相反，它们只是电流的流向不同。

从式（29.4）中可以看到，要提高反相器的低电平负载能力，最好增加电阻 R_2，这样三极管越不容易退出饱和区（这是好事）。然而，当输出由低电平转换为高电平时，过大的 R_2将会使得电源对负载电容器 C_L的充电时间常数加大，输出波形的上升沿将变得缓慢，继而影响工作速度的提升。另一方面，从式（29.5）中可以看到，要提升逻辑高电平的负载能力，则最好减小电阻 R_2，这样负载 R_L两端的分压就会越大（V_{OH}越大）。在实际应用中，逻辑低电平输出负载的能力与逻辑高电平输出负载的能力都需要加强，然而很明显，这两种对 R_2的变更要求在基本 TTL 电路的输出级（也就是反相器）中是一个矛盾的关系（提升低电平负载能力需要增加 R_2，而提升高电平负载能力需要减小 R_2）。

既然问题已经出现了，咱还是得想办法去解决。为了化解面临的这个难题，我们可以使用推挽结构，如图 29. 17 所示。

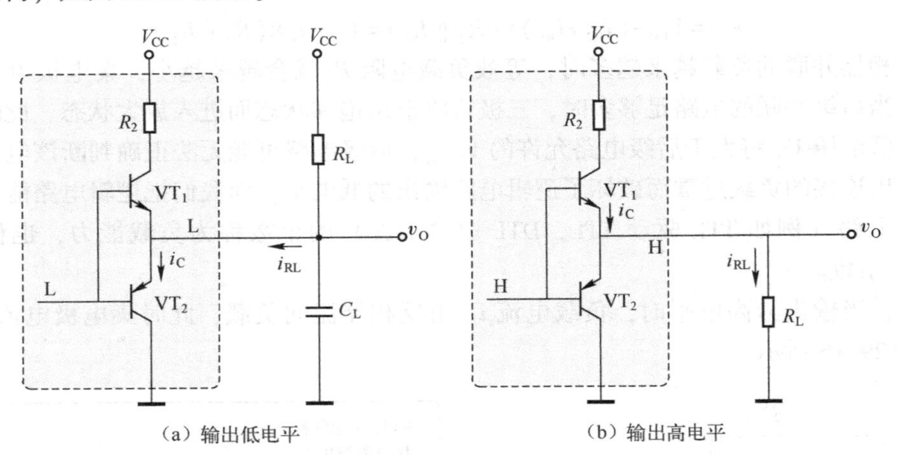

图 29. 17　推挽输出结构

推挽输出结构输出逻辑低电平时，VT_1是截止的，相当于无穷大的电阻（与 R_2串联），灌电流能力不再与 R_2相关，而输出逻辑高电平时的表达式并没有发生改变，所以降低 R_2就可以在提升灌电流能力的同时不影响拉电流能力，也可以降低电源对负载电容器 C_L的充电时间常数，改善输出波形上升沿，继而提升开关电路的工作速度，标准的 TTL 电路（74XX 系列）就采用了这种结构，相应的与非门逻辑电路如图 29. 18 所示。

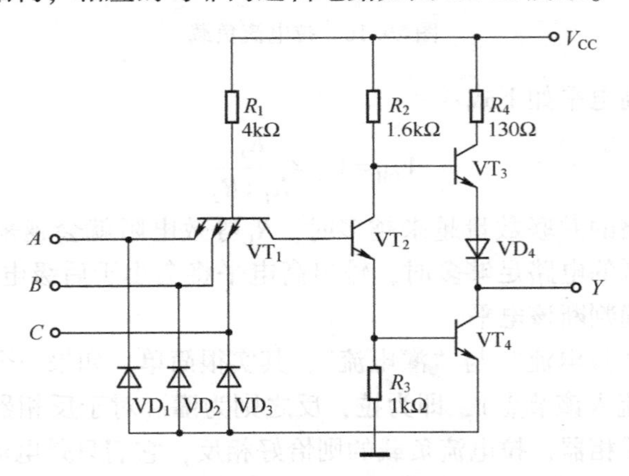

图 29. 18　标准 TTL 与非门逻辑电路

标准 TTL 与非门逻辑电路中增加了 VT_2、R_2、R_3组成的中间倒相级，它把输入信号分为相反的两路信号，然后再驱动由 VT_3、VT_4组成的推挽式共集电极组态的开关电路（与我们介绍的两相放大电路加射随缓冲器的结构完全一致），这样从输出端看到的等效电阻将会很小，可以增强带负载能力与提高工作速度，R_4为限流电阻的同时也可以降低功耗。输入端反向并联的 VD_1、VD_2、VD_3用来限制输入负电压，如果输入端因干扰或电容充放电所产生的负电压过大，二极管就会导通并将输入电位钳位到约-0. 6V 而保护 VT_1，而当输入信号为正时，二极管处于截止状态而不起作用。

当任意一个输入端为低电平（如0.3V）时，必然有电流由电源 V_{CC} 经电阻 R_1、VT_1 发射结注入低电平输入端，使 VT_1 的基极电位 v_{B1} 钳位至约0.9V，而 VT_1 的集电极电流是电源 V_{CC} 通过 R_2 在 VT_2 的集电结产生的反向漏电流，其数值非常小，所以 VT_1 将处于深度饱和导通状态，其饱和压降很小（约0.1V），此时 VT_2 的基极电位 $v_{B2} \approx 0.3V+0.1V=0.4V$，这并不足以使 VT_2 与 VT_4 导通，而 VT_3 的基极电位（约5V）则可以使 VT_3 与 VD_4 导通，此时的输出电压约为 $V_{CC}-V_{BE3}-V_{D4}=5V-0.6V-0.6V=3.8V$。

当输入均为高电平（如3.8V）时，VT_1 处于倒置状态给 VT_2 注入基极电流而使 VT_2、VT_4 依次饱和导通，此时 VT_1 的基极电位被钳位至约1.8V，VT_2 的集电极电位约为 $0.6V+0.3V=0.9V$（0.3V为 VT_2 的饱和压降），如图29.19所示。

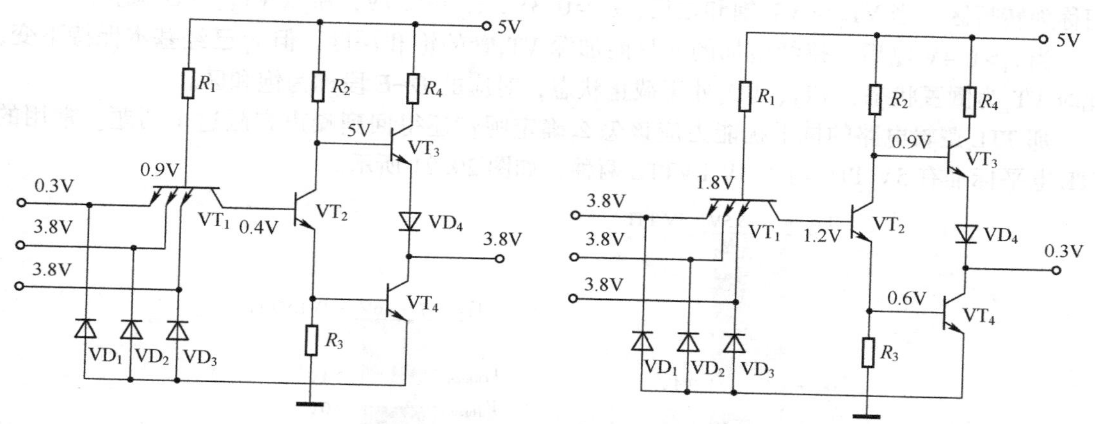

图29.19　TTL与非门逻辑电路的电位状态

另外，二极管 VD_4 起到电平移位的作用。如果没有 VD_4，输入全为高电平时，VT_3 也将因基极电位为0.9V而导通，也就是说，此时 VT_3 与 VT_4 会同时导通，使输出电压出现不确定现象。

为了能够深入理解后续的各种优化电路，我们有必要简单了解一下逻辑门的电压传输特性曲线，这可以在空载条件下测试逻辑门的输入与输出电压获得，如图29.20所示。

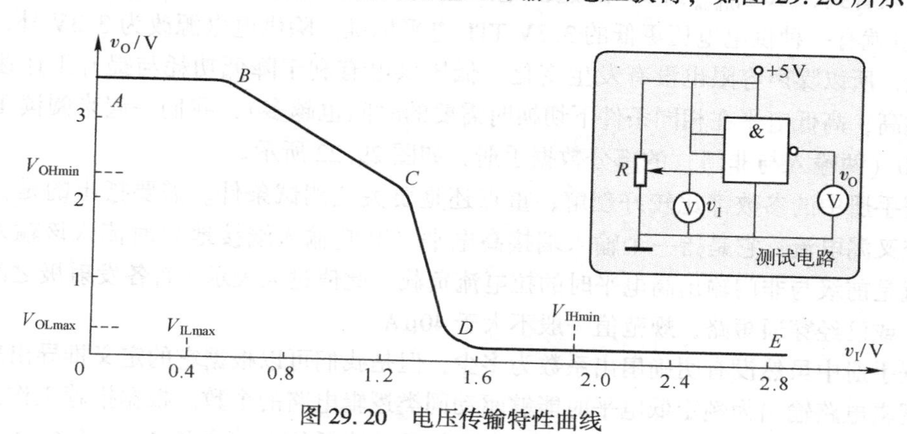

图29.20　电压传输特性曲线

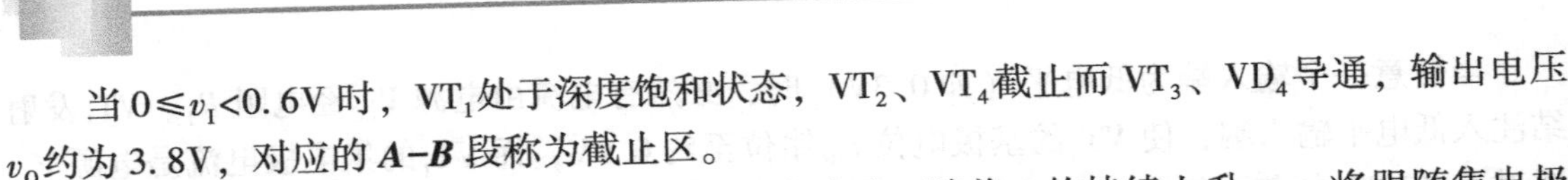

当$0 \leqslant v_I < 0.6V$时，VT_1处于深度饱和状态，VT_2、VT_4截止而VT_3、VD_4导通，输出电压v_O约为3.8V，对应的***A–B***段称为截止区。

当$v_I = 0.6V$时，$v_{B2} \approx 0.7V$，此时VT_2开始导通，随着v_I的持续上升，v_{C2}将跟随集电极电流i_{C2}的上升而下降，由于$v_O = v_{C2} - v_{BE3} - v_{D4}$，所以$v_O$也将随$v_{C2}$下降，但是在$v_I < 1.3V$之前，$v_{B2}$仍然会小于1.2V，$VT_4$仍然还是处于截止状态，对应的***B–C***段称为线性区。

当$v_I > 1.3V$后，$v_{B4} \approx 0.6V$，$v_{B2} \approx 1.2V$，此时VT_2、VT_3、VT_4均处于放大状态。当v_I持续增加时，流过电阻R_1的电流全部流向VT_1的集电极（而不是发射极，因为VT_1开始处于倒置状态），从而导致VT_2迅速饱和，这样一方面使v_O跟随v_{C2}迅速下降，另一方面使VT_4迅速饱和的同时导致v_O迅速下降到低电平0.3V，这两个因素是使***C–D***段下降非常快的原因，我们称为转折区。当VT_2与VT_4饱和之后，$v_O = 0.3V$，$v_{C2} \approx 0.9V$，所以VT_3、VD_4截止。

当$v_I > 1.4V$以后，持续增加的v_I只能加深VT_4管的饱和深度，但v_O已经基本保持不变，此时VT_1为倒置状态，VT_3、VD_4处于截止状态，对应的***D–E***段称为饱和区。

那TTL逻辑电路的抗干扰能力应该怎么确定呢？还得回到噪声容限这个话题。常用的TTL电平标准有5V TTL与3.3V LVTTL两种，如图29.21所示。

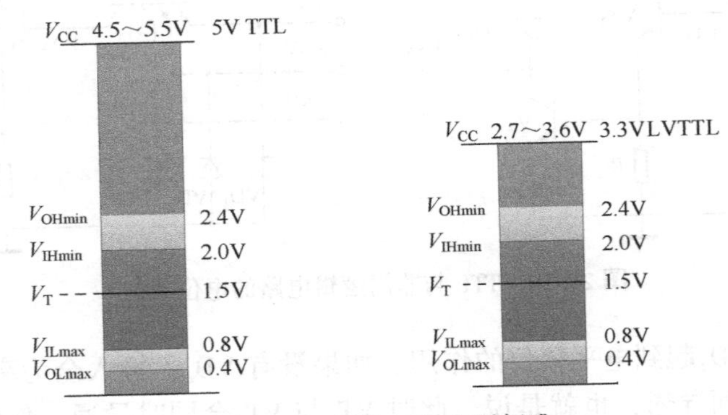

图29.21　两种TTL电平标准

根据式（29.2）与式（29.3），5V TTL电平标准的低电平与高电平噪声容限都为0.4V，我们也可以看到，从V_{OHmin}到5V的这段电压空间对噪声容限的提升没有什么贡献（浪费了），所以就有一种供电电压更低的3.3V TTL电平标准。除供电电源改为3.3V外，其他都没有改变，所以噪声容限也没有发生变化。低压供电有利于降低功耗与提升工作速度（因为电压越高，高低电平在相同条件下切换时需要的时间也越多），我们一起来阅读TTL逻辑芯片7400（两输入与非门）的部分数据手册，如图29.22所示。

数据手册中的参数都比较好理解，重点还是要关注测试条件。需要指出的是，I_{IH}也称为输入交叉漏电流，它是指一个输入端接高电平（其它输入端接地）时流入该输入端的电流，也就是前级与非门输出高电平时的拉电流负载，此值过大表示VT_1各发射极之间的漏电流过大，或已经穿通短路，规范值一般不大于40μA。

数据手册中虽然没有明确扇出系数为多少，但是我们可以根据它的定义推导出来，它是在保证逻辑电路输出为额定低电平时能够驱动同类逻辑电路的个数。根据推荐工作条件，输出低电平时的最大电流$I_{OL} = 16mA$，而输入低电平时消耗的大值电流$I_{IL} = -1.6mA$（负号表

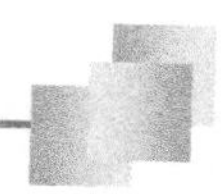

推荐工作条件（Recommended Operating Conditions）

符号	参数	测试条件	最小值	典型值	最大值	单位
V_{CC}	供电电源	—	4.75	5.0	5.25	V
V_{IH}	输入高电平电压	—	2	—	—	V
V_{IL}	输入低电平电压	—	—	—	0.8	V
I_{OH}	输出高电平电流	—	—	—	-0.4	mA
I_{OL}	输出低电平电流	—	—	—	16	mA
T_A	工作环境温度	—	0	—	70	℃

电气特性（Electrical Characteristics）

符号	参数	测试条件	最小值	典型值	最大值	单位
V_{IK}	输入箝位电压	V_{CC}=4.75 V, I_I=-12mA	—	—	-1.5	V
V_{OH}	输出高电平电压	V_{CC}=4.75 V, V_{IL}=0.8 V, I_{OH}=-0.4 mA	2.4	3.4	—	V
V_{OL}	输出低电平电压	V_{CC}=4.75 V, V_{IH}=2 V, I_{OL}=16 mA	—	0.2	0.4	V
I_I	输入电流	V_{CC}=5.25 V, V_I=5.5 V	—	—	1	mA
I_{IH}	输入高电平电流	V_{CC}=5.25 V, V_I=2.4 V	—	—	40	μA
I_{IL}	输入低电平电流	V_{CC}=5.25 V, V_I=0.4 V	—	—	-1.6	mA
I_{OS}	输出短路电流	V_{CC}=5.25 V	-18	—	-55	mA
I_{CCH}	电源电流（输出高电平）	V_{CC}=5.25 V, V_I=0 V	—	4	8	mA
I_{CCL}	电源电流（输出低电平）	V_{CC}=5.25 V, V_I=4.5 V	—	12	22	mA

开关时间（Switching times）

符号	参数	测试条件	最小值	典型值	最大值	单位
t_{PLH}	截止传输延迟	R_L=400Ω, C_L=15pF	—	11	22	ns
t_{PHL}	导通传输延迟		—	7	15	ns

图 29.22 7400数据手册（部分）

示电流方向），所以低电平扇出系数最小约为16mA/1.6mA=10。当然，还有高电平扇出系数，即I_{OH}/I_{IH}=0.4mA/40μA=10，也就是说，图29.22所示数据手册对应的逻辑电路的扇出系数为10。如果计算出来的两个扇出系数不一致，将较小值作为扇出系数即可，规范值一般不小于8。

尽管标准TTL逻辑电路的输出级添加了电平移位二极管VD_4，但是在输出端从低电平向高电平转换的瞬间，从电源V_{CC}经R_3、VT_3、VD_4、VT_5仍然会有瞬态大电流，这使得VD_4的PN结存储了大量电荷，由于在电路结构上没有电荷释放回路，这些电荷只能靠本身的复合而消失，这必将影响到电路的开关速度，改进后的HTTL（高速TTL，74HXX系列）与非门如图29.23所示。

HTTL与非门采用VT_3与VT_4构成的达林顿管，VT_4的发射结同样起到了电平移位的作用，由于$V_{CB4}=V_{CE3}>0$，所以VT_4总是不会进入饱和状态，这样VT_4导通时基区的存储电荷也会大大减少，而且VT_4还有基区电荷释放电阻R_5，使得电路的平均传输延迟时间t_{PD}下降，从而也就提高了电路的工作速度。另外，达林顿管射随器的电流增益大，输出电阻小，有利于对负载电容的充电，提高了开关速度的同时也增强了电路高电平时的负载能力。

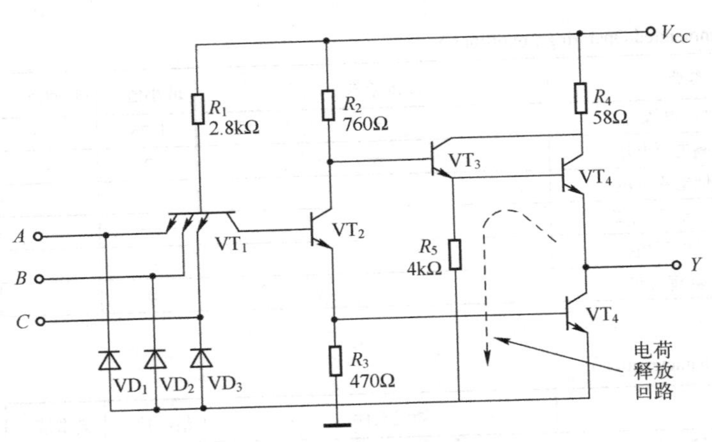

图 29.23　改进后的 HTTL 与非门

同时我们也可以看到，VT_5的基极回路仅由电阻R_3构成，当v_I>0.6V 时，VT_2便开始导通，其集电极电位V_{C2}开始下降，而此时VT_5还未导通（对应电压传输特性曲线 ***B-C*** 段），这将使电路的抗干扰能力下降，而且在电路导通的瞬间，由于R_3的存在分走了部分驱动VT_5的基极电流，从而使下降时间延长。为了解决这些问题，进一步修改后的电路如图 29.24 所示。

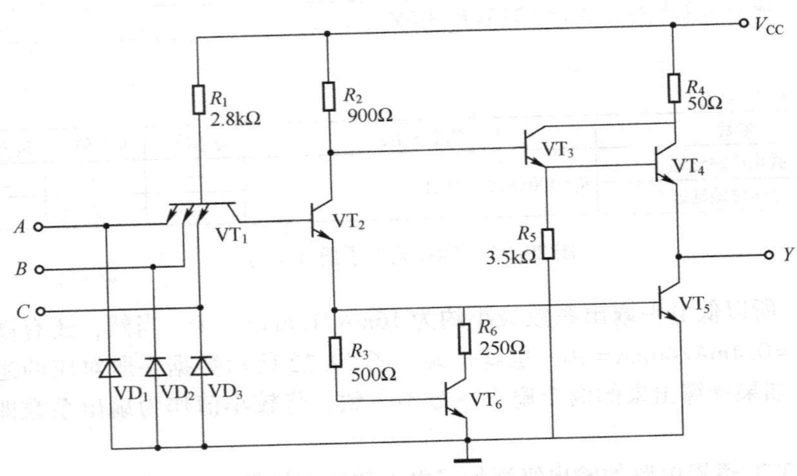

图 29.24　进一步修改后的电路

我们使用R_3、R_6、VT_6释放电路代替原来的R_3，由于R_3的存在，VT_6会比VT_5晚一些导通，所以VT_2的发射极电流将全部注入VT_5的基极，使VT_2与VT_5几乎同时导通，改善电压传输特性，从而提高对低电平输入的抗干扰能力，如图 29.25 所示。

而当VT_5饱和导通之后，VT_6也将逐渐导通并进入饱和状态，此时对VT_5的基极驱动电流进行分流将使得VT_5的饱和度变浅，这样超量存储的电荷将会减小，VT_5退出饱和状态的速度也将得到进一步提升。另外，在VT_2截止的瞬间，由于VT_6的基极没有释放回路，所以它会比VT_5晚一些截止，使得VT_5有一个很好的泄放回路而很快脱离饱和状态，提升电路的工作速度。

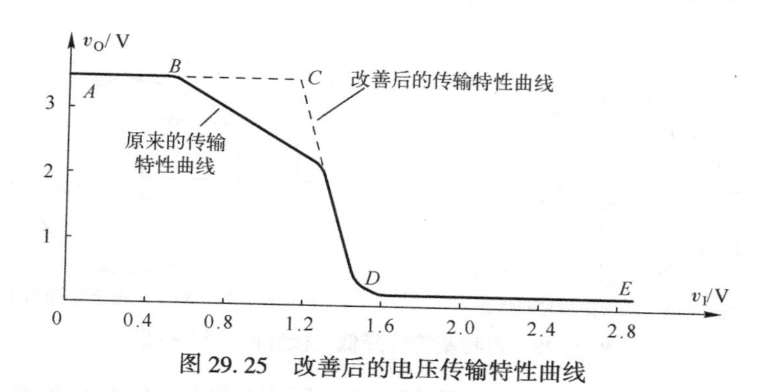

图 29.25 改善后的电压传输特性曲线

释放电路提升的工作速度主要来源于改善驱动 VT_5 的基极电流，换句话说，它是用来改善上升时间与下降时间的。但是，从我们前面讨论开关时间可以看到，存储时间才是影响开关时间的“大头”，而降低存储时间最有效的手段还是要减小三极管的饱和深度，然而在图 29.24 所示的电路中，除 VT_4 以外的所有三极管都会进入饱和状态，所以通常我们把可能会进入饱和区的三极管都使用肖特基箝位三极管（Schottky-Clamped Transistor，SCT）来代替，如图 29.26 所示。

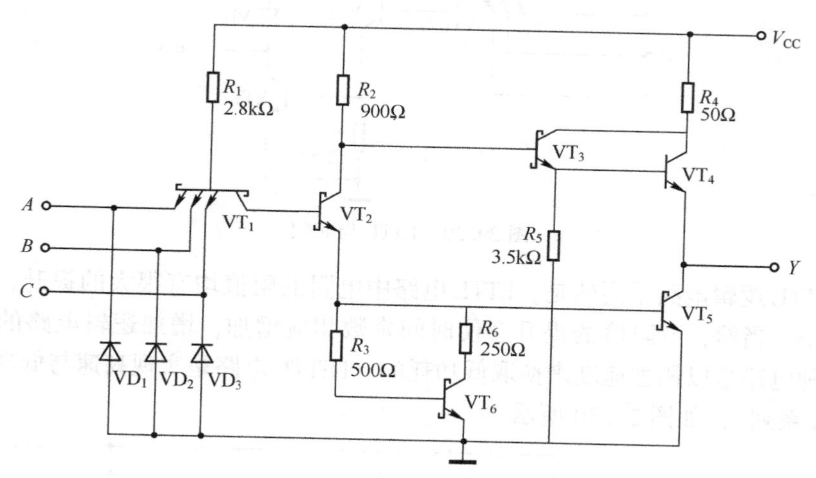

图 29.26 采用 SCT 的 HTTL 与非门（74SXX 系列）

我们已经提过，肖特基二极管的正向压降较低（约 0.3V，这里假设为 0.25V），SCT 的原理图符号如图 29.27 所示。

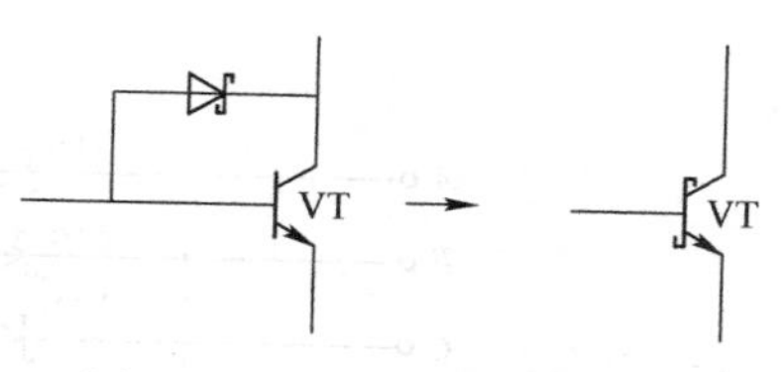

图 29.27 SCT 的原理图符号

当 SCT 的基极有电流且其尚未进入饱和状态时，集电极的电位较高，肖特基二极管反向偏置，对电路的工作无影响。当 SCT 的基极电流增大而进入饱和状态后，肖特基二极管使一部分基极电流分流，并将集电极电位箝位至比基极电位小 0.25V，这样 SCT 的集电极-发射极之间的压降比普通三极管会高一些，从而降低了三极管的饱和深度（浅饱和状态），减小了存储时间，提高了开关速度，如图 29.28 所示。

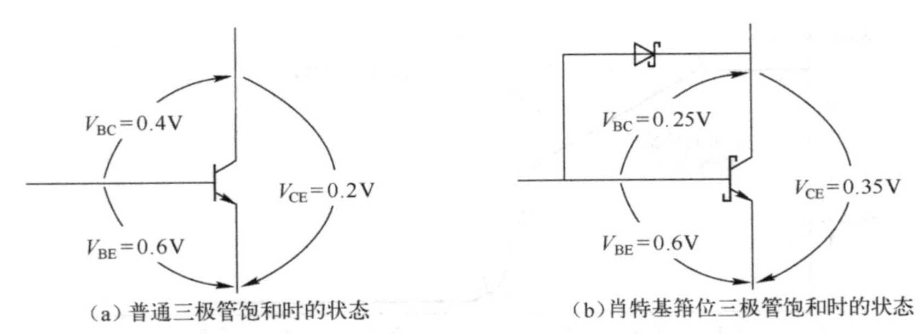

图 29.28　肖特基箝位降低三极管的饱和深度

到目前为止，虽然我们一直在优化开关速度方面下了功夫，但有些场合下也会注重低功耗。降低功耗最简单的思路就是加大电阻值（74LXX 系列），如图 29.29 所示。

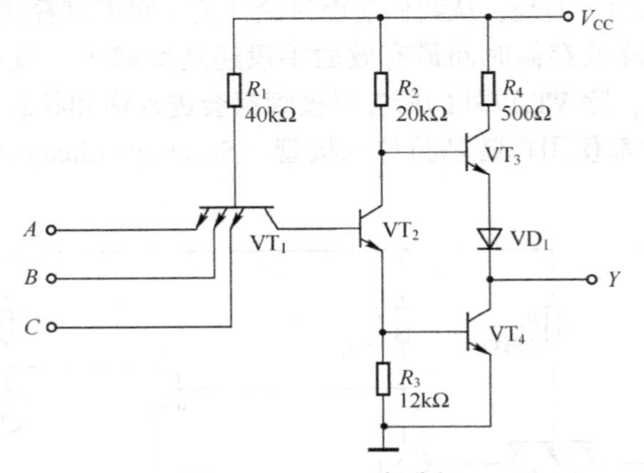

图 29.29　LTTL 与非门

与标准 TTL 逻辑电路不同的是，LTTL 电路中电阻的阻值均有很大的提升，所以供电电流的需求很小。当然，电阻值的提升会使时间常数相应增加，增加逻辑电路的平均传输时间，所以这种电路是以牺牲速度来换取低功耗的。LSTTL 电路是实现高速与低功耗的良好结合（74LSXX 系列），如图 29.30 所示。

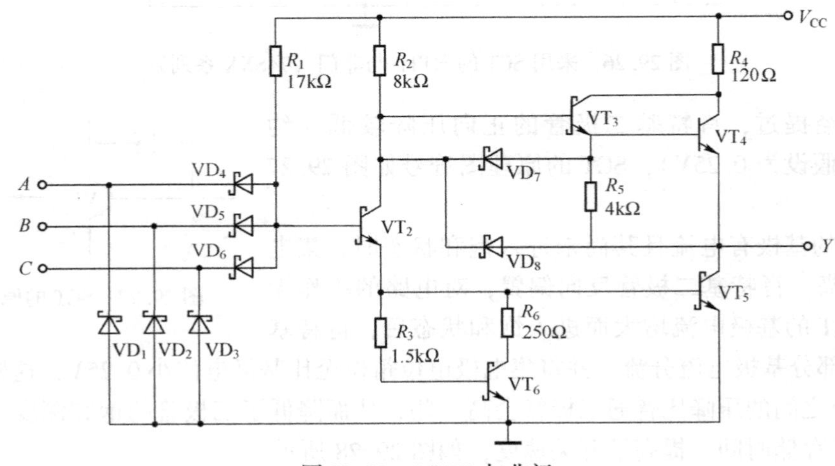

图 29.30　LSTTL 与非门

为了降低电路的功耗，LSTTL 电路（相对于 LTTL）内部的电阻值有所下降。同时将电阻 R_5 由原来的接地改为与输出端连接，这样当 VT_3、VT_4 导通时，VT_3 的发射极电流将全部流入负载，增加拉电流能力，而当 VT_2、VT_5 导通时，抬高了 VT_3 发射极的电位并使其趋于截止，降低电路的功耗。由于肖特基二极管的存储电荷少，开关时间短，输入级采用它组成与逻辑可以缩短电路的传输时间。另外，为了提升电路的开关速度，VT_2 的集电极与输出之间连接了两个肖特基二极管 VD_7、VD_8，可以起到加速驱动 VT_5 饱和及加快 VT_4 存储电荷的泄放，有利于提高电路的开关速度。

虽然前面讨论的逻辑电路似乎都提倡应该同时具有一定的灌电流与拉电流能力，但是在有些应用场合下，只有一种电流能力可能会更方便应用。例如，我们的系统包含单片机与多个外围模块，每个外围模块都有一个显示不正常状态的输出反馈信号（正常工作时为高电平，异常工作时为低电平），然而现在单片机只有一个引脚可以用来检测状态，该怎么办呢？有人可能会说：把所有模块的状态反馈引脚连接在一起再接到单片机的引脚不就行了。好吧，听你的，我们来看看如图 29.31 所示的电路。

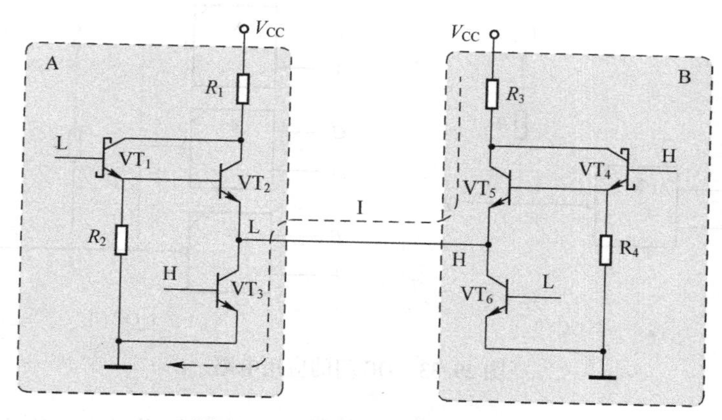

图 29.31　推挽结构的输出连接

由于门 A 与门 B（也就是模块的状态反馈输出电路）都有一定驱动高电平与低电平的能力，当它们的输出端直接相连时，只要输出电平不一样，就会从 V_{CC} 经 R_1（R_3）、VT_2（VT_5）、VT_6（VT_3）到地流过很大的电流，这不但会破坏输出的逻辑关系（我们称为“数据冲突”或“总线冲突”），严重的情况下可能会因电流过大而损坏 VT_3（VT_6）。

也就是说，当逻辑电路的输出电平各不相同时，多个推挽结构的输出端不可以直接相连，虽然我们可以使用多输入的与门逻辑（将模块的状态反馈信号进行与运算后再与单片机的引脚连接），但是集电极开路（Open Collector，OC）结构的逻辑门将会简化这类应用，其结构如图 29.32 所示。

与图 29.26 所示的电路非常相似，只不过 OC 门的输出结构没有驱动高电平的能力，所以在实际应用中必须外接一个上拉电阻，高电平由电源通过上拉电阻提供，多个 OC 门直接相连时可共用一个上拉电阻，如图 29.33 所示。

这种直接将输出端并联的方式称为线与（Wire AND），它可以省略额外的**逻辑与门**器件。在实际应用中，上拉电阻的阻值应适当选值。如果过小，则输出低电平时消耗的功率就

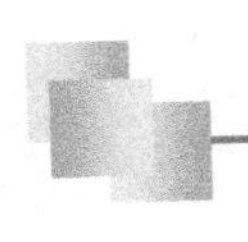

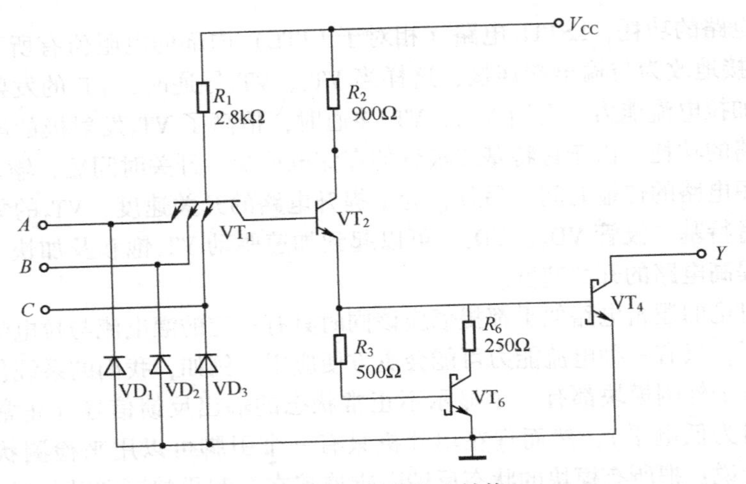

图 29.32　开集输出结构

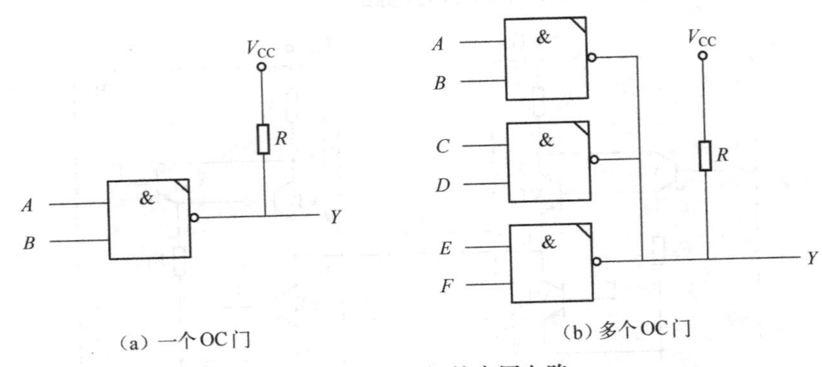

图 29.33　OC 门的应用电路

会过大，严重的情况下可能会烧坏逻辑电路内部的三极管；如果过大，则由于线上总会有一些分布电容，而实际的高低电平切换就是 RC 电路的充放电过程，这对于开关速度的提升是非常不利的。

当多个 OC 结构的输出端直接相连时，无论每个门的输出电平是怎么样的，流过三极管的电流都会被上拉电阻限制，而且也不存在数据冲突的问题，如图 29.34 所示。

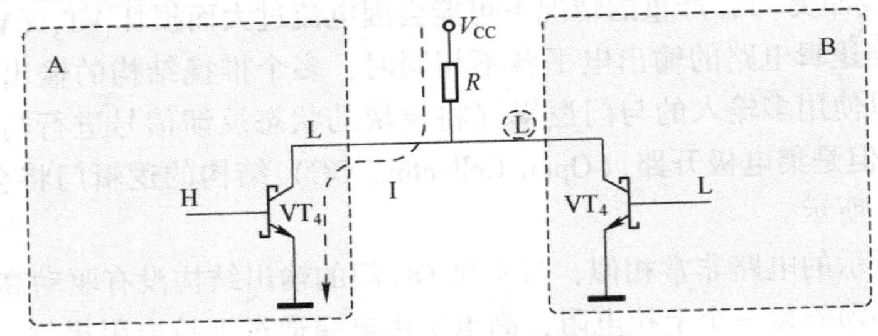

图 29.34　OC 门的输出连接

当然，对于输出端直接相连的情况，也可以选择三态（Three state 或 tri-state）逻辑门，它的输出同时具有驱动高电平与低电平的能力，但是有一点不同的是，这种驱动能力是可以

通过一个使能端（也称为片选）关闭的，关闭后的逻辑输出呈现高阻状态（也称禁止状态），相当于悬空。带使能的与非门结构如图 29.35 所示。

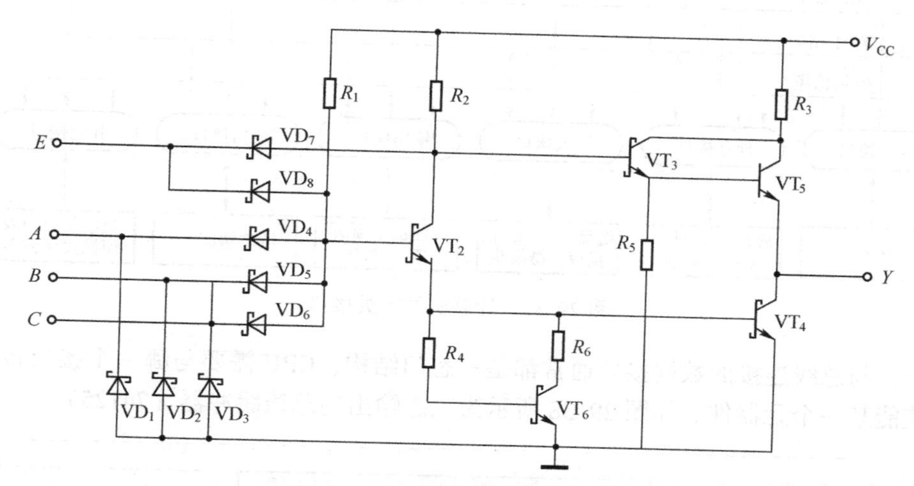

图 29.35　带使能的与非门结构

当使能端 E 为低电平时，二极管 VD_7、VD_8 导通，VT_2、VT_3 的基极电位均被箝位到约 0.3V 而处于截止状态，VT_4、VT_5 也因此而截止，输出为高阻状态 Z。当 E 为高电平时，二极管 VD_7、VD_8 截止，对其他部分的电路无影响，仍然是与非门逻辑电路。

多个逻辑输出使用同一条或多条数据线（总线）进行数据传输时，通常会使用三态门结构，它的基本应用电路原理如图 29.36 所示。

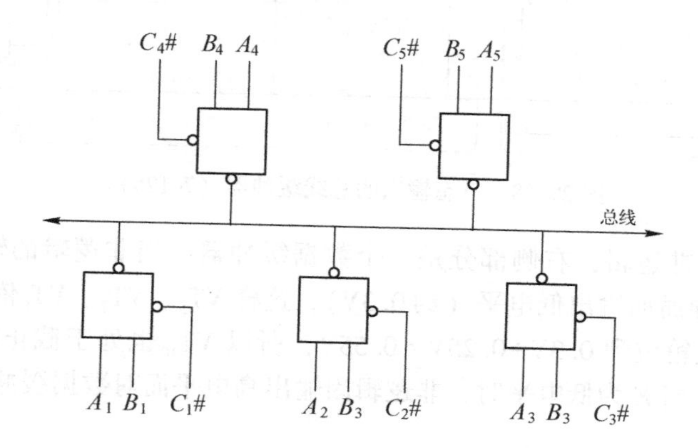

图 29.36　三态门与总线连接

三态门挂在同一条（总）线上时不需要上拉电阻，但是同一时刻只允许有一个发送端，所以当挂在总线上的多个元器件都需要发送数据时，只能轮流使能某个元器件，保证任意时刻最多仅有一个输出逻辑处于使能状态，避免出现高低电平直通引起的大电流损坏元器件，也称为**数据的分时传输**，计算机中的诸多外部设备也是通过一些具备三态逻辑门的接口芯片挂在总线上的，如图 29.37 所示。

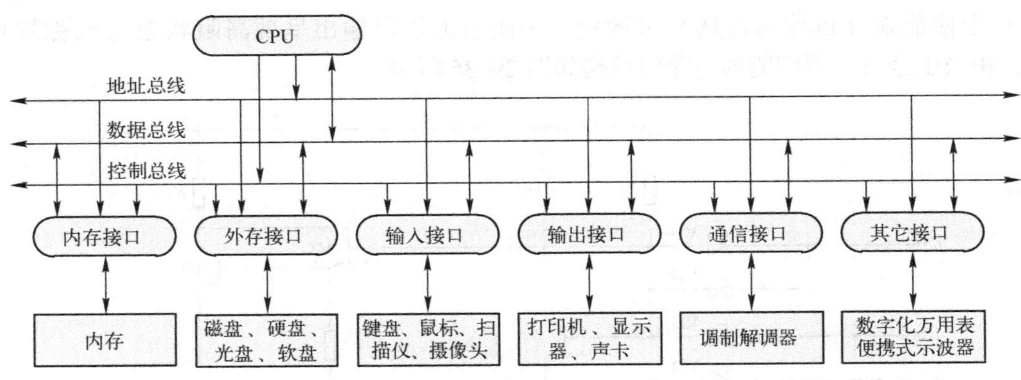

图 29.37　计算机的各类接口

其中，与总线连接的数据接口通常都是三态门结构，CPU 需要与哪一个接口传输数据，就会先使能某一个元器件。如图 29.38 所示为三态输出的总线缓冲器（74125）。

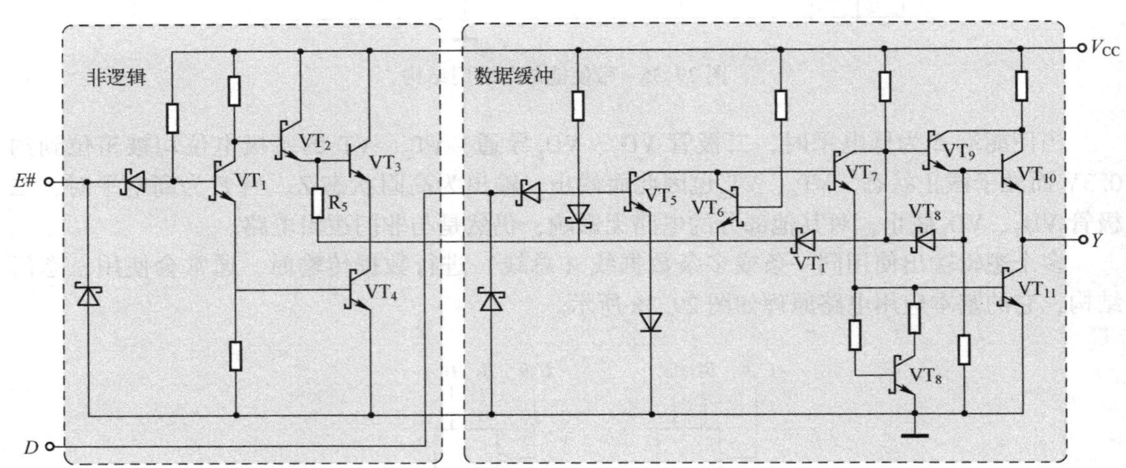

图 29.38　三态输出的总线缓冲器（74125）

左侧部分是一个非逻辑，右侧部分是一个数据缓冲器。当非逻辑的输入使能端 E 为高电平时，VT_1、VT_4导通而输出低电平（约0.3V），这样 VT_5、VT_7、VT_8依次截止，并且 VT_9的基极电位经 VD_1被箝位到 0.3V+0.25V=0.55V，所以 VT_{10}也处于截止状态，整个逻辑电路的输出为高阻态。当 E 为低电平时，非逻辑因输出高电平而对数据缓冲电路无影响。

参 考 文 献

1. Adel S. Sedra and Kenneth C. Smith. Microelectronic Circuits. 7th ed. New York：Oxford University Press，2014.
2. Paul Horiwitz and Winfield Hill. The art of Electronics. 3rd ed. Cambridge：Cambridge University Press，2015.
3. Donald A. Neamen. Microelectronics Circuit Analysis and Design. 4th ed. New York：McGraw Hill，2009.
4. Douglas Self. Audio Power Amplifier Design. 6th ed. London：Routledge，2016.
5. Eric Bogatin. Signal and power Integrity-Simplified. 3rd ed. London：Prentice Hall，2017.
6. Bruce Carter and Ron Mancini. Op Amps For Everyone. 5th ed. London：Newnes，2017.
7. Robert L. Boylestad and Louis Nashelsky. Electronic Devices and Circuit Theory. 11th ed. London：Prentice Hall，2012.
8. （日）铃目雅臣著，周南生译．晶体管电路设计（上）．北京：科学出版社，2018.
9. （日）市川裕一，青木胜著，卓圣鹏译．高频电路设计与制作．北京：科学出版社，2018.
10. 龙虎著．电容应用分析精粹：从充放电到高速 PCB 设计．北京：电子工业出版社，2019.

反侵权盗版声明

举报电话：（010）88254396；（010）88258888
传　　真：（010）88254397
E-mail：dbqq@ phei. com. cn
通信地址：北京市海淀区万寿路 173 信箱
　　　　　电子工业出版社总编办公室
邮　　编：100036